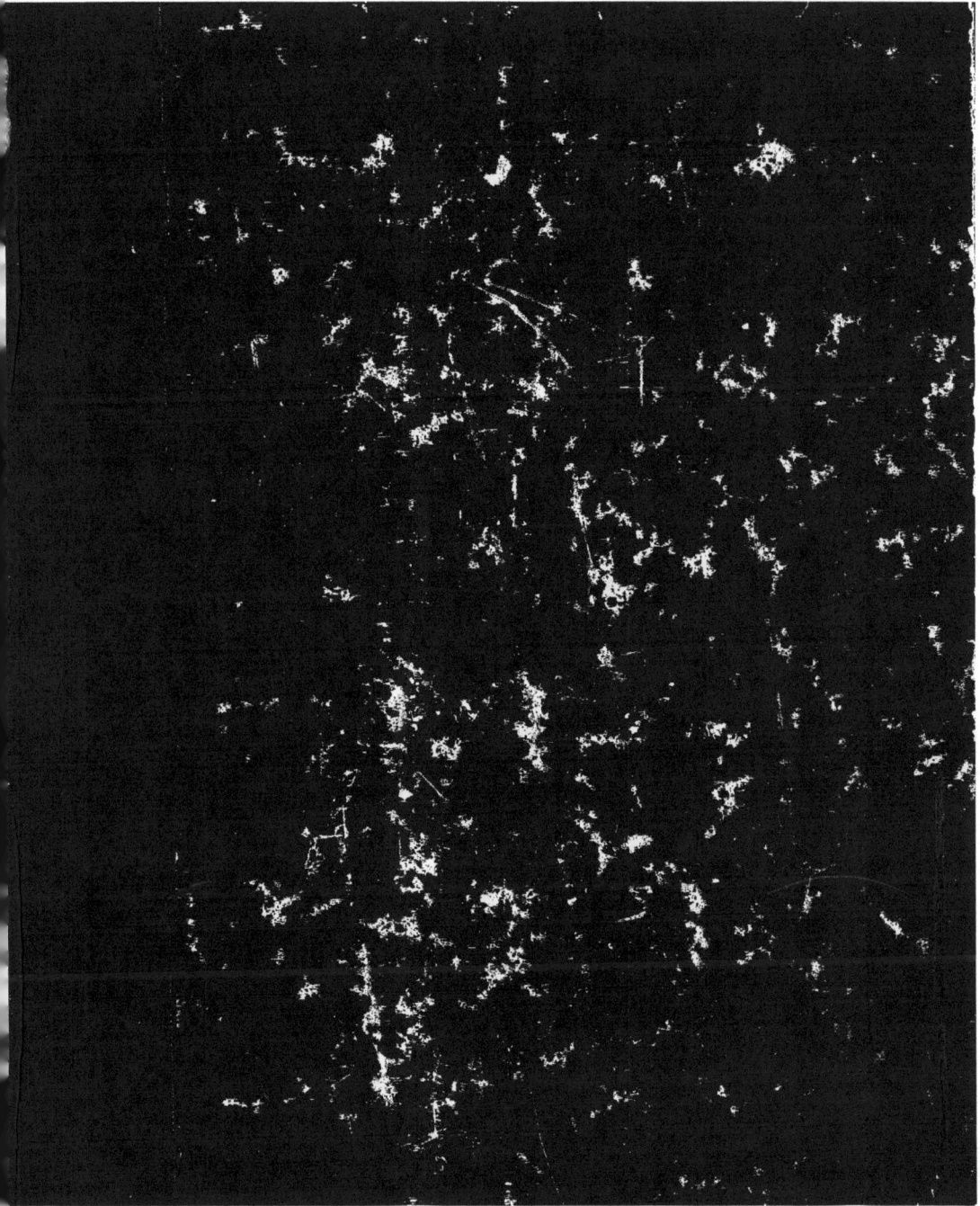

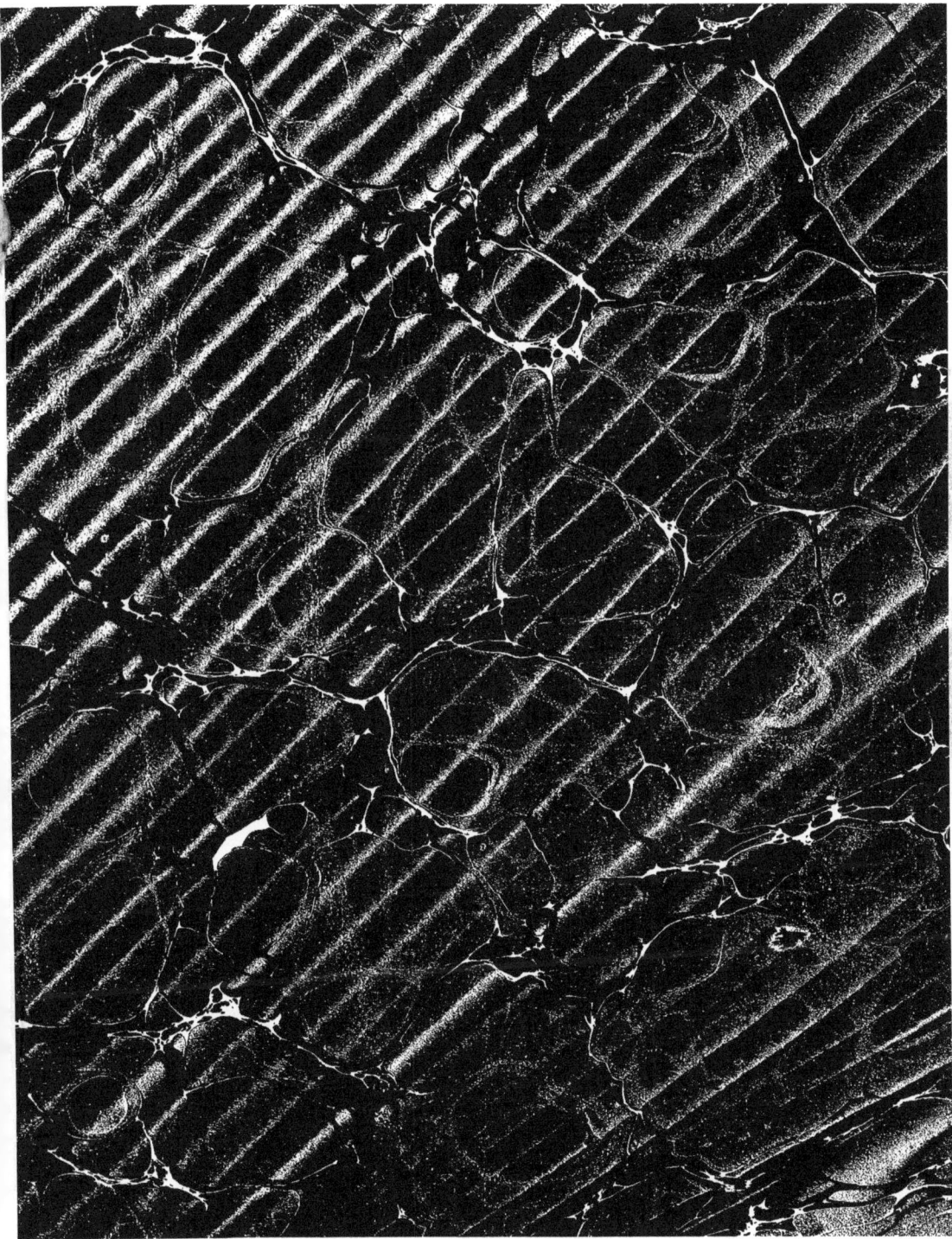

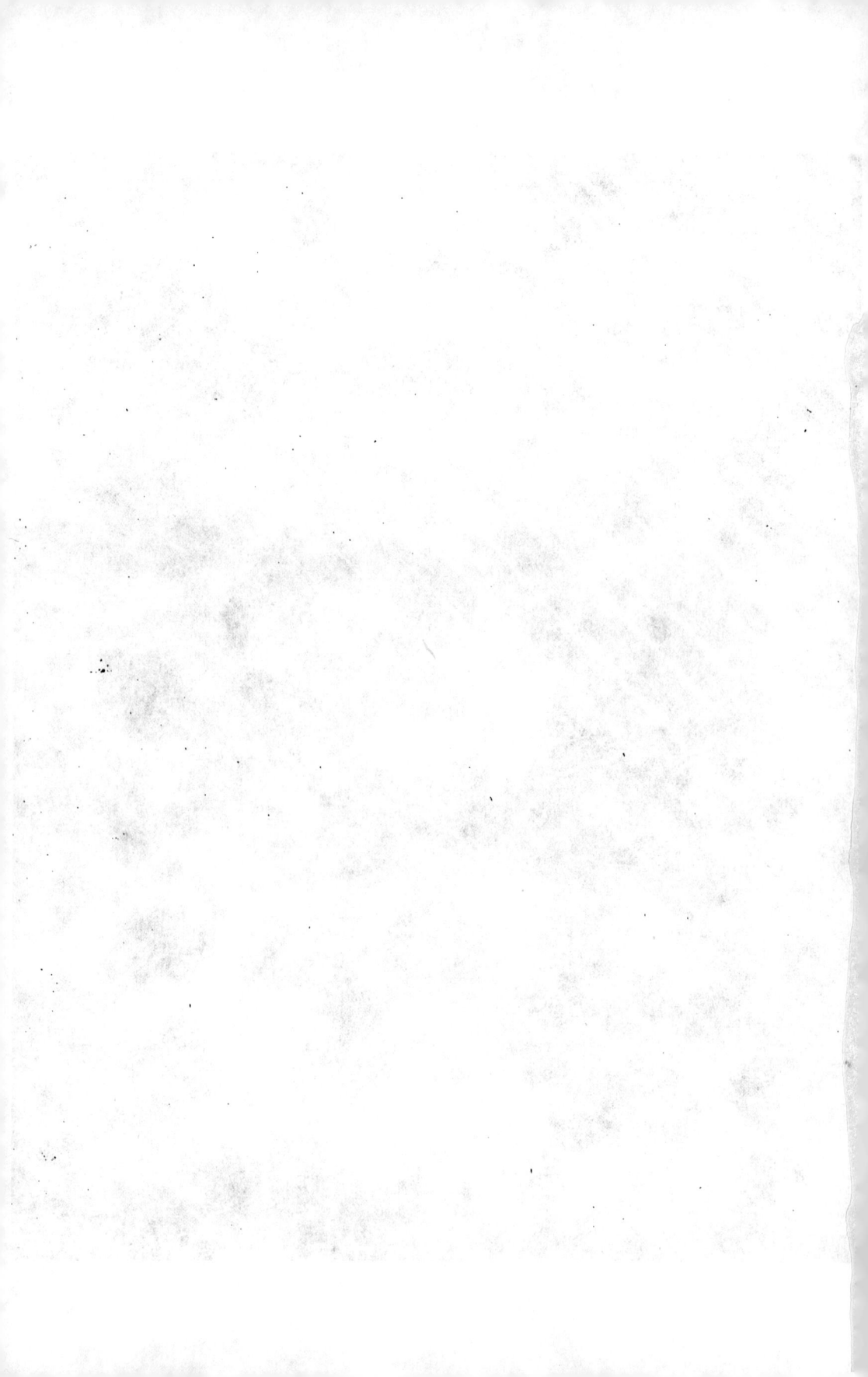

S

©

RECHERCHES

ANATOMIQUES ET PALÉONTOLOGIQUES

POUR SERVIR A L'HISTOIRE DES

OISEAUX FOSSILES

DE LA FRANCE

Paris. — Imprimerie de E. MARTINET, rue Mignon, 2.

RECHERCHES

ANATOMIQUES ET PALÉONTOLOGIQUES

POUR SERVIR A L'HISTOIRE DES

OISEAUX FOSSILES

DE LA FRANCE

PAR

M. ALPHONSE MILNE EDWARDS

Professeur de zoologie à l'École supérieure de pharmacie,
Aide-naturaliste au Muséum d'histoire naturelle,
Membre de la Société philomathique et de la Société de biologie de Paris,
de l'Académie royale des sciences de Lisbonne, de la Société zoologique de Londres,
de la Société zoologico-botanique de Vienne (Autriche), etc.

———

.Ouvrage qui a obtenu le grand Prix des sciences physiques décerné par l'Académie des sciences en 1866.

———

TOME SECOND

———

PARIS

LIBRAIRIE DE G. MASSON

PLACE DE L'ÉCOLE-DE-MÉDECINE

1869-1871

RECHERCHES

ANATOMIQUES ET PALÉONTOLOGIQUES

POUR SERVIR A L'HISTOIRE DES

OISEAUX FOSSILES

DE LA FRANCE

CHAPITRE XVII

CARACTÈRES OSTÉOLOGIQUES DE LA FAMILLE DES GRUIDES.

§ 1ᵉʳ.

La famille des Gruides forme un groupe très-peu nombreux en espèces, mais dont tous les membres ont entre eux beaucoup d'affinités. Elle se compose des Grues (*Grus*, Cuvier), et des Agamis (*Psophia*, Lin.).

Linné réunissait ces oiseaux aux Cigognes et aux Hérons, dans son genre *Ardea*.

Cuvier divisait ses Cultrirostres en trois tribus, dont la première comprenait les Grues, les Agamis et le Caurale de Cayenne, ou petit Paon des roses (*Eurypyga helias*, Lin.). Mais je trouve à ce dernier oiseau beaucoup plus de rapports avec la famille des Rallides, dont il semble être un groupe aberrant.

On voit encore, dans plusieurs traités d'ornithologie, les Cigognes ou les Hérons placés dans le même groupe que les Grues ; mais il existe entre ces oiseaux des différences parfaitement tranchées et faciles à reconnaître. Aussi Lherminier, qui laissait de côté l'étude des caractères extérieurs des oiseaux et ne prenait en considération que les portions les mieux caractérisées de la charpente solide du corps, avait été frappé des ressemblances que les Grues ont, sous ce rapport, entre elles, et il en formait sa vingt-troisième famille en y plaçant aussi les Agamis.

Ce mode de groupement a été suivi par M. R. Gray.

Le prince Charles Bonaparte isolait davantage le genre *Psophia*, qui, dans le plan de classification adopté par cet auteur dans son *Conspectus avium*, constitue à lui seul une famille. Les Agamis diffèrent, il est vrai, à beaucoup d'égards des Grues ; cependant le tracé organique général semble être le même, et je ne pense pas que l'on puisse ranger ces oiseaux dans des familles distinctes.

Il est à regretter que l'on ait poussé beaucoup trop loin les subdivisions génériques du groupe des Gruides, et l'on peut presque dire que les variétés y devenaient des espèces et que ces dernières prenaient la valeur de genres. Ainsi, la Grue Antigone et la Grue de Mantchourie sont placées dans un autre genre que la Grue commune ; la Grue caronculée d'Afrique forme aussi une section distincte ; il en est de même pour la Demoiselle de Numidie, pour la Grue couronnée et pour la Grue du Cap ; de telle sorte, qu'aux dépens du genre *Grus* proprement dit, on a formé cinq divisions d'égale valeur, sous le nom de *Grus*, Lin., *Antigone*, Reich., *Laomedontia*, Reich., *Tetrapteryx*, Thunb., *Anthropoides*, Vieil., et *Balearica*, Brisson.

Les résultats auxquels conduit l'étude anatomique de ces oiseaux ne permettent pas d'admettre une telle classification ; il est impossible de séparer les Antigones des Grues. Les Baléariques sont évidemment très-voisines des Anthropoïdes et des Tetrapteryx. Je ne connais malheureusement pas le squelette de la *Laomedontia carunculata*, Gmel. Je ne puis donc encore me prononcer sur ses affinités et sur la valeur du genre que l'on a formé pour cette espèce.

§ 2. — DES OS DE LA PATTE.

Les pattes des Grues (1) sont relativement plus robustes que celles des Ciconides. Chez beaucoup d'espéces elles sont aussi plus longues, mais chez d'autres, telles que la Grue de Numidie, elles sont de médiocre hauteur.

L'os de la cuisse est court, mais cependant beaucoup plus allongé que celui des Cigognes ; le tibia est au contraire très-long, et dépasse notablement l'os du pied. Le tableau suivant indique ces différences.

	TARSO-MÉTATARSIEN.	TIBIA.		FÉMUR.	
		Dimensions réelles.	Dimensions proportionnelles (2)	Dimensions réelles.	Dimensions proportionnelles.
Grus cinerea	0,23	0,29	126,0	0,125	54,3
Grus australasiana	0,24	0,29	120,8	0,130	54,1
Anthropoïdes virgo	0,18	0,27	150,0	0,095	52,7
Balearica pavonina	0,20	0,27	135,0	0,110	55,0
Psophia leucoptera.	0,11	0,14	127,2	0,075	68,1

Les chiffres suivants indiquent le rapport de la longueur de la patte à celle de l'aile.

	PATTE.	AILE.	RAPPORT DE L'AILE A LA PATTE.
Grus cinerea.	0,645	0,660	:: 100 : 102,3
Grus australasiana	0,660	0,690	— 104,5
Anthropoïdes virgo.	0,545	0,495	— 90,8
Balearica pavonina.	0,580	0,520	— 92,4
Psophia leucoptera.	0,325	0,218	— 67,0

(1) Voyez Eyton, *Osteologia avium*, pl. II, K, *Scops virgo*, et pl. V, K, *Psophia viridis*.
(2) Le tarso-métatarsien étant pris comme 100.

Le TARSO-MÉTATARSIEN des Grues se distingue, au premier coup d'œil, de celui de tous les autres oiseaux précédemment étudiés, par la disposition de ses extrémités articulaires (1). En effet, son extrémité supérieure est très-élargie. Les facettes glénoïdales sont entourées par un bord très-saillant, de façon qu'elles paraissent fort profondes ; surtout celle du côté interne. La tubérosité intercondylienne est très-arrondie et large, tandis que chez les Cigognes nous savons qu'elle est haute et étroite. Le talon est situé sur un niveau inférieur à celui de la surface articulaire ; il en est séparé par une dépression transversale peu profonde, qui occupe presque toute la largeur de l'extrémité supérieure ; il est peu saillant, et il offre une disposition caractéristique. En effet, sa crête interne est bien développée, mais l'externe, en se confondant avec les médianes, constitue une large surface taillée obliquement, qui se continue insensiblement avec la face externe de l'os. A la base et en dehors de la crête interne, on voit une gouttière tubulaire; enfin la surface postéro-externe du talon est sillonnée par une ou deux coulisses à peine marquées. Le corps de l'os est long et robuste ; sa face antérieure est creusée sur presque toute sa longueur d'une gouttière large et profonde; ses bords latéraux sont saillants. Les empreintes du tibial antérieur ne se réunissent pas sur la ligne médiane ; la dépression qui les surmonte est large et évasée, et en dedans on voit la coulisse de l'extenseur des doigts qui est limitée de chaque côté par de petites crêtes. La face externe de l'os est plus large que l'interne, et bordée en arrière par une ligne intermusculaire très-saillante qui, dans sa partie supérieure, constitue la lèvre antérieure de la coulisse du moyen péronier. La face postérieure est arrondie ou souvent creusée d'une gouttière longitudinale peu profonde.

Les trochlées digitales sont longues et robustes (2) ; elles sont disposées sur une ligne transversale fortement arquée ; la trochlée médiane

(1) Voyez pl. LXXIII, fig. 1, 2 et 3.
(2) Voyez pl. LXXIII, fig. 3.

se prolonge plus bas que l'externe, dont elle est séparée par une échancrure interdigitale très-large. L'interne est fortement rejetée en arrière et n'atteint même pas la base de la trochlée médiane ; elle est comparativement beaucoup plus petite que les autres. Le pertuis inférieur est largement ouvert. Enfin la surface articulaire du doigt postérieur est peu profonde. Chez les Cigognes et les autres membres de la même famille, la trochlée interne se prolonge beaucoup plus et elle n'est que peu rejetée en arrière, de façon qu'il est impossible de confondre l'extrémité inférieure du canon de ces oiseaux avec celle des Grues. Nous verrons bientôt que chez les Hérons ou Ardéides, le canon est caractérisé de la manière la plus nette.

Toutes les espèces dont se compose le genre *Grus* proprement dit, dont j'ai pu étudier le squelette, c'est-à-dire la Grue cendrée, la Grue d'Australie (1), celle de Mantchourie, et l'Antigone, présentent la même réunion de caractères. Chez la Grue couronnée, dont Brisson a fait le genre *Balearica* (2), le talon est moins saillant et moins allongé ; sa face postérieure est creusée de trois coulisses au lieu de deux ; l'extrémité inférieure est comparativement un peu plus élargie ; les trochlées digitales sont plus courtes, et l'interne descend davantage.

L'os du pied de la Grue de Numidie ou Demoiselle de Numidie (*Anthropoides virgo*), est relativement plus grêle que celui des autres espèces du même genre ; mais on y retrouve toutes les particularités caractéristiques du grand genre *Grus*.

Dans le genre Agami (*Psophia*), le tarso-métatarsien présente beaucoup d'analogie avec celui des espèces précédentes ; cependant la crête interne du talon ne se soude pas à la crête externe (3), de façon que la gouttière tendineuse principale, au lieu de se fermer et de devenir tubulaire, reste ouverte en arrière. Le corps de l'os ressemble

(1) Voyez pl. LXXIII, fig. 1, 2 et 3.
(2) Voyez Eyton, *Osteologia avium*, pl. XXIX *bis*, fig. 2.
(3) Voyez Eyton, *op. cit.*, pl. XXIX *bis*, fig. 1.

davantage à celui des Grues, il est presque quadrangulaire, et sa face antérieure est creusée d'une gouttière très-profonde, qui s'étend d'une extrémité à l'autre et occupe toute sa largeur.

L'extrémité inférieure est plus élargie que dans les genres précédents, et se rapproche un peu de ce qui existe dans la famille des Ciconides; cependant la trochlée digitale interne est rejetée plus en arrière, et l'échancrure interdigitale externe est plus ouverte que chez ces derniers.

Les DOIGTS des Grues sont notablement plus courts que ceux des Ciconides, et il suffirait d'examiner une seule des phalanges pour arriver à sa détermination.

Le pouce est de longueur médiocre; sa phalange est plus robuste que celle des Cigognes et porte un ongle beaucoup plus fort et plus crochu.

Le doigt médian est long et robuste; les osselets qui le constituent sont légèrement arqués en dessous.

Le doigt interne est très-court et remarquable par la forme de la première phalange, qui est un peu tordue en dedans.

Le doigt externe se distingue de celui des Ciconides par la longueur de la quatrième phalange, qui dépasse celle de la précédente, tandis que le contraire a lieu chez les représentants de la famille que nous avons étudiée dans le chapitre précédent. Enfin, j'ajouterai que les phalanges unguéales sont fortes et recourbées. Les doigts des Agamis sont plus courts que ceux des Grues, mais le rapport des différentes pièces qui les composent est toujours à peu près le même.

Le TIBIA des Grues (1) diffère beaucoup de celui des Cigognes et des autres Échassiers; sous ce rapport, toutes les espèces qui composent la famille présentent, à peu de chose près, la réunion des mêmes caractères.

(1) Voyez pl. LXXIII, fig. 4, 5 et 6.

Cet os est long, robuste et légèrement tordu sur son axe ; sa face antérieure est aplatie ; elle est limitée inférieurement du côté interne par un bord saillant qui n'existe pas chez les Ciconides, et qui, ainsi que nous le verrons, est à peine marqué chez les Flamants. La gouttière de l'extenseur des doigts est profonde et élargie ; les deux saillies d'insertion de la bride ligamenteuse, qui passe au-dessus du tendon du muscle tibial antérieur, se trouvent situées à peu près à la même hauteur. Le pont sus-tendineux est large et déprimé ; l'ouverture inférieure du muscle extenseur est élargie transversalement. La gouttière du court péronier, qui se voit sur le bord externe de l'os au-dessus du condyle correspondant, est profonde, et limitée de chaque côté par des crêtes saillantes.

L'extrémité inférieure de l'os est élargie. Les condyles articulaires sont inégaux ; l'interne étant plus petit, plus mince, mais au moins aussi saillant que l'externe. La gorge qui les sépare en avant est très-large et évasée ; inférieurement, la surface articulaire est aplatie, mais on n'y aperçoit, de chaque côté de la ligne médiane, qu'une dépression peu profonde, tandis que chez les Flamants il en est autrement. La gorge intercondylienne postérieure est médiocrement ouverte et remarquablement courte ; cette disposition y est même portée plus loin que chez les Ciconides. Le bord externe de cette gorge est plus arrondi et moins saillant que l'interne. En dehors, la coulisse du tendon du moyen péronier est à peine marquée. L'extrémité supérieure de l'os ressemble un peu à celle des Cigognes, mais elle est un peu plus comprimée latéralement, et les crêtes tibiales y sont plus fortement indiquées.

Chez la Grue couronnée, les condyles inférieurs sont beaucoup plus petits que chez la Grue cendrée, bien que la longueur totale du tibia y soit à peu près la même ; ces condyles y sont séparés par une gorge un peu moins large que dans l'espèce que je viens de citer ; chez la Grue d'Australie la gorge est extrêmement évasée. Le tibia de la Grue Antigone se distingue de celui des espèces précédentes par ses dimensions

beaucoup plus considérables et par la grosseur relative du corps de
l'os dont la face antérieure n'est pas aussi aplatie.

Chez les Agamis les caractères essentiels de l'os de la jambe sont
les mêmes que dans les genres *Grus* et *Anthropoides*, mais l'extrémité
inférieure de l'os est plus étroite.

D'après cet exposé des caractères de l'os principal de la jambe chez
les divers représentants de la famille des Gruides, on a pu se convaincre
que la distinction de cette partie du squelette était toujours facile à
faire. Car, chez les Cigognes, où le tibia présente à peu près les mêmes
dimensions, l'extrémité inférieure est remarquable par sa compression
latérale, et la profondeur de la gorge intercondylienne antérieure,
tandis que chez les Gruides on observe une disposition inverse. Nous
verrons plus loin que cet os n'est pas moins facile à distinguer de celui
des Flamants.

Le FÉMUR des Grues est long et robuste (1) ; il est pesant, comparativement à son volume, et il ne présente pas, comme celui des
Cigognes, d'orifice pneumatique. Le corps de l'os est moins gros
que chez ces oiseaux ; il est aussi légèrement tordu sur son axe,
et à cause de cette forme il ressemble davantage au fémur des Spatules
et des Ibis ; mais la disposition de l'extrémité supérieure n'est pas la
même que chez ces oiseaux. Le col du fémur est moins long ;
la tête articulaire est renflée et présente une fossette profonde pour l'insertion du ligament rond. Le trochanter est extrêmement saillant, et
se termine en avant et en haut par un bord tranchant ; il s'élève beaucoup au-dessus de la surface articulaire. Chez les Spatules, au contraire,
la fossette du ligament rond est à peine indiquée, et le trochanter est
bien moins développé. L'extrémité inférieure du fémur des Grues est
peu élargie comparativement à la longueur et à la grosseur de l'os ; de

(1) Voyez pl. LXXIII, fig. 7 et 8.

façon que la gorge intercondylienne antérieure est étroite et resserrée. Le condyle interne se prolonge presque aussi bas que l'externe, et il en résulte que la surface articulaire inférieure fait avec l'axe de l'os un angle qui, mesuré de la manière indiquée ci-dessus (1), varie entre 82 et 87°, c'est-à-dire un angle presque droit. Au contraire, l'angle formé par l'axe de l'os et une ligne réunissant le sommet du trochanter à la tête fémorale est extrêmement aigu, et mesure 59° chez la Grue Antigone et 64° chez la Grue cendrée. La crête péronéo-tibiale est saillante et séparée du bord externe du condyle correspondant par une gorge étroite. La fosse poplitée est peu profonde et limitée en dedans par la ligne âpre qui est très-bien marquée.

Il n'existe que de légères variations dans l'os de la cuisse des différents genres qui composent la famille des Grues ; cependant, chez les Baléariques, le col du fémur est plus oblique, de façon que l'angle compris entre l'axe de l'os et une ligne joignant le bord trochantérien à la tête fémorale est moins aigu que dans la plupart des espèces du genre Grue proprement dit. Il mesure 66° environ.

D'après ce que je viens de dire, on voit qu'il est facile de distinguer l'os de la cuisse des Gruides de celui des autres familles dont nous avons étudié les caractères ostéologiques. En effet, le corps de l'os est beaucoup plus long, moins arqué que chez les Lamellirostres et les Totipalmes ; l'extrémité inférieure est moins large, mais creusée d'une gorge plus profonde ; il y a moins de différence entre les deux condyles ; enfin le trochanter est beaucoup plus saillant. Cette dernière particularité de structure distingue aussi le fémur des Gruides de celui des Longipénnes et des Totanides, ainsi que des Spatules et des Ibis.

(1) Voyez tome Iᵉʳ, page 87.

§ 3. — DES OS DU TRONC.

Le bassin des Gruides présente une conformation particulière (1),
de sorte qu'il suffirait de cette portion du squelette, ou même de certains
fragments du pelvis, pour arriver à reconnaître aisément s'il appartient
ou non à la famille qui nous occupe. Le bassin est généralement un
peu arqué longitudinalement. La région précotyloïdienne est notablement plus longue que la région post-cotyloïdienne; cette disposition
est en général d'autant plus marquée que les oiseaux sont mieux disposés pour la marche, tandis que chez les espèces nageuses, la portion
postérieure du pelvis se développe d'autant plus que l'animal est mieux
conformé pour ce genre de locomotion. Dans la famille des Ciconides,
la partie précotyloïdienne est aussi très-allongée, mais elle est en même
temps beaucoup plus large et moins fortement inclinée en forme de
toit que chez les Gruides. Dans ce groupe, les lames iliaques sont
intimement soudées à la crête épineuse du sacrum, de façon que l'on
ne distingue même pas les traces de la ligne de réunion. La portion
sacrée intercotyloïdienne est large, et ne présente presque aucun vestige des trous sacrés. La crête sus-ischiatique est très-saillante, surtout
au-dessus des cavités cotyloïdes, et sous ce rapport, elle ressemble à
celle des Ciconides. En arrière elle se prolonge jusqu'à l'angle sus-
ischiatique; mais elle se renfle légèrement en forme de tubercule un
peu avant d'atteindre cet angle. Celui-ci est plus arrondi et plus épais
que chez les Ciconides, et au lieu de dépasser la pointe ischiatique, il
est plus court que celle-ci. Le trou sciatique est peu allongé et presque
rond. Les lames pubiennes sont peu élargies, comme chez les Cigognes,
mais elles s'appliquent dans presque toute leur longueur contre le
bord des lames ischiatiques.

(1) Voyez pl. LXXIV, fig. 6.

A la face inférieure du pelvis le corps des vertèbres est arrondi et ne présente pas de crêtes; les fosses iliaques internes sont rudimentaires. Les fosses rénales sont remarquablement profondes. La postérieure est limitée en arrière par un rebord arqué, très-saillant, correspondant au détroit supérieur du bassin des mammifères.

Dans aucun des oiseaux que nous avons déjà passés en revue, ce rebord n'est aussi proéminent, de façon qu'il suffit de l'examen de cette partie pour les distinguer nettement des Gruides. Nous retrouvons ce caractère parfaitement indiqué chez l'Agami dont le bassin ne diffère de celui des autres membres de la même famille que par la longueur plus grande des lames iléo-ischiatiques. Le pelvis des autres Gruides n'offre que quelques particularités distinctives, peu importantes, et l'étude de cette partie du squelette ne justifie nullement la séparation de ces Échassiers en plusieurs genres distincts, car entre les Grues, les Antigones, les Anthropoïdes et les Baléariques (1), il n'y a, pour ainsi dire, que des différences de taille.

Les VERTÈBRES coccygiennes sont moins développées que celles des Cigognes; les apophyses transverses sont courtes et peu élargies. L'os en soc de charrue est falciforme et très-relevé. Dans le genre *Psophia*, ces vertèbres sont encore plus faibles que celles des Grues, et les postérieures sont remarquablement étroites.

Les vertèbres dorsales sont plus nombreuses que dans la famille précédente, elles sont aussi plus fortement unies entre elles, et il n'est pas rare que plusieurs d'entre elles se soudent intimement. Chez les Grues proprement dites le corps des vertèbres est dépourvu d'apophyse épineuse inférieure, tandis que chez les Agamis, les premiers de ces osselets portent une apophyse comprimée et dirigée en avant.

Les vertèbres dorsales, en nombre assez considérable, sont moins

---

(1) Voyez Eyton, *op. cit.*, pl. XXIX *bis.*

grosses et beaucoup plus allongées que celles des Cigognes. Les stylets
y sont bien développés et, à partir de la quatrième vertèbre, occupent
toute la longueur de l'os. Les dernières sont pourvues en dessous
d'une apophyse ou lame épineuse; enfin la gouttière vertébrale inférieure est profonde, et chez les Agamis devient tubulaire sur certains
points par l'union de la base des stylets.

J'indique ici le nombre des vertèbres chez quelques espèces de la
famille des Gruides.

	Vertèbres cervicales.	Vertèbres dorsales.	Vertèbres coccygiennes.
Grus cinerea.	18	9	7
— australasiana.	18	9	7
— leucogeranos.	18	9	7
Balearica pavonina.	18	9	6
Psophia crepitans	18	9	8

Les CÔTES des Grues cloisonnent beaucoup plus complétement la
cavité viscérale que celles des Cigognes; en effet, on en compte généralement un plus grand nombre, mais elles sont moins élargies, surtout
dans leur portion supérieure. Sept de ces os s'articulent au sternum
par l'intermédiaire des côtes sternales dont la longueur est considérable. Dans le genre *Grus*, la dernière côte s'unit à la précédente. Chez les
Agamis elle se prolonge jusqu'au bouclier thoracique; il en résulte
que ce dernier présente huit facettes articulaires au lieu de sept. Les
apophyses récurrentes sont longues, mais minces et très-étroites, et
dépassent notablement la côte située en arrière de celle sur laquelle
elles s'appuient. Chez les Agamis ces lames osseuses sont au contraire
courtes et tellement élargies qu'elles semblent bifides et composées de
deux branches, dont l'une supérieure, l'autre inférieure.

Le mode de conformation du STERNUM varie dans des limites assez
étendues. Il est cependant facile d'assigner à cette pièce du squelette
des Gruides des caractères communs à toute la famille, car il n'est pas
un oiseau chez lequel on n'observe la même disposition générale.

Le sternum est en effet remarquable par sa forme étroite et très-allongée (1); ses bords latéraux sont très-longs, presque parallèles bien que légèrement échancrés vers leur partie moyenne; ils portent sept facettes costales. Les rainures coracoïdiennes sont très-obliques, et ne se croisent pas sur la ligne médiane; le brechet est généralement très-saillant; son bord, régulièrement arqué, se prolonge presque jusqu'au bord postérieur du bouclier sternal; ce bord ne présente pas d'échancrures, il est droit ou légèrement concave. Chez les véritables Grues, l'os furculaire se soude intimement à l'angle antérieur du brechet; celui-ci est très-épais et composé de deux lames osseuses très-minces, entre lesquelles la trachée-artère se contourne de la manière la plus remarquable. Chez quelques espèces il existe, au-devant du brechet, une sorte de tambour qui s'avance entre la base des coracoïdiens et qui paraît formé par l'ossification de la membrane fibreuse épisternale (2).

Chez la Grue de Mantchourie, par exemple, la trachée-artère, après avoir parcouru toute la longueur du cou, s'enfonce dans l'épaisseur du brechet, au-dessus de la réunion de cette carène avec l'os furculaire; elle suit exactement sa courbure jusqu'à son extrémité postérieure, puis se replie brusquement en avant, longe le bord inférieur du bouclier sternal, qui présente à cet effet, sur la ligne médiane, un renflement considérable, s'avance dans le tambour épisternal dont elle suit exactement le contour, rentre dans l'épaisseur du brechet, où elle se contourne encore une fois en S avant de sortir de cette sorte de boîte osseuse pour se rendre aux poumons. J'ai mesuré la longueur de la trachée-artère d'une Grue de Mantchourie, mâle : elle avait plus de

---

(1) Voyez pl. LXXIV, fig. 1.

(2) Dans son travail sur l'appareil épisternal des oiseaux, M. Harting rend compte de la manière dont se forme le tambour épisternal qui renferme, chez les Grues, une portion de la trachée-artère, et dont il a donné une figure (Voyez l'*Appareil épisternal des oiseaux*, décrit par Harting, *loc. cit.*, p. 16, fig. 15).

Pour plus de détails, je renverrai aussi au travail de M. Yarrell *Sur la trachée des oiseaux* (*Transactions of the Linnean Society*, t. XV, 1827, p. 380 et suiv., pl. XI et XII).

1 mètre 30 centimètres de longueur. Cette épaisseur du brechet donne
au sternum un aspect tout particulier, et sa face supérieure est criblée
de pertuis pneumatiques, de façon que cette pièce osseuse présente une
grande légèreté.

La trachée-artère de la Grue cendrée mâle présente exactement
la même disposition. Chez les femelles, le conduit se prolonge aussi
loin en arrière, mais en avant il ne se replie pas dans le tambour épisternal qui, au lieu d'être complétement creux, présente une structure
celluleuse.

Chez la Grue d'Australie (1) la trachée ne se prolonge en arrière
que jusque vers la partie moyenne du brechet, mais en avant elle suit
exactement, dans les deux sexes, le bord du tambour épisternal.

Chez la Grue Antigone, le sternum offre une disposition un peu différente, le tambour épisternal est beaucoup plus petit que chez les
espèces précédentes, il ne s'unit pas au brechet et reste suspendu au-
dessus de l'os furculaire en s'avançant un peu entre les coracoïdiens,
comme une apophyse épisternale très-renflée. La trachée se prolonge
dans l'épaisseur du brechet beaucoup moins en arrière que chez la
Grue cendrée ou même que chez la Grue d'Australie, puis se pliant en
avant, elle gagne le tambour épisternal, s'y replie encore une fois, puis
s'enfonce dans la cavité thoracique.

Cette disposition du sternum tendrait à rapprocher la Grue Antigone de la Demoiselle de Numidie (*Anthropoides virgo*) et de la Grue
de Paradis (*Anthropoides paradisea*), chez laquelle le brechet est mince et
ne présente qu'à sa partie antérieure une dépression peu profonde
pour recevoir et loger le premier repli de la trachée. L'apophyse épisternale n'affecte plus la forme d'un tambour; elle s'avance simplement beaucoup; son bord est arrondi et en contact avec le second repli
de l'espèce d'S formée par le conduit aérien.

(1) Voyez pl. LXXIV, fig. 1.

De ce mode de conformation à ce qui existe chez la Grue couronnée (1) il n'y a qu'un pas, car dans cette dernière espèce la fourchette
reste toujours distincte du brechet; celui-ci est mince et étroit,
l'apophyse épisternale manque complétement et la trachée-artère
ne se replie pas ou presque pas avant de pénetrer dans la cage thoracique.

Il en est de même chez les Agamis, mais chez ces oiseaux il existe
aussi dans le sternum d'autres particularités ostéologiques qui distinguent nettement cet os de celui des autres membres de la famille des
Gruides (2). Le bouclier sternal est très-étroit, surtout en arrière;
le brechet est peu saillant, comme on pouvait s'y attendre d'après
les habitudes de cet oiseau ; son angle antérieur ne se soude pas
et ne s'unit même pas à la fourchette. L'apophyse épisternale est
rudimentaire. Les rainures coracoïdiennes sont beaucoup moins obliques que chez les Grues, de façon que le bord antérieur du sternum
paraît coupé presque carrément ; la ligne intermusculaire qui limite en
dehors l'espace occupé par le moyen pectoral se confond presque avec
les bords latéraux du sternum, de façon qu'il ne reste qu'une surface
extrêmement étroite pour l'insertion du grand pectoral, tandis que
chez les Grues on observait une disposition inverse. Les bords latéraux
portent une facette costale de plus que chez les Grues, et elles ne sont
situées que sur la moitié antérieure du bouclier sternal, tandis que
dans les genres précédents, elles se prolongent jusqu'aux deux tiers
postérieurs. Enfin, j'ajouterai que la face supérieure du sternum des
Agamis n'est perforée par aucune ouverture pneumatique.

Cet ensemble de caractères est intéressant à étudier, car il montre
comment le type des Grues a pu se modifier pour s'adapter à un animal

(1) Voyez Eyton, op. cit., pl. XXIX bis.
(2) Voyez de Blainville, *Note sur l'appareil sternal de l'Agami* (*Bull. de la Soc. philomathique*, 1825, p. 126). — P. Gervais dans Castelnau, *Voyage dans l'Amérique du Sud.* — Eyton,
Osteologia avium, pl. XXIX bis.

essentiellement marcheur et qui, par ses habitudes, se rapproche des·
Gallinacés.

Je viens de dire que l'os FURCULAIRE est soudé avec l'angle du brechet chez les genres *Grus* (1) et *Anthropoides*, mais qu'il en est distinct chez les Baléariques et les Agamis. La fourchette présente
toujours la forme d'un V, c'est-à-dire qu'elle est beaucoup plus ouverte
vers son extrémité scapulaire que vers sa partie antérieure. Il n'existe
d'apophyse furculaire que chez les Agamis où elle est courte, triangulaire, pointue et lamelleuse. Les branches de cet os sont généralement
longues et assez grêles; elles ne s'élargissent que très-peu en arrière,
où elles présentent presque toujours des orifices pneumatiques. Il
n'existe pas de facette articulaire coracoïdienne, car la fourchette
s'appuie simplement contre le bord supéro-interne de la tubérosité
du coracoïdien. L'apophyse scapulaire plus ou moins arrondie est
courte, comprimée latéralement, et s'unit à la tubérosité scapulaire.

Chez la Grue couronnée, l'os furculaire est plus ouvert à son extrémité sternale, les branches sont plus courtes et plus fortement comprimées que dans les autres genres de la même famille.

Dans le genre Agami (*Psophia*), la portion scapulaire de la fourchette offre une forme particulière; les branches sont, en effet, très-
peu arquées, et au lieu d'être comprimées latéralement, le sont d'avant
en arrière. Il n'y a pas de facette coracoïdienne comme chez les autres
Gruides, et l'apophyse scapulaire, élargie et tronquée à son extrémité,
se termine par une facette articulaire élargie transversalement.

Le CORACOÏDIEN des Grues présente des caractères faciles à constater
et qui, ne se trouvant réunis chez aucun autre oiseau, permettent de
le distinguer avec certitude.

Dans les genres *Grus* (2), *Anthropoides* et *Balearica*, cet os est très-

---

(1) Voyez pl. LXXIV, fig. 1.
(2) Voyez pl. LXXIII, fig. 9 et 10, et pl. LXXIV, fig. 1.

robuste et court; son extrémité sternale est coupée très-obliquement, comme on pouvait le prévoir d'après la forme de la rainure coracoïdienne du sternum. La surface articulaire est large et constitue un sillon dont le bord inférieur est plus arrondi et plus épais que le supérieur. L'apophyse hyosternale est tronquée à son extrémité et se termine parfois par un petit tubercule pointu ; la dépression située au-dessus et en avant de la surface articulaire et qui, à l'état frais, est occupée par le muscle sterno-coracoïdien, est très-déprimée et creusée d'un trou pneumatique beaucoup plus vaste que chez les autres oiseaux où la même disposition se présente. La ligne intermusculaire antérieure est bien marquée, et se prolonge d'une extrémité à l'autre, le bord interne est saillant, cristiforme supérieurement, où il se prolonge par une apophyse sous-claviculaire forte et proéminente, à la base de laquelle se trouve un large trou pour le passage des vaisseaux et des nerfs. La fossette scapulaire est médiocrement profonde, et présente en dessous un bord épais. La facette glénoïdale destinée à l'articulation de l'humérus est large et ovalaire ; la tubérosité est forte et renflée ; elle se termine en haut et en dedans par un rebord rugueux auquel se fixe l'os furculaire.

Ces caractères existent dans ce qu'ils ont d'essentiel chez toutes les Grues, et se traduisent par de légères variations dans les proportions, dans le degré d'obliquité de la surface articulaire du sternum, mais elles sont d'une importance tout à fait secondaire.

Chez les Agamis on retrouve un trou pneumatique au fond de la dépression du sterno-coracoïdien comme dans les genres précédents, mais le coracoïdien présente un aspect remarquable et tout particulier dû au peu d'obliquité de l'articulation sternale et au développement du bord interne de l'os. D'après ce que j'ai dit de la direction des rainures coracoïdiennes du sternum, on pouvait prévoir l'existence de la première de ces dispositions. L'apophyse hyosternale est très-peu développée, et le bord interne se prolonge sur toute la longueur de l'os de façon à former une lame mince, tranchante, en forme de crête, et aussi saillante que l'apophyse sous-claviculaire. L'extrémité supérieure est extrêmement courte, et la facette glénoïdale se confond presque avec la tubérosité coracoïdienne.

L'OMOPLATE des Grues est relativement plus longue et moins régulièrement élargie que celle des Cigognes ; elle s'amincit graduellement vers son extrémité postérieure, et se termine en pointe, mais, en avant, elle est large et assez épaisse ; la facette glénoïdale est déjetée en dehors comme chez les Cigognes, mais elle est beaucoup plus élargie, la saillie scapulaire est beaucoup moins renflée, et la tubérosité, au lieu de s'avancer sous la forme d'une lame arrondie à son extrémité, ne dépasse guère la surface articulaire et constitue une petite tubérosité rugueuse, sur la face inférieure ; un peu en arrière de la facette articulaire du coracoïdien, il existe un orifice pneumatique dont la présence permet de reconnaître facilement le scapulum de ces Échassiers.

Chez les Agamis, cet os diffère beaucoup de celui des Grues, et si l'on ne consultait que les caractères de cette partie du squelette, on rangerait ces oiseaux dans des groupes complétement différents. En effet, le scapulum des Agamis se rapproche un peu de celui des Gallinacés ; il est falciforme, mince, assez élargi et tranchant ; sa tubérosité s'avance beaucoup plus que chez les précédents, et se termine par une petite surface articulaire, contre laquelle s'appuie la facette correspondante dont j'ai signalé l'existence à l'extrémité de l'apophyse scapulaire de l'os furculaire. J'ajouterai qu'il n'existe aucun orifice pneumatique.

§ 4. — DES OS DE L'AILE.

Les ailes des Grues sont relativement moins longues que celles des Ciconides ; cette différence dépend principalement de la brièveté de l'avant-bras qui ne dépasse que peu le bras. Dans le genre Agami il est même un peu plus court que ce dernier. Les chiffres suivants permettront d'apprécier exactement ces rapports de proportions.

	BRAS.	AVANT-BRAS.			MAIN.	
	Dimensions réelles.	Dimensions réelles.	Dimensions proportionnelles.		Dimensions réelles.	Dimensions proportionnelles.
Grus cinerea	0,22	0,26	118		0,18	81
Grus australasiana	0,23	0,27	117		0,19	82
Balearica pavonina	0,17	0,19	111		0,135	79
Anthropoides virgo	0,17	0,21	122		0,14	82
Psophia leucoptera	0,08	0,075	93		0,063	78

Chez les Grues, l'humérus est comparativement plus gros que chez les Cigognes ; il est plus massif et moins pneumatique ; enfin le corps de l'os est plus arqué en dedans (1) ; son extrémité supérieure est en général très-élargie. La tête humérale dépasse beaucoup les trochanters, et le sillon du ligament coraco-huméral, situé à sa base, est très-peu profond. La surface bicipitale est renflée, sans être aussi nettement délimitée par des sillons que chez les Cigognes. La crête externe est épaisse et plus saillante que chez ces derniers oiseaux ; son bord est régulièrement arqué, et l'empreinte d'insertion du grand pectoral qui se voit à sa base est petite et allongée. En arrière, la fosse trochantérienne est plus profonde que dans la famille précédente. L'extrémité inférieure de l'humérus est très-élargie ; l'empreinte d'insertion du court fléchisseur de l'avant-bras est grande, ovalaire et rugueuse ;

(1) Voyez pl. LXXIII, fig. 11.

elle occupe à peu près la ligne médiane de l'os. Les condyles articulaires sont beaucoup plus gros et plus renflés que ceux des Ciconides. L'interne surtout présente une forme hémisphérique. L'épitrochlée est grosse et saillante, mais la surface d'insertion du ligament articulaire interne est beaucoup moins avancée. La saillie sus-épicondylienne est moins proéminente ; il n'y a aucune trace de fosse olécrânienne, et les coulisses du triceps brachial sont larges et superficielles.

L'humérus des différents genres de la famille des Grues, à l'exception de l'Agami, présente les mêmes caractères essentiels, et les variations que l'on y observe sont d'une très-minime importance.

Dans le genre *Psophia*, l'os du bras offre une forme très-particulière due à la brièveté de la surface bicipitale qui se renfle brusquement près de l'extrémité supérieure. On aperçoit à peine les traces du sillon du ligament coraco-huméral ; le trochanter externe est très-développé et la crête externe présente une forme triangulaire et pointue ; l'extrémité inférieure de l'os est également très-différente de celle des Grues, car l'empreinte d'insertion du brachial antérieur y est petite et ovalaire. Le condyle radial est long et étroit ; l'épitrochlée fait en dedans une saillie considérable. On voit donc que les caractères de l'humérus des Agamis sont si différents de ceux du même os chez les Grues, que l'examen seul de cet os autoriserait presque à séparer ces oiseaux, mais il me semble plus conforme aux principes de la méthode naturelle, de considérer l'Agami comme un type satellite de celui des Grues, comme l'est le Caurale par rapport aux Rallides.

Les os de l'avant-bras des Gruides ressemblent beaucoup à ceux des Ciconides. Le CUBITUS (1) est long et robuste ; sa courbure est la même que dans la famille précédente, mais son extrémité supérieure est plus élargie ; la facette glénoïdale interne est à peine déprimée elle

_____

(1) Voyez pl. LXXIV, fig. 2 et 3.

est entourée d'un rebord tranchant; la facette externe est aplatie, et la dépression destinée à loger la tête du radius, qui se trouve au-dessous, est beaucoup plus élargie transversalement que chez les Cigognes, où sa forme est triangulaire. L'empreinte d'insertion du court fléchisseur de l'avant-bras est très-grande et limitée en dehors par un bord saillant. Les tubercules d'insertion des rémiges sont plus rapprochés mais moins élevés que chez ces derniers oiseaux; l'extrémité inférieure de l'os est disposée à peu près de la même manière, à cela près, que le bord externe de la poulie carpienne est plus avancé et plus tranchant.

Le RADIUS est fortement courbé, il est plus robuste que celui des Ciconides, et sa tête articulaire est circulaire au lieu de présenter un contour ovalaire. L'extrémité inférieure est élargie et déprimée en dessus, pour le passage du tendon de l'extenseur de la main.

Le MÉTACARPE des Gruides (1) ressemble beaucoup à celui des Cigognes, et si l'on n'avait sous les yeux que l'extrémité supérieure de cet os, il serait difficile de l'en distinguer. Cependant chez les oiseaux qui nous occupent ici, l'apophyse pisiforme ne présente pas l'aspect d'un tubercule; elle est comprimée et terminée par un petit bord tranchant. L'apophyse radiale est située plus haut; les deux branches du métacarpe sont presque parallèles et beaucoup moins écartées que dans la famille précédente, et elles se réunissent inférieurement sur une plus grande étendue.

Chez les Agamis, les branches du métacarpe sont au contraire très-écartées à cause de la courbe que présente la petite branche, ce qui donne à l'os de la main de ces oiseaux une grande ressemblance avec celui des Gallinacés; on ne peut cependant les confondre, ainsi que nous le verrons en traitant de cette dernière famille.

(1) Voyez pl. LXXIV, fig. 4 et 5.

§ 5. — DE LA TÊTE.

Dans la famille des Grues, la tête osseuse présente un mode de conformation très-particulier (1). Le bec est d'ordinaire long, gros et pointu; les os maxillaires ne s'unissent à l'intermaxillaire que dans le tiers antérieur de leur étendue et laissent de chaque côté une énorme ouverture qui loge la narine. L'intermaxillaire est large et aplati; les maxillaires sont étroits, et les branches descendantes du nasal qui viennent s'appuyer sur leur extrémité postérieure sont très-longues, étroites et obliques. Le front est très-large et les os lacrymaux ne s'y soudent pas. La boîte crânienne est assez régulièrement convexe, mais ne s'élève pas au-dessus du niveau de la région interorbitaire; elle est très-large proportionnellement à sa longueur. Les fosses temporales sont élargies, mais peu élevées et très-superficielles; la région temporale, au lieu d'être très-saillante et garnie en avant d'une apophyse zygomatique très-forte, comme chez les Ciconides, est très-comprimée, et son angle antéro-inférieur est à peine indiqué. La région occipitale est remarquablement basse, et les crêtes qui d'ordinaire la séparent des pariétaux sont très-faibles. La saillie cérébelleuse est très-petite et peu distincte. Les orbites sont grandes et leur cloison médiane est largement perforée. Les os palatins sont creusés longitudinalement en une gouttière à bords minces et séparés entre eux dans toute leur longueur par un espace vide assez large qui se continue en avant avec un énorme hiatus. Ce dernier pertuis, très-large en arrière et rétréci en avant, occupe plus des deux tiers de la longueur du palais, et la portion pleine de celui-ci est creusée en manière de gouttière. La mâchoire inférieure ressemble beaucoup à celle des Cigognes.

(1) Voyez pl. LXXIV, fig. 7.

Dans le genre *Balearica*, le bec est très-court (1) et la région frontale est gibbeuse. Le renflement considérable que l'on y remarque surplombe la racine du bec et s'étend jusque sur le sinciput qu'il dépasse beaucoup en hauteur. Le crâne est plus élargi que chez les autres Gruides et très-déclive postérieurement. La région occipitale est remarquablement basse. La saillie cérébelleuse est presque rudimentaire, et il existe de chaque côté un pertuis occipital assez grand. Enfin, les os palatins sont élargis dans leur moitié postérieure, et la fente palatine est très-ouverte.

Chez la Demoiselle de Numidie, le bec est plus allongé et moins large à sa base; la région frontale est aplatie et se continue insensiblement avec la base du bec en avant et avec le sinciput en arrière. Le crâne est moins long que chez les autres Gruides et se rétrécit beaucoup vers les régions temporales. La région occipitale est plus haute que chez la Grue couronnée, et la saillie cérébelleuse est bien marquée. Enfin, les pertuis occipitaux sont moins grands et tendent à s'oblitérer.

Chez les Grues proprement dites, le bec est plus allongé que dans les deux divisions précédentes, et constitue environ les deux tiers de la longueur totale de la tête; le front, disposé comme chez la Demoiselle de Numidie, est un peu plus bombé. La boîte crânienne est beaucoup plus large, sans cependant l'être autant que chez la Grue couronnée; enfin, la région occipitale est beaucoup plus élevée, et, chez la Grue cendrée, elle est imperforée; mais, chez la Grue d'Australie, on y trouve des pertuis comme chez les autres espèces du même groupe.

La tête de l'Agami ressemble à celle des Gruides ordinaires plus qu'à celle des autres oiseaux, mais en diffère cependant beaucoup, à raison de la brièveté du bec, de l'élargissement des os lacrymaux et de la profondeur de la portion antéro-inférieure des fosses temporales.

---

(1) Il ne constitue qu'environ la moitié de la longueur totale de la tête.

CHAPITRE XVIII

DES OISEAUX FOSSILES DE LA FAMILLE DES GRUIDES.

§ 1er. — GRUES DE L'ÉPOQUE TERTIAIRE.

Dans l'état actuel de la science, on ne connaît qu'un seul représentant fossile de la famille qui nous occupe. Il a été trouvé en Grèce, dans les couches miocènes de Pikermi, lors des fouilles que M. Alb. Gaudry fit faire dans ce curieux gisement (1). Cette espèce, qui porte le nom de *Grus Pentelici*, était un peu plus grande que notre Grue cendrée.

Les terrains tertiaires moyens de France m'ont fourni une espèce du même genre, parfaitement caractérisée, et, d'après diverses pièces que j'y ai aussi recueillies, et dont l'examen va nous occuper, je serais disposé à croire qu'il existait aussi à la même époque, dans les mêmes gisements, un autre oiseau appartenant à cette famille.

GRUS EXCELSA, nov. sp.

(Planches LXXV et LXXVI, fig. 1 à 2.)

Cette nouvelle espèce de Grue, dont la taille devait être un peu supérieure à celle de la Grue cendrée, habitait à l'époque miocène la région qui, aujourd'hui, constitue le bassin de l'Allier.

Depuis plusieurs années, j'avais reconnu son existence sur ce

_____

(1) A. Gaudry, *Note sur les débris d'Oiseaux et de Reptiles trouvés à Pikermi* (*Bull. de la Soc. géologique de France*, 1862, 2e série, t. XIX, p. 629, pl. XVI, fig. 8, 12).

point d'après une extrémité inférieure d'humérus (1), mais le fragment qui avait servi à cette détermination était si incomplet que je n'ai pas cru devoir faire connaître ce fait nouveau. Plus récemment j'ai trouvé dans le même gisement la plus grande partie d'un os tarso-métatarsien, un coracoïdien et un cubitus de cet oiseau, et j'ai pu en étudier quelques autres pièces dans divers musées de province. Les indications fournies par ces nouvelles découvertes sont venues confirmer l'opinion que je m'étais d'abord formée, et je n'hésite pas à inscrire aujourd'hui avec certitude cette nouvelle Grue dans nos cadres ornithologiques.

Le tarso-métatarsien unique que je possède de cette Grue a été brisé de façon qu'il est impossible de juger de sa longueur totale, mais l'extrémité supérieure que je figure ici (2) permet d'arriver à une détermination zoologique avec une grande précision, car on peut y voir tous les caractères qui sont propres au genre *Grus*.

Les dimensions de cette portion du canon sont notablement supérieures à celles du même os chez notre Grue commune, et se rapprochent de celles de la Grue d'Australie. L'extrémité supérieure est large; les facettes glénoïdales devaient être entourées d'un rebord saillant, car bien qu'il soit usé, elles sont encore assez profondes. La tubérosité intercondylienne est grande, sans cependant l'être autant que chez la Grue australienne. La dépression creusée en arrière de la surface articulaire est moins profonde et ressemble davantage à ce qui existe chez la Grue cendrée. Le talon présente exactement la disposition qui caractérise si nettement le genre Grue; il est peu proéminent et allongé; la crête interne est bien développée et, en se soudant aux parties adjacentes, circonscrit une gouttière tubulaire; sa surface postérieure, très-oblique, se continue insensiblement avec le corps de l'os et offre une trace encore obscure de deux coulisses. Dans le genre *Balearica* le talon est beaucoup moins allongé que chez notre fossile.

(1) Voyez pl. LXXV, fig. 8 et 9.
(2) Voyez pl. LXXV, fig. 1, 2, 3 et 4.

Le corps de l'os est très-robuste et plus élargi que chez la Grue
d'Australie. Il est creusé d'une gouttière métatarsienne antérieure
profonde qui occupe toute la largeur de sa face antérieure. Les empreintes d'insertion du muscle tibial sont bien distinctes; l'externe
qui sert de lèvre interne à la gouttière du muscle extenseur est plus
longue et plus étroite que celle du côté opposé. Cette disposition ne
s'observe pas chez la Grue commune où les deux empreintes sont à peu
près égales. Les pertuis supérieurs sont grands et situés au même
niveau. En dehors, la gouttière du moyen péronier paraît moins profonde que chez les espèces vivantes ; cependant cette différence pourrait
tenir à l'usure de l'échantillon que j'ai eu entre les mains.

J'ai recueilli dans les carrières de Chavroches (Allier) une portion
inférieure de tibia (1) qui, évidemment, appartient à la même espèce.
Les surfaces articulaires sont parfaitement conservées ainsi que le pont
sus-tendineux et les empreintes d'insertion du ligament destiné à brider
le tendon du muscle tibial antérieur. Ce tibia est un peu plus robuste
que celui de la Grue cendrée, et la coulisse du muscle extenseur des
doigts est remarquable par sa profondeur. Les autres particularités
d'organisation sont d'ailleurs exactement celles que j'ai indiquées
comme propres au genre *Grus*.

Je possède un coracoïdien du côté droit (2) qui est dans un bon
état de conservation, et il en existe au musée de Lyon un autre exemplaire presque entier, dont la portion supérieure est intacte; j'ai donc
pu étudier d'une manière complète les caractères de cette partie du
squelette qui, ainsi que je l'ai dit plus haut, fournit pour la détermination des Gruides des indications très-précieuses et très-sûres.

Cet os est robuste et élargi ; le corps en est court et renflé. Son
extrémité inférieure est très-oblique et forme avec l'axe de la diaphyse
un angle d'environ 57° ; cependant elle est un peu moins oblique que

(1) Voyez pl. LXXV, fig. 5 et 6.
(2) Voyez pl. LXXV, fig. 7.

chez les espèces vivantes ; car l'angle formé par cette surface sternale et l'axe de l'os est de 54° chez la Grue d'Australie , de 56° chez la Grue couronnée, de 50° chez la Grue Antigone, de 48° chez la Demoiselle de Numidie.

Le trou pneumatique est extrêmement grand et ressemble à celui du coracoïdien de la Grue Antigone ; mais le corps de l'os, bien qu'aussi gros, est moins long que chez cette dernière espèce; son bord interne est cristiforme et au moins aussi saillant que chez la Grue d'Australie. Le trou sous-claviculaire est très-large ; l'apophyse qui le surmonte est forte et se dirige plus directement au dedans que chez les espèces vivantes ; la fossette scapulaire est assez profonde et son rebord inférieur est épais ; la facette glénoïdale est large ; la tubérosité coracoïdienne est renflée et portée sur un col allongé ; enfin la ligne intermusculaire antérieure est bien marquée et s'étend sur toute la longueur de l'os.

Ce coracoïdien ne peut appartenir qu'à une espèce du genre Grue proprement dit, car chez les Baléariques et les Anthropoïdes le corps de l'os est beaucoup moins épais, et son bord interne moins cristiforme ; par conséquent les indications que fournit cette partie de l'appareil sterno-claviculaire s'accordent parfaitement avec celles que j'ai tirées de l'étude du tarso-métatarsien. Je n'hésite donc pas à rapporter ces deux pièces à la même espèce.

J'ai recueilli à Langy un autre os du même oiseau ; c'est la portion inférieure d'un humérus (1) qui, par ses caractères, ressemble à l'humérus de la Grue cendrée, mais peut s'en distinguer facilement par la forme de l'empreinte d'insertion du muscle brachial antérieur, qui est très-profonde et disposée obliquement, qui, au lieu d'être ovalaire, devient plus étroite inférieurement et qui est marquée de stries longitudinales : disposition propre à augmenter la solidité des points d'attache du muscle. L'empreinte d'insertion du brachial antérieur présente

(1) Voyez pl. LXXV, fig. 8 et 9.

à peu près la même conformation chez la Grue d'Australie, où les
dimensions de l'os du bras sont supérieures à celles de cette même
partie chez la Grue cendrée, et se rapprochent d'une façon remarquable
de celles de notre fossile.

Les condyles sont gros et renflés ; la surface sur laquelle se fixe le
ligament interne de l'articulation du coude est large et ovalaire, mais
n'est pas à beaucoup près aussi saillante que chez les Cigognes. J'ajouterai que l'on ne voit aucune trace de fosse olécrânienne et que les
coulisses du triceps sont larges et évasées ; réunion de caractères qui
appartient au genre *Grus*.

M. Jourdan a bien voulu me communiquer un autre humérus dont
la taille est inférieure à celui que je viens de décrire et qui provient
également d'un oiseau du même genre, mais je ne pourrais affirmer
que ce soit de la même espèce ; s'il en était ainsi, il aurait appartenu,
soit à un individu plus jeune, soit à une femelle ; mais il pourrait aussi
se rapporter à un type spécifique différent et peut-être à celui dont je
crois avoir rencontré le sternum et la mandibule supérieure, et dont
j'étudierai les caractères ci-après.

Je rapporte également à la *Grus excelsa* un cubitus presque entier (1)
sur lequel on retrouve les particularités de structure que j'ai indiquées
comme étant propres au genre *Grus*. Effectivement la surface glénoïdale interne est peu déprimée et entourée d'un bord saillant en avant ;
la dépression radiale qui existe au-dessous de la facette glénoïdale
correspondante est élargie transversalement, de façon qu'on ne peut
confondre cet os avec celui d'une espèce du genre *Ciconia*. L'apophyse
olécrânienne est malheureusement brisée de façon qu'on ne peut profiter
des caractères qu'elle fournit ; mais on aperçoit sur la face postérieure
de l'os les tubercules sur lesquels se fixent les rémiges ; ils sont peu
saillants et rapprochés. Ce cubitus est plus petit que celui de la Grue

(1) Voyez pl. LXXV, fig. 10 et 11.

d'Australie ; il se rapproche sous ce rapport de celui de notre espèce européenne.

La *Grus excelsa* paraît être très-rare dans les terrains miocènes de l'Allier, car je n'en connais qu'un très-petit nombre de débris, et ils sont en général moins bien conservés que ceux des autres oiseaux, d'où l'on pourrait présumer que cette espèce ne s'approchait que rarement des bords du lac, et que ses ossements, pour aller s'y enfouir, étaient roulés et transportés par les cours d'eau.

	GRUS EXCELSA.	GRUS AUSTRALIANA.	GRUS CINEREA.
Métatarse.			
Largeur de l'extrémité supérieure	0,0237	0,0265	0,0237
Épaisseur de l'extrémité supérieure	0,0247	0,0209	0,0229
Coracoïdien.			
Longueur de l'os............................	0,0835	0,0856	0,0839
Largeur de l'extrémité sternale..................	0,0288	0,0358	0,0339
Largeur de l'os au-dessous de la fossette scapulaire..	0,0148	0,016	0,016
Largeur de l'os à la hauteur de la facette glénoïdale.	0,0139	0,0136	0,0136
Humérus.			
Largeur de l'extrémité inférieure................	0,033	0,0324	0,0335
Épaisseur de l'extrémité inférieure...............	0,0185	0,018	0,0183
Largeur du corps de l'os au-dessus de l'empreinte du brachial antérieur...................	0,0206	0,0205	0,0185
Cubitus.			
Largeur de l'extrémité supérieure	0,019	0,0159	0,015
Épaisseur de l'extrémité supérieure	0,0145	0,015	0,014
Largeur de l'os.............................	0,01	0,0099	0,0087
Épaisseur de l'os...........................	0,009	0,0093	0,009

GRUS PROBLEMATICA, nov. sp.

(Planche LXXVI, fig. 3 à 7.)

Je crois devoir rapporter à un oiseau de la famille des Grues une portion de bec fossile trouvée aux environs de Langy, mais je ne présente cette opinion qu'avec beaucoup de réserve, car le fragment en question est tellement petit qu'on ne peut en tirer que peu de renseignements, et si je me hasarde à en faire une détermination approximative, c'est principalement comme une expérience propre à indiquer la valeur des inductions fondées sur des caractères ostéologiques qui, au premier abord, pourraient n'inspirer que peu de confiance. En effet, il est probable qu'on ne tardera pas à découvrir des débris moins incomplets de la tête du même oiseau, et alors on verra si les conjectures présentées ici sont fondées.

Cette pièce consiste en une portion de la mandibule supérieure (1) qui montre l'os intermaxillaire soudé en arrière aux os nasaux et uni en avant à la partie subterminale des maxillaires. On voit que l'intermaxillaire était libre latéralement dans plus des deux tiers de sa longueur et que, dans toute cette étendue, il devait y avoir entre cette pièce médiane de la mandibule et les branches latérales ou maxillaires une grande ouverture comme chez les Gruides de l'époque actuelle et en particulier chez la Grue couronnée. Le bord dorsal du bec est droit et un peu déprimé, ce qui le distingue de celui des Agamis qui est légèrement arqué.

L'étroitesse de cet os ne permet pas de le confondre avec l'intermaxillaire des Grues ordinaires et par sa forme générale il ressemble beaucoup à celui de la Grue couronnée (2). La portion antérieure de

(1) Voyez pl. LXXVI, fig. 5, 6 et 7.
(2) Voyez pl. LXXIV, fig. 7.

cette mandibule fossile montre que le bec devait s'élargir notablement d'avant en arrière comme chez ce dernier oiseau et que de même que chez celui-ci, il offre en dessous de nombreuses fossettes sur sa face palatine, servant à loger des filets nerveux ou des vaisseaux sanguins. Sa portion nasale porte à sa face inférieure une ligne saillante médiane et de chaque côté une gouttière longitudinale très-superficielle. Enfin, la portion frontale de cette pièce osseuse est aplatie et présente un degré de consolidation qu'on ne rencontre pas chez les Gallinacés ; en effet, non-seulement les os nasaux sont soudés aux branches montantes des intermaxillaires, mais celles-ci sont confondues entre elles et l'on n'aperçoit sur la ligne médiane aucune trace de leur union, tandis que chez les Gallinacés, comme je le montrerai dans un chapitre suivant, il y a presque toujours dans ce point une fente longitudinale.

En résumé, autant que je puis en juger par ce débris, l'oiseau fossile auquel il appartient devait avoir le bec conformé à peu près comme celui de la Grue couronnée, mais notablement plus court, et si le principe des harmonies organiques établi par Cuvier a autant de rigueur que je suis disposé à y attribuer, cet oiseau devait par conséquent faire partie de la même famille naturelle, c'est-à-dire de celle des Gruides. Dans le cas où ces conjectures seraient fondées, je proposerais de donner à cette espèce le nom de *Grus problematica*.

Il existe dans la collection de M. le marquis de Laizer, à Clermont-Ferrand, un sternum d'oiseau provenant de Gannat (1) que je crois devoir rapporter à une espèce du groupe des Gruides, et peut-être du genre *Balearica*. Cependant, vu l'état de l'exemplaire, je ne puis hasarder, qu'avec réserve, une opinion à cet égard. Ce sternum, dont on voit encore parfaitement les contours, a été déformé par la compression ; les lames sternales sont renversées de façon qu'elles se trouvent sur le même plan que le bréchet. L'aspect général de ce fossile rappelle beaucoup

(1) Voyez pl. LXXVI, fig. 4.

celui du sternum des Grues. En effet, cet os est long, étroit et d'une largeur à peu près égale d'une extrémité à l'autre, bien que ses bords latéraux soient un peu excavés vers leur partie moyenne. L'espace occupé par les facettes d'articulation des côtes, autant qu'on peut en juger, paraît s'étendre très-loin en arrière. Les rainures coracoïdiennes sont très-obliques. Le bord postérieur de l'os ne présente pas d'échancrure; il est simplement un peu concave et ses angles latéraux dépassent la portion médiane. Le brechet a été brisé à son point de réunion avec le bouclier sternal, mais il est facile de juger qu'il était très-saillant, que son bord inférieur, régulièrement arqué, se prolongeait à peu près jusqu'au bord postérieur du bouclier sternal, et que son angle antérieur s'avançait peu. Cet ensemble de caractères ne peut, il me semble, s'appliquer à aucun autre oiseau qu'à un membre de la famille des Gruides. De plus, il ne paraît pas que la fourchette ait été soudée à l'angle du brechet, car ce dernier ne présente pas l'épaisseur qui se remarque chez les Grues proprement dites; il était mince et lamelleux; enfin, on n'aperçoit pas de renflement épisternal en manière de tambour osseux, comme dans les genres *Grus* ou *Anthropoides*. Ainsi, par exclusion, j'arrive à penser que le sternum fossile de Gannat peut bien avoir appartenu à une espèce voisine du genre *Balearica*, peut-être à celle dont j'ai trouvé, à St-Gerand-le-Puy, une portion de mandibule supérieure.

Je possède un autre sternum (1) provenant, comme le premier, de Gannat, mais qui, au lieu d'être vu de côté, présente sa face inférieure de façon que le brechet a été brisé par la compression, et qu'on n'en voit aucune trace. Cette pièce paraît appartenir à la même espèce que la précédente; ses dimensions sont à peu près les mêmes, et ses caractères principaux sont aussi ceux du groupe des Grues et plus particulièrement des Baléariques; on y retrouve la même forme étroite d'une

(1) Voyez pl. LXXVI, fig. 3.

extrémité à l'autre, la même obliquité des rainures coracoïdiennes, etc.
Je ne puis penser que ces sternums proviennent de la *Grus excelsa*, car,
d'après ce que je connais du squelette de cette dernière espèce, elle
devait être au moins de la taille de la Grue d'Australie, tandis que les
sternums de Gannat appartiennent à un oiseau plus petit, à peu près
de la taille de la Grue couronnée.

§ 2. — GRUIDES DE L'ÉPOQUE QUATERNAIRE.

GRUS PRIMIGENIA, nov. sp.

(Planche LXXVI, fig. 8, 9, 10 et 11.)

M. Lartet a recueilli dans la grotte des Eyzies (Dordogne), à côté des
débris du squelette de Rennes, d'Aurochs, etc., une portion inférieure
de tibia qui avait été séparée du corps de l'os, non pas par une cassure
accidentelle, mais évidemment de main d'homme et à l'aide d'un instrument tranchant jouant le rôle d'une scie ; de plus, on observe sur ce
fragment de nombreuses rainures longitudinales faites évidemment
avec un instrument analogue. M. Lartet a bien voulu me remettre ce
fossile, et il m'a été facile de reconnaître qu'il provenait d'une espèce
du genre *Grus* proprement dit ; on y aperçoit l'ensemble des caractères
qui sont spéciaux à cette division générique, c'est-à-dire la grande
largeur de la gorge intercondylienne antérieure, la différence de grosseur des condyles, dont l'interne est plus petit, plus mince et un peu
plus saillant que l'externe ; enfin, la brièveté et la largeur de la gorge
postérieure de cette articulation.

Il ne peut donc y avoir aucun doute sur la détermination du genre
auquel appartient cette portion inférieure du tibia ; mais si l'on cherche
à quelle espèce elle doit se rapporter, on remarque qu'elle ne peut
provenir de la Grue cendrée, chez laquelle la grosseur de l'os principal

de la jambe est bien moins considérable, car notre tibia est même beaucoup plus grand que celui de la Grue d'Australie. Je l'ai également
comparé avec celui de la Grue de Mantchourie et de l'Antigone : c'est
encore de l'os de la jambe de ce dernier qu'il se rapproche le plus ; les
dimensions du fossile sont cependant un peu plus considérables, la
coulisse de l'extenseur des doigts y est plus large (1), la gorge intercondylienne antérieure est plus évasée (2), et l'épaisseur de l'extrémité inférieure tout entière est plus grande. Il me semble donc
démontré que le tibia trouvé dans la grotte des Eyzies ne peut pas
provenir de l'espèce qui aujourd'hui habite la Cochinchine, le royaume
de Siam et les provinces environnantes, et il me paraît se rapporter à
une espèce remarquable par sa grande taille, qui aurait disparu peu
à peu devant les envahissements de l'homme ou devant toute autre
cause, comme le font maintenant les Aurochs, comme l'ont fait le *Bos
primigenius* et tant d'autres espèces.

Je donne ici les dimensions comparées du tibia de la Grue des
cavernes et de quelques autres espèces vivantes.

	GRUS PRIMIGENIA.	GRUS CINEREA.	GRUS AUSTRALASIANA.	GRUS ANTIGONE.
Largeur de l'extrémité inférieure......	0,025	0,0195	0,022	0,0224
Largeur de la gorge intercondylienne postérieure...................	0,018	0,014	0,016	0,017
Largeur de la face externe de l'extrémité inférieure...................	0,023	0,019	0,020	0,0225
Largeur de la face interne de l'extrémité inférieure...................	0,024	0,020	0,021	0,023
Largeur du corps de l'os...........	0,0135	0,010	0,011	0,0135
Épaisseur du corps de l'os...........	0,0110	0,008	0,009	0,010

(1) Voyez pl. LXXVI, fig. 8.
(2) Voyez pl. LXXVI, fig. 11.

CHAPITRE XIX

CARACTÈRES OSTÉOLOGIQUES DE LA FAMILLE DES PHŒNICOPTÉRIDES.

§ 1er.

La famille des Flamants ou Phœnicoptérides, qui ne se compose aujourd'hui que d'un seul genre, a été rangée par les ornithologistes classificateurs, tantôt avec les Lamellirostres (1), tantôt avec les Échassiers (2), suivant qu'ils accordaient une plus grande importance à la longueur des pattes ou à l'existence d'une palmure interdigitale. Mais, si au lieu de s'en tenir à un examen superficiel des parties extérieures, ils avaient étudié la constitution anatomique du squelette tout entier, ils auraient pu aisément se convaincre que les Phœnicoptères s'éloignent beaucoup des Canards, et qu'ils doivent se placer à côté des Grues et des Cigognes, parmi les véritables Échassiers. L'existence ou l'absence d'une membrane interdigitale ne paraît constituer qu'un caractère de minime importance, dont on a beaucoup exagéré la valeur, probablement parce qu'il était très-apparent et facile à constater. Mais chez les Canards eux-mêmes, on voit parfois des individus dont les pieds sont à peine palmés, et, chez quelques Oies, cette disposition est normale (3). Les Plongeons ont les doigts réunis par une membrane, tandis que chez les Grèbes, cette membrane est interrompue et ne

(1) Cette marche a été suivie par M. Gray (*Genera of Birds*), et par le prince Charles Bonaparte (*Classification ornithologique par séries*, dans *Comptes rendus*, 1853, t. XXXVII).

(2) Cuvier, *Règne animal.*

(3) L'*Anas semipalmata*, Lath., et l'*Anas melanoleuca*, dont Lesson a formé le genre *Anseranas.*

forme que des festons ; cependant il est impossible, dans une classification naturelle, de séparer ces oiseaux. Les pieds des Avocettes sont
palmés, et l'on n'a jamais hésité à faire rentrer ce genre dans le domaine
des Échassiers. Les Foulques ont presque des pieds de Grèbes, sans avoir
avec ces derniers aucune analogie organique. Je pourrais citer bien
d'autres exemples qui prouvent le peu d'importance que l'on doit attacher à la palmure des pattes ; mais le meilleur nous est peut-être
fourni par les Phœnicoptères, ainsi que nous le constaterons en étudiant
comparativement les diverses parties de leur squelette. Nous verrons
aussi qu'à l'époque tertiaire, ces oiseaux se reliaient étroitement aux
véritables Échassiers par l'intermédiaire d'un genre assez nombreux
en espèces, et qui a complétement disparu aujourd'hui.

§ 2. — DES OS DE LA PATTE.

Les PATTES des Flamants (1) sont, relativement au volume du corps,
plus longues et plus grêles que celles de la plupart des autres Échassiers. Le fémur est plus court encore que celui des Ciconides, et il n'y
a que peu de différence de longueur entre les os du pied et de la
jambe. Ainsi, si l'on rapporte à 100, longueur du tarso-métatarsien,
les dimensions des autres os du membre pelvien, on trouvera 108
pour le tibia et 28 pour le fémur.

Le tarso-métatarsien (2) est remarquable par sa forme comprimée
latéralement et uniformément grêle. La réunion de ces deux caractères
suffirait déjà pour permettre de distinguer cet os de son analogue chez
tous les autres oiseaux ; mais ils coïncident avec un grand nombre de
particularités également importantes.

L'extrémité supérieure est peu élargie et la tubérosité intercondy-

(1) Voyez pl. LXXX. — Voyez aussi Eyton, *Osteologia Avium*, pl. IV, K.
(2) Voyez pl. LXXVII, fig. 1 à 4.

lienne occupe plus de la moitié de son diamètre transversal ; elle est comprimée d'avant en arrière, et se continue, de chaque côté, par un bord oblique, avec les facettes glénoïdales, qui sont étroites et plus longues que larges. Elles sont situées à peu près sur le même niveau.

La disposition du talon rappelle beaucoup celle de la même partie chez les Cigognes. En effet, il est placé plus bas que les surfaces articulaires auxquelles il se rattache par un bord oblique. Les deux crêtes principales sont très-développées, à peu près également saillantes, et laissent entre elles une large gouttière ; mais cette dernière est plus profonde et plus resserrée que celle des Cigognes. Le corps de l'os, ainsi que je l'ai dit plus haut, est très-comprimé latéralement ; la face antérieure est étroite et creusée sur toute sa longueur d'une large gouttière métatarsienne. Les empreintes d'insertion du muscle tibial antérieur sont ovalaires et ne se confondent pas sur la ligne médiane. Elles sont surmontées d'une dépression qui se prolonge supérieurement jusqu'au-dessous de la tubérosité intercondylienne.

Les faces latérales de l'os sont plus larges que l'antérieure ; l'externe est limitée en arrière par un bord saillant qui se prolonge en haut jusqu'à l'extrémité supérieure, et constitue, dans cette partie, l'une des lèvres de la coulisse du moyen péronier, qui est en général bien marquée. Le bord postéro-interne est arrondi. Enfin, la face postérieure est très-étroite et légèrement excavée longitudinalement.

L'extrémité inférieure de l'os, comparée à la diaphyse, est élargie et ressemble à celle des Grues, bien qu'il soit facile de l'en distinguer. Les trochlées digitales sont disposées sur une ligne transversale très-arquée ; la médiane est longue et forte, et se prolonge plus bas que les latérales ; l'échancrure qui la sépare de l'externe est médiocrement élargie : cette dernière est comprimée latéralement et pourvue d'une gorge bien marquée ; elle se prolonge beaucoup plus bas que la trochlée interne, qui est fortement rejetée en arrière, et dont le bord

postéro-interne est saillant, mince et tranchant. La portion inférieure
ne présente rien de particulier à noter. Enfin, en arrière, on n'aperçoit aucune trace de la surface articulaire du pouce.

On voit donc que cet os présente un certain nombre de caractères qui lui sont particuliers, notamment, et en première ligne, la
largeur de la tubérosité intercondylienne et la compression latérale
du corps de l'os ; par d'autres caractères il se rapproche de celui de
quelques oiseaux du même ordre. Le talon, comme je l'ai dit, ressemble à celui des Cigognes, mais les trochlées digitales, par leur disposition, diffèrent de celles de ce dernier genre et rappellent ce qui
existe chez les Grues, bien que la trochlée externe soit plus fortement
comprimée que chez ces oiseaux et que l'interne, au lieu de se terminer en arrière par une sorte de tubercule, présente un bord tranchant. Mais nous ne trouvons aucun caractère qui soit commun au
canon des Phœnicoptères et des Palmipèdes lamellirostres.

La longueur de cet os varie beaucoup chez les diverses espèces.
Ainsi j'ai réuni des tarso-métatarsiens du *Phœnicopterus ruber*, dont
quelques-uns mesuraient 25 centimètres, tandis que ceux du *Phœnicopterus roseus* avaient plus de 32 ou même 37 centimètres.

Les DOIGTS des Flamants sont courts et le pouce est rudimentaire.
Les phalanges présentent une forme toute particulière (1). Les
premières sont longues, grêles et comprimées latéralement. La
seconde et la troisième du doigt médian sont, au contraire, courtes.
Il en est de même pour la troisième et surtout pour la quatrième
du doigt externe. Les deux os qui composent le doigt interne sont de
longueur à peu près égale. Nous ne retrouvons une disposition analogue des phalanges chez aucun autre oiseau, et chez tous les
Échassiers ces os sont beaucoup moins comprimés et plus arrondis.

(1) Voyez pl. LXXVII, fig. 5.

Les doigts des Poules d'eau, des Râles et des Poules sultanes rappel-lent un peu, par la conformation de leur charpente solide, ce qui existe chez les Flamants. Mais les phalanges, bien que très-grêles, y sont plus arrondies, et leur longueur relative est complétement diffé-rente, la troisième phalange du doigt du milieu étant très-allongée, ainsi que la quatrième du doigt externe.

Les phalanges des Albatros ressemblent beaucoup à celles des Flamants : les premières sont également longues et comprimées, et il serait difficile de les distinguer génériquement de celles de ces der-niers oiseaux ; mais les doigts, considérés dans leur ensemble, sont beaucoup plus longs, à cause du développement que prennent les dernières phalanges.

Le TIBIA des Flamants est remarquablement long et grêle (1) ; sa taille, ainsi qu'on le sait déjà, est toujours un peu plus considérable que celle du canon. Il est fortement comprimé d'avant en arrière, disposition rare chez les oiseaux. Sa face antérieure est aplatie et même légère-ment déprimée ; sa face interne est plus large que l'externe. La crête péronière est extrêmement courte ; la gouttière de l'extenseur com-mun des doigts est très-profonde et occupe presque toute la largeur de l'os ; la saillie inférieure à laquelle s'attache le ligament oblique sous-tibial, au lieu d'être placée, comme chez les Cigognes, sur le bord externe de l'os, se trouve plus rapprochée de la ligne médiane et occupe le bord de la coulisse de l'extenseur, immédiatement au-dessus du pont osseux. Le tubercule sur lequel s'insère le ligament destiné à brider le tendon de l'extenseur des doigts, dans son trajet sus-articulaire, est au moins aussi saillant que chez les Cigognes et se trouve à peu près sur la ligne médiane. La gorge intercondylienne s'élargit remarquablement dans sa partie supérieure, de façon à se

(1) Voyez pl. LXXVII, fig. 6, 7 et 8.

prolonger au-dessus des condyles et à occuper toute la largeur de
l'extrémité inférieure de l'os. Rien de semblable n'existe chez les autres
Échassiers, et cette disposition est en rapport avec la largeur inusitée
de la saillie intercondylienne du canon : celle-ci nécessite une large dépression pour se loger ; il en résulte que l'articulation du pied est très-
serrée. Les condyles sont petits et à peu près égaux ; la surface articulaire inférieure est allongée, très-aplatie, et présente de chaque côté
une dépression dans laquelle vient buter le bord postérieur des facettes glénoïdales tarsiennes (1) ; la gorge intercondylienne postérieure
est courte, mais extrêmement profonde et limitée de chaque côté par
des bords saillants ; enfin, sur la face externe du condyle correspondant, il existe une gouttière, en général bien indiquée, qui loge le
tendon du moyen péronier, et qui ne se retrouve ni chez les Cigognes,
ni chez les Grues, ni chez les Totanides.

   L'extrémité supérieure du tibia est petite, beaucoup moins comprimée latéralement que dans la famille des Ciconides ; les crêtes tibiales y sont plus saillantes que chez ces derniers oiseaux. Le péroné
est styliforme et très-petit, il ne dépasse guère en bas la crête péronière.

   Le FÉMUR des Phœnicoptères (2) est très-facile à distinguer de
celui des autres types ornithologiques. En effet, il est remarquable par
sa brièveté relative et par la grosseur de son extrémité inférieure. Le
corps de l'os est cylindrique et presque droit, ce qui le différencie de
celui des Totanides ; le col du fémur est extrêmement court, et, sous
ce rapport, ne peut être comparé à celui d'aucun autre Échassier. La
tête articulaire est hémisphérique et creusée d'une dépression large,
mais superficielle, pour l'insertion du ligament rond. Le trochanter est
très-développé ; son bord supérieur se prolonge bien au-dessus de la

(1) Voyez pl. LXXVII, fig. 8.
(2) Voyez pl. LXXVII, fig. 9 à 13.

surface articulaire, et, en dedans de son bord antérieur, il existe un orifice pneumatique assez large, mais peu profond.

La ligne intermusculaire antérieure est moins saillante que chez les autres oiseaux du même ordre. Le condyle externe est extrêmement renflé. La gorge intercondylienne antérieure est excavée, large et très-longue. En arrière, la crête péronéo-tibiale est courte, mais proéminente, tandis que le bord externe des condyles correspondants l'est très-peu, comme on pouvait le prévoir d'après le faible développement du péroné.

La fosse poplitée est extrêmement superficielle, elle est limitée en dedans par une crête saillante qui ne se prolonge que peu et se réunit à la ligne âpre. L'empreinte d'insertion du jumeau externe est grande et arrondie.

§ 3. — DES OS DU TRONC.

Le BASSIN des Phœnicoptères (1) participe à la fois des caractères du genre *Grus* et du genre *Ciconia*. Il est moins voûté que celui des premiers de ces oiseaux, et moins aplati que celui des seconds. Les rapports de longueur de la portion précotyloïdienne et postcotyloïdienne sont à peu près les mêmes que ceux des Cigognes. Les lames iliaques antérieures, plus élargies que chez les Grues, sont fortement inclinées en forme de toit. Elles se soudent intimement, sur la ligne médiane, avec la crête épineuse du sacrum, comme dans les deux familles précédentes, et elles diffèrent par là des Totanides. La portion intercotyloïdienne est médiocrement large et présente jusqu'au bord postérieur une double rangée de grands trous pneum. iques; nous avons vu que, chez les Grues, il n'en existe pas, ou du moins qu'ils

(1) Voyez pl. LXXVIII, fig. 1, 2 et 3.

sont très-petits. Chez les Cigognes, ils ne sont pas aussi ouverts que dans le genre qui nous occupe.

La crête sus-ischiatique est saillante, mais elle ne déborde pas les lames ischio-iliaques, comme cela a lieu chez les Gruides et les Ciconides, car, lorsqu'on regarde le bassin en dessus, on aperçoit parfaitement le bord inférieur des iliaques, tandis que chez les oiseaux précédents il est entièrement caché. L'angle sus-ischiatique est arrondi, peu marqué et beaucoup moins proéminent que chez les Ciconides et même que chez les Gruides. La pointe de l'ischion est obtuse et ne dépasse pas en arrière l'angle dont je viens de parler. Les trous sciatiques sont presque régulièrement arrondis (1), tandis que nous savons qu'ils sont ovalaires dans la famille des Ciconides. La facette sus-cotyloïdienne est plus petite et beaucoup plus relevée que chez ces oiseaux. La disposition des branches pubiennes et de l'échancrure ovalaire n'offre rien de particulier à noter.

A la face inférieure du bassin (2), le corps des vertèbres est arrondi et ne présente pas de crêtes; les fosses iliaques internes sont plus larges que chez les Grues, mais moins longues. Les fosses rénales antérieures sont étroites. Les postérieures, beaucoup moins élargies que chez les Ciconides, ne sont pas limitées en arrière par un rebord saillant, comme chez les Gruides.

Nous voyons donc que cette partie du squelette diffère beaucoup de ce qui se voit chez les Totanides, à cause de la soudure des lames iliaques antérieures avec la crête épineuse et du faible développement des pointes ischiatiques. Elle ne présente aucune analogie avec le pelvis des Canards ou des autres Palmipèdes ordinaires, chez lesquels la portion postcotyloïdienne prend un si grand développement, tandis que la région précotyloïdienne est toujours comparativement très-petite.

(1) Voyez pl. LXXVIII, fig. 3.
(2) Voyez pl. LXXVIII, fig. 2.

C'est avec le bassin des Grues et des Cigognes que cette partie a le plus de ressemblance, et ses caractères s'accordent avec ceux qui nous ont déjà été fournis par les os de la patte.

Les VERTÈBRES coccygiennes (1) sont très-petites et à peu près égales entre elles. Leur système apophysaire se développe beaucoup moins que chez tous les oiseaux que nous avons examinés jusqu'ici, à l'exception peut-être des Agamis.

Les vertèbres dorsales qui font suite à la portion lombaire du bassin sont très-étroites. La plupart sont soudées entre elles, non-seulement par la confluence de leur corps, mais aussi par celle des apophyses épineuses et transverses. Elles sont dépourvues en dessous de lames épineuses.

Le cou est extrêmement long, ce qui est plutôt dû aux dimensions des vertèbres qui le constituent qu'à leur nombre ; on n'en compte, en effet, que dix-huit ; toutes sont remarquablement grêles et dépourvues de stylets ; leur portion articulaire est courte et peu élargie. Ces osselets augmentent graduellement de longueur jusqu'au huitième, puis ils diminuent rapidement à partir du douzième, mais en même temps ils s'élargissent et acquièrent de la force.

Les CÔTES, au nombre de sept seulement, sont très-espacées, de façon à cloisonner très-imparfaitement la cavité viscérale. À l'exception de la première et de la dernière, elles s'articulent toutes avec le sternum. Leur corps est peu élargi, et porte une apophyse récurrente très-allongée.

Le STERNUM des Flamants (2), par sa forme générale, ressemble un peu à celui des Hérons, mais il en diffère, ainsi que de celui de tous les autres types ornithologiques que nous avons déjà passés en revue,

---

(1) Voyez pl. LXXX, et Eyton, *Osteologia Avium*, pl. IV, K.
(2) Voyez pl. LXXIX, fig. 1, 2 et 3.

par un ensemble de caractères importants. Cet os est allongé, sans l'être à beaucoup près autant que chez les Grues, et il est plus bombé d'avant en arrière; il est notablement rétréci vers le milieu et très-élargi antérieurement par suite du prolongement en dehors des angles hyosternaux. Le brechet est mince, très-grand, et s'étend jusqu'au bord postérieur du bouclier thoracique; son bord inférieur est très-busqué; son angle antérieur est mince et arrondi, mais saillant; enfin son bord antérieur, assez large, est faiblement creusé en gouttière. Il naît, à quelque distance en arrière de la base de l'apophyse épisternale, et se porte obliquement en arrière et en bas, en sorte que l'angle antéro-inférieur, malgré la saillie dont j'ai déjà parlé, est très-peu avancé et n'atteint pas le niveau de l'extrémité des rainures coracoïdiennes lorsque le sternum est placé horizontalement. Les bords antérieurs du sternum sont dirigés très-obliquement en arrière et en dehors, de façon à former avec la ligne médiane un angle aigu d'environ 40 degrés. A leur point de réunion, se trouve une apophyse épisternale qui se dirige en avant, se recourbe un peu en bas à son angle antéro-inférieur, et s'élargit beaucoup en dessus, de façon à se terminer par une surface triangulaire et excavée verticalement. Les rainures cora-coïdiennes sont très-obliques et se croisent beaucoup sur la ligne mé-diane, derrière la base de l'apophyse épisternale : caractère qui n'existe ni chez les Palmipèdes, ni chez la plupart des Échassiers, à l'exception des Hérons, où il est très-prononcé, et des Spatules ainsi que des Ibis, où il est faiblement indiqué. La lèvre postérieure de ces rainures arti-culaires est saillante, mais mince, et n'est pas surmontée d'un bour-relet épais, comme chez les Grues et surtout chez les Ibis et les Spatules. Les lignes intermusculaires, qui limitent l'espace occupé par le moyen pectoral, se portent très-obliquement de l'angle antéro-interne de l'espace hyposternal à la base du brechet, vers le tiers postérieur du sternum, puis se recourbent en bas et en avant, sur les faces latérales de cette lame médiane, pour aller se perdre près de son bord antérieur.

Les bords latéraux de l'os sont concaves dans leur moitié antérieure et y présentent cinq facettes costales; dans leur moitié postérieure, ils sont faiblement convexes. Le bord postérieur du sternum est pourvu d'une paire d'échancrures larges et profondes qui sont séparées entre elles sur la ligne médiane par une lame assez grande et coupée carrément en arrière. Les branches hyposternales sont étroites et ne dépassent que de très-peu la portion médiane de l'os. Enfin la face supérieure de ce bouclier thoracique est très-concave, et ne présente qu'un nombre assez restreint de petits pertuis pneumatiques.

L'os FURCULAIRE (1) ne ressemble en aucune façon à celui des Gruides et des Cigognes; effectivement, chez ces oiseaux, il présente une forme de V et les branches s'écartent beaucoup en arrière. Au contraire, dans le groupe qui nous occupe ici, cet os affecte la forme d'un U, et ses branches ne sont pas plus écartées en arrière et en haut que vers leur partie moyenne. Par cette disposition, les Flamants se rapprochent davantage des Spatules et des Ibis, mais chez ceux-ci les branches sont beaucoup moins arquées. Dans le genre *Phœnicopterus*, les branches furculaires sont peu comprimées latéralement et leurs bords sont arrondis; elles ne deviennent étroites et minces que près de leur articulation scapulaire. En arrière et en bas il existe une apophyse furculaire peu développée, qui s'avance vers le bréchet, mais ne s'appuie pas sur lui comme chez les Cigognes, les Jabirus, les Marabouts, les Tantales, etc. Dans les genres *Platalea* et *Ibis*, cette apophyse est moins développée, elle se réduit à un tubercule ou manque complétement. L'articulation de la fourchette avec le coracoïdien se fait à l'aide d'une saillie bien marquée qui existe sur le bord supérieur de l'os. Rien d'analogue ne se voit chez les autres Échassiers, et en cela l'os furculaire des Flamants ressemble à celui des Palmipèdes lamelli-

(1) Voyez pl. LXXIX, fig. 7 et 8.

rostres. En arrière de ce tubercule, le bord supérieur s'aplatit et s'élargit, enfin l'apophyse scapulaire se termine en pointe.

L'os coracoïdien des Flamants se rapproche plus de celui des Spatules et des Ibis que de celui des autres Échassiers (1) : il est court et très-gros ; l'extrémité sternale est très-élargie et plus oblique que chez les Ciconides, mais moins que dans la famille des Grues. La surface articulaire est longue et plus large que dans le premier de ces groupes. L'apophyse hyosternale est grande et relevée. La dépression du muscle coraco-huméral est très-peu profonde, et, au-dessus de ce point, le corps de l'os est épais et renflé. Son bord interne devient cristiforme et se continue avec l'apophyse sous-claviculaire, à la base de laquelle existe un trou, destiné d'ordinaire au passage des vaisseaux, et qui, dans le cas présent, sert d'orifice pneumatique ; la fossette scapulaire est profondément creusée. La tubérosité coracoïdienne est grosse et portée sur un col allongé ; elle se continue en dedans par une surface articulaire remarquablement développée, lisse et aplatie, contre laquelle s'appuie la face externe de la branche furculaire. Chez les Grues et les Cigognes, cette surface est remplacée par un bord saillant qui termine en haut et en dedans la tubérosité coracoïdienne. Dans les genres *Platalea* et *Ibis*, cette surface est plus développée, mais elle n'atteint pas les dimensions considérables que l'on remarque dans le groupe des Phœnicoptères, où elles sont, au demeurant, tout à fait exceptionnelles.

L'omoplate des Flamants (2) se distingue facilement de celle de tous les autres oiseaux que nous avons étudiés jusqu'ici par la forme de la tubérosité antérieure qui est très-saillante, et s'avance en forme d'apophyse pointue pour s'articuler à l'os furculaire. Parmi les Palmi-

(1) Voyez pl. LXXIX, fig. 4, 5 et 6.
(2) Voyez pl. LXXVIII, fig. 7 et 8.

pèdes, nous avons déjà vu que chez quelques types, les Totipalmes
par exemple, la tubérosité antérieure du scapulum présente une longueur considérable, mais alors elle est ou renflée ou arrondie à son
extrémité, et ne se termine pas en une pointe plus ou moins acérée.

Dans le genre *Phœnicopterus*, à la base de cette saillie, on voit le
long du bord interne de l'os une crête peu marquée et rugueuse, destinée à l'insertion du ligament coraco-scapulaire. La facette articulaire
de l'omoplate est arrondie et peu séparée de la surface glénoïdale, qui
ne s'avance pas en dehors, comme chez les Cigognes et les Grues ; elle
est ovalaire et peu élargie. Le corps de l'os présente une largeur moins
considérable que dans la famille des Ciconides, et, sous ce rapport,
ressemble davantage à celui des Gruides ; mais nous savons que chez
ces oiseaux l'extrémité antérieure est conformée d'une manière complétement différente. Il est donc impossible de confondre l'omoplate
des Grues avec celle des Phœnicoptères.

§ 4. — DES OS DE L'AILE.

L'aile des Flamants est peu développée, et l'avant-bras, bien qu'un
peu plus long que le bras, ne le dépasse que très-peu. Si l'on représente par 100 les dimensions de ce dernier, on trouvera 110 pour
l'avant-bras et 82 pour la main (1).

L'HUMÉRUS (2) se distingue facilement de celui de tous les oiseaux
que nous avons déjà étudiés. Il est plus grêle relativement, plus allongé, moins arqué, et il n'y a pas d'apophyse sus-épicondylienne en
forme de crochet, comme chez les Larides et les Totanides.

L'extrémité supérieure est peu élargie ; la tête articulaire dépasse

(1) Voyez pl. LXXX.
(2) Voyez pl. LXXVIII, fig. 4, 5 et 6.

les trochanters; elle est limitée en bas par un sillon assez profond destiné à l'insertion du ligament coraco-huméral. La surface bicipitale
est peu renflée et se continue insensiblement avec le bord externe de
l'os. Il n'y a pas là de sillon comme chez les Cigognes. La crête externe
est peu saillante, mais son bord est régulièrement arrondi et non
échancré, ainsi que cela se voit dans ce dernier genre.

En arrière, la fosse sous-trochantérienne est superficielle et l'on
n'y aperçoit aucune ouverture pneumatique, tandis que chez les Ciconides, les Gruides, etc., il en existe toujours. Nous verrons que dans
la famille des Rallides on observe à cet égard une disposition analogue
à celle des Phœnicoptères.

L'extrémité inférieure de l'os est peu élargie. L'empreinte d'insertion du muscle court fléchisseur de l'avant-bras est petite, ovalaire,
beaucoup plus profondément creusée et plus nettement circonscrite
que chez tous les autres oiseaux du même groupe. Le condyle articulaire externe est étroit et s'amincit vers son extrémité. L'épitrochlée est peu saillante, l'épicondyle présente la même disposition que
chez les Grues; la fosse olécrânienne, bien que superficielle, est mieux
indiquée que dans ce dernier genre.

L'avant-bras des Flamants est comparativement moins allongé que
celui des Grues, des Cigognes et des Totanides.

Le CUBITUS (1) est grêle, peu arqué et peu renflé à ses extrémités;
la surface articulaire supérieure ressemble à celle des Grues plus qu'à
celle des autres Échassiers. En effet, l'apophyse olécrânienne est faiblement développée, et la dépression qui existe au-dessous et en avant de la
facette glénoïdale externe est élargie transversalement et ne présente
pas la forme triangulaire qui se remarque chez les Cigognes et les Totanides. Sur la face postérieure de l'os, les tubercules d'insertion des

(1) Voyez pl. LXXIX, fig. 9 et 10.

rémiges sont peu saillants, mais rapprochés et nombreux ; on en compte environ 16 ou 17, tandis que chez les Cigognes il n'en existe que 14 ou 15. Chez les Grues, leur nombre est le même que dans le genre *Phœnicopterus*.

L'extrémité inférieure de l'humérus des Flamants présente une gorge carpienne plus profonde que dans les familles précédentes. La tubérosité carpienne est arrondie et très-peu développée.

Le RADIUS est presque droit ; il est assez fortement comprimé et légèrement tordu sur son axe. Chez les Ciconides, il présente une courbure beaucoup plus forte, et, chez les Gruides, il est moins comprimé et plus épais.

J'ai déjà eu l'occasion de dire que chez les Gruides les deux branches du MÉTACARPE sont moins écartées que dans la famille des Ciconides. Chez les Flamants, cette disposition est portée encore plus loin, et il est facile de reconnaître cet os (1) au faible intervalle qui sépare ses branches. Elles s'étendent, en effet, presque parallèlement et ne se soudent que par leurs extrémités, de telle sorte qu'à la partie supérieure, leur soudure ne s'effectue pas sur une étendue aussi considérable que chez les Cigognes. La petite branche du métacarpe est peu comprimée d'avant en arrière, même dans sa partie supérieure, disposition qui éloigne les Flamants des Grues et des Cigognes pour les rapprocher des Hérons. Mais, chez ces derniers, l'espace intermétacarpien est plus large. Il y a aussi d'autres différences dans la forme de l'extrémité supérieure qui ne permettent pas de confondre l'os métacarpien dans ces deux familles.

Chez les Flamants, l'extrémité supérieure de l'os est petite ; la gorge de la poulie carpienne ne présente pas d'échancrure interarti-

(1) Voyez pl. LXXIX, fig. 11 et 12.

culaire, ce qui la distingue de celle des Palmipèdes lamellirostres.
L'apophyse radiale est petite et moins relevée que celle des Cigognes
et des Grues, mais elle est plus longue. L'extrémité inférieure est
beaucoup plus étroite que dans tous les autres genres du même groupe.
La première phalange du doigt médian (1) est remarquable par sa longueur et son peu de largeur; son angle postéro-supérieur se prolonge un peu au-dessus de la base de la seconde phalange et constitue
sur ce point une très-petite apophyse comprimée latéralement; les
empreintes d'insertion des plumes sont beaucoup moins profondément
marquées que dans les deux familles précédentes, celles des Ciconides
et des Gruides.

En résumé, le meilleur caractère qui permette de reconnaître l'os
métacarpien d'un Phœnicoptère réside dans sa forme grêle, allongée,
et dans le rapprochement très-marqué des deux branches qui le composent.

§ 5. — DE LA TÊTE.

Les Flamants, comme on le sait, se distinguent de tous les autres
oiseaux par la forme bizarre de leur bec (2), et une empreinte laissée
par cette partie du corps suffirait pour les faire reconnaître. Par la
conformation du crâne, ils ressemblent un peu aux Canards, mais
ils s'en éloignent par la brièveté de la partie de la région frontale qui
correspond aux os lacrymaux. Les crêtes occipitales sont à peine
indiquées, et l'on aperçoit en arrière une saillie cérébelleuse, étroite
mais saillante, et, de chaque côté, une fenêtre arrondie et largement ouverte. L'espace interorbitaire est étroit, et, bien qu'il n'existe
pas de sillons sourciliers, on voit au-dessus des orbites un espace
déprimé qui n'existe ni chez les Lamellirostres ni chez les Ciconides,

(1) Voyez pl. LXXIX, fig. 13 et 14.
(2) Voyez pl. LXXX.

ni enfin chez les Gruides. L'écusson sphénoïdal est étroit et bordé en avant par un sillon assez profond.

Les os ptérygoïdiens sont très-petits et comprimés en avant. Les os palatins, non soudés entre eux sur la ligne médiane, sont très-élargis en arrière (1), et, sous ce rapport, ressemblent beaucoup plus à ceux des Grues qu'à ceux des Lamellirostres.

Les os lacrymaux ne s'articulent au frontal que par une étroite surface, mais leur portion descendante est très-renflée et se prolonge jusqu'à la branche jugale. Les os tympaniques se font remarquer par la longueur de leur apophyse orbitaire.

La mandibule supérieure s'articule avec le crâne, de façon à pouvoir exécuter des mouvements de haut en bas très-étendus. L'ouverture des narines qui existe à sa base est ovalaire et très-grande; en avant, le bec se rétrécit, se coude brusquement pour s'élargir et s'aplatir en forme de spatule, enfin il se termine en pointe mousse. En dessous, la mandibule supérieure est parcourue longitudinalement par une crête arrondie et très-élevée qui se prolonge jusqu'aux arrière-narines; en dessus, cette partie présente deux lignes cristiformes et marginales, en dedans desquelles s'ouvrent de nombreux pertuis pneumatiques; sur le bord on aperçoit quelques orifices de même nature ainsi que d'autres destinés au passage des nerfs.

La mandibule inférieure, par son extrémité articulaire postérieure, rappelle celle des Lamellirostres, et présente, comme chez ces oiseaux, une apophyse postarticulaire comprimée et falciforme qui remonte en arrière du crâne. La portion massétérienne des branches mandibulaires est haute et assez compacte, elle n'offre pas de pertuis post-dentaire, mais, dans toute la région qui correspond à l'étui corné du bec la mandibule se renfle, devient épaisse, très-spongieuse et comme criblée par une infinité de pertuis pneumatiques, vasculaires et ner-

(1) Voyez Eyton, *Osteologia avium*, pl. XXIX, fig. 2.

veux, de façon que, malgré son volume, cette portion de la tête a
une grande légèreté. Les bords latéraux et supérieurs se replient en
dedans et il existe en dessous, dans la portion symphysaire, une dépression assez profonde, traversée longitudinalement par une crête saillante ; enfin j'ajouterai que la portion terminale de la mandibule présente des sillons parallèles convergents vers l'extrémité.

On voit, d'après ce qui précède, que la structure de la tête osseuse,
de même que celle du reste du squelette, tend à prouver que les Flamants n'appartiennent à aucune des familles naturelles auxquelles les
ornithologistes ont cherché à les rattacher, et qu'ils constituent un
type particulier.

CHAPITRE XX

DES OISEAUX FOSSILES DE LA FAMILLE DES PHŒNICOPTÉRIDES.

Les premières traces de l'existence d'oiseaux de la famille des Phœnicoptérides se rencontrent dans les couches géologiques de l'époque tertiaire inférieure. En effet, je montrerai que les débris d'un squelette trouvés dans le gypse des environs de Paris doivent être rapportés à un oiseau de ce groupe.

A l'époque tertiaire moyenne, les Phœnicoptérides ont été très-communs, et, à côté du genre *Phœnicopterus* proprement dit, il en existait d'autres qui comptaient plusieurs espèces.

J'ai désigné l'un de ces nouveaux types sous le nom de *Palœlodus* (1), et son étude présente un intérêt tout particulier parce qu'elle nous montre comment le genre *Phœnicopterus*, si remarquable par ses formes et son organisation, et qui semble déclassé dans la nature actuelle, se rattachait aux autres Échassiers et formait ainsi un type organique dont un petit nombre de représentants a continué à vivre jusqu'à notre époque. Le genre *Elornis*, découvert par M. Aymard dans les couches argileuses de la colline de Ronzon, fait aussi partie de la famille des Flamants.

On n'a signalé jusqu'à présent aucun Phœnicoptère dans les couches pliocènes ou quaternaires.

(1) De παλαιός, ancien, et ἑλώδης, habitant des marais.

PHŒNICOPTERUS CROIZETI, P. Gervais.

(Planches LXXX et LXXXI.)

Oiseau semblable au *Phœnicopterus ruber*, Gervais, *Oiseaux fossiles* (thèse, p. 21, 1844).
PHŒNICOPTERUS CROIZETI, Gervais, *Paléontologie française*, 1re édition, p. 233, pl. L,
    fig. 4-5, 1852, et 2e édition, 1859, p. 413.

M. Gervais a donné le nom de *Phœnicopterus Croizeti* à un grand
oiseau de rivage, dont divers fragments, faciles à reconnaître par leur
ressemblance avec les os des Flamants de l'époque actuelle, avaient
été découverts dans les dépôts miocènes de la Limagne par l'abbé
Croizet et se trouvent aujourd'hui dans la galerie paléontologique du
Muséum. On voit dans la collection de M. de Laizer, à Clermont, des fossiles que ce géologue avait considérés aussi avec raison comme appartenant au genre *Phœnicopterus*, mais qu'il avait négligé de faire connaître.

L'un des fragments dont M. Gervais a publié la description et une
bonne figure consiste en un bec brisé au niveau du bord postérieur des
narines. On y voit la forte courbure de la mandibule supérieure qui est
caractéristique des Flamants, et la dilatation de la mâchoire inférieure
qui correspond à la partie rentrante du coude dont je viens de parler.
La mandibule supérieure est aplatie en dessus et présente de chaque
côté, comme chez les espèces actuelles, une double rangée de trous
vasculaires séparés entre eux par une ligne saillante. La portion symphysaire de la mâchoire inférieure est moins haute et plus allongée que
chez les espèces de l'époque actuelle.

L'autre fragment montre la base du bec et toute la partie postérieure
de la tête vues de profil ; mais il n'appartient pas au même individu, et
il est très-mal conservé. On y distingue la position et la forme des os
lacrymaux qui sont grands et placés comme d'ordinaire dans ce genre,
mais qui présentent à leur angle postéro-inférieur un prolongement

plus grêle. L'orbite est moins grande. La boîte crânienne est petite comme chez les espèces actuelles, et la saillie cérébelleuse un peu moins prononcée.

Je n'ai pu trouver aucun caractère qui permît de distinguer le tarso-métatarsien du *Phœnicopterus Croizeti* de celui du *Phœnicopterus roseus*. J'avais cru d'abord que l'espèce fossile était plus petite que l'espèce vivante, parce que je n'avais pu encore examiner qu'un petit nombre de pièces d'un squelette dont les dimensions étaient moins considérables; mais depuis j'ai pu étudier plusieurs tarso-métatarsiens dont la longueur est au moins égale à celle du même os chez le Flamant commun et, ainsi que je l'ai déjà dit, on observe souvent dans ce genre, chez la même espèce, des variations considérables dans les dimensions des os de la patte. Il devait en être de même à l'époque tertiaire et jusqu'à présent il ne m'est pas démontré que l'on puisse rapporter à des espèces différentes les os de grandeur très-inégale que j'ai eu l'occasion d'observer. L'un de ces tarso-métatarsiens (1), qui fait partie de ma collection et qui provient de Chavroches (Allier), est remarquable par sa petitesse; il est vrai qu'il appartenait à un jeune individu, comme on peut s'en convaincre en observant les traces de la division initiale des métatarsiens qui apparaissent encore au-dessous du pertuis inférieur. Cet os, à en juger par ce qui reste, ne devait pas avoir plus de 22 ou 23 centimètres.

Un autre exemplaire, qui appartient au Muséum d'histoire naturelle de Paris (2) et qui a été trouvé dans le calcaire à *Cypris* de Gannat mesure environ 34 centimètres. Ce canon est engagé dans le calcaire et l'on ne voit que sa face interne.

J'ai pu dessiner, dans le cabinet de M. le marquis de Laizer, à Clermont-Ferrand, un tarso-métatarsien de la même espèce, sur lequel

(1) Voyez pl. LXXXI, fig. 7 et 8.
(2) Voyez pl. LXXXI, fig. 2.

les trochlées digitales seules sont brisées (1), mais dont toute la portion supérieure est admirablement conservée. Ce fossile, supposé complet, devait avoir 32 centimètres. Enfin, je possède l'extrémité inférieure d'un canon, trouvé à Saint-Gérand-le-Puy, qui, par sa taille, devait égaler le même os chez nos plus grands Flamants ; effectivement et, à en juger par la grosseur de la diaphyse et des trochlées digitales, il atteignait au moins 37 centimètres.

Le tibia du Flamant fossile ressemble beaucoup à celui de l'espèce vivante ; il offre les mêmes particularités ostéologiques ; peut-être cependant la gorge intercondylienne antérieure est-elle moins étroite. Les caractères fournis par la taille ne permettent pas de l'en distinguer. On en rencontre d'assez petits ; ainsi, j'ai trouvé dans les carrières de Langy une portion inférieure de cet os parfaitement conservée (2), et qui, d'après sa grosseur, devait provenir d'un tibia, ayant une longueur d'environ 29 ou 30 centimètres, c'est-à-dire très-petit. Au contraire, dans la collection de M. de Laizer, il en existe un fort bel exemplaire (3) provenant de Gannat, et remarquable par sa taille, qui est de plus de 39 centimètres, et semblable par conséquent à celle du même os chez nos plus grands Flamants de l'époque actuelle. Malheureusement, cet os est engagé dans une roche calcaire, de façon qu'on ne peut étudier tous les caractères ostéologiques dont il aurait été désirable de tenir compte.

M. Poirrier a bien voulu me communiquer un fragment de bassin trouvé aux Allets (4) (Allier), et appartenant, ce me semble, à l'espèce de Phœnicoptère dont je m'occupe en ce moment. Les lames iliaques sont longues, très-déclives et fort obliques ; elles se réunissent sur la ligne médiane, de façon à fermer complétement, en arrière aussi bien

(1) Voyez pl. LXXXI, fig. 3, 4 et 5.
(2) Voyez pl. LXXXI, fig. 10, 11 et 12.
(3) Voyez pl. LXXXI, fig. 1.
(4) Voyez pl. LXXXI, fig. 14.

qu'en dessus les gouttières vertébrales. La portion suivante du sacrum est aplatie et assez longue. On distingue en dessous, sur la ligne médiane, une ligne épineuse, saillante, et, de chaque côté, une rangée de trous de grandeur médiocre. Les lames iléo-ischiatiques sont larges et horizontales, comme chez les Flamants; on y aperçoit quelques traces des crêtes qui, d'ordinaire, les parcourent, mais toute la portion ischiatique proprement dite manque. Jusqu'à présent je n'ai pu examiner ni le fémur, ni l'appareil sternal de cette espèce; peut-être ces parties fourniront-elles des particularités distinctives plus nettes que les autres os des membres.

Je ne puis donner aucun détail sur les caractères des os du bras et de l'avant-bras. J'ai cependant vu dans diverses collections des humérus et des cubitus que, d'après leur aspect et leurs dimensions, l'on pouvait rapporter à notre fossile, mais ils étaient empâtés dans le calcaire et tellement brisés, qu'il était impossible de comparer leurs extrémités articulaires à celles des Flamants vivants.

Il existe dans la collection de M. de Laizer un os métacarpien (1) trouvé probablement à Chaptuzat (Allier), et qui, bien que brisé par la compression qu'il a subie, peut encore fournir de bons sujets d'observation. J'ai recueilli moi-même à Langy une portion supérieure du même os en parfait état de conservation, et sur laquelle on peut étudier les caractères ostéologiques aussi bien que sur un os d'oiseau actuel. A l'aide de ces deux pièces, on reconnaît que l'os principal de la main présentait chez le *Phœnicopterus Croizeti* exactement les mêmes particularités que j'ai indiquées plus haut comme propres aux Flamants de l'époque moderne. On y remarque la même longueur, le même rapprochement des deux branches, dont la petite est très-grêle et presque droite. L'apophyse radiale est peu relevée, mais longue. Enfin, la poulie carpienne offre aussi les caractères qui

(1) Voyez pl. LXXXI, fig. 15.

existent chez le *Phœnicopterus roseus*, et l'os, considéré dans son ensemble, présente les mêmes dimensions.

Le *Phœnicopterus Croizeti* se rencontre assez communément à Gannat, à Chaptuzat, et à Cournon, près de Clermont-Ferrand, où j'ai recueilli une plaque de marne sur laquelle se trouvaient deux mandibules inférieures et plusieurs fragments d'os longs.

Au contraire, à Saint-Gérand-le-Puy et à Langy, où l'on trouve tant d'oiseaux palmipèdes et échassiers, les débris de ce Flamant y sont très-rares et généralement mal conservés, comme s'ils avaient été roulés par les eaux avant d'arriver au fond du lac où ils ont été enfouis.

DU GENRE PALŒLODUS.

La petite division générique que je propose de désigner sous le nom de *Palœlodus* ne s'est montrée qu'à l'époque miocène, et jusqu'ici je n'en ai constaté l'existence que dans les bassins de l'Allier et du Rhin. L'une des espèces de ce genre, qui porte le nom de *Palœlodus ambiguus*, est extrêmement abondante dans le premier de ces gisements, ce qui m'a permis d'étudier son squelette d'une manière aussi complète qu'on pourrait le faire pour un de nos oiseaux indigènes les plus communs. J'ai pu reconnaître ainsi les ressemblances remarquables que les Palœlodes présentaient avec les Flamants, qu'ils semblent relier aux autres Échassiers, car, par quelques-uns des traits de leur organisation, ils se rapprochent aussi un peu des Spatules et des Totanides. Mais, à raison de tous leurs caractères essentiels, ils doivent être rangés à côté des Phœnicoptères. Leurs doigts, très-longs, leur permettaient de marcher facilement sur les herbes aquatiques et sur les terrains vaseux; d'ailleurs j'ai tout lieu de penser que ces doigts étaient réunis par une palmure comme ceux des Flamants, car nous verrons que, chez les Palœlodes, l'os du pied ou tarso-métatarsien présente une forme remarquablement comprimée qui ne se trouve portée à un aussi haut degré chez aucun Échassier vivant, tandis que dans la famille des Grèbes et des Plongeons il existe quelque chose d'analogue. Cette conformation particulière doit avoir sa raison d'être, et il est probable qu'elle était en rapport avec les habitudes nageuses de ces oiseaux, car d'aussi longues pattes que les leurs auraient offert trop de résistance au liquide ambiant, si, au lieu d'être aplaties en forme de lames, elles avaient été élargies. A en juger d'après le plan organique sur lequel les Palœlodes semblent avoir été organisés, il est probable qu'ils habitaient le bord des lacs et des petits cours d'eau, et qu'ils s'y nourrissaient de Mollusques, tels que les Planorbes, les Limnées, les Paludines et les Hélices, qui étaient extrêmement abondants, comme le prouvent les amas de coquilles qu'ils ont laissées. Les larves de Phryganes qui construisaient au fond de l'eau ces tubes solides dont la réunion constitue une partie des roches exploitées aujourd'hui comme pierre à chaux dans le bassin de l'Allier, devaient aussi fournir abondamment à la nourriture des Palœlodes.

M. Gervais, dans la première édition de la *Paléontologie française* (1), a donné la figure du tarso-métatarsien de l'espèce la plus commune de notre nouveau genre, et ce savant paléontologiste avait reconnu que ce fossile ne pouvait être rapproché d'aucun type actuel. Après l'avoir comparé aux Flamants, aux Hérons, aux Courlis, aux Poules d'eau, aux Vanneaux, aux Avocettes et aux Pluviers, il conclut que cet examen ne pouvait le mettre davantage sur la voie de la place qui convient réellement à l'oiseau à qui appartenait cet os canon, et, ajoute-t-il, ses affinités avec l'Avocette subsistent en tenant compte des réserves établies ci-dessus.

J'ai reconnu la présence au moins de cinq espèces du genre *Palœlodus*, dans les terrains miocènes de l'Allier ; j'exposerai d'abord les caractères de l'espèce la plus commune, que j'ai pu étudier dans ses plus petits détails et que je prends comme type du genre.

(1) *Op. cit.*, pl. LI, fig. 9.

PALOELODUS AMBIGUUS, nov. sp.

(Planches LXXXII, LXXXIII, LXXXIV et LXXXV, fig. 1 à 11.)

J'ai appliqué à ce *Palœlodus* le nom spécifique d'*ambiguus* pour
indiquer ses caractères de transition, qui participent à la fois du type
Flamant proprement dit et de celui des autres Échassiers. Depuis environ huit ans que j'explore les riches gisements de l'Allier, j'ai pu
réunir un nombre énorme d'ossements appartenant à cet oiseau.
A l'exception du crâne, il n'est pas une seule partie du squelette de
cette espèce que je n'aie pu comparer attentivement à son analogue
dans les divers groupes ornithologiques. Aussi est-ce avec une
entière confiance que j'expose ici le résultat de mes recherches,
car les faits que cette étude met en lumière me paraissent parfaitement
concluants, et nous verrons que non-seulement la charpente solide
considérée dans son ensemble établit entre les Palœlodes et les Flamants des rapports intimes, mais qu'il en est aussi de même pour
chacune des pièces du squelette étudiée en particulier.

Le canon du *Palœlodus ambiguus* (1), par ses caractères essentiels,
se rapproche de celui des Flamants, mais les proportions en sont tout
à fait différentes. Cet os est fortement comprimé latéralement, de façon
que sa face antérieure est très-étroite ; les faces latérales sont larges et la
face postérieure, encore plus resserrée que l'antérieure, ressemble plutôt
à un bord arrondi. Il n'existe pas de gouttière métatarsienne antérieure,
comme chez les Flamants. Les deux empreintes d'insertion du muscle
tibial antérieur sont peu séparées l'une de l'autre et souvent elles paraissent se confondre. L'externe est beaucoup plus grande que l'interne ;

(1) Voyez pl. LXXXII et LXXXIII, fig. 1 à 4.

la dépression qui la surmonte est large et profonde, et les pertuis supérieurs, dont le calibre est peu considérable, s'y ouvrent. En dedans, se voit la coulisse de l'extenseur des doigts, limitée de chaque côté par une petite crête saillante. Il n'existe pas de gouttière pour le tendon du moyen péronier.

L'extrémité supérieure de l'os est assez élargie; les facettes glénoïdales sont profondes et situées à des niveaux peu différents. La tubérosité intercondylienne est peu saillante, mais très-élargie, comme dans le genre précédent. En effet, elle occupe environ la moitié du diamètre transversal de l'extrémité supérieure.

Le talon est très-développé (1) et fait en arrière une saillie considérable. Il diffère beaucoup par la disposition des gouttières tendineuses de ce qui existe dans le genre Phœnicoptère, car non-seulement les crêtes latérales sont très-forte, mais on remarque aussi deux crêtes accessoires qui subdivisent l'espace laissé libre chez les Flamants; de telle sorte qu'il existe trois gouttières tubulaires, dont l'une, plus grande, est située à la base de la crête interne, les deux autres, plus petites, sont situées plus en dehors. En arrière du premier de ces canaux, on remarque une coulisse profonde, limitée d'un côté par le prolongement de la crête principale interne, et de l'autre par la crête accessoire du côté correspondant. La face postérieure des autres gouttières tubulaires est aplatie et ne porte pas de sillons longitudinaux. Par la complication du talon, les *Palælodus* s'éloignent de tous les autres Échassiers. En effet, chez les Cicognes et les Flamants, il n'existe qu'une seule large gouttière. Chez les Grues, on remarque un canal tubulaire unique, comme dans les genres Huîtrier, Courlis et Chevalier. Chez les Avocettes, les Dromes, les Échasses, il n'y a pas de gouttière tubulaire. Un seul groupe, celui des Bécasses, offre une disposition analogue du talon, bien que poussée moins loin, car

(1) Voyez pl. LXXXIII, fig. 3.

l'un des deux canaux externes des *Palœlodus* est toujours représenté chez ces oiseaux par une coulisse incomplétement fermée en arrière.

L'extrémité inférieure du canon (1) est plus fortement comprimée que chez les Phœnicoptères ; les trochlées digitales sont longues ; la médiane se prolonge plus bas que l'externe, dont elle est séparée par une échancrure interdigitale peu élargie. Cette dernière trochlée est allongée, étroite, et se prolonge en arrière par un bord externe saillant et relevé.

La trochlée interne est courte, à peu près comme dans le genre *Phœnicopterus*, mais elle est plus fortement rejetée en arrière. Elle présente en dehors une dépression assez profonde pour l'insertion du ligament articulaire interne, et se termine en arrière et en dehors par un bord saillant et relevé, tandis que, chez les Flamants, ce bord est droit et dirigé directement en arrière. D'ailleurs, chez ces derniers oiseaux, la gorge de la trochlée externe est plus profonde, et sa lèvre externe, bien que très-mince, est plus proéminente que celle du côté opposé, ce qui n'a pas lieu chez les Palœlodes.

Le pertuis inférieur du *Palœlodus ambiguus* est situé à peu de distance de l'échancrure interdigitale, et il se prolonge inférieurement par un sillon profond qui sépare en avant la trochlée médiane de l'externe ; en arrière, il s'ouvre presque sur la ligne médiane de l'os. La facette articulaire du pouce est très-peu apparente, ce qui indique que, de même que dans le genre *Phœnicopterus*, le doigt postérieur était rudimentaire.

En résumé, on voit, d'après cet exposé, que l'os canon du *Palœlodus ambiguus* se distingue de celui de tous les autres Échassiers par sa compression latérale, beaucoup plus marquée que chez les Flamants. Chez ces derniers, la face postérieure de l'os est au moins aussi large que l'antérieure, ce qui n'a pas lieu dans le genre qui nous occupe ;

(1) Voyez pl. LXXXIII, fig. 4.

nous savons que, parmi les Totanides, aucun ne présente ce mode de conformation. L'extrémité supérieure de l'os ressemble plus à celle des Flamants qu'à celle de tout autre oiseau, mais elle offre cependant une disposition qui rappelle ce qui existe dans le genre *Scolopax*. L'extrémité inférieure participe à la fois des caractères propres aux Grues, aux Totanides et aux Phœnicoptérides, bien que ce soit de ces derniers que sa conformation la rapproche le plus.

Dans une division complétement différente, chez les Plongeons et les Grèbes, le tarso-métatarsien, ainsi que nous l'avons vu, présente un aplatissement latéral plus considérable encore que dans le genre que nous étudions ici, mais les extrémités articulaires sont conformées sur un plan organique complétement distinct.

Le pied du *Palœlodus ambiguus* était, relativement à la longueur de la jambe, beaucoup plus grand que celui des Flamants, et, sous ce rapport, l'oiseau fossile de l'Allier se rapprochait davantage des Poules sultanes et des Poules d'eau ; mais les phalanges, considérées en particulier, offrent exactement les caractères propres à la famille des Phœnicoptérides (1) ; elles sont même plus fortement comprimées latéralement que dans le genre *Phœnicopterus*, et la première phalange du doigt interne est comparativement plus allongée que chez ces oiseaux.

Le tibia (2) diffère beaucoup de celui des Ciconides et offre certains caractères dont les uns sont propres aux Flamants, tandis que d'autres ne se retrouvent que dans la famille des Totanides. En effet, de même que chez ces derniers oiseaux, le corps de l'os présente une courbure générale à concavité interne. Il est comprimé d'avant en arrière, mais d'une façon bien moins marquée que chez les Flamants. La crête péronière est peu saillante et occupe environ un septième de la longueur totale de l'os ; son extrémité supérieure est petite, et le con-

(1) Voyez pl. LXXXII et LXXXIII, fig. 1.
(2) Voyez pl. LXXXII et LXXXIII, fig. 5 à 8.

dyle externe est arrondi ; la crête tibiale antérieure est disposée comme
chez les Flamants, c'est-à-dire qu'elle est plus élevée et plus saillante
que dans la famille des Totanides et des Ciconides.

La face antérieure de l'os est aplatie ; la gouttière de l'extenseur
est étroite et profonde ; le pont sus-tendineux, sous lequel elle s'engage, est disposé transversalement. La saillie d'insertion inférieure de
la bride ligamenteuse oblique du muscle tibial antérieur est située à
peu de distance au-dessus du condyle interne, tandis que chez les Flamants elle se trouve au-dessus du pont sus-tendineux. On n'y trouve
pas la saillie tuberculiforme qui se voit chez les Ciconides, les Flamants
et les Gruides sur la ligne médiane, en dehors de l'orifice inférieur de
la gouttière de l'extenseur des doigts, et qui sert à l'insertion d'un ligament destiné à brider le tendon de ce muscle pendant son trajet préarticulaire. Ce tubercule est remplacé par une saillie très-légère,
analogue à celle qui se voit dans la famille des Totanides. Les condyles
sont petits et disposés à peu près comme chez les Flamants ; de même
que chez ces derniers oiseaux, la gorge intercondylienne s'élargit en
dessus pour constituer une dépression transversale destinée à loger
la tubérosité intercondylienne du tarso-métatarsien.

La surface articulaire inférieure est très-aplatie (1) et présente
de chaque côté de la ligne médiane une dépression assez profonde dans
laquelle se loge le bord postérieur des facettes glénoïdales du tarse.
Ces dépressions existent, comme nous le savons, chez les Phœnicoptères, et l'on en voit des traces dans la famille des Gruides, des Ciconides et des Totanides. La gorge rotulienne est courte, mais moins
profonde que dans le genre *Phœnicopterus ;* elle ressemble davantage
à ce qui existe chez quelques espèces de Chevaliers.

En dehors du condyle externe, on ne voit aucune trace de la gouttière oblique, qui n'existe que dans le genre *Phœnicopterus.*

(1) Voyez pl. LXXXIII, fig. 8.

Le péroné est petit et styliforme (1).

Le fémur (2) est beaucoup moins renflé que celui des Flamants ; il ne présente pas d'orifice pneumatique à sa partie supérieure, mais, par le reste de sa conformation, il ressemble beaucoup à celui de ces derniers oiseaux. Le trochanter est bien développé. Le col du fémur est court et la tête très-renflée ; les lignes intermusculaires sont peu saillantes ; le condyle externe se prolonge beaucoup plus bas que l'interne, de façon qu'une ligne unissant ces deux saillies forme avec l'axe de l'os un angle très-aigu, mesurant 63 degrés, tandis que chez les Flamants cet angle est de plus de 70 degrés ; la gorge intercondylienne est profonde et élargie, comme dans ce dernier genre, mais la fosse poplitée y est plus profondément creusée et l'empreinte d'insertion du jumeau externe plus grande et plus saillante.

Le bassin des *Palœlodus ambiguus* présente une ressemblance frappante avec celui des Phœnicoptères, et, si l'on n'avait eu que cette portion du squelette isolée, on l'aurait évidemment rapportée sans hésitation à une espèce de ce dernier genre. J'ai pu étudier un exemplaire presque entier de cet os, qui, bien que légèrement déformé par la pression (3), permet encore d'en bien constater les principaux caractères. Il appartient à la collection du Muséum d'histoire naturelle de Paris et provient de Gannat. Un autre exemplaire, trouvé aussi à Gannat, et faisant partie de la même collection, permet d'étudier la face inférieure du pelvis. Enfin, je possède plusieurs portions du bassin de cette espèce (4), recueillies aux environs de Saint-Gérand-le-Puy et de Langy, à l'aide desquelles on peut arriver à connaître jusque dans ses moindres détails la conformation de cette partie du squelette.

Les lames iliaques antérieures, inclinées en forme de toit, sont

(1) Voyez pl. LXXXIII, fig. 5.
(2) Voyez pl. LXXXIII, fig. 9 à 12.
(3) Voyez pl. LXXXIV, fig. 1.
(4) Voyez pl. LXXXIV, fig. 2.

un peu plus étroites que chez les Flamants, mais elles se soudent aussi intimement avec la crête épineuse du sacrum. La portion intercotyloïdienne est médiocrement élargie et perforée de deux rangées de trous sacrés ; la crête sus-ischiatique est moins saillante que celle des Phœnicoptères ; l'angle situé en arrière paraît à peine marqué et se trouve au même niveau que la pointe de l'ischion ; le trou sciatique, au lieu d'être régulièrement arrondi, est ovalaire et allongé ; la surface articulaire sus-cotyloïdienne est petite et relevée inférieurement ; les fosses iliaques internes sont étroites et allongées ; les fosses rénales antérieures sont profondes et resserrées ; les postérieures ne sont limitées par aucun rebord saillant, comme chez les Flamants. Ce bassin est environ d'un huitième plus petit que celui du *Phœnicopterus roseus.*

Les vertèbres (1) sont disposées absolument comme celles des Flamants ; dans la région dorsale, il y en a généralement trois qui sont soudées entre elles ; celles du cou sont remarquablement longues et très-grêles (2) ; les apophyses articulaires inférieures sont très-développées, ce qui indique que le cou devait être extrêmement flexible.

Le sternum (3) ressemble beaucoup à celui des Flamants ; il est étroit, busqué, convexe transversalement et pourvu d'un bréchet mince et très-grand dont le bord inférieur est arqué, le bord antérieur concave et l'angle antéro-inférieur saillant, mais peu avancé par rapport au reste de l'os ; cet angle est cependant plus pointu que chez les oiseaux dont je viens de parler. L'apophyse épisternale est conformée à peu près de même, mais elle est un peu moins élargie supérieurement. Les rainures coracoïdiennes se croisent beaucoup en arrière de la base de cette protubérance médiane. La forme et la direction

(1) Voyez pl. LXXXII.
(2) Voyez pl. LXXXIX, fig. 6 à 9.
(3) Voyez pl. LXXXV, fig. 1, 2 et 3.

de ces rainures sont à peu près les mêmes que chez les Flamants, mais le bourrelet qui surmonte leur bord interne derrière l'apophyse épisternale est plus saillant et plus gros. Les angles hyposternaux sont moins avancés et les bords latéraux de l'os sont garnis de sept facettes costales. Les lignes intermusculaires sont disposées comme chez les Flamants et sont très-distinctes sur les faces latérales du brechet, aussi bien que sur le bouclier sternal. La portion postérieure de l'os étant brisée; je n'ai pu constater la forme de cette partie. Enfin la face supérieure du sternum est conformée à peu près de la même manière que chez les Flamants, mais elle est plus excavée en avant, où la partie postérieure du bourrelet marginal dont j'ai déjà parlé s'élève presque verticalement. On remarque aussi dans ce point deux fossettes séparées par une saillie médiane et percées de trous pneumatiques plus gros que ceux du sternum des Phœnicoptères.

La clavicule furculaire (1) présente des caractères remarquables qui éloignent notre fossile de tous les autres Échassiers, et même des Flamants. Cet os est en effet rétréci inférieurement, et son extrémité sternale se dilate beaucoup et présente en dessous une apophyse épisternale beaucoup plus saillante que chez les Phœnicoptères. Mais ce que cet os offre de plus particulier, c'est une vaste fosse qui occupe son extrémité sternale et qui s'ouvre en haut et en arrière. Cette fosse est généralement divisée sur la ligne médiane en deux portions par une bride osseuse plus ou moins saillante, et, sur ses côtés, s'ouvrent quelques orifices pneumatiques. Je ne connais aucun oiseau qui, dans la nature actuelle, présente une disposition semblable. Les branches furculaires deviennent, en haut et en arrière, très-comprimées latéralement, mais elles sont encore creusées de nombreuses vacuoles pneumatiques. L'extrémité scapulaire est peu arquée, et l'on n'y voit pas de tubercule coracoïdien comme chez les Flamants. Le bord supérieur de

(1) Voyez pl. LXXXIV, fig. 6, 7 et 8.

cet os est tranchant, mais il s'aplatit en arrière pour s'unir à l'omoplate.

Le coracoïdien du *Palælodus ambiguus* (1) reproduit d'une manière frappante les particularités d'organisation propres au genre *Phœnicopterus;* il s'en distingue par quelques caractères peu saillants, mais qui, à raison de leur constance, acquièrent ici une véritable importance. La surface articulaire sternale est moins élargie, et au-dessus on aperçoit quelques lignes rugueuses pour l'insertion du muscle coraco-huméral, lignes qui manquent presque complétement chez les Flàmants. La tubérosité supérieure est plus étroite, mais moins renflée, et la surface articulaire coracoïdienne interne est très-allongée, mais moins large. Enfin, à la base de cette surface, il existe toujours, à chacune des extrémités, une petite dépression au fond de laquelle s'ouvrent quelques pertuis pneumatiques que je n'ai jamais vus exister sur aucun coracoïdien de Flamant, où la surface articulaire en question se continue directement avec le corps de l'os dont elle n'est séparée que par un bord légèrement saillant.

Les différences que je viens d'indiquer, bien que légères, permettent de caractériser avec précision l'os coracoïde du *Palælodus ambiguus* et des autres espèces du même genre.

L'omoplate (2) se rapproche également beaucoup de celle des Flamants, dont il est très-difficile de la distinguer, car sa tubérosité antérieure se prolonge aussi en forme d'apophyse pointue pour s'articuler avec la clavicule ; à sa base, le long du bord interne, on voit aussi des rugosités destinées à l'insertion du ligament coraco-scapulaire. La petite tête, qui s'articule avec le coracoïdien, est plus saillante et plus arrondie que dans le genre *Phœnicopterus*, mais là se bornent les différences que j'ai pu trouver entre ces deux groupes.

L'humérus (3), comparativement au reste du squelette, présente

(1) Voyez pl. LXXXIII, fig. 13, 14 et 15.
(2) Voyez pl. LXXXIII, fig. 18 et 19.
(3) Voyez pl. LXXXII, LXXXIV, fig. 4 et 5.

une longueur considérable ; ses caractères essentiels sont les mêmes que
ceux des Flamants ; il est grêle et peu arqué. La surface bicipitale est
un peu plus renflée que chez ces derniers oiseaux ; elle ne dépasse cependant pas le bord interne de l'os, et se continue insensiblement
avec lui. La crête externe est peu saillante ; son bord libre est régulièrement arrondi.

Le sillon du ligament coraco-huméral est très-profond, surtout en
dedans. La fosse sous-trochantérienne est superficielle et l'on n'y aperçoit pas de large orifice pneumatique, mais on y remarque quelques
très-petits pertuis creusés à travers la mince lamelle de tissu osseux
qui existe sur ce point.

L'extrémité inférieure de l'humérus, de même que chez les Flamants, est peu élargie et présente une dépression profonde et bien
circonscrite pour l'insertion du court fléchisseur de l'avant-bras,
mais cette empreinte est plus petite et plus arrondie. Les autres
caractères de cette extrémité articulaire sont exactement ceux du
genre *Phœnicopterus*.

Il en est de même pour les os de l'avant-bras, et les particularités
d'organisation que j'ai indiquées comme propres à faire reconnaître le
cubitus des Flamants pourraient s'appliquer presque toutes à l'os principal de l'avant-bras de notre fossile, les proportions seules sont un
peu différentes. Ce dernier est comparativement plus court et plus
robuste (1), et les empreintes musculaires aussi bien que les crêtes
osseuses y sont mieux indiquées. Ainsi le bord externe de la facette
glénoïdale radiale est plus saillant, et se prolonge davantage sur le
corps de l'os de façon à limiter d'une manière plus parfaite la dépression dans laquelle roule la tête du radius. L'empreinte d'insertion
du ligament articulaire interne est peu élargie, mais se prolonge
beaucoup le long du bord interne de l'os, qui se relève un peu près

(1) Voyez pl. LXXXV, fig. 4 et 5.

de l'extrémité supérieure et marque en dedans la surface d'insertion du muscle court fléchisseur de l'avant-bras ; celle-ci est plus
courte que chez le *Phœnicopterus roseus*. Les tubercules d'insertion
des rémiges, qui garnissent la face postérieure de l'os, sont, comme
dans l'espèce précédente, peu saillants, mais rapprochés. L'extrémité inférieure ne présente également rien d'important à noter. Je
puis en dire autant pour le radius (1), qui est plus aplati, plus fortement tordu sur son axe et moins arqué encore que chez le Flamant.

Le métacarpe des Palœlodes (2) présente l'exagération des caractères que j'ai donnés comme étant propres au genre *Phœnicopterus*. Les
deux branches qui composent cet os sont encore plus rapprochées
que chez ces oiseaux ; la petite branche est encore plus grêle et l'apophyse radiale moins saillante, mais aussi très-allongée. Ces particularités de structure permettent de bien caractériser cet os chez les
Palœlodes.

La première phalange du doigt médian des Palœlodes (3)
ressemble tellement à celle des Phœnicoptères, qu'on ne pourrait
arriver à les distinguer, si l'on n'avait, pour se guider dans cette
détermination, les indications que fournissent, dans ce cas, les
dimensions.

J'ai recueilli, à Langy, les dernières phalanges de l'aile et de
l'aileron dans un parfait état de conservation, mais elles ne présentent
rien de particulier à noter.

Jusqu'à présent, malgré toutes mes recherches, je n'ai pu me
procurer qu'une mandibule supérieure (4), que je pense provenir
d'un Palœlode. Elle a été, en effet, trouvée dans une des carrières de

(1) Voyez pl. LXXXV, fig. 5.
(2) Voyez pl. LXXXV, fig. 6, 7, 8 et 9.
(3) Voyez pl. LXXXV, fig. 10 et 11.
(4) Voyez pl. LXXXIV, fig. 7, 8 et 9.

Billy, au milieu d'une petite poche de sable, avec un très-grand nombre d'ossements appartenant tous au *Palælodus ambiguus*.

Cette mandibule est remarquable par sa forme, bien différente de tout ce que je connais chez les oiseaux de l'époque actuelle. Les narines sont extrêmement grandes, ovalaires et la lame osseuse qui les surmonte est d'une largeur à peu près uniforme, dans toute sa longueur. La portion postnasale de la mandibule est large, aplatie et très-courte.

Aucun Échassier, aucun Palmipède ne présente, à ma connaissance, une semblable conformation de bec, et si cette mandibule appartient effectivement au *Palælodus*, la tête de cet oiseau devait différer beaucoup de celle des Flamants.

Bien que le crâne soit encore inconnu, on peut prévoir qu'il était peu développé, car, d'après la longueur et le peu de force des vertèbres du cou, on peut prévoir que cette partie devait être légère, car chez tous les oiseaux dont la tête présente un volume un peu considérable, comme les Cigognes, les Grues, etc., les vertèbres acquièrent des dimensions en rapport avec le poids qu'elles ont à supporter.

Le *Palælodus ambiguus* était très-commun aux environs du lac où se sont déposés les sédiments calcaires et arénacés que l'on exploite aujourd'hui à Saint-Gérand-le-Puy et à Langy; il était beaucoup plus rare à Gannat, à Chaptuzat et à Cournon, où au contraire on trouve assez fréquemment des débris du Flamant.

Cet oiseau, si remarquable par ses caractères zoologiques, était un peu plus petit que la Spatule blanche ou que le Héron cendré, mais ses formes étaient plus élancées et son cou était beaucoup plus développé que chez ces dernières espèces, ainsi qu'on peut le constater en examinant la figure de l'ensemble du squelette que j'ai donnée dans l'atlas de cet ouvrage (1).

(1) Voyez pl. LXXXII.

	PALŒLODUS AMBIGUUS.		ARDEA CINEREA.		PLATALEA LEUCORODIA.	
	Dimensions réelles.	Réduction à 100.	Dimensions réelles.	Réduction à 100.	Dimensions réelles.	Réduction à 100.

Tarso-métatarsien.

Longueur de l'os..................	0,121	100,0	0,151	100,0	0,157	100,0
Largeur de l'extrémité supérieure	0,014	11,5	0,014	9,3	0,017	10,8
Largeur de l'extrémité inférieure.......	0,0120	9,9	0,015	9,9	0,0155	9,9
Largeur du corps de l'os.............	0,0042	3,5	0,0063	4,2	0,006	3,8
Épaisseur du corps de l'os...........	0,0068	5,6	0,005	3,3	0,0059	3,7
Épaisseur de la tête de l'os (y compris le talon...................	0,0130	10,7	0,015	9,9	0,017	10,8
Longueur de l'extrémité inférieure à l'empreinte tibiale..................	0,118	97,5	0,1347	89,2	0,1389	88,5

Tibia.

Longueur totale de l'os..............	0,1729	100,0	0,205	100,0	0,203	100,0
Largeur de l'extrémité supérieure......	0,0157	9,1	0,0125	6,1	0,019	9,4
Largeur de l'extrémité inférieure.......	0,013	7,5	0,0119	5,8	0,0145	7,1
Largeur du corps de l'os.............	0,0074	4,3	0,0065	3,2	0,0077	3,8
Épaisseur du corps de l'os...........	0,0053	3,1	0,0067	3,3	0,007	3,4
Épaisseur de la tête de l'os...........	0,0206	11,9	0,0168	8,2	0,0209	10,3
Longueur de l'extrémité inférieure à la crête péronière..................	0,1208	69,9	0,17	82,9	0,156	76,8
Longueur de la crête péronière	0,0297	17,2	0,0279	13,6	0,0299	14,7

Fémur.

Longueur totale de l'os..............	0,064	100,0	0,093	100,0	0,087	100,0
Largeur de l'extrémité supérieure......	0,0137	21,4	0,0155	16,7	0,0198	22,8
Largeur de l'extrémité inférieure	0,0139	21,7	0,0159	17,1	0,0185	21,3
Largeur de l'os..................	0,0066	10,3	0,0069	7,4	0,0079	9,1
Épaisseur de l'os.................	0,006	9,1	0,007	7,5	0,0075	8,6

Coracoïdien.

Longueur de l'os.................	0,0579	100,0	0,07	100,0	0,0628	100,0
Largeur de l'extrémité sternale........	0,0249	43,0	0,0229	32,7	0,0215	34,2
Largeur de l'os au-dessous de la fossette scapulaire.....................	0,0085	14,7	0,0075	10,7	0,01	15,9
Largeur de l'os au niveau de la facette glénoïdale....................	0,0089	15,4	0,0107	15,3	0,01	15,9

Humérus.

Longueur totale de l'os	0,177	100,0	0,183	100,0	0,149	100,0
Largeur de la tête	0,028	15,8	0,0275	15,0	0,032	21,5
Largeur de l'extrémité inférieure.......	0,021	11,9	0,024	13,1	0,024	16,1
Épaisseur de l'extrémité inférieure.....	0,013	7,3	0,0135	7,4	0,0075	5,1
Largeur du corps de l'os.............	0,010	5,6	0,0107	5,8	0,0104	7,0
Épaisseur de l'os.................	0,009	5,1	0,0092	5,1	0,0084	5,6

	PALŒLODUS AMBIGUUS.		ARDEA CINEREA.		PLATALEA LEUCORODIA.	
	Dimensions réelles.	Réduction à 100.	Dimensions réelles.	Réduction à 100.	Dimensions réelles.	Réduction à 100.
Cubitus.						
Longueur de l'os.................	0,1642	100,0	0,212	100,0	0,17	100,0
Largeur de l'extrémité supérieure.. ..	0,0126	7,7	0,016	7,5	0,014	8,2
Largeur de l'extrémité inférieure.......	0,0094	5,5	0,0118	5,6	0,01	5,9
Largeur du corps de l'os..........	0,0062	3,8	0,0079	3,7	0,0068	4,0
Métacarpe.						
Longueur de l'os.................	0,082	100,0	0,0985	100,0	0,0815	100,0
Largeur de l'extrémité supérieure......	0,0069	8,4	0,01	10,2	0,009	11,0
Largeur de l'extrémité inférieure......	0,006	7,3	0,007	7,1	0,008	9,8
Largeur du gros métacarpien.........	0,0049	6,0	0,0059	6,0	0,0052	6,4
Longueur de l'espace intermétacarpien..	0,048	58,5	0,059	59,7	0,0455	55,8
Épaisseur de l'extrémité supérieure.....	0,014	17,1	0,0168	17,1	0,0169	20,7
Épaisseur de l'extrémité inférieure.....	0,0078	9,5	0,0119	12,1	0,0099	12,1

PALOELODUS GRACILIPES, nov. sp.

(Planche LXXXV, fig. 12 à 16, et planche LXXXVI, fig. 1 à 16.)

Cette espèce est plus petite que le *Palœlodus ambiguus*, mais plus grêle de formes. Elle est beaucoup plus rare que ce dernier; cependant j'ai pu réunir la plupart des os de son squelette.

Il est impossible d'admettre que le *Palœlodus gracilipes* ne soit qu'une variété plus petite du type spécifique précédent; car, indépendamment des différences qui existent dans les dimensions, l'os de la patte offre des caractères particuliers (1). Il est remarquable par sa forme extrêmement comprimée latéralement; la face antérieure est très-étroite et la face postérieure se réduit presque à un bord; les faces latérales sont au contraire très-larges; les angles et les saillies musculaires sont moins prononcés et plus saillants que dans l'espèce précé-

(1) Voyez pl. LXXXV, fig. 12 à 15.

dente, les gouttières tendineuses plus profondes et limitées par des arêtes plus vives. Le tibia (1) a son extrémité inférieure plus étroite; il est aussi plus court. Les autres pièces du squelette se font remarquer par des différences de taille, mais leurs caractères ostéologiques sont exactement ceux du genre *Palœlodus*.

On ne peut regarder le *Palœlodus gracilipes* comme la femelle du *Palœlodus ambiguus*, car, dans ce cas, on trouverait à peu près autant d'individus de l'une ou de l'autre de ces formes, tandis que le *Palœlodus gracilipes*, ainsi que je viens de le dire, est très-rare. Ainsi, sur près de 200 os canons du genre *Palœlodus* que j'ai recueillis dans les carrières de Langy et de Saint-Gérand, il ne s'en trouvait que 3 ou 4 appartenant à cette dernière espèce.

	PALŒLODUS GRACILIPES.		PALŒLODUS AMBIGUUS.	
	Dimensions réelles.	Réduction à 100.	Dimensions réelles.	Réduction à 100.
Tarso-métatarsien.				
Longueur de l'os.......................	0,102	100,0	0,121	100,0
Largeur de l'extrémité supérieure..........	0,013	12,7	0,014	11,5
Largeur de l'extrémité inférieure...........	0,011	10,8	0,0120	9,9
Largeur du corps de l'os	0,003	2,9	0,0042	3,5
Épaisseur du corps de l'os	0,0068	6,6	0,0068	5,6
Épaisseur de la tête, y compris le talon......	0,015	14,7	0,0130	10,7
Longueur de l'extrémité inférieure à l'empreinte tibiale.............................	0,090	88,2	0,0118	97,5
Tibia.				
Largeur de l'extrémité inférieure...........	0,012	»	0,013	»
Largeur du corps de l'os.................	0,0055	»	0,0074	»
Épaisseur du corps de l'os...............	0,0043	»	0,0053	»
Fémur.				
Longueur de l'os.......................	0,064	100,0	0,064	100,0
Largeur de l'extrémité supérieure..........	0,0138	21,6	0,0137	21,4
Largeur de l'extrémité inférieure..........	0,0139	21,7	0,0139	21,7
Largeur du corps de l'os.................	0,0065	10,1	0,0066	10,3
Épaisseur du corps de l'os...............	0,0059	9,2	0,006	9,1

(1) Voyez pl. LXXXVI, fig. 5, 6 et 7.

	PALŒLODUS GRACILIPES.		PALŒLODUS AMBIGUUS.	
	Dimensions réelles.	Réduction à 100.	Dimensions réelles.	Réduction à 100.
Coracoïdien.				
Longueur de l'os....................	0,0478	100,0	0,0579	100,0
Largeur de l'extrémité sternale..............	0,0247	51,7	0,0249	43,0
Largeur de l'os au-dessous de la fossette scapulaire....................	0,0069	14,4	0,0085	14,7
Largeur de l'os au niveau de la facette glénoïdale.....................	0,007	14,6	0,0089	15,4
Humérus.				
Longueur de l'os....................	0,1387	100,0	0,177	100,0
Largeur de l'extrémité supérieure...........	0,0220	15,9	0,028	15,8
Largeur de l'extrémité inférieure............	0,0159	11,5	0,021	11,9
Largeur du corps de l'os.................	0,0076	5,5	0,010	5,6
Épaisseur du corps de l'os................	0,0065	4,7	0,009	5,1
Métacarpe.				
Longueur de l'os....................	0,07	100,0	0,082	100,0
Largeur de l'extrémité supérieure...........	0,007	10,0	0,0069	8,4
Largeur de l'extrémité inférieure............	0,0059	8,4	0,006	7,3
Largeur du gros métacarpien..............	0,0047	6,7	0,0049	6,0
Longueur de l'espace intermétacarpien........	0,04	57,1	0,048	58,5
Épaisseur de l'extrémité supérieure..........	0,0126	18,0	0,014	17,1
Épaisseur de l'extrémité inférieure...........	0,0078	11,1	0,0078	9,5

PALOELODUS MINUTUS, nov. sp.

(Planche LXXXVI, fig. 17 à 20.)

Cette espèce est à peu près de la même taille que la précédente, mais elle s'en distingue par la forme élancée de ses pattes ; l'os tarso-métatarsien est au moins aussi long que celui du *Palœlodus gracilipes* (1), mais il est moins fortement comprimé et ses faces latérales sont loin de présenter une largeur aussi considérable ; son extrémité inférieure est très-étroite, et les trochlées digitales sont plus petites que chez le

(1) Voyez pl. LXXXVI, fig. 17.

Palœlodus gracilipes. Le fossile sur lequel j'ai fait ces observations provenait d'un individu parfaitement adulte, comme on peut le reconnaître d'après le peu de largeur des pertuis supérieur et inférieur, et d'après le développement des saillies sur lesquelles se fixent les tendons des fléchisseurs du pied.

Je rapporte à cette espèce un tibia dont les dimensions de l'extrémité articulaire inférieure concordent exactement avec celles des surfaces glénoïdales du métatarse. Je possède encore d'autres os qui me paraissent plus grêles que ceux de l'espèce précédente, et qui peut-être appartiennent au *Palœlodus minutus*, mais je ne puis avoir à cet égard aucune certitude, puisque les caractères ostéologiques en sont exactement les mêmes.

Cette espèce, qui fait partie de ma collection, a été trouvée dans le même gisement que les deux précédentes, mais elle paraît y être très-rare.

	PALŒLODUS MINUTUS.		PALŒLODUS CRASSIPES.		PALŒLODUS GRACILIPES.		PALŒLODUS AMBIGUUS.	
	Dimensions réelles.	Réduction à 100.	Dimensions réelles.	Réduction à 100.	Dimensions réelles.	Réduction à 100.	Dimensions réelles.	Réduction à 100.
Tarso-métatarsien.								
Longueur totale de l'os..............	0,106	100,0	0,145	100,0	0,102	100,0	0,121	100,0
Largeur de l'extrémité supérieure	0,0105	9,9	0,016	11,0	0,013	12,7	0,014	11,5
Largeur du corps de l'os	0,0033	3,1	0,006	4,1	0,003	2,9	0,0042	3,5
Épaisseur du corps de l'os............	0,005	4,7	0,008	5,5	0,0068	6,6	0,0068	5,6
Épaisseur de la tête, y compris le talon..	0,01	9,4	»	»	0,015	14,7	0,0130	10,7
Longueur de l'extrémité inférieure à l'empreinte tibiale..................	0,095	89,6	0,123	84,8	0,090	88,2	0,118	97,5
Tibia.								
Largeur de l'extrémité inférieure	0,0108	»	0,0169	»	0,012	»	0,013	»
Largeur du corps de l'os.............	0,0045	»	0,008	»	0,0055	»	0,0074	»
Épaisseur du corps de l'os...........	0,0045	»	0,0069	»	0,0043	»	0,0053	»

PALOELODUS CRASSIPES, nov. sp.

(Planche LXXXVIII, fig. 4 à 11, et planche LXXXIX, fig. 1 à 5.)

Le *Palœlodus crassipes*, ainsi que son nom l'indique, est remarquable par ses pattes plus massives que celles des espèces précédentes ; sa taille est aussi plus considérable.

Le tarso-métatarsien (1) est très-robuste, et, bien que sa longueur ne soit que d'un huitième environ plus grande que celle du même os chez le *Palœlodus ambiguus*, il est beaucoup plus élargi. Sa face antérieure est large et aplatie, et les bords latéro-antérieurs sont plus arrondis que chez les espèces du même genre dont nous venons d'étudier les caractères. Il n'existe aucune trace de la gouttière métatarsienne antérieure, et c'est à peine si l'on voit une légère dépression au-dessous des empreintes d'insertion du muscle tibial antérieur. Celles-ci sont larges, saillantes et se confondent sur la ligne médiane. La face postérieure de l'os est arrondie, et, dans sa partie supérieure, elle est limitée par des lignes intermusculaires plus larges et plus saillantes que chez le *Palœlodus ambiguus*. Le talon présente la même forme que chez cette espèce, et les gouttières tendineuses sont disposées de la même façon (2).

L'extrémité inférieure de l'os est plus élargie et surtout beaucoup plus renflée que celle des oiseaux précédents. La trochlée digitale médiane est haute et large; l'interne est arrondie en avant et beaucoup moins étroite que chez le Palœlode ambigu. J'ai réuni un certain nombre d'autres os qui ont, je pense, appartenu à cet oiseau, car ils sont plus robustes que ceux du *Palœlodus ambiguus*, et, à plus forte raison, que ceux du *Palœlodus gracilipes* et du *Palœlodus minutus*. Mais je ne puis former ici que des conjectures, car le *Palœlodus Goliath*, dont

(1) Voyez pl. LXXXVIII, fig. 4, 5, 6 et 7.
(2) Voyez pl. LXXXVIII, fig. 6.

·je vais indiquer plus loin les caractères, présente à peu près les mêmes dimensions que l'espèce dont je m'occupe en ce moment, de façon qu'il m'est difficile de savoir si ce n'est pas à lui que doivent se rapporter les portions du squelette dont je viens de parler.

Le *Palœlodus crassipes* se trouve aussi dans le terrain miocène des environs de Langy; il y est moins rare que les deux espèces précédentes, bien qu'il soit beaucoup moins commun que le *Palœlodus ambiguus*, car les débris que j'ai recueillis proviennent de cinq individus au plus, et je n'en ai rencontré dans aucune des collections paléontologiques que j'ai visitées.

	PALŒLODUS CRASSIPES.		PALŒLODUS GRACILIPES.		PALŒLODUS AMBIGUUS.	
	Dimensions réelles.	Réduction à 100.	Dimensions réelles.	Réduction à 100.	Dimensions réelles.	Réduction à 100.
Tarso-métatarsien.						
Longueur de l'os	0,0145	100,0	0,102	100,0	0,121	100,0
Largeur de l'extrémité supérieure.	0,016	11,0	0,013	12,7	0,014	11,5
Largeur de l'extrémité inférieure.	0,0168	11,6	0,011	10,8	0,012	9,9
Largeur du corps de l'os........	0,006	4,1	0,003	2,9	0,0042	3,5
Épaisseur du corps de l'os.......	0,008	5,5	0,0068	6,6	0,0068	5,6
Épaisseur de la tête, y compris le talon................	»	»	0,015	14,7	0,0130	10,7
Longueur de l'extrémité inférieure à l'empreinte tibiale..........	0,123	84,8	0,090	88,2	0,118	97,5
Tibia.						
Largeur de l'extrémité inférieure..	0,0169	»	0,012	»	0,013	»
Largeur du corps de l'os	0,008	»	0,0055	»	0,0074	»
Épaisseur du corps de l'os......	0,0069	»	0,0043	»	0,0053	»
Coracoïdien.						
Longueur totale..............	0,0636	100,0	0,0478	100,0	0,0579	100,0
Largeur de l'extrémité sternale...	0,0319	50,2	»	»	»	»
Largeur de l'os au-dessous de la fossette scapulaire	0,01	15,7	0,0069	14,4	0,0085	14,7
Largeur de l'os au niveau de la facette glénoïdale	0,0096	15,1	0,007	14,6	0,0089	15,4

	PALŒLODUS CRASSIPES.		PALŒLODUS GRACILIPES		PALŒLODUS AMBIGUUS	
	Dimensions réelles.	Réduction à 100.	Dimensions réelles.	Réduction à 100.	Dimensions réelles.	Réduction à 100.
Humérus.						
Largeur de l'extrémité inférieure..	0,023	»	0,0159	»	0,021	»
Largeur du corps de l'os	0,0107	»	0,0075	»	0,010	»
Épaisseur du corps de l'os	0,009	»	0,0065	»	0,009	»
Métacarpe.						
Longueur de l'os	0,0858	100,0	0,07	100,0	0,082	100,0
Largeur de l'extrémité supérieure.	0,0084	9,8	0,007	10,0	0,0069	8,4
Largeur de l'extrémité inférieure..	0,0062	7,2	0,0059	8,4	0,006	7,3
Épaisseur du gros métacarpien....	0,0049	5,7	0,0047	6,7	0,0049	6,0
Longueur de l'espace intermétacarpien	0,053	61,2	0,04	57,1	0,048	58,5
Épaisseur de l'extrémité supérieure.	0,014	16,3	0,0126	18,0	0,014	17,1
Épaisseur de l'extrémité inférieure.	0,0088	10,3	0,0078	11,1	0,0078	9,5

PALOELODUS GOLIATH, nov. sp.

(Planches LXXXVII et LXXXVIII, fig. 1 à 3.)

Cette dernière espèce est très-remarquable parce que, tout en se rattachant aux précédentes par ses caractères essentiels, elle diffère tellement du *Palœlodus ambiguus* par ses proportions, qu'on pourrait être tenté, à la suite d'un examen superficiel, de la placer dans une division générique différente. Elle est, en effet, non-seulement beaucoup plus grande, mais ses formes sont remarquablement plus massives.

Le tarso-métatarsien (1) est beaucoup plus robuste que celui du *Palœlodus crassipes;* cependant, comme chez les autres espèces du même genre, ses faces latérales sont plus élargies que l'antérieure. L'extrémité supérieure de l'os, autant qu'on peut en juger sur l'unique

(1) Voyez pl. LXXXVII, fig. 1, 2, 3.

exemplaire que je possède, devait présenter une largeur considérable. L'extrémité inférieure est très-renflée, et les trochlées digitales sont longues et très-grosses, elles sont d'ailleurs disposées comme celles des espèces précédentes.

Peut-être doit-on rapporter à la même espèce un tibia de très-grande taille (1), qui présente tous les caractères propres au genre *Palœlodus*, mais qui ne peut avoir appartenu à aucune des espèces précédentes; cependant sa longueur me paraît trop considérable comparée à celle du canon, car les proportions de la patte ne seraient plus les mêmes que chez les autres Palœlodes. En effet, d'ordinaire dans ce genre, le tarso-métatarsien égale les $7/10^{es}$ du tibia, tandis que, dans le cas qui nous occupe, il n'égalerait que les $6/10^{es}$. Ce tibia offre d'ailleurs tous les caractères dont j'ai signalé l'existence chez le *Palœlodus ambiguus*, et il ne peut se rapporter à aucun autre genre.

Le fémur, dont je donne aussi une figure (2), appartient, suivant toute probabilité, au *Palœlodus Goliath*. Il est d'un quart plus grand que celui du Palœlode ambigu, mais n'atteint pas la taille de celui des Flamants. D'ailleurs il est facile de l'en distinguer, parce que, de même que chez les autres espèces du genre, il est dépourvu d'orifices pneumatiques, à la partie supérieure, et qu'en arrière, au-dessus de l'extrémité articulaire tibiale, il existe une fosse poplitée, peu profonde, il est vrai, mais nettement indiquée.

Je possède aussi des vertèbres (3) remarquables par leurs dimensions, plus considérables encore que celles de ces os chez les Flamants, qui doivent être attribuées à la même espèce.

Le sternum, que je crois devoir rapporter à cet oiseau (4), diffère de celui du *Palœlodus ambiguus*, non-seulement par sa grande

(1) Voyez pl. LXXXVIII, fig. 1, 2 et 3.
(2) Voyez pl. LXXXVII, fig. 5, 6 et 7.
(3) Voyez pl. LXXXIX, fig. 6 et 7.
(4) Voyez pl. LXXXVII, fig. 9, 10 et 11.

taille, mais aussi par plusieurs particularités de structure très-carac-
téristiques. L'une des plus importantes consiste dans l'existence d'une
fosse circulaire et très-profonde située au devant du brechet, à la base
de l'apophyse épisternale. L'angle antérieur de cette carène est plus saillant que dans l'espèce précédente. L'apophyse épisternale est plus comprimée latéralement et se relève davantage. Les rainures coracoïdiennes sont non moins obliques et s'entrecroisent notablement ; le
bourrelet qui les surmonte à leur partie interne est plus élargi ; mais
l'excavation de la face supérieure de l'os, qui se trouve derrière ce
rebord, est moins creuse et les trous pneumatiques y sont plus nombreux et autrement disposés ; ils sont rangés en série de chaque côté
de la ligne médiane. L'unique échantillon de ce sternum que j'ai
recueilli a été brisé vers le milieu, en sorte que je ne puis rien dire
de sa moitié postérieure.

Je suis tenté de rapporter à cette espèce un os furculaire qui diffère de celui du *Palœlodus ambiguus* par le renflement plus considérable
de son extrémité sternale. Les branches furculaires sont moins comprimées latéralement et leur tissu est creusé d'une foule de vacuoles
pneumatiques.

J'attribue au *Palœlodus Goliath* un os coracoïdien (1) beaucoup plus
grand que ceux du *Palœlodus ambiguus*, et même que ceux que je rapporte au *Palœlodus crassipes* (2) : en effet, ce fossile a appartenu à un
représentant du genre qui nous occupe ici, car il diffère du coracoïde
des Flamants par la longueur et le peu de hauteur de la surface articulaire claviculaire supérieure et par l'existence de petits pertuis
pneumatiques à la base de cette facette.

J'ai également figuré le cubitus et le radius (3) d'un oiseau de
grande taille, qui ont appartenu, soit au *Palœlodus Goliath*, soit au *Palœlodus crassipes.*

(1) Voyez pl. LXXXVII, fig. 13 et 14.
(2) Voyez pl. LXXXIX, fig. 1 et 2.
(3) Voyez pl. LXXXVIII, fig. 10 et 11.

Ce grand Échassier fossile paraît avoir été très-rare à l'époque miocène dans le bassin de l'Allier, car je n'en ai jamais rencontré que très-peu de débris, soit dans les fouilles que j'ai fait faire, soit dans les collections que j'ai visitées.

	Palælodus Goliath.		Palælodus minutus.		Palælodus crassipes		Palælodus gracilipes.		Palælodus ambiguus.	
	Dimensions réelles.	Réduction à 100.	Dimensions réelles.	Réduction à 100.	Dimensions réelles.	Réduction à 100.	Dimensions réelles.	Réduction à 100.	Dimensions réelles.	Réduction à 100.
Tarso-métatarsien.										
Longueur totale de l'os	0,149	100,0	0,106	100,0	0,145	100,0	0,102	100,0	0,121	100,0
Largeur de l'extrémité inférieure.	0,0185	12,4	»	»	0,0168	11,6	0,011	10,8	0,0120	9,9
Largeur du corps de l'os.......	0,007	4,7	0,0033	3,1	0,006	4,1	0,003	2,9	0,0042	3,5
Épaisseur du corps de l'os......	0,0095	6,4	0,005	4,7	0,008	5,5	0,068	6,6	0,0068	5,6
Épaisseur de la tête, y compris le talon	»	»	0,01	9,4	»	»	0,015	14,7	0,0130	10,7
Longueur de l'extrémité inférieure à l'empreinte tibiale........	0,127	85,2	0,095	89,6	0,123	84,8	0,090	88,2	0,118	97,5
Tibia.										
Longueur totale de l'os........	0,229	100,0	»	»	»	»	»	»	0,1729	100,0
Largeur de l'extrémité supérieure.	0,0168	7,3	»	»	»	»	»	»	0,0157	9,1
Largeur de l'extrémité inférieure.	0,018	8,3	0,0108	»	0,0169	»	0,012	»	0,013	7,5
Largeur du corps de l'os.......	0,0096	4,2	0,0045	»	0,008	»	0,0055	»	0,0074	4,3
Épaisseur du corps de l'os......	0,0079	3,4	0,0045	»	0,0069	»	0,0043	»	0,0053	3,1
Fémur.										
Longueur totale de l'os	0,0814	100,0	»	»	»	»	0,064	100,0	0,064	100,0
Largeur de l'extrémité supérieure.	0,017	20,9	»	»	»	»	0,0138	21,6	0,0137	21,4
Largeur de l'extrémité inférieure.	0,0199	24,4	»	»	»	»	0,0139	21,7	0,0139	21,7
Largeur du corps de l'os	0,008	9,8	»	»	»	»	0,0065	10,1	0,0066	10,3
Épaisseur du corps de l'os	0,0079	9,7	»	»	»	»	0,0059	9,2	0,006	9,1
Coracoïdien.										
Longueur totale de l'os........	0,0718	100,0	»	»	0,0636	100,0	0,0478	100,0	0,0579	100,0
Largeur de l'os au-dessous de la fossette scapulaire	0,0115	15,0	»	»	0,01	15,7	0,0069	14,4	0,0085	14,7
Largeur de l'os au niveau de la facette glénoïdale	0,0118	16,0	»	»	0,0096	15,1	0,007	14,6	0,0089	15,4
Cubitus.										
Longueur de l'os	0,2	100,0	»	»	»	»	»	»	0,1642	100,0
Largeur de l'extrémité supérieure.	0,0149	7,5	»	»	»	»	»	»	0,0126	7,7
Largeur de l'extrémité inférieure.	0,0102	5,1	»	»	»	»	»	»	0,009	5,5
Largeur de l'os	0,008	4,0	»	»	»	»	»	»	0,0062	3,8
Épaisseur de l'os.............	0,0066	3,3	»	»	»	»	»	»	0,0055	3,3
Épaisseur de la tête de l'os.....	0,012	6,0	»	»	»	»	»	»	0,012	7,3

AGNOPTERUS LAURILLARDI, nov. gen. et sp.

(Planche LXXXIX, fig. 10 à 15.)

Il existe, parmi les ossements du gypse des environs de Paris qui appartiennent au Muséum d'histoire naturelle de Paris et qui y ont été disposés et étiquetés par Laurillard, une portion inférieure d'un grand tibia d'Echassier, mesurant environ 18 centimètres. M. Gervais rapporte ce fragment à un oiseau ayant des rapports avec les *Ardea*, et de la grandeur de la Cigogne (1). J'ai étudié avec soin ce tibia, et je ne crois pas possible qu'il ait appartenu à une espèce du groupe des Hérons. Il me paraît, au contraire, se rapprocher beaucoup plus des Flamants, dont il présente quelques-uns des caractères essentiels. En effet, malgré le mauvais état de l'échantillon unique qui existe, il est facile de constater que l'extrémité inférieure de l'os était relativement peu élargie et que les condyles étaient petits ; celui du côté interne est bien conservé, et l'on voit que la gorge intercondylienne antérieure s'élargit beaucoup à sa partie supérieure, de façon à entamer ce condyle, disposition qui, ainsi que je l'ai déjà dit, ne se rencontre que dans la famille des Phœnicoptérides et manque chez les Grues, les Ciconides et les Totanides. La surface articulaire inférieure est très-aplatie et devait être creusée, de chaque côté de la ligne médiane, d'une petite dépression, ainsi que cela se voit chez les Flamants. Chez les Grues et les Cigognes, on n'en aperçoit que des traces. La gorge intercondylienne postérieure est étroite, très-profonde et limitée par des bords saillants et relevés. Dans la famille des Gruides, non-seulement la gorge intercondylienne est moins profonde, mais son bord externe est beaucoup plus arrondi.

Ces particularités de structure indiquent qu'entre l'Oiseau du

(1) Voyez *Zoologie et Paléontologie françaises*, 1re édition, p. 228.

gypse de Montmartre et les Flamants, il existait de grandes analogies dans le plan organique du squelette, et que, dans la nature actuelle, le genre *Phœnicopterus* se rapproche plus de notre fossile qu'aucun autre genre vivant. On ne peut cependant rapporter cette espèce à la même division générique que les Flamants, car le tibia du gypse présente avec celui de ces derniers oiseaux quelques différences que je vais indiquer.

Le corps de l'os est moins étranglé au-dessus de l'extrémité inférieure ; la gorge intercondylienne postérieure se continue insensiblement avec la face correspondante de l'os, ce qui n'a pas lieu dans le genre *Phœnicopterus ;* enfin, en dehors du condyle externe, on n'aperçoit aucune trace de la gouttière oblique du tendon du muscle moyen péronier, si marquée dans le genre vivant. Ces différences prouvent donc qu'on ne peut assimiler, même génériquement, notre fossile aux Flamants, car ces particularités, qui n'existent pas sur ce tibia, se remarquent dans toutes les espèces actuelles de ce genre ; elles manquent, il est vrai, dans le genre *Palœlodus*, mais, chez ces derniers oiseaux, la gorge intercondylienne postérieure est moins profonde et la direction de l'extrémité articulaire tout entière est différente ; elle est plus oblique en dedans. Je ne pense donc pas que l'oiseau de Montmartre, auquel appartient le tibia que je viens de décrire, puisse se ranger dans le même genre que les espèces de *Palœlodus* du terrain miocène de l'Allier ; il m'en paraît différer, et il est probable que la découverte de nouvelles pièces de son squelette confirmera les résultats auxquels l'étude comparative du tibia m'a conduit.

Je proposerai donc de former pour cet Échassier de l'époque éocène, un nouveau genre, et je le désignerai sous le nom d'*Agnopterus Laurillardi* (1).

(1) De ἀγνῶς, inconnu, et πτέρον, aile.

GENRE ELORNIS, Aymard.

C'est à la suite de la famille des Phœnicoptérides que doivent se placer les Oiseaux fossiles des marnes calcaires de Ronzon, au Puy en Velay, que M. Aymard a cités sous le nom d'*Elornis*. Ce géologue infatigable pense que les pièces qu'il a recueillies doivent se rapporter à trois espèces différentes, et il les a désignées sous les noms de *Elornis antiquus*, *Elornis littoralis* et *Elornis grandis*. J'ai pu, grâce à l'obligeance de M. Aymard, étudier les fossiles qui ont servi de bases à ces déterminations, et je suis tenté de croire que le nombre des espèces doit être réduit à deux, l'*Elornis littoralis* et l'*Elornis antiquus* appartenant à un seul et même type spécifique.

ELORNIS LITTORALIS, Aymard.

(Planche XC.)

AYMARD, *Congrès scientifique de France*, 1856, p. 234 et 267. — *Elornis antiquus*, AYMARD, *op. cit.*

Les pièces osseuses de cet oiseau que j'ai pu étudier sont généralement empâtées dans les marnes calcaires bleues, et la compression qu'elles ont subie les a plus ou moins déformées, de façon que beaucoup des caractères qu'il serait utile de consulter se trouvent masqués ou souvent même font entièrement défaut. L'échantillon le mieux conservé consiste en une plaque argilo-calcaire sur laquelle se voient une extrémité inférieure du tibia et une portion supérieure du tarso-métatarsien (1). Ce sont ces fossiles qui ont servi de types à M. Aymard pour la détermination de l'*Elornis littoralis*. Par la plupart des particularités de leur organisation, ils se rapprochent beaucoup des Flamants;

(1) Voyez pl. XC, fig. 1.

ainsi les deux condyles articulaires du tibia sont à peu près égaux et séparés par une gorge extrêmement large, surtout en haut, destinée à loger la tubérosité intercondylienne de l'os du pied, qui, de même que chez les Phœnicoptérides, est remarquablement étendue dans le sens transversal; la gouttière métatarsienne antérieure est très-nettement indiquée.

Sur une autre pièce, on voit un tarso-métatarsien dont il ne manque que la partie inférieure (1); mais la face interne est seule à découvert, et l'on ne peut s'en servir que comme indication des proportions générales de l'os. On remarque que, bien que les dimensions absolues fussent beaucoup moindres, les proportions devaient être sensiblement les mêmes que dans le genre *Phœnicopterus*.

Le bassin (2), dont on voit une portion de la face inférieure, diffère davantage de celui des Flamants; il est notablement moins allongé, et, sous ce rapport, se rapproche un peu de celui des Cigognes.

L'os furculaire (3) est, dans sa portion sternale, largement évasé en forme d'U; il diffère, par conséquent, d'une façon très-notable de celui des Ciconides proprement dits, qui offre l'apparence d'un V pour se rapprocher de ce qui se voit chez les Flamants.

Je considère comme appartenant à l'*Elornis littoralis* un humérus (4) que M. Aymard pensait devoir rapporter, sous le nom d'*Elornis antiquus*, à un type spécifique distinct. Cet os, à peu près d'un quart plus petit que son homologue chez le Flamant, me paraît se rapporter parfaitement par ses dimensions et ses formes générales aux os de la patte et du bassin que je viens d'examiner; il est d'ailleurs fortement comprimé, et l'état de ses extrémités articulaires laisse aussi beaucoup à désirer.

(1) Voyez pl. XC, fig. 2.
(2) Voyez pl. XC, fig. 4.
(3) Voyez pl. XC, fig. 5 et 6
(4) Voyez pl. XC, fig. 7.

D'après l'examen de ces débris, on peut se convaincre que l'*Elornis littoralis* était un oiseau à formes élancées, beaucoup plus haut sur pattes que les *Palœlodus*; mais cependant bien inférieur sous ce rapport aux Flamants, avec lesquels il devait offrir beaucoup de ressemblances.

ELORNIS GRANDIS, Aymard.

AYMARD, *Congrès scientifique de France*, 1856, t. I, p. 234 et 267.

Je ne connais de cette espèce, signalée en 1855 par M. Aymard, qu'un humérus de grande taille, au moins aussi grand que celui d'un Flamant, et qui, par ses proportions, semblé se rapprocher beaucoup de celui de ces derniers oiseaux. Malheureusement l'extrémité inférieure manque complétement, la tête articulaire supérieure est brisée, et le corps de l'os fortement aplati par la pression à laquelle ce fossile a été soumis, de telle sorte que s'il suffit pour indiquer avec certitude qu'il existait à cette époque une espèce d'oiseau distincte de l'*Elornis littoralis*, il est trop imparfait pour que l'on puisse reconnaître exactement le genre auquel elle appartenait.

CHAPITRE XXI

CARACTÈRES OSTÉOLOGIQUES DE LA FAMILLE DES ARDÉIDES.

§ 1er.

La plupart des zoologistes ne me paraissent pas avoir assez tenu compte des affinités qui unissent entre eux les Hérons, les Bihoreaux, les Butors, les Crabiers, etc.; ils n'ont pas suffisamment distingué ces oiseaux des autres Échassiers. Ainsi, M. R. Gray comprend dans la famille des Ardéides, les Spatules et les Ombrettes, qui sont des Ciconides, et le prince Charles Bonaparte sépare les Hérons des Savacous, tandis que ces derniers, par tous les traits de leur organisation, sont de véritables Bihoreaux, et ne se distinguent que par la forme de leur bec, caractère qui n'a souvent qu'une importance zoologique peu considérable.

Les représentants de la famille des Ardéides sont faciles à reconnaître aussi bien à l'aide des particularités fournies par chaque pièce de leur squelette que par l'ensemble de leur charpente solide, et ils diffèrent beaucoup plus des Cigognes, des Grues et des Totanides, que ces derniers oiseaux ne diffèrent des Larides, qui, dans la plupart des classifications, se trouvent rangés dans un autre ordre.

§ 2. — DES OS DE LA PATTE.

Le CANON des Ardéides est extrêmement facile à reconnaître (1), et certains fragments, même très-petits, suffiraient pour cette détermination; car les deux extrémités articulaires, aussi bien que le corps de l'os, présentent des particularités caractéristiques.

(1) Voyez pl. XCII, fig. 1 à 10.

Cet os est généralement allongé et comprimé d'avant en arrière, de telle sorte que sa face antérieure est plus large que les latérales, tandis que dans les groupes voisins on observe une disposition inverse. La gouttière métatarsienne antérieure manque sur les trois quarts inférieurs de l'os, elle ne devient apparente que vers l'extrémité supérieure ; on n'aperçoit, d'ordinaire, qu'une seule empreinte pour l'insertion du tibial antérieur, et elle est située un peu en dedans de la ligne médiane. Nous avons vu que chez les autres Échassiers il existe d'ordinaire deux empreintes tibiales ; parfois elles sont en contact soit par leur base, soit par leur sommet, mais on peut toujours distinguer les traces de leur division primitive.

La dépression qui surmonte l'empreinte tibiale est très-évasée, mais peu profonde, et les deux pertuis qui s'y ouvrent sont situés à des niveaux différents. La coulisse du muscle extenseur commun des doigts est à peine marquée.

La face externe est beaucoup plus large que celle du côté opposé, qui est réduite à un bord et se confond avec la face postérieure, dont les lignes intermusculaires sont arrondies et remarquablement peu saillantes.

L'extrémité supérieure est étroite, et il n'existe qu'une faible différence de niveau entre les deux facettes glénoïdales. La tubérosité intercondylienne est grosse, arrondie, mais moins proéminente que chez les Cigognes. Les surfaces articulaires sont longues, peu élargies et limitées en dehors par un bord saillant.

Le talon est resserré, mais très-avancé ; il est situé au même niveau que la surface articulaire et il se compose d'une crête interne très-proéminente, dont le bord postérieur est épais ; d'une crête accessoire médiane, qui, en se réunissant à la précédente, circonscrit une gouttière tubulaire sur la paroi postérieure de laquelle est creusée une coulisse largement ouverte en arrière ; et enfin d'une crête externe peu développée, qui tantôt se réunit à la médiane et ferme en arrière la gouttière externe, tantôt reste distincte. Cette disposition des gouttières tendineuses est spéciale aux espèces qui composent la famille des Hérons ; on ne retrouve rien de semblable non-seulement chez les autres Échassiers, mais aussi chez les Palmipèdes, et, sous ce rapport, le Cormoran est de tous les oiseaux celui qui se rapproche le plus des Ardéides.

L'extrémité inférieure de l'os présente aussi une forme toute particulière et caractéristique. Les trochlées digitales, au lieu d'être disposées comme chez presque tous les autres Échassiers (1) sur une ligne transversale très-arquée, sont placées sur une ligne transversale presque droite ; la trochlée interne n'est pas rejetée en arrière, comme cela se voit généralement, et elle se prolonge plus bas que l'externe, disposition exceptionnelle dans le groupe dont je viens de parler. Le pertuis inférieur se trouve immédiatement au-dessus de l'échancrure interdigitale externe. La surface articulaire du doigt postérieur est arrondie, faiblement déprimée et située à peu de distance des trochlées.

Toutes les espèces de Hérons, de Bihoreaux, de Butors, ainsi que le Savacou, offrent cet ensemble de particularités si facilement appréciables, et, en voyant des caractères si nets, on est en droit de s'étonner que les ornithologistes n'aient pas eu un seul instant l'idée de s'en servir. Ils auraient ainsi évité bien des erreurs : par exemple, ils n'auraient pas réuni les Ombrettes et les Spatules aux Hérons, et ils n'en auraient pas séparé les Savacous.

Les différences spécifiques que l'on observe dans la famille des Ardéides sont peu considérables.

Chez le Héron Goliath (*Ardea Goliath*, Temm.), le canon est plus massif et beaucoup plus grand que celui des autres espèces ; les trochlées digitales sont plus renflées, mais les caractères essentiels restent les mêmes.

(1) A l'exception des Outardes.

Le canon du Héron cendré (*Ardea cinerea*, Lin.) ressemble beaucoup au précédent; la gorge des trochlées digitales est peu oblique, et la trochlée interne atteint presque la médiane. Il en est de même chez le Héron pourpré (*Ardea purpurea*, Lin.) dont le canon, plus petit, a son extrémité inférieure plus élargie (1).

Chez le Héron aigrette, dont on a fait un genre sous le nom d'*Egretta*, le tarso-métatarsien est plus grêle et la gouttière métatarsienne antérieure est plus marquée.

L'établissement des genres *Gazetta*, *Herodias*, *Bubulcus*, *Agamia*, *Butorides*, *Ardetta*, n'est nullement justifié par l'étude de l'os du pied.

Chez le Héron blongios, qui rentre dans le genre *Ardeola*, l'empreinte d'insertion du tibial antérieur est rejetée beaucoup plus en dedans; le talon est court et l'extrémité inférieure paraît légèrement tordue, à cause de la grande obliquité de la gorge de la trochlée médiane qui est dirigée en bas et en dehors.

Le tarso-métatarsien des Butorides (2) est plus fort et plus trapu que celui des Hérons, et il présente en général une légère courbure à convexité externe. La face interne est remplacée par un bord tranchant; le pertuis inférieur est placé tellement bas, que parfois il est représenté par un sillon qui se prolonge dans l'échancrure interdigitale.

L'os du pied du genre Savacou (*Cancroma*) offre les mêmes caractères que chez les Butorides; l'extrémité inférieure est seulement un peu plus étroite (3).

Je regrette de n'avoir pu étudier le squelette du Balæniceps roi; mais, d'après la figure que M. Parker a donnée de l'extrémité inférieure de l'os tarso-métatarsien (4), on peut se convaincre que cette partie

(1) Voyez pl. XCII, fig. 1 à 4.
(2) Voyez pl. XCII, fig. 5 et 6.
(3) Castelneau, *Voyage dans l'Amérique méridionale*. Voyez aussi ci-dessus, pl. XCI et XCII, fig. 7 à 10.
(4) Voyez Parker, *On the Osteology of the Balæniceps rex* (*Trans. of the Zool. Soc. of London*).

ne diffère que peu de ce qui existe chez les véritables Hérons; elle est comparativement plus forte et les échancrures interdigitales sont plus larges.

Dans la famille qui nous occupe en ce moment, les DOIGTS sont extrêmement longs et grêles (1); le médian dépasse beaucoup les latéraux. Chez les Butors et les Bihoreaux, ces appendices sont plus robustes et plus raccourcis que chez les Hérons véritables; d'ailleurs, leurs dimensions, comparées à celles de l'os du pied, varient très-notablement, même chez des espèces très-voisines : ainsi, chez le Héron pourpré, le doigt médian égale ou même dépasse le tarso-métatarsien; chez le Héron cendré, au contraire, il n'égale que les deux tiers de ce même os. J'ajouterai aussi que les phalanges unguéales sont remarquablement longues et comprimées latéralement.

Le TIBIA des Hérons (2) ne peut pas se confondre avec celui des Ciconides, des Gruides ou des Totanides; il est allongé comme chez ces derniers, mais la disposition des extrémités articulaires est très-différente.

L'extrémité inférieure de l'os est étroite; les condyles articulaires sont hauts et à peu près égaux; l'externe est un peu plus renflé que celui du côté opposé, mais tous deux se prolongent presque au même niveau, de façon qu'une ligne réunissant inférieurement les deux condyles forme avec l'axe de l'os un angle droit. Chez les Cigognes, cet angle est un peu plus aigu, et il l'est bien davantage chez les Grues et les Totanides. Le condyle interne n'est pas déjeté en dedans comme dans les deux familles que je viens de citer. La gorge intercondylienne est profonde et élargie; ce qui, comme nous le verrons, empêche de confondre l'extrémité inférieure du tibia des Ardéides avec la même

(1) Voyez pl. XCI.
(2) Voyez pl. XCII, fig. 11 à 13, et pl. XCIII, fig. 1 à 6.

partie chez les Gallinacés, où la largeur de la gorge est bien moins considérable.

Inférieurement, la surface articulaire est moins aplatie que chez les Grues, les Cigognes et les Flamants, et l'on n'y remarque pas les deux petites dépressions qui, chez ces derniers oiseaux, sont destinées à loger le bord postérieur des facettes glénoïdales. Chez les Hérons, ce bord n'est pas saillant; par conséquent, des dépressions sous-condyliennes auraient été complétement inutiles.

La gouttière du muscle extenseur des doigts est peu profonde et le pont osseux sous lequel elle passe est étroit et très-court; enfin, au-dessous, il n'existe pas de tubercule saillant destiné, comme chez les Cigognes et les Phœnicoptères, à l'insertion d'une bride ligamenteuse sous laquelle s'engage le tendon de l'extenseur des doigts, dans son trajet préarticulaire.

Le corps de l'os est droit, légèrement aplati en avant, arrondi en arrière et sur les côtés. La crête péronière, en général assez saillante, est très-rapprochée de l'extrémité supérieure. Cette dernière est petite et arrondie; les crêtes tibiales sont peu marquées et ne dépassent guère la surface articulaire.

Tous les Hérons présentent ces mêmes caractères, même le Héron blongios (*Ardeola minuta*).

Chez les Butors, le tibia est plus court et plus massif (1); son extrémité inférieure est plus élargie; enfin, le condyle externe est plus épais et moins saillant.

Le Savacou est, sous ce rapport, un véritable Butoride (2); il se fait cependant remarquer par la profondeur de la gouttière de l'extenseur des doigts, par les saillies qui donnent attache au ligament oblique sus-tibial, et enfin par la profondeur de la dépression d'insertion du ligament articulaire antérieur.

(1) Voyez pl. XCIII, fig. 1 et 2.
(2) Voyez pl. XCIII, fig. 4, 5 et 6.

Le FÉMUR des Ardéides (1) est beaucoup plus grêle et plus allongé
que celui des Échassiers que j'ai passés en revue précédemment, et
nous verrons que, sous ce rapport, il se rapproche plus de celui des
Rallides que de celui des autres Échassiers.

Le corps de l'os est régulièrement cylindrique et légèrement
arqué en avant. Le trochanter est petit et s'élève à peine au-dessus de
la surface articulaire supérieure. Il n'existe pas de trou pneumatique
en dedans de son bord antérieur, comme chez les Cigognes. Le col du
fémur est petit et dirigé presque directement en dedans, de façon à
former avec le corps de l'os un angle presque droit ; ce col est remarquable par l'existence d'un étranglement situé au-dessous de la tête
fémorale, et qui ne se trouve jamais aussi fortement marqué chez
les autres Échassiers. La surface d'insertion du ligament rond, au lieu
de constituer une fossette profonde, est généralement aplatie ou légèrement déprimée.

L'extrémité inférieure de l'os est très-étroite, le condyle externe
étant beaucoup moins renflé que chez les autres oiseaux du même
groupe, la gorge intercondylienne est profonde et très-resserrée. En
arrière, la crête péronéo-tibiale n'est que peu saillante ; une gorge
très-étroite la sépare du bord externe du condyle correspondant. La
fosse poplitée est disposée comme chez les Ciconides ; elle est superficielle, mais large. La ligne âpre s'étend d'une extrémité à l'autre de
l'os, et occupe à peu près la ligne médiane.

Les différences que présente l'os de la cuisse dans les diverses
subdivisions de la famille des Ardéides, sont peu importantes ; ce ne
sont que des variations dans les dimensions qui peuvent permettre
dans la plupart des cas d'arriver à des déterminations spécifiques.

(1) Voyez pl. XCI et XCIII, fig. 7 à 9.

§ 3. — DES OS DU TRONC.

Par sa forme générale, le BASSIN des Hérons (1) ressemble plus à celui des Grues qu'à celui des autres Échassiers : en effet, il est légèrement voûté ; sa portion précotyloïdienne est bien développée, tandis que sa portion postcotyloïdienne est relativement courte.

En avant, les lames iliaques sont inclinées en forme de toit ; d'abord élargies, elles se rétrécissent en avant des cavités cotyloïdiennes ; généralement elles se soudent, dans leur moitié ou leur tiers antérieur, avec la crête épineuse du sacrum, laissant ainsi en arrière une longue fissure qui communique avec les gouttières vertébrales. Cependant, chez les Savacous, même lorsque le développement est complétement achevé, les lames iliaques sont toujours dans leur portion antérieure distinctes de la crête épineuse dont un large intervalle les sépare.

En arrière des cavités cotyloïdes, la soudure des iliaques avec la portion sacrée s'effectue d'ordinaire d'une façon tellement parfaite, que souvent on n'en aperçoit plus les traces. Par ce caractère, les Ardéides se rapprochent des Cigognes et des Grues pour s'éloigner des Totanides, où la portion ischio-iliaque du pelvis reste toujours distincte du sacrum.

La crête sus-ischiatique est saillante et surplombe au-dessus des lames latérales, qu'elle cache entièrement, comme chez les Grues, lorsque l'on regarde le bassin en dessus ; mais, chez ces derniers oiseaux, elle décrit une courbe à concavité interne, tandis que chez les Hérons, la courbe se fait dans l'autre sens, et la convexité est tournée en dehors. L'angle sus-ischiatique est peu marqué : tantôt il dépasse la pointe de l'ischion, et tantôt il est moins proéminent que celle-ci.

(1) Voyez pl. XCI, XCII, fig. 14, 15, 16, et pl. XCIII, fig. 10, 11 et 12.

La première de ces dispositions s'observe chez le Savacou, la seconde chez les véritables Hérons. Le trou sciatique est ovalaire et peu développé; les branches du pubis sont lamelleuses et également élargies; elles limitent en bas une échancrure ovalaire et étroite.

La face inférieure du bassin se distingue facilement de celle des autres Échassiers. Les fosses iliaques internes ressemblent beaucoup à celles des Grues, mais les fosses rénales antérieures se confondent avec les postérieures, tandis que dans les familles précédentes elles en étaient nettement séparées par deux des apophyses transverses des vertèbres, qui s'étendaient jusqu'au bord postéro-supérieur de la cavité cotyloïde. Chez les Hérons, ces apophyses existent, mais elles sont courtes et vont se fixer au bord supérieur des lames iliaques. Les fosses rénales postérieures sont circonscrites en arrière par un bord saillant analogue à celui dont j'ai signalé l'existence chez les Grues, et qui, ainsi que je l'ai déjà dit, n'existe pas dans les autres familles dont nous avons étudié jusqu'ici la charpente osseuse. Le muscle obturateur interne s'insère sur le plancher de cette fosse.

Le bassin des Butors ressemble presque complétement à celui des Hérons; cependant, en général, la portion prcotyléoïdienne est plus allongée et plus étroite, la crête sus-ischiatique se dilate davantage en dehors, de façon à former de chaque côté, chez quelques espèces, une véritable expansion lamelleuse.

D'après cet exposé des caractères du bassin des Ardéides, il est facile de se convaincre de la précision avec laquelle on pourrait arriver à distinguer, à l'aide de cette seule pièce, tous les Hérons des membres des familles voisines avec lesquels on les a souvent confondus, ces oiseaux présentant à cet égard une disposition tout à fait différente.

Les VERTÈBRES coccygiennes (1) sont faibles et dépourvues en

(1) Voyez pl. XCI.

dessous de lames épineuses; les apophyses transverses ne s'étendent que très-peu en dehors.

Les vertèbres dorsales sont très-allongées, leur corps est étroit et même caréné. D'ordinaire elles ne se soudent pas entre elles, comme cela se remarque chez les Flamants.

Le cou est très-long et composé de dix-sept vertèbres grêles et élancées, mais relativement beaucoup plus petites que celles des Flamants. Elles sont pourvues en avant d'une gouttière profondément encaissée à l'extrémité supérieure de chaque osselet.

Les stylets sont rudimentaires, et la plupart des vertèbres n'en offrent même pas de traces. Les derniers de ces os portent en dessous une lame épineuse assez prolongée.

Les CÔTES (1), dont on compte en général sept paires, sont très-grêles et pourvues d'apophyses récurrentes faibles et simplement articulées. Les deux premières sont suspendues dans les chairs et ne s'articulent pas au sternum, la dernière ne s'y joint que par l'intermédiaire de la pénultième côte.

Le STERNUM des Ardéides (2) se fait remarquer par sa forme allongée, le grand développement du bréchet, qui s'étend en arrière jusqu'à l'extrémité du bouclier sternal, et la forte courbure du bord inférieur de cette lame verticale. Elle est plus haute vers son tiers antérieur que près de son sommet, et ne diminue notablement que près de son extrémité postérieure. Son bord antérieur est court, concave et surmonté d'une apophyse épisternale, petite, lamelleuse et assez saillante en avant.

Les rainures coracoïdiennes sont médiocrement obliques, et

(1) Voyez pl. XCI.
(2) Voyez pl. XCIV, fig. 1 à

se croisent fortement (1) au-dessus de la base de l'apophyse épisternale. Cette disposition ne se rencontre chez aucun Palmipède,
où les facettes d'articulation destinées à recevoir les coracoïdiens
sont séparées sur la ligne médiane, tantôt par un sillon, tantôt, au
contraire, par une petite crête ou un renflement. Chez les Totanides et les Gruides, il en est de même; les rainures coracoïdiennes
se croisent très-légèrement chez les Spatules, les Ibis et les Flamants, mais il y a loin de cette disposition à ce qui existe chez les
Ardéides.

La lèvre interne de ces rainures est très-proéminente en dedans
et présente une surface articulaire plus ou moins ovalaire et disposée
horizontalement. L'espace occupé par le muscle moyen pectoral est
très-rétréci en avant, et l'angle de la rainure coracoïdienne, d'où part
la ligne intermusculaire qui le limite en dehors, est très-saillant et
souvent cristiforme. Les bords latéraux du sternum sont médiocrement
échancrés, et leur portion costale est très-courte; en général, on n'y
compte que quatre facettes articulaires.

La portion postérieure de ce bouclier est à peine élargie, et ses
branches latérales sont dirigées directement en arrière. Elles ne
dépassent guère la portion médiane, dont elles sont séparées par une
échancrure large, mais peu profonde.

Enfin, la face supérieure du sternum des Ardéides est très-concave,
en arrière aussi bien qu'en avant, et l'on y remarque sur la ligne
médiane, à peu de distance de son bord antérieur, un grand trou
pneumatique ou un groupe de pertuis de ce genre.

Dans le genre Héron proprement dit (2), l'angle antéro-inférieur
du brechet est dilaté et présente une petite surface articulaire destinée
à s'unir à la fourchette.

(1) Voyez pl. XCIV, fig. 3.
(2) Voyez pl. XCIV, fig. 1 à 3.

Le bord inférieur de cette carène pectorale est très-fortement arqué et le bouclier sternal lui-même est très-allongé.

Chez les Butorides, le sommet du brechet ne présente pas de facette articulaire comme chez les Hérons.

Chez les Aigrettes, cette facette est remplacée par une tubérosité, et le brechet est notablement moins élevé que dans les genres précédents.

Le sternum des Savacous (1) présente presque tous les caractères de celui des Hérons, mais on peut l'en distinguer parce que les bords latéraux sont pourvus de cinq facettes costales.

Je rappellerai que le bouclier sternal du Balæniceps diffère à plusieurs égards de celui des Hérons : ainsi la fourchette est intimement soudée à l'angle du brechet comme chez les Grues, les Pélicans, etc. (2).

La CLAVICULE FURCULAIRE des Ardéides (3) est grêle, médiocrement arquée, et présente à peu près la forme d'un V, c'est-à-dire que ses deux branches se réunissent sous un angle aigu ; mais le caractère le plus remarquable de cet os consiste dans l'existence d'une apophyse furculaire récurrente qui est très-développée, à peu près cylindrique et renflée en manière de tête chez les Hérons proprement dits, mais courte et aiguë dans le sous-genre *Bubulcus* et chez quelques espèces du groupe qui nous occupe. Il existe aussi sous la pointe de l'os furculaire un tubercule ou une apophyse qui se joint au sommet du brechet. Les branches de cet os sont très-comprimées, arrondies en dessus, mais excavées en dessous. Leur portion scapulaire est à peine élargie, et l'on n'y aperçoit pas de facette articulaire destinée à s'ap-

(1) Voyez pl. XCI, XCIV, fig. 4.
(2) Voyez Parker, *Osteology of Balæniceps rex* (*Transactions of the Zoological Society*, t. IV, 209, pl. XLVII).
(3) Voyez pl. XCIV, fig. 5 et 6.

puyer sur l'os coracoïdien. L'apophyse scapulaire est petite et ne présente rien de remarquable ; sa forme varie un peu suivant les espèces.

Le CORACOÏDIEN (1) est remarquablement grêle et allongé : particularité qui permet de le distinguer facilement de celui de tous les
autres Échassiers. Son extrémité inférieure est peu élargie et très-
mince ; sa portion articulaire sternale se compose d'une surface large
et aplatie, surmontée d'une petite facette ovalaire destinée à s'appuyer
sur une facette semblable, qui, ainsi que je l'ai déjà dit, se trouve
au-dessus des rainures coracoïdiennes du bouclier sternal. L'apophyse
hyosternale est très-relevée, mais peu développée. Le corps de l'os est
long et grêle; son bord interne est arrondi et ne se prolonge pas sous
forme de crête saillante, comme chez les Spatules, les Ibis, les Flamants, les Grues, etc. L'apophyse sous-claviculaire est très-petite et
très-rapprochée de la tubérosité ; à sa base, on ne voit jamais de trou
sous-claviculaire comme chez les espèces que je viens de citer.

La fossette scapulaire est assez profondément creusée et arrondie.
La facette glénoïdale, destinée à l'articulation de l'humérus, est petite
et circulaire. Le col de la tubérosité est extrêmement court, et celle-ci
est courte et ne se prolonge que peu en dedans pour s'appliquer contre
la fourchette.

Il est intéressant de remarquer que, par sa forme générale, le
coracoïdien des Ardéides ressemble à celui des Cormorans; la facette
articulaire sternale offre presque la même disposition, mais l'analogie
s'arrête là et l'extrémité supérieure est très-différente, car chez ces
derniers il n'y a pas d'apophyse sous-claviculaire, et la tubérosité
présente en avant une surface aplatie et ovalaire destinée à s'articuler
avec la facette coracoïdienne de l'os furculaire.

Chez les Cigognes, le coracoïdien est aussi comparativement

(1) Voyez pl. XCIII, fig. 13, 14 et 15.

assez allongé, bien que, sous ce rapport, il n'approche pas de celui des Ardéides ; d'ailleurs, il se reconnaît au développement de toute la portion articulaire supérieure, qui est au contraire ramassée dans la famille qui nous occupe en ce moment.

Les différences que les divers genres d'Ardéides présentent dans la disposition de leurs coracoïdiens sont de peu d'importance et résident principalement dans la forme, la direction et le développement de l'apophyse hyosternale, et dans le plus ou moins de grosseur relative du corps de l'os.

Je n'ai que peu de chose à dire de l'OMOPLATE des Ardéides (1). L'extrémité articulaire de cet os ressemble beaucoup à celle des Cigognes ; sa tubérosité est très-peu proéminente et ne dépasse guère la tête coracoïdienne, mais la surface glénoïdale est moins saillante en dehors.

Le corps de l'os est extrêmement long, il est étroit, ce qui le distingue de celui des Ciconides, et il s'amincit graduellement vers son extrémité postérieure. Sa forme est à peu près la même que chez les Flamants, mais dans ce genre la tubérosité supérieure s'avance en forme de pointe de façon à dépasser beaucoup la surface articulaire coracoïdienne.

Chez les Grues, il existe à la partie antérieure de l'os des orifices pneumatiques qui permettent de le reconnaître facilement de son analogue chez les Hérons.

§ 4. — DES OS DE L'AILE.

Dans la famille des Ardéides, l'humérus est très-remarquable par la longueur de la diaphyse et par le peu de développement de son

(1) Voyez pl. XCIII, fig. 16 et 17.

extrémité supérieure (1). La tête de l'os est assez élevée, mais peu
renflée ; elle est séparée du trochanter interne par un sillon large et
profond. Le sillon du ligament coraco-huméral est bien marqué. La
crête externe est épaisse, mais très-peu proéminente et peu prolongée.
La surface bicipitale est courte et limitée inférieurement par un sillon
assez large, mais superficiel, qui remonte très-obliquement vers l'extrémité supérieure de l'os. La fosse sous–trochantérienne est à peine
creusée, de façon que l'orifice pneumatique s'ouvre à fleur de l'os.
La diaphyse est presque cylindrique et légèrement arquée en dehors.
Comparativement à l'extrémité supérieure, l'inférieure est très-élargie,
mais courte ; l'empreinte du brachial antérieur est étroite et beaucoup
plus allongée, suivant l'axe de l'os, que chez les autres Échassiers.

Les condyles articulaires sont assez renflés, mais courts, et ressemblent à ceux des Ciconides ; la surface d'insertion du ligament
latéral interne du coude est cependant peu saillante ; il en est de
même pour l'épicondyle. En arrière, l'extrémité inférieure est très-
aplatie, à cause de la faible saillie des bords des coulisses du triceps.

Les caractères différentiels des genres et des espèces de la famille
des Ardéides résident surtout dans la largeur relative des extrémités
et le plus ou moins de profondeur de l'empreinte d'insertion du
brachial antérieur.

Chez les Savacous, l'humérus ressemble entièrement à celui des
Hérons (2), seulement son extrémité supérieure est encore plus courte,
et la crête externe se dirige obliquement en bas et en dedans, de
façon qu'au lieu de se continuer avec le bord externe de l'os, elle
se termine sur la diaphyse à peu de distance de la ligne médiane.

Les os de l'avant-bras des Hérons sont très-longs relativement à

_____

(1) Voyez pl. XCIV, fig. 7 à 10.
(2) Voyez pl. XCIV, fig. 11, 12 et 13.

la grosseur de l'animal (1); chez le Héron cendré, ils dépassent de près d'un septième ceux de la Spatule blanche, et leur longueur est la même que chez les Flamants, dont la taille est beaucoup plus considérable.

Le cubitus ressemble beaucoup à celui de ces derniers oiseaux (2), mais la surface articulaire supérieure y est plus oblique et se dirige fortement en bas et en dehors. L'apophyse olécrânienne est peu saillante et arrondie; au-dessous de la facette glénoïdale externe il existe une dépression beaucoup mieux circonscrite que dans les familles précédentes, et dans laquelle s'applique l'extrémité supérieure du radius. L'empreinte d'insertion du brachial antérieur est étroite, superficielle et très-peu apparente; sur la face postérieure, les tubercules d'insertion des rémiges sont beaucoup plus gros et saillants que chez les Ciconides, les Gruides et les Phœnicoptérides; ils sont aussi plus espacés que dans ces groupes. On en compte environ quatorze. L'extrémité carpienne du cubitus n'offre rien de particulier à noter, et ressemble beaucoup à celle des Flamants.

Le radius (3) présente généralement une courbure très-prononcée; cependant, chez quelques espèces, le Blongios (*Ardeola minuta*), par exemple, il est presque droit; sa face inférieure est aplatie en dessus, il est anguleux; l'extrémité inférieure est très-fortement courbée en bas, et présente en dessus une rainure profonde, dans laquelle glisse le tendon de l'extenseur de la main.

Le métacarpe des Ardéides (4) se distingue de celui de tous les autres Échassiers par sa longueur et son peu de grosseur; son extré-

(1) Voyez pl. XCI.
(2) Voyez pl. XCV, fig. 1 et 2.
(3) Voyez pl. XCI.
(4) Voyez pl. XCV, fig. 7 à 9.

mité supérieure est très-petite ; la poulie carpienne présente une gorge très-peu profonde dont les lèvres ne sont interrompues par aucune échancrure interarticulaire. L'apophyse radiale est grêle, mais très-longue et très-relevée, ce qui donne au métacarpe des Ardéides un aspect particulier. L'espace intermétacarpien est moins élargi que chez les Cigognes et les Grues, mais il l'est beaucoup plus que dans la famille des Phœnicoptérides. Le métacarpien principal est creusé sur presque toute sa longueur d'une coulisse peu profonde.

La première phalange du doigt médian est relativement plus courte et plus large que dans les familles précédentes ; elle s'en distingue d'ailleurs par l'absence de la petite apophyse formée, chez ces derniers oiseaux, par l'angle postéro-supérieur de l'os.

Toutes les espèces de la famille des Ardéides que j'ai pu étudier, et elles sont très-nombreuses, offrent les mêmes caractères essentiels, depuis le Héron Goliath jusqu'au Héron blongios et au Savacou (1).

§ 5. — DE LA TÊTE.

Dans presque toutes les espèces de la famille des Ardéides, la tête présente un aspect particulier dû à la longueur et à la force du bec, qui est disposé en manière de poignard (2). Les os maxillaires sont soudés à l'intermaxillaire dans presque toute leur longueur ; les narines sont ovalaires et se continuent en avant avec une gouttière longitudinale et profonde, comme chez les Totipalmes. La région frontale est large et aplatie, les os lacrymaux ne s'y soudent pas ; l'espace interorbitaire est très-développé ; les apophyses postorbitaires sont petites et très-relevées. La cloison interorbitaire est largement perforée. La boîte crânienne est très-étroite et se rétrécit fortement dans

(1) Voyez pl. XCV, fig. 7 à 9.
(2) Voyez pl. XCV, fig. 10, 11 et 12.

sa moitié postérieure, par suite de l'extension considérable des fosses temporales, qui sont, en effet, très-grandes et remontent jusque sur le sinciput, où elles sont séparées entre elles par une petite crête médiane. En avant, elles sont limitées par une ligne saillante qui devient parfois cristiforme, et dont l'extrémité inférieure constitue une petite apophyse postorbitaire accessoire. La région occipitale est aplatie et bordée latéralement par une crête saillante; le trou occipital est situé sur la face postérieure de la tête et dirigé en arrière. Enfin, les arrière-narines sont petites, et en général se continuent postérieurement par une fente qui sépare entre eux les os palatins; la fente palatine antérieure est rudimentaire, et la voûte du palais est complétement ossifiée dans ses trois quarts antérieurs. De même que chez tous les oiseaux dont le bec n'est pas doué d'une très-grande force musculaire, les apophyses angulaires de la mâchoire inférieure sont très-courtes.

Dans le genre *Ardea*, le bec est étroit et très-long, les os lacrymaux sont très-développés et unis au front dans une étendue considérable. L'espace frontal interorbitaire est large et presque plan.

L'apophyse postorbitaire accessoire est située très-loin en arrière de l'apophyse postorbitaire principale. Les crêtes occipitales sont très-saillantes; enfin, les os palatins sont très-étroits et ne se soudent pas entre eux postérieurement.

Les Aigrettes ne diffèrent pas des Hérons par la conformation de leur tête osseuse (1).

Dans le genre Butor, le bec est plus court, le front est concave, les os lacrymaux sont petits, enfin le crâne est plus élargi.

Les Savacous sont remarquables par le grand élargissement du bec et la forte dilatation des os palatins, qui se soudent entre eux derrière les arrière-narines (2).

(1) Voyez pl. XCV, fig. 10, 11 et 12.
(2) Voyez pl. XCI et pl. XCV, fig. 13.

Les os lacrymaux sont très-petits, les orbites sont grandes, et l'espace qui sépare l'apophyse postorbitaire accessoire de l'angle externe de l'orbite est très-court.

Chez le Balæniceps, la portion crânienne de la tête est conformée à peu près comme chez les Savacous, mais les mandibules prennent un développement extraordinaire (1).

(1) Voyez Parker, *op. cit.* (*Transactions of the Zoological Society of London*, t. IV, pl. LXV).

CHAPITRE XXII

DES OISEAUX FOSSILES DE LA FAMILLE DES ARDÉIDES.

L'histoire paléontologique des oiseaux de la famille des Ardéides nous arrêtera peu, car jusqu'à présent on n'en avait pas découvert à l'état fossile. Il est évident que les oiseaux voisins des Hérons, signalés dans le terrain miocène d'Auvergne par l'abbé Croizet et par M. Pomel (1), ne se rapportent pas à cette famille ; ce sont des *Palælodus*. Cette rareté des Ardéides prouve que le nombre de ces oiseaux était peu considérable à cette époque ; en effet, si cette famille avait été représentée par un grand nombre d'individus, il est probable qu'on en aurait déjà rencontré souvent des débris dans les dépôts d'eau douce, car, à raison de leur genre de vie, les Hérons ne quittent guère le bord des lacs et des cours d'eau, où leurs ossements auraient pu facilement s'enfouir et se conserver. Cependant il n'en faudrait pas conclure que ces oiseaux n'existaient pas à l'époque miocène, car, ainsi que je vais le montrer, on en rencontre des traces dans des terrains de cette période géologique.

Parmi les débris osseux recueillis dans la caverne de Lunel-Viel (Hérault), M. Marcel de Serres (2) a cru reconnaître des ossements se rapportant au genre *Ardea*. Mais cette détermination ne me paraît pas présenter des garanties suffisantes d'exactitude : ainsi l'auteur que je viens de nommer n'indique pas quelles sont les pièces du squelette

(1) Pomel, *Catalogue des Vertébrés fossiles du bassin de l'Allier*, 1853, p. 118.
(2) Marcel de Serres, *Essai sur les cavernes à ossements*, 1838, p. 159.

qu'il a eues à sa disposition, et il ajoute qu'elles n'étaient pas déter-
minables spécifiquement.

La famille des Ardéides était cependant représentée vers la fin de
l'époque quaternaire, car j'ai pu constater la présence de notre Butor
commun, d'après des ossements provenant des tourbières anciennes
des environs de Cambridge (Angleterre), et appartenant à M. Alfred
Newton, professeur d'anatomie comparée à l'université de cette ville.
Ces pièces étaient nombreuses et parfaitement caractérisées; on y
remarquait plusieurs tarso-métatarsiens (1), des tibias, des humérus (2)
et même des fragments de la tête osseuse. Ces mêmes tourbières ont
fourni des os de Mammifères dont quelques-uns appartiennent à la
faune quaternaire, tels que *Bos primigenius*, *Bos frontosus*, *Cervus megaceros*, *Rhinoceros tichorhinus*.

M. le docteur Meynier, mort il y a quelques années en Sibérie,
victime de son zèle trop ardent pour les sciences naturelles, avait recueilli un coracoïdien de Héron cendré (3) dans les tourbières d'Essonne, qui sont d'une époque plus récente que celles de Cambridge.
Les collections paléontologiques recueillies en France par mon re-
gretté et excellent ami sont passées entre mes mains, c'est ce qui me
permet de faire connaître cet os, pièce d'un intérêt véritable, puisque
c'est le premier indice de la présence, dans nos régions, d'une espèce
qui y est devenue plus tard très-commune.

ARDEA PERPLEXA, nov. sp.

(Planche XCVI, fig. 1, 2 et 3.)

Lors des fouilles que je fis exécuter à Sansan en 1860, j'ai recueilli
une portion inférieure de l'humérus droit d'un grand oiseau (4), que

(1) Voyez pl. XCVI, fig. 4 à 7.
(2) Voyez pl. XCVI, fig. 8, 9 et 10.
(3) Voyez pl. XCVI, fig 11, 12 et 13.
(4) Voyez pl. XCVI, fig. 1.

je crois devoir rapporter à la famille des Ardéides, car on retrouve sur
ce fragment les caractères que j'ai indiqués comme propres à distinguer ces oiseaux. On ne peut juger de la forme du corps de l'os, mais
la portion articulaire est large et comprimée d'avant en arrière ; l'empreinte d'insertion du muscle court fléchisseur de l'avant-bras est peu
profonde, étroite et disposée très-obliquement, tandis que, chez les
Ciconides, elle est beaucoup plus arrondie ; d'ailleurs, chez notre fossile, la surface sur laquelle se fixe supérieurement le ligament antéro-
latéral interne du coude est peu saillante et imparfaitement circonscrite, comme dans le grand genre *Ardea*. Les condyles sont peu
élevés, l'épitrochlée et l'épicondyle ne sont que peu développés. En
arrière, on n'aperçoit aucune trace de la fosse olécrânienne ; enfin les
coulisses des tendons du muscle triceps sont superficielles, et leur
lèvre interne est peu saillante ; chez les Ciconides, au contraire, elle
l'est bien davantage.

Cette détermination aurait besoin d'être confirmée par la comparaison de quelques-unes des autres pièces du squelette, que malheureusement nous ne possédons pas encore.

L'humérus dont provient le fragment que je viens de décrire,
devait être un peu plus grand que celui du Héron pourpré (*Ardea purpurea*), mais il n'atteignait cependant pas les dimensions du Héron
cendré (*Ardea cinerea*). Je donne ici les dimensions de cette portion
d'humérus, comparées à celles des deux espèces que je viens de citer :

	ARDEA PERPLEXA.	ARDEA CINEREA.	ARDEA PURPUREA.
Largeur de l'extrémité inférieure	0,022	0,0235	0,018
Épaisseur de l'extrémité inférieure.........	0,012	0,0126	0,010
Longueur de l'empreinte du brachial antérieur.	0,013	0,015	0,009

CHAPITRE XXIII

CARACTÈRES OSTÉOLOGIQUES DE LA FAMILLE DES RALLIDES.

§ 1er.

Je réunis dans cette famille les Râles, les Poules d'eau, les Poules sultanes, les Jacanas, les Tribonyx, les Ocydromes et les Notornis. Tous ces oiseaux présentent entre eux de grandes ressemblances, non-seulement dans le plan général de leur organisation, mais aussi dans leurs formes extérieures. Cependant beaucoup d'ornithologistes modernes n'ont pas tenu assez compte de ces rapports intimes, et, au lieu de les réunir en un seul groupe, ils les ont parfois répartis dans des familles distinctes, ou ils leur ont adjoint d'autres oiseaux dont le type organique n'est pas le même. Ainsi M. R. Gray sépare les Jacanas des autres Rallides par le groupe des *Palamedeidœ*, et le prince Ch. Bonaparte, bien que rapprochant ces oiseaux, range chacune de ces formes dans une division spéciale. Ce classement ne me paraît pas conforme aux règles de la méthode naturelle, et j'espère montrer, dans le courant de ce chapitre, que le squelette des Jacanas est construit sur le même plan que celui des autres Rallides, et que les différences que l'on y remarque ont seulement une valeur générique.

Les *Palamedeidœ*, comprenant seulement les genres *Palamedea* (Linné) et *Chauna* (Illiger), diffèrent à beaucoup d'égards des oiseaux que nous allons étudier; ils doivent évidemment former une famille. Le genre *Eurypyga*, établi en 1812 par Illiger pour le Caurale ou petit Paon des roses, constitue un groupe de transition qui, bien qu'offrant beaucoup de rapports avec les Rallides, s'en distingue par certaines particularités trop importantes pour permettre de le ranger dans la même famille.

Les Ocydromes et les Notornis sont des oiseaux essentiellement coureurs, chez lesquels l'appareil du vol tend à se simplifier de plus en plus, et ils semblent établir un lien entre les Brévipennes, ou *Ratitæ* et les Oiseaux voiliers, ou *Carinatæ*.

§ 2. — DES OS DE LA PATTE.

La PATTE des Rallides est généralement grande et forte, surtout si on la compare à l'aile.

Le tibia est notablement plus long que l'os du pied, et le fémur est relativement beaucoup plus développé que chez les autres Échassiers, à l'exception peut-être des Hérons.

Le TARSO-MÉTATARSIEN des Rallides (1) se distingue de celui de tous les autres oiseaux à l'aide d'un certain nombre de caractères faciles à saisir. Sa longueur est relativement plus considérable que chez tous les Palmipèdes. On ne peut le confondre avec le tarso-métatarsien des autres Échassiers, parce que les facettes glénoïdales de l'extrémité supérieure, au lieu d'être placées à peu près à la même hauteur, sont disposées à des niveaux différents, celle du côté interne étant de beaucoup la plus élevée. Les trochlées digitales sont situées sur une ligne transversale, moins arquée que chez les Totanides, et la trochlée interne est toujours plus élevée que l'externe, ce qui permet de distinguer l'os canon des Rallides de son analogue chez les Hérons, les Butors et les autres Ardéides. Le tarso-métatarsien des Rallides présente une plus grande analogie de formes avec celui des Gallinacés ;

(1) Voyez pl. XCVIII, fig. 7 à 19, et pl. XCIX, fig. 6 à 16.

mais il est en général plus allongé, et les coulisses du talon, dans lesquelles glissent les tendons des muscles fléchisseurs des doigts, sont disposées autrement. Chez les Gallinacés, la crête interne fait en arrière une saillie beaucoup plus considérable que celle du côté externe, tandis que le contraire s'observe chez les Poules sultanes, les Poules d'eau, les Râles, etc.

L'os du pied présente des différences de conformation très-notables chez les divers Rallides, et ces variations peuvent se grouper suivant trois types :

Le premier comprend les Poules sultanes, les Poules d'eau, les Tribonyx et les Râles; le second, les Jacanas; le troisième, les Foulques.

Chez les Poules sultanes (1), l'os du pied est très-robuste, et semble avoir subi un léger mouvement de torsion sur son axe. La face antérieure est creusée, dans sa portion supérieure, d'une gouttière large et profonde, dans laquelle s'insèrent le muscle extenseur propre du pouce, qui est très-développé, et le muscle adducteur du doigt externe. Les empreintes d'insertion du tendon du muscle tibial antérieur sont très-relevées, et l'interne est beaucoup plus grosse que celle du côté opposé. En dedans et au-dessus, on aperçoit la coulisse destinée à loger le tendon du muscle extenseur des doigts; celle-ci est recouverte par un pont osseux bien développé chez les individus adultes, mais qui manque chez les jeunes oiseaux. En arrière, il existe dans la portion supérieure et interne une dépression large et profondément marquée, dans laquelle s'attache le faisceau musculaire du fléchisseur propre du pouce; aussi, sur ce point, le corps de l'os ne présente qu'une épaisseur très-faible et est réduit à une véritable lame. On peut facilement se rendre compte de l'utilité de ces larges surfaces d'insertion destinées aux muscles du pouce, par l'étendue

(1) Voyez pl. XCVIII, fig. 7 à 10.

et la variété des mouvements dont jouissent les doigts des Poules sultanes : ces oiseaux peuvent, en effet, saisir avec leurs pattes des objets même peu volumineux, et les porter ainsi à portée de leur bec. Les autres Échassiers sont incapables d'exécuter des mouvements de cette nature.

L'extrémité articulaire supérieure (1) est peu élargie, et la surface glénoïdale, qui reçoit le condyle interne du tibia, est plus profondément excavée que celle du côté opposé. La tubérosité intercondylienne, à peine saillante, est aplatie à son extrémité ; le talon est étroit, et, ainsi que je l'ai déjà dit, il se distingue avec la plus grande facilité de celui de la plupart des autres oiseaux, par le développement que prend sa crête externe, tandis que sa crête interne est peu saillante et extrêmement courte. Il existe entre elles une gouttière largement ouverte en arrière ; une autre gouttière petite et superficielle se voit en dedans de la crête interne, et deux coulisses peu profondes sillonnent la face interne de la crête correspondante.

L'extrémité inférieure est assez élargie et porte trois trochlées destinées à l'articulation des doigts : l'externe, placée sur le même plan et moins relevée que la médiane, est comprimée latéralement, et se prolonge en arrière par un bord saillant et mince ; l'interne, située au-dessus de la précédente, est peu rejetée en arrière. Enfin, j'ajouterai que la facette d'insertion du doigt postérieur est profonde, ovalaire et grande, et que le pertuis situé au-dessus des trochlées, et destiné au passage du muscle adducteur du doigt externe est largement ouvert.

Chez les Poules d'eau (2), le canon est plus épais que dans les genres précédents ; sa face postérieure, au lieu d'être déprimée, est

---

(1) Voyez pl. XCVIII, fig. 10.
(2) Voyez pl. XCVIII, fig. 11 et 12.

arrondie, de façon que la surface d'attache du muscle fléchisseur propre du pouce est à peine marquée, ce que l'on pouvait prévoir, à raison du peu de variété de mouvements dont ce doigt est susceptible. L'extrémité supérieure ressemble beaucoup à celle des *Porphyrio*, mais les gouttières tendineuses dont est creusé le talon sont beaucoup plus profondes ; il en existe deux, dont l'interne est souvent transformée en un canal tubulaire par le rapprochement de ses bords postérieurs. L'extrémité inférieure se distingue de celle du genre précédent en ce que la trochlée interne est rejetée beaucoup plus en arrière ; enfin le canal osseux de l'adducteur du doigt externe est étroit.

Dans le grand genre Râle, comprenant les genres modernes *Rallus*, *Ortygometra* et *Aramides*, l'os du pied est comparativement plus long que chez les Gallinules, mais ses caractères essentiels sont les mêmes (1).

Chez les Jacanas (2), le tarso-métatarsien se reconnaît facilement de celui des Poules sultanes, des Poules d'eau et des Râles, par la conformation de ses extrémités articulaires. Les facettes glénoïdales, qui reçoivent les condyles du tibia, sont limitées, surtout en dedans, par un bord cristiforme ; la tubérosité intercondylienne est petite, saillante et pointue, au lieu d'être courte et aplatie. La crête externe du talon est peu développée, tandis que la crête interne est au contraire très-proéminente ; il existe à la base de celle-ci une gouttière tubulaire formée par la soudure de la crête médiane avec celle du côté interne. La surface postérieure du talon est en outre sillonnée par trois coulisses. Le corps de l'os présente à peu près les caractères que j'ai signalés chez les Poules sultanes, c'est-à-dire que la surface d'insertion du muscle fléchisseur propre du pouce est extrêmement profonde. Le muscle adducteur du doigt externe est très-développé ;

(1) Voyez pl. XCVIII, fig. 18 et 19.
(2) Voyez pl. XCVIII, fig. 13 à 17.

aussi le canal osseux dans lequel il s'engage est-il beaucoup plus largement ouvert que chez tous les autres oiseaux, et se prolonge-t-il sur la face antérieure de l'os par un large sillon.

Les DOIGTS des Rallides sont remarquablement longs : ainsi chez les Foulques et les Poules sultanes, le doigt médian dépasse très-notablement le tarso-métatarsien.

Chez les Ocydromes et les Tribonyx (1), ses dimensions se réduisent et atteignent à peine celles de l'os de la patte. Le doigt postérieur est toujours bien développé et très-grêle, si ce n'est dans les deux derniers genres que je viens de citer, où il atteint à peine à terre.

Les trochlées digitales ressemblent beaucoup à celles des Poules sultanes ; elles sont cependant plus courtes, plus renflées, et celle du doigt interne descend au moins aussi bas que celle du côté opposé.

L'os du pied des Foulques (2) diffère beaucoup de celui des autres Rallides ; il est court, très-robuste, et il se rapproche de celui de certains Palmipèdes lamellirostres, non-seulement par sa forme générale, mais aussi par la disposition des trochlées digitales. Les modifications que présentent ces dernières indiquent que le pied est disposé pour la natation ; elles sont donc en rapport avec les habitudes plus complétement aquatiques de ces oiseaux (3).

De même que chez les Poules d'eau, l'os est arrondi, et ne présente pas en arrière de dépression profonde pour loger le muscle fléchisseur du pouce ; en avant, la surface d'attache de l'extenseur de ce même doigt est peu marquée. Le canal osseux dans lequel s'engage le tendon de l'adducteur du doigt externe est beaucoup plus petit que celui des Jacanas et des Poules sultanes, et rappelle davan-

(1) Voyez pl. XCVII.
(2) Voyez pl. XCIX, fig. 6 à 16.
(3) Voyez pl. XCIX, fig. 8, 9, 12, 13, 16.

tage ce qui existe chez les Gallinules. Les extrémités articulaires sont
très-larges, relativement à la diaphyse. Les coulisses tendineuses du
talon sont disposées comme celles des Râles ; mais les trochlées digitales sont beaucoup plus longues que chez aucun des représentants
de la même famille, et celle du doigt interne est fortement rejetée en
arrière, comme cela se voit chez les Canards.

L'os du pied des *Tribonyx* (1) se rapproche à certains égards de
celui des Foulques ; il est en effet robuste et assez court relativement
à sa grosseur ; mais les caractères des extrémités articulaires indiquent
plus de ressemblance avec les Poules d'eau, car on ne retrouve pas
entre les deux condyles de l'extrémité supérieure cette inégalité
qui rend si facile à reconnaître l'articulation tibio-tarsienne dans le
genre *Fulica*. Cette disposition indique des mouvements de flexion
différents. Enfin, j'ajouterai que les gouttières tendineuses du talon
des *Tribonyx* ressemblent davantage à celles des Râles qu'à celles des
Foulques.

Les indications que fournit le TIBIA sont moins précieuses que
celles que l'on peut tirer du tarso-métatarsien; cependant elles ont
une valeur véritable et doivent être prises en sérieuse considération.
En effet, les particularités de conformation que présente l'os de la
jambe des Rallides permettent non-seulement de le déterminer avec
certitude, mais aussi de reconnaître à quel genre d'oiseau il appartient.

Par sa longueur, le tibia des *Porphyrio* (2), *Gallinula* (3), *Rallus* (4), etc., ne peut se confondre avec celui d'aucun autre oiseau, si
ce n'est les Échassiers, mais il s'en distingue par la forme de l'extré-

(1) Voyez pl. XCVII.
(2) Voyez pl. C, fig. 3, 4 et 5.
(3) Voyez pl. C, fig. 10 et 11.
(4) Voyez pl. C, fig. 12.

mité articulaire inférieure qui, dans la famille dont nous nous occupons, est beaucoup plus étroite ; elle est arrondie en dessous, dans la partie articulaire en rapport avec l'extrémité tarsienne, au lieu d'être aplatie ou déprimée comme chez la plupart des autres Échassiers. L'os de la jambe des Poules sultanes, des Poules d'eau, des Râles et même des Jacanas est construit sur le même type, et il ne présente dans ces divers genres que des particularités différentielles d'une faible importance. Dans le genre Foulque, ses caractères sont mieux tranchés et se rapprochent un peu de ceux qui se remarquent chez les Palmipèdes lamellirostres.

Si nous examinons quelles sont les modifications de formes que cet os revêt dans les différents genres de la famille des Rallides, nous verrons que chez les Poules sultanes (1) le tibia est robuste et n'offre pas la courbure interne que l'on voit exister chez les Chevaliers, les Maubèches et les autres petits Échassiers de rivage. En avant, il est aplati, surtout dans sa moitié inférieure, et sillonné par des lignes intermusculaires qui indiquent l'espace occupé par les tendons du muscle extenseur des doigts et du tibial antérieur. La coulisse du muscle péronier inférieur est profonde et s'engage sous un pont osseux situé au-dessus du condyle externe. La gouttière de l'extenseur commun des doigts est large et le pont osseux qui la surmonte est robuste et disposé transversalement ; la saillie sur laquelle se fixe le ligament oblique destiné à brider le tendon du muscle tibial antérieur est grande et placée longitudinalement, de façon à occuper presque toute la largeur du pont sus-tendineux. La crête péronière est saillante et s'étend environ sur un sixième de la longueur totale de l'os. Le péroné, qui est mince et lamelleux, se soude inférieurement au tibia vers le tiers de celui-ci.

L'extrémité supérieure de l'os est petite et peu élargie ; la crête

(1) Voyez pl. C, fig. 3, 4 et 5.

tibiale antérieure s'élève à peine au-dessus de la surface articulaire, mais elle s'avance beaucoup en avant.

L'extrémité inférieure est étroite et les deux condyles sont très-inégaux ; celui du côté interne est de beaucoup le plus renflé, l'autre est très-comprimé latéralement. J'ai retrouvé ces caractères sur toutes les espèces de *Porphyrio* que j'ai pu étudier, c'est-à-dire les *P. veterum*, Gmel., *P. smaragdinus*, Temm., *P. madagascariensis*, Lath., *P. poliocephalus*, *P. melanotus*, Lath., et *P. martinicus*, Linn.

L'os principal de la jambe des Gallinules (1) et des Râles (2) resremble beaucoup à celui des Poules sultanes, mais la gorge intercondylienne antérieure est plus étroite. Quelquefois il existe un pont osseux au-dessus de la coulisse du muscle péronier inférieur, mais ce caractère n'est pas constant et manque assez fréquemment.

Dans le genre *Jacana*, le tibia est relativement plus long et plus grêle que dans les genres précédents. La crête péronière est très-courte et la gorge intercondylienne est moins profonde et plus évasée que chez les Gallinules et les Râles.

Le tibia des Foulques (3) est robuste et bien caractérisé par la légère courbure interne que présente son extrémité inférieure. Une disposition analogue existe chez les Canards et est en rapport avec les habitudes aquatiques de ces oiseaux, qui sont aussi celles des Foulques. La gorge intercondylienne est sensiblement plus large que dans les genres précédents. La crête péronière est plus longue, et enfin la crête tibiale antérieure s'élève beaucoup au-dessus de la surface articulaire supérieure, de façon à constituer une véritable crête rotulienne semblable à celle qui existe chez beaucoup d'oiseaux palmipèdes.

Le FÉMUR des Rallides (4) se distingue de celui de tous les autres

(1) Voyez pl. C, fig. 10 et 11.
(2) Voyez pl. C, fig. 12.
(3) Voyez pl. C, fig. 6 à 9.
(4) Voyez pl. CI, fig 1 à 5.

Échassiers non-seulement par sa forme beaucoup plus allongée, mais aussi par la courbure à concavité postérieure que présente le corps de l'os.

Chez les Ardéides, il est aussi très-allongé, quelquefois même plus que chez les Rallides, mais il n'offre pas une forme aussi arquée.

Le trochanter est en général bien développé, non pas en hauteur, mais en largeur, car son bord antérieur est très-saillant, tandis que son bord supérieur ne s'élève pas au-dessus de la surface articulaire. Le col du fémur se dirige en dedans; il est très-mince, et la tête qu'il supporte est petite et présente une dépression superficielle pour l'insertion du ligament rond.

L'extrémité inférieure de l'os est étroite; la gorge rotulienne est comparativement large, peu profonde et limitée par des bords peu saillants et arrondis, ce qui, ainsi que nous le verrons, permet de distinguer le fémur des Rallides de celui des Gallinacés, auquel il ressemble beaucoup par sa forme générale. En arrière, il n'existe pas de fosse poplitée.

Les différences que présente le fémur dans les différents genres de la famille des Rallides sont peu importantes; elles consistent surtout dans des variations dans la longueur comparée à la grosseur de l'os et dans le degré plus ou moins grand de sa courbure. Ainsi, chez les Foulques (1), il est beaucoup plus trapu que celui des autres oiseaux de la même famille; il est aussi plus arqué. Dans le genre *Porphyrio* (2), la courbure du fémur est peu considérable, et, sous ce rapport, cet os ressemble à celui des Râles, qui se distingue d'ailleurs par la profondeur moindre de la gorge intercondylienne antérieure ou rotulienne.

(1) Voyez pl. CI, fig. 4 et 5.
(2) Voyez pl. CI, fig. 1, 2 et 3.

§ 3. — DES OS DU TRONC.

Le bassin est l'une des pièces du squelette des Rallides qui donnent
les éléments de détermination les plus sûrs, et, sous ce rapport, il est
bien supérieur au sternum, dont la forme offre beaucoup moins de
constance. Dans toute cette famille, le pelvis (1) est remarquable par
la longueur de toute la portion située en avant de la cavité cotyloïde.
Les fosses iliaques externes, dans lesquelles s'insère le muscle moyen
fessier, sont très-allongées, fortement inclinées en manière de toit et
peu élargies ; elles se soudent sur une étendue plus ou moins considérable avec la crête que constituent en dessus les apophyses épineuses
du sacrum. La portion postcotyloïdienne du bassin est courte, resserrée, et les lames ilio-ischiatiques sont, dans leur portion inférieure, placées presque verticalement, de façon à être entièrement
cachées par les crêtes saillantes qui limitent latéralement l'écusson
pelvien ; il en résulte que le muscle pyramidal de Meckel (*carré de la
cuisse*, Cuvier) est logé dans une sorte de fosse, et profondément en-
caissé en dessus. Le trou sciatique est petit et arrondi. En arrière,
l'échancrure que laissent entre eux les os iliaques, et qui est occupée
par les vertèbres de la queue, est extrêmement étroite et resserrée
postérieurement ; elle se termine en arrière par un angle arrondi, qui
se prolonge presque autant que la pointe de l'ischion, Enfin, les
branches pubiennes sont très-courtes, et se terminent en avant et au-
dessous de la cavité cotyloïde par un petit tubercule ilio-pectiné, sur
lequel se fixe un muscle faible et très-allongé, que M. Owen a désigné
sous le nom de *muscle grêle*.

Les particularités que présente la face inférieure du bassin des

(1) Voyez pl. XCVIII, fig. 1 à 6 ; pl XCIX, fig. 1 à 5 ; pl. C, fig. 1 et 2.

Rallides permettent également de déterminer cette pièce avec certitude. Les fosses iliaques internes sont très-étroites, car les lames iliaques ne débordent guère les apophyses transverses ; les fosses rénales anté- rieures sont resserrées, profondes, et séparées des postérieures par deux arcs-boutants constitués par les apophyses transverses des ver- tèbres correspondantes ; ces traverses osseuses se prolongent jusqu'au- dessus de la cavité cotyloïde.

Les fosses rénales postérieures s'étendent en partie au-dessus d'une portion de l'iliaque qui s'avance au-dessous des lobes postérieurs des reins, et constitue un véritable plancher sur lequel ceux-ci reposent et où s'insèrent les fibres supérieures du muscle obturateur interne. Ce dernier caractère se retrouve chez tous les représentants de la famille des Rallides, et suffirait à lui seul pour distinguer le bassin. En effet, on ne rencontre de disposition semblable que chez un petit nombre d'oiseaux, par exemple chez les Grues, les Agamis et les Hé- rons ; mais le plancher ainsi formé est beaucoup moins développé, de manière à cacher à peine l'extrémité des derniers lobes rénaux. Chez les Hérons, les apophyses transverses qui séparent les fosses rénales sont beaucoup plus courtes, et n'occupent que la région sacrée du pelvis, au lieu de venir s'appuyer sur les iliaques, au-dessus de la cavité cotyloïde. Ce caractère existe chez les Gallinacés, où, de même que dans le groupe des Rallides, les fosses rénales se prolongent au-dessus d'une cloison osseuse. D'ailleurs, chez la plupart des Gallinacés, le bassin est beaucoup plus large en arrière ; quelques espèces font ce- pendant exception, et les Francolins se rapprochent assez, sous ce rap- port, des Poules sultanes ; mais il est facile de distinguer le pelvis de ces oiseaux à l'aide de quelques particularités de structure qu'il pré- sente, et qui lui sont d'ailleurs communes avec les autres représentants de la même famille : Perdrix, Faisans, Colins, etc. En effet, les lames iliaques ne se soudent pas dans toute leur longueur à la crête épineuse du sacrum, et laissent en arrière, de chaque côté de cette crête, un pertuis largement ouvert ; enfin l'apophyse ilio-pectinée est beaucoup plus saillante que celle des Rallides.

Chez tous les autres oiseaux, les fosses rénales ne sont pas même délimitées en arrière ; c'est à peine si chez quelques-uns on aperçoit sur ce point une petite saillie transversale. Mais la forme générale du bassin de ces espèces est tellement différente de ce que nous connaissons chez les Rallides, qu'il est inutile d'insister davantage sur ce sujet.

On peut reconnaître trois types principaux d'après lesquels paraît constituée la région pelvienne.

Le premier nous est fourni par les Poules sultanes (1), les Galli-nules (2), les Râles (3), les Tribonyx et les Ocydromes (4) ; le second, par les Jacanas ; le troisième, par les Foulques (5).

Dans le premier type, la portion postcotyloïdienne est courte ; les crêtes sus-ischiatiques sont extrêmement saillantes, surtout dans leur portion postérieure, où elles surplombent la surface d'insertion du muscle pyramidal de la cuisse (Meckel) située en arrière du trou scia-tique ; les lames iliaques se soudent intimement à la crête épineuse du sacrum ; au-dessus de la cavité cotyloïde, ces crêtes s'avancent aussi pour fournir au muscle abducteur supérieur de la cuisse des points d'attache plus étendus. La face inférieure du bassin, généralement élar-gie au niveau de l'articulation du fémur, se fait remarquer par la forme arrondie de l'ouverture des fosses rénales postérieures.

Dans les genres *Porphyrio*, *Gallinula*, *Rallus*, *Tribonyx* et *Ocydromus*, le bassin, bien que présentant les mêmes caractères généraux, offre dans chacune de ces subdivisions des particularités de détail qui permettent de le distinguer.

(1) Voyez pl. XCVIII, fig. 1 et 2.
(2) Voyez pl. XCVIII, fig. 3 et 4.
(3) Voyez pl. XCVIII, fig. 5 et 6.
(4) Voyez pl. C, fig. 1 et 2.
(5) Voyez pl. XCIX, fig. 1 à 5.

Chez les Poules sultanes, les lames iliaques antérieures sont plus courtes que chez les Gallinules et les Râles ; elles se soudent dans toute leur longueur à la crête du sacrum, tandis que chez ces derniers oiseaux la soudure ne se fait qu'en avant. Chez les Ocydromes, le sacrum est plus étroit et plus enfoncé que dans les genres précédents, et les fosses rénales beaucoup plus encaissées et plus profondes. Enfin, la crête sacrée, à laquelle sont unies les lames iliaques, est fortement arquée en dessus, comme chez les Échassiers essentiellement marcheurs, les Agamis et les Rhinochètes, par exemple.

Le bassin des Jacanas est construit sur un type différent. Les lames iliaques ne se soudent généralement pas à la crête sacrée, et elles laissent une étroite ouverture au-dessus des gouttières vertébrales. Les crêtes sus-ischiatiques sont disposées à peu près comme dans la famille des Ardéides, c'est-à-dire qu'elles ne se prolongent pas latéralement, à beaucoup près, autant que dans les genres précédents. Les pointes de l'ischion s'étendent beaucoup plus loin en arrière que l'angle sus-ischiatique ; l'échancrure postérieure, qui est occupée par les vertèbres caudales, au lieu d'être resserrée, s'évase notablement, bien qu'elle soit beaucoup plus étroite que chez les Grues, les Hérons et les autres Échassiers.

Le troisième type comprend les Foulques (1). Le bassin de ces oiseaux présente certaines modifications organiques en rapport avec leur genre de vie plus aquatique et la facilité avec laquelle ils nagent. En effet, la portion postcotyloïdienne du pelvis s'allonge beaucoup, mais offre très-peu de largeur, de façon à augmenter la surface d'insertion du muscle pyramidal de la cuisse. Les crêtes sus-ischiatiques sont moins saillantes que celles des Poules sultanes et des Poules d'eau, bien qu'elles présentent les deux prolongements latéraux qui débordent de chaque côté le bassin de ces oiseaux. L'échancrure du bord posté-

(1) Voyez pl. XCIX, fig. 1 à 5.

rieur, qui est limitée latéralement par la pointe des ischions, et qui est
occupée par les vertèbres du coccyx, est remarquablement étroite ; sa
profondeur varie, d'ailleurs, suivant les espèces : ainsi, chez le *Fulica
cristata* (1), elle est moins grande que chez le *Fulica atra* (2). Le trou
sciatique est ovalaire au lieu d'être arrondi. Enfin, à la face inférieure,
les fosses rénales postérieures sont étroites et très-allongées.

Les VERTÈBRES coccygiennes sont extrêmement petites et faibles (3) ;
leurs apophyses transverses sont courtes et généralement dirigées en
bas. L'os en soc de charrue est très-réduit ; il est relativement plus
développé chez les *Tribonyx* que chez les autres représentants de la
même famille.

Les vertèbres dorsales, généralement au nombre de dix, sont
toutes distinctes ; assez étroites chez les Poules sultanes, les Poules
d'eau et les Râles, elles s'élargissent davantage dans le genre *Tribonyx*
et surtout dans le genre *Ocydromus*. Les premières sont pourvues d'une
apophyse épineuse inférieure, à peine marquée chez les Râles, plus
forte chez les Poules sultanes, et très-développée chez les Ocydromes.

Les vertèbres du cou sont courtes et assez ramassées ; on en
compte d'ordinaire treize. Leurs apophyses articulaires sont larges,
tandis que le corps de l'os est comparativement assez étroit. Le canal
destiné à loger l'artère vertébrale est très-grand, et chez beaucoup
d'espèces, les Poules sultanes, les Poules d'eau et les Jacanas, par
exemple, il existe dans toute la portion antérieure du cou des stylets
faibles, mais allongés. La gouttière vertébrale antérieure, profondément
encaissée chez les Ocydromes, n'est jamais transformée en un canal
tubulaire par le rapprochement et la soudure de ses bords. Les der-

(1) Voyez pl. XCIX, fig. 4.
(2) Voyez pl. XCIX, fig. 2.
(3) Voyez pl. XCVII.

nières vertèbres cervicales portent une apophyse épineuse inférieure bien développée et dirigée en avant.

Les CÔTES sont longues, très-grêles, et pourvues d'une apophyse récurrente faible. Dans le genre *Porphyrio*, il y en a six qui s'articulent directement avec le sternum; il en est de même chez les Gallinules, les Foulques et les Râles.

Chez les Jacanas, les Ocydromes et les Tribonyx, il n'y en a que cinq.

NOMBRE DES VERTÈBRES DE QUELQUES ESPÈCES DE RALLIDES.

	Vertèbres cervicales.	Vertèbres dorsales.	Vertèbres coccygiennes.
Porphyrio poliocephala.	13	10	7
Gallinula cristata.	13	10	8
— *chloropus.*	14	9	7
Fulica atra.	14	8	7
Rallus aquaticus	14	9	6
Metopidius africanus.	13	9	7
Parra gymnostoma.	13	9	6
Tribonyx Mortieri	13	10	8
Ocydromus australis	13	10	9

Le STERNUM est remarquable par sa forme étroite, allongée et rétrécie au milieu, par la grandeur des échancrures de son bord postérieur, qui occupent environ la moitié de sa longueur totale, et par la faiblesse des branches latérales (1). Ce bouclier n'est que faiblement arqué et peu convexe transversalement. Le brechet est très-grand et mince; il s'étend sur toute la longueur du sternum; son bord inférieur est bien arqué; son bord antérieur est concave, et sa pointe est aiguë. La portion basilaire de ce bord est assez large, et se continue inférieurement avec un épaississement du brechet, qui en occupe tout l'angle

(1) Voyez pl. CI, fig. 6 à 12.

antérieur, et se prolonge en arrière, le long du bord inférieur de cette carène, de façon à limiter sur les faces latérales l'espace occupé par le muscle moyen pectoral.

Le bord antérieur du bouclier sternal est concave, et il existe sur la ligne médiane une petite apophyse épisternale derrière laquelle les rainures coracoïdiennes se rencontrent sans se croiser. Ces cavités articulaires sont étroites, profondes, peu obliques et courtes, bien qu'elles se prolongent jusqu'au bord latéral de l'os. Leur lèvre interne est courte, peu saillante, et se confond extérieurement avec le bord antérieur de l'espace hyosternal, qui se courbe un peu en avant.

Les lames latérales du bouclier sternal sont très-étroites, et la ligne intermusculaire, qui limite en dehors la surface occupée par le moyen pectoral, descend obliquement en côtoyant presque le bord latéral, qui est très-concave; leur portion costale est courte, dirigée très-obliquement en arrière et en dedans, et présente six facettes articulaires fort rapprochées les unes des autres. Les branches latérales naissent presque immédiatement derrière cette rangée de tubercules costaux; elles sont très-longues, très-étroites, et leur bord externe est un peu arqué. La portion médiane du bouclier sternal, située entre ces branches, se rétrécit graduellement de façon à se terminer presque en pointe, mais elle ne se prolonge pas aussi loin que ces dernières.

Enfin, la face supérieure du sternum est assez profondément concave en avant; son bord antérieur est saillant, mais peu élevé, et présente, sur la ligne médiane, une dépression ou une échancrure dont la forme varie et fournit de très-bons caractères spécifiques ou génériques.

Par la plupart de ses caractères, le sternum des Rallides ressemble beaucoup à celui des Tinamous; mais, chez ces oiseaux, que M. Lherminier a séparés avec raison des Gallinacés, la portion costale de ce bouclier est encore plus courte, et les branches latérales, sans dépasser notablement l'extrémité postérieure du brechet, sont d'une longueur énorme; il est aussi à noter qu'elles sont excessivement grêles et fortement arquées en dehors.

L'apophyse épisternale est également très-développée; mais elle présente à son sommet une surface articulaire pour l'attache du ligament épisterno-coracoïdien; au lieu d'être située à la base du brechet et au-devant des rainures coracoïdiennes, elle naît derrière celle-ci, et l'on trouve, à l'extrémité supérieure du bord interne du brechet, une fossette allongée dont les bords latéraux forment avec la lèvre inférieure de la rainure coracoïdienne une pointe très-saillante de chaque côté de l'échancrure médiane.

Enfin, la face supérieure du sternum des Tinamous n'est pas excavée comme dans la famille des Rallides, et ne présente, à sa partie antérieure, ni fossette, ni protubérance cristiforme.

C'est dans le genre *Rallus* que la plupart des particularités d'organisation dont je viens de parler, comme étant caractéristiques de la famille des Rallides, sont les plus prononcées. Le bouclier sternal est excessivement étroit. Sa portion coracoïdienne est très-dilatée latéralement, et le brechet présente un développement énorme, comparativement au reste de l'os.

L'apophyse épisternale est petite, et les angles latéro-antérieurs sont très-étroits et extrêmement allongés, de façon à constituer des apophyses lamelleuses; les branches latérales du bouclier sternal se rétrécissent très-brusquement, et sont rudimentaires dans toute leur longueur. Les branches latérales sont dirigées presque directement en arrière, et la partie médiane du sternum se termine par une pointe aiguë; quant à sa longueur, comparativement à celle des branches latérales, il y a des différences considérables suivant les espèces. Enfin, la face supérieure du sternum est excavée; elle présente la forme d'une gouttière longitudinale à pans obliques, et offre à sa partie antérieure une saillie médiane en forme de V, dont les branches se terminent par un tubercule saillant. Sur la partie interne de la lèvre supérieure des rainures coracoïdiennes, de chaque côté de cette crête obtuse et bifurquée, on remarque une fossette, et parfois il existe derrière son extrémité postérieure un trou pneumatique (1).

La conformation du sternum est à peu près la même chez les Poules d'eau; cependant les échancrures latérales sont plus profondes, et les branches qui les limitent en dehors beaucoup plus larges.

Dans le genre *Porphyrio* (2), ce bouclier s'élargit notablement en arrière, ce qui est dû à la divergence des branches latérales, et il en résulte que l'os se rétrécit notablement vers le niveau des dernières facettes costales. Enfin, les échancrures du bord postérieur sont évasées, mais moins profondes que celles des Gallinules.

Cet élargissement du sternum est porté beaucoup plus loin encore chez les Foulques (3), et il coïncide avec quelques autres particularités d'organisation qui permettent de distinguer très-facilement cette partie : ainsi, les apophyses hyosternales sont petites et aiguës à leur extrémité; le bord costal est très-court, tandis que les branches latérales sont relativement fortes et allongées. Les échancrures qu'elles limitent en dehors sont plus grandes que chez tous les autres représentants de la famille des Rallides.

Le sternum des Tribonyx (4) ressemble beaucoup à celui des Poules sultanes; il est cependant plus petit comparativement à la grosseur du corps, et le brechet s'avance moins.

Dans le genre *Ocydromus* (5), la carène médiane est excessivement petite et elle ne s'étend même pas dans toute la longueur de l'os. Les bords latéraux sont fortement excavés et les échancrures très-

(1) Notamment chez le *Rallus cayennensis*; mais on observe aussi cette disposition chez les *Rallus crex*, *Rallus aquaticus*, *Rallus porzanus*.
(2) Voyez pl. CI, fig. 8 et 9.
(3) Voyez pl. CI, fig. 6 et 7.
(4) Voyez pl. XCVII.
(5) Voyez pl. CI, fig. 11 et 12.

petites. Les branches latérales dépassent de beaucoup en arrière le bord postérieur, qui, au lieu d'être droit, est évidé sur la ligne médiane. Ces particularités de conformation donnent au sternum des *Ocydromus* beaucoup de ressemblance avec celui des *Notornis*.

L'os FURCULAIRE des Rallides (1) est très-grêle et en forme d'U plutôt qu'en forme de V, car son extrémité inférieure est arquée et ses branches ne divergent que très-peu. En avant, au point de réunion de celles-ci, on remarque un petit élargissement, mais il n'y a pas d'apophyse furculaire. Enfin, les portions scapulaires de l'os sont très-courtes et un peu renflées en forme de tubérosité.

Dans le genre *Rallus*, les branches de la fourchette sont presque parallèles et l'extrémité antérieure de l'os est très-courbée. Chez les Poules d'eau, les Foulques, les Tribonyx et surtout les Ocydromes, elles sont moins arquées et s'écartent davantage en haut.

Ainsi qu'on pouvait le prévoir d'après la forme des rainures articulaires antérieures du sternum, l'extrémité correspondante des CORACOÏDIENS est peu élargie (2) et à peine oblique ; ce qui distingue cet os de son homologue chez tous les autres Échassiers. Au-dessus il y a une dépression profonde et très-étendue dans laquelle s'insère le muscle coraco-huméral.

L'apophyse hyosternale est peu relevée, et en général constitue une expansion aplatie et triangulaire ; sa forme varie d'ailleurs suivant les genres.

Le corps de l'os est assez étroit, mais son bord interne est moins tranchant et se prolonge en forme de crête, ce qui donne au coracoïdien une apparence beaucoup plus large. Ce bord est très-proéminent au niveau de la dépression du coraco-huméral, puis il se rétrécit vers

(1) Voyez pl. CI, fig. 13 et 14.
(2) Voyez pl. CI, fig. 17 à 21.

la partie moyenne de l'os, pour devenir de nouveau très-saillant et se continuer jusqu'à l'apophyse sous-claviculaire, qui est très-développée et présente à sa base un trou pour le passage des vaisseaux et des nerfs. L'extrémité articulaire supérieure est courte ; la fossette scapulaire est assez profonde ; la facette glénoïdale est arrondie et peu allongée. Le col de la tubérosité est très-court. Enfin, cette dernière est renflée et présente en dedans une petite surface articulaire destinée à s'unir à la clavicule.

La conformation du coracoïdien varie peu chez les divers représentants de la famille des Rallides, et les différences qu'on observe, à cet égard, d'une espèce à l'autre, sont souvent plus considérables que d'un genre à un genre voisin, de façon que je n'y insisterai pas ici.

L'OMOPLATE des Rallides se reconnaît aisément à son peu de largeur et à sa forte courbure en forme de faux (1). Elle est lamelleuse et aplatie. La facette glénoïdale, destinée à l'articulation de l'humérus, est petite, arrondie, et fait une forte saillie en dehors.

La facette coracoïdienne est petite et se confond presque avec la précédente ; enfin la tubérosité se divise en deux tubercules, dont l'un, supérieur, se réunit à la clavicule furculaire, et l'autre, inférieur, s'applique contre l'apophyse sous-claviculaire du coracoïdien, qui, ainsi que je l'ai dit plus haut, présente un grand développement. Une petite ligne saillante s'étend transversalement de la tubérosité supérieure à la surface glénoïdale.

Chez les Foulques, l'omoplate est plus étroite que dans le genre *Porphyrio* et les deux tubérosités sont moins distinctes. Il en est de même chez les Poules d'eau et chez les Râles. Dans le genre *Parra*, le scapulum est plus large que chez les oiseaux que je viens de citer.

(1) Voyez pl. CI, fig. 15 et 16.

§ 4. — DES OS DE L'AILE.

Tous les oiseaux qui composent la famille des Rallides volent avec plus ou moins de difficulté, aussi ont-ils les ailes très-courtes comparativement à la grosseur de leur corps. Les petites espèces, telles que les Râles, les Jacanas et certaines Poules d'eau, peuvent encore fournir un vol rapide, mais elles sont bientôt obligées de se reposer à terre. Ce sont les Jacanas qui, parmi les Rallides, ont les ailes les plus longues, et, dans ce genre, l'avant-bras dépasse un peu le bras ; chez les Poules sultanes, les Poules d'eau et le Râle des genêts, les dimensions de ces deux parties sont à peu près égales. Dans les genres Foulque, Tribonyx (1) et Ocydrome, l'avant-bras se raccourcit beaucoup, et ces derniers oiseaux, ainsi que les Notornis, ont les ailes si faibles, qu'elles ne peuvent leur servir à s'élever de terre : mais, par contre, leurs pattes sont fortes et mises en mouvement par des muscles très-volumineux ; aussi ces espèces sont-elles essentiellement terrestres et courent-elles avec une très-grande rapidité.

L'HUMÉRUS des Rallides est très-petit comparativement à la grosseur de l'animal (2).

Le corps de l'os est long, grêle, très-faiblement arqué et légèrement tordu ; son extrémité supérieure est médiocrement élargie. La tête humérale est grande et limitée en bas par un sillon transversal qui donne insertion au ligament coraco-huméral et qui est situé plus bas que chez les autres Échassiers. La crête externe n'est que peu saillante, et, au lieu de s'élever en pointe, comme cela a lieu ordinairement, elle est tronquée en avant. La surface bici-

(1) Voyez pl. XCVII.
(2) Voyez pl. XCVII et CII, fig. 1 à 8.

pitale est assez large, mais n'est pas limitée inférieurement par un sillon. En arrière, le trochanter interne est remarquablement saillant ; la fosse qu'il surmonte est superficielle, et n'est perforée par aucun orifice pneumatique. L'échancrure articulaire, située entre la tubérosité interne et la tête de l'humérus, est très-profonde, et le trochanter externe, sur lequel se fixe le tendon du moyen pectoral, est très-renflé.

L'extrémité inférieure de l'humérus des Rallides se distingue facilement de celle de tous les oiseaux que nous avons passés en revue : elle est étroite et comprimée d'avant en arrière ; l'empreinte d'insertion du muscle court fléchisseur de l'avant-bras est bien marquée, mais peu profonde ; sa forme est celle d'un ovale peu allongé, et elle est située plus près du bord interne que de celui du côté opposé. Les condyles articulaires sont généralement petits. L'épicondyle est à peine indiqué, et la saillie sur laquelle se fixe le muscle extenseur de la main, et qui, chez les Larides et les Totanides, constitue une apophyse en forme de crochet, est extrêmement réduite. L'épitrochlée est plus proéminente, et l'empreinte d'insertion du ligament articulaire interne du coude est bien saillante et arrondie. La fosse olécrânienne est peu profonde. Enfin, les coulisses du triceps brachial sont évasées et bien indiquées.

Dans le genre *Porphyrio* (1), l'humérus est comparativement plus gros et plus fortement arqué que chez les autres Rallides.

Chez les Foulques (2) et chez les Poules d'eau, l'humérus est relativement plus allongé ; les saillies d'insertion musculaire y sont plus saillantes.

Dans le genre *Rallus* (3), l'os du bras est très-grêle et la crête pectorale très-courte.

(1) Voyez pl. CII, fig. 3 et 4.
(2) Voyez pl. CII, fig. 1 et 2.
(3) Voyez pl. CII, fig. 7 et 8.

Chez les Jacanas, l'humérus est beaucoup plus élargi que dans les genres précédents, et la fosse sous-trochantérienne est extrêmement profonde. Les condyles articulaires sont gros et allongés.

L'humérus des Tribonyx (1) est notablement plus petit que celui des Poules sultanes ses extrémités ; articulaires sont plus ramassées, et la crête externe est plus courte.

Dans le genre *Ocydromus* (2), ces caractères s'exagèrent davantage ; l'os du bras semble tordu sur lui-même, il est fortement arqué en dedans, et son extrémité supérieure est extrêmement courte.

Le CUBITUS est trapu et très-arqué (3) ; son extrémité supérieure est assez large ; la facette glénoïdale interne est arrondie et régulièrement déprimée, l'externe se continue plus ou moins en avant sur la face antérieure de l'os. L'apophyse olécrânienne est très-peu développée ; elle est comprimée latéralement en arrière et terminée par une extrémité mousse ; le corps de l'os est arrondi en avant, mais il présente un bord postérieur bien indiqué, sur lequel sont rangés les tubercules d'insertion des rémiges, qui sont peu nombreux et médiocrement saillants.

L'extrémité inférieure est grosse et arrondie. En dehors on y voit une dépression plutôt qu'une coulisse pour le fléchisseur de la main. Le tubercule carpien est peu saillant et comprimé latéralement.

Chez les Râles, le cubitus est généralement plus grêle et plus allongé que dans les autres genres.

Le RADIUS est peu arqué (4) ; il est presque cylindrique dans sa moitié supérieure, mais il s'aplatit dans le reste de son étendue ; son

(1) Voyez pl. XCVII.
(2) Voyez pl. CII, fig. 5 et 6.
(3) Voyez pl. CII, fig. 9 et 10.
(4) Voyez pl. XCVII.

extrémité inférieure est peu élargie et sillonnée en dessus par la gouttière de l'extenseur de la main.

Il est une espèce de Jacana, le *Parra africana* de Gmelin (*Metopidius africanus*, Swains.), chez laquelle le radius présente une disposition toute particulière : il est fortement courbé, et s'élargit en forme de lame comprimée latéralement; enfin, vers sa partie moyenne, il présente en dessus un tubercule très-dur qui lui sert d'arme offensive. Le tendon de l'extenseur, au lieu de glisser sur la face supérieure du radius, est logé dans une gouttière qui suit la face externe.

Le MÉTACARPE (1) se reconnaît facilement à la forme de l'extrémité articulaire supérieure. En effet, la lèvre externe de la poulie carpienne est remarquablement courte et ne se prolonge guère que jusqu'à la moitié de celle du côté opposé. En arrière et au-dessus de la gorge carpienne, existe une dépression profonde, dans laquelle se loge l'os en chevron, lors de la flexion forcée de la main sur l'avant-bras. L'apophyse radiale est comprimée latéralement, petite, mais généralement saillante et relevée. Chez quelques espèces du genre *Parra*, elle se développe outre mesure, et supporte un éperon aigu qui arme cette partie de l'aile (2).

L'apophyse pisiforme est petite, et la gouttière qui existe en avant est très-peu profonde.

La petite branche du métacarpe est très-arquée, de façon que l'intervalle laissé entre les deux branches est plus large que chez les autres Échassiers, mais il n'est que médiocrement allongé. La gouttière du tendon du fléchisseur du doigt est très-superficielle.

La première phalange du doigt médian est courte, assez épaisse,

_____

(1) Voyez pl. XCVII et CII, fig. 11 à 14.

(2) Chez les Kamichis, cet éperon prend un développement énorme, et il en existe même un second à l'extrémité inférieure du métacarpe.

médiocrement élargie, et ne présente que la trace des dépressions qui marquent la place de l'insertion des grandes plumes de cette partie de l'aile.

Le métacarpe présente, à peu de chose près, la même disposition chez les Porphyrions (1), les Gallinules, les Foulques et les Râles; mais dans le genre *Parra*, il est généralement beaucoup plus court, son extrémité supérieure est comparativement plus grosse, et la gorge carpienne présente une largeur plus considérable.

§ 5. — DE LA TÊTE.

La forme de la tête varie beaucoup dans cette famille, mais ces différences dépendent principalement des modifications du bec et de la région frontale (2). La boîte crânienne est toujours très-arrondie, étroite ou peu élargie; la partie correspondante aux hémisphères cérébraux est bien développée et s'avance beaucoup au-dessus des orbites; le front est plus ou moins arqué d'arrière en avant; la région occipitale est basse et les fosses temporales sont très-superficielles; la cloison interorbitaire est largement perforée; les orifices des narines sont grands, et la fente palatine antérieure est large et s'avance très-loin vers l'extrémité du bec, qui est toujours pointue.

C'est chez les Porphyrions (3) que ces caractères sont portés le plus loin; le bec est en même temps court et arqué, de sorte que la face supérieure de la tête décrit, depuis la pointe de la mandibule jusqu'au grand trou occipital, une courbe assez régulière. Le bec est très-robuste, et les narines, larges et ovalaires, n'occupent pas la moitié

(1) Voyez pl. CII, fig. 11 à 14.
(2) Voyez pl. CII, fig. 15 à 18.
(3) Voyez pl. CII, fig. 17 et 18.

de sa longueur. Le front est plat transversalement, et il n'y a pas de rétrécissement dans la région interorbitaire, qui est régulièrement bombée et ne présente aucune trace de sillon sous-orbitaire. Les os lacrymaux sont petits et ne se prolongent que peu en arrière sous l'angle antérieur de l'orbite. La cavité crânienne s'avance jusque auprès de la racine du bec, et la moitié postérieure de la voûte est très-déclive. Les fosses temporales sont larges, mais très-superficielles, et les aponévroses des muscles crotaphites qui s'y insèrent tendent à s'ossifier, de façon à constituer en avant ou en bas un grand prolongement lamelleux. Les crêtes occipitales sont petites, mais bien marquées latéralement; la saillie cérébelleuse est à peine indiquée; il n'y a pas de pertuis occipitaux, et les apophyses mastoïdiennes sont assez saillantes postérieurement.

Chez les Foulques, la forme busquée de la tête est aussi très-marquée, mais elle dépend surtout de la voussure de la région frontale, car la boîte crânienne est rejetée en arrière. Le bec est plus allongé et moins robuste; les ouvertures des narines s'avancent davantage; la région interorbitaire est rétrécie, et présente de chaque côté un sillon sourcilier très-superficiel, mais bien dessiné; les fosses temporales sont beaucoup plus petites que dans le genre précédent; enfin, les crêtes occipitales sont très-faibles.

Chez les Poules d'eau, le bec est moins fort et moins élevé à sa base. Le front est très-incliné, sans être bombé, et la portion antérieure de la boîte crânienne est très-élevée, ce qui donne à l'ensemble de la tête une courbure presque aussi grande que dans les genres précédents.

La région interorbitaire est étroite et complétement dépourvue de sillons sourciliers; les fosses temporales sont encore plus petites que chez les Foulques, et la région occipitale est un peu plus haute; les apophyses mastoïdiennes sont très-peu proéminentes; enfin, la région palatine est évidée dans presque toute son étendue.

La tête des Tribonyx (1) participe à la fois des caractères des Porphyrions et des Poules d'eau.

Chez les Râles (2), le crâne est plus arrondi, plus large et moins élevé à sa partie postérieure. La région occipitale est bombée et assez large, mais très-basse; les apophyses mastoïdiennes sont rudimentaires; les fosses temporales sont très-petites et l'angle postorbitaire est situé très-bas. La cloison interorbitaire manque presque complétement. La mandibule supérieure est faible, et les deux branches qui la constituent sont très-grêles, très-écartées les unes des autres et réunies seulement près de la pointe du bec. La longueur de celui-ci varie suivant les espèces.

La tête osseuse des Jacanas ressemble beaucoup à celle des Râles, mais le front est plus élargi et le sinciput moins bombé.

(1) Voyez pl. XCVII.
(2) Voyez pl. CII, fig. 15 et 16.

CHAPITRE XXIV

DES OISEAUX FOSSILES DE LA FAMILLE DES RALLIDES.

§ 1er.

On n'a encore indiqué avec certitude aucun oiseau fossile de la famille des Rallides (1). Cependant cette famille comptait déjà des représentants au commencement de l'époque tertiaire, et je crois pouvoir établir d'une façon certaine qu'il existait, pendant le dépôt des couches gypseuses du bassin de Paris, deux espèces de ce groupe : l'une qui diffère à beaucoup d'égards des types actuels, l'autre très-voisine des Râles.

Pendant la période miocène, ces oiseaux vivaient déjà en assez grand nombre, car j'ai pu constater la présence de six espèces différentes dont trois proviennent du département de l'Allier et les trois autres de Sansan (Gers).

Dans les brèches de Montmorency, M. J. Desnoyers a recueilli des ossements de Râle.

Enfin, dans les tourbières, on a trouvé quelques débris se rapportant à des oiseaux de cette famille.

C'est à ce même groupe qu'appartiennent plusieurs oiseaux qui habitaient les îles Mascareignes à l'époque où les Européens les visitèrent pour la première fois, mais qui ont disparu depuis et qui ne

---

(1) L'oiseau voisin des Foulques, dont l'existence a été signalée dans les lignites miocènes de Kaltennordheim (voyez Schlotheim, *Petrefactenkunde*, p. 26, et Giebel, *Fauna der Vorwelt*, p. 29), est loin d'être assez connu pour qu'on puisse l'inscrire avec certitude dans nos catalogues. En effet, on ne peut vérifier cette détermination, car elle n'est accompagnée d'aucun détail anatomique, et l'os de la jambe, d'après lequel elle a été établie, n'a pas été figuré.

sont plus connus aujourd'hui que par les débris de leur squelette. Ainsi, j'ai reconnu à l'île Maurice une grande espèce du genre *Fulica* dont les dimensions ne le cédaient en rien à celles de la Foulque géante du Chili, et que j'ai désignée sous le nom de *Fulica Newtonii* (1). Ces ossements avaient été recueillis dans la vase tourbeuse d'une petite mare, à côté de nombreux débris de Dronte, et consistaient en un tibia, un tarso-métatarsien et un bassin (2).

Il est probable que cet oiseau existait encore lorsque Dubois visita l'île Bourbon de 1669 à 1672. En effet, cet auteur, dans la description des *Oiseaux de rivière* de l'île Bourbon, parle de « POULES D'EAU *qui sont* » *grosses comme des Poulles; elles sont toutes noires, et ont une grosse creste* » *blanche sur la teste.* »

Ces caractères ne peuvent s'appliquer à la Foulque que l'on rencontre aujourd'hui dans les mêmes parages, c'est-à-dire au *Fulica cristata*, Gmel. (3), car cette espèce est non-seulement plus petite qu'une Poule ordinaire, mais se fait remarquer par la plaque du front qui est d'un rouge foncé, tandis que, chez l'oiseau dont parle Dubois, la plaque rostrale était entièrement blanche.

D'après l'examen des os de la patte du *Fulica Newtonii*, on peut juger de la grandeur de l'animal tout entier; il devait être à peu près de la taille d'une grosse Poule. Ces indications permettent de supposer que le *Fulica Newtonii* pourrait bien être l'espèce décrite par Dubois, et qui, au lieu d'être localisée à l'île Bourbon, aurait aussi habité Maurice (4).

Un autre oiseau, de forme plus singulière, vivait aussi dans cette île vers la même époque. Les particularités anatomiques fournies par les

---

(1) Voyez pl. CVII et CVIII.

(2) Voyez, à ce sujet, A. Milne Edwards, *Mémoire sur une espèce éteinte du genre Fulica, qui habitait autrefois l'île Maurice* (*Ann. des sc. nat.*, ZooL., 5e série, 1868, t. VIII, p. 195).

(3) Voyez pl. CVIII, fig. 3.

(4) Voyez pl. CVIII, fig. 1 et 2.

os de la patte le rapprochent de l'Ocydrome, tout en indiquant certains points de ressemblance avec les Brévipennes, et particulièrement les Aptéryx ; le bec était long et légèrement courbé en bas. Ce type complétait probablement la chaîne qui rattache les oiseaux voiliers aux oiseaux coureurs, et dont quelques chaînons paraissent manquer dans la nature actuelle.

Le *Notornis*, d'abord connu par quelques ossements recueillis dans les terrains récents de la Nouvelle-Zélande, puis trouvé vivant dans une des îles de l'océan Pacifique, appartient aussi à la famille dont l'étude nous occupe ici.

§ 2. — DES RALLIDES DE L'ÉPOQUE ÉOCÈNE.

GYPSORNIS CUVIERI, nov. gen. et sp.

(Planche CIII, fig. 1 à 5.)

Je crois devoir rapporter à un oiseau de la famille des Rallides un tarso-métatarsien presque complet, d'assez grande taille, trouvé dans le gypse de Montmartre, et dont Cuvier a donné une figure dans ses *Recherches sur les ossements fossiles* (1). Cet os devait être beaucoup plus allongé, mais moins élargi que le canon du *Porphyrio madagascariensis;* la disposition de l'extrémité supérieure éloigne cet oiseau des Totanides et de tous les Échassiers que nous venons d'étudier ; on ne peut le ranger avec les Gallinacés, non-seulement à cause de la longueur du canon, mais aussi de l'existence de deux empreintes d'insertion pour le tibial antérieur, et il me semble que, bien qu'il s'éloigne de tous les genres vivants, c'est dans la famille qui nous occupe ici qu'il doit se ranger, et je propose de le prendre pour type d'une nouvelle division générique sous le nom de *Gypsornis Cuvieri* (2).

(1) Voyez Cuvier, *Recherches sur les ossements fossiles*, 4e édit., t. V, p. 569, pl. CLV, fig. 7.
(2) De γύψος, plâtre, et ὄρνις, oiseau.

La face antérieure de l'os (1) présente une gouttière métatarsienne peu profonde, mais élargie, qui disparaît complétement dans sa partie inférieure. L'empreinte tibiale interne est allongée et plus grande que l'externe, qui est arrondie. Elles sont séparées par un petit sillon et ne ressemblent en rien à ce qui existe chez les Ardéides. La dépression qui les surmonte est peu profonde, et les pertuis supérieurs qui s'y ouvrent sont petits et situés à des hauteurs différentes. Il n'y a pas de pont osseux au-dessus de la gouttière de l'extenseur commun des doigts ; mais l'absence de ce caractère ne peut changer la place zoologique que j'assigne à ce fossile, car, dans le groupe des Rallides, ce pont osseux, bien qu'existant généralement, peut manquer parfois, et d'ailleurs il n'existe pas chez les jeunes individus.

Les petites crêtes qui limitent cette gouttière tendineuse sont bien marquées.

Les faces latérales de l'os sont presque également développées ; le bord postéro-externe est cependant plus saillant que celui du côté opposé. Nous avons vu que, chez les Jacanas et les Porphyrions, la face interne est remplacée par un bord mince ; par conséquent, sous ce rapport, notre fossile s'éloigne de ces oiseaux pour se rapprocher des autres Rallides, et particulièrement de l'*Aramides cayennensis*. Malheureusement le canon est brisé au-dessus de la surface articulaire du pouce, de façon qu'on ne peut profiter des caractères importants qu'elle présente dans le groupe qui nous occupe.

La dépression d'insertion du fléchisseur propre du pouce est bien marquée supérieurement ; elle est beaucoup plus profonde que dans les différents genres qui composent la famille des Totanides, et présente à peu près les mêmes proportions que chez les Rallides.

L'extrémité supérieure de l'os est assez élargie ; les facettes glénoïdales sont placées à des niveaux différents. L'interne étant plus

(1) Voyez pl. CIII, fig. 1 à 5.

élevée que l'externe, elles sont peu élargies, mais longues et limitées
par des bords saillants. Dans la famille des Totanides, il existe moins
d'inégalité entre le niveau de ces surfaces, et elles sont beaucoup moins
allongées dans le sens antéro-postérieur.

La tubérosité intercondylienne du *Gypsornis Cuvieri* est arrondie et
peu proéminente ; son extrémité est légèrement aplatie, comme chez
les Poules sultanes.

Le talon présente peu de développement et sa largeur n'est pas
considérable ; la crête interne est plus saillante que l'externe, particularité qui le distingue de celui des Râles, des Gallinules, des Foulques
et des Porphyrions. Mais, à cette différence près, les gouttières tendineuses sont disposées à peu près de même que chez ces oiseaux ; l'interne est tubulaire, l'externe est largement ouverte en arrière ; par
conséquent une disposition analogue serait réalisée chez les Ralles, si
la crête interne devenait plus saillante qu'elle ne l'est en général. Au
contraire, on ne retrouve rien qui rappelle ce mode de conformation
chez les autres Échassiers. Ainsi, chez les Flamants et les Ciconides,
il n'existe qu'une large gouttière tendineuse limitée par deux crêtes
à peu près également saillantes. Dans la famille des Gruides, les
différences sont moins considérables, car on voit aussi une gouttière
tubulaire unique, mais le talon est toujours placé plus bas que les
surfaces glénoïdales, qui elles-mêmes sont élargies, mais courtes.
Les Totanides, comme je l'ai déjà dit, présentent beaucoup de particularités qui les distinguent du *Gypsornis Cuvieri* : chez eux, le talon
est toujours beaucoup plus compliqué que celui de la plupart des
Rallides, et il est subdivisé en plusieurs gouttières par des crêtes
médianes accessoires, analogues à celles qui existent dans le genre
Parra. Enfin, il n'y a pas à comparer notre fossile aux Outardes, dont
la complication des gouttières tendineuses des fléchisseurs des doigts
est encore plus grande ; ni avec les Gallinacés, chez lesquels il
n'existe ordinairement qu'une seule empreinte d'insertion pour le

tibial antérieur et où le bord postéro-interne est très-développé et cristiforme.

Je puis donc admettre sans hésitation que le type générique auquel appartient le *Gypsornis Cuvieri* a aujourd'hui complétement disparu, mais qu'il devait se rattacher plutôt à la famille des Rallides qu'à toute autre.

Cuvier a rapporté à l'espèce à laquelle appartient cet os canon trois phalanges qui composent le doigt interne, trois autres qui constituent les dernières du médius (1), et une patte presque entière, présentant le pied et le tibia (2); mais cette dernière a été complétement écrasée par la compression des couches gypseuses, et ne peut fournir que des indications de proportion.

J'ai peine à croire que les phalanges isolées appartiennent au *Gypsornis*, car elles sont plus grosses et plus courtes que celles des Rallides; la patte complète se rapporte évidemment à un oiseau de ce groupe, comme l'indiquent la forme et les dimensions du doigt postérieur, mais cet oiseau était notablement plus petit que l'espèce dont je viens d'exposer les caractères.

	GYPSORNIS CUVIERI.	ARAMIDES CAYENNENSIS.	PORPHYRIO VETERUM.
Tarso-métatarsien.			
Largeur de la tête de l'os......................	0,0115	0,008	0,011
Épaisseur de la tête de l'os prise à l'extrémité du talon..................................	0,0145	0,0089	0,0117
Largeur du corps de l'os	0,0055	0,0037	0,0059

(1) Voyez Cuvier, *loc. cit.*, 4° édit., pl. CLV, fig. 7, *b*, *c*, *d*, *e*, *f*, *g*.
(2) Cuvier, pl. CLVI, fig. 1.

RALLUS INTERMEDIUS, nov. sp.

(Planche CIII, fig. 17.)

Le Muséum d'histoire naturelle possède une plaque de gypse sur laquelle se voit la plus grande partie du squelette d'un oiseau que je considère comme voisin des Râles. Les os ont été brisés par la compression, mais on peut encore se rendre compte de leurs formes. La tête est aplatie sur le côté et encore pourvue du cercle osseux de la sclérotique ; toute la série des vertèbres cervicales et dorsales est encore en place ; on aperçoit vaguement le coracoïdien, en arrière duquel se dessinent le bras et l'avant-bras. Le sternum est bien conservé et permet de déterminer cet oiseau avec certitude ; il est encore en connexion avec les côtes et avec la portion inférieure de l'os furculaire. La forme du fémur est assez nettement indiquée, mais en arrière le morceau de gypse est brisé, et les autres parties de la patte, ainsi que le bassin, manquent complétement.

La tête mesure environ $0^m,048$; elle se fait remarquer par la longueur du bec et le développement des narines : ces deux caractères l'éloignent des Porphyrions, des Foulques, des Gallinules et de certaines espèces de Râles, telles que le *Rallus crex*. La portion mandibulaire est cependant beaucoup plus courte que chez le Râle d'eau (*Rallus aquaticus*).

Le cou, de longueur médiocre, semble se composer d'environ treize vertèbres, cependant il est assez difficile de préciser ce nombre, car on ne distingue pas le point où commencent les côtes.

Le bras est très-court et ne dépasse pas $0^m,036$; il est cependant plus long que l'avant-bras, ainsi que cela se remarque chez la plupart des représentants de la famille des Rallides, et en particulier dans le genre *Rallus*.

Le sternum est petit relativement à la taille de l'oiseau, et excessivement étroit ; sa carène est saillante et il présente de chaque côté une échancrure très-resserrée et ressemblant beaucoup à celle qui existe chez les Râles.

La fourchette devait être excessivement grêle, autant qu'on peut en juger par le fragment qui se trouve conservé (1).

Le fémur est long et peu arqué.

Si l'on n'avait, pour se guider dans la recherche des affinités de cet oiseau, que les caractères fournis par la forme générale et les proportions des diverses pièces de la charpente solide, on serait très-embarrassé pour arriver à une conclusion définitive, mais la constitution du sternum ne peut laisser de doute dans l'esprit, et il est évident que notre fossile doit se placer dans la famille des Rallides. Je suis disposé à penser qu'il est plus voisin des Râles que d'aucun autre des oiseaux qui composent ce groupe, cependant il en diffère à beaucoup d'égards par les dimensions relatives des diverses parties de la tête et par la grosseur de celle-ci, comparée au volume du corps. L'oiseau du gypse du bassin parisien devait donc se rapprocher beaucoup des Râles, mais ses ailes et son appareil sternal étaient encore moins développés.

Ces différences autoriseraient peut-être l'établissement d'un genre nouveau, mais pour ne pas me départir du système que j'ai suivi dans ces études, je préfère le placer à côté des Râles pour montrer les rapprochements zoologiques des espèces fossiles et vivantes, et ne pas introduire de nouvelles dénominations, qui n'indiquent pas d'une façon aussi nette la position systématique et la nature des oiseaux qui ont vécu aux époques géologiques.

(1) Voyez pl. CIII, fig. 17.

§ 3. — DES RALLIDES DE L'ÉPOQUE MIOCÈNE.

RALLUS CHRISTYI, nov. sp.

(Planche CIV, fig. 1 à 9.)

Lors du dernier voyage que M. Christy, membre de la Société royale de Londres, fit dans le centre de la France, voyage dont il ne devait pas revenir, il m'adressa quelques ossements d'oiseaux provenant des carrières de Langy, parmi lesquels se trouvait une patte presque entière d'un Râle de grande taille.

D'après ces portions du squelette, il est facile de s'assurer que l'espèce dont il est ici question diffère de toutes celles du même groupe qui vivent aujourd'hui, et comme témoignage de mon estime pour le savant à qui je dois ce fossile, je le désignerai sous le nom de *Rallus Christyi*.

Le tarso-métatarsien (1) présente tous les caractères que j'ai indiqués comme propres au grand genre *Rallus*. Sa longueur ne permet pas de le rapporter aux Gallinules, et il se rapproche même davantage de la subdivision que M. Pucheran a élevée au rang de genre sous le nom d'*Aramides*, et qui compte comme principal représentant le Râle de Cayenne ou Râle Hydrogalline (*Rallus* ou *Aramides cayennensis*, Gmel.). Le corps de l'os est assez étroit, comparé à ses extrémités; la face antérieure est arrondie inférieurement et creusée dans sa moitié supérieure d'une gouttière peu profonde. Les empreintes d'insertion du tibial antérieur sont placées très-haut; l'interne est bien plus grande que celle du côté opposé; les pertuis supérieurs sont remarquablement petits, et en dedans il existe un pont osseux, sous lequel s'engage le tendon de l'extenseur commun des doigts, comme chez la

(1) Voyez pl. CIV, fig. 1 à 6.

plupart des Rallides. La face interne de la diaphyse n'est pas remplacée par un bord mince, comme dans les genres *Porphyrio* et *Parra;* elle est arrondie. La face postérieure n'est pas excavée longitudinalement comme chez les oiseaux que je viens de citer ; elle présente la disposition que j'ai signalée chez les Râles, les Gallinules et les Foulques, enfin la dépression destinée à l'insertion du muscle court fléchisseur du pouce est très-peu profonde.

L'extrémité supérieure de l'os présente une tubérosité intercondylienne arrondie et très-peu saillante. Le talon est peu développé, la crête externe est proéminente, la médiane et l'interne, très-petites et très-courtes, limitent les deux gouttières tendineuses largement ouvertes en arrière, tandis que chez les Râles de l'époque actuelle, la coulisse interne est généralement tubulaire.

L'extrémité inférieure est comparativement robuste et assez élargie ; le pertuis inférieur est plus petit qu'on ne le remarque, en général, dans ce groupe.

Ce tarso-métatarsien est un peu plus petit que celui de l'*Aramides cayennensis*, et les extrémités articulaires sont plus fortes, relativement à la longueur de l'os. Chez les Gallinules, ces extrémités sont moins élargies que dans notre fossile.

Le tibia du *Rallus Christyi* est très-allongé (1). En effet, bien que sa partie supérieure soit brisée, il est facile de juger de sa longueur, car la crête péronière existe encore dans toute son intégrité, et tandis que le tarso-métatarsien est plus court que celui du Râle de Cayenne, l'os principal de la jambe est notablement plus long et en même temps plus grêle. La gouttière de l'extenseur commun des doigts est plus étroite, et l'extrémité inférieure plus resserrée que chez les Porphyrions ; la gorge intercondylienne antérieure est peu élargie et peu profonde ; le condyle externe présente au contraire un grand déve-

_____

(1) Voyez pl. CIV, fig. 1, 7, 8 et 9.

loppement, et ressemble à ce qui existe dans le genre *Fulica;* mais l'extrémité inférieure est beaucoup moins courbée en dedans que chez ces derniers oiseaux ; elle se continue en ligne droite avec le corps de l'os, comme dans les genres *Gallinula* et *Rallus.* Enfin, chez les Poules d'eau, les condyles sont plus avancés par rapport au corps de l'os, de façon que par exclusion on arrive à rapprocher ce tibia de celui des véritables Râles.

	RALLUS CHRISTYI.		ARAMIDES CAYENNENSIS.		GALLINULA CHLOROPUS.		RALLUS CREX.	
	Dimensions réelles.	Réduction à 100.	Dimensions réelles.	Réduction à 100.	Dimensions réelles.	Réduction à 100.	Dimensions réelles.	Réduction à 100.
Tarso-métatarsien.								
Longueur totale de l'os	0,064	100,0	0,0717	100,0	0,052	100,0	0,0378	100,0
Largeur de l'extrémité supérieure	0,0079	12,3	0,008	11,2	0,0068	13,1	0,005	13,2
Largeur de l'extrémité inférieure	0,0087	13,6	0,0088	12,3	0,0073	14,0	0,0055	14,6
Largeur du corps de l'os	0,0035	5,4	0,0037	5,2	0,0035	6,7	0,002	5,3
Épaisseur du corps de l'os	0,0035	5,4	0,003	4,2	0,003	5,8	0,002	5,3
Épaisseur de la tête de l'os prise à l'extrémité du talon	0,0085	13,3	0,0089	12,4	0,007	13,5	0,005	13,2
Tibia.								
Longueur de l'extrémité inférieure à la naissance de la crête péronière	0,07	100,0	0,069	100,0	0,06	100,0	0,044	100,0
Largeur de l'extrémité inférieure	0,0078	11,1	0,0077	11,2	0,0069	11,5	0,0046	11,2
Largeur du corps de l'os	0,004	5,7	0,0047	6,8	0,004	6,7	0,0029	7,1
Épaisseur du corps de l'os	0,0036	5,1	0,004	5,8	0,003	5,0	0,0025	6,1

RALLUS EXIMIUS, nov. sp.

(Planche CIII, fig. 6 à 11.)

Cette espèce, autant qu'on peut en juger par la taille de l'os tarso-métatarsien, devait être un peu plus petite et surtout plus grêle que la précédente. En effet, le canon est presque aussi allongé, mais ses extrémités articulaires sont moins élargies, surtout l'inférieure. Il n'existe pas de pont au-dessus de la coulisse de l'extenseur commun des doigts; mais il peut avoir été brisé, et par conséquent on ne pourrait s'appuyer sur ce caractère pour distinguer cet os de celui du *Rallus Christyi*. Les gouttières tendineuses du talon fournissent des particularités qui permettent de reconnaître facilement ce fossile. La crête interne est beaucoup plus saillante que chez le précédent, elle est disposée comme chez les Râles de l'époque actuelle, tandis que dans l'espèce dont nous venons d'exposer les caractères, la gouttière tendineuse interne est largement ouverte en arrière.

L'extrémité inférieure, comme je l'ai déjà dit, est plus étroite que chez le *Rallus Christyi*; les trochlées digitales sont moins fortes; le pertuis inférieur est plus largement ouvert, et enfin, la facette articulaire du doigt postérieur est beaucoup plus profondément marquée, ce qui indique que le pouce devait être long et robuste.

Par ses proportions, cette espèce se rapproche plus de l'*Aramides cayennensis* que ne le faisait le *Rallus Christyi*.

Je n'ai encore rencontré aucune autre pièce du squelette de ce Râle, qui, de même que le précédent, provient des couches miocènes de Langy; mais on peut prévoir, d'après le principe des harmonies organiques, que les autres parties de la charpente solide doivent offrir avec celles des Râles actuels une grande ressemblance.

	RALLUS EXIMIUS.		RALLUS CHRISTYI.	
	Dimensions réelles.	Réduction à 100.	Dimensions réelles.	Réduction à 100.
Tarso-métatarsien.				
Longueur totale de l'os....................	0,061	100,0	0,064	100,0
Largeur de l'extrémité supérieure............	0,0075	12,3	0,0079	12,3
Largeur de l'extrémité inférieure............	0,008	13,1	0,0087	13,6
Largeur du corps de l'os	0,0035	5,7	0,0035	5,4
Épaisseur du corps de l'os	0,003	4,9	0,0035	5,4
Épaisseur de la tête de l'os prise à l'extrémité du talon........................	0,0079	13,0	0,0085	13,3

RALLUS PORZANOIDES, nov. sp.

(Planche CV, fig. 1 à 16.)

A côté des deux grands Râles que je viens de faire connaître, vivait une troisième espèce de petite taille, dont je possède un os de la patte d'une conservation parfaite (1). Cet os ressemble à s'y méprendre au tarso-métatarsien du *Rallus porzanus*, Linné. Ce sont exactement les mêmes dimensions et les mêmes proportions; il faut les comparer avec la plus grande attention pour apercevoir quelques caractères différentiels. On remarque alors que le corps de l'os est relativement plus robuste et plus élargi, et que les gouttières tendineuses du talon sont fermées en arrière par le rapprochement et la soudure de leurs bords; mais ce ne sont là que des particularités de

(1) Voyez pl. CV, fig. 1 à 7.

détails, et j'hésiterais beaucoup à distinguer cet oiseau de l'espèce vivante, si je n'avais trouvé dans le même gisement un fémur (1) et un humérus (2) qui probablement proviennent de la même espèce, et qui indiquent que les proportions relatives de la patte et de l'aile n'étaient pas les mêmes que chez le *Rallus porzanus.* Je ne puis cependant me servir de ces caractères qu'avec beaucoup de réserve, car il est possible que le fémur et l'humérus dont je viens de parler proviennent d'une espèce de taille plus petite que celle à laquelle appartient le tarso-métatarsien. Cette incertitude ne pourra se dissiper que lorsque de nouvelles pièces auront permis d'étudier, d'une manière plus complète, l'ostéologie de ces oiseaux.

 L'os de la cuisse est un peu plus petit que celui du *Rallus porzanus*; il est surtout plus court, car la diaphyse est à peu près de même grosseur; la tête fémorale est brisée de façon qu'on ne peut en tirer aucune indication. Mais l'articulation inférieure est entière, et si elle n'était pas un peu plus resserrée, on pourrait la confondre avec celle du Râle Marouette.

L'humérus est plus grêle et plus court que celui de la Marouette; son extrémité articulaire inférieure est plus étroite, et l'empreinte d'insertion du muscle brachial antérieur est plus profonde. L'extrémité articulaire supérieure reproduit exactement, sauf les dimensions, les particularités de conformation propres à cette partie, chez le *Rallus porzanus;* cependant, la crête externe est moins saillante et la surface bicipitale un peu plus large et moins longue.

Si toutes ces pièces appartiennent, comme je le crois, au même oiseau, on voit qu'il devrait se ranger dans le sous-genre *Ortygometra*, à côté du Râle des genêts et de la Marouette. Il se rapproche beaucoup de cette dernière; cependant, ses ailes étaient moins fortes; c'était

(1) Voyez pl. CV, fig. 8 à 12.
(2) Voyez pl. CV, fig. 13 à 16.

probablement un oiseau plus terrestre que ceux que je viens de citer.

	RALLUS PORZANOIDES.	RALLUS PORZANUS.
Tarso-métatarsien		
Longueur totale de l'os	0,032	0,0316
Largeur de l'extrémité supérieure	0,0043	0,0041
Largeur de l'extrémité inférieure...................	0,0042	0,0040
Largeur du corps de l'os............................	0,002	0,0018
Épaisseur du corps de l'os	0,0019	0,0017
Épaisseur de la tête de l'os, mesurée à l'extrémité du talon......	0,004	0,004
Fémur.		
Longueur totale de l'os	0,0335	0,037
Largeur de l'extrémité inférieure	0,0047	0,0049
Épaisseur de l'extrémité inférieure	0,004	0,0041
Largeur du corps de l'os	0,0023	0,0022
Épaisseur du corps de l'os..........................	0,0021	0,0024
Humérus.		
Longueur totale de l'os	0,030	0,033
Largeur de l'extrémité supérieure.....................	0,006	0,0067
Largeur de l'extrémité inférieure....	0,004	0,0044
Largeur du corps de l'os.........	0,002	0,0021

RALLUS BEAUMONTII, nov. sp.

(Planche CIV, fig. 10 à 26.)

On trouve, à Sansan, plusieurs oiseaux fossiles qui appartiennent au genre Râle; ils sont de beaucoup plus petite taille que les *Rallus Christyi* et *eximius* de l'Allier, et, sous ce rapport, se rapprochent davantage du *Rallus porzanoïdes* et des espèces qui aujourd'hui habitent notre pays.

L'un de ces oiseaux, que je me permets de dédier au savant auteur de la carte géologique de France, me semble appartenir incon-

testablement au grand genre *Rallus*. L'os de la patte (1), dont je connais les deux extrémités articulaires, dépasse un peu en longueur celui
du *Rallus crex*, mais n'atteint pas les dimensions de celui de notre
Poule d'eau commune.

L'extrémité inférieure paraît présenter des caractères un peu
différents de ceux de ces derniers oiseaux ; ainsi, la trochlée interne
est moins comprimée latéralement ; elle est aussi moins rejetée en
arrière, et au lieu de ne pas dépasser la base de la trochlée médiane,
elle atteint presque le même niveau. Cette disposition rappelle celle
qui existe chez les Porphyrions et les Jacanas, et, de même que chez
ces derniers, la surface articulaire destinée à s'unir au doigt postérieur est ovalaire et plus profonde que dans les genres *Rallus*, *Gallinula* et *Fulica*. Le pertuis inférieur dans lequel s'engage le tendon du
muscle adducteur du doigt externe est largement ouvert. La face
postérieure de l'os est arrondie et ne présente pas d'excavation longitudinale, comme chez les Porphyrions.

L'extrémité supérieure est assez élargie, il ne paraît y avoir jamais
existé de pont osseux au-dessus de la gouttière de l'extenseur commun des doigts. Les facettes glénoïdales sont placées à des hauteurs
différentes. La tubérosité intercondylienne est petite, arrondie, et
n'offre pas le développement qui se remarque dans le genre *Parra*.

La crête interne du talon est plus développée que chez les Râles
et les Poules d'eau ; mais la disposition des gouttières tendineuses
paraît avoir été la même, et ne présente aucune ressemblance avec ce
que nous avons vu exister chez les Jacanas. La surface d'insertion du
fléchisseur propre du pouce est peu déprimée, comme chez les véritables Râles.

Le tarso-métatarsien du *Rallus Beaumontii* paraît donc, par quelques-uns de ses caractères, et particulièrement par la disposition de

(1) Voyez pl. CIV, fig. 10 à 15.

son extrémité inférieure, ressembler à celui des Porphyrions, tandis que, par la conformation de son extrémité supérieure, il se rapproche davantage de ce qui existe chez les Râles.

Ces différences avec les types vivants autoriseraient la création, pour notre oiseau fossile, d'une division générique distincte; mais comme, par les autres particularités de sa charpente osseuse, il se rapproche beaucoup du genre *Rallus*, je préfère ne pas ajouter un nom nouveau à ceux déjà trop nombreux de nos catalogues systématiques.

Le tibia (1) ressemble extrêmement à celui du *Rallus aquaticus*. C'est à peine si l'on peut trouver quelques particularités de structure qui l'en distinguent. Le condyle interne est un peu plus saillant, et les saillies osseuses indiquent que l'animal était plus vigoureusement musclé. La taille est à peu près celle de cette dernière espèce.

L'os du bras (2) est plus grand et plus gros que celui du *Rallus crex*. L'oiseau fossile de Sansan devait par conséquent voler avec plus de facilité que cette dernière espèce; les insertions musculaires y sont plus saillantes, et le trochanter externe, sur lequel se fixe le tendon du pectoral profond ou muscle releveur de l'aile, est très-développé. Les autres caractères que présente l'extrémité supérieure sont à peu près les mêmes que chez le Râle des genêts; mais l'extrémité articulaire inférieure est plus élargie, l'empreinte d'insertion du muscle court fléchisseur de l'avant-bras, ou brachial antérieur, est plus profonde; bien que la disposition générale soit la même que chez l'espèce actuelle. Ces différences ont à peine une valeur spécifique, et si les os de la patte n'en offraient pas de plus importantes, on hésiterait avant d'admettre que l'oiseau fossile de Sansan était distinct du *Rallus crex*.

(1) Voyez pl. CIV, fig. 16 à 20.
(2) Voyez pl. CIV, fig. 21 à 26.

RALLUS DISPAR, nov. sp.

(Planche CV, fig. 17 à 30.)

La seconde espèce de Rallide que j'ai reconnue à Sansan se rattache beaucoup plus directement au genre *Rallus* proprement dit, par les caractères que fournit l'os du pied (1); ainsi l'extrémité inférieure est peu élargie, et les trochlées digitales sont disposées sur une ligne transversale courbe. L'interne est courte, fortement rejetée en arrière, et atteint à peine la base de la poulie médiane. L'échancrure interdigitale externe est très-resserrée, comme chez les Gallinules, et la trochlée correspondante, très-comprimée latéralement, se prolonge beaucoup en bas. Le pertuis inférieur est large, et par sa forme ressemble exactement à celui des Poules d'eau. La facette articulaire du pouce est profonde et rattachée à la trochlée digitale interne par une petite crête saillante, sur laquelle se fixe le ligament destiné à maintenir le doigt postérieur.

La face antérieure de l'os est assez profondément excavée dans sa partie supérieure. Les empreintes d'insertion du tibial antérieur sont petites, les pertuis supérieurs extrêmement étroits, et l'on ne voit pas de traces du pont osseux, qui, généralement, dans le groupe qui nous occupe, s'étend au-dessus de la coulisse de l'extenseur commun des doigts. Les faces latérales sont bien développées, comme chez les Râles proprement dits, et séparées de la face postérieure par des lignes intermusculaires saillantes. La surface d'insertion du fléchisseur propre du pouce est peu déprimée. L'extrémité supérieure est plus étroite que dans l'espèce précédente; le talon est peu développé

(1) Voyez pl. CV, fig. 17 à 22.

et l'on voit, au-dessus, une petite saillie que l'on retrouve aussi marquée dans le genre *Gallinula*. La crête externe est bien développée ; les
autres le sont peu, comme chez les Râles et les Poules d'eau ; mais
ce qui distingue cette partie, de son analogue dans les genres que je
viens de citer, c'est que les gouttières tendineuses sont toutes deux
largement ouvertes en arrière, tandis que, chez les Râles, l'interne
est ordinairement tubulaire. Le talon du *Rallus Christyi* présente, sous
ce rapport, une disposition analogue à celle du fossile de Sansan.

Je suis disposé à rapporter ce tarso-métatarsien au genre *Rallus*
plutôt qu'au genre *Gallinula*, à cause de sa forme grêle et de l'absence
presque totale de la torsion longitudinale, qui se remarque sur l'os du
pied des Gallinules. Cependant, il est facile de voir, par l'exposé des
caractères ostéologiques qui précède, que le tarso-métatarsien du
Rallus dispar présente certains points de ressemblance avec celui des
Poules d'eau.

Ses dimensions sont à peu près les mêmes que chez le *Rallus crex ;*
il est cependant un peu plus petit, mais il dépasse encore beaucoup en
longueur l'os du pied du *Rallus porzanoïdes* du Bourbonnais.

La taille du tibia est aussi un peu inférieure à celle du même os,
chez le *Rallus crex*, autant qu'on peut en juger par l'extrémité inférieure, qui constitue le seul morceau que j'aie pu examiner (1). La
gorge intercondylienne antérieure est plus profonde que chez nos
Râles, et rappelle davantage celle des Poules d'eau ; le condyle interne
est très-étroit, et l'externe paraît moins renflé que dans les genres
Fulica et *Gallinula ;* la gouttière de l'extenseur des doigts est peu profonde sous le pont sus-tendineux, ce qui le rapproche des véritables
Râles ; la coulisse du court péronier est limitée par deux crêtes très-
saillantes ; mais on n'y aperçoit aucune trace du pont osseux sus-tendineux, dont j'ai signalé l'existence chez la plupart des oiseaux de ce

(1) Voyez pl. CV, fig. 27 à 30.

groupe. On ne peut confondre le tibia de cette espèce avec celui du *Rallus Beaumontii* parce que, chez ce dernier, la gorge intercondylienne antérieure est plus évasée, et le condyle interne moins saillant et plus élargi.

Je ne connais de cette espèce qu'un humérus incomplet dont l'extrémité supérieure est brisée (1) ; cependant la portion qui est conservée présente encore assez de particularités caractéristiques pour que la détermination en soit possible. La taille de cet humérus devait être à peu près la même que chez le *Rallus crex*. Il s'en distingue parce que les condyles articulaires sont plus courts et moins saillants, mais plus élargis. Il est aussi à noter que l'empreinte d'insertion du muscle brachial antérieur est beaucoup moins profonde.

D'après cet exposé des caractères ostéologiques de cet oiseau fossile, on peut voir qu'il doit être rangé dans le genre *Rallus* proprement dit, à côté des espèces qui vivent aujourd'hui en Europe, c'est-à-dire du *Rallus crex* et du *Rallus aquaticus*. D'après le gisement dans lequel il a été trouvé, on peut présumer qu'il ressemblait davantage à la seconde de ces espèces, et que son bec était allongé comme celui du Râle d'eau, pour aller chercher dans la vase les petits Mollusques et les animaux articulés dont ces oiseaux se nourrissent généralement.

RALLUS MAJOR, nov. sp.

(Planche CIII, fig. 12 à 16.)

Les deux espèces de Râles dont je viens d'exposer les caractères n'étaient pas les seuls oiseaux de ce genre qui habitaient les bords du lac où se sont déposés les sédiments qui aujourd'hui constituent le riche ossuaire de Sansan. J'ai pu y constater l'existence d'une espèce beaucoup plus grande, à l'aide d'une portion inférieure d'humérus (2),

(1) Voyez pl. CV, fig. 23 à 26.
(2) Voyez pl. CIII, fig. 12 à 16.

sur laquelle on retrouve tous les caractères que j'ai indiqués comme propres à faire reconnaître le genre *Rallus*. Les dimensions de cet os sont intermédiaires entre celles de l'humérus de notre Poule d'eau et du Foulque Morelle ; mais, par sa disposition anatomique, ce fossile rappelle exactement ce qui existe chez les Râles. L'extrémité articulaire est peut-être un peu plus élargie et le condyle radial plus court et plus arrondi ; mais ce ne sont là que de très-légères différences, et il est probable que si l'on découvre d'autres parties du squelette de cet oiseau, elles viendront confirmer les données qui nous sont fournies par cette portion de l'os du bras.

§ 4. — DES RALLIDES DE L'ÉPOQUE QUATERNAIRE.

Dans les fentes de la vallée de Montmorency, où M. J. Desnoyers a rencontré des squelettes presque entiers de Renne, de Hamster, de Spermophile et de Lagomys, etc., ce géologue a aussi recueilli divers fragments d'oiseau, parmi lesquels il a reconnu la présence d'un Râle ; il a bien voulu me communiquer ces pièces, et effectivement, il s'y trouvait un fémur bien conservé qui ne peut se rapporter qu'à une espèce de la famille des Rallides (1).

Cet os est remarquable par ses formes grêles et élancées ; la forte courbure à concavité postérieure qu'il présente empêche de le confondre avec celui des Ardéides ; il ne provient pas davantage d'un oiseau de la famille des Gallinacés, car, chez ces derniers, les bords de la gorge intercondylienne antérieure sont beaucoup plus saillants, et l'interne est plus élevé que l'externe, ce qui n'a pas lieu dans le fossile des brèches de Montmorency. Cet os est notablement plus grêle que celui de la Poule d'eau commune, et, par ses proportions, se rap-

(1) Voyez pl. CV, fig. 31 à 33.

proche des véritables Râles ; il est beaucoup plus grand que l'os de la cuisse du Râle Marouette ou du Râle d'eau, et c'est avec le Râle des genêts (*Rallus crex*, Lin.) qu'il présente le plus de ressemblance. Cependant j'ai trouvé que sa longueur dépassait un peu celle des fémurs de tous les Râles des genêts, avec lesquels j'ai pu le comparer. Il ne faut pas cependant en conclure qu'il provienne d'une espèce différente, et il serait peut-être imprudent de vouloir créer un type spécifique nouveau, d'après une des pièces du squelette qui, généralement, fournissent les caractères les moins sûrs.

On pourra d'ailleurs juger de l'étendue des différences qui existent entre le Râle fossile des brèches de Montmorency et nos espèces vivantes, d'après le tableau comparé des dimensions du fémur de quelques-unes de ces espèces.

	Râle fossile de Montmorency.		Rallus aquaticus.		Rallus crex.		Rallus porzanus.		Gallinula chloropus.	
	Dimensions réelles.	Réduction à 100.	Dimensions réelles.	Réduction à 100.	Dimensions réelles.	Réduction à 100.	Dimensions réelles.	Réduction à 100.	Dimensions réelles.	Réduction à 100.
Fémur.										
Longueur totale de l'os........	0,0479	100,0	0,0405	100,0	0,0435	100,0	0,0368	100,0	0,0515	100,0
Largeur de l'extrémité supérieure.	0,0069	14,4	0,0075	18,5	0,0065	15,0	0,0059	16,0	0,0082	15,9
Largeur de l'extrémité inférieure.	0,0067	14,0	0,006	14,8	0,006	13,8	0,005	13,7	0,008	15,5
Largeur du corps de l'os........	0,003	6,3	0,0029	7,2	0,003	6,9	0,002	5,4	0,0039	7,6
Épaisseur du corps de l'os......	0,003	6,3	0,003	7,4	0,0027	6,2	0,0029	7,9	0,0039	7,6

Enfin, pour terminer l'énumération des oiseaux de la famille des Rallides qui ont laissé des débris de leur squelette dans les couches du sol, je dois signaler quelques espèces trouvées dans les tourbières ; mais elles sont identiques avec celles qui habitent aujourd'hui nos régions. Ainsi, M. le docteur Meynier avait recueilli dans les tourbes d'Essonnes (Seine-et-Oise) un os de la patte (1) et un os de l'aile (2) qui proviennent évidemment de notre Poule d'eau (*Gallinula chloropus*). J'ajouterai que j'ai reconnu, parmi des ossements extraits des tourbières des environs de Cambridge et appartenant à M. Alf. Newton, plusieurs pièces (3) qui indiquent l'existence du Foulque Morelle (*Fulica atra*). Ces débris étaient associés à des restes de Cygne sauvage, de Grèbe huppé, de Canard, de Sarcelle et de Butor.

(1) Voyez pl. CVI, fig. 1 à 6.
(2) Voyez pl. CVI, fig. 7 et 8.
(3) Voyez pl. CVI, fig. 9 à 19.

CHAPITRE XXV

CARACTÈRES OSTÉOLOGIQUES DE LA FAMILLE DES GALLINACÉS
(Gallinæ).

§ 1er.

Si l'on étudie les modifications que présente le squelette chez les nombreux représentants de la famille des Gallinacés, on reconnaît immédiatement qu'elles se groupent au moins suivant deux types parfaitement distincts: 1° celui des Pénélopides comprenant: les Oréophasis, les Hoccos, les Pénélopes et les Ortalides, auxquels se rattachent, de la manière la plus intime, les Talégalles et les Mégapodes; 2° celui des Gallides auquel se rattachent tous les autres Gallinacés de Cuvier, à l'exception toutefois des Tinamous, des Gangas et des Syrraptes; enfin les Turnix doivent être considérés comme constituant un troisième groupe, satellite des précédents et servant de chaînon entre la famille des Gallinacés et celle des Rallides.

La place zoologique des Tinamous est extrêmement difficile à fixer, et, bien qu'ils aient avec certains Gallinacés de frappantes ressemblances de formes extérieures, ils sont évidemment construits sur un plan différent, et c'est ce que M. W. Parker s'est attaché à démontrer dans un mémoire aussi remarquable par l'exactitude des détails anatomiques que par la nouveauté des points de vue auxquels il se place (1). Les Tinamous offrent certains caractères communs avec les Struthionides et les Droméides, et c'est cette considération qui a guidé

---

(1) W. Parker, *On the Osteology of Gallinaceous birds and Tinamous* (*Transactions of the zoological Society of London*, 1866, t. V, p. 149).

M. Th. Huxley, lorsqu'il rangeait ces oiseaux dans une division particulière, celle des *Dromœognathes* (1) correspondant, comme valeur
zoologique, à celle des *Schizognathes*, des *Desmognathes* ou des *Ægitho-
gnathes* dans lesquelles se groupent tous les autres oiseaux dont le sternum est pourvu d'une carène saillante. Dans le système de classification proposé par l'illustre zoologiste anglais, et principalement
basé sur la conformation de la région maxillo-palatine, les Gallinacés
constituent, sous le nom d'*Alectoromorphœ*, une division du sous-ordre
des *Schizognathœ*, et comprend les familles des *Turnicidœ*, des *Phasia-
nidœ*, des *Pteroclidœ*, des *Megapodidœ* et des *Cracidœ* (2). Je suis disposé à
croire que les *Pteroclidœ*, c'est-à-dire les Gangas et les Syrraptes, doivent prendre place dans une autre division et qu'ils se rapprochent
beaucoup plus des Colombides que des Gallinacés. M. de Blainville (3),
le premier, proposa ce rapprochement, qui depuis a été adopté par
d'autres auteurs et particulièrement par M. Blanchard (4), dans le
chapitre relatif au squelette des Colombides; j'exposerai avec détails
les particularités ostéologiques qui militent en faveur de cette opinion.

(1) Huxley, *On the classification of birds and on the taxonomic value of the modifications of
certain of the cranial bones observable in that class* (*Proceedings of the zoological Society of
London*, 1867, p. 415).

(2) Au moment de mettre cette feuille sous presse, je reçois un mémoire de M. Th. Huxley
(*On the classification and distribution of the Alectoromorphœ and Heteromorphœ, Proceedings of the
zoological Society of London*, 1868, p. 294) dans lequel il propose certaines modifications au mode
de groupement qu'il avait adopté dans son premier mémoire, et il arrive presque exactement
au même résultat que moi. Je suis heureux de pouvoir m'appuyer sur l'autorité si justement
reconnue de M. Huxley, que je puis considérer comme garantissant l'exactitude des résultats
auxquels j'étais arrivé sans avoir eu connaissance de son travail. Ce célèbre zoologiste restreint
beaucoup le sous-ordre des Alectoromorphes en en séparant les Pteroclidœ et les Turnicidœ, et il
le divise en deux groupes primaires : les Peristeropodes et les Alecteropodes. Le premier de ces
groupes est constitué par les Cracidæ et les Megapodidæ; le second comprend tous les autres
Gallinacés, à l'exception des Pteroclidœ et des Turnicidæ.

(3) Blainville, *Mémoire sur le Ganga* lu à l'Académie des sciences en 1829 (*Analyse des travaux de l'Académie royale des sciences* pendant l'année 1829, p. 100, et *Bulletin de Ferussac*,
t. XXII, p. 122.

(4) E. Blanchard, *De la détermination de quelques oiseaux fossiles et des caractères ostéologiques des Gallinacés ou Gallides* (*Annales des sciences naturelles*, 4° série, 1857

L'une des classifications récentes les plus en désaccord avec les caractères fournis par l'anatomie est celle proposée par le prince Charles Bonaparte. Il divise, en effet, les *Gallinæ* en deux tribus : 1° celle des Passerigalles (Pénélopes, Mégapodes) ; 2° celle des Gallinacés proprement dits, c'est-à-dire les Hoccos, les Faisans, les Dindons, les Gangas, les Tétras, les Tinamous, etc. Il est impossible de séparer les Hoccos des Pénélopes ; ces oiseaux, ainsi que je l'ai dit, sont construits d'après le même type et doivent constituer une sous-famille parfaitement distincte qui, à certains égards, se rattache au groupe des Colombides. La deuxième sous-famille, celle des *Gallidæ*, est alors composée d'éléments parfaitement homogènes, elle comprend les Tétraonides, les Phasianides ; la troisième sous-famille renferme les Perdicides, les Pavonides, les Méléagrides et les Numidides.

Beaucoup d'ornithologistes considéraient les Tétraonides comme un groupe de transition destiné à relier, par l'intermédiaire des Ptéroclides, les Gallinacés aux Colombides ; mais ils se laissaient guider par de trompeuses ressemblances de formes extérieures, car bien que les Gangas et les Syrraptes aient les pieds emplumés comme les Tétras, ils s'en distinguent, on peut le dire, par chacune des pièces de leur squelette, considérée en particulier, tandis que les Tétraonides sont, sauf les proportions générales, très-voisins des véritables Phasianides.

§ 2. — DES OS DE LA PATTE.

Les pattes des Gallinacés sont parfaitement proportionnées et chez quelques espèces elles présentent une grande force (1). Leur longueur varie beaucoup suivant les espèces ; tantôt elles sont très-courtes comme chez les Tétras, les Tétraogalles et les Lophophores ; tantôt elles acquiè-

(1) Voyez pl. CXI et CXII.

rentdes dimensions relatives beaucoupplus considérables chezles Paons, les Argus, les Faisans dorés et les Talégalles par exemple. Ces variations, dans les proportions du membre pelvien n'ont d'ailleurs qu'une faible importance et ne coïncident pas avec les coupes génériques. J'indique ici la longueur de l'aile rapportée à celle de la patte.

	Rapport de l'aile à la patte, celle-ci étant comptée pour 100.
Phasianus prœlatus................	92
— *argentatus*.............	71
— *colchicus*...............	73
— *Wallichii*..............	70
— *pictus*................	60
Gallus Bankiva.................	72
— *Sonnerati*..............	60
Lophophorus refulgens............	92
Argus giganteus................	81
Satyra Temminckii..............	73
Polyplectron Germanii............	67
Crossoptilon auritum.............	66
Francolinus Asiœ...............	79
Perdix grisœus................	81
Cryptonyx cristata..............	76
Ortyx virginiana...............	80
Odontophorus dentatus...........	74
Margaroperdix striatus...........	82
Numida coronata...............	75
Pavo muticus.................	85
Tetrao urogallus...............	110
— *tetrix*...............	102
— *albus*................	103
— *bonasia*..............	88
Crax alector.................	83
Penelope leucolopha.............	80
Ortalis vetula................	70
Talegallus Lathami.............	78
Megapodius..................	90
Turnix africana...............	96

On peut voir, d'après ce tableau, que ce n'est que chez les Tétras que les ailes sont plus longues que les pattes; les Turnix et les Mégapodes viennent ensuite, et ce sont certaines espèces des genres *Gallus* et *Phasianus* chez lesquelles les ailes se réduisent le plus.

Le TARSO-MÉTATARSIEN (1) se rapproche un peu par sa conformation de celui de certains Échassiers de rivage ou de quelques représentants de la famille des Rallides; mais, si l'on examine attentivement ses caractères, on reconnaît des particularités constantes qui permettent toujours et facilement de le distinguer. L'os du pied est généralement bien proportionné et robuste; les arêtes et crêtes osseuses sont saillantes : ainsi on en remarque une qui généralement s'étend le long de son bord postéro-interne, et s'unit à l'angle inférieur du prolongement calcanéen. Cette arête résulte de l'ossification d'un ligament aponévrotique qui continue inférieurement la surface d'insertion des muscles gastro-cnémiens. Cependant chez quelques Gallinacés, cette crête peut manquer. Dans le genre *Numida* (2) et chez les Pénélopides (3), par exemple, on n'en observe aucune trace; mais il existe toujours à la face interne de l'os, au-dessous du talon, une surface profondément déprimée dans laquelle se loge le muscle fléchisseur propre du pouce; celui-ci s'engage ensuite sous la lame osseuse postéro-interne dont je viens de parler, puis la longe dans toute son étendue. Cette dépression, généralement très-bien marquée, permet de déterminer avec certitude l'os du pied d'un Gallinacé, même lorsque l'on ne peut en observer que la portion supérieure.

L'extrémité inférieure est assez élargie, mais courte, et les trochlées digitales sont séparées entre elles par des échancrures plus évasées que chez les Rallides et les Totanides.

L'extrémité articulaire supérieure présente dans la disposition des gouttières tendineuses du prolongement calcanéen des caractères très-utiles à consulter, mais qui varient suivant les genres et même suivant

(1) Voyez pl. CXIII, CXIV et CXV.
(2) Voyez pl. CXV, fig. 3.
(3) Voyez pl. CXV, fig. 18 à 23.

les espèces : aussi est-il nécessaire d'étudier successivement les modifications que présente le tarso-métatarsien chez les divers représentants de la famille des Gallinacés, en commençant par les Gallides pour arriver ensuite aux Pénélopides.

Pour cette étude, on peut prendre comme type des Gallides, le grand genre *Phasianus* représenté par le Houppifère Prélat de Cochinchine (*Phasianus (Euplocamus) prœlatus*) (1); on remarque que la face antérieure de l'os du pied, est aplatie inférieurement et creusée en forme de gouttière dans la portion supérieure. Le trajet du tendon du muscle adducteur du doigt externe et de celui de l'abducteur du doigt interne, sont marqués par des sillons superficiels. La dépression qui surmonte l'empreinte tibiale est peu profonde et les parties supérieures s'y ouvrent presque à la même hauteur. La lame osseuse postéro-interne est très-développée, et excavée longitudinalement de façon à constituer en dedans une coulisse pour les tendons des fléchisseurs; l'éperon est situé vers le tiers inférieur de l'os, et sa base se confond avec la crête dont je viens de parler.

L'extrémité supérieure est peu élargie, et les facettes glénoïdales sont situées presque à la même hauteur. La tubérosité intercondylienne est arrondie et peu saillante. Le talon est étroit et n'occupe guère plus de la moitié du diamètre transversal de l'extrémité articulaire ; la crête interne est bien développée et, ainsi que je l'ai déjà dit, se continue inférieurement avec la lame osseuse postéro-interne de la diaphyse. La crête externe est moins saillante que la précédente; toutes deux se

---

(1) Voyez pl. CXIII, fig. 5 et 6.

(2) Le tarso-métatarsien des Tinamous offre des caractères très-particuliers et qui le distinguent non-seulement des Gallinacés, mais de tous les autres oiseaux. Le talon ne présente jamais de gouttière tubulaire. Sa crête interne est assez forte, et sa face postérieure est imparfaitement sillonnée par deux coulisses. La trochlée du doigt externe est très-petite, très-relevée, mais faiblement rejetée en arrière. L'échancrure interdigitale externe est étroite; il n'existe pas de traces de la surface articulaire du pouce, et il n'y a jamais de crête postéro-interne, comme chez les Gallinacés.

soudent entre elles de façon à constituer une gouttière tubulaire, sur la paroi postérieure de laquelle se voit une coulisse profonde, mais largement ouverte en arrière; en dehors, il en existe une autre très-petite et superficielle. En dedans de la crête interne du talon, se trouve la surface déprimée, qui, à l'état frais, est remplie par la portion supérieure du muscle fléchisseur propre du pouce et dont j'ai indiqué plus haut les dispositions. La surface d'insertion de la portion supérieure de l'adducteur propre du doigt externe constitue, en dehors de la crête externe du talon, une dépression qu'une ligne intermédiaire saillante limite en avant.

L'extrémité inférieure de l'os est assez élargie. Les trochlées digitales sont courtes, mais fortes ; la médiane est plus avancée et se prolonge plus que les latérales ; une large échancrure la sépare de la poulie externe ; cette dernière descend un peu plus bas que l'interne qui est rejetée en arrière, et présente en avant une surface articulaire régulièrement arrondie, et en arrière un bord saillant et tuberculiforme. Le pertuis inférieur s'ouvre à peu de distance au-dessus de l'échancrure interdigitale externe ; la surface articulaire du doigt postérieur est petite, mais nettement indiquée.

Dans tout le grand genre *Phasianus*, nous retrouvons les mêmes caractères essentiels, et les différences spécifiques consistent dans de légères modifications dans les proportions; par exemple, le canon du Faisan à collier de la Chine (*Phasianus torquatus*) se distingue par sa forme trapue et l'élargissement de ses extrémités articulaires, et par la position de l'éperon qui est placé plus haut; chez le Faisan doré (*Phasianus pictus*), cet os est, au contraire, mince et élancé.

Dans le genre *Gallus*, le tarso-métatarsien a beaucoup de ressemblance avec celui des Faisans ; ainsi, chez le Coq de Sonnerat (*Gallus Sonnerati*) (1), cet os est long et plus comprimé d'avant en arrière que

(1) Voyez pl. CXIII, fig. 7, 8 et 9.

chez les précédents, la crête postéro-interne est moins développée, même chez les individus déjà avancés en âge. En général, elle n'est apparente que sur la partie moyenne de l'os et ne se prolonge pas jusqu'à la crête du talon. Ce dernier est comparativement un peu plus développé que dans le genre *Phasianus*, et il se distingue par la présence d'une coulisse tendineuse qui sillonne en dehors la crête externe et que je n'ai vue aussi développée chez aucun Faisan, j'ajouterai que l'éperon des mâles est très-long, très-aigu, mais plus grêle que chez la plupart des Faisans.

Dans le genre *Satyra* (1), l'éperon est beaucoup plus relevé et se détache du corps de l'os un peu au-dessous de sa moitié ; ce caractère n'a d'ailleurs qu'une faible importance, car on observe à cet égard des variations assez considérables chez les diverses espèces de Faisans. L'empreinte d'insertion du tibial antérieur est surbaissée ; le talon est peu développé et la crête interne en est peu saillante. Enfin, la gorge de la trochlée digitale médiane se termine supérieurement et en avant par une petite dépression qui manquait chez les espèces précédentes.

Dans le genre *Lophophorus* (2), le canon est remarquablement robuste et trapu ; ses extrémités articulaires sont larges ; l'éperon des mâles est court, conique, et est situé plus haut encore que chez les Tragopans, car il est plus éloigné de l'extrémité inférieure que de la supérieure ; celle-ci ne présente rien de remarquable, si ce n'est que la coulisse externe est plus profonde que l'interne. Les trochlées digitales sont fortes et très-écartées entre elles ; la gorge de la médiane se termine, en haut et en bas, par une petite dépression analogue à celle qui existe dans le genre *Satyra*.

Le tarso-métatarsien du genre *Crossoptilon* est celui d'un véritable Faisan.

---

(1) Voyez pl. CXIII, fig. 10 et 11.
(2) Voyez pl. CXIII, fig. 12 à 15.

Chez les Argus, l'os du pied est remarquable par sa longueur (1). La disposition des extrémités articulaires permet aussi de le distinguer, car le talon est large mais très-peu saillant, et sa face postérieure est sillonnée par trois coulisses ; les empreintes d'insertion du muscle tibial antérieur ne se confondent pas sur la ligne médiane, mais restent distinctes : disposition très-rare dans la famille des Gallinacés. L'extrémité inférieure est plus large que chez les Faisans et la trochlée digitale médiane est légèrement oblique en bas et en dedans ; l'interne est placée très-haut et est très-fortement rejetée en arrière.

Dans le genre Éperonnier (*Polyplectron*), le tarso-métatarsien (2), par ses proportions, ressemble beaucoup à celui du Faisan doré, mais il est nettement caractérisé par l'existence des deux éperons qui arment sa face postérieure.

Chez les Paons (*Pavo*), l'os du pied est toujours fort allongé (3), et chez le Spicifère (*Pavo spiciferus*), sa longueur est très-considérable; la diaphyse est peu élargie, ce qui permet de le distinguer de suite de celui des Dindons; son extrémité articulaire supérieure est étroite et le talon présente en arrière trois coulisses de largeur à peu près égale. La crête postéro-interne du corps de l'os est généralement moins développée que chez les Faisans. Les trochlées digitales sont disposées comme celles de ces derniers oiseaux.

Le canon des *Perdicidæ* est comparativement plus court que dans les espèces précédentes, et la lame osseuse postéro-interne est beaucoup moins developpée ; ainsi, chez les Perdrix (4), les gouttières tendineuses du talon sont disposées comme dans le genre *Gallus*, c'est-à-dire que la coulisse externe y est bien développée. Les trochlées digitales sont plus avancées par rapport au corps de l'os que chez les Faisans.

(1) Voyez pl. CXIV, fig. 8 à 11.
(2) Voyez pl. CXIV, fig. 1 à 4.
(3) Voyez pl. CXIII, fig. 1 à 4.
(4) Voyez pl. CXV, fig. 4 à 8.

Dans le genre Caille (*Coturnix*), la crête postéro-interne n'existe pas (1), et la trochlée digitale interne est très-relevée, elle n'atteint pas la base de la trochlée médiane.

Chez les Colins (*Ortyx*), de même que chez les Cailles, la crête postéro-interne manque (2). Mais l'extrémité supérieure présente une disposition particulière ; ainsi, le talon, au lieu d'être traversé par un seul canal tubulaire, en porte ordinairement deux, parfois incomplétement séparés l'un de l'autre ; par exemple chez le Colin de Virginie, la cloison qui se trouve entre les canaux est complète, tandis que chez celui de Californie, elle est quelquefois incomplète.

Le canon des Roulouls (3) (genre *Cryptonyx*) ressemble beaucoup à celui des Perdrix, mais la crête postérieure est plus développée et l'os, considéré dans son ensemble, est plus long et plus robuste.

Les espèces du genre *Francolinus* que j'ai examinées présentent le même caractère (4).

Chez tous les Tétras (5), le tarso-métatarsien est très-court et ses extrémités, comparées à la grosseur de la diaphyse, sont très-renflées ; le talon présente la même disposition que chez les Perdrix, cependant les deux coulisses de la face postérieure y sont en général plus profondes. Les trochlées digitales sont très-écartées entre elles, et se distinguent de celles de toutes les espèces précédentes par la direction de la gorge de la poulie articulaire médiane, qui, au lieu d'être placée dans le prolongement de l'axe de l'os, se dirige un peu obliquement en bas et en dehors. La trochlée interne est très-relevée.

On voit, d'après cet examen détaillé des caractères du tarso-métatarsien chez les divers genres dont je viens de parler, que les variations

(1) Voyez pl. CXV, fig. 14 à 17.
(2) Voyez pl. CXV, fig. 12 et 13.
(3) Voyez pl. CXV, fig. 9, 10 et 11.
(4) Voyez pl. CXIV, fig. 5, 6 et 7.
(5) Voyez pl. CXIV, fig. 16 à 19.

qui s'observent dans la conformation de l'os du pied des Gallides sont peu considérables, et que les Faisans, les Tragopans, les Coqs, les Lophophores, les Argus, les Crossoptilons et les Éperonniers ont entre eux sous ce rapport de grandes analogies ; les Perdrix et les Tétras, d'autre part, se relient intimement les uns aux autres, et diffèrent assez notablement des Colins. Enfin, les Dindons d'un côté, les Pintades d'un autre, présentent des caractères particuliers dans la disposition de l'os du pied. J'ajouterai qu'à cet égard le Paon se rapproche plus des Phasianides, mais qu'il ne peut cependant se confondre avec ces oiseaux.

L'os canon des Dindons (genre *Meleagris*) se distingue de celui des autres Gallinacés plutôt par ses dimensions que par ses particularités de structure ; effectivement, il est plus grand et plus massif que chez la plupart des espèces de la même famille (1). Ses extrémités articulaires sont remarquablement fortes et renflées, et le talon porte en arrière trois coulisses dont les deux internes sont presque confondues.

L'os du pied des Pintades (2) (genre *Numida*) présente, avec celui des Dindons, quelques caractères communs, mais il est élargi et comprimé d'avant en arrière ; on n'y voit que de faibles traces de la crête osseuse postéro-interne, et le talon, peu saillant en arrière, est marqué sur sa face interne d'une dépression plus profonde que chez la plupart des autres oiseaux du même groupe.

Le tarso-métatarsien des Hoccos (3), des Pénélopes (4), des Ortalides (5) et des Oréophasis, est très-différent de celui des genres dont je viens de parler et indique que le plan organique de ces oiseaux n'est plus le même ; nous verrons que toutes les autres pièces du squelette

(1) Voyez pl. CXV, fig 1, 2 et 3.
(2) Voyez pl. CXV, fig. 3.
(3) Voyez pl. CXV, fig. 18 à 21.
(4) Voyez pl. CXV, fig. 22 et 23.
(5) Voyez pl. CXV, fig. 24, 25 et 26.

présentent aussi un cachet typique qui leur est propre et qui conduit
à former pour ces divers Gallinacés une division particulière. Ce
groupe que l'on peut désigner sous le nom de *Penelopidœ*, est parfaitement naturel, et il comprend les genres *Crax* (Linné), *Pauxi* (Temminck), *Mitu* (Lesson), *Penelope* (Merren), *Ortalida* (Merren) et *Oreophasis*
(Gray) (1), auxquels se rattachent de la manière la plus étroite les Mégapodes et les Talégalles (2). Chez ces oiseaux, le canon est long et
très-comprimé d'avant en arrière; sa face antérieure est large, mais
non excavée longitudinalement en forme de gouttière. Les faces latérales
sont extrêmement étroites et la face postérieure qui est dépourvue de
crête postéro-interne, offre dans sa partie supérieure une dépression profonde pour l'insertion du fléchisseur propre du pouce ; sur ce
point, il n'existe entre la face antérieure et la face postérieure qu'une
lamelle mince de tissu osseux. Chez aucun autre Gallinacé, nous n'avons
trouvé que cette excavation fût aussi profonde, mais, dans une autre
famille, les Poules sultanes présentaient une surface postéro-supérieure
excavée de la même manière.

Les facettes articulaires tarsiennes sont aplaties, situées presque au
même niveau et séparées par une tubérosité intercondylienne très-
peu proéminente.

Le talon, plus élargi que dans le groupe précédent, est traversé par
une gouttière tubulaire très-large; sa surface postérieure est aplatie et
marquée par des coulisses dont les bords sont peu saillants.

L'extrémité inférieure de l'os présente une disposion toute particulière qui semble rattacher le groupe qui nous occupe aux C om-
bides et l'éloigner des Gallinacés ordinaires; les trochlées digitales
sont disposées sur une ligne transversale très-peu arquée, et l'externe

(1) Il n'existe pas en France de squelette de l'*Oreophasis Derbianus*, mais M. Eyton en a
donné de bonnes figures (voyez *Osteologia avium*, pl. XXIII et pl. IV. H), et j'ai pu étudier celui
qui appartient au Musée britannique.
(2) Voyez pl. CXI.

se prolonge moins bas que l'interne ; elle n'a pas une direction oblique, mais se continue avec le bord correspondant de la diaphyse. Sa gorge articulaire est à peine indiquée ; la trochlée interne se prolonge jusqu'à la moitié environ de la trochlée médiane, elle n'est que peu rejetée en arrière. Le pertuis inférieur est petit, mais son orifice antérieur s'élargit en manière d'entonnoir sur la face antérieure de l'os, où la surface d'insertion de l'adducteur du doigt externe se trouve limitée par des lignes intermusculaires en général bien marquées.

La surface articulaire du doigt postérieur est allongée et profondément creusée. Entre les divers genres de Pénélopides, il n'existe dans la conformation de l'os de la patte que des différences d'une importance encore moindre que celles que nous avons signalées entre les autres divisions génériques de la famille des Gallinacés. Aussi, je crois inutile de m'arrêter à ces détails.

L'os du pied des Turnix diffère notablement de celui de tous les Gallinacés que nous venons de passer en revue, car, d'une part, il est dépourvu de lame osseuse postéro-interne ; d'autre part, il ne présente pas de dépression profonde pour l'insertion du muscle fléchisseur propre du pouce. La disposition des gouttières tendineuses du talon est à peu près la même que chez les Perdrix, mais l'extrémité inférieure du métatarse est remarquable par son élargissement et par la hauteur à laquelle se trouve la trochlée digitale interne.

Les DOIGTS des Gallinacés sont plus longs que ceux de la plupart des Échassiers de rivage, mais notablement plus courts que ceux des Rallides; ils offrent aussi beaucoup plus de force. Le pouce existe d'une façon constante; mais quelquefois très-court comme chez les Tétras, il acquiert une longueur relativement considérable chez les Pénélopides et particulièrement chez les Mégapodes et les Talégalles. Le métatarsien postérieur sur lequel ce doigt s'articule, très-petit chez les Gallides, se termine au-dessus de l'extrémité inférieure du canon, tandis que chez les Pénélopides il est très-allongé de façon à se prolonger jusqu'au niveau de la surface articulaire des trochlées digitales. Il en résulte que chez ces derniers oiseaux, les quatre doigts prennent naissance à peu près à la même hauteur.

Le doigt médian dépasse de beaucoup les autres ; ainsi, l'extrémité de celui du côté externe atteint à peine la moitié de sa pénultième phalange. Le doigt interne se prolonge jusqu'au niveau de la deuxième phalange du médius.

Les doigts varient beaucoup de longueur, soit qu'on les compare au volume total du corps, soit qu'on les compare à la longueur de l'os du pied ; ainsi, dans ce dernier cas, ces appendices semblent beaucoup plus longs chez les *Tetraonidæ* et particulièrement chez les Coqs de bruyère, dont l'os principal du pied est très-court, plus court même que le doigt médian ; mais toutes proportions gardées, ce sont les Pénélopes, les Ortalides (1), les Talégalles (2) et les Mégapodes chez lesquels les doigts se développent le plus ; j'ajouterai aussi que chez ces derniers oiseaux, les phalanges unguéales sont notablement plus longues que d'ordinaire et dépassent le métatarse.

Le TIBIA ne peut se confondre avec celui d'aucun des oiseaux dont nous avons déjà étudié les caractères, sa surface articulaire inférieure ne présente pas l'obliquité qui existe non-seulement chez les Palmipèdes lamellirostres, totipalmes et plongeurs, mais se retrouve aussi chez les Totanides. Le corps de l'os est long et robuste, et ressemble, sous ce rapport, à celui de certains Rallides, mais l'extrémité articulaire n'est pas disposée de la même manière ; les deux condyles articulaires sont presque égaux chez les Gallinacés, tandis que dans la famille des Rallides, l'interne est toujours beaucoup plus petit.

(1) Voyez pl. CXII.
(2) Voyez pl. CXI.

Cet os est toujours notablement plus long que le tarso-métatarsien et cette différence est portée plus loin que chez beaucoup de Totanides et de Rallides. J'indique d'ailleurs dans le tableau ci-joint les proportions relatives du tibia et du fémur rapportées à celles du tarso-métatarsien (1):

	TIBIA.	FÉMUR.
Phasianus prœlatus	132	90
— argentatus.	144	104
— colchicus.	150	104
— pictus	150	100
Gallus Bankiva.	141	104
— Sonnerati.	146	118
Lophophorus refulgens	186	142
Argus giganteus	143	99
Satyra Temminkii	160	122
Polyplectron Germani........	141	98
Francolinus Asiæ	146	114
Perdix griseus.	170	130
— ruber.	172	138
Ortyx virginiana	170	138
Margaroperdix striatus.......	178	148
Cryptonyx cristata..........	156	108
Odontophorus dentatus.......	160	120
Numida coronata............	148	108
Pavo muticus	148	92
Tetrao urogallus	200	150
— tetrix...............	194	168
Lagopus albus...............	192	151
Crax alector.	140	101
Ortalis vetula.	153	110
Talegallus Lathami..........	144	104
Megapodius.................	150	100
Turnix africana.............	150	120

Les chiffres précédents montrent que chez presque tous les Phasianides comprenant les Faisans, les Coqs, les Tragopans, les Crossoptilons, chez les Argus, les Paons, les Francolins, les Pénélopides et les Turnix, le tibia dépasse d'environ un tiers l'os du pied; chez les

(1) Celui-ci étant compté pour 100 parties.

Perdrix, les Colins et les Odontophores, l'os de la jambe est relativement plus long, et enfin chez les Tétraonides ses dimensions sont doubles
de celles du tarso-métatarsien.

Les différences que l'on observe dans la conformation du tibia
entre les différents genres, sans être aussi considérables que celles que
présente le tarso-métatarsien, permettent encore d'arriver à la détermination de ces petits groupes zoologiques.

Chez les Faisans, le tibia est très-robuste ; sa face antérieure est
aplatie dans son tiers inférieur et arrondie supérieurement. La crête
péronière est assez longue mais très-peu saillante, et dépasse à peine
le bord externe de l'os ; le péroné ne se soude généralement pas au
tibia. La coulisse du muscle extenseur commun des doigts est peu
élargie et peu profonde, excepté sous le pont sus-tendineux. Ce dernier
est très-large et disposé transversalement. L'orifice inférieur de la coulisse de l'extenseur se trouve un peu en dedans et au-dessus du condyle
interne. La saillie sur laquelle se fixe inférieurement le ligament oblique
destiné à brider le tendon du tibial antérieur, est située immédiatement
au-dessus du condyle externe. La coulisse du court péronier est placée
plus en dehors que dans la famille des Rallides, elle est limitée de
chaque côté par une petite crête saillante.

L'extrémité inférieure de l'os est étroite et comprimée latéralement. Les condyles sont larges, et se continuent en haut et en avant sur
la diaphyse par une pente insensible, au lieu de s'en séparer brusquement comme nous verrons que cela a lieu chez les Fringillides. La gorge
intercondylienne antérieure est étroite, mais moins resserrée cependant
que chez les Ciconides. La dépression au fond de laquelle s'insère le
ligament articulaire antérieur est peu profonde ; la surface inférieure
est tout à fait arrondie, ce qui permet de distinguer immédiatement un
très-petit fragment de cette partie du tibia d'avec celui de la plupart
des Échassiers. En arrière, la gorge intercondylienne postérieure ou
rotulienne est lisse, courte, large, et limitée de chaque côté par des bords

saillants et à peu près égaux. L'extrémité supérieure de l'os présente un condyle externe arrondi en forme de tête hémisphérique, en avant duquel existe une dépression très-profonde pour l'insertion du ligament péronéo-tibial ; les crêtes tibiales sont peu développées, l'antérieure est oblique en bas et en dedans, son bord est arrondi et inférieurement elle ne se prolonge pas par une pointe en forme de crochet comme chez les Fringilles. La crête externe se termine, au contraire, par une pointe recourbée. Ces caractères existent avec de légères modifications chez toutes les espèces dont se compose le genre *Phasianus*; tantôt le tibia est long et grêle comme chez le Faisan doré, tantôt il est trapu et robuste comme chez le Faisan à collier ou le Faisan commun.

Le tibia du Coq de Sonnerat (1) et celui du Coq Bankiva sont remarquables par la profondeur de la coulisse de l'extenseur commun des doigts et de la gorge intercondylienne antérieure.

Dans les genres *Satyra* et *Lophophorus*, on ne remarque que de légères modifications : chez ce dernier, l'os principal de la jambe est cependant plus massif et les condyles articulaires inférieurs sont relativement plus gros.

Le tibia de l'Argus a tous les caractères de celui d'un Faisan, seulement l'os est beaucoup plus allongé ; la gouttière de l'extenseur des doigts est plus profonde et les saillies sur lesquelles se fixe le ligament oblique sus-tibial sont plus fortes.

Dans le genre *Pavo*, le tibia est long mais très-robuste, son bord antéro-interne est plus saillant que chez la plupart des Gallinacés; la coulisse de l'extenseur des doigts est profonde et se prolonge plus sur la face antérieure de l'os. Le pont sus-tendineux est déprimé et assez long ; enfin, le condyle externe est plus large que celui du côté opposé et la gorge rotulienne est moins développée que chez les Faisans.

Chez les Pintades (genre *Numida*), on observe presque le même ca-

(1) Voyez pl. CXVI, fig. 3 et 4.

ractère; mais la saillie sur laquelle s'insère le ligament interne de l'articulation tarsienne présente un grand développement et constitue souvent un véritable tubercule. Cette particularité de structure manque cependant chez certaines espèces de ce genre; mais l'os de la jambe se reconnaît toujours à la profondeur de la gorge intercondylienne antérieure.

Le tibia des Dindons se distingue de celui de tous les autres Galli-nacés par l'élargissement de ses extrémités articulaires, et particuliè-rement de l'inférieure. La gorge intercondylienne antérieure est beaucoup plus évasée que dans les genres que je viens de citer.

Chez les Perdrix (1), les extrémités articulaires sont comparative-ment plus fortes que dans les genres précédents, et le condyle externe est plus large que celui du côté opposé; enfin, la coulisse de l'extenseur commun des doigts est située plus près du bord interne de l'os.

Ces particularités se retrouvent dans les genres *Cryptonyx* et *Francolinus* (2).

Le tibia des Colins est très-grêle, son extrémité inférieure est plus étroite que chez les Perdrix, et les condyles sont fortement avancés par rapport au corps de l'os. La gorge rotulienne est petite et resserrée.

Dans le genre Tetras (3), l'extrémité inférieure du tibia se recon-naît à la petitesse des condyles dont l'interne est généralement un peu oblique en bas et en dehors. Le pont sus-tendineux est moins élargi que chez les précédents, et le corps de l'os comparé à ses extrémités est très-grêle; enfin, le bord externe de la gorge rotulienne est ordinaire-ment plus saillant que celui du côté opposé.

Dans le groupe des Pénélopides (4), le tibia est moins bien carac-térisé que ne l'est l'os du pied, mais il présente cependant encore un

(1) Voyez pl. CXVI, fig. 5 et 6.
(2) Voyez pl. CXVI, fig. 1 et 2.
(3) Voyez pl. CXVI, fig. 9 et 10.
(4) Voyez pl. CXI, CXII et CXVI, fig. 11 et 12.

certain nombre de particularités qui, bien que peu apparentes, permettent, à raison de leur constance, de distinguer cet os de celui des autres Gallinacés. Les condyles articulaires sont plus longs, la gorge intercondylienne est profonde, étroite, et elle porte une petite dépression bien marquée pour l'insertion du ligament articulaire antérieur ; la gouttière de l'extenseur des doigts est très-profonde sous le pont osseux sus-tendineux, qui est extrêmement large ; les crêtes tibiales de l'extrémité supérieure sont encore moins saillantes que dans les genres précédents, et en arrière, il existe des rugosités très-marquées pour l'insertion des muscles gastro-cnémiens.

Le FÉMUR des Gallinacés présente, relativement aux autres os du membre postérieur, une longueur, assez considérable, ainsi que l'on peut s'en rendre facilement compte en jetant les yeux sur le tableau ci-dessus (1), dans lequel la longueur de l'os de la cuisse se trouve comparativement rapportée à celle de l'os du pied. Deux caractères principaux empêchent de confondre le fémur des Gallinacés avec celui des oiseaux appartenant aux familles précédentes: 1° il est remarquablement allongé ; 2° il offre une forte courbure à concavité postérieure (2). Nous avons vu que chez certains Palmipèdes : les Carbonides et les Plongeons par exemple, l'os de la cuisse est extrêmement arqué ; mais qu'il est, en même temps, gros et court, ce qui ne permet pas de le confondre un seul instant avec celui des Gallinacés. La forme générale du fémur des Rallides est très-analogue à celle qui existe dans la famille qui nous occupe ici, mais le trochanter y est moins développé, le col est plus long et dirigé beaucoup plus directement en dehors ; la gorge rotulienne est moins profonde et les bords en sont beaucoup plus arrondis ; enfin, il n'existe pas de fosse poplitée.

(1) Voyez page 175.
(2) Voyez pl. CXVII, fig. 6 à 13.

Chez tous les Faisans proprement dits (1), le corps du fémur est long et presque régulièrement cylindrique. La tête est très-petite et la dépression dans laquelle s'insère le ligament rond est peu profonde; il existe toujours des orifices pneumatiques plus ou moins largement ouverts en dedans du bord antérieur du trochanter. Leur forme ne peut fournir aucun caractère distinctif, car elle varie suivant l'âge et les individus, mais leur existence est parfaitement constante; je ne les ai vus manquer chez aucune des espèces du genre *Phasianus* que j'ai examinées, ainsi que chez les Crossoptilons; et cependant mon examen a porté sur de nombreuses séries d'âge et de sexe différents appartenant à plus d'une douzaine d'espèces. La gorge intercondylienne antérieure ou rotulienne est large et limitée par des bords très-marqués; l'interne se termine souvent brusquement, en haut, par un angle saillant; en arrière, la crête péronéo-tibiale est peu proéminente, et au-dessous, le condyle interne est très-aplati.

Chez les Coqs (2), les Tragopans, les Lophophores et les Pucrasies, il n'existe pas d'orifices pneumatiques à l'extrémité supérieure du fémur. Il en est de même chez les Éperonniers, les Roulouls, les Perdrix, les Francolins (3) et les Colins, mais on retrouve ces ouvertures chez les Paons ainsi que dans le genre Tétras.

Les espèces qui composent le groupe des *Penelopidæ* se reconnaissent aisément au peu de largeur de la gorge rotulienne, qui est profonde et limitée de chaque côté par des bords très-renflés. Chez les Pénélopes proprement dites (4) et les Talégalles (5), il existe des orifices pneumatiques, mais ceux-ci manquent chez les Hoccos et les Ortalides.

(1) Voyez pl. CXVII. fig. 10 à 13.
(2) Voyez pl. CXVII, fig. 6, 7, 8 et 9.
(3) Voyez pl. CXVIII, fig. 6, 7, 8 et 9.
(4) Voyez pl. CXVIII, fig. 10 et 11.
(5) Voyez pl. CXI.

§ 3. — DES OS DU TRONC.

Le BASSIN des Gallinacés est une des parties les mieux caractérisées de la charpente solide de ces oiseaux (1). Il est facile à distinguer de celui des Palmipèdes, par la brièveté de sa portion post-cotyloïdienne comparée à la portion antérieure qui se trouve au devant du niveau de l'articulation coxo-fémorale. Il suffit aussi d'avoir égard à la conformation de la région iliaque pour ne le confondre ni avec le pelvis des Totanides, ni avec celui des Ciconides, des Ardéides, etc. En effet, les lames iliaques, larges et obliques, se réunissent au-dessus de la crête épineuse comme chez ces derniers, mais seulement beaucoup plus au-dessus des gouttières vertébrales, et laissent celles-ci largement ouvertes en arrière dans, à peu près, la moitié de la longueur de la région sacrée præcotyloïdienne.

La partie post-cotyloïdienne du pelvis est extrêmement large, bombée et bordée de chaque côté par une crête susischiatique très-saillante qui surplombe les faces latérales de la région ischiopubienne ; mais dans toute cette partie du bassin, le sacrum ne se confond pas avec les os iliaques et s'y unit seulement par une suture linéaire. Les surfaces ischiatiques sont très-larges et leur angle postéro-inférieur ne se prolonge que peu en arrière du niveau des tubérosités sus-ischiatiques, de façon que le bord pelvien postérieur ne présente de chaque côté de l'échancrure coccygienne qu'une obliquité très-faible. Le trou sciatique est médiocre, et les branches pubiennes se soudent, ou du moins s'accolent à la partie moyenne du bord inférieur des os ischiatiques, de manière à fermer en arrière le trou obturateur. Un autre caractère, encore plus important à noter, nous est fourni par le

(1) Voyez pl. CXI, CXII et CXVII, fig. 1 à 5, et pl. CXVIII, fig. 1 à 5.

bord latéral du bassin, qui, immédiatement en avant des cavités cotyloïdes, est armé d'une grosse apophyse iléopectinée, qui est souvent
très-longue. Chez les Rallides et quelques Palmipèdes, nous avons
déjà rencontré une apophyse analogue, mais beaucoup moins développée, et l'on ne trouve que très-rarement une disposition semblable
chez d'autres oiseaux.

La face inférieure du bassin présente aussi, chez les Gallinacés,
des particularités d'organisation qui permettent de reconnaître ces
oiseaux. Le corps des vertèbres sacrées ne porte pas de crête médiane.

Dans la grande majorité des cas, les apophyses transverses ne se
prolongent pas vers le bord supérieur des cavités cotyloïdiennes, de
façon à séparer, comme d'ordinaire, les fosses rénales antérieures des
fosses rénales postérieures, disposition qui se rencontre aussi chez
les Ardéides; mais chez les Gallinacés, ces dernières fosses sont limitées, en arrière et en dessus, par une arcade osseuse et presque toujours se prolongent au-dessus de cette lame, dans l'épaisseur des tubérosités sus-ischiatiques, qui se trouvent ainsi creusées d'une caverne
plus ou moins profonde, mode d'organisation qui n'existe pas chez les
Ardéides et qui concorde avec la dilatation des angles latéro-postérieurs de la surface dorsale du bassin.

Dans le grand genre *Phasianus*, le pelvis est plus allongé que chez
la plupart des autres Gallinacés; la longueur totale de sa face dorsale
est à la plus grande largeur de celle-ci, à peu près comme 5 est à 2.
Les fosses iliaques sont très-longues, comparativement à leur largeur,
un peu dilatées en avant et très-inclinées en dehors.

La portion post-cotyloïdienne du bassin est presque horizontale
en dessus et terminée latéralement par des bords à peu près droits
qui sont formés par des crêtes sus-ischiatiques, et qui sont presque
aussi élevées que la partie adjacente du sacrum. Généralement, la
plus grande largeur du bassin correspond aux angles antérieurs ou

sus-cotyloïdiens de ces crêtes. En arrière, celles-ci se rapprochent graduellement l'une de l'autre, mais de façon à laisser toujours une grande largeur au bord postérieur de cette région. Les os iliaques occupent à peu près les deux tiers du diamètre transversal de cette portion post-cotyloïdienne de la portion dorsale du pelvis, et elles sont tronquées en arrière. Les surfaces ischiatiques, qui se trouvent au-dessous des crêtes latérales dont j'ai déjà parlé, sont très-longues, presque verticales et concaves de haut en bas; leur bord postérieur est plus ou moins oblique, suivant les espèces; et leur extrémité supérieure est moins saillante en arrière que les angles sus-ischiatiques. Les fosses rénales antérieures et postérieures sont confondues entre elles, et cette dernière se prolonge très-loin en cul-de-sac sous les angles sus-ischiatiques.

Le bassin fournit aussi de très-bons caractères pour les subdivisions du groupe des Phasianides. Ainsi, chez les Faisans proprement dits, les surfaces sus-ischiatiques sont terminées par un bord assez large dont l'angle externe est très-saillant.

Dans la section des Euplocomes, la portion post-cotyloïdienne du pelvis se dilate davantage, et les angles ischiatiques ne se prolongent pas autant en arrière.

Chez le *Phasianus prœlatus*, dont quelques ornithologistes ont proposé de former un genre particulier sous le nom de *Diardigallus*, le bassin est plus allongé, et les tubérosités sus-ischiatiques sont moins larges.

Dans le genre *Satyra*, la portion postérieure des surfaces sus-ischiatiques se dilate au contraire beaucoup plus et se termine par un bord arrondi qui dépasse notablement, de chaque côté, les lames ischiatiques, mais les tubérosités formées par l'extrémité postérieure de ces bords ne sont pas aussi épaisses ni aussi tronquées que chez les espèces précédentes.

Chez les *Crossoptilon*, le bassin ressemble assez à celui des Tragopans, mais les fosses iliaques sont plus allongées et plus élargies à leur extrémité antérieure; les crêtes sus-ischiatiques sont plus épaisses et les angles qui les terminent sont plus pointus; enfin, les apophyses iléo-pectinées sont très-longues.

Chez le Lophophore, le bassin est plus trapu que celui des Faisans proprement dits; les surfaces sus-ischiatiques, non moins élargies que chez les Tragopans, se terminent par une tubérosité plus saillante.

Enfin, dans le sous-genre *Gallus* (1), on remarque une disposition inverse; la portion cotyloïdienne du bassin est moins développée et plus bombée; les lames sus-ischiatiques se réunissent très-en arrière, et la crête qui les borde latéralement est beaucoup moins saillante que chez les autres Faisans; les tubérosités sus-ischiatiques sont petites et arrondies; enfin, les angles ischiatiques ne se prolongent que très-peu en arrière du niveau de ces dernières tubérosités.

Le bassin des Éperonniers ressemble beaucoup à celui des Coqs, mais il est plus étroit au-dessus des fosses cotyloïdiennes. Les angles sus-ischiatiques sont plus pointus et plus saillants; enfin, les apophyses iléo-pectinées sont remarquablement petites.

Dans le groupe des Perdrix, des Colins, des Francolins, etc. (2), le bassin ressemble beaucoup à celui des Faisans, mais les gouttières vertébrales sont plus largement ouvertes en arrière; la portion postérieure du sacrum est plus déprimée, et les parties adjacentes des iliaques sont plus bombées; les crêtes sus-ischiatiques sont courtes et très-saillantes latéralement; mais en général leur angle postérieur est arrondi, et la tubérosité qui les surmonte est étroite, fort proéminente, et presque toujours reportée très en dedans, près du bord interne des iliaques; enfin, les lames ischiatiques sont dirigées plus obliquement en bas et en dehors que chez les Gallinacés, dont il a été

---

(1) Voyez pl. CXVII, fig. 3, 4 et 5. — Huxley (*On the Alectoromorphæ, Proceed. of the zool. Soc. of London*, 1868, p. 304), donne une figure du pelvis du Coq domestique.
(2) Voyez pl. CXVIII, fig. 1 et 2.

question ci-dessus. Les espèces diffèrent entre elles par quelques particularités dans la forme des fosses iliaques et des crêtes sus-ischiatiques.

Chez les Dindons (1), les fosses iliaques sont plus dilatées et moins inclinées que dans les genres précédents ; la partie post-cotyloïdienne du bassin est moins élargie, et les trous sacrés sont à peine ossifiés ; les crêtes sus-ischiatiques sont obliques, très-peu saillantes, droites et arrondies au bout. Les lames ischiatiques ne s'élargissent que peu en arrière, et leur bord postérieur descend presque verticalement. Enfin, les fosses rénales moyennes et postérieures sont complétement confondues entre elles, et les apophyses transverses sont remarquablement fortes.

Le bassin des Pintades ressemble beaucoup à celui des Faisans, mais s'en distingue par la grandeur des trous sciatiques et le peu de profondeur de la cavité en cul-de-sac qui termine en arrière les fosses rénales.

Le bassin des Paons, court et très-élargi en arrière, présente une forme des plus remarquables. Les fosses iliaques sont extrêmement inclinées en dehors, et leur bord supérieur, au lieu d'être presque horizontal comme d'ordinaire, est fortement arqué, de façon que la portion moyenne du toit formé par leur soudure, au-dessus de la crête épineuse des vertèbres, est beaucoup plus élevée que sa partie antérieure. Mais ce qui contribue le plus à singulariser le bassin de ces Gallinacés, c'est l'existence d'une gouttière médiane profonde qui règne dans toute la longueur de la portion moyenne et postérieure, et qui, de chaque côté de la crête épineuse, est percée d'une rangée de grands trous sacrés. A droite et à gauche de cette gouttière, il existe une sorte de voûte allongée qui résulte de l'ossification de l'aponévrose

(1) On trouvera une figure du bassin de cet oiseau dans le mémoire de Huxley (*On the Alectoromorphæ, Proceed. of the Zool. Soc. of London*, 1868, p. 300).

dont les parties correspondantes du sacrum sont recouvertes, et, plus
en dehors, se trouve une surface horizontale appartenant aux os iliaques et bordée extérieurement par les crêtes sus-ischiatiques. Celles-ci
sont épaisses et saillantes, mais courtes et terminées en arrière par un
angle arrondi ; les lames ischiatiques sont verticales, médiocrement
larges et limitées par un bord très-oblique. Les fosses rénales sont
confluentes comme d'ordinaire chez les Gallinacés et offrent, en arrière,
un prolongement sus-ischiatique assez grand.

Les Tétras s'éloignent beaucoup de tous les autres Gallinacés par
la conformation de leur bassin (1), qui est remarquablement élargi,
déprimé et offre quelques rapports avec celui des Colombides. Les
fosses iliaques sont dilatées et beaucoup moins obliques que cela ne se
voit en général chez les membres de cette famille ; mais les gouttières
vertébrales sont très-légèrement ouvertes vers le milieu, au niveau de
ces fosses. La partie post-cotyloïdienne du bassin est énormément
élargie et fortement bombée ; les crêtes susischiatiques qui la limitent
latéralement sont rejetées en bas et descendent quelquefois en forme de
voûte au-dessus et en dehors des lames ischiatiques, qui sont toujours
très-étroites. Le bord postérieur du bassin est presque droit transversalement ; enfin les fosses rénales antérieures et postérieures se confondent, et ces dernières ne se prolongent que peu au-dessus du bord qui
les limite en arrière.

Chez le *Tetrao urogallus* (2), le *Tetrao scoticus*, le *Tetrao albus* (3) et
le *Tetrao bonasia*, ces prolongements, au lieu de se terminer en cul-de-
sac comme d'ordinaire, s'ouvrent postérieurement. Cette disposition
n'existe d'ailleurs pas chez le *Tetrao cupido;* chez le *Tetrao lagopus,* elle
est peu marquée et semble devoir disparaître avec l'âge.

(1) Voyez pl. CXVII, fig. 4 et 2.
(2) Une figure du pelvis de cet oiseau se trouve dans le mémoire de Th. Huxley (*Proceed.
Zool. Soc. of London,* 1868, p. 301).
(3) Voyez pl. CXVII, fig. 4 et 2.

Le *Tetrao cupido* se distingue aussi de toutes les autres espèces dont je viens de parler par l'énorme prolongement des crêtes sus-ischiatiques, qui descendent jusqu'au niveau des branches pubiennes et cachent presque complétement les trous sciatiques. Chez le *Tetrao bonasia* et le *Tetrao urogallus*, ces crêtes, tout en laissant à découvert les lames ischiatiques, descendent au-dessous du niveau du bord supérieur des cavités cotyloïdiennes, tandis que chez le *Tetrao albus*, le *Tetrao lagopus* et le *Tetrao scoticus*, elles sont plus élevées et presque droites.

Le bassin des Pénélopides (1) se distingue de celui des Faisans et des Perdrix par la forme de sa portion cotyloïdienne, qui est plus régulièrement bombée et plus complétement ossifiée. On n'y aperçoit presque aucune trace des trous sacrés. Les crêtes sus-ischiatiques sont moins saillantes, plus épaisses et plus courbes que dans les genres précédents ; les lames ischiatiques sont plus resserrées et beaucoup plus étroites ; leur bord postérieur est échancré supérieurement et tronqué dans sa moitié inférieure ; leur angle postéro-antérieur ne se prolonge pas notablement en arrière. Les apophyses iléo-pectinées sont courtes ou même presque rudimentaires. Enfin les fosses rénales antérieures et postérieures ne sont pas confondues entre elles, comme chez la plupart des Gallinacés, mais séparées par les apophyses transverses de deux vertèbres sacrées, unies au prolongement de la partie adjacente des os iliaques.

Les Hoccos (2) se distinguent des Pénélopes (3) par l'allongement plus considérable de la portion post-cotyloïdienne de leur bassin, et le *Crax carunculata* diffère du *Crax globicera* par la forme de la portion terminale des crêtes sus-ischiatiques. Des différences analogues se retrouvent aussi entre les diverses espèces de Pénélopes.

(1) Voyez pl. CXI, CXII et CXVIII, fig. 3, 4 et 5.
(2) Huxley (*On the Alectoromorphæ, Proceed. of the Zool. Soc. of London*, 1868, p. 298), a fait représenter le bassin du *Crax globicera* et celui de la *Penelope cristata*.
(3) Voyez pl. CXVIII, fig. 3, 4 et 5.

Le pelvis des Talégalles (1) est en quelque sorte intermédiaire à celui
des Hoccos et à celui des Pénélopes ; en effet, au lieu d'être très-aplati
dans sa portion antérieure comme celui de ces derniers oiseaux, il est
fortement bombé dans toute l'étendue de la crête sacrée, qui se soude
aux iliaques comme dans le genre *Crax ;* mais d'autre part l'écusson
pelvien est plus large que celui des Hoccos, sans être à beaucoup près
aussi raccourci que chez les Pénélopes ; enfin les crêtes sus-ischiatiques sont très-saillantes et beaucoup moins arquées en dehors que
chez les autres représentants du même petit groupe.

Les VERTÈBRES coccygiennes varient beaucoup de forme dans la
famille des Gallinacés (2) ; tantôt elles sont grêles et allongées comme
chez les Perdrix, les Cailles et tous les oiseaux dont les plumes de la
queue sont peu développées et peu mobiles. Chez les Tétras, elles acquièrent plus de force, et les apophyses transverses prennent un grand ac-
croissement, surtout sensible dans le grand Coq de bruyère. Celles
des Dindons présentent aussi beaucoup de force ; mais ces particularités
s'exagèrent surtout chez le Paon, dont la queue offre un poids considérable et peut néanmoins se redresser et s'étaler en éventail à la volonté
de l'animal. L'os en soc de charrue est pourvu en dessus d'une dilatation en forme de table horizontale constituée par le développement
des apophyses épineuses et destinée à maintenir les plumes ; en dessous,
un élargissement analogue remplit les mêmes usages.

Le nombre de vertèbres dorsales est généralement de sept. Je n'ai
trouvé jusqu'à présent que deux exceptions à cette règle (3) : l'une
était fournie par une Perdrix rouge chez laquelle on comptait huit de
ces osselets, et l'autre par un Rouloul (*Cryptonyx cristata*) qui n'en présentait que six. Cependant les espèces que j'ai examinées à ce point de

(1) Voyez pl. CXI.
(2) Voyez pl. CXI et CXII.
(3) Voyez pl. CXI et CXII.

vue sont très-nombreuses. Les deuxième, troisième, quatrième et cinquième vertèbres dorsales sont d'ordinaire soudées en une seule pièce qui présente en dessous une séric d'apophyses épineuses très-allongées comprimées latéralement et dont l'extrémité s'élargit de façon à se réunir et à se souder parfois les unes aux autres. Chez les Turnix, toutes les vertèbres sont libres.

Les vertèbres cervicales, toujours au nombre de quatorze, excepté chez les Turnix, où je n'en ai compté que treize, sont généralement peu allongées ; cependant chez les Paons elles offrent un développement très-considérable. Leurs stylets sont longs et la gouttière vertébrale dans laquelle sont logés les tendons des muscles fléchisseurs du cou est assez profonde, mais elle n'est jamais transformée en une gouttière tubulaire.

Les CÔTES sont assez larges, mais peu épaisses (1), de telle sorte que leur solidité n'est jamais très-grande. J'ai déjà dit, en parlant des vertèbres dorsales, qu'il existait sept de ces arcs osseux, mais les deux premiers ne s'articulent pas avec le sternum. La première côte est toujours très-grêle et styliforme ; la seconde est comparativement beaucoup plus développée et porte souvent une apophyse récurrente. Les côtes suivantes en sont toujours pourvues.

Dans la famille des Gallinacés, le STERNUM présente des particularités de structure qui ne se rencontrent pas ailleurs et qui sont très-faciles à constater (2). En effet, les branches latérales de cet os sont profondément bifurquées. Le bréchet est grand, mais prend naissance très en arrière, de façon que le bouclier sternal le dépasse antérieurement dans presque toute l'étendue de la portion costale. Cette carène se prolonge

---

(1) Je compte ici comme vertèbres dorsales toutes celles qui portent des côtes, même quand celles-ci sont flottantes. Au contraire, M. Huxley, dans son mémoire sur les Gallinacés, ne considère comme des vertèbres dorsales que celles sur lesquelles s'appuient les côtes véritables.

(2) Voyez pl. CXI, CXII, CXIX, fig. 1 à 5, et pl. CXX, fig. 1 à 5.

jusqu'à l'extrémité postérieure de l'os ; son bord inférieur n'est cependant pas très-long et ne décrit qu'une faible courbure ; son bord antérieur est concave et mince ; enfin son angle antéro-inférieur est médiocrement saillant.

Le bouclier sternal présente, en avant, sur la ligne médiane, une grande apophyse lamelleuse, qui se réunit en dessus à un prolongement de la face supérieure de l'os, de façon à recouvrir une fenêtre située à sa base. Ce trou transversal établit une communication entre les deux rainures coracoïdiennes, qui sont larges, courtes et obliques.

Les lames hyosternales sont dirigées en haut et en avant ; elles sont étroites, et leur bord antérieur forme avec la lèvre supérieure des rainures coracoïdiennes une grande échancrure de chaque côté de l'apophyse épisternale.

Les lames latérales du sternum sont étroites ou médiocrement développées en avant et très-profondément échancrées en arrière ; la portion médiane qui accompagne le bréchet, entre ces échancrures, est très-resserrée, surtout postérieurement. Les branches latérales sont étroites et lamelleuses, les internes sont plus grandes, et les externes, dirigées très-obliquement en haut et en arrière, s'élargissent à leur extrémité. Les bords latéraux du sternum sont très-concaves, et leur portion costale très-courte ne présente que quatre ou cinq tubercules articulaires. Enfin, la face supérieure de l'os est faiblement concave.

Chez les Phasianides, les échancrures principales du bord postérieur du sternum sont énormes ; elles s'avancent presque au niveau du bord antérieur du bréchet et ne sont séparées des espaces hyosternaux que par une bande osseuse très-étroite. Ce mode de conformation existe aussi chez les Tétras, les Perdrix, les Francolins, les Colins ; il est moins prononcé chez les Dindons et les Pintades ; enfin il ne se fait remarquer ni chez les Paons, ni chez les Pénélopides.

Dans le genre *Phasianus*, la portion médiane du bouclier sternal est très-étroite vers le milieu de sa longueur et s'élargit un peu postérieurement. Les branches latérales internes sont extrêmement grêles et ne se dilatent que peu ou point vers le bout. Enfin la concavité de la surface supérieure de l'os est très-resserrée ; on y remarque, en arrière et de chaque côté de la rainure coracoïdienne, une dépression évasée. Souvent on y voit aussi un trou situé, soit à la base de l'apophyse épisternale, soit un peu plus en arrière vers la base du bréchet, et qui d'ordinaire traverse l'os de part en part.

Dans la subdivision des Faisans proprement dits, l'apophyse épisternale est coupée carrément et s'avance plus que les angles hyosternaux.

Chez le Coq de Sonnerat (1), elle est arrondie en haut et notablement moins saillante que les angles dont je viens de parler.

Chez le Lophophore, la différence est encore plus grande (2) : l'apophyse épisternale est tronquée très-obliquement, moins saillante que chez tous les autres Phasianides, et n'atteint pas, à beaucoup près, le niveau de l'extrémité des cornes hyosternales.

De même que chez le Coq de Sonnerat, le prolongement sus-épisternal n'est pas perforé de haut en bas, et il n'y a à la face supérieure du sternum ni fenêtre, ni grand trou pneumatique au-dessus de la base du bréchet. Il est aussi à noter que la portion intercostale du bouclier sternal de ce Gallinacé est plus large que d'ordinaire dans cette grande division générique.

Sous ce rapport, les Tragopans ressemblent aux Faisans proprement dits, mais ils s'en distinguent par la forme des branches internes, qui sont arquées en dedans, tandis que chez les Faisans elles présentent une légère courbure dont la convexité est en dehors. Le prolongement sus-épisternal qui limite en dehors l'orifice transversal de la base de l'apophyse épisternale est traversé par une ouverture médiane, et il existe quelques orifices pneumatiques à la face supérieure de l'os, près de l'extrémité antérieure du bréchet.

(1) Voyez pl. CXIX, fig. 1 à 3.
(2) Voyez Huxley, *Proceed. of the Zool. Soc.*, 1868, p. 297, fig. 2.

Chez les Crossoptilons, les branches internes sont dirigées comme chez les Tragopans, mais les branches externes sont remarquablement courtes ; le bréchet s'avance beaucoup moins que dans les espèces précédentes ; l'apophyse épisternale, quoique très-grande, est moins saillante que les cornes hyosternales, et le pertuis qui traverse de part en part le bouclier sternal est situé très en arrière.

Des particularités organiques d'une importance plus minime permettent de caractériser les différentes espèces de Faisans proprement dits d'après la conformation de leur sternum.

Ainsi, chez le Faisan argenté, la portion médiane de ce bouclier se prolonge plus en arrière, et les branches latérales externes sont plus relevées que chez le Faisan commun et chez le Faisan doré. Dans cette dernière espèce, on remarque, en général, un pertuis médian au devant du bréchet, la lame médiane est pointue en arrière, tandis que chez le *Phasianus colchicus*, elle est arrondie, et le pertuis médian occupe la base du prolongement sus-épisternal chez l'adulte, mais manque dans le jeune âge.

Chez le *Phasianus torquatus*, le bréchet est plus élevé et son bord inférieur est plus arqué que dans les espèces précédentes ; il existe au devant de sa base un pertuis médian, et un autre orifice analogue traverse d'avant en arrière le prolongement sus-épisternal. Chez le *Phasianus melanotus*, le sternum est plus court que d'ordinaire, ses branches latérales externes sont très-relevées et les pertuis que l'on aperçoit à la face supérieure de l'os sont rudimentaires. Enfin, chez le *Phasianus prelatus*, le sternum est allongé comme chez le *Phasianus argentatus*, mais plus étroit en avant ; sa lame médiane est moins dilatée vers l'extrémité postérieure, et les branches latérales externes sont très-obliques et présentent à leur extrémité deux prolongements divergents dont l'interne est plus allongée que d'ordinaire dans le grand genre *Phasianus*.

Chez les Tétras (1), le sternum est, relativement au volume du corps, beaucoup plus développé que celui des Faisans ; ses caractères généraux sont d'ailleurs les mêmes, et, pour l'en distinguer, il faut avoir égard aux particularités suivantes. La face supérieure de ce bouclier est plus évasée, et surtout sa concavité est moins resserrée latéralement ; on n'y aperçoit que rarement quelques traces des dépressions ou fossettes dont j'ai signalé l'existence chez les Faisans, et les grands pertuis qui se remarquent souvent chez ceux-ci manquent complétement. Enfin, les rainures coracoïdiennes sont plus obliques, et l'apophyse épisternale est en général plus avancée comparativement aux angles hyosternaux. Du reste, ces particularités sont moins prononcées chez le *Tetrao bonasia* que chez le *Tetrao urogallus* et le *Tetrao albus*.

Chez les Perdrix (2), les Colins (3) et les Francolins, les échancrures principales du sternum sont encore plus profondes que chez les Faisans, la portion antérieure costale de ce bouclier est plus étroite, et sa surface supérieure est dépourvue de grands pertuis, mais présente une paire de fossettes qui sont en général plus profondes que chez les autres Gallinacés.

Chez les Perdrix, les cornes hyosternales ne dépassent pas notablement l'apophyse épisternale ; les angles formés par l'extrémité de la lèvre inférieure des rainures coracoïdiennes sont très-saillants, et les branches latérales internes sont peu divergentes, en sorte que les échancrures principales ne s'élargissent que peu postérieurement.

Chez les Colins et les Odontophores, ces branches s'écartent notablement de la portion médiane du bouclier sternal à mesure qu'elles se portent en arrière, et les cornes hyosternales s'avancent en général beaucoup plus que l'apophyse épisternale.

Les Francolins ressemblent aux Colins par l'élargissement des

(1) Voyez pl. CXIX, fig. 4.
(2) Voyez pl. CXX, fig. 1.
(3) Voyez pl. CXX, fig. 2.

échancrures principales, mais se rapprochent d'avantage des Perdrix par la conformation de la portion antérieure de l'os.

Chez les Pintades, les échancrures principales du sternum sont un peu moins profondes que chez les divers Gallinacés dont il a été déjà question; elles ne s'avancent pas aussi près du bord antérieur du bréchet, et la ligne intermusculaire qui s'étend de leur sommet à l'angle antéro-interne de l'espace hyposternal est aussi longue que la portion costale du sternum est large. L'apophyse épisternale est très-développée; elle constitue une grande lame qui s'avance entre les coracoïdiens dans presque la moitié de la longueur de ces os.

Chez les Dindons, la portion antérieure ou intercostale du sternum est plus large que chez les Faisans, les Tétras et les Pintades; le bréchet est rejeté plus en arrière et les rainures coracoïdiennes sont moins obliques. Il n'y a pas de pertuis sus-épisternal, et le trou qui se voit à la face supérieure de l'os, près du niveau de l'extrémité antérieure du bréchet, pénètre dans l'épaisseur de cette carène sans s'ouvrir en dessus. Enfin, les échancrures principales, ainsi que je l'ai déjà dit, sont moins profondes que dans les genres précédents, et les branches latérales externes sont dilatées vers le milieu.

Chez les Paons (1), la portion non échancrée du bouclier sternal est notablement plus allongée et constitue près de la moitié de la longueur totale de l'os; le bréchet est plus avancé et les branches latérales sont plus courtes.

Dans le groupe des Pénélopides (2), ces dispositions sont portées plus loin et la forme générale du sternum est plus ramassée. Les échancrures principales (ou internes) ne se prolongent pas aussi avant que les échancrures externes, et la portion médiane située entre ces

(1) Voyez *Ann. des sciences nat.*, ZooL., 4e série, pl. X, fig. 2.
(2) Voyez pl. CXI, CXII et CXX, fig. 3, 4 et 5. — Le sternum du Hocco a été représenté par M. Huxley (*Proceed. of the Zool. Soc.*, 1868, p. 297, fig. 1), par M. Blanchard (*Ann. des sciences nat.*, ZooL., 4e série, t. VII, pl. X, fig. 3).

découpures est plus large, de sorte que les lignes intermusculaires qui partent des angles antéro-internes des surfaces hyosternales et qui limitent l'insertion du moyen pectoral, au lieu d'être très-courtes et de se terminer au sommet des échancrures internes, se prolongent jusqu'auprès de l'extrémité postérieure du bréchet. Il est aussi à noter que les angles hyosternaux sont dirigés en dehors et en haut et ne s'avancent pas en forme de cornes de chaque côté de l'apophyse épisternale; il en résulte que le bord antérieur du sternum est à peu près transversal sur les côtés, et ne présente qu'au milieu un prolongement en forme de coin, qui est occupé par les rainures coracoïdiennes et terminé par l'apophyse épisternale.

Enfin, les bords latéraux du bouclier sternal sont très-échancrés vers le milieu, et les branches latérales externes sont très-larges et très-relevées, de telle sorte que l'os se rétrécit beaucoup en avant de la base de ces prolongements.

Chez les Talégalles (1) et les Mégapodes, les échancrures internes sont encore plus petites que dans les genres *Crax*, *Pénélope*, *Ortalis* et *Oréophasis*; les lames latérales sont extrêmement élargies, aussi le bouclier sternal se rapproche-t-il un peu, par sa forme, de celui des Colombides.

Le sternum des Turnix diffère beaucoup de celui de tous les oiseaux dont nous venons de parler, et il semble se rattacher à la fois au type des Rallides et des Tinamous; il ne présente, en effet, qu'une seule échancrure très-profonde, limitée en dehors par une branche osseuse, grêle et très-divergente, qui correspond à la branche externe du sternum des Gallinacés ordinaires. La branche interne manque complétement.

Chez la plupart des Gallinacés, les branches de la FOURCHETTE sont

(1) Voyez pl. CXI.

presque droites et se réunissent sous un angle aigu (1). C'est même à
raison de cette disposition que beaucoup d'anatomistes, généralisant
ce qu'ils avaient vu chez la Poule, le Paon ou le Dindon, ont donné à
la clavicule furculaire le nom d'os en V. Il existe toujours une apophyse furculaire lamelleuse et très-allongée, qui parfois se transforme
en une sorte de capuchon servant à loger un repli de la trachée-artère,
mais qui, d'ordinaire, ne descend pas, à beaucoup près, jusqu'au bréchet, et n'y est unie que par un prolongement aponévrotique. Les
branches de cet os sont grêles dans toute leur longueur, et ne présentent, à leur extrémité postérieure, qu'un petit renflement portant
deux surfaces articulaires rugueuses, dont l'une s'applique sur le coracoïdien, l'autre s'unit au scapulum. Il n'y a pas de traces des saillies
articulaires, désignées ci-dessus sous le nom de facettes coracoïdiennes.

Les différences les plus apparentes qui se rencontrent dans la
clavicule furculaire, chez les divers types secondaires de la famille des
Gallinacés, sont presque toutes fournies par le mode de conformation
de l'apophyse inférieure, qui, du reste, varie un peu avec l'âge.

Dans le grand genre *Phasianus*, cette apophyse est large et arrondie
inférieurement; son bord antérieur est un peu épaissi et légèrement
recourbé en avant; le bord postérieur est presque droit et forme un
petit coude avec les branches dont il descend.

Chez les Perdrix et les petits groupes génériques voisins, l'apophyse furculaire est beaucoup plus étroite, plus allongée et plus recourbée en arrière ; son bord antérieur est très-arqué et son bord postérieur est concave, de façon à continuer la courbe décrite par la
face postérieure des branches. Cette disposition s'exagère chez les
Cryptonyx (2).

---

(1) Voyez pl. CXIX, fig. 6 à 12.
(2) Voyez pl. CXIX, fig. 11 et 12.

Chez les Paons, la forme générale de la fourchette est à peu près la même que chez les Faisans ; mais cet os est beaucoup plus robuste, et l'apophyse furculaire s'arrondit beaucoup inférieurement.

La fourchette des Dindons (1) diffère davantage de celle de la majorité des Gallinacés ; ses branches, très-grêles, ne se recourbent pas en arrière comme d'ordinaire, mais s'infléchissent un peu en dedans vers leur extrémité scapulaire, qui, au lieu d'avoir la forme d'un tubercule, est lamelleuse et un peu élargie. On remarque aussi une gouttière à la partie supérieure de la face interne des branches. Enfin, l'apophyse furculaire est petite, droite, courte et un peu plus épaisse que d'ordinaire.

Chez les Tétras (2), la fourchette se fait remarquer par le grand allongement de l'apophyse furculaire, dont la forme varie suivant les espèces, et par la faible courbure antéro-postérieure des branches.

Chez les Hoccos (3), l'apophyse épisternale est aussi extrêmement longue, mais elle est plus droite et s'élargit beaucoup moins vers le bout. Du reste, la forme générale de l'os ne permet pas de le confondre avec la fourchette des autres Gallinacés, car les branches, au lieu de se réunir en forme de V, se recourbent l'une vers l'autre, de façon à simuler la lettre U. Sous ce rapport, les Pénélopes (4) sont intermédiaires entre les Hoccos et les Gallides.

Je dois ajouter que chez le mâle d'une espèce de Pintade, la *Numida cristata* (5), l'apophyse furculaire, au lieu d'être lamelleuse, comme chez les Pintades ordinaires et chez les autres Gallinacés, s'agrandit beaucoup et se creuse de façon à constituer une poche ova-

(1) Voyez pl. CXIX, fig. 6,
(2) Voyez pl. CXIX, fig. 9 et 10.
(3) L'os furculaire du Hocco est représenté dans les planches du mémoire de M. Owen sur l'Archæopteryx (*Philosophical Transactions*, 1863, pl. IV, fig. 6).
(4) Voyez pl. CXIX, fig. 7 et 8.
(5) Yarrell, *Observ. on the Tracheæ of Birds* (*Trans. of the Linn. Soc.*, t. XV, pl. 9).

laire, comprimée latéralement, ouverte en haut derrière le point de réunion des branches de la fourchette et servant à loger un repli de la trachée.

Le CORACOÏDIEN fournit d'excellents caractères; sa forme est toute particulière et facilement reconnaissable au premier coup d'œil (1). Cet os est long, presque droit, et généralement très-épais. Sa facette articulaire sternale est arquée et présente une grande largeur. L'apophyse hyosternale est en général rudimentaire. Les bords du corps de l'os sont arrondis, et l'interne ne s'amincit pas en forme de crête, comme chez beaucoup d'oiseaux. L'apophyse sous-claviculaire est rudimentaire; la facette des articulations scapulaires est peu profonde et allongée obliquement, au lieu d'avoir une forme arrondie. La surface glénoïdale, sur laquelle roule la tête de l'humérus, est étroite, mais longue; enfin, la tubérosité est petite et ne présente pas en dedans de facette lisse, pour s'articuler avec les branches furculaires.

Chez aucun des oiseaux dont nous avons étudié la charpente osseuse, on ne rencontre cette réunion de caractères. Chez tous, le coracoïdien est, ou plus court et plus élargi inférieurement, ou présente un bord interne saillant, cristiforme, perforé à sa base par un trou vasculaire, ou bien encore l'extrémité supérieure revêt une autre disposition.

Les subdivisions naturelles de la famille des Gallinacés offrent, dans la conformation de leur coracoïdien, des particularités qui permettent d'arriver à leur détermination.

Chez les Faisans, l'extrémité articulaire inférieure est très-étroite, et l'apophyse hyosternale est rudimentaire et tuberculiforme; au fond de la dépression dans laquelle s'insère le coraco-huméral, se voient des orifices pneumatiques. Le corps de l'os est marqué longitudinale-

(1) Voyez pl. CXIX, fig. 13 et 14, pl. CXX, fig. 6 à 9.

ment, du côté interne, par un sillon peu profond, destiné au passage du moyen pectoral. L'extrémité supérieure est très-petite; elle est plus développée chez les Tragopans (1).

Dans le genre *Lophophorus*, l'apophyse hyosternale présente la forme d'un petit crochet comprimé et relevé.

Chez les Éperonniers, où il existe un orifice pneumatique, cette apophyse est arrondie.

Dans les genres *Cryptonyx*, *Perdix*, *Ortyx* et *Coturnix*, la disposition générale du coracoïdien est la même, mais il est dépourvu d'orifice pneumatique.

Chez les Tétras, ces orifices existent, et l'extrémité inférieure de l'os est plus large que dans les genres précédents; l'angle interne de la facette sternale se prolonge souvent en forme d'apophyse; la tubérosité supérieure est aussi plus élargie.

Le coracoïdien des Paons (2) ressemble beaucoup, toutes proportions gardées, à celui des Faisans. Chez les Dindons, cet os est très-peu élargi inférieurement; l'orifice pneumatique y est grand, et la diaphyse a une épaisseur considérable, surtout dans sa partie inférieure.

Chez les *Penelopidæ* (3), le coracoïdien est très-gros, mais rétréci. Souvent, à sa partie inférieure, il s'avance sous forme d'une lame mince, résultant de l'ossification de l'aponévrose hyosterno-coracoïdienne. Le trou pneumatique y est, en général, largement ouvert, et la surface glénoïdale de l'humérus est plus étroite que dans les autres genres de la même famille.

L'OMOPLATE des Gallinacés est falciforme, large, mince et terminée en arrière par une extrémité arrondie et presque de même

(1) Voyez pl. CXIX, fig. 13 et 14.
(2) Voyez pl. CXX, fig. 8 et 9.
(3) Voyez pl. CXX, fig. 6 et 7. Voyez aussi pl. CXI et CXII.

largeur que le corps de l'os (1). Ce dernier caractère suffirait seul
pour faire reconnaître cet os; mais il se lie à d'autres particularités
de structure non moins importantes à noter. La surface qui, unie à
celle du coracoïdien, constitue la cavité glénoïdale destinée à recevoir
la tête de l'humérus, au lieu d'être dirigée en dehors, comme chez les
autres types ornithologiques dont nous connaissons déjà le mode de
conformation, est tournée presque directement en avant et entourée
d'un rebord saillant. La facette articulaire coracoïdienne est confondue
avec cette surface glénoïdale; elle se voit à peine, et ne constitue pas,
comme chez les Échassiers, une petite tête arrondie. La tubérosité claviculaire est avancée, portée sur un col assez long et presque tronquée
à son extrémité, qui s'appuie carrément sur l'apophyse scapulaire de
la fourchette.

Chez les Faisans, les Tragopans et les Coqs (2), le corps de l'os
s'élargit vers sa partie moyenne, qui est ainsi beaucoup plus dilatée
que son extrémité postérieure.

Chez les Perdrix, cet élargissement est moins marqué; la tubérosité claviculaire est plus saillante, et au lieu de présenter une extrémité arrondie, elle est mince et presque tranchante sur ce point.

Chez les Paons, l'extrémité postérieure de l'os est très-dilatée, et
il existe un orifice pneumatique au-dessus et en dedans de la facette
glénoïdale.

Chez les Dindons, le scapulum est relativement très-court, mais
sa largeur est extrêmement considérable. La surface glénoïdale est
amincie en dehors, et la tubérosité claviculaire est arrondie.

Dans le genre *Tetrao* (3), l'omoplate est plus étroite, et sa largeur
est plus égale d'une extrémité à l'autre; cette forme la fait ressembler à celle des Perdrix, mais elle s'en distingue par l'existence

(1) Voyez pl. CXX, fig. 14 à 15.
(2) Voyez pl. CXX, fig. 12 et 13.
(3) Voyez pl. CXX, fig. 10 et 11.

d'orifices pneumatiques situés entre la surface glénoïdale et la tubérosité claviculaire.

Dans le groupe des *Penelopidæ* (1), c'est-à-dire chez les Hoccos, les Pénélopes, etc., le corps du scapulum s'élargit beaucoup dans sa moitié postérieure. Tantôt il se termine par une extrémité pointue, tantôt par une extrémité arrondie. Sa portion articulaire peut aussi se distinguer par le peu d'étendue de la surface glénoïdale et la disposition de la facette articulaire du coracoïdien, dont la forme est celle d'une petite dépression. La tubérosité claviculaire est plus élargie et plus développée que chez les Gallinacés ordinaires.

§ 4. — DES OS DE L'AILE.

Les ailes des Gallinacés sont toujours très-courtes (2), même chez les Tétras et les autres espèces où elles sont le plus développées. Généralement l'aile est moins longue que la patte ainsi que cela ressort du tableau ci-dessus (3). On remarque également que l'avant-bras et le bras ont à peu de chose près les mêmes dimensions et, dans la plupart des cas, c'est de ce dernier du côté duquel est l'avantage; la portion terminale de l'aile correspondant à la main est toujours la plus petite. D'ailleurs ces proportions varient dans certaines limites, suivant les genres et les espèces sur lesquels on les étudie, et l'on pourra s'en rendre facilement compte en comparant les chiffres suivants, qui indiquent les rapports de l'avant-bras et de la main au bras (4):

(1) Voyez pl. CXX, fig. 14 et 15.
(2) Voyez pl. CXI et CXII.
(3) Voyez page 164.
(4) Celui-ci étant réduit à 100.

	AVANT-BRAS.	MAIN.
Phasianus præclatus	98	87
— argentatus.....................	100	87
— colchicus.........................	100	85
— pictus............................	98	87
Gallus Bankiva................................	100	94
— Sonnerati............................	100	85
Lophophorus refulgens	98	87
Argus giganteus (mâle)......................	103	85
Argus giganteus (femelle)...................	100	89
Satyrus Temminckii..........................	97	86
Polyplectron Germanii	97	85
Francolinus Asiœ	90	90
Perdix griseus...............................	91	91
— ruber................................	97	96
Ortyx virginiana	90	94
Margaroperdix striatus	90	94
Cryptonyx cristata.....	100	90
Odontophorus dentatus.......................	96	86
Numida coronata.............................	98	86
Pavo muticus	95	87
Tetrao urogallus.............................	106	92
— tetrix.............................	99	91
Lagopus albus...........	99	95
Bonasia sylvestris...........................	95	90
Crax alector.................................	110	77
Ortalis vetula...............................	99	95
Talegallus Lathami..........................	100	80
Megapodius..................................	107	89
Turnix africana..............................	96	101

L'HUMÉRUS se reconnaît aussi bien à cause de sa forme générale qu'à l'aide de la disposition de ses extrémités articulaires (1). En effet, cet os est court, robuste et présente une double courbure, l'une à concavité interne qui occupe les deux tiers supérieurs, l'autre à concavité externe qui n'occupe que son tiers inférieur; l'extrémité supérieure est large. La crête externe, qui est peu saillante, se recourbe en dedans, ce qui n'a lieu dans aucune des familles dont l'étude nous a occupé jusqu'ici. Le trou pneumatique sous-trochantérien est très-ouvert. La tête humérale est grosse et renflée, et le tendon du moyen pectoral

(1) Voyez pl. CXXI.

ou muscle releveur de l'aile, au lieu de s'insérer sur le trochanter externe, va se fixer beaucoup plus bas, sur la face externe de la crête correspondante, et l'on remarque sur ce point une empreinte plus ou moins rugueuse dont la présence fournit de précieux caractères pour la détermination de cette portion de l'os du bras, car chez presque tous les oiseaux elle manque, puisque le tendon du moyen pectoral s'insère sur le trochanter externe. Les Perroquets et les Tinamous (1) présentent cependant sous ce rapport une disposition analogue à celle dont je viens de signaler la présence chez les Gallinacés (2).

Dans la famille dont nous traitons ici, l'extrémité inférieure est robuste et les condyles articulaires sont renflés; il n'existe ni saillie, ni tubercule, ni apophyse sus-épicondylienne.

Dans le genre *Phasianus* (3), l'humérus est robuste et médiocrement arqué; l'extrémité supérieure est élargie, mais la surface bicipitale est courte, et se continue insensiblement avec le bord interne de l'os, au lieu de se renfler comme chez beaucoup d'autres oiseaux. La crête externe est mince, peu saillante et sensiblement recourbée en dedans; il n'y a pas sur sa face interne de ligne saillante limitant la surface d'insertion du moyen pectoral, et le sillon transverse du ligament coraco-huméral est peu marqué. La tête articulaire qui le surmonte est très-renflée, surtout en arrière, de façon que l'échancrure qui sépare celle-ci du trochanter interne paraît très-profonde. La

---

(1) L'humérus des Tinamous est court, trapu et arqué, comme celui des Gallinacés. Mais il se distingue à l'aide de plusieurs caractères faciles à apprécier. La crête externe est extrêmement peu saillante, elle porte en dedans une empreinte large et quadrilatère, correspondant à l'insertion du grand pectoral. Le trou pneumatique est très-petit, arrondi et s'ouvre à fleur de l'os; l'extrémité inférieure est étroite, et les condyles en sont courts et renflés.

(2) La disposition de l'humérus des Colombides est intermédiaire à celle de cet os chez les Gallinacés et chez les autres oiseaux, en effet, dans quelques espèces, le tendon du moyen pectoral s'insère sur le trochanter externe; mais dans d'autres, il descend un peu plus bas.

(3) Voyez pl. CXXI, fig. 7 et 8.

dépression sous-trochantérienne est à peine creusée, et le trou pneumatique, qui est très-grand, s'ouvre presque à fleur de l'os.

L'extrémité inférieure est épaisse ; le condyle radial est gros et arrondi ; l'épitrochlée est aplatie d'avant en arrière et ne fait presque pas de saillie, comme cela a lieu chez beaucoup d'Échassiers. L'empreinte d'insertion du muscle brachial antérieur est petite, ovalaire et disposée obliquement. Il n'y a pas de fosse olécrânienne, et la coulisse interne des tendons du triceps brachial est large mais évasée.

Chez le Coq de Sonnerat (1), la coulisse bicipitale est plus profonde, la tête articulaire humérale plus élevée, le trou pneumatique plus petit.

Dans le genre *Satyrus*, l'os du bras est plus fortement arqué, l'extrémité supérieure est comparativement plus étroite, et la crête externe moins saillante et plus recourbée en dedans.

L'humérus des *Pucrasia* ressemble beaucoup à celui des Faisans ; celui des *Crossoptilon* est beaucoup plus robuste, mais ses caractères restent les mêmes.

Chez les *Lophophorus*, la diaphyse comparée aux extrémités, est plus grêle que chez les oiseaux précédents.

Dans le genre *Perdix* (2), l'humérus est plus arqué que chez les Phasianides ; les extrémités en sont élargies, et il existe au-dessous de la tête articulaire une petite dépression dans laquelle se fixe la portion supérieure du triceps. Le trou pneumatique est extrêmement grand. Chez les Colins (3), cette dépression, que remplit la portion supérieure du triceps, est remarquablement profonde, et constitue une véritable fosse, qui s'étend dans l'épaisseur de la tête de l'os. L'empreinte du brachial antérieur est très-creusée et se trouve située au-dessus du condyle cubital.

(1) Voyez pl. CXXI, fig. 1 et 2.
(2) Voyez pl. CXXI, fig. 11, 12, 13 et 14.
(3) Voyez pl. CXXI, fig. 15 et 16.

Dans le genre *Coturnix*, la fosse triciptale supérieure est presque aussi vaste que chez les Colins, mais l'empreinte du brachial antérieur est moins profonde; l'os se distingue d'ailleurs par sa gracilité.

L'humérus des Odontophores, des Francolins et des Cryptonyx (1) ressemble beaucoup à celui des Colins.

Chez les Tétras (2), l'os du bras est moins fortement arqué que celui des genres précédents; il se caractérise aussi par quelques particularités dans la conformation des extrémités. Ainsi la tête articulaire de l'os est beaucoup plus élevée que la tubérosité interne; la dépression triciptale supérieure est moins profonde que chez les Perdrix et ressemble à ce qui se voit dans le genre *Phasianus*. Inférieurement, l'empreinte d'insertion du court fléchisseur de l'avant-bras est profondément creusée.

L'humérus des Paons ressemble beaucoup à celui des Phasianidés, cependant les extrémités en sont moins élargies et le sillon du ligament coraco-huméral qui existe au-dessous de la tête de l'os est peu marqué. L'extrémité inférieure de l'os est étroite, mais épaisse.

Dans le genre *Meleagris*, l'os du bras se distingue par ses formes massives et la grosseur de la diaphyse; de même que chez les Faisans, les Coqs, les Tragopans, les Paons, etc., il n'y existe pas de dépression triciptale supérieure. L'humérus des Pintades est disposé de même; il est cependant moins robuste, bien que son articulation inférieure soit très-élargie.

Chez les *Penelopidæ* (3), cet os est plus fortement courbé en forme d'S que chez les autres Gallinacés. La crête pectorale est plus épaisse, la dépression sous-trochantérienne est petite.

Les os de l'avant-bras des Gallinacés sont gros et courts, car, ainsi que je l'ai déjà dit, ils n'égalent souvent pas la longueur du bras.

(1) Voyez pl. CXXI, fig. 9 et 10.
(2) Voyez pl. CXXI, fig. 4, 5 et 6.
(3) Voyez pl. CXXI, fig. 17, 18 et 19. Voyez aussi pl. CXI et CXII.

Le CUBITUS (1) est fortement arqué, de façon que l'espace qui est
compris entre cet os et le radius est très-considérable ; il est comprimé
latéralement, et au lieu d'être arrondi comme cela a lieu chez la plupart
des Échassiers et des Palmipèdes, il présente une face interne aplatie.
Son bord postérieur porte quelques empreintes peu saillantes pour
l'insertion des grandes plumes de l'aile. Leur nombre varie suivant les
espèces, mais est toujours peu considérable. La surface d'insertion du
brachial antérieur est petite, ovalaire, bien circonscrite et existe à la
partie supérieure de la face interne. L'extrémité humérale est remarquable par sa forme comprimée latéralement, de façon que la facette
glénoïdale interne est ovalaire au lieu d'avoir, comme d'ordinaire, une
forme arrondie. La facette externe est entourée en avant et en bas par
un bord très-saillant, mince et tranchant ; mais on ne voit jamais au-
dessous la petite dépression dans laquelle se loge la partie supérieure
du radius, comme chez la plupart des Échassiers et chez quelques Palmipèdes. L'apophyse olécrânienne est petite et étroite. L'extrémité
inférieure est très-grosse et très-élargie.

Chez les Faisans, le cubitus est plus arrondi que chez la plupart
des autres Gallinacés. Il est beaucoup plus comprimé chez les Lophophores (2), les Tragopans et les Paons (3), et cette disposition est
portée encore plus loin dans les genres *Perdix*, *Ortyx* et *Cryptonyx*. Le
cubitus des Tétras est plus arrondi et sous ce rapport ressemble davantage à celui des Faisans. Mais il est moins arqué.

Au contraire, chez les Pénélopides (4), le cubitus présente une
courbure plus forte que chez tous les autres Gallinacés. Il se distingue
d'ailleurs par la petitesse des facettes glénoïdales supérieures ; j'ajouterai que, toutes proportions gardées, il est plus allongé.

(1) Voyez pl. CXXII, fig. 1 à 4.
(2) Voyez pl. CXXII, fig. 3 et 3.
(3) Voyez pl. CXXII, fig. 1 et 2.
(4) Voyez pl. CXI et CXII.

Les caractères fournis par cet os sont d'ailleurs loin d'avoir la même importance que ceux que présentaient la plupart des autres parties du squelette, et ils ne peuvent donner que des indications approximatives sur la détermination générique des divers membres de la famille qui nous occupe.

Le RADIUS est très-gros, très-robuste relativement à sa longueur, et légèrement courbé vers son extrémité inférieure (1); la gouttière que l'on remarque généralement sur cette portion de l'os, et dans laquelle glisse le tendon du muscle extenseur de la main, est à peine indiquée. Le radius présente la même conformation chez presque tous les Gallinacés, et les caractères que l'on peut en tirer ont encore moins de valeur que ceux que fournit le cubitus.

Le MÉTACARPE est parfaitement caractérisé, et l'examen le plus superficiel, suffit pour le distinguer de celui de tous les autres oiseaux (2). Il est très-court et remarquable par la forte courbure de la petite branche, qui ne se soude à la branche principale que par ses extrémités, de façon que l'intervalle intermétacarpien est extrêmement large. L'extrémité supérieure est très-développée, et la lèvre interne de la poulie carpienne présente une échancrure interarticulaire plus ou moins profonde qui n'existait chez aucun Échassier, mais que nous avions déjà rencontrée chez les Palmipèdes lamellirostres, où elle revêt d'ailleurs une disposition différente, car elle est située beaucoup plus bas. L'apophyse pisiforme est grosse et beaucoup plus renflée que d'ordinaire.

Chez presque tous les Gallides, il existe une apophyse intermétacarpienne très-développée, située au-dessous du point de séparation des deux branches du métacarpe, et servant à l'insertion du muscle fléchis-

(1) Voyez pl. CXXII, fig. 6.
(2) Voyez pl. CXXIII, fig. 5 à 9.

seur du métacarpe ; sa forme est triangulaire et aplatie ; elle ne se soude pas avec la petite branche métacarpienne et ne la dépasse jamais.

La surface articulaire inférieure n'est pas située sur un même plan, comme dans les familles que nous avons passées en revue, et la facette articulaire, correspondante à la petite branche métacarpienne, se prolonge beaucoup plus que l'autre.

La première phalange du doigt médian est remarquable par son épaisseur, beaucoup plus considérable que chez aucun autre type ornithologique.

Dans le genre *Pavo* (1), l'apophyse intermétacarpienne est beaucoup moins robuste que chez les Phasianides, et la courbure de la petite branche du métacarpe est extrêmement forte.

Dans le genre *Perdix*, le petit métacarpien est plus droit, et l'apophyse radiale se relève davantage.

L'os principal de la main des Colins ressemble beaucoup à celui du genre précédent, mais l'apophyse pisiforme est beaucoup plus saillante.

Chez les Tétras, l'échancrure interarticulaire qui divise en deux parties la lèvre interne de la poulie carpienne est beaucoup plus profonde que chez les autres représentants de la même famille ; l'apophyse radiale est plus forte et se termine par une extrémité plus large ; l'intervalle intermétacarpien est moins considérable que chez les Paons et les Faisans ; il présente à peu près les mêmes proportions que chez les Perdrix.

Le métacarpe des Pintades diffère de celui des genres précédents par l'absence de l'apophyse que nous avons vue exister sur la branche principale qui représente le deuxième métacarpien.

Ce fait, qui n'est qu'une exception chez les Gallides, devient la

---

(1) Voyez pl. CXXIII, fig. 5, 6 et 7.

règle dans tout le groupe des Pénélopides (1). On n'y observe, en effet, aucune trace de cette apophyse si développée chez les autres Gallinacés.

§ 5. — DE LA TÊTE.

La tête osseuse des Gallinacés proprement dits est remarquable par le mode de jonction de la mandibule supérieure au front (2). Les branches montantes des os intermaxillaires sont soudées au coronal comme d'ordinaire, mais elles ne sont que très-imparfaitement unies sur la ligne médiane, et latéralement elles ne se confondent pas avec les os nasaux et n'y sont articulées que d'une manière peu intime. La branche descendante des os nasaux est aussi simplement appliquée contre la partie correspondante de la mandibule, en sorte que la base de celle-ci n'offre que peu de solidité et que ses différentes parties constitutives se disjoignent facilement. Les narines sont très-grandes, beaucoup plus larges proportionnellement à leur longueur que chez la plupart des oiseaux, et la région médiane du bec qui les sépare est étroite et légèrement arquée. La portion suivante de la mandibule est voûtée, assez large et terminée en une pointe mousse. Les os lacrymaux sont petits et ne se soudent pas au front. La région interorbitaire varie par sa forme, mais ne présente jamais de sillons sourciliers. La boîte crânienne ne s'avance que peu au-dessus des orbites et ne s'élève jamais beaucoup. La partie postérieure du sinciput est d'ordinaire très-déclive ; les fosses temporales sont très-basses et peu profondes, si ce n'est vers leur partie antéro-inférieure où elles présentent, en général, une disposition très-remarquable. L'angle post-orbitaire des-

(1) Voyez pl. CXXIII, fig. 8 et 9.
(2) Voyez pl. CXXII, fig. 7 à 11, et pl. CXXIII, fig. 1 à 4.

cend très-bas en formant une apophyse large et aplatie et, chez les
individus dont la croissance est terminée, son extrémité rencontre
presque toujours une autre branche osseuse horizontale qui naît de la
partie inférieure de la tempe et qui résulte de l'ossification plus ou
moins complète de l'aponévrose du muscle crotaphite; genre de
transformation dont j'ai déjà signalé un exemple, dans le genre *Porphyrio* (1). Chez les jeunes individus, ces deux apophyses sont séparées entre elles, mais par les progrès de l'âge, elles se soudent en
général et constituent ainsi une sorte de cadre dont la portion inférieure simule l'arcade zygomatique des mammifères. Ce mode d'organisation n'est pas constant dans la famille des Gallinacés, mais il
y est toujours indiqué et il n'est aussi bien développé dans aucune
autre division de la classe des oiseaux.

Les orifices auditifs sont très-grands. La portion mastoïdienne et
sus-auriculaire de la face latérale du crâne est très-large et aplatie. Les
crêtes occipitales sont faibles ou même rudimentaires. La région occipitale est presque plate et très-élargie inférieurement. La saillie cérébelleuse est à peine indiquée et le grand trou qui livre passage à la
moelle épinière est situé très-haut et dirigé en arrière. Le bord inférieur de cet orifice est refoulé en dedans de façon que le condyle articulaire est peu saillant. La portion postérieure de la région basilaire
du crâne est dirigée en arrière et située presque sur le même plan que
la portion supérieure de l'occiput; généralement on y voit de chaque
côté un trou arrondi (2). La portion antérieure de cette même région
basilaire du crâne est au contraire presque horizontale et présente
d'ordinaire un mode de conformation très-remarquable; elle est
presque toujours très-large et renflée latéralement de façon à avoir
la forme d'un grand écusson presque droit transversalement, mais

(1) Voyez ci-dessus page 136.
(2) Ces ouvertures résultent de la soudure des apophyses mastoïdiennes avec un prolongement latéral de la portion auriculaire de la base du crâne.

courbé d'avant en arrière, arrondi sur les côtés et terminé en avant par une pointe médiane. Cette disposition singulière résulte principalement du grand développement de la paroi inférieure des caisses tympaniques et elle est portée à son plus haut degré chez les Hoccos, les Pénélopes, les Dindons, les Faisans, les Coqs et les Perdrix, mais elle n'est que faiblement indiquée chez les Paons. Les os palatins sont très-grêles, peu élargis en arrière, et très-écartés l'un de l'autre dans toute leur longueur; en sorte que la voûte palatine, très-ouverte au milieu jusque dans le voisinage de la pointe du bec, est à peine cloisonnée sur les côtés dans sa moitié postérieure. Le vomer est toujours très-réduit et les os ptérygoïdes s'articulent avec le basi-sphénoïdal à l'aide de grandes facettes ovalaires et allongées (1).

Dans le grand genre *Phasianus*, la région interorbitaire est plus rétrécie, et les bords sourciliers plus relevés que chez la plupart des autres Gallinacés. Les os nasaux sont peu élargis à leur base et très-inclinés dans presque toute leur étendue. Les os lacrymaux de très-petite taille ne sont nullement enchâssés dans des échancrures latérales du front; ils sont unis à celui-ci par un bord droit et la surface articulaire destinée à les recevoir est étroite, enfin la branche descendante est extrêmement grêle. La boîte crânienne est petite, arrondie et médiocrement élevée vers le milieu du sinciput; la saillie cérébelleuse remonte au-dessus de la ligne courbe ou crête transversale de l'occiput; et dans quelques espèces se prononce un peu plus que d'ordinaire, notamment chez les Lophophores (2). Les fosses temporales sont moins hautes en arrière qu'en avant et présentent dans la disposition du pont

---

(1) Les têtes osseuses du *Tetrao urogallus* et du *Crax globicera* se trouvent figurées dans le mémoire de M. Huxley (*On the Classification of birds, Proceed. of the Zool. Soc.*, 1867, p. 432 et 433).—M. Blanchard (*Ann. des sc. nat.*, Zool., 4ᵉ sér., t. VII, pl. XII), a fait représenter la tête du Coq domestique, de la Perdrix rouge (*Perdix rubra*), de la Caille (*Coturnix communis*), du Hocco (*Crax alector*); enfin, on trouvera dans le travail de M. Parker (*On Gallinaceous birds and Tinamous, Transac. of the Zool. Soc. of London*, 1866, t. V, pl. XXXVI, fig. 6 à 10) la figure de la tête osseuse du *Lagopus scoticus*.

(2) Voyez pl. CXXII, fig. 7, 8 et 9.

zygomatique et de la région præmastoïdienne des variations nombreuses, mais légères. Il en est de même pour la région basilaire du
crâne, mais ces particularités, tout en offrant de l'intérêt pour la classification naturelle des espèces et la répartition de celles-ci en groupes
secondaires, ne peuvent être que rarement consultées par le paléontologiste, et par conséquent, je ne m'y arrêterai pas davantage. Les mêmes
motifs me déterminent à passer sous silence tous les faits de détails
relatifs à la disposition de la région palatine ; j'ajouterai seulement que
les Tragopans se font remarquer par la grande largeur de la région
occipitale vers le niveau des ouvertures tympaniques, ainsi que par les
tubercules dont le sinciput est garni chez le mâle.

Par la conformation de la tête, les Éperonniers établissent le passage entre les Faisans proprement dits (le Faisan doré plus particulièrement) et les Argus. Ces derniers ressemblent aux Faisans par la forme
du crâne, mais ils ont la région interorbitaire très-élargie.

Les Paons se distinguent de tous les autres Gallinacés ordinaires
par la conformation de la région basilaire du crâne qui est à peine scu-
telliforme, bosselée au milieu et peu renflée sur les côtés, mais pourvue
latéralement de tubercules rugueux près du bord de l'orifice tympanique. D'autres saillies très-fortes se font remarquer sous le bord interne
des pertuis occipito-mastoïdiens, et les crêtes occipitales sont plus
fortes que chez la plupart des Gallinacés, particularités qui toutes indiquent une puissance plus considérable dans les muscles releveurs de la
tête. La boîte crânienne n'est que peu élargie, surtout postérieurement,
mais elle est très-bombée et élevée en avant au-dessus de la partie
postérieure des orbites. La région interorbitaire est un peu rétrécie et
excavée dans presque toute sa longueur. Les os nasaux sont soudés au
frontal et présentent en arrière une surface horizontale assez large, de
façon que le plan incliné des côtés du bec ne commence qu'à une distance considérable de la suture frontale. Les os lacrymaux sont petits
et disposés en forme d'ailes de chaque côté du front sans s'articuler

avec l'os frontal par leur bord postérieur. Il est aussi à noter que les ouvertures auditives sont moins grandes que chez la plupart des Gallinacés, et que les fosses temporales, très-surbaissées en arrière, présentent en avant et en bas un pont zygomatique bien développé.

Chez les Dindons la portion postérieure du crâne est beaucoup plus élargie et sa portion antérieure moins élevée, en sorte que le sinciput est très-surbaissé. Les régions temporales sont plus grandes d'avant en arrière et plus aplaties. La région interorbitaire est large et un peu concave et, de même que chez les Paons, la partie interne de l'os frontal ne déborde pas latéralement les os nasaux qui sont assez larges et horizontaux à leur base, mais se recourbent en bas à peu de distance de leur angle postéro-externe. Enfin les os lacrymaux ne s'articulent au front que par leur bord interne qui est presque droit, à peu près comme chez les Paons. Les Dindons diffèrent cependant beaucoup de ces derniers Gallinacés par la conformation de la portion interauriculaire de la base du crâne qui est très-élargie transversalement et presque complétement dépourvue de saillies servant aux attaches musculaires.

Les fosses temporales sont larges et presque aussi élevées en arrière qu'en avant; enfin le pont zygomatique est complet, mais grêle, et l'apophyse post-orbitaire qui en forme le pilier antérieur est remarquablement grosse.

Les Pintades se rapprochent davantage des Dindons et des Hoccos par la conformation générale de leur tête osseuse, et elles constituent un type bien particulier. La région frontale est remarquablement large ; la portion basilaire des os nasaux est très-grande et horizontale ; les os lacrymaux sont énormes, ils sont enchâssés dans une échancrure profonde de l'angle antéro-latéral de l'os frontal, s'étendent horizontalement en dehors et s'avancent presque au niveau du bord postérieur des narines, mais leur branche descendante est très-faible. La région interorbitaire est très-large et présente sur la ligne médiane une élévation qui se continue sur le sinciput de façon à y constituer une crête assez haute et obtuse. La boîte crânienne est très-renflée antérieurement et s'avance beaucoup au-dessus des orbites, mais dans la région temporale, elle est notablement rétrécie et fort déprimée, de façon à présenter au devant de la ligne courbe de l'occiput une constriction transversale très-marquée. La région basilaire du crâne est moins développée que chez les Faisans, les Dindons et les Hoccos ; elle est beaucoup moins saillante en arrière au-dessous des protubérances mastoïdiennes, et les pertuis qui se trouvent dans ce point sont moins bien délimités. Il est aussi à noter que l'écusson formé par la portion inférieure de cette région crânienne est peu renflé latéralement et présente, sur la ligne médiane, une petite crête longitudinale à peu près comme chez les Paons. J'ajouterai que chez les Pintades, la fente palatine antérieure est remarquablement large en avant.

La tête osseuse des Perdrix présente beaucoup d'analogie avec celle des Faisans, mais s'en distingue facilement par la petitesse du bec. Chez les Colins, la brièveté de la mandibule est portée beaucoup plus loin et le front est plus élargi proportionnellement.

Dans le groupe des Tétras (1), la mandibule supérieure est notablement plus robuste que chez les Perdrix ; la branche descendante des os nasaux est beaucoup plus large et se prolonge davantage sur le bord supérieur de l'os maxillaire. Le front est aussi plus développé et plus concave. La région interorbitaire varie beaucoup suivant les espèces, et il en est de même du mode d'articulation des os lacrymaux. Chez le *Tetrao urogallus*, ceux-ci sont profondément enchâssés dans l'angle rentrant formé par le bord externe des os nasaux et la portion correspondante du bord antérieur de l'os frontal qui est très-large et s'avance fortement en dehors au-dessus des orbites ; mais chez les Lagopèdes, l'espace interorbitaire est conformé à peu près comme chez les Perdrix,

(1) Voyez pl. CXXII, fig. 11, 12 et 13.

et l'os lacrymal, plus allongé et moins large, ne s'articule pas avec le bord antérieur de l'os frontal. L'apophyse angulaire de la mâchoire est plus longue et plus relevée.

Les Pénélopes et les Hoccos (1) ont le crâne plus allongé et plus arrondi en arrière que les Dindons; la portion antérieure du sinciput ne s'élève pas en voûte comme chez les Paons: les régions interorbitaire et frontale sont très-larges et très-peu déprimées au milieu. Les os nasaux sont élargis et conformés à peu près comme chez les Dindons, mais les lacrymaux sont beaucoup plus développés et sont plus ou moins profondément enchâssés dans une échancrure des bords latéraux du front qui présente dans ce point, pour recevoir ces os, une surface articulaire beaucoup plus large que d'ordinaire.

Ces derniers caractères sont beaucoup plus prononcés chez les Hoccos que chez les Pénélopes; chez ces derniers oiseaux, la partie antérieure de l'os frontal est moins élargie et n'enchâsse que très-obliquement l'os lacrymal. Enfin l'angle post-orbitaire ne se prolonge pas aussi bas que d'ordinaire et le pont zygomatique est incomplet.

Chez les Hoccos, l'apophyse post-orbitaire est aussi développée que chez les Paons, mais la branche zygomatique du pont ne s'y réunit pas toujours.

(1) Voyez pl. CXXIII, fig. 1 à 4.

CHAPITRE XXVI

DES OISEAUX FOSSILES DE LA FAMILLE DES GALLINACÉS
(*Gallinæ*).

§ 1er.

De tous les groupes ornithologiques que nous avons étudiés jusqu'à présent, la famille des Gallinacés est celle qui compte le plus de représentants fossiles ; mais, ainsi qu'on pouvait le prévoir d'après les habitudes et le genre de vie de ces oiseaux qui fréquentent peu le voisinage des cours d'eau et des lacs, leurs ossements sont en général rares, et, sauf quelques-unes des espèces dont la description va suivre, la plupart ne sont connues que par un très-petit nombre de parties de leur charpente solide.

Les plus anciens Gallinacés connus datent du commencement de la période tertiaire : à partir de cette époque, on en rencontre jusque dans les couches du diluvium.

§ 2. — GALLINACÉS DE L'ÉPOQUE ÉOCÈNE.

Les couches gypseuses des environs de Paris ont fourni plusieurs espèces appartenant à la famille des Gallinacés ; deux d'entre elles sont bien caractérisées et constituent des formes distinctes de celles de nos jours ; deux autres ne sont connues que par quelques-unes des pièces de leur squelette. Les calcaires lacustres d'Armissan, près de Narbonne (Aude), ont conservé le squelette d'un Gallinacé de la taille d'une Perdrix ; enfin, M. Gervais rapporte qu'il a trouvé dans le dépôt ossifère de la Debruge auprès d'Apt, dépôt contemporain de ceux dont il vient d'être question, une phalange unguéale d'un oiseau qui indique une espèce de moyenne taille, peut-être un Gallinacé (1).

PALÆORTYX HOFFMANNI, nov. gen.

(Planches CXXIV, CXXV, fig. 1, et pl. CXXVI, fig. 2.)

TRINGA HOFFMANNI, P. Gervais, *Zoologie et Paléontologie françaises*, 1re édition, t. I, p. 229, pl. XLIX, fig. 4; 2e édition, p. 409.

ÉTOURNEAU, Ch. Bonaparte, *Comptes rendus des séances de l'Académie des sciences*, t. XLIII, p. 1021.

Cuvier est le premier qui ait su reconnaître dans les plâtrières des environs de Paris l'existence d'oiseaux de la famille des Gallinacés. En effet, ce grand anatomiste donne sur un des squelettes trouvés à Montmartre (2) les indications suivantes : « Nous voyons que c'était un oi- » seau à ailes courtes, puisque son humérus ne fait pas la moitié de la » longueur de son corps, et que son avant-bras est plus court que son » humérus. Cette dernière circonstance détermine sa classe d'une ma- » nière assez positive ; car il n'y a que les oiseaux à vol pesant de la » famille des Gallinacés et de celle des Palmipèdes où l'on observe cette » proportion : or, le bec empêche qu'on ait à le chercher parmi les » Palmipèdes, et la Caille est celui de nos Gallinacés indigènes qui en » approche le plus par la grandeur, encore est-elle un peu plus petite » dans toutes ses dimensions (3). »

Laurillard, dans le rangement des cadres contenant les ossements d'oiseaux du gypse qui font aujourd'hui partie des collections du Muséum, attribue à la même espèce une portion de tarso-métatarsien (4),

(1) P. Gervais, *Zoologie et Paléontologie françaises*, 2e édition, p. 412.
(2) Voyez pl. CXXV, fig. 1.
(3) Cuvier, *Recherches sur les ossements fossiles*, 4e édit., vol. V, p. 582, pl. CLV, fig. 1.
(4) Voyez Cuvier, *op. cit.*, pl. CLIII, fig. 7.

ainsi qu'un os furculaire presque entier (1), et il en rapproche, à cause
de la similitude de taille, une patte écrasée entre deux couches de
gypse (2), plusieurs humérus (3), et enfin une mandibule inférieure (4).

M. Gervais, en rappelant ces déterminations, met en doute leur
exactitude, et il ajoute : « D'autres débris fossiles, recueillis dans la
» plâtrière, peuvent être considérés comme signalant une espèce assez
» peu différente du Merle et de laquelle proviendrait aussi le squelette
» représenté par Cuvier dans la figure 1 de sa planche LXXIV (pl. CLV,
» de la 4° édit.). C'est celle que Cuvier rapproche de la Caille (5). »

Il me paraît complétement impossible d'attribuer ce squelette à
une espèce de Merle et même à un Fringillide, et je regarde le rapprochement établi par Cuvier comme parfaitement exact. En effet, il suffit
d'examiner la disposition du métarcarpe de cet oiseau pour constater
que c'est bien un Gallinacé. D'ailleurs, le coracoïdien a laissé sur la
pierre un contour parfaitement net ; il est presque droit et étroit à son
extrémité sternale. Sa tubérosité supérieure se recourbe très-peu en
dedans, tandis que chez les Fringillides elle fait un véritable crochet.
J'ajouterai qu'il est très-probable que le fragment de canon (pl. CLIII,
fig. 7) provient de cette espèce. Les trochlées présentent en effet la
disposition caractéristique des Gallinacés. Quant aux autres pièces
signalées par Laurillard comme appartenant à cet oiseau, il me semble
difficile d'avoir à cet égard une entière certitude. Cependant il serait
très-possible que cela fût vrai pour la plupart, ainsi que pour le coracoïdien figuré par Cuvier (pl. CLV, n° 5), et que M. Blanchard a déjà
rapporté à un Gallinacé.

Aux pièces ostéologiques qui ont servi aux observations de

(1) Voyez Cuvier, op. cit., pl. CLV, fig 4. Voyez ci-dessus, pl. CXXV, fig. 3.
(2) Voyez Cuvier, op. cit., pl. CLIII, fig. 11. Voyez ci-dessus, pl. CXXVI, fig. 2.
(3) Voyez Cuvier, op. cit., pl. CLIV, fig. 9, et pl. CLV, fig. 9 et 10, et ci-dessus,
pl. CXXVI, fig. 3, 4 et 5.
(4) Voyez Cuvier, op. cit., pl. CLV, fig. 8, et ci-dessus, pl. CXXV, fig. 2.
(5) Gervais, Zoologie et Paléontologie françaises, 2° édition, p. 408.

Cuvier et de Laurillard est venu s'ajouter un squelette presque complet (1) trouvé à Pantin et donné au Muséum par M. le docteur Hoffmann.
Malheureusement, si l'empreinte générale des formes de la charpente
osseuse est bien conservée, on ne peut en dire autant des particularités
caractéristiques de chacune des pièces considérée en particulier, de
façon que l'on n'a encore que des données peu satisfaisantes pour dis-
cuter avec certitude les affinités naturelles de cet oiseau contemporain
du dépôt des couches gypseuses. M. P. Gervais le considère comme
appartenant à une espèce nouvelle du groupe des Échassiers et voisine
des Vanneaux et des Tourne-Pierres, et il le désigne sous le nom de
Tringa? Hoffmanni.

Le prince Charles Bonaparte s'élève avec une sorte d'indignation
contre ce rapprochement : « Cet oiseau, dit-il, semble se rapprocher
» beaucoup plus des *Étourneaux!* que des *Bécasseaux!* Espérons pour la
» gloire du savant professeur de Montpellier qu'il ne s'obstinera pas
» à persister dans une pareille erreur (2). » Ce langage semble annoncer
une bien grande confiance dans la nouvelle détermination zoologique
présentée pour l'oiseau des plâtrières de Pantin. Malheureusement
l'opinion du prince Charles Bonaparte n'est en aucune façon justifiable,
et si cet auteur avait connu les caractères ostéologiques des *Sturnus*,
caractères que ces oiseaux partagent avec tous les représentants du
groupe des Fringillides, il est probable qu'il se serait exprimé avec plus
de réserve, car je crois pouvoir démontrer :

1° Que le fossile en question n'est pas un Étourneau ni même un
Fringillide ;

2° Qu'il n'appartient ni au genre *Tringa* ni à la famille des Échassiers ;

(1) Voyez pl. CXXIV.
(2) Ch. Bonaparte, *Additions et corrections aux tableaux parallétiques de l'ordre des* Hérons
et des Pélagiens ou Gavies, *et à la partie correspondante du* Conspectus avium (*Comptes rendus de
l'Académie des sciences,* séance du 24 novembre 1856, t. XLIII, p. 1021).

3° Qu'il doit prendre place dans la famille des Gallinacés, et qu'il est de la même espèce que le squelette décrit par Cuvier (1), et dont je viens de parler.

Il ne peut rentrer dans le genre *Sturnus*, parce que chez ces oiseaux les trochlées digitales du tarso-métatarsien sont placées toutes sur un même plan et à peu près au même niveau. Le petit métatarsien postérieur se prolonge inférieurement autant que les autres : de telle sorte que le quatrième doigt s'insère à la même hauteur que les trois premiers. Les deux premières phalanges du doigt externe sont très-courtes. Chez le *Tringa? Hoffmanni*, au contraire, on n'observe aucun de ces caractères ; les trochlées latérales sont situées beaucoup plus en arrière que la médiane ; le métatarsien postérieur est petit et inséré assez haut. J'ajouterai aussi que les premières phalanges du doigt externe sont relativement allongées. Enfin, chez les Étourneaux, aussi bien que chez les autres Fringillides, la branche principale du métacarpe est toujours pourvue d'une apophyse intermétacarpienne remarquablement saillante, et le petit métacarpien se prolonge constamment beaucoup au delà de l'articulation de la première phalange. Ces caractères sont faciles à saisir, et un simple coup d'œil suffit pour prouver qu'ils ne se trouvent pas sur l'oiseau du gypse. Par conséquent, celui-ci ne peut rentrer, ni dans le genre *Sturnus*, ni dans aucune autre division de la même famille.

Il n'appartient, ni au genre *Tringa*, ni à la famille des Totanides : ce qui ressort surtout des proportions relatives des diverses pièces qui constituent la charpente solide de l'aile. Dans tout le groupe des petits Échassiers de rivage, dont j'ai constitué la famille des Totanides, le bras est constamment plus court que l'avant-bras. La portion terminale de l'aile correspondante à la main est très-allongée, enfin le doigt postérieur du pied, ou bien manque, ou, lorsqu'il existe, est très-peu

(1) Voyez pl. CXXV, fig. 1.

développé. Ces caractères ne se retrouvent pas chez l'oiseau qui nous occupe ici ; car, au contraire, on y remarque les mêmes dimensions, les mêmes proportions générales que celles de l'oiseau dont Cuvier faisait un Gallinacé : c'est à peine s'il est un peu plus petit.

Si l'on cherche maintenant à établir la place zoologique que doit occuper cet oiseau au milieu des genres si nombreux dont se compose cette famille, on rencontre de sérieuses difficultés ; car un squelette dont on ne peut étudier que les formes générales, est souvent moins utile qu'un des principaux os des membres dont on peut examiner les facettes articulaires. En effet, dans la classe des oiseaux, les proportions varient tellement dans un même groupe naturel, et la forme du bec présente si peu d'importance, que, si l'on n'a pas d'autres guides, on peut, dans beaucoup de cas, arriver à des résultats complétement erronés. Cependant les fragments du squelette de l'oiseau du gypse que nous avons sous les yeux suffisent pour nous indiquer qu'il appartient à une espèce bien distincte de toutes celles que nous connaissons aujourd'hui.

La patte est longue et grêle, et, toutes proportions gardées, le tarso-métatarsien dépasse de beaucoup celui de la Caille et même celui de la plupart des Perdrix. Le doigt postérieur est notablement plus grand que chez ces oiseaux, et, sous ce rapport, rappelle un peu celui des Pénélopes, des Ortalides (1), des Hoccos, des Talegalles (2) et des Mégapodes.

Les dimensions relatives du tarso-métatarsien et du tibia sont les mêmes que celles des Perdrix ; mais le fémur est un peu plus court. Ainsi, si l'on rapporte à la longueur de l'os du pied, compté pour 100 parties, celle des os de la jambe et du pied, on trouve les chiffres suivants (3) :

(1) Voyez pl. CXII.
(2) Voyez pl. CXI.
(3) Comparez à ces nombres ceux du tableau ci-dessus, p. 175.

Tarso-métatarsien 100
Tibia 172
Fémur. 124

Les portions du bassin et du coccyx qui ont été conservées montrent que la queue était faible et ne devait se composer que de plumes courtes, et que le pelvis était peu élargi, cependant les lames ischio-iliaques ont été un peu écartées par la compression que leur ont fait subir les couches de gypse qui les ont englobées.

L'humérus, par sa forme assez allongée et peu élargie, rappelle beaucoup celui des Cailles, et est un peu plus long que le cubitus dans les rapports de 100 à 94. Le métacarpe est court et robuste.

Le cou, composé de quatorze vertèbres, comme celui des autres Gallinacés, est moins développé que dans le groupe des Perdrix et des Cailles.

La boîte crânienne est peu renflée, et le bec presque droit et remarquablement allongé : c'est surtout cette disposition qui distingue le *Palæortyx Hoffmanni* des Gallinacés aujourd'hui vivants. L'ouverture antérieure des fosses nasales est très-grande, ovalaire et rappelle un peu ce qui se voit chez certains Totanides : c'est évidemment en considération de ces derniers caractères que M. P. Gervais a été conduit à ranger l'oiseau des plâtrières de Pantin à côté des *Tringa*.

L'étude des particularités anatomiques que présente ce squelette indique donc qu'il doit prendre place dans la grande famille des Gallinacés, où il constitue une division générique nouvelle que je propose de désigner sous le nom de *Palæortyx*, afin d'indiquer par ce nom les ressemblances de formes extérieures que l'oiseau fossile devait avoir avec les Colins et les petits genres voisins.

Le squelette trouvé à Pantin par M. le docteur Hoffmann, et qui a servi aux études de M. P. Gervais, est un peu plus petit que celui dont parle G. Cuvier; mais ces différences sont très-faibles et me paraissent de l'ordre de celles qui existent communément entre des individus d'une même espèce ; peut-être le premier était-il la femelle, tandis que le second aurait été le mâle.

PALÆORTYX BLANCHARDII, nov. sp.

(Planches CXXVI, fig. 1, 3, 4 et 5.)

A l'époque du dépôt des couches gypseuses, le genre *Palæortyx* était représenté par une autre espèce, de taille un peu plus considérable que la précédente, de formes plus massives, et dont le bec est relativement plus fort et plus court. Les pièces que nous connaissons du squelette de cette espèce sont moins complètes que pour le *Palæortyx Hoffmanni;* elles consistent en une aile entière, en connexion avec l'omoplate, les vertèbres cervicales et la tête (1) ; enfin, le Muséum possède également plusieurs humérus détachés qui proviennent évidemment du même oiseau (2). C'est aussi un os du bras du *P. Blanchardii* que Cuvier a fait figurer et qu'il considérait comme ayant appartenu à un oiseau voisin des Bécasses (3). Cette fausse détermination a été en partie rectifiée par M. Blanchard, qui reconnut dans cet os les caractères des Gallinacés et le rapporta à une espèce du genre *Perdix* (4). Le fossile en question présente en effet toutes les particularités distinctives de la famille des Gallinacés. Il est légèrement arqué, et la crête externe est peu saillante et paraît se recourber en dedans, mais il se distingue nettement des Perdrix par l'existence d'une fosse tricipitale supérieure extrêmement large et profonde, qui se prolonge dans l'épaisseur de la tête articulaire de l'os jusqu'à son extrémité : or, nous savons que les Perdrix

(1) Voyez pl. CXXVI, fig. 1.
(2) Voyez pl. CXXVI, fig. 3, 4 et 5.
(3) Voyez Cuvier, *Recherches sur les ossements fossiles*, 4ᵉ édit., t. V, p. 595, et pl. CLIV, fig. 9.
(4) Blanchard, *Annales des sciences naturelles*, 4ᵉ série, ZooL., t. VII, p. 93, 1857.

ne présentent rien de semblable ; c'est à peine si l'on voit, dans ce point, une très-légère dépression. Chez les Cailles et les Cryptonyx, cette fosse existe, mais elle est moins profonde, et ce n'est que chez les *Palæortyx* de l'époque miocène qu'elle acquiert un développement aussi considérable que celui que l'on remarque dans le fossile du gypse.

Le cubitus est robuste et renflé à son extrémité carpienne ; il est un peu plus court que le bras et présente, par rapport à l'humérus, les mêmes proportions que chez l'espèce précédente.

Le cou est replié sur lui-même et assez mal conservé, de façon qu'on ne peut juger de sa longueur.

La tête est notablement plus grosse que celle du *Palæortyx Hoff-manni*. La boîte crânienne paraît beaucoup plus renflée. Le bec est moins long, plus arqué et plus gros à sa base.

Indépendamment des *Palæortyx Hoffmanni* et *Blanchardii*, il y avait encore à cette époque d'autres représentants de la famille des Gallinacés ; mais ils sont trop incomplétement connus pour qu'il soit possible de les déterminer génériquement : ainsi, je donne dans l'atlas qui accompagne cet ouvrage la figure d'un humérus (1) qui provient d'un oiseau notablement plus grand que ceux dont il vient d'être question ; peut-être appartient-il à la même espèce qu'un os furculaire (2) dont les dimensions sont beaucoup trop considérables pour s'accorder avec celles du squelette des espèces que nous venons d'étudier. Enfin, pour terminer ce qui est relatif à l'histoire des Gallinacés du gypse, j'ajouterai que, d'après M. Blanchard, l'un des coracoïdiens figurés par Cuvier (3) proviendrait d'un Gallinacé. Cet os est un peu plus petit que celui de la Caille ordinaire.

(1) Voyez pl. CXXVI, fig. 6.
(2) Voyez pl. CXXV, fig. 3.
(3) Cuvier, *Recherches sur les ossements fossiles*, 4ᵉ édition, pl. CLV, fig. 6.

TAOPERDIX PESSIETI, nov. gen.

TETRAO? PESSIETI, P. Gervais, *Comptes rendus des séances de l'Académie des sciences*, t. LIV, p. 895.

Voyez planche CXXVII.

M. Pessieto, de Narbonne, a bien voulu me permettre d'étudier le squelette presque entier d'un oiseau provenant des calcaires d'Armissan, dans le département de l'Aude. Ces couches lacustres sont célèbres par le nombre et la belle conservation des empreintes de végétaux qui y ont été enfouis, et la découverte d'un oiseau donnait plus d'intérêt encore à cette formation contemporaine des dépôts du gypse des environs de Paris.

M. P. Gervais a examiné, il y a quelques années, ce fossile, et il l'a rapporté, avec un point de doute, au genre Tétras.

La présence d'un oiseau du groupe des Coqs de bruyère au milieu de cette végétation si riche et si différente de celle des régions froides, était de nature à surprendre les paléontologistes : aussi ai-je prié M. Pessieto de me confier cette pièce jusqu'à présent unique, et j'ai pu y découvrir de nouveaux détails qui étaient encore enfouis dans la dalle calcaire sur laquelle sont étalés pêle-mêle les os, ajouter ainsi de nouveaux détails à ceux qui ont été déjà donnés, et montrer qu'au lieu d'appartenir aux types des régions froides, l'oiseau d'Armissan constitue une forme de transition entre les genres propres à nos contrées et ceux des régions plus chaudes.

La figure que je donne de cette pièce permet de se faire une idée exacte de l'état de ce squelette et des circonstances qui ont dû présider à son enfouissement. La plupart des os ont été conservés, mais ils ont perdu leurs rapports, et l'état d'écrasement dans lequel ils se trouvent rend souvent difficile l'étude de leurs particularités anatomiques.

Lorsque cet oiseau a été recouvert par les couches d'une argile calcaire qui se déposait assez tranquillement pour conserver les plus fines empreintes de feuilles, il était évidemment mort depuis quelque temps ; les parties molles de son corps avaient disparu et les ligaments articulaires s'étaient détruits. J'ajouterai même que plusieurs des os de la tête s'étaient séparés, ainsi que cela ressort de l'examen de ce qui nous reste du squelette de l'oiseau d'Armissan. Ainsi, le crâne est placé à côté du bassin, à une grande distance de la mandibule inférieure, à côté de laquelle on remarque la portion postérieure des os palatins et des branches jugales. La mandibule supérieure ne se voit pas. L'un des cubitus manque également ; mais les autres portions de l'aile sont conservées, bien que les radius soient brisés.

Les deux coracoïdiens, les deux omoplates et la fourchette sont à peine déformés. Le sternum et le bassin offrent encore la plupart de leurs caractères. Les pattes sont entières, à l'exception des doigts, dont les phalanges sont disséminées sans ordre sur la pierre.

Lorsque l'on étudie ce squelette, on est frappé des particularités qu'il présente. La forme des os, leurs proportions relatives indiquent, de la manière la plus nette, qu'ils proviennent d'un oiseau de la famille des Gallinacés ; mais, d'un autre côté, ils se distinguent de ceux de tous les genres connus, et présentent des caractères spéciaux qui nécessitent l'établissement d'une division générique particulière, à laquelle je proposerai de donner le nom de *Taoperdix*. Lorsque M. P. Gervais rangeait l'oiseau d'Armissan à côté des Tétras, il avait surtout porté son attention sur la constitution du bassin, qui est en effet remarquablement court et élargi ; mais cette largeur est exagérée par la compression que cette pièce osseuse a subie, et qui a détaché les lames ischio-iliaques du sacrum ; de plus, l'articulation fémorale est située beaucoup plus en avant que chez les Tétras, et les fosses iliaques antérieures sont plus étroites. Le pelvis fossile se rapproche, à certains égards, de celui des Paons ; on y observe la même forme raccourcie, le même évasement du bord postérieur, dont les contours sont arrondis au lieu d'être coupés carrément, comme chez les Phasianides et les Perdicides, ou d'être presque droits, comme chez les Tétraonides.

Le sternum est remarquable par la faible profondeur des échancrures latérales. Ce mode de conformation sépare nettement l'os fossile de son analogue, chez les Tétras : oiseaux qui, sous ce rapport, ressemblent aux Phasianides. La branche externe est courte, forte et très-élargie à son extrémité, ce qui n'existe pas dans les groupes des Tétraonides, des Phasianides ou des Perdicides. La branche interne ne se prolonge que peu en arrière, et se termine à une grande distance du bord postérieur. Dans le genre Tétras, elle atteint presque le niveau de ce dernier. Le sternum de l'oiseau d'Armissan est pourvu d'une forte crête médiane ; la portion costale de ses bords latéraux est courte, et la corne hyosternale, au lieu de se diriger comme d'ordinaire, directement en avant, sous forme d'une pointe grêle et allongée, s'élargit carrément en haut.

Parmi les Gallinacés, ce sont les Pénélopides chez lesquels les échancrures latérales du sternum sont les plus réduites, et sous ce rapport ainsi que sous beaucoup d'autres, ils se rapprochent des Colombides ; mais, l'exagération même de cette disposition les éloigne de notre fossile, dont ils diffèrent d'ailleurs par beaucoup d'autres points.

Les proportions du bouclier sternal du Paon, sans être tout à fait les mêmes, rappellent cependant beaucoup celles de notre oiseau ; on y remarque une certaine analogie dans la forme des échancrures, dans les rapports de longueur des branches latérales, des cornes hyo-sternales, et dans la saillie du bréchet.

Les proportions relatives des diverses pièces du squelette nous fournissent aussi des indications précieuses ; ainsi, le sternum est comparativement moins développé que chez les Tétraonides ; il l'est cependant plus que chez les Perdicides. Les pattes sont peu allongées ; la longueur de l'os de la jambe, rapportée à celle du pied, est moindre

que chez les Tétras, et se rapproche de ce qui existe chez les Phasianides et les groupes voisins. Aussi, en rapportant le tarso-métatarsien
à l'unité, les dimensions du tibia seraient de 1,7, tandis que chez le
Coq de bruyère et les espèces qui s'en rapprochent, ces rapports sont
environ comme 1 : 2.

Les ailes sont robustes, ce qui indique, ainsi que nous pouvions
le prévoir d'après la saillie du bréchet, que cet oiseau était bien conformé pour le vol. Il est cependant inférieur sous ce rapport aux Coqs
de bruyère; ainsi la longueur totale de l'aile, réduite à ses pièces
osseuses, est presque égale à celle de la patte; si, par exemple, on
représente cette dernière par 100, l'aile mesurerait 96. Dans les
groupes des Phasianides, des Perdicides, des Pavonides et même chez
certains Tétraonides, les organes du vol sont moins développés, ainsi
qu'on peut s'en assurer en consultant le tableau ci-dessus (1).

Les proportions relatives des diverses parties de la patte sont
presque les mêmes que chez certaines Perdrix; ainsi la longueur du
tarso-métatarsien étant rapportée à 100, celle du tibia est de 174, et
celle du fémur de 130. Je ferai remarquer en même temps que chez
les Paons, les os des pattes ne présentent pas les mêmes rapports de
dimensions.

L'examen que nous venons de faire des caractères du squelette
fossile d'Armissan, nous indique que cet oiseau ne peut rentrer dans
aucun des groupes connus, qu'il devait constituer une espèce mieux
organisée pour le vol que la plupart des Gallinacés actuels. Par quelques-uns de ses caractères, tels que les proportions générales des os
de la patte, par la forme de l'os furculaire, il se rapproche des Perdrix;
mais le développement des ailes, du bouclier sternal et du bassin l'en
éloignent. La constitution de ces deux dernières pièces nous montre
certaines analogies avec les groupes des Pavonides et des Numidides.

(1) Voyez page 164.

Ces affinités zoologiques font penser que le *Taoperdix Pessieti* appartenait à une faune plus analogue à celle de l'Asie ou de l'Afrique, qu'à celle de l'Europe actuelle.

DIMENSIONS DES PRINCIPAUX OS DU *TAOPERDIX PESSIETI.*

Tarso-métatarsien	0,035
Tibia..	0,062
Fémur...	0,046
Longueur du bassin................................	0,051
— du sternum....................................	0,063
— de la branche externe, mesurée depuis l'apophyse épisternale.	0,042
— de la branche interne, mesurée de même.................	0,052
— du coracoïdien	0,034
— de la fourchette	0,037
— de l'humérus..............	0,050
— du cubitus	0,048
— du métacarpe..... ....,..........	0,025

§ 3. — GALLINACÉS DE L'ÉPOQUE MIOCÈNE.

La famille des Gallinacés comptait, à l'époque tertiaire moyenne, plus de représentants qu'il n'en existe aujourd'hui en France. Plusieurs d'entre eux atteignaient même une taille relativement considérable; ainsi, on trouve à Sansan une espèce dont les dimensions se rapprochaient de celles du Paon, et le Faisan des Faluns de Touraine était probablement de la grosseur d'un Lophophore.

Les couches calcaires du département de l'Allier ont conservé les débris de trois espèces de Gallinacés.

A Sansan, on a trouvé cinq de ces oiseaux.

Ainsi que je viens de le dire, on connaît un Faisan des Faluns.

M. Alb. Gaudry a trouvé, lors des fouilles qu'il fit exécuter à Pikermi, dans l'Attique : 1° un Gallinacé de la taille d'une Poule ordinaire, qu'il a décrit sous le nom de *Phasianus Archiaci;* 2° un Coq un

peu plus grand que le *Gallus Sonnerati,* que ce géologue a fait connaître sous le nom de *Gallus Æsculapi* (1).

Enfin, M. Herm. von Meyer indique une Perdrix comme ayant été
trouvée dans les couches miocènes de Weisseneau, près de Mayence;
mais il ne donne à cet égard aucune indication, et si la détermination
de ce fossile est exacte, si les débris qu'on en connaît proviennent d'un
Gallinacé, il est probable, d'après la similitude qui existe entre ce gisement et celui de l'Allier, que l'on reconnaîtra l'identité de cette
Perdrix avec l'une des espèces de *Palæortyx* que j'ai fait connaître
dans cette dernière localité.

PALÆORTYX GALLICA, nov. sp.

Voyez planches CXXVIII et CXXIX.

J'ai recueilli dans les carrières de Langy la plupart des os des
membres d'un petit Gallinacé (2), qui ne peut se ranger dans aucun
des genres actuels, et que je propose de placer dans le genre *Palæortyx*
sous le nom de *Palæortyx gallica.* Cette espèce devra même être considérée comme le type de ce genre, qui, ainsi qu'on l'a vu plus haut,
comprend déjà deux espèces contemporaines des dépôts gypseux du
bassin parisien. Par beaucoup des particularités de structure de sa
charpente osseuse, cet oiseau se rapproche des Colins.

Le tarso-métatarsien (3) est peu robuste et légèrement comprimé
d'avant en arrière; il ne présente pas, sur sa face postérieure, la crête
latéro-interne qui existe chez tous les Phasianides, les Perdrix, les
Cryptonyx, etc.; mais manque dans le genre *Ortyx.* Les lignes intermusculaires sont disposées comme chez ces derniers. La face anté-

---

(1) A. Gaudry, *Note sur les débris d'Oiseaux et de Reptiles trouvés à Pikermi* (Grèce) (*Bull.
de la Société géologique de France,* 1862, 2ᵉ série, t. XIX, p. 629, pl. XVI, fig. 1 à 7).

(2) Voyez pl. CXXVIII.

(3) Voyez pl. CXXIX, fig. 1 à 7.

rieure de l'os, arrondie inférieurement, s'aplatit dans sa moitié supérieure, sans cependant s'excaver en gouttière. Les empreintes d'insertion du muscle tibial antérieur sont bien distinctes; l'interne est étroite et allongée; l'externe est très-petite; l'extrémité tarsienne est disposée à peu près comme chez les Perdrix; elle est plus étroite; le talon, traversé à sa base par une gouttière tubulaire, présente une surface postérieure plus aplatie que chez les Perdrix.

Dans le genre *Ortyx*, j'ai déjà dit qu'il existait ordinairement deux gouttières tubulaires.

L'extrémité inférieure de cet os est plus élargie, et les trochlées digitales sont plus fortes que chez les Colins, bien que cependant elles soient beaucoup moins larges que chez les Perdrix. Le pertuis inférieur est grand, et la surface articulaire du doigt postérieur est profonde et ovalaire.

La longueur de ce tarso-métatarsien est un peu supérieure à celle du même os, chez le Colin de Californie.

Le tibia (1) ressemble beaucoup à celui de cette dernière espèce. En effet, il est grêle et présente une très-légère courbure à concavité interne. La crête péronière est assez allongée; la gouttière de l'extenseur des doigts est peu profonde, et les saillies sur lesquelles s'insère le ligament oblique sus-tibial, sont petites et peu marquées. L'extrémité inférieure est relativement un peu plus élargie que chez les Colins, et la gorge intercondylienne antérieure est moins creusée. L'extrémité supérieure est plus forte, et la surface glénoïdale interne y est plus aplatie; la dépression dans laquelle s'insère le ligament péronéotibial, est très-profonde. La longueur de cet os est un peu supérieure à ce qui se voit chez les Colins de Californie.

Je rapporte à notre *Palæortyx gallica* un fémur (2) qui a été trouvé

(1) Voyez pl. CXXIX, fig. 8 à 11.
(2) Voyez pl. CXXIX, fig. 12 à 17.

dans la même localité, et qui, par ses caractères ostéologiques, aussi bien que par ses dimensions, se rapproche beaucoup de celui des Colins. Il est cependant un peu moins grêle que chez ces Gallinacés, et sa moitié inférieure présente une légère torsion en dehors, qui n'existe pas dans le genre *Ortyx*, mais se voit chez les Francolins.

La tête du fémur est extrêmement petite; le trochanter est saillant, et son bord antéro-supérieur se recourbe légèrement en dedans. Il n'y a pas d'orifice pneumatique à la partie supérieure du corps de l'os.

Je possède du même gisement un fémur un peu plus petit (1), mais qui présente exactement les mêmes caractères. On doit peut-être admettre que ces variations tiennent à des différences individuelles, ou plutôt à des différences sexuelles, et il est probable que cet os a appartenu à une femelle du *Palæortyx gallica*.

L'humérus (2) se rapproche beaucoup plus de celui des *Ortyx* et des *Cryptonyx* que de celui des autres Gallinacés. En effet, il présente une profonde fosse tricipitale supérieure, comme chez ces oiseaux, et j'ai déjà eu l'occasion de dire que ce caractère ne se retrouve ni chez les Perdrix, ni chez les Phasianides; cette fosse s'étend sous la tête articulaire, presque jusqu'à l'extrémité de l'os; elle est même plus large que dans le genre *Ortyx*; ses dimensions sont supérieures à celles de la fosse sous-trochantérienne, dont elle est séparée par une mince cloison en forme d'arc-boutant. La crête externe est plus saillante que chez la plupart des Gallinacés actuels, ce qui indique que notre espèce fossile devait voler avec une assez grande facilité; elle se recourbe fortement en dedans. Le corps de l'os est comparativement plus robuste que chez les Perdrix et les Colins. Il n'est que médiocrement arqué. L'extrémité inférieure de l'os est forte et épaisse; l'empreinte d'in-

----

(1) Voyez pl. CXXIX, fig. 18 à 22.
(2) Voyez pl. CXXIX, fig. 25 à 29.

sertion du muscle brachial antérieur est petite, ovalaire et déprimée, mais elle est moins profonde que dans le genre *Ortyx*. Chez les Perdrix, elle est moins nettement limitée, et d'ailleurs nous savons que, dans ce genre, la dépression tricipitale supérieure est à peine indiquée.

Chez les Roulouls (*Cryptonyx*), la fosse sous-trochantérienne est disposée comme chez notre fossile, mais la fosse tricipitale supérieure est beaucoup moins profondément creusée.

L'humérus du *Palæortyx gallica* est beaucoup plus grand que celui du Colin de Californie ; sa longueur est à peu près celle de l'os du bras du *Cryptonyx cristatus*, mais il est beaucoup moins gros et moins arqué.

Le cubitus (1) est au moins aussi long que celui de cette dernière espèce, mais il est plus grêle, et son extrémité supérieure est beaucoup moins forte ; la facette glénoïdale externe est surtout moins large. Cet os, comme je l'ai déjà dit, ne fournit d'ailleurs que peu de caractères distinctifs.

D'après ce que nous connaissons du squelette de cette espèce fossile, nous pouvons conclure qu'elle était plus basse sur pattes que les Roulouls, mais que ses ailes étaient plus longues et que par conséquent cet oiseau était mieux organisé pour le vol, non-seulement que les *Cryptonyx*, mais aussi que les oiseaux du genre *Ortyx*.

Le tableau suivant indique les rapports de proportions qui existent entre les principaux os du squelette du *Palæortyx gallica* et ceux de l'*Ortyx californica* et du *Cryptonyx cristatus*.

(1) Voyez pl. CXXIX, fig. 23 et 24.

	PALÆORTYX GALLICA.		ORTYX CALIFORNICA.		CRYPTONYX CRISTATUS.	
	Dimensions réelles.	Réduction à 100.	Dimensions réelles.	Réduction à 100.	Dimensions réelles.	Réduction à 100.

Tarso-métatarsien.

Longueur de l'os..................	0,0348	100,0	0,032	100,0	0,0417	100,0
Largeur de l'extrémité supérieure	0,0058	16,7	0,0056	17,5	0,0069	16,5
Largeur de l'extrémité inférieure.......	0,006	17,2	0,0057	17,8	0,007	16,8
Largeur du corps de l'os.............	0,0029	8,3	0,0028	8,7	0,0069	7,7
Épaisseur du corps de l'os............	0,002	5,7	0,002	6,2	0,0027	6,5
Épaisseur de l'extrémité supérieure, prise de l'extrémité du talon............	0,0054	15,5	0,0059	18,4	0,0065	15,6

Tibia.

Longueur de l'os..................	0,0587	100,0	0,0554	100,0	0,0636	100,0
Largeur de l'extrémité supérieure	0,007	12,0	0,007	12,6	0,01	15,7
Largeur de l'extrémité inférieure.......	0,005	8,5	0,005	9,9	0,006	9,4
Largeur du corps de l'os.	0,0028	4,8	0,0028	5,1	0,0033	5,2
Épaisseur du corps de l'os............	0,0025	4,3	0,0028	5,1	0,0029	4,6
Épaisseur de l'extrémité supérieure.....	0,008	13,6	0,0169	12,5	0,0109	17,1
Longueur de l'extrémité inférieure à la naissance de la crête péronière......	0,0397	67,6	0,039	70,4	0,042	66,0

Fémur.

Longueur de l'os	0,042	100,0	0,043	100,0	0,0475	100,0
Largeur de l'extrémité supérieure.....	0,007	16,7	0,006	14,0	0,0082	17,3
Largeur de l'extrémité inférieure.......	0,0068	16,2	0,0069	16,0	0,0082	17,3
Largeur du corps de l'os	0,003	7,1	0,0027	6,7	0,0037	7,8
Épaisseur du corps de l'os...........	0,003	7,1	0,0029	6,7	0,0038	8,0

Humérus.

Longueur de l'os..................	0,0425	100,0	0,0365	100,0	0,0409	190,0
Largeur de l'extrémité supérieure......	0,0101	23,8	0,009	24,7	0,011	26,9
Largeur de l'extrémité inférieure	0,0079	18,6	0,0068	18,6	0,009	22,0
Largeur du corps de l'os.............	0,0039	9,2	0,0029	7,9	0,004	9,8
Épaisseur du corps de l'os	0,003	7,1	0,0025	6,8	0,003	7,3

Cubitus.

Longueur de l'os	0,043	100,0	0,033	100,0	0,041	100,0
Largeur de l'extrémité supérieure.......	0,005	11,6	0,0038	11,5	0,005	12,2
Largeur de l'extrémité inférieure.......	0,004	9,3	0,0038	11,5	0,004	9,8
Largeur du corps de l'os.............	0,003	7,0	0,0018	5,5	0,0025	6,1
Épaisseur du corps de l'os...........	0,0028	6,5	0,0026	7,9	0,0032	7,8

PALÆORTYX BREVIPES, nov. sp.

(Planche CXXX, fig. 1 à 21.)

Cette espèce, qui provient également des carrières des environs de Langy, était notablement plus petite que la précédente.

Le tarso-métatarsien (1) est d'environ un tiers plus court, et sa diaphyse est plus rétrécie comparativement à ses extrémités, dont l'inférieure surtout présente une largeur assez considérable; de même que chez le *Palæortyx gallica*, sa face postérieure est dépourvue de crête interne saillante, et l'on n'aperçoit qu'une seule empreinte d'insertion pour le tendon du muscle tibial antérieur. L'extrémité supérieure paraît disposée comme dans l'espèce précédente, autant du moins que l'on peut en juger d'après ce qui a été conservé du talon. Cet os est notablement plus court, mais plus robuste que celui du Colin de Virginie.

Le fémur (2) que je rapporte à cette espèce, a aussi été trouvé à Langy. Il offre à peu près les rapports de proportions qui existent chez les Colins, mais il est d'un sixième environ plus petit que celui de l'*Ortyx Californica*. Le corps de l'os est moins arqué que celui de l'espèce précédente, il ne présente pas dans sa moitié inférieure la torsion que j'ai signalée chez cette dernière; ses caractères sont d'ailleurs les mêmes.

Le coracoïdien (3) que je crois devoir attribuer au *Palæortyx brevipes* est notablement plus petit que celui du Colin de Californie. Il est presque droit, très-peu élargi inférieurement et, comme dans le genre *Ortyx*, il est complétement dépourvu d'orifices pneumatiques; il diffère davantage du coracoïdien des Perdrix, chez lequel la tubérosité supé-

(1) Voyez pl. CXXX, fig. 1 à 6.
(2) Voyez pl. CXXX, fig. 7 à 11.
(3) Voyez pl. CXXX, fig. 17 à 21.

rieure est beaucoup plus élargie et plus renflée. Dans le genre *Coturnix*, cet os est plus court et plus robuste.

Je possède de cette espèce un humérus parfaitement conservé (1), qui offre exactement les mêmes caractères que celui du *Palæortyx gallica*, mais dont les dimensions sont beaucoup moins considérables. On y retrouve une fosse tricipitale supérieure très-profonde et remontant dans l'épaisseur de la tête articulaire jusqu'à l'extrémité de l'os; cependant la diaphyse est plus grêle et l'os considéré dans son ensemble plus fortement tordu. Sa taille est la même que celle de l'humérus du Colin de Californie, auquel il ressemble d'une manière frappante par sa forme générale; mais il s'en distingue par la position de l'empreinte d'insertion du muscle court fléchisseur de l'avant-bras, qui est située très-obliquement, tandis que chez le Colin, elle est placée longitudinalement le long du bord interne de l'os. Dans notre fossile, l'épitrochlée fait une saillie beaucoup plus forte, et enfin la dépression tricipitale supérieure est beaucoup plus large et plus profonde.

Autant qu'il est possible d'en juger d'après le petit nombre des pièces du squelette du *Palæortyx brevipes* que je possède, ce Gallinacé fossile devait présenter à peu près les mêmes proportions que le Colin de Californie; cependant ses pattes étaient relativement plus courtes et plus trapues.

Le tableau ci-dessous indique les dimensions comparatives des différents os du squelette du *Palæortyx brevipes* comparées à celles du *Palæortyx gallica* :

(1) Voy. pl. CXXX, fig. 12 à 16.

	PALÆORTYX GALLICA.		PALÆORTYX BREVIPES.	
	Dimensions réelles.	Réduction à 100.	Dimensions réelles.	Réduction à 100.
Métatarse.				
Longueur de l'os.........................	0,027	100,0	0,0348	100,0
Largeur de l'extrémité supérieure.............	0,0049	18,1	0,0068	16,7
Largeur de l'extrémité inférieure.............	0,0049	18,1	0,006	17,2
Largeur du corps de l'os....................	0,0022	8,1	0,0029	8,3
Épaisseur du corps de l'os..................	0,002	7,4	0,002	5,7
Fémur.				
Longueur de l'os.........................	0,0329	100,0	0,042	100,0
Largeur de l'extrémité supérieure.............	0,006	18,2	0,007	16,7
Largeur de l'extrémité inférieure.............	0,005	15,2	0,0068	16,2
Largeur du corps de l'os	0,002	6,1	0,003	7,1
Épaisseur du corps de l'os..................	0,002	6,1	0,003	7,1
Coracoïdien.				
Longueur de l'os.........................	0,025	100,0	»	»
Largeur de l'extrémité sternale..............	0,055	22,0	»	»
Largeur de l'os au-dessous de la fossette scapulaire................................	0,002	8,0	»	»
Largeur de l'os au niveau de la facette glénoïdale...............................	0,003	12,0	»	»
Humérus.				
Longueur de l'os.........................	0,0357	100,0	0,0425	100,0
Largeur de l'extrémité supérieure.............	0,0085	23,8	0,001	23,8
Largeur de l'extrémité inférieure..............	0,0069	19,3	0,0079	18,6
Largeur du corps de l'os....................	0,0029	8,1	0,0039	9,2
Épaisseur du corps de l'os.	0,0025	7,0	0,003	7,1

PALÆORTYX? PHASIANOIDES, nov. sp.

(Voyez planche CXXX, fig. 22 à 27.)

Je ne connais encore que très-imparfaitement cette espèce, mais les pièces de son squelette que je possède permettent d'établir avec assez de précision quelles étaient ses affinités. Je n'ai pu réunir jusqu'à présent qu'un scapulum et une portion d'humérus provenant de cet oiseau, et ces deux os ont été trouvés aux environs de Langy.

L'omoplate des Gallinacés, ainsi que je l'ai établi dans le précédent chapitre, est si nettement caractérisée qu'on ne peut la confondre avec
celle d'aucun autre oiseau, et toutes ses particularités distinctives se
retrouvent chez notre fossile (1). On voit que la surface glénoïdale destinée à l'articulation de l'os du bras, est dirigée en dehors et en avant,
et entourée par un bord saillant; la tubérosité claviculaire est très-
allongée et portée sur un col étroit, mais à ces caractères généraux et
typiques s'en ajoutent d'autres qui nous permettent de déterminer
d'une façon plus rigoureuse la place que cet oiseau fossile de l'Allier
doit occuper dans la famille des Gallinacés. En effet, ce scapulum est
remarquable par le peu de largeur du corps de l'os qui présente,
sur sa face supéro-externe, une cannelure longitudinale; ce sillon est
très-peu marqué chez les Faisans ainsi que chez les Perdrix, les
Tétras, les Paons et les Dindons, mais il est bien développé chez les
Francolins et les Colins. L'extrémité articulaire de notre fossile présente beaucoup de ressemblance avec ce qui se voit chez ces derniers
oiseaux ; en effet, elle est remarquablement allongée et la tubérosité
claviculaire est petite, presque pédonculée, et arrondie en forme de
tête à son extrémité. Nous savons que dans le genre *Perdix*, elle est
comprimée et se termine par un bord mince; chez les Faisans, elle est
tronquée en avant ; ce n'est que dans le genre *Ortyx* et *Francolinus* que
l'on trouve une disposition analogue à celle qui existe chez notre fossile ;
cependant on ne peut le rapprocher complétement de ces types aujourd'hui vivants, à cause du peu de largeur de la gouttière située
entre la surface glénoïdale et la tubérosité et servant à loger le tendon
du moyen pectoral. Cette coulisse est beaucoup plus profonde chez les
Francolins et les Colins.

Le scapulum du *Palæortyx phasianoides* est sensiblement plus
grand que celui du *Francolinus perlatus* des Indes.

(1) Voyez pl. CXXX, fig. 22 à 26.

L'humérus que je pense appartenir à cette espèce est malheureusement dans un très-mauvais état de conservation, et ses deux extrémités articulaires sont brisées (1). Il est cependant facile de reconnaître au premier coup d'œil à quel groupe zoologique il appartient, car il présente la courbure en S des Gallinacés ; sa diaphyse est trapue et l'on aperçoit encore en haut l'origine de la crête externe, et en bas l'empreinte d'insertion du muscle brachial antérieur, de façon que l'on peut facilement se rendre compte des dimensions que ce fossile devait présenter lorsqu'il était entier, et qui probablement se rapprochaient de celles de l'os du bras d'un Faisan ordinaire. Il ne peut donc avoir appartenu à aucune de nos espèces de *Palæortyx* déjà décrites, car le *Palæortyx gallica* et le *Palæortyx brevipes* sont notablement plus petits, et nous connaissons leurs humérus ; ces dimensions s'accordent assez bien avec celles de l'omoplate dont je viens d'exposer les caractères, et j'ai tout lieu de penser que ces deux os proviennent d'une même espèce, probablement du genre *Palæortyx* dont les dimensions étaient environ celles d'un petit Faisan.

PHASIANUS ALTUS, nov. sp.

(Voyez planche CXXXI, fig. 27 à 36.)

Les espèces de Gallinacés trouvées à Sansan sont de plus grande taille que la plupart de celles que nous venons de passer en revue. L'une d'elles paraît très-voisine des Faisans, et à raison de ses dimensions, je l'ai désignée sous le nom de *Phasianus altus*.

La portion supérieure du métatarse de ce Faisan présente en effet les caractères propres aux oiseaux dont le genre *Phasianus* se compose (2), et elle ressemble plus à celle du Faisan commun qu'à toute

(1) Voyez pl. CXXX, fig. 26 à 27.
(2) Voyez pl. CXXXI, fig. 27 à 29.

autre espèce. L'empreinte d'insertion du muscle tibial antérieur est située un peu plus bas que d'ordinaire; elle est unique et assez saillante. La dépression qui la surmonte est évasée, et, au fond, on aperçoit l'ouverture des deux pertuis supérieurs qui sont placés à la même hauteur. La coulisse de l'extenseur des doigts est assez large et limitée de chaque côté par une petite crête bien marquée. Les facettes articulaires tibiales, situées à peu près au même niveau, sont grandes, arrondies et séparées par une tubérosité intercondylienne peu saillante. Le talon est bien développé; la gouttière tubulaire est largement ouverte, et sa surface postérieure présente trois coulisses dont l'externe très-courte est séparée de l'interne par une crête forte et arrondie.

La largeur de cette extrémité est de $0^m,016$, et il paraît évident, d'après la manière dont elle se continue avec la diaphyse, que ce tarso-métatarsien devait présenter une longueur considérable ; si, par exemple, on admet que les rapports de proportions aient été les mêmes que chez le Faisan commun, cet os aurait mesuré près de 10 centimètres et par conséquent aurait dépassé en longueur celui du plus grand Phasianide actuel, le *Crossoptilon auritum*, dont l'os du pied n'a que 8 ou 9 centimètres.

Le tibia dont j'ai entre les mains une extrémité inférieure bien conservée (1), présente des dimensions en rapport avec celles du tarso-métatarsien. La tête articulaire inférieure est presque aussi grosse que celle du Paon ; mais le corps de l'os est notablement plus grêle. Les lignes intermusculaires et les saillies où s'insèrent les ligaments sont moins prononcées et indiquent que l'animal était moins vigoureux; malheureusement cet os est brisé, de façon qu'on ne peut avoir aucun renseignement sur sa longueur totale. La coulisse de l'extenseur commun des doigts est évasée, mais sa lèvre interne est peu saillante. Le pont osseux sustendineux est moins large que chez le Tétras et disposé comme dans

(1) Voyez pl. CXXXI, fig. 30 à 33.

le genre *Phasianus*. La coulisse du court péronier est située sur le bord externe et limitée de chaque côté par une petite crête bien accusée.

Le condyle externe est peu élargi et la gorge intercondylienne antérieure est plus évasée et moins profonde que chez les Paons. La gorge rotulienne est lisse et ses bords sont très-saillants latéralement.

Il m'est impossible d'indiquer exactement les dimensions de cette portion de tibia, parce que l'un des condyles a été brisé, mais on peut en juger approximativement d'après la figure que j'en ai donnée.

Je pense que c'est à cette espèce que doit se rapporter une première phalange (1) du doigt médian de l'aile d'un oiseau de grande taille, trouvée dans le même gisement ; il est facile de reconnaître que cet os appartient à un représentant de la famille des Gallinacés ; il est en effet court et très-épais ; l'expansion osseuse supérieure qu'il présente est très-peu développée, et n'offre que de faibles traces des dépressions dans lesquelles se fixent les grandes plumes de cette partie de l'aile. La taille de cette phalange est bien supérieure à celle de la même pièce chez toutes nos espèces de Faisans ; mais elle est très-inférieure à celle du Paon ; ce sont ces rapports dans les dimensions qui me portent à attribuer cette phalange au *Phasianus altus*.

Les particularités anatomiques que nous venons de signaler indiquent d'une manière évidente que le Gallinacé fossile de Sansan était bien distinct de tous les représentants de la même famille qui existent aujourd'hui ; à raison de sa taille, on ne peut pas davantage le confondre avec les espèces provenant de Pikermi et décrites par M. Gaudry sous le nom de *Phasianus Archiaci* et de *Gallus Æsculapi*.

(1) Voyez pl. CXXXI, fig. 34 à 36.

PHASIANUS MEDIUS, nov. sp.

(Voyez planche CXXXI, fig. 24 à 26.)

Bien que le squelette de cet oiseau ne soit pas encore connu d'une manière suffisante, je crois pouvoir établir qu'il existait une autre espèce du genre Faisan et que cette espèce était plus petite que le *Phasianus altus*. Je me fonde pour cela sur la considération d'une portion inférieure de tarso-métatarsien (1), qui a été trouvée à Sansan, et qui par tous ses caractères se rapproche beaucoup de celui des représentants actuels du même groupe. Un fragment de tout autre os ne suffirait peut-être pas pour nous conduire à une approximation aussi grande ; mais ainsi qu'on a pu s'en convaincre par l'étude que nous avons faite du tarso-métatarsien dans les divers groupes ornithologiques, la disposition des trochlées digitales fournit des caractères d'une très-grande importance et qui rarement induisent en erreur. Ainsi il est facile de voir au premier coup d'œil, que l'extrémité articulaire inférieure de ce tarso-métatarsien fossile n'appartient ni à un Palmipède ni à un Échassier ; elle se distingue nettement, de celle des *Penelopidæ* par la position de la trochlée interne qui est beaucoup plus relevée que l'externe, et placée comme dans le genre *Phasianus*. La trochlée médiane est longue et robuste, sa gorge articulaire n'est pas surmontée en haut et en avant par une petite dépression comme dans les genres *Satyrus* et *Lophophorus* ; l'échancrure interdigitale externe est médiocrement élargie ; enfin, la trochlée interne présente en avant, comme chez les Faisans, une surface articulaire arrondie et se termine en arrière par une petite saillie tuberculiforme. Le pertuis inférieur ne présente aucune particularité importante à noter, et l'on peut encore voir qu'il se prolongeait sur la face antérieure de l'os par une coulisse bien indiquée.

(1) Voyez pl. CXXXI, fig. 24 à 26.

La largeur de cette extrémité inférieure est de 0ᵐ,012, c'est-à-dire plus petite que celle du Faisan argenté ; l'espèce à laquelle elle appartient ne devait pas atteindre la taille du *Phasianus Archiaci* de Pikermi, elle se rapprochait davantage, sous ce rapport, du *Gallus Æsculapi ;* mais l'échancrure interdigitale externe, chez ce dernier oiseau, est plus étroite.

PHASIANUS DESNOYERSII, nov. sp.

(Voyez planche CXXXI, fig. 37 à 39.)

Je ne possède de cette espèce qu'un os métacarpien parfaitement conservé (1), provenant des faluns de Touraine, où il a été trouvé par M. J. Desnoyers ; mais nous savons, d'après ce qui a été dit dans le précédent chapitre, que cette partie du squelette est une de celles dont on tire les meilleures indications pour la détermination des oiseaux de la famille des Gallinacés.

Il est facile de voir que ce fossile présente indubitablement les caractères propres au grand genre *Phasianus.* En effet, la petite branche du métacarpe est fortement arquée, de telle sorte que l'espace intermétacarpien est très-large, comme chez les Faisans, tandis que chez les Perdrix, les Colins et les Tétras, il est plus étroit. L'apophyse intermétacarpienne est aplatie, triangulaire et bien développée. Nous savons que chez les Pénélopidés et les Pintades, elle n'est représentée que par une petite empreinte à peine saillante, et que chez les Paons elle est courte. L'extrémité supérieure est grosse ; l'apophyse radiale est grêle et dirigée en haut ; l'apophyse pisiforme est renflée et moins saillante que dans le genre *Ortyx ;* enfin, la poulie carpienne est large et présente une échancrure intermusculaire beaucoup moins prononcée que chez les Tétras, et disposée comme dans le genre *Pha-*

(1) Voyez pl. CXXXI, fig. 37 à 39.

sianus. Nous voyons donc que c'est avec ces derniers oiseaux que doit se ranger l'espèce fossile à laquelle appartenait l'os que nous venons d'étudier.

Par ses proportions générales, ce métacarpien ressemble beaucoup à celui d'une femelle de Lophophore; la taille en est presque exactement la même. Je ne puis donc penser qu'il ait appartenu à aucune des espèces dont j'ai signalé la présence dans les couches miocènes de Sansan, car le *Phasianus altus* est beaucoup plus grand que le Lophophore, tandis que le *Phasianus medius* est plus petit et devait atteindre au plus la taille du Faisan argenté. Je me trouve donc conduit à attribuer ce débris fossile à une nouvelle espèce du genre *Phasianus*, à laquelle je propose de donner le nom du géologue qui l'a découvert.

Le tableau ci-dessous donne les proportions du métacarpe du *Phasianus Desnoyersii*, comparées à celles du même os chez une femelle de Lophophore.

	PHASIANUS DESNOYERSII.		LOPHOPHORUS REFULGENS.	
	Dimensions réelles.	Réduction à 100.	Dimensions réelles.	Réduction à 100.
Métacarpe.				
Longueur de l'os..........................	0,0448	100,0	0,046	100,0
Largeur de l'extrémité supérieure	0,007	15,6	0,0085	18,5
Largeur de l'extrémité inférieure.............	0,0065	14,5	0,0068	14,8
Épaisseur de l'extrémité supérieure...........	0,013	29,0	0,012	26,1
Épaisseur de l'extrémité inférieure...........	0,009	20,1	0,0085	18,5
Espace intermétacarpien	0,0225	50,2	0,0222	48,3
Épaisseur du gros métacarpien, prise de l'extrémité de l'apophyse intermétacarpienne.......	0,0062	13,8	0,0062	13,5

PALÆOPERDIX LONGIPES, nov. gen. et nov. sp.

(Voyez planche CXXX, fig. 28 à 31.)

On ne peut rapporter au genre *Perdix* proprement dit, divers fragments du squelette de quelques Gallinacés trouvés à Sansan, et qui se rapprochent cependant beaucoup de ce qui existe chez ces oiseaux. Aussi pour indiquer à la fois ces ressemblances et ces différences, je propose de les ranger dans un genre qui portera le nom de *Palæoperdix*.

L'une de ces espèces, que j'appelle *Palæoperdix longipes*, n'est connue jusqu'à présent que par un os tarso-métarsien presque complet (1), très-bien conservé et notablement plus grand que celui de la Perdrix grise ou de la Perdrix rouge.

Le corps de l'os, de même que dans le genre *Palæortyx*, ne présente pas en arrière de crête externe saillante, comme celle qui existe chez les Perdrix, les Cryptonyx, etc.; les lignes intermusculaires y sont nettement indiquées, et la surface d'insertion du court fléchisseur du pouce est large et profonde, la face antérieure est aplatie, l'empreinte du tibial antérieur est située très-haut et très en dedans. Les pertuis supérieurs sont petits et placés à peu près à la même hauteur. L'extrémité tarsienne de l'os est disposée à peu près comme chez les Perdrix. Le talon présente à sa base une gouttière tubulaire largement ouverte, et sa surface postérieure présente des sillons superficiels.

Je ne puis faire rentrer cette espèce dans le genre *Palæortyx*, parce que, chez ces derniers, le corps de l'os est plus fortement comprimé d'avant en arrière; le talon est relégué beaucoup plus en dehors, et la coulisse externe de sa surface postérieure est beaucoup mieux indiquée.

(1) Voyez pl. CXXX, fig. 28 à 31.

L'extrémité supérieure, dont je viens d'indiquer les caractères, mesure 8 millimètres de largeur ; son épaisseur est à peu près la même, tandis que chez la Perdrix rouge et la Perdrix grise, la largeur est plus grande que l'épaisseur. Le corps de l'os de notre fossile, mesuré au point le plus étroit, a 4 millimètres de largeur. Malheureusement, l'extrémité inférieure est brisée au-dessus de la surface articulaire du pouce, de façon qu'on ne peut juger de la longueur totale de l'os du pied ; mais il devait être notablement plus grand que celui de nos Perdrix actuelles.

PALÆOPERDIX PRISCA, nov. sp.

(Voyez planche CXXXI, fig. 1 à 17.)

Cette espèce est notablement plus petite que la précédente et devait à peine atteindre la taille d'une petite Perdrix grise.

Je ne connais pas l'extrémité inférieure du canon de cet oiseau fossile de Sansan, mais la portion supérieure (1) fournit de bons caractères qui permettent d'établir ses affinités zoologiques. La gouttière métatarsienne antérieure est plus profonde que chez la plupart des Gallinacés ; il n'existe, comme dans les autres genres du même groupe, qu'une seule empreinte d'insertion pour le tendon du tibial antérieur ; les surfaces déprimées sur lesquelles s'insèrent en dedans le fléchisseur propre du pouce, et en dehors l'abducteur du doigt externe, sont profondes. La cavité glénoïdale interne est située plus haut que cela ne se voit généralement chez les Gallinacés ; la saillie intercondylienne est petite et moins arrondie que dans l'espèce précédente. Le talon est situé très en dehors, et sa crête interne correspond à peu près à l'espace qui sépare les deux surfaces glénoïdales. Les gouttières tendineuses offrent la même disposition que chez le *Palæoperdix lon-*

(1) Voyez pl. CXXXI, fig. 1 à 4.

gipes. Cette extrémité articulaire est peu élargie, comparativement au corps de l'os ; elle mesure 6 millimètres et demi.

Je n'ai pu étudier que la portion inférieure du tibia (1), qui, tout en présentant beaucoup de rapports avec son analogue chez les Perdrix, s'en distingue cependant par plusieurs particularités. Ainsi, l'orifice inférieur de la gouttière de l'extenseur des doigts est plus large, et celle-ci est plus profonde. Le condyle interne est plus rétréci ; mais ces caractères n'ont que peu d'importance, et s'ils existaient seuls, on ne serait pas en droit de placer l'oiseau fossile de Sansan dans une division générique différente de celle des Perdrix. Ce tibia se rapproche, par sa taille, de celui de la Perdrix grise.

Je pense que c'est à cette espèce qu'appartient un coracoïdien (2) presque entier, trouvé aussi à Sansan, et dont la longueur est de très-peu supérieure à celle du même os chez la Perdrix grise ; comme dans le genre *Perdix*, il n'existe pas de trou pneumatique au fond de la dépression du coraco-huméral.

Le corps de l'os est plus épais et plus droit que chez les Perdrix, et la facette d'insertion destinée à s'unir à l'omoplate est moins profonde.

A raison de sa taille, je suis tenté de rapporter à cette espèce un fragment très-incomplet de clavicule furculaire (3), provenant également de Sansan. L'angle sous lequel les deux branches se réunissent, est le même que dans le genre *Perdix*, et, comme chez les espèces qui composent ce petit groupe, on remarque aussi à la face postérieure, au-dessus de la base de l'apophyse épisternale, une dépression triangulaire dont les bords latéraux sont plus tranchants que chez les représentants actuels du type qui nous occupe. On aperçoit aussi sur les faces latérales de la base de cette apophyse, une ligne saillante qui descend de

(1) Voyez pl. CXXXI, fig. 5 à 8.
(2) Voyez pl. CXXXI, fig. 15, 16 et 17.
(3) Voyez pl. CXXXI, fig. 9 et 10.

la branche correspondante vers le bord antérieur de ce prolongement osseux, et qui est disposée à peu près comme chez la *Perdix petrosa ;* mais la face antérieure de cette portion de l'os n'est pas excavée comme dans cette dernière espèce. Par sa taille, cet os furculaire paraît appartenir à un oiseau un peu plus grand que la Perdrix grise.

J'attribue également à cette espèce un humérus presque entier (1), trouvé à Sansan, et qui est un peu plus grêle que celui de notre Perdrix commune. Il-devait être comparativement presque aussi long, autant qu'on en peut juger d'après la portion qui en a été conservée, et dont l'extrémité supérieure manque. Le corps de l'os est peu arqué ; sa largeur est à peu près égale dans toute son étendue, tandis que chez les Perdrix, il se dilate beaucoup avant d'atteindre même la surface bicipitale. L'extrémité inférieure offre quelques particularités qui permettent de le distinguer de celle des Perdrix, des Colins et des Cryptonyx. L'empreinte d'insertion de l'extenseur de la main est plus relevée que dans le premier de ces genres. La surface sur laquelle se fixe le brachial antérieur, est disposée obliquement et beaucoup plus rapprochée du bord externe que chez les Roulouls, les Colins et les Perdrix. La tubérosité interne est saillante, surtout en arrière, et les fossettes d'insertion des muscles pronateurs y sont profondes ; il n'y a pas de trace de la fosse olécrânienne, et la gouttière tricipitale est très-creusée. Je ne puis être parfaitement sûr que cet humérus appartienne à la *Palæoperdix prisca,* car la *Palæoperdix Sansaniensis* paraît avoir eu à peu près la même taille ; il se pourrait donc que l'humérus que je viens de décrire dût lui être rapporté.

(1) Voyez pl. CXXXI, fig. 11 à 14.

PALÆOPERDIX? SANSANIENSIS, nov. sp.

(Voyez planche CXXXI, fig. 18 à 23.)

Je crois devoir rapporter à un oiseau très-voisin des espèces précédentes, une moitié inférieure de tibia trouvée à Sansan, et qui, bien que se rapprochant beaucoup de l'os de la jambe des Perdrix, présente d'autres caractères qui lui sont communs avec les Colins. Je ne puis attribuer ce tibia à la *Palæoperdix prisca*, dont les dimensions sont beaucoup plus considérables, et par conséquent moins encore à la *Palæoperdix longipes*.

Dans notre fossile, la gouttière de l'extenseur commun des doigts est plus large et plus profonde que chez les Perdrix, les Cailles et les Colins; elle est limitée en dedans par un bord fortement accusé, à l'extrémité duquel se voit la saillie interne sur laquelle s'insère la bride ligamenteuse du muscle tibial antérieur. Cette saillie, plus forte que dans le genre *Ortyx*, rappelle un peu ce qui existe dans le genre *Coturnix*. La saillie externe d'insertion du même ligament se présente sous la forme d'un petit tubercule situé immédiatement au-dessus du condyle externe, comme chez les Perdrix.

Le pont osseux sus-tendineux est large et déprimé. Le condyle interne est saillant et plus court que l'externe. La gorge rotulienne est disposée comme chez les Colins; la coulisse du court péronier est fortement marquée.

Les dimensions de ce tibia paraissent presque exactement les mêmes que chez le Colin de Californie.

Dans le genre *Ortyx*, la gouttière de l'extenseur commun des doigts et la gorge intercondylienne antérieure sont moins profondes. Ces oiseaux, bien qu'à peu près de même taille que la *Palæoperdix Sansaniensis*, devaient être moins vigoureux ou moins bien constitués pour la marche.

§ 4. — GALLINACÉS DE L'ÉPOQUE PLIOCÈNE.

Les terrains tertiaires supérieurs, si pauvres en ossements d'oiseaux, ont cependant fourni une espèce de Gallinacé de grande taille, qui paraît se rapporter au genre Coq.

GALLUS BRAVARDI, Gervais.

GALLUS, P. Gervais, *Remarques sur les oiseaux fossiles* (thèse), 1844, p. 22.
GALLUS BRAVARDI, P. Gervais, *Mémoires de l'Académie des sciences de Montpellier*,
  t. VIII, p. 220. — *Zoologie et Paléontologie françaises*, 1ʳᵉ édition, p. 237,
  pl. LI, fig. 1 et 1ª; et 2ᵉ édition, p. 418.

M. Gervais, à qui l'on doit la connaissance de ce fossile, donne à son sujet les détails suivants :

« M. Bravard a recueilli à Ardes, auprès d'Issoire, dans le dépar-
» tement du Puy-de-Dôme, la portion intermédiaire d'un tarse de
» Gallinacé ; c'est ce fossile qu'il nous a communiqué, que nous avons
» mentionné, en 1844, à la page 22 de notre travail sur les Oiseaux
» fossiles. Ce fragment est la partie la plus voisine de l'éperon. Celui-ci
» est long de 0ᵐ,021, quoique son sommet ait été cassé ; sa base a
» 0ᵐ,013 de hauteur verticale. Cet éperon est assez comprimé ; il est
» creusé en gouttière près de sa base, à la face postérieure, pour le
» passage des tendons. A cet endroit, la face externe du tarse a 0ᵐ,015,
» et elle diminue brusquement à 0ᵐ,05 au-dessous de la base de l'épe-
» ron par la cessation de la crête postérieure de l'os, qui n'est que
» la soudure au canon du métatarsien du pouce. Ce fragment a
» plus de rapports avec la partie correspondante du canon du Coq
» qu'avec la même partie, chez le Paon ou les autres Gallinacés aux-
» quels je l'ai comparé. Il indique un oiseau voisin des Coqs, et dont

» la taille était intermédiaire à celle du Paon et du Coq ordinaire, mais
» que je ne crois pas de la même espèce que ce dernier, quoiqu'il lui
» ressemble plus qu'aux autres oiseaux du même ordre. A propos de
» la pièce qui m'a servi à distinguer le *Gallus Bravardi,* je dois rappeler
» que j'ai vu, il y a quelques années, dans la collection de feu M. Pe-
» droni, à Bordeaux, une portion presque semblable de tarse, égale-
» ment éperonnée, que ce naturaliste avait trouvée à Cadillac, dans
» le bassin de Bordeaux; c'est elle que j'ai mentionnée dans une pré-
» cédente occasion (1). Je ne crois pas qu'elle soit de même espèce que
» celle d'Ardes. »

§ 5. — GALLINACÉS DE L'ÉPOQUE QUATERNAIRE.

On a trouvé quelques débris de Gallinacés dans le diluvium proprement dit. Aussi, M. Gervais cite un os tarso-métatarsien recueilli à
Coudes, près d'Issoire, par M. Bravard. Cet os est long de 0^m,037, large
de 0^m,007 aux trochlées digitales et de 0^m,007 à l'articulation tibiale.
D'après M. Gervais, il ressemblerait à celui de nos Francolins, Perdrix
et petits Tétras; mais ce zoologiste s'est abstenu d'en donner une détermination plus rigoureuse.

Le même auteur signale : 1° un cubitus indiquant une espèce
voisine du Coq, trouvé dans le conglomérat diluvien, à peu de distance
de la barrière de Fontainebleau, près de Paris ; 2° une extrémité inférieure d'humérus qui paraît provenir du même genre, mais aurait appartenu à une espèce ou plutôt à un individu de moindre taille (2).

J'ajouterai que M. H. de Meyer croit avoir reconnu des débris de
Pintade (*Numida*) dans le loess de Salsbach ; mais il n'indique aucun des
caractères ostéologiques qui ont pu le conduire à cette détermination.

---

(1) *Mém. Acad. sc. Montpellier,* t. I, p. 220, 1849.
(2) Voyez Gervais, *Zoologie et Paléontologie françaises,* 1re édition, p. 239, et 2e édition,
p. 129.

Les ossements de Gallinacés sont loin d'être rares dans les cavernes du centre et du midi de la France; presque toutes celles qui ont été explorées en ont fourni des débris en général bien conservés; cette abondance, sur ces points, ne peut s'expliquer qu'en admettant que l'homme y ait apporté ces oiseaux pour en faire sa nourriture, car s'ils y avaient été transportés par les animaux carnassiers, les têtes articulaires seraient généralement rongées, comme l'a si bien montré M. Steenstrup dans son mémoire sur les ossements des Kjökkenmöddings du Danemark.

Les ossements des Tétras y sont nombreux et se rapportent à plusieurs espèces, dont quelques-unes ont disparu de nos climats et n'existent plus aujourd'hui que dans le Nord; tel est le *Tetrao albus*, ou Tétras des Saules, qui, très-abondant à l'époque quaternaire, a suivi le Renne dans ses migrations, et ne se voit plus aujourd'hui qu'en Suède, en Norvége et dans les régions polaires.

Le Lagopède vivait aussi à cette époque, ainsi que le Tétras à queue fourchue, et le grand Coq de bruyère. Mais ce fait est moins intéressant, car aujourd'hui ces oiseaux n'ont pas abandonné la région géographique qu'ils habitaient à cette époque.

On trouve aussi quelques ossements de Perdrix dans les cavernes, mais ils sont beaucoup plus rares, et il est très-probable que la plupart des débris qui ont été rapportés à ce genre proviennent des Tétras, car jusqu'ici presque tous les observateurs ont signalé la présence de Perdrix dans les cavernes, et n'ont pas mentionné les Tétras (1).

Ainsi, dans les cavernes de Mialet et de Jobertas (Gard), M. Marcel

---

(1) M. Pictet, dans son *Traité de Paléontologie* (2ᵉ édition, t. I, p. 415), cite des restes de Tétras commun trouvés dans la caverne de Brengues (Lot) par M. Puel; mais cette indication se rapporte encore à une Perdrix, car dans son mémoire (*Bulletin de la Société géologique de France*, 1837, t. IX, p. 45), M. Puel donne la liste des fossiles de la caverne de Brengues et signale des Gallinacés du genre *Tetrao*, espèce *Tetrao-Perdix*.

de Serres a reconnu divers ossements d'oiseaux, dont quelques-uns, dit-il, « par leur grandeur et leurs autres caractères, se rapproche- » raient de nos Perdrix (1). »

Dans les cavernes de Fausan (Hérault), le même observateur a trouvé des Gallinacés de la grandeur du Faisan commun et de la Perdrix (2).

Dans les grottes de Sallèles et de Bize, ce géologue signale l'existence d'une Perdrix (3).

M. le docteur Puel cite le même oiseau comme provenant de la caverne de Brengues, dans le département du Lot (4).

D'après les observations de quelques géologues, des ossements de Caille se rencontreraient parfois dans les couches de l'époque quaternaire. M. Billaudel en a recueilli dans la caverne de l'Avison, près de Saint-Macaire (Gironde) (5), et M. Desnoyers en a trouvé associés aux ossements de Rennes, de Spermophiles et de Lagomys, dans les brèches de Montmorency (6).

Les déterminations des divers Gallinacés des cavernes dont je viens de citer les noms, ne peuvent inspirer pour la plupart que peu de confiance, car on n'a donné aucune figure de ces ossements, et l'on n'a pas indiqué les caractères à l'aide desquels on est arrivé à les reconnaître ; je crois donc utile d'entrer dans quelques détails sur les résultats auxquels j'ai été conduit par l'étude des ossements de Gallinacés, de l'époque quaternaire, que j'ai eus entre les mains.

(1) Marcel de Serres, *Essai sur les cavernes à ossements et sur les causes qui les ont accumulés*, 3ᵉ édition, 1838, p. 449.

(2) Marcel de Serres, *op. cit.*, p. 454.

(3) Marcel de Serres, *Journal de géologie*, t. III, p. 313.

(4) *Bulletin de la Société géologique*, 1837, t. VIII, p. 279 ; t. IX, p. 43.

(5) *Bulletin de la Société linnéenne de Bordeaux*.

(6) Alph. Milne-Edwards, *Mémoire sur la distribution géologique des oiseaux fossiles (Annales des sciences naturelles*, 4ᵉ série, Zool., t. XX, p. 168.

Coqs de l'époque quaternaire.

Le genre *Gallus* existait déjà en France à l'époque quaternaire, mais il ne comptait alors que de rares représentants; ainsi Schmerling en signale des débris dans les cavernes de la province de Liége, M. Gervais dans le conglomérat diluvien de la barrière de Fontainebleau, et M. H. de Meyer dans les couches de la vallée de la Lahn, dont le dépôt remonte à la même époque.

Je dois à l'obligeance de M. Filhol un tarso-métatarsien presque entier (1), trouvé dans la caverne de Lherm (Ariége), à côté d'ossements de l'*Ursus spelæus*, de *Rhinoceros* et de *Felis*. L'extrémité inférieure de cette pièce est brisée, mais on voit l'éperon qui est presque complet. Cet os appartient évidemment à un Coq, mais il se distingue des espèces connues, par sa brièveté et par son aplatissement antéro-postérieur. Le tarso-métatarsien du Coq de Sonnerat est plus épais et plus svelte. Notre fossile se distingue aussi par le peu de largeur de la diaphyse, qui est creusée en avant d'une gouttière nettement accusée. Il se rapproche davantage de l'os du pied du Coq de Bankiva; il est cependant notablement plus court, bien qu'un peu plus élargi. L'éperon est faible à sa base, mais devait être assez long.

L'os de la caverne de Lherm ressemble beaucoup, par ses dimensions et ses proportions générales, au plus petit des tarso-métatarsiens que Schmerling a fait représenter (pl. XXXVII, fig. 2). Le plus grand (fig. 1) me semble très-remarquable par ses dimensions, par la force du corps de l'os, par le développement de l'éperon, qui est relativement situé plus bas, et il me paraît difficile de l'attribuer à la même espèce que le précédent; car à cette époque reculée, les soins prolongés de l'homme n'avaient pas encore pu modifier assez profondément le

(1) Voyez pl. CXXXIV, fig. 19 à 24.

type Coq pour y créer des races de tailles aussi différentes. Cependant, avant d'établir des distinctions spécifiques, je crois nécessaire d'attendre que de nouveaux matériaux d'étude se soient joints à ceux trop peu nombreux que nous possédons.

Tétras de l'époque quaternaire.

Ainsi que je l'ai établi dans le chapitre précédent, chacune des pièces du squelette des Tétras présente des caractères qui permettent de la distinguer de son analogue dans les groupes voisins. Il est donc toujours possible d'arriver à déterminer exactement les espèces de ce genre, qui se rencontrent dans les cavernes ou dans les divers dépôts qui datent de cette époque.

La plupart des ossements d'oiseaux qui, jusqu'ici, ont été trouvés dans ces gisements, ont appartenu à des Tétras, et surtout au Tétras des Saules (*Tetrao albus*) (1).

Le tarso-métatarsien (2) est court; mais, comme je l'ai dit, il se distingue facilement de celui des Perdrix par la plus grande largeur de ses extrémités articulaires, comparée à celle du corps de l'os, et par la direction de la gorge de la trochlée digitale médiane, qui se porte obliquement en bas et en dehors.

Le canon du *Tetrao albus* se distingue de celui des autres espèces du même genre par la grosseur relative des trochlées digitales ; elles sont plus écartées que chez la Gelinotte (*Tetrao Bonasia*) ; mais cependant, les échancrures interdigitales ne sont pas aussi larges que chez la Grouse (*Tetrao scoticus*), dont la taille est d'ailleurs plus considérable. La facette d'insertion du tendon du muscle tibial antérieur est saillante et surmontée d'une dépression plus profonde que chez la Gelinotte. La gouttière tubulaire du talon n'est pas toujours complétement

(1) Voyez pl. CXXXII.
(2) Voyez pl. CXXXIII, fig. 1 à 5.

fermée en arrière, et communique parfois largement avec la coulisse située derrière elle. Chez le Tétras Cupidon, de l'Amérique septentrionale, cette dernière coulisse est souvent fermée par le rapprochement de ses bords postérieurs, de façon qu'il en résulte deux canaux tubulaires placés l'un au devant de l'autre, comme chez certaines espèces du genre *Ortyx*. L'os canon du *Tetrao canadensis* et du *Tetrao rupestris*, qui aujourd'hui habitent le nord de l'Amérique, est notablement plus petit que celui du Tétras des Saules.

Le tibia de notre espèce des cavernes (1) est beaucoup plus grand que celui de la Gelinotte; il se reconnaît aussi par la saillie plus considérable que fait en avant le condyle interne, et par la profondeur moindre de la gorge rotulienne.

Chez la Grouse, les dimensions de l'os de la jambe sont plus considérables que chez l'espèce qui nous occupe, et le pont osseux sustendineux est plus étroit. Chez le Tétras du Canada, le corps de l'os est plus cylindrique et l'extrémité supérieure beaucoup plus grosse. Enfin, le Tétras des Roches et le Lagopède ne peuvent se confondre avec le Tétras des Saules; car, ainsi que je l'ai dit à propos du tarsométatarsien, ils sont plus petits, et cette différence de proportions existe pour tous les os du squelette.

Le fémur du Tétras des Saules est plus facile à distinguer de celui des Coqs et des Perdrix, car il présente à sa partie supérieure les orifices pneumatiques qui manquent chez ces derniers oiseaux.

Nous savons que ces pertuis existent dans le genre *Phasianus*, mais comme jusqu'à présent on n'a découvert aucun représentant de ce genre dans les cavernes, il n'est pas nécessaire d'insister sur les caractères qui peuvent les distinguer des Tétras. Les dimensions du fémur du *Tetrao albus* empêchent de le confondre avec celui des autres espèces du même groupe, qui, sous ce rapport, offrent de grandes différences.

(1) Voyez pl. CXXXIII, fig. 6 à 9.

Je n'hésite pas à rapporter au *Tetrao albus* un fragment de sternum provenant de la grotte des Eyzies (1) ; on y voit l'apophyse épisternale, qui est lamelleuse, mince, et traversée à sa base par un grand trou ovalaire ; son bord inférieur se continue postérieurement avec une crête médiane qui pénètre entre les deux racines cristiformes et convergentes du bord antérieur du bréchet, identiquement comme chez les représentants actuels de ce type ornithologique. Les bords antérieurs (ou inférieurs) des rainures coracoïdiennes se relèvent un peu contre les faces latérales de l'apophyse épisternale, et se portent ensuite obliquement en arrière et en dehors, de façon à former avec la ligne médiane un angle d'environ 60 degrés. Ces rainures sont médiocrement larges, peu profondes et limitées par un bord plus saillant que celui dont je viens de parler. La face supérieure de ce bouclier sternal est très-évasée en avant, et se prolonge en forme de pointe sur le bord supérieur de l'apophyse épisternale. On y aperçoit dans ce point une petite dépression, mais il n'y existe ni fenêtre, ni trou pneumatique. Plus en arrière, au-dessus de la base du bréchet, il y a une petite rangée de ces pertuis, et de chaque côté on distingue une légère dépression linéaire qui, partant du premier de ces orifices, se dirige obliquement en avant et en dehors vers l'angle externe de la rainure coracoïdienne correspondante. Toutes les autres parties de ce sternum manquent ; mais les caractères que je viens d'énumérer suffisent amplement pour identifier ce fossile avec l'espèce vivante à laquelle je le rapporte.

J'ai pu reconnaître également parmi les débris d'oiseaux provenant des mêmes gisements, des portions de clavicule furculaire du *Tetrao albus* (2). Les branches de cet os se recourbent un peu en dedans, près de leur point de jonction ; elles sont grêles et arrondies ;

(1) Voyez pl. CXXXIII, fig. 10 et 11.
(2) Voyez pl. CXXXIII, fig. 12 et 13.

il existe sur leur symphyse une petite crête qui n'en occupe que la
face postérieure et qui se continue avec le bord correspondant de
l'apophyse épisternale. La ligne saillante qui prolonge en dessus le
bord antérieur de cette apophyse, ne remonte que très-peu sur la face
antérieure de la portion symphysaire de l'os, et de chaque côté on
remarque aussi, à la base du même prolongement osseux, une autre
ligne saillante, qui se rend de la branche au bord interne de l'apophyse furculaire ; l'extrémité de celle-ci est brisée, de sorte que je
n'ai pu en constater la forme.

Les coracoïdiens du Tétras des Saules (1) se rencontrent fréquemment dans les cavernes. Ils se distinguent facilement de ceux des
autres Gallinacés à la largeur plus grande de leur extrémité inférieure, dont l'angle interne se prolonge en forme de pointe mousse.
L'apophyse hyosternale est aiguë, beaucoup plus avancée que chez
les Perdrix, et légèrement relevée à son extrémité. L'orifice pneumatique est largement ouvert, et la tubérosité coracoïdienne présente en
avant une empreinte bien marquée pour l'insertion du ligament
coraco-huméral.

Le coracoïdien des Lagopèdes atteint souvent une taille aussi considérable que celui du Tétras des Saules, de façon qu'il est difficile de
l'en distinguer. Cependant, toutes proportions gardées, l'extrémité
supérieure est plus allongée dans cette dernière espèce ; la tubérosité
se recourbe moins fortement en dedans, et le sillon qui existe du côté
interne, sur la face antérieure de l'os et dans lequel glisse le moyen
pectoral, est plus profond et mieux marqué.

Les omoplates ont été plus rarement conservées à l'état fossile ;
cependant j'en ai pu étudier quelques-unes trouvées dans les mêmes
gisements. Il est facile de reconnaître qu'elles ont appartenu à des
oiseaux du genre Tétras, car le corps de l'os n'a que peu de largeur ;

(1) Voyez pl. CXXXIII, fig. 14 à 16.

la tubérosité claviculaire est arrondie et médiocrement saillante, et à sa base il existe un orifice pneumatique, qui, ainsi que je l'ai déjà dit, manque chez les Perdrix.

Les humérus (1) sont peut-être de tous les os du squelette ceux que l'on trouve le plus fréquemment; j'en ai plus de trente qui proviennent de la brèche du mont Salève, j'en ai recueilli dans la grotte de Lourdes; il y en avait un grand nombre parmi les ossements que M. Lartet a bien voulu me remettre, et qui provenaient des cavernes du Périgord. Les fouilles entreprises par M. Filhol dans la grotte de Lherm en ont fourni plusieurs. Je pourrais encore citer beaucoup d'autres gisements où l'on en a recueilli. Cet os est d'ailleurs facile à déterminer; il est beaucoup plus grand que celui de nos plus fortes Perdrix, et il se distingue de celui des Phasianides par le développement de la tête articulaire supérieure, où il présente une dépression tricipitale supérieure plus profonde que ces derniers. L'humérus de la Gelinote est d'un tiers plus petit. Celui du Lagopède est aussi moins grand. Pour distinguer l'os du bras de cette dernière espèce de celui du Tétras des Saules, on est obligé d'avoir recours presque exclusivement aux caractères tirés de la taille; car les autres particularités d'organisation sont presque exactement les mêmes.

Le cubitus du Tétras des Saules (2) ne peut être confondu avec celui des Perdrix; il est beaucoup plus long, moins comprimé latéralement et d'une grosseur plus égale d'une extrémité à l'autre. Celui des Lagopèdes est aussi long, mais plus grêle, de façon qu'on peut facilement l'en distinguer.

Les métacarpes du *Tetrao albus* (3) se rencontrent assez rarement dans les cavernes. Ils sont toujours faciles à distinguer par la profondeur de l'échancrure interarticulaire, ce qui empêche de les confondre

(1) Voyez pl. CXXXIII, fig. 17 à 19.
(2) Voyez pl. CXXXIII, fig. 20 à 22.
(3) Voyez pl. CXXXIII, fig. 23 à 25.

avec le métacarpe des autres Gallinacés. Cet os est plus robuste que celui du Lagopède, mais il est cependant difficile de reconnaître ceux qui appartiennent à des mâles du *Tetrao lagopus* de ceux qui proviennent des femelles du *Tetrao albus*.

Je n'ai encore trouvé que des fragments de la tête osseuse du Tétras blanc des cavernes (1), et, pour elle, de même que pour toutes les autres pièces du squelette, elle présente une similitude parfaite avec celle des Tétras actuellement vivants, et elle concorde avec les indications fournies par chacun des os considéré en particulier, qui ont toujours conduit à ce résultat : que l'espèce des cavernes de France était identique avec celle qui aujourd'hui n'habite plus que les parties les plus froides de l'Europe et de l'Amérique.

Le tableau suivant indique les dimensions des différentes parties du squelette du Tétras des Saules (*Tetrao albus*), comparées à celles de quelques espèces du même genre, telles que le Lagopède, la Gelinotte, le grand Coq de bruyère et la Grouse.

	Tetrao albus.		Tetrao Lagopus.		Tetrao Bonasia.		Tetrao urogallus.		Tetrao scoticus.	
	Dimensions réelles.	Réduction à 100.	Dimensions réelles.	Réduction à 100.	Dimensions réelles.	Réduction à 100.	Dimensions réelles.	Réduction à 100.	Dimensions réelles.	Réduction à 100.
Tarso-métatarsien.										
Longueur de l'os	0,140	100,0	0,032	100,0	0,035	100,0	0,0732	100,0	0,042	100,0
Largeur de l'extrémité supérieure.	0,008	20,0	0,007	21,8	0,007	20,0	0,0168	23,0	0,008	19,0
Largeur de l'extrémité inférieure.	0,009	22,5	0,0072	22,5	0,007	20,0	0,0176	24,0	0,010	23,8
Largeur du corps de l'os	0,003	7,5	0,0026	8,1	0,003	8,6	0,0067	9,2	0,003	7,1
Épaisseur de la tête de l'os prise à l'extrémité du talon........	»	»	0,0067	20,9	»	»	0,015	20,6	0,0086	20,5

(1) Voyez pl. CXXXII, fig. 26 et 27.

	Tetrao albus.		Tetrao Lagopus.		Tetrao Bonasia.		Tetr. urogallus.		Tetrao scoticus.	
	Dimensions réelles.	Réduction à 100.	Dimensions réelles.	Réduction à 100.	Dimensions réelles.	Réduction à 100.	Dimensions réelles.	Réduction à 100.	Dimensions réelles.	Réduction à 100.

Tibia.

Longueur de l'os	0,0806	100,0	0,0665	100,0	0,0687	100,0	0,0155	100,0	0,0842	100,0
Largeur de l'extrémité supérieure	0,009	11,2	0,009	13,5	0,009	13,1	0,0209	13,5	0,011	13,1
Largeur de l'extrémité inférieure	0,0072	8,9	0,0065	9,8	0,0068	9,9	0,016	10,3	0,0079	9,4
Largeur du corps de l'os	0,0039	4,8	0,003	4,5	0,003	4,4	0,0078	5,0	0,004	4,8
Épaisseur de l'extrémité supérieure	0,0119	14,8	0,003	4,5	0,003	4,4	0,0245	15,8	0,0124	14,7

Fémur.

Longueur de l'os	0,063	100,0	0,052	100,0	0,0526	100,0	0,1138	100,0	0,0646	100,0
Largeur de l'extrémité supérieure	0,0107	17,0	0,009	17,3	0,008	15,2	0,02	17,6	0,01	15,5
Largeur de l'extrémité inférieure	0,0099	15,7	0,008	15,4	0,0086	16,3	0,027	23,7	0,015	23,2
Largeur du corps de l'os	0,0047	7,5	0,0037	7,1	0,004	7,6	0,009	7,9	0,0049	7,6
Épaisseur du corps de l'os	0,0047	7,5	0,004	7,7	0,0039	7,4	0,009	7,9	0,0049	7,6

Coracoïdien.

Longueur de l'os	0,0437	100,0	0,0307	100,0	0,037	100,0	0,092	100,0	0,0452	100,0
Largeur de l'extrémité sternale	0,011	25,2	0,0114	29,5	0,0085	23,0	0,025	27,2	0,0129	28,6
Largeur de l'os au-dessous de la fossette scapulaire	0,0043	9,8	0,0036	9,3	0,0037	10,0	0,01	10,9	0,0045	10,0
Largeur de l'os au niveau de la facette glénoïdale	0,0064	14,6	0,0046	11,9	0,005	13,5	0,0136	14,7	0,0068	15,0

Humérus.

Longueur de l'os	0,0609	100,0	0,054	100,0	0,0467	100,0	0,1297	100,0	0,0652	100,0
Largeur de l'extrémité supérieure	0,0156	25,6	0,0139	25,7	0,0135	28,9	0,0364	28,1	0,016	24,5
Largeur de l'extrémité inférieure	0,0113	18,6	0,01	18,5	0,01	21,4	0,0246	19,0	0,0116	17,8
Largeur du corps de l'os	0,0059	9,7	0,005	9,2	0,005	10,7	0,0129	9,9	0,006	9,2
Épaisseur du corps de l'os	0,0049	8,0	0,004	7,4	0,0039	8,4	0,014	10,8	0,005	7,7

Cubitus.

Longueur de l'os	0,0579	100,0	0,0533	100,0	0,0436	100,0	0,13	100,0	0,0629	100,0
Largeur de l'extrémité supérieure	0,0066	11,4	0,0063	11,8	0,006	13,8	0,015	11,5	0,007	11,1
Largeur de l'extrémité inférieure	0,0052	9,0	0,005	9,4	0,0049	11,2	0,012	9,2	0,006	9,5
Largeur du corps de l'os	0,0032	5,5	0,003	5,6	0,0029	6,7	0,0074	5,7	0,0039	6,2
Épaisseur du corps de l'os	0,0046	7,9	0,0038	7,1	0,0036	8,3	0,0087	6,7	0,0045	7,2

Métacarpe.

Longueur de l'os	0,033	100,0	0,03	100,0	0,0259	100,0	0,0719	100,0	0,0356	100,0
Largeur de l'extrémité supérieure	0,005	15,1	0,0049	16,3	0,0046	17,8	0,0115	16,0	0,0058	16,3
Largeur de l'extrémité inférieure	0,005	15,1	0,004	13,3	0,004	15,4	0,01	13,9	0,0058	16,3
Espace intermétacarpien	0,018	54,5	0,0155	51,7	0,0035	52,1	0,0323	44,9	0,0019	53,4
Épaisseur du gros métacarpien	0,003	9,1	0,0027	9,0	0,0029	11,2	0,0075	10,4	0,0035	9,8
Épaisseur de l'extrémité supérieure	0,009	27,3	0,008	26,7	0,0079	30,5	0,022	30,6	0,009	25,3
Épaisseur de l'extrémité inférieure	0,007	21,2	8,005	23,3	0,0064	24,7	0,0166	23,1	0,0069	19,4

Parmi les débris d'oiseaux provenant soit des cavernes du Périgord, soit de celles du mont Salève, que j'ai examinés, j'ai reconnu l'existence de quelques ossements du Lagopède des Pyrénées, ou Perdrix des neiges (*Tetrao Lagopus*).

Le tarso-métatarsien de cette espèce (1) est parfaitement caractérisé et ne permet de la confondre avec aucune de celles du même groupe. Il est beaucoup plus petit que celui de l'espèce précédente, et le corps de l'os est très-rétréci, tandis que son extrémité articulaire inférieure présente une largeur considérable; le canal tubulaire du talon est simple et toujours parfaitement cloisonné en arrière.

L'os du pied de la Gelinotte présente à peu près la même longueur que celui du Lagopède; mais les trochlées digitales sont beaucoup moins fortes et moins écartées entre elles.

Chez le *Tetrao canadensis*, la taille du tarso-métatarsien est plus considérable; il est plus difficile de distinguer cet os de celui du *Tetrao rupestris*, car, chez cette dernière espèce, les trochlées digitales sont fortes et très-écartées; mais la trochlée interne est pourvue d'une gorge articulaire qui se voit à peine chez le Lagopède; enfin, l'extrémité supérieure présente une largeur relativement plus grande.

On pourrait facilement confondre le tibia du Lagopède (2) avec celui de la Gelinotte, car il offre à peu près les mêmes dimensions; cependant, chez cette dernière espèce, cet os est généralement plus long et plus grêle, bien que l'extrémité inférieure soit plus élargie.

Le fémur du Lagopède, dont j'ai eu entre les mains plusieurs exemplaires provenant des cavernes du Périgord, est d'un sixième environ plus petit que celui de l'espèce précédente; il est aussi plus grêle, et son extrémité inférieure est comparativement moins élargie.

(1) Voyez pl. CXXXIV, fig. 1 à 5.
(2) Voyez pl. CXXXIV, fig. 6 à 9.

Chez la Gelinotte, l'extrémité tibiale est encore plus rétrécie; mais la diaphyse est plus grosse, de façon que l'aspect général de l'os est différent; le fémur du *Tetrao rupestris* et du *Tetrao canadensis* est plus long que celui du Lagopède.

J'ai aussi reconnu des coracoïdiens du *Tetrao Lagopus* parmi les débris provenant des cavernes du centre et du midi de la France. J'ai indiqué plus haut quelles étaient les particularités à l'aide desquelles on pouvait distinguer cet os de celui de l'espèce précédente; je n'y reviendrai donc pas ici.

Je n'ai pu trouver aucun caractère qui permît de reconnaître avec certitude l'omoplate du Lagopède de celle du Tétras des Saules. Cet os présente dans les deux espèces à peu près les mêmes dimensions, et les différences individuelles y sont parfois plus considérables que celles que l'on pourrait regarder comme spécifiques.

J'ai reconnu plusieurs humérus du *Tetrao Lagopus* (1) parmi les ossements trouvés dans les cavernes du mont Salève et du centre de la France; mais ils étaient rares, tandis que ceux du Tétras des Saules s'y rencontraient en abondance. J'ai déjà dit que pour distinguer l'os du bras de ces deux espèces, on ne pouvait s'appuyer que sur les caractères fournis par les dimensions beaucoup moindres de celui du Lagopède.

Ce sont là les seules pièces du squelette du Lagopède des cavernes que j'ai pu étudier; mais les caractères qu'on en peut tirer sont plus que suffisants pour conduire à l'identification de cette espèce avec le *Tetrao Lagopus*, qui aujourd'hui habite encore les Alpes et les Pyrénées.

Je crois pouvoir rapporter avec certitude au grand Coq de bruyère (*Tetrao urogallus*) quelques os provenant de la grotte de Bruniquel.

(1) Voyez pl. CXXXIV, fig. 10 et 11.

Les mieux conservés sont des tarses (1) et des tibias (2) qui présentent exactement les caractères que j'ai indiqués comme propres à distinguer le genre Tétras; malheureusement ils proviennent d'individus qui ne sont pas encore arrivés à leur complet développement, ainsi qu'on peut le reconnaître par la texture du tissu osseux. Leur taille est inférieure à celle des mâles du Coq de bruyère, mais se rapproche beaucoup de celle des jeunes de la même espèce, et je pense que c'est à cette dernière détermination que l'on doit s'arrêter.

Perdrix de l'époque quaternaire.

Ainsi que je viens de le dire, il est rare de trouver des ossements de Perdrix dans les cavernes. J'ai cependant recueilli un tarso-métatarsien parfaitement conservé de Perdrix grise (*Perdix cinerea*) (3), dans la grotte de Lourdes (Hautes-Pyrénées), et M. Lartet m'en a remis un qui provenait de la caverne des Escoutiers dans le Périgord; enfin, dans les cavernes d'Espagne, qui ont été fouillées par M. Louis Lartet, les ossements de Perdrix étaient en assez grand nombre, tandis qu'on n'y rencontrait aucun indice de la présence des Tétras.

Je n'ai pas besoin de revenir sur les caractères qui permettent de reconnaître le tarso-métatarsien du genre Perdrix, et il me suffira d'examiner à quelle espèce ce fossile doit se rapporter. Il est impossible de le confondre avec celui de la Bartavelle (*Perdix græca*), qui est beaucoup plus long et plus fort, et dont la gouttière externe du talon est plus profonde. Chez la Perdrix rouge (*Perdix rufa*) et la Gambra (*Perdix petrosa*), l'os du pied est plus gros et comparativement moins allongé. Les trochlées digitales sont plus grandes et l'extrémité articulaire supérieure plus élargie. Je crois donc pouvoir identifier l'espèce

(1) Voyez pl. CXXXIV, fig. 13 à 16.
(2) Voyez pl. CXXXIV, fig. 17 et 18.
(3) Voyez pl. CXXXIV, fig. 22 à 24.

des cavernes à notre Perdrix grise, bien que la longueur du tarso-métatarsien fossile soit un peu plus grande que celle de l'os du pied de
toutes les Perdrix grises que j'ai examinées.

Cailles de l'époque quaternaire.

Les Cailles paraissent très-rares dans les dépôts quaternaires, car
jusqu'à présent, je n'en ai jamais rencontré de débris dans les cavernes, et je n'ai entre les mains qu'un seul os coracoïdien provenant
de cette espèce, et recueilli dans les brèches de Montmorency par
M. J. Desnoyers (1).

Il est impossible, à cause de sa taille, de confondre cet os avec
celui d'aucun autre Gallinacé actuel; il est d'ailleurs caractérisé par
l'absence de trou pneumatique et par la forme de la surface articulaire sternale, qui est courte, mais assez élargie; l'apophyse hyosternale est peu prolongée et se termine par une extrémité arrondie;
enfin, la tubérosité coracoïdienne supérieure se recourbe plus fortement en dedans que chez les Perdrix, les Tétras et la plupart des
autres oiseaux du même groupe.

(1) Voyez pl. CXXXIV, fig. 25 et 26.

CHAPITRE XXVII

CARACTÈRES OSTÉOLOGIQUES DE LA FAMILLE DES COLOMBIDES

(*Columbidæ*).

§ 1.

Le groupe constitué par les Pigeons est l'un des plus naturels de la classe des oiseaux, et il est rare que l'on n'en reconnaisse pas, dès le premier coup d'œil, tous les représentants. Il est plus difficile d'établir quelles sont les relations qu'il présente avec les groupes voisins, et quelle est la valeur zoologique que l'on doit lui attribuer. Pour certains zoologistes, les Pigeons se placent à côté des Passereaux ; pour d'autres, ils ne doivent être considérés que comme un démembrement des Gallinacés. C'est évidemment de ces derniers qu'ils se rapprochent le plus, et ce sont les Pénélopides qui servent de trait d'union ; mais, d'autre part, ils en diffèrent par des caractères tellement constants, qu'il semble rationnel de les en distinguer nettement et de former pour eux un groupe équivalent comme importance zoologique.

Les principales variations que l'on remarque dans la conformation du squelette des Colombides peuvent se rapporter à quatre types : le premier nous est offert par les Ramiers, les Tourterelles, les Carpophages et tous les autres Pigeons les mieux organisés pour le vol ; le second, par les espèces marcheuses, le Goura et le Nicobar, par exemple ; le troisième, par le seul genre *Didunculus*, qui, lui-même, ne compte qu'une seule espèce propre au groupe des îles Samoa ; enfin, le quatrième comprend les Gangas et les Syrrhaptes, longtemps rangés parmi les Gallinacés, mais que de Blainville, avec beaucoup de raison, en a séparé, ainsi que j'ai déjà eu l'occasion de le dire plus haut (1).

M. Huxley, dans son mémoire sur la classification des oiseaux (2), réunissait les *Pteroclidæ*, ainsi que les *Turnicidæ* avec les *Phasianidæ*, *Megapodidæ* et *Cracidæ*, dans sa division des *Alectoromorphæ;* mais depuis, il les a séparés. Les *Pteroclidæ*, dit-il, sont tout à fait intermédiaires entre les Alectoromorphes et les Péristéromorphes ou Pigeons. Ils ne peuvent rentrer dans l'un ou dans l'autre de ces groupes, sans en détruire l'homogénéité, tandis que, par eux-mêmes, ils sont parfaitement définis, et l'on doit constituer pour eux un groupe d'une valeur zoologique égale aux deux autres, sous le nom de *Pteroclomorphæ* (3). Nous verrons par la suite de ce chapitre que les Pteroclidés, bien que présentant certains caractères intermédiaires entre les Gallinacés et les Pigeons, ressemblent beaucoup plus à ces derniers par les traits les plus importants de leur organisation.

Enfin, c'est à côté de la famille des Colombides que doivent se placer deux oiseaux actuellement disparus. Le Dronte et le Solitaire, qui présentent avec les Pigeons des affinités incontestables, bien qu'à raison des particularités organiques qu'ils offrent, ils ne puissent se ranger dans la même famille. Aujourd'hui, il ne peut plus y avoir à cet égard aucune incertitude, grâce aux découvertes récentes faites par M. Clark, à l'île Maurice, et par M. E. Newton, à Rodriguez.

Dans un travail précédent, j'ai exposé avec détails les caractères ostéologiques du Dronte, et depuis cette époque, M. R. Owen a fait connaître le squelette entier de cet oiseau. MM. Alfred et Edward Newton ont étudié avec un grand soin la charpente osseuse du Soli-

(1) Voyez tome II, page 161.
(2) *Proceedings of the Zoological Society of London*, 1867, p. 415.
(3) *On the Alectoromorphæ* (*Proc. Zool. Soc. of London*, 1868, p. 294).

taire, et ils ont reconnu que cet oiseau, zoologiquement très-rapproché du Dronte, devait cependant en être distingué génériquement.

§ 2. — DES OS DE LA PATTE.

Chez tous les Pigeons bons voiliers, tels que les Carpophages (1),
les Trérons, les Ramiers, etc., les pattes sont très-courtes, comparativement aux ailes; au contraire, chez les Nicobars et les Gouras, elles
sont notablement plus longues, et les ailes sont moins développées,
surtout dans le dernier de ces genres.

Dans la famille qui nous occupe en ce moment, le TARSO-MÉTATAR-
SIEN (2) se distingue par plusieurs caractères facilement appréciables;
sa face postérieure est toujours fortement déprimée en haut et en
dedans pour l'insertion du fléchisseur propre du pouce, muscle qui se
prolonge jusqu'au-dessous de l'extrémité supérieure de l'os. Chez les
Poules-Sultanes, il existe une disposition analogue, que l'on retrouve
aussi dans les genres *Talégalle*, *Crax*, *Pauxi*, *Penelope* et *Oreophasis*.

La crête interne du talon est beaucoup plus développée que chez
les Gallinacés, et située à peu près sur la ligne médiane.

L'extrémité inférieure est remarquable par l'obliquité de la
trochlée interne, qui se porte fortement en dedans et se prolonge plus
bas que l'externe, comme chez les Pénélopidés. La dépression articulaire du pouce est profonde et plus ou moins relevée.

Il existe d'assez grandes différences dans la conformation du
canon, suivant les genres. Ainsi, chez le Goura (3), cet os, assez allongé relativement au tibia, présente beaucoup de particularités com-

(1) Voyez pl. CXXXV.
(2) Voyez pl. CXXXVII, fig. 1 à 22.
(3) Voyez pl. CXXXVII, fig. 1 à 5.

munes avec celui des Pénélopidés. Sa face antérieure, arrondie inférieurement, devient légèrement excavée dans sa partie supérieure,
où elle présente deux empreintes bien distinctes pour l'insertion
du muscle tibial antérieur; l'interne est plus basse et un peu plus
grande que l'externe. Le pertuis supérieur interne est aussi beaucoup
plus largement ouvert que celui du côté opposé. La face externe est assez
large, et séparée de la postérieure par une ligne intermusculaire qui
existe entre le muscle abducteur de l'annulaire, le fléchisseur propre
du pouce et l'adducteur de l'index ou doigt interne. La face interne
est remplacée par un bord mince et presque tranchant; il n'y a aucune
trace de la crête osseuse postéro-interne qui existe chez la plupart
des Gallinacés.

La dépression articulaire du doigt postérieur est grande, entourée
en haut et en dehors par un bord saillant; elle est située vers le quart
inférieur de l'os.

L'extrémité supérieure est élargie et comprimée d'avant en arrière. La facette glénoïdale interne est la plus grande. La tubérosité
intercondylienne est très-surbaissée. La crête interne du talon présente un grand développement. et s'élargit en arrière; elle se réunit à
la crête médiane, de façon à fermer en arrière la gouttière intermédiaire, comme chez les Gallinacés. Sur la paroi postérieure de celle-ci,
il existe une coulisse profonde séparée d'une seconde coulisse externe
et très-petite, par une crête mousse, mais épaisse.

L'extrémité inférieure de l'os est forte. La trochlée digitale externe, placée plus haut que l'interne, présente en avant une surface
articulaire arrondie; on y voit seulement une faible indication de la
gorge qui sillonne cette poulie, chez les Gallinacés. Au contraire, la
trochlée médiane est creusée d'une gorge profonde. L'interne est très-
divergente, et rappelle, d'une façon exagérée, la disposition que j'ai
signalée chez les Pénélopidés. Elle se termine en arrière par un bord
tuberculiforme très-saillant.

Dans les genres *Starnœnas* (Bonaparte); *Calœnas* (Gray) (1); *Phaps* (Selby); *Chalœphaps* (Gould); *Peristera* (Swainson); *Chamœpelia* (Swainson), on retrouve les mêmes caractères essentiels; cependant, le canon est relativement moins allongé.

Chez les Carpophages (2), les Funingus, les Tréros et les Serresius (3), l'os principal du pied est beaucoup plus court, et offre des caractères très particuliers qui semblent être l'exagération de ce qui existe dans les genres précédents.

Ainsi, chez le *Serresius galeatus*, le canon est, relativement au tibia, très-petit, trapu et fortement comprimé d'avant en arrière; le corps de l'os présente une légère courbure à concavité postérieure; sa face antérieure est arrondie dans presque toute son étendue, et ne se déprime qu'à très-peu de distance de l'extrémité supérieure.

On ne voit qu'une seule empreinte pour l'insertion du tibia antérieur; elle est peu saillante et située presque sur le bord interne de l'os. Les pertuis supérieurs sont remarquablement larges, surtout l'interne. En arrière, la dépression dans laquelle s'insère le court fléchisseur du pouce est moins profonde que dans les genres précédents. La surface d'insertion du doigt postérieur est très-profondément creusée et très-relevée; elle est située un peu au-dessous de la moitié de l'os.

L'extrémité supérieure est très-large et comprimée d'avant en arrière; la facette glénoïdale interne est plus avancée que celle du côté opposé. La crête interne du talon, au lieu de se diriger directement en arrière, comme dans les genres précédents, se porte obliquement en dehors; elle est d'ailleurs très-saillante et terminée en arrière par un bord élargi. Sur la paroi postérieure de la gouttière tubulaire, il

(1) Voyez pl. CXXXVII, fig. 11 à 14.
(2) Voyez pl. CXXXV.
(3) Voyez pl. CXXXVII, fig. 6 à 10

existe une coulisse très-profonde, qui, chez le *Carpophaga Ænea*, se transforme en un second canal, par le rapprochement et la soudure de ses bords postérieurs.

L'extrémité inférieure de l'os est élargie, aplatie d'avant en arrière, et remarquable par la brièveté des trochlées, qui sont légèrement courbées en bas et en arrière ; l'externe descend presque au niveau de la médiane ; l'interne est très-oblique, déviée en dedans et encore moins rejetée en arrière que chez la Goura, de telle sorte que la ligne transversale sur laquelle sont disposées les trochlées est peu arquée. Le tarso-métatarsien des genres *Columba*, *Ectopistes* et *Turtur* participe à la fois des caractères des Gouras et des Carpophages. Il est plus court, plus élargi que chez les premiers, et il ne présente pas la courbure à concavité postérieure des seconds, ni la même obliquité de la crête interne du talon.

Dans le genre *Didunculus*, l'os du pied (1) est intermédiaire par sa forme à celui des Pigeons marcheurs et à celui des Pigeons voiliers ; il est allongé, peu robuste, et rappelle, par la conformation de ses extrémités articulaires, la disposition propre aux genres *Phaps* et *Geophaps*.

Les ornithologistes classificateurs, attachant une grande importance à la présence des plumes qui garnissent les pieds des Gangas et des Syrrhaptes, ont rapproché ces oiseaux des Tétras, chez lesquels on observe une disposition analogue ; mais la conformation de l'os du métatarse est tout à fait différente, et s'éloigne considérablement de ce qui existe chez les Gallinacés, sans cependant présenter avec celui des Pigeons une similitude complète.

Ainsi, dans le genre *Pterocles* (2), le tarso-métatarsien est épais et remarquablement court ; son extrémité supérieure est à peine plus

----

(1) Voyez Strickand et Melville, *The Dodo and its Kindred*, 1848, pl. X, fig. 9.
(2) Voyez pl. CXXXVII, fig. 14 à 17.

large que la diaphyse; la face antérieure de l'os présente la même disposition que chez les Pigeons, et les pertuis supérieurs sont grands.

Il n'existe qu'une empreinte d'insertion pour le tendon du muscle tibial antérieur, et elle est située sur la ligne médiane, immédiatement au-dessous des pertuis.

La face postérieure de l'os est arrondie, on n'y voit aucune trace de la crête postéro-interne des Gallinacés, et la dépression dans laquelle s'insère le muscle fléchisseur propre du pouce n'atteint pas le développement qu'elle acquiert chez les Pigeons.

L'extrémité supérieure est comprimée latéralement, de façon que les facettes glénoïdales sont plus longues que larges, disposition inverse de celle qui existe chez les autres Colombides; leur bord postérieur est plus élevé que l'antérieur.

Le talon est petit, sa crête interne, médiocrement saillante et élargie en arrière, limite en dedans une coulisse profonde; la crête externe, qui forme l'autre lèvre de cette coulisse, est peu développée, de telle sorte qu'il n'existe pas de gouttière tubulaire.

Les trochlées digitales sont très-courtes, et leur disposition est analogue à ce que nous avons vu exister chez les Colombes. Cependant, la trochlée interne est moins déviée en dedans. On n'aperçoit presque aucune trace de la dépression articulaire du pouce, qui est si profonde dans les genres précédents.

Chez les Syrrhaptes (1), le plan d'organisation est le même; mais il y a des différences dont l'importance peut être considérée comme générique. L'extrémité supérieure est encore plus fortement comprimée latéralement, et par conséquent les surfaces glénoïdales sont encore plus longues que chez les Gangas. La coulisse tendineuse interne du talon devient quelquefois tubulaire par la soudure de ses bords postérieurs. Les trochlées digitales sont grosses, peu écartées et

(1) Voyez pl. CXXXVII, fig. 18 à 22.

placées sur une ligne transversale presque droite; la poulie articulaire interne est très-petite et à peine rejetée en arrière.

Chez les Colombides, le métatarsien postérieur sur lequel s'articule le pouce est grand et très-élargi inférieurement; il se fait remarquer par sa forme aplatie; son angle inférieur se dilate beaucoup et s'avance vers la trochlée externe, de façon à constituer une apophyse tuberculiforme sur laquelle s'insère le ligament annulaire.

Les DOIGTS (1), au nombre de quatre, sont tous bien développés, et le pouce présente généralement une force considérable, surtout chez les espèces qui, d'ordinaire, se tiennent perchées sur les arbres.

Dans les genres *Syrrhaptes* et *Pterocles*, il est au contraire extrêmement réduit et s'insère très-haut sur le tarso-métatarsien. J'ajouterai que, chez ces derniers oiseaux, tous les doigts sont très-courts, et que celui du côté externe n'est composé que de quatre phalanges, au lieu d'en compter cinq, nombre normal dans la classe des oiseaux.

Le TIBIA des Colombides est gros et trapu (2); il présente une légère courbure à concavité interne, et l'extrémité inférieure se reconnaît facilement par la différence de grosseur des condyles, dont l'interne est le plus saillant et le plus épais. Enfin, les crêtes tibiales supérieures sont moins avancées que dans les familles que nous avons passées en revue.

Chez le Goura (3), l'os principal de la jambe est allongé, et ses extrémités sont très-renflées. La face antérieure de l'os est arrondie, de façon que la diaphyse revêt une forme presque cylindrique. La crête péronière est épaisse et assez prolongée. La gouttière du tendon du muscle extenseur commun des doigts est étroite et superficielle.

(1) Voyez pl. CXXXV.
(2) Voyez pl. CXXXV et CXXXVII, fig. 23 à 27, et pl. CXXXVIII, fig. 1 à 4.
(3) Voyez pl. CXXXVII, fig. 23 à 25.

Le pont sus-tendineux, sous lequel elle s'engage, est court, mais assez large. Le condyle interne est plus saillant en avant que celui du côté opposé, mais sa grosseur est à peu près la même. La gorge intercondylienne, peu profonde et évasée, ne présente presque aucune trace de la dépression qui donne insertion au ligament articulaire antérieur, et qui, chez les Gallinacés, est toujours bien marquée.

La surface articulaire est arrondie en dessous, et la gorge rotulienne beaucoup plus renflée en dedans qu'en dehors. L'extrémité supérieure est grosse; le condyle externe est arrondi, bien circonscrit et séparé de la crête rotulienne par une dépression profonde, dans laquelle s'insère le ligament péronéo-tibial.

Chez les Colombes ordinaires, les Ramiers, etc., le tibia est toujours relativement plus court et la diaphyse plus renflée; les condyles sont moins allongés et plus saillants en avant; enfin, les empreintes sur lesquelles se fixe le ligament oblique sus-tibial sont beaucoup mieux marquées.

Chez les Carpophages (1), les Serrésius (2), les Trérons, les Funingus, l'extrémité inférieure s'élargit beaucoup; la gouttière de l'extenseur est très-étroite; les condyles sont extrêmement courts et très-avancés, et en arrière la gorge rotulienne est très-large.

Chez les Gangas (3) et les Syrrhaptes, le tibia offre des caractères qui l'éloignent à la fois de celui des Gallinacés et de celui des Colombes. La coulisse de l'extenseur des doigts est peu profonde, et le pont sous lequel elle s'engage est très-étroit. Les condyles articulaires sont petits, mais très-avancés par rapport au corps de l'os, et séparés par une gorge à peine indiquée, qui se termine en haut par une dépression profonde, située immédiatement au-dessous de l'orifice inférieur de la gouttière de l'extenseur. Cette disposition n'existe chez

(1) Voyez pl. CXXXV.
(2) Voyez pl. CXXXVII, fig. 26 et 27.
(3) Voyez pl. CXXXVIII, fig. 1 à 4.

aucun des autres oiseaux que nous avons examinés. La gorge rotulienne est étroite et dirigée obliquement en haut et en dehors. L'extrémité supérieure est aplatie en dessus et ne présente presque aucune trace de crêtes tibiales.

Chez les Syrrhaptes, le pont sus-tendineux est situé plus haut au-dessus des condyles que dans le genre Pterocles.

Le FÉMUR des Pigeons (1) n'est pas arqué comme celui des Galli-nacés; il est, au contraire, presque droit ou faiblement courbé; la première de ces dispositions se rencontre chez le Goura (2).

La diaphyse est presque cylindrique; le trochanter présente un bord supérieur relevé et recourbé en dedans, au-dessous duquel s'ouvrent de larges orifices pneumatiques. La tête fémorale est marquée d'une très-faible dépression pour l'insertion du ligament rond; elle est portée sur un col gros, court et dirigé presque directement en dehors. L'extrémité inférieure, plus élargie que chez les Gallinacés, est creusée en avant d'une gorge rotulienne profonde et limitée de chaque côté par des crêtes à peu près égales dont l'interne n'est pas plus proéminente que l'externe, comme dans la famille précédente. Le condyle externe se prolonge plus bas que l'interne; en arrière la crête péronéo-tibiale est fortement saillante, tandis que le bord externe du condyle correspondant est très-réduit. La fosse poplitée est notablement plus profonde que chez les Gallinacés.

Chez les autres Colombes, le fémur s'allonge et commence à se courber légèrement suivant sa longueur; dans les genres *Carpophaga* (3), *Serresius* et *Funingus*, cette courbure est plus prononcée, et la fosse poplitée moins profonde, de façon que cet os ressemble davantage au fémur des Gallinacés. Mais il s'en distingue par le peu de saillie

(1) Voyez pl. CXXXVIII, fig. 5 à 13.
(2) Voyez pl. CXXXVIII, fig. 5, 7.
(3) Voyez pl. CXXXV, fig. 8 à 10.

que fait le trochanter et par l'épaisseur du bord interne de la gorge
rotulienne.

L'os de la cuisse des Gangas et des Syrrhaptes (1) se fait remarquer par la saillie considérable du bord supérieur du trochanter, qui
s'élève beaucoup au-dessus de la surface articulaire.

§ 3. — DES OS DU TRONC.

Les Colombides s'éloignent des Gallinacés par la conformation du
bassin, non moins que par la structure des autres parties de leur charpente solide. Nous avons déjà vu que chez les oiseaux de la famille
précédente, la crête épineuse des premières vertèbres sacrées est remarquablement haute, et que les lames iliaques, en se soudant entre
elles sur la ligne médiane, recouvrent les gouttières vertébrales, de
manière à leur donner des dimensions très-considérables et à les laisser
largement ouvertes en arrière. Dans la famille des Colombes, au contraire, la crête épineuse ne s'élève que fort peu, les gouttières vertébrales sont très-superficielles, et presque toujours restent béantes
dans toute leur longueur (2) ; mais lorsque les lames iliaques se réunissent au-dessus de la crête épineuse, elles ne laissent en arrière que
des ouvertures très-petites. Cette disposition est une conséquence de la
direction des os iliaques qui, au lieu d'être très-obliques, comme chez
les Gallinacés, s'étalent latéralement, de façon que les fosses iliaques
externes sont très-superficielles ; cependant, en général, leur bord interne se relève brusquement. Il est aussi à noter que le bassin est
large et court ; sa portion post-cotyloïdienne est bombée et très-dilatée
latéralement. Le plus souvent, la ligne de soudure de la portion postérieure du sacrum avec les lames iléo-ischiatiques, est saillante ou

(1) Voyez pl. CXXXVIII, fig. 11 à 13.
(2) Voyez pl. CXXXVIII, fig. 14 à 19.

même subcristiforme ; mais l'union de ces os entre eux est cependant faible, et les diverses pièces du pelvis se séparent très-facilement. Les crêtes sus-ischiatiques sont très-saillantes, mais courtes et placées beaucoup au-dessous du niveau de la face dorsale du sacrum. Les lames ischiatiques descendent presque verticalement, et leur angle postéro-inférieur se prolonge fort en arrière. Le trou sciatique est court et ovalaire ; l'angle sus-ischiatique est très-proéminent, et la branche pubienne s'accole ou se soude à son bord inférieur, dans presque toute la longueur de celui-ci, mais en laissant derrière la fosse cotyloïdienne un trou circulaire. Enfin, les fosses rénales sont très-larges ; en général, les antérieures ne sont qu'incomplétement séparées des postérieures, par les apophyses transverses de l'une des vertèbres sacrées, et ces dernières excavations ne sont pas limitées en arrière par une bordure saillante.

Chez les Gouras et les Nicobars, le bassin est plus allongé que chez les autres membres de la famille des Colombes. Les gouttières vertébrales des premiers sont closes en dessus, disposition dont je ne connais pas d'autre exemple dans ce groupe naturel.

Le bassin des Syrrhaptes (1) et des Gangas ressemble beaucoup à celui des Colombes, mais offre une particularité que je n'ai jamais rencontrée dans la classe des oiseaux. Le sacrum ne s'élargit pas graduellement au niveau de la partie postérieure des fosses iliaques, de façon à occuper la totalité de l'espace que les os iliaques laissent entre eux, il en résulte que la face dorsale du pelvis présente dans ce point, de chaque côté, un grand hiatus, ou trou de forme allongée.

Le tubercule iléo-pectiné, que porte en dessous la surface articulaire sus-cotyloïdienne, est remarquablement saillant ; enfin, les angles ischiatiques sont très-arrondis, et les fosses rénales antérieures ne sont pas séparées des fosses postérieures.

(1) Voyez pl. CXXXVIII, fig. 17 à 19.

Chez les Gangas (1), il existe aussi, près du bord postérieur du trou ischiatique, un petit tubercule qui acquiert souvent des dimensions assez considérables (2).

Chez les Syrrhaptes, le bassin est plus rétréci postérieurement et très-renflé en dessus, dans la portion post-cotyloïdienne.

Les VERTÈBRES sont petites et peu nombreuses; celles du coccyx, dont on compte six ou sept, sont grêles et ne portent que des apophyses transverses peu développées (3); l'os, en soc de charrue, est d'autant plus petit que l'oiseau est moins bon voilier. Cependant on remarque, sous ce rapport, des variations assez considérables, et, parmi nos races domestiques, il en existe une connue sous le nom de Pigeon *queue de Paon*, chez laquelle les plumes de la queue sont très-nombreuses et s'étalent naturellement en éventail; elles s'attachent sur un osselet très-épais et très-long, bien que les oiseaux qui offrent cette disposition ne volent que difficilement.

Les vertèbres dorsales sont généralement au nombre de sept; cependant, chez le Goura on n'en compte que six; quelques-unes d'entre elles se soudent de façon à constituer une seule pièce d'une grande solidité; elles portent en dessous des apophyses épineuses inférieures comprimées, mais très-saillantes.

On compte, chez les Pigeons ordinaires, douze vertèbres cervicales; chez le Goura, il n'y en a que treize, et chez les Ptérocles il en existe quatorze; elles sont toujours courtes et pourvues d'un appareil apophysaire peu puissant.

Les CÔTES sont remarquables par leur largeur; elles sont d'or-

---

(1) Voyez pl. CXXXVI.
(2) Par exemple chez le *Pterocles quadricinctus* et le *Pterocles Setarius*, mâle; mais chez la femelle de cette dernière espèce, ce tubercule n'est que peu marqué.
(3) Voyez pl. CXXXV et CXXXVI.

dinaire au nombre de sept, dont les deux premières ne se prolongent
pas jusqu'au sternum ; la dernière ne s'articule à cet os que par
l'intermédiaire de la pénultième (1).

Le STERNUM des Pigeons (2) ressemble à celui des Hoccos plus
qu'à celui d'aucun autre oiseau ; cependant, il est plus ramassé, et sa
forme générale est très-particulière par suite de l'ossification plus ou
moins étendue des échancrures postéro-internes. Le brechet est très-
grand et n'est pas rejeté en arrière, comme chez les Gallinacés ; il
s'avance au moins aussi loin que l'extrémité interne des rainures coracoïdiennes ; son bord antérieur est excavé, et son angle antéro-inférieur est en général remarquablement arrondi, au lieu d'être pointu.
L'apophyse épisternale est rudimentaire, et les bords antérieurs du
bouclier sternal sont presque droits. Les rainures coracoïdiennes
sont peu obliques et se rencontrent sur la ligne médiane sans se
croiser. Les espaces hyosternaux sont petits, et leur angle antérieur
se dirige en dehors et un peu en arrière. Les branches latérales externes du sternum sont fortes, médiocrement allongées et très-relevées ;
les branches latérales internes en sont séparées par une grande échancrure très-large, et s'unissent plus ou moins complétement à la partie
moyenne du bouclier sternal, de façon que les échancrures internes
sont petites ou transformées en trous. Enfin, le bord médian est
court et la face supérieure de l'os très-concave. Ce bord présente en
général un grand trou pneumatique qui conduit dans l'épaisseur de la
partie antérieure du brechet ; il est assez épais et s'avance en pointe
au-dessus de l'intervalle des rainures coracoïdiennes.

Chez les Gouras, le brechet acquiert un développement très-
remarquable ; il est extrêmement élevé et se termine en avant par un

(1) Voyez pl. CXXXV et CXXXVI.
(2) Voyez pl. CXXXV, CXXXVI et CXXXIX, fig. 1 à 4.

bord très-mince et arrondi inférieurement. Les échancrures externes sont plus larges, mais les internes sont fort réduites, et quoique la branche latérale interne soit unie aux lames médianes dans presque toute sa longueur, la partie du bouclier sternal qui est ainsi constituée est fort étroite; l'angle hyosternal est très-relevé et forme une sorte de branche ascendante. J'ajouterai que la face supérieure de l'os est très-excavée antérieurement, et présente sur la ligne médiane un grand pertuis pneumatique suivi d'une multitude de petits trous irréguliers.

Chez les Syrrhaptes (1), le sternum est construit à peu près sur le même plan que chez les Pigeons, si ce n'est que l'angle antéro-inférieur du bréchet est moins arrondi et que les branches latérales internes sont confondues avec les lames médianes, dans toute leur longueur, de sorte que les échancrures principales n'existent plus chez les individus adultes ou ne sont représentées que par un petit pertuis placé le plus souvent du côté gauche.

Chez les Gangas (2), le sternum ne diffère pas notablement de ce que nous venons de voir chez les Syrrhaptes, seulement, les échancrures internes du bord postérieur sont plus profondes, ou du moins restent plus longtemps ouvertes.

La CLAVICULE furculaire des Colombes (3) diffère beaucoup de celle des Gallinacés; elle est grêle, en forme d'U, et dépourvue d'apophyse médiane, quelquefois même ses deux branches ne se soudent pas ensemble, et sont trop courtes pour se rencontrer sur la ligne médiane, de façon qu'elles sont réduites à l'état de stylets. Cette anomalie existe chez les Trérons, les Carpophages, les Phœnorhines (4) et les Ser-

(1) Voyez pl. CXXXIX, fig. 3 et 4.
(2) Voyez pl. CXXXVI.
(3) Voyez pl. CXXXV, CXXXVI et CXXXIX, fig. 1 et 3.
(4) Voyez pl. CXXXIX, fig. 1.

résies (1). D'ordinaire, l'extrémité supérieure est pourvue d'une facette coracoïdienne bien caractérisée (2), et se termine par une
apophyse scapulaire mince, lamelleuse et verticale.

Les principales différences que nous offre la fourchette dans cette
famille naturelle, consistent dans le degré d'écartement des branches,
et la courbure plus ou moins forte de leur portion scapulaire.

Dans le genre *Funingus*, qui se rapproche beaucoup du genre
Carpophaga, la fourchette n'est pas incomplète, comme chez ces derniers
oiseaux, mais elle devient très-grêle inférieurement, où ses branches
se réunissent en décrivant une courbe très-régulière, de façon qu'elle
offre la forme d'un U qui serait un peu plus dilaté vers le bas. Les
facettes coracoïdiennes sont saillantes et l'apophyse scapulaire très-
élargie et fortement recourbée en arrière.

Chez les Ramiers, les Tourterelles et les Pigeons proprement dits,
les branches furculaires se réunissent sous un angle bien prononcé, et
en général divergent notablement en s'approchant des coracoïdiens.
Il est aussi à noter que la symphyse est marquée par une petite crête
médiane.

Dans le genre *Pterocles* (3), les branches de la fourchette s'élargissent et se courbent davantage, et il existe au-dessous de leur point
de réunion un petit tubercule arrondi.

Dans le genre *Syrrhaptes* (4), ces caractères sont plus prononcés,
et la portion scapulaire des branches est plus fortement recourbée.

' Le CORACOÏDIEN des Colombides (5) est très-allongé, mais il ne

(1) Cette particularité ostéologique a été constatée chez le *Serresius galeatus*, par M. Eudes
Deslongchamps (*Mémoires de la Société linnéenne de Normandie*, t. XI, 1859).
(2) Cette saillie articulaire n'existe pas chez les espèces dont la fourchette est incomplète en
avant.
(3) Voyez pl. CXXXVI.
(4) Voyez pl. CXXXIX, fig. 3.
(5) Voyez pl. CXXXV et CXXXIX, fig. 1, 3, 5 et 9.

présente aucune ressemblance avec celui des Gallinacés. Le corps de l'os est étroit, mais épais; l'extrémité inférieure est comparativement très-élargie, et la facette articulaire s'étend sur la face antérieure aussi bien que sur la face postérieure de l'os. L'apophyse hyosternale est triangulaire, très-peu relevée et saillante. La dépression du coraco-huméral est limitée en dedans par un bord cristiforme qui se continue avec le bord supérieur de la surface articulaire sternale. Plusieurs pertuis pneumatiques s'ouvrent dans l'angle formé par la réunion de ces deux petites crêtes. Le bord interne du corps de l'os est arrondi et l'apophyse sous-claviculaire est mince, lamelleuse, mais très-avancée, et se recourbe en se relevant vers la tubérosité coracoïdienne. Il n'existe pas de trou sous-claviculaire; la tubérosité est petite, mais porte en dedans une surface saillante et ovalaire, qui s'appuie contre la fourchette.

Dans la petite division qui comprend les Gangas et les Syrrhaptes (1), le coracoïdien est beaucoup plus élargi inférieurement, et la facette articulaire du sternum ne s'étend pas sur la face antérieure ou inférieure de l'os. La dépression occupée par le coraco-huméral n'est pas limitée en dedans par un bord saillant, comme chez les autres Colombides; elle présente, dans le genre *Pterocles*, quelques pertuis pneumatiques qui manquent dans le genre *Syrrhaptes*. Le bord interne de l'os est mince et tranchant. Enfin, l'extrémité articulaire supérieure est très-courte et ressemble à celle des autres genres de la même tribu; cependant, la tubérosité coracoïdienne se recourbe plus fortement en dedans.

Le SCAPULUM est en général très-élargi en arrière, où il se termine tantôt par un bord arrondi, comme chez les Gouras, tantôt par une extrémité pointue, comme chez la plupart des autres repré-

---

(1) Voyez pl. CXXXVI et CXXXIX, fig. 3, 9 à 13.

sentants du même groupe (1) ; la facette glénoïdale de l'humérus est élevée, arrondie, dirigée en haut et en dehors ; la surface articulaire du coracoïdien est peu saillante, mais la tubérosité claviculaire l'est extrêmement, comme chez les Gallinacés, et elle est mousse à son extrémité. Il existe parfois un orifice pneumatique en dehors de cette tubérosité : mais cette disposition, qui s'observe chez les Gouras, manque chez la plupart des autres Colombides.

Les variations que présente le scapulum suivant les groupes secondaires, sont très-peu importantes, et il serait impossible de s'en servir pour établir parmi les Colombides des coupes zoologiques naturelles.

§ 4. — DES OS DE L'AILE.

Chez toutes les espèces qui composent la famille des Colombides, à l'exception du *Didunculus*, les ailes sont longues, et ces proportions sont principalement dues au développement que prend l'avant-bras et la portion correspondante à la main ; le bras est toujours beaucoup plus court, mais il est très-robuste.

L'humérus des Colombides (2) se distingue très-facilement, non-seulement de celui des Gallinacés, mais encore de celui de presque tous les autres oiseaux par l'existence d'un petit tubercule osseux, situé sur le bord externe de l'os, à une assez grande distance au-dessus du condyle radial, et auquel vient se fixer le muscle extenseur de la main. Ce tubercule correspond par conséquent à l'apophyse sus-épicondylienne en forme de crochet qui caractérise si nettement l'humérus des Larides, des Procellarides et des Totanides, et au petit tubercule qui se rencontre chez les Fringillides. Dans le groupe des Cuculides, il

(1) Voyez pl. CXXXIX, fig. 13 à 14.
(2) Voyez pl. CXXXV et CXXXIX, fig. 15 à 18.

existe un tubercule analogue à celui des Colombides, mais il est beaucoup plus gros et situé plus près du condyle radial. L'humérus de certains Perroquets, des Aras par exemple, ressemble beaucoup sous ce rapport à l'os du bras des oiseaux dont l'étude nous occupe ici ; mais, ainsi que nous le verrons plus loin, il s'en distingue par d'autres particularités (1). D'ailleurs, lors même que ce caractère ne se retrouve pas, l'humérus des Colombides se reconnaît facilement à sa forme toute particulière ; en effet, le corps de l'os, au lieu d'être arqué, comme celui des Gallinacés, est droit ; l'extrémité supérieure est bien développée ; la crête externe est courte et terminée par une pointe relevée et saillante ; l'empreinte d'insertion du grand pectoral en occupe presque toute la face interne. Cette crête ne se recourbe pas en dedans, comme celle des Gallinacés. La surface bicipitale est courte, mais très-élargie, et le sillon transversal du ligament coraco-huméral est profondément creusé en dedans, mais se prolonge peu.

La tête articulaire est grosse, élevée et renflée, surtout en arrière. La fosse sous-trochantérienne varie de forme et de profondeur suivant les genres ; mais elle est toujours perforée par des trous pneumatiques plus ou moins larges.

Le tendon du moyen pectoral, ou muscle releveur de l'aile, au lieu de se fixer sur la tubérosité externe, revêt la même disposition que chez les Gallinacés et les Perroquets, et va s'insérer, en arrière de la crête externe, sur une facette rugueuse qui ne se prolonge jamais aussi bas que dans la famille précédente.

L'extrémité inférieure de l'os est élargie et un peu comprimée d'avant en arrière ; l'empreinte d'insertion du brachial antérieur est petite, ovalaire et bien circonscrite. L'épitrochlée ne s'avance que

(1) L'humérus des Aras ressemble beaucoup à celui des Colombides, et pour l'en distinguer, il faut avoir recours à des particularités de structure d'une importance secondaire. Ainsi, chez ces Perroquets, l'empreinte d'insertion du brachial antérieur est toujours beaucoup plus grande, et celle du ligament latéral interne du coude est allongée au lieu d'être arrondie.

faiblement en arrière; l'épicondyle est peu saillant; la fosse olécrânienne est réduite à une petite dépression transversale, et les coulisses tricipitales sont très-superficielles.

Chez le Goura (1), le tubercule d'insertion du muscle extenseur de la main est situé beaucoup plus bas que chez la plupart des autres Colombides.

La fosse sous-trochantérienne est à peine creusée, et le trou pneumatique, qui est très-large, s'ouvre à fleur de l'os.

Chez les Colombes, les Tourterelles et les Pigeons proprement dits, la fosse sous-trochantérienne est très-profonde, mais les orifices pneumatiques sont petits; le tubercule sus-épicondylien est situé très-haut au-dessus du condyle radial.

Chez les Carpophages (2), les Funingus, les Trérons, ce tubercule est un peu moins relevé; mais la disposition générale de l'humérus est tout à fait la même.

L'os du bras des Gangas (3) et des Syrrhaptes présente exactement la même disposition que celui des Pigeons; les différences qui se remarquent ont à peine une valeur générique. Ainsi, l'extrémité inférieure est plus étroite; l'empreinte d'insertion du brachial antérieur est peu marquée et superficielle; la crête externe de l'extrémité supérieure se recourbe légèrement en dedans et forme une saillie très-forte; enfin, la fosse sous-trochantérienne est remarquablement profonde.

Je n'ai que peu de choses à dire des os de l'avant-bras des Colombides (4), car ils ressemblent beaucoup à ceux des Gallinacés. De même que chez ceux-ci, le cubitus est fortement arqué (5) et le radius

(1) Voyez pl. CXXXIX, fig. 15 et 16.
(2) Voyez pl. CXXXIX, fig. 17 et 18.
(3) Voyez pl. CXXXVI.
(4) Voyez pl. CXXXV.
(5) Voyez pl. CXL, fig. 6 à 9.

presque droit, de façon que le squelette de l'avant-bras ressemble, par
sa forme, à un arc dans lequel le radius correspondrait à la corde.

Le cubitus est moins comprimé latéralement que dans la famille
précédente; sa face interne, au lieu d'être aplatie, est arrondie, et la
surface glénoïdale interne, moins étroite, présente la forme d'une
petite fossette circulaire. La surface glénoïdale externe se prolonge en
dehors et en avant, de façon à former une pointe mousse, tandis que
chez les Gallinacés son bord antérieur est régulièrement arrondi en
avant. L'apophyse olécrânienne est, en général, grosse et longue
au lieu d'être comprimée latéralement; la rugosité sur laquelle se fixe
le ligament cubito-radial interne, est petite et oblique, tandis que
chez les Faisans, les Perdrix et les autres oiseaux de la même famille,
elle présente la forme d'un tubercule arrondi et en général saillant.
Les empreintes d'insertion des grandes plumes de l'aile sont d'ordinaire élevées et bien circonscrites. L'extrémité inférieure de l'os est
très-grosse, épaisse et arrondie. Le tubercule carpien y est encore
plus court que chez les Gallinacés.

De tous les Colombides, le Goura est celui dont le cubitus ressemble le plus à l'os principal du bras des Tétras; celui des autres représentants du même groupe, et en particulier des Pigeons bons voiliers, s'en éloigne au contraire davantage.

Le cubitus des Gangas et des Syrrhaptes offre des caractères
qui relient ces oiseaux aux Colombides, d'une part, et aux Gallinacés
de l'autre. En effet, cet os est plus comprimé latéralement que
chez les premiers, et son extrémité inférieure est plus épaisse que
chez les seconds. Les Syrrhaptes, sous ce rapport, se rapprochent plus
des Colombides que les Gangas, qui au contraire, se rattachent au type
Gallinacé.

Le MÉTACARPE des Colombides est très-facile à reconnaître (1),

(1) Voyez pl. CXXXV et CXL, fig. 10 à 19.

bien que, par sa forme générale, il ait au premier abord une ressemblance assez grande avec le même os, chez les Pénélopides ; car, de même que chez ces derniers oiseaux, la petite branche du métacarpe est fortement arquée, de façon que l'intervalle qu'elle laisse entre elle et la branche opposée est très-élargi. On ne voit qu'une trace de l'apophyse musculaire intermétacarpienne, qui était si développée chez les Gallinacés ordinaires, et dont on retrouvait les vestiges chez les Pénélopides. Le petit métacarpien ne se soude au métacarpien principal que par ses extrémités, de façon que l'espace vide interosseux est plus allongé que dans la famille précédente ; la poulie carpienne est moins large et moins facile à distinguer, car l'échancrure inter-articulaire qui, chez ces derniers oiseaux, divise en deux parties le bord externe, n'existe pas dans le groupe qui nous occupe ; la lèvre externe de la gorge articulaire se prolonge beaucoup plus bas. L'apophyse radiale et l'apophyse pisiforme présentent d'ailleurs à peu près la même disposition que chez les Gallinacés ; cette dernière est cependant un peu plus saillante ; mais l'extrémité articulaire inférieure correspondant à la petite branche du métacarpe, ne se prolonge pas plus bas que celle du métacarpien principal. Enfin, la première phalange du doigt médian est large, courte, mais cependant un peu plus allongée que chez les Gallinacés. Elle se distingue d'ailleurs de celle de ces derniers oiseaux par le développement de son angle supéro-inférieur qui se prolonge au-dessus de la base de la deuxième phalange.

Le métacarpe des Gangas (1) et des Syrrhaptes (2), ressemble presque complétement à celui des Pigeons ; l'apophyse intermétacarpienne est peu développée ; la poulie carpienne ne porte pas d'échancrure interarticulaire sur son bord externe, et la surface articulaire des phalanges est placée sur le même niveau.

(1) Voyez pl. CXXXVI.
(2) Voyez pl. CXL, fig. 17 à 19.

§ 5. — DE LA TÊTE.

La tête osseuse des Pigeons proprement dits diffère extrêmement de celle des Gallinacés et présente un ensemble de caractères très-remarquables (1). La mandibule supérieure est grêle, allongée et légèrement recourbée en bas vers son extrémité ; les ouvertures nasales qui y sont percées, s'étendent dans presque toute sa longueur, sont très-étroites et remontent sur la région frontale, jusqu'auprès de l'angle antérieur de l'orbite. Les os intermaxillaires sont complétement confondus entre eux sur la ligne médiane, au lieu d'y laisser une scissure comme chez les Gallinacés ; mais ils ne se soudent qu'incomplétement à la branche interne des os nasaux et ils ne se prolongent pas jusque sur la région interorbitaire, ainsi que cela a lieu chez les oiseaux que je viens de citer. La branche descendante des os nasaux est grêle et très-oblique. La portion frontale des os lacrymaux est petite, soudée au front, ou enchâssée dans l'angle de réunion des os nasal et coronal ; ils sont fort peu saillants en dehors, mais leur branche descendante est très-développée. Le front est aplati ou très-faiblement concave transversalement, mais en général il est très-arqué d'avant en arrière et s'élève beaucoup. L'espace interorbitaire est large et peu ou point déprimé au milieu ; la botte crânienne est très-courte, étroite et arrondie en haut, en arrière et sur les côtés ; les fosses temporales sont à peine indiquées, et les lignes qui séparent les pariétaux de la région occipitale sont très-faibles. Cette dernière région est fort basse, et le grand trou qui est destiné à livrer passage à la moelle épinière, descend presque au niveau de la surface basilaire. Les apophyses mastoïdiennes sont petites et les caisses tympaniques ne sont pas renflées en dessous et en arrière, comme dans la famille des Gallinacés.

1) Voyez pl. CXL, fig. 1 à 5.

Il en résulte que la région basilaire du crâne est petite et n'affecte pas la forme d'un écusson, comme dans ce dernier groupe. Le palais est toujours largement ouvert au milieu dans presque toute sa longueur. De chaque côté du sphénoïde naît un prolongement cylindrique et tronqué à son extrémité, auquel viennent s'articuler les os ptérygoïdiens. Ces apophyses sont très-réduites dans le genre Goura, et elles manquent chez le Dronte. Les os palatins sont élargis, très-longs et arrondis à leur angle postérieur et externe. Enfin, j'ajouterai que l'angle postérieur de la mâchoire inférieure est court et tronqué.

Le genre *Serresius* (1) reproduit la plupart des caractères essentiels que je viens d'énumérer; mais il diffère des autres membres de la famille des Pigeons par le grand aplatissement de tout le dessus de la tête, et l'élévation de la base de la mandibule supérieure, disposition par suite de laquelle le sinciput, le front et le bord dorsal du bec décrivent une même ligne faiblement arquée.

Les Gangas (2) et les Syrrhaptes, par la forme de leur tête osseuse, se rapprochent plus des Gallinacés que des véritables Pigeons. Le bec est notablement plus court que chez ces derniers; l'ouverture des narines, au lieu de s'étendre en forme de fente étroite, sur presque toute la longueur du bec, est ovalaire et courte. Les branches externes des os nasaux sont presque verticales. La portion interorbitaire du frontal est étroite et légèrement déprimée sur la ligne médiane. La base du crâne est très-élargie et bombée longitudinalement. Les os palatins sont très-écartés entre eux, et beaucoup moins allongés que ceux des Pigeons. Enfin, j'ajouterai que les apophyses ptérygoïdiennes du sphénoïde sont grosses et saillantes.

Cette réunion de caractères explique pourquoi la plupart des ornithologistes qui se sont basés principalement sur la conformation

(1) Voyez pl. CXL, fig. 4 et 5.
(2) Voyez pl. CXXXVI.

de la tête et du bec pour la classification des oiseaux, ont rangé les Gangas et les Syrrhaptes parmi les Gallinacés.

N'ayant pas eu l'occasion d'étudier la tête osseuse du *Didunculus strigirostris,* je renverrai à ce qui en a été dit par MM. Strickland et Melville, dans leur remarquable mémoire sur le Dronte.

CHAPITRE XXVIII

DES OISEAUX FOSSILES DE LA FAMILLE DES COLOMBIDES

J'ai déjà eu l'occasion de dire, dans le chapitre précédent, que les différences qui séparent des Pigeons le Dronte et le Solitaire, sont trop considérables pour permettre de ranger ces oiseaux dans la même famille. Ces deux espèces éteintes des îles Mascareignes se rapportent à un type ornithologique particulier très-rapproché de celui des Colombides. Le Solitaire de Rodriguez (*Pezophaps solitaria*), est aujourd'hui aussi bien connu que le Dronte ou Dodo (*Didus ineptus*). MM. A. et E. Newton ont réuni et étudié presque toutes les pièces de son squelette, et ils sont arrivés à cette conclusion, que cette espèce, sur laquelle Leguat nous a transmis des détails si précieux, est intermédiaire entre le Dronte et les vrais Colombides, mais qu'elle présente cependant des traits particuliers d'organisation.

Ces vues ont été exposées avec détails dans un mémoire très-étendu, publié par MM. Newton dans les *Transactions de la Société royale de Londres* (1). Les rapports que le Dronte présente avec les oiseaux actuels, ont aussi été le sujet de travaux spéciaux auxquels je renverrai (2).

La famille des Pigeons était déjà représentée à l'époque miocène

(1) Newton, *On the Osteology of the Solitaire* (*Philosoph . Transact.*, 1869, p. 327).
(2) Alph. Milne Edwards, *Annales des sciences naturelles, Zool..*, 5ᵉ série, t. V, p. 355. 1866. — R. Owen, *Trans. of the Zool. Soc. of London.* 1867, t. VI, p. 49.

par des Colombes proprement dites et par des Gangas différant très-peu des espèces qui habitent aujourd'hui la France.

Dans les couches quaternaires, on a signalé l'existence d'ossements de Pigeons, mais sans indiquer les caractères sur lesquels reposent ces déterminations. On en a cité en France dans les brèches des environs de Cette (1), dans les cavernes de Lunel-Vieil (2) et dans celles de Fausan (3), ainsi qu'en Angleterre, dans la caverne de Kirkdale (4). J'ajouterai cependant que le cubitus qui a été figuré par Buckland, comme provenant d'un Pigeon, me paraît beaucoup trop brusquement arqué vers son extrémité supérieure pour avoir appartenu à un représentant de ce groupe; de plus, l'articulation carpienne paraît beaucoup trop grosse, comparativement au corps de l'os.

Dans les tourbières de l'Essonne, le docteur Meynier a recueilli plusieurs pièces du squelette du Pigeon ramier (*Columba palumbus*, Linné); ce sont un tibia (5) et un tarso-métatarsien (6) qui ne se distinguent par aucun caractère de ceux des individus actuellement existants.

COLUMBA CALCARIA, nov. sp.

(Voyez pl. CXLI, fig. 10 à 14.)

J'ai recueilli dans une des carrières qui se trouvent sur la route de Saint-Gérand-le-Puy, à Langy, un petit humérus parfaitement con-

(1) Wagner, *Neues Jahrb.*, 1833, p. 754.
(2) Marcel de Serres, Dubreuil et Jean-Jean, *Recherches sur les ossements humatiles de la caverne de Lunel-Vieil*, p. 212.
(3) Marcel de Serres, *Essai sur les cavernes*, p. 154.
(4) Buckland, *Reliquiæ diluvianæ*, 1823, p. 15, pl. XI, fig. 26 et 27.
(5) Voyez pl. CXLI, fig. 20 à 24.
(6) Voyez pl. CXLI, fig. 15 à 19.

servé, qui présente toutes les particularités de structure caractéristiques du groupe des Colombides ; le corps de l'os est droit et n'affecte pas la courbure qui se remarque chez les Gallinacés. Les extrémités sont fortes. La crête externe s'avance en forme de pointe triangulaire sans se recourber en dedans. La surface bicipitale est courte, mais élargie ; la tête humérale est très-grosse et renflée. En arrière, la fosse sous-trochantérienne est large, comme chez les Colombes proprement dites, et les orifices pneumatiques qui s'ouvrent au fond de cette fosse sont très-petits. L'empreinte d'insertion du pectoral profond ou muscle releveur de l'aile se voit en arrière de la crête externe ; elle est beaucoup plus rapprochée de la tête de l'os que chez l'*Ectopistes migratorius*, la *Columba palumbus* et la *Columba œnas*, et elle ressemble davantage, par ses dispositions, de ce qui existe chez la *Peristera afra* et l'*Œnas capensis*.

Le tubercule sus-épicondylien est placé à une assez grande distance du condyle radial, caractère qui empêche de rapprocher notre fossile des Carpophages et des Funinges, où cette petite saillie est beaucoup plus basse. Sous ce rapport la *Columba calcaria* ressemble beaucoup aux genres *Columba*, *Ectopistes*, *Œnas*, *Turtur*, *Zenaida*, *Peristera*, *Chalcophaps*, etc.

L'empreinte d'insertion du muscle brachial antérieur est ovalaire et bien circonscrite, ce qui distingue l'humérus fossile de celui des Syrrhaptes et des Gangas ; d'ailleurs, la fosse sous-trochantérienne était beaucoup moins large et moins profonde que chez ces dernières espèces. Les condyles articulaires ne présentent rien de particulier à noter.

Cet humérus de Colombe est beaucoup plus petit que celui de la Tourterelle à collier ou de la Tourterelle des bois, il n'atteint pas aux dimensions de la Colombe Turvert (*Chalcophaps javanica*) ; mais il est un peu plus grand que celui de la *Peristera afra*. La taille de l'oiseau auquel il appartient ne devait pas dépasser celle d'un Merle.

Je donne ici les dimensions de cet os fossile :

Longueur totale de l'humérus..............................	0,0281
Largeur de l'extrémité supérieure............................	0,0081
Largeur de l'extrémité inférieure............................	0,0066
Largeur du corps de l'os..................	0,0030
Épaisseur du corps de l'os	0,0022
Distance de l'extrémité supérieure au tubercule sus-épicondylien........	0,0055

PTEROCLES SEPULTUS, nov. sp.

(Voyez pl. CXLI, fig. 1 à 9.)

Il est très-rare de trouver dans les carrières du département de l'Allier des ossements du Ganga fossile que je désigne sous le nom de *Pterocles sepultus*. Ainsi, depuis dix années que j'exploite ce gisement, je n'ai recueilli que deux os tarso-métatarsiens de cet oiseau, tandis que je trouvais par centaines des débris de Canards, de Mouettes, de Palælodes, etc.; mais cette rareté relative n'indique pas qu'à l'époque miocène les Gangas aient été peu nombreux; elle s'explique par les habitudes mêmes de ces oiseaux, qui ne fréquentent pas les rives des lacs et des cours d'eau, ce n'est donc qu'accidentellement que leurs ossements ont pu être enfouis au milieu des dépôts qui recouvrent aujourd'hui une partie de la vallée de l'Allier.

L'os du pied de notre espèce fossile présente exactement toutes les particularités anatomiques qui aujourd'hui caractérisent le genre Ganga; je me bornerai, par conséquent, à indiquer seulement les différences qui permettent de le distinguer du tarso-métatarsien des espèces actuelles. Cet os, comparativement à sa longueur, est plus grêle que celui de tous les Gangas que j'ai pu examiner; il est notablement plus court que chez le *Pterocles gutturalis*, Smith; la diaphyse est aussi beaucoup plus resserrée. La forme élargie du tarso-métatarsien du *Pterocles bicinctus*, Temm., le distingue nettement de notre fossile; il en est de même pour le *Pterocles arenarius*, Pallas.

L'os du pied du *Pterocles exustus*, Temm. est à la fois plus court et plus gros, et par ses proportions générales, le Ganga de l'Allier paraît se rapprocher davantage du *Pterocles achata*, de Linné (*Pterocles setarius*, Temm.). Cependant, chez ce dernier, le tarso-métatarsien est plus petit, et les extrémités articulaires sont beaucoup moins fortes. Il est donc probable que l'espèce fossile était intermédiaire pour la taille entre le *Pterocles gutturalis* et le *Pterocles achata*, qui se rencontre quelquefois dans le midi de la France.

CHAPITRE XXIX

CARACTÈRES OSTÉOLOGIQUES DE L'ORDRE DES PASSEREAUX

(*Passeres*).

§ 1.

Les limites naturelles de l'ordre des Passereaux sont des plus difficiles à établir, et nous voyons que les divers auteurs ont émis sur ce
sujet les opinions les plus dissemblables. Cuvier réunissait dans son
ordre des Grimpeurs tous les oiseaux dont le doigt externe est dirigé
en arrière, parallèlement au pouce. Il composait son ordre des Pas-
seraux de tous les oiseaux qui ne sont ni nageurs, ni échassiers, ni
grimpeurs, ni rapaces, ni gallinacés. D'après cette définition, on peut
voir que ce groupe comprenait les types les plus disparates, et en effet,
la plupart des ornithologistes ont considéré l'ordre des Passereaux
comme une sorte de magasin dans lequel il était convenu qu'on ferait
rentrer toutes les espèces que l'on ne pourrait classer ailleurs. Cette
manière de procéder, entièrement basée sur les caractères tirés de la
forme extérieure, et sur la disposition des pattes et du bec, a conduit
aux résultats les plus contraires aux règles d'une méthode naturelle.
Des types très-voisins se trouvaient séparés, tandis que des formes
foncièrement différentes étaient placées côte à côte.

Les particularités tirées de la direction du doigt externe me
semblent présenter bien peu d'importance, et ce caractère ne peut
être regardé comme dominateur de l'ordre ; en effet, nous le voyons
varier beaucoup, sans que le reste de l'organisation se modifie, et nous

trouvons tous les passages entre la forme *zygodactyle* typique telle qu'elle existe chez les Toucans et la disposition ordinaire. Les Touracos et les Musophages, par exemple, ne sont que des Grimpeurs incomplets.

Il semble y avoir des liens de parenté incontestable entre les Grimpeurs de Cuvier et les Passereaux; de l'un de ces groupes à l'autre, les transitions sont insensibles, et l'on peut avancer avec toute assurance qu'entre un Coucou et un Engoulevent, les différences organiques sont moins grandes qu'entre un Corbeau et un Martin-Pêcheur, ou entre un Moineau et un Calao. Les Perroquets constituent à eux seuls un groupe parfaitement tranché, très-distinct des Grimpeurs ordinaires, et le prince Charles Bonaparte appréciait exactement les affinités de ces oiseaux, quand il en formait un ordre à part placé en tête de la série ornithologique.

Lorsque l'on a opéré cette exclusion, on a devant les yeux un groupe composé d'éléments encore très-divers, parmi lesquels il semble impossible d'établir des divisions d'importance *ordinique* ou du moins d'une valeur zoologique égale à celle qui sépare les Perroquets des Rapaces, les Rapaces des Passereaux ou des Gallinacés, et ces derniers des Échassiers. On reconnaît dans ce groupe des types très-variés, très-nettement caractérisés par leur organisation intérieure et qui se répartissent en familles très-nettement définies.

Par conséquent, j'adopterai ici l'ordre des *Passeres*, tel que le prince Charles Bonaparte l'avait constitué, c'est-à-dire comprenant tous les Passereaux et tous les Grimpeurs de Cuvier, à l'exclusion des Perroquets; mais la distribution intérieure de cet ordre proposée par l'auteur du *Conspectus avium*, est tout à fait artificielle. Sa première tribu des *Volucres* réunit les Syndactyles et les Zygodactyles aux Eurylaimes et aux Dendrocolaptes; sa seconde tribu des *Oscines* se compose d'un ensemble beaucoup plus homogène, comprenant les Passereaux proprement dits.

M. R. Gray, tout en adoptant les ordres des *Passeres* et des *Scansores* laisse dans le premier les Trogons et les Musophages, tandis que le second comprend les Toucans, les Perroquets, les Pics et les Coucous.

Cabanis porte le nombre des ordres à trois, sous le nom d'*Oscines*, de *Clamatores*, de *Strisores* et de *Scansores*, et, parmi ces derniers, il place les Perroquets à côté des Toucans, des Pics et des Coucous.

M. Th. Huxley a proposé dernièrement une nouvelle classification des oiseaux, basée principalement sur la disposition des os palatins et ptérygoïdiens. D'après ce mode de distribution, les *Scansores* et les *Syndactyles* font partie de ses *Desmognatæ*, tandis que ses *Ægithognatæ* comprennent : les Cypsélides, les Trochilides, les Caprimulgides et les Oscines de Bonaparte.

La forme extérieure des Passereaux, la disposition du bec et même des pattes, ne sont que d'un faible secours pour arriver à une classification qui soit la fidèle représentation des affinités naturelles. Il faut avoir recours à des caractères organiques plus importants, et lorsque l'on étudie le squelette, on y trouve des particularités extrêmement nettes permettant de grouper, de la manière la plus précise, les Passereaux qui pendant si longtemps ont été ballottés d'un groupe dans un autre.

Lherminier fut le premier qui saisit ces relations et qui se servit des caractères ostéologiques pour la distribution des oiseaux, et bien qu'il n'ait pris en considération que l'appareil sternal, il arriva souvent à des résultats d'une rigoureuse exactitude. Ainsi, il répartit les Passereaux, tels que Cuvier les comprenait, en neuf familles d'égale valeur, celles des Colibris, des Martinets, des Engoulevents, des Rolliers, des Guêpiers, des Martin-Pêcheurs, des Calaos, des Épopsides et des Passereaux. « Ce dernier groupe, dit-il (celui des Passereaux proprement dits), qui se compose toujours d'un très-grand nombre d'individus, constitue encore, malgré les retranchements que je lui ai fait subir, la plus nombreuse de mes familles. Il renferme les Soui-Mangas, Becs-Fins, Merles, Corbeaux, Pigrièches, Mésanges, Gros-Becs, Hirondelles, etc.; à la manière dont j'ai caractérisé cette famille, rien n'est plus facile que de reconnaître les individus qui lui appartiennent. Tous sont tellement semblables qu'il m'a été impossible de trouver des caractères qui s'accordassent avec les divisions en Cultrirostres, Conirostres, etc., à plus forte raison avec les subdivisions en genres. »

Lherminier établit aussi des familles particulières pour les Touracos, les Perroquets, les Coucous, les Couroucous, les Toucans et les Pics.

Depuis cette époque, M. E. Blanchard a repris l'étude du sternum des Passereaux et a décrit un certain nombre de types inconnus de Lherminier, tels que les Todiers et les Barbus.

Si les variations ostéologiques permettent, avec la plus grande facilité, de grouper en familles les Passereaux, il est plus difficile d'en faire usage pour l'établissement de divisions d'un rang plus élevé.

Je compte exposer dans un mémoire spécial les motifs qui m'ont fait adopter le mode de classement que je propose ici ; mais, dans ce travail, je me bornerai à indiquer les résultats auxquels je suis arrivé.

L'ordre des *Passeres* (Bonaparte) peut se diviser en sept sections :

1° Les *Ædorninæ* (Oscines de Bonaparte) comprenant un grand nombre de groupes ayant pour types principaux les genres *Corvus*, *Menura*, *Fringilla*, *Sturnus*, *Turdus*, *Icterus*, *Lanius*, *Oriolus*, *Muscicapa*, *Alauda*, *Motacilla*, *Parus*, *Certhia*, *Promerops*, *Hirundo*, etc. Ces groupes diffèrent entre eux par des caractères d'une si faible importance, qu'ils ne peuvent même pas être considérés comme des familles, c'est à peine si l'on peut en faire des sous-familles ; ce sont plutôt de grands genres.

2° Les *Epopsinæ* ont été parfaitement caractérisés par Lherminier, ils ne renferment que le genre Huppe, auquel M. Blanchard a adjoint les Irrisors.

3° Les *Ocyptilinœ* ont pour type les Cypsélides, à côté desquels doivent se ranger les Trochilides et les Caprimulgides.

4° Les *Syndactylinœ*, constitués par les Alcédides, les Eurystomides, les Bucérotides et les Motmotides, et comprenant, par conséquent les Martin-Pêcheurs, Martin-Chasseurs, les Guêpiers, les Todiers, les Rolliers et les Calaos.

5° Les *Dyscranopterinœ* ne renferment que les Musophages et les Touracos.

6° Les *Trogoninœ*.

7° Les *Phlœodrominœ*, comprenant les Picides, les Rhamphastides, les Bucconides et les Cuculides. Les trois premières de ces familles sont intimement unies et forment un groupe naturel bien distinct de celui des Cuculides.

Il me paraît préférable d'examiner dans un même chapitre les caractères ostéologiques des divers types qui composent l'ordre des *Passeres*. Cette marche permettra d'établir des comparaisons plus rigoureuses et, suivie pour chacune des parties du squelette, elle fera mieux ressortir les dissemblances et les analogies qui existent entre ces groupes. Par conséquent, nous aurons successivement à étudier chacune des pièces de la charpente solide du corps, chez les Ædornines, les Epopsines, les Ocyptilines, les Syndactyles, les Dyscranopterines, les Trogonines et les Phlœodromines.

§ 2. — DES OS DE LA PATTE.

Nous ne pouvons indiquer ici les caractères généraux des os de la patte des oiseaux composant l'ordre des *Passeres*, car les particularités qu'ils offrent varient beaucoup et coïncident avec les divisions intérieures en familles ou grands genres.

Le tarso-métatarsien des Ædornines (1) est très-nettement caractérisé par la forme du corps de l'os ainsi que par la disposition de ses extrémités articulaires. La diaphyse présente un bord postéro-externe très-saillant et cristiforme, analogue à celui qui existe chez les Gallinacés, mais qui, dans cette famille, occupe le bord postéro-interne de l'os.

La face antérieure est aplatie et à peine excavée longitudinalement; il n'y a qu'une empreinte pour l'insertion du muscle tibial antérieur; elle est située très-haut et la coulisse de l'extenseur des doigts est recouverte par un pont osseux. La face interne de l'os se confond avec la face postérieure, qui est très-légèrement excavée longitudinalement.

L'extrémité supérieure du tarso-métatarsien est élargie; les facettes glénoïdales sont situées à peu près au même niveau; l'interne est plus grande et plus avancée que celle du côté opposé. La tubérosité intercondylienne est proéminente et très-grosse. Le talon est bien développé et se dirige obliquement en dehors et en arrière. Les deux crêtes principales, dont l'externe est la plus épaisse, se réunissent et se soudent par leur bord postérieur; il existe également une crête médiane aussi saillante que les précédentes, et des brides transversales, qui circonscrivent quatre ou cinq gouttières tubulaires. La face postérieure du talon est aplatie et souvent marquée par un ou deux sillons superficiels. L'extrémité inférieure de l'os est comprimée d'avant en arrière; les trochlées digitales sont toutes trois situées sur le même plan et à peu près au même niveau; les échancrures qui les séparent sont étroites. Les deux trochlées latérales sont comprimées latéralement, dépourvues de gorge articulaire, et ne se prolongent pas en arrière par un bord saillant; le pertuis inférieur est extrêmement petit et situé assez haut, au-dessus de l'échancrure digitale

(1) Voyez pl. CXLIV, fig. 1 à 16, et pl. CXLV.

externe; enfin, la dépression destinée à l'articulation du doigt postérieur est large et très-profondément marquée.

Ces caractères se retrouvent presque exactement les mêmes dans
tous les genres de la famille des Ædornines, qui ne diffèrent entre
eux, sous ce rapport, que par des particularités d'une importance
minime, et par des différences dans les proportions relatives de l'os;
ainsi le tarso-métatarsien d'un Corbeau et celui d'un Roitelet sont construits exactement sur le même plan organique.

Dans le grand genre *Corvus* (1), le canon est très-robuste, la
crête postéro-externe est toujours bien marquée et le talon est en
général perforé par cinq gouttières tubulaires dont trois internes et
deux antéro-externes; les antérieures sont beaucoup plus largement
ouvertes que les autres, et l'intermédiaire qui existe en dedans est
toujours petite.

Chez les Gros-Becs (2), les Moineaux, les Verdiers, les Bruants,
les Alouettes (3), etc., l'os du pied est relativement court et plus
élargi, et le talon ne présente que quatre gouttières tendineuses.

Chez les Loriots, la gouttière postéro-externe reste généralement
béante.

Dans le genre *Turdus* (4), les trochlées digitales sont remarquablement courtes, par rapport à la longueur de l'os, et la surface articulaire du doigt postérieur, moins élevée que chez les *Corvus*, est
aussi moins profondément creusée.

Dans le petit groupe des Becs-Fins (5), qui comprend les
Traquets, les Rubiettes, les Fauvettes, les Troglodytes, les Bergeronnettes, etc., le tarso-métatarsien se reconnaît à sa forme grêle et élan-

(1) Voyez pl. CXLV, fig. 1 à 5.
(2) Voyez pl. CXLV, fig. 20 à 23.
(3) Voyez pl. CXXV, fig. 24 à 28.
(4) Voyez pl. CXLIV, fig. 15.
(5) Voyez pl. CXLV, fig. 29 à 38.

cée; mais les particularités ostéologiques que présentent les extrémités articulaires sont d'ailleurs les mêmes que dans les genres
précédents.

Chez les Grimpereaux, les Soui-Mangas, etc., le canon est robuste,
et la trochlée médiane s'élargit et se creuse d'une gorge très-marquée,
qui, chez les Picucules et les Xiphorhynques, acquiert une profondeur
très-considérable (1).

L'os du pied des Coqs de roche (genre *Rupicola*), se rapproche
des précédents par tous ses caractères essentiels (2) ; mais cependant,
il se fait remarquer par la disposition de l'extrémité tibiale qui, dans
sa portion antérieure, est aplatie et non déprimée comme d'ordinaire ;
le pont sus-tendineux qui surmonte le pertuis interne est très-élevé
et très-oblique. L'extrémité digitale est aplatie d'avant en arrière, et
la trochlée externe, plus longue que les autres, se dirige un peu en
dehors.

L'os du pied des Huppes (3) est construit sur un plan différent de
celui des Ædornines. Le talon est plus simple et creusé d'ordinaire
d'un seul canal tendineux. La trochlée du doigt interne, au lieu de se
trouver sur le même plan que les autres, est rejetée un peu en arrière ;
enfin, le pertuis inférieur est largement ouvert et très-rapproché des
poulies digitales.

Parmi les Ocyptilines, chez les Martinets, le tarso-métatarsien
offre une forme toute particulière (4).

L'extrémité supérieure est comprimée d'avant en arrière, et le
talon se réduit à la crête principale interne; celle du côté externe est

(1) Voyez pl. CXLIV, fig. 6 à 14.
(2) Voyez pl. CXLV, fig. 16 à 19.
(3) Voyez pl. CLXIX, fig. 1 à 4.
(4) Voyez pl. CLXIX, fig. 5 à 8.

rudimentaire. Aucun oiseau ne nous a présenté, jusqu'à présent, cette disposition que nous verrons exister chez la plupart des oiseaux de proie. J'ajouterai que le canal tubulaire, dans lequel s'engage le tendon du muscle extenseur des doigts, s'ouvre en haut au niveau de la surface articulaire.

La gouttière métatarsienne antérieure est profonde et se continue avec le pertuis inférieur dont l'orifice est très-élargi. L'empreinte d'insertion du tendon du tibial antérieur est située presqu'à la moitié de l'os, sur le bord antéro-interne.

Les trochlées digitales ne sont pas situées au même niveau, l'interne est placée plus bas et l'externe plus haut que la médiane. Ces deux dernières sont creusées en avant d'une petite dépression arrondie et bien visible; enfin, le bord postérieur de chacune des trochlées latérales se prolonge par une petite crête saillante.

Chez les Trochilides, le talon se complique en général davantage; on y remarque un canal tubulaire, et bien que le corps de l'os soit encore très-aplati, la gouttière métatarsienne antérieure est peu visible. J'ajouterai que la trochlée interne descend beaucoup moins que dans le genre Martinet.

Dans le genre Engoulevent (1), les trochlées digitales sont disposées sur une ligne transversale arquée; la trochlée interne est rejetée en arrière, et elle est plus basse que l'externe.

Chez les Syndactyles, les Rolliers, les Guêpiers (2), les Martin-Pêcheurs et les Martin-Chasseurs (3), par exemple, l'os canon est très-court, plat et élargi, et de même que dans le genre Huppe, le talon n'est traversé que par une seule gouttière tubulaire. Les trochlées digitales sont placées sur un même plan et à peu près à la même hauteur.

(1) Voyez pl. CLXIX, fig. 17 à 20.
(2) Voyez pl. CLXIX, fig. 9 à 12.
(3) Voyez pl. CLXIX, fig. 13 à 16 b.

Il est impossible de confondre le tarso-métatarsien des Calaos (1) avec celui d'aucun autre oiseau; cet os est très-renflé et remarquable par l'existence de deux pertuis supérieurs énormes qui servent en même temps de trous pneumatiques. La surface articulaire supérieure est aplatie et un peu oblique en avant; le talon, large et saillant, est perforé par deux gouttières tubulaires situées à côté l'une de l'autre. La face antérieure de la diaphyse est excavée longitudinalement. L'extrémité inférieure de l'os est large, mais très-comprimée d'avant en arrière. Les trochlées digitales sont presque complétement soudées entre elles, surtout en avant. L'interne se prolonge plus bas que les autres. La dépression articulaire du pouce est extrêmement profonde et allongée. Le pertuis inférieur manque parfois, et quand il existe, il est extrêmement petit.

Chez quelques espèces, telles que le Calao rhinocéros et le Calao monocéros, l'os du pied est large et très-court; il s'allonge beaucoup chez le Calao d'Abyssinie, qui est un oiseau beaucoup plus marcheur que les autres; mais les caractères ostéologiques ne varient que peu dans ces diverses espèces.

L'os du pied des Touracos (2) est robuste et indique un oiseau à allures terrestres; il présente certaines analogies avec celui des Gallinacés. L'extrémité supérieure est aplatie en dessus, et le talon, peu saillant, n'est creusé que d'une seule gouttière tubulaire : sa face postérieure est élargie et marquée d'un ou deux sillons superficiels. Le corps de l'os est comprimé d'avant en arrière et légèrement excavé longitudinalement sur ses faces antérieure et postérieure. La trochlée digitale médiane dépasse les deux latérales; l'externe est très-relevée, étroite, dépourvue en avant de gorge articulaire; elle se

(1) Voyez pl. CLXIX, fig. 21 à 25.
(2) Voyez pl. CLXIX, fig. 30 et 31.

prolonge en arrière par un bord mince et saillant. La facette articulaire du doigt postérieur est superficielle.

Le tarso-métatarsien des Musophages est presque semblable à
celui des Touracos ; la gouttière métatarsienne antérieure est seulement un peu plus profonde.

Chez les Couroucous (*Trogon*), l'os principal du pied est extrêmement petit et dépourvu de gouttière métatarsienne antérieure (1) ; les
pertuis supérieurs sont remarquablement petits, et il n'y a pas de
pont osseux au-dessus de la coulisse de l'extenseur des doigts. Les
faces latérales convergent l'une vers l'autre, de façon que la face
postérieure se trouve réduite à un bord qui en haut est tout à fait cristiforme. L'extrémité supérieure de l'os est aplatie en dessus; la tubérosité intercondylienne est à peine proéminente; mais le talon est
très-développé, et la crête interne, extrêmement saillante, s'élargit
en arrière; il existe d'ailleurs deux gouttières tubulaires placées l'une
à côté de l'autre, comme chez les Coucous.

L'extrémité inférieure est facilement reconnaissable, la trochlée
externe est plus élargie que chez les oiseaux que nous venons d'étudier, et elle est pourvue d'une gorge articulaire ; l'interne est fortement rejetée en arrière. Enfin, le pertuis inférieur est très-petit.

Le groupe des Phlæodromines comprend, à l'exception des Perroquets, des Touracos et des Couroucous, tous les oiseaux Grimpeurs
dont le doigt externe peut facilement se diriger en arrière. Le tarso-
métatarsien présente, à cet effet, des dispositions particulières qui
varient d'ailleurs suivant les groupes que l'on étudie. Ainsi, chez les
Picidæ, comprenant les genres *Picus, Yunx, Bucco, Capito, Tamatia,
Galbula* et *Rhamphastos*, l'os du pied est construit sur un plan presque

(1) Voyez pl. CLXIX, fig. 26 à 29.

uniforme. Si nous prenons comme type de cette étude l'os canon des
Pics (1), nous verrons qu'il se distingue de celui de tous les oiseaux
que nous avons déjà passés en revue, par l'existence d'une trochlée
digitale accessoire, postéro-externe, extrêmement développée et servant à l'articulation du doigt correspondant, qui, chez ces oiseaux,
est dirigé directement en arrière.

Cet os, considéré dans son ensemble, est long, robuste, légèrement
comprimé d'avant en arrière dans sa partie inférieure, et épais dans
sa partie supérieure. Le bord antéro-externe est plus avancé et plus
saillant que celui du côté opposé. La gouttière métatarsienne antérieure est peu développée, et les pertuis supérieurs sont très-petits.
L'empreinte d'insertion du muscle tibial antérieur est peu saillante et
située très-bas, sur le bord antéro-interne de l'os. La gouttière de
l'extenseur des doigts est recouverte par un pont osseux. La face
externe est large, l'interne est remplacée par un bord plus ou moins
arrondi. En arrière, la gouttière dans laquelle glisse le tendon du
moyen péronier est étroite, profonde et très-prolongée.

L'extrémité supérieure paraît tordue sur le corps de l'os, et elle
est remarquable par le développement de la saillie intercondylienne
qui s'élève brusquement et se termine par une pointe, quelquefois elle
est arrondie. A sa base, on aperçoit une petite dépression bien circonscrite pour l'insertion du ligament semi-lunaire de l'articulation tarsienne. Le talon est bien développé et dirigé obliquement en arrière
et en dehors ; il se compose de deux crêtes principales, dont l'externe
est la plus épaisse, qui se réunissent et se soudent par leur bord postérieur, circonscrivant ainsi une large gouttière tubulaire divisée en
deux portions par une cloison osseuse transversale. Le canal antérieur, ainsi formé, est plus petit que le postérieur. Aucun oiseau ne
nous a encore présenté ce mode de conformation, de telle sorte que

(1) Voyez pl. CLXIX, fig. 37 à 40.

l'on peut distinguer à coup sûr le tarso-métatarsien des Pics, d'après la structure de son extrémité supérieure.

L'extrémité inférieure n'est pas moins nettement caractérisée; elle est comprimée d'avant en arrière; les trois trochlées digitales anté-rieures sont courtes, très-petites, et placées presque au même niveau; l'interne est comprimée latéralement, très-étroite et dépourvue de gorge. Une échancrure très-évasée le sépare de la suivante. La tro-chlée médiane est, au contraire, creusée d'une gorge très-profonde qui paraît la séparer en deux parties : la trochlée interne est un peu plus relevée, et sa tête articulaire est dirigée en arrière, mais dé-pourvue de gorge. La trochlée accessoire postéro-externe est très-forte, étroite, et se prolonge plus bas que les autres, en arrière de l'échancrure interdigitale. Son bord postéro-interne se recourbe en dedans. La surface articulaire du doigt postérieur, nettement circon-scrite chez les Pics à quatre doigts, n'existe pas chez ceux qui n'en ont que trois.

Le tarso-métatarsien des Barbus (*Bucco*, Linné) ressemble beau-coup à celui des Pics. Cependant, il se distingue en ce que la trochlée accessoire postéro-externe est complétement soudée à la trochlée an-térieure correspondante, tandis que chez les précédents elle est tou-jours distincte; enfin, elle est beaucoup plus oblique et se dirige en dedans, de façon à aller presque s'appliquer contre la partie posté-rieure de la trochlée médiane.

Chez les Toucans (1) et les Aracari, le pertuis supérieur interne est beaucoup plus large que dans les genres que nous venons de passer en revue. La dépression au fond de laquelle il s'ouvre est profonde, et la coulisse de l'extenseur des doigts n'est pas recouverte par un pont osseux. L'extrémité inférieure présente aussi des caractères qui permettent de la distinguer. La trochlée interne est remarquablement

(1) Voyez pl. CLXIX, fig. 32 à 36.

étroite, et l'externe beaucoup plus relevée que chez les Pics et les Barbus; enfin, elle se soude à la trochlée accessoire postéro-externe, comme chez ces derniers oiseaux, mais ce sont des caractères différentiels de peu d'importance; le plan fondamental d'organisation est le même que chez les Pics.

Le canon des *Cuculides* diffère beaucoup de celui des précédents, et en général il suffirait d'en avoir un fragment, même très-petit, pour que l'on puisse le reconnaître avec certitude. Chez les Coucous (1), cet os est court, large et comprimé d'avant en arrière surtout vers le haut. L'empreinte tibiale occupe le bord antéro-interne, et il n'y a pas de pont osseux au-dessus de la coulisse de l'extenseur. Les surfaces glénoïdales sont situées au même niveau, et la tubérosité intercondylienne est peu saillante. La talon est large, mais ne proémine que faiblement en arrière. Il se compose des deux crêtes principales et d'une crête accessoire médiane, circonscrivant deux gouttières tubulaires, situées l'une à côté de l'autre; la face postérieure du talon est aplatie et marquée de sillons pour le passage des tendons.

L'extrémité inférieure de l'os, de même que dans les genres précédents, est très-comprimée d'avant en arrière; mais il n'y a pas de trochlée digitale accessoire postéro-externe. La trochlée principale externe, qui est très-relevée et n'atteint même pas la base de la médiane, est très-développée, et sa surface articulaire, large et arrondie, est tournée en arrière et joue le rôle de la trochlée supplémentaire des Pics, des Barbus et des Toucans. Le pertuis inférieur, destiné à livrer passage au tendon du muscle adducteur du doigt externe, est plus large que dans la famille des Pics. Enfin, la dépression articulaire du pouce est profonde.

Dans le genre *Eudynamys*, de Vigors et Horsfield, la disposition des extrémités articulaires est la même; mais le corps de l'os est plus

(1) Voyez pl. CLXIX, fig. 11 à 15.

élargi, et creusé dans sa partie supérieure d'une gouttière métatarsienne antérieure, qui manque dans le genre *Cuculus* proprement dit.

Chez les Vouroudrious (*Leptosomus*) qui habitent l'île de Madagascar, la trochlée digitale externe est moins relevée que dans les
genres précédents; mais le tarso-métatarsien est encore très-court et
creusé supérieurement d'une gouttière antérieure, dont le bord interne
est beaucoup plus avancé que celui du côté opposé.

Dans le genre *Centropus*, le canon est relativement plus allongé et
très-robuste; les trochlées digitales sont d'ailleurs disposées comme
chez les véritables Coucous; celle du côté externe est cependant plus
large.

Le TIBIA des *Ædorninæ* (1), de même que le tarso-métatarsien,
est facile à reconnaître, et il présente un ensemble de caractères
communs chez tous les membres qui composent cette famille.

La diaphyse de l'os principal de la jambe est à peu près cylindrique, assez allongée comparativement à sa grosseur, et un peu
aplatie d'avant en arrière, dans sa partie inférieure. L'extrémité supérieure est peu élargie, et offre en avant une crête tibiale, courte
mais saillante, qui d'ordinaire se recourbe inférieurement en forme
de crochet mince et pointu. La crête tibiale externe est très-proéminente et revêt à peu près la même forme que la précédente. La surface
articulaire est limitée en avant par un bord peu saillant, et porte une
fossette profonde pour l'insertion du ligament péronéo-tibial supérieur. La crête péronière est mince, proéminente, et se termine généralement un peu au-dessous du quart supérieur de l'os.

L'extrémité inférieure est élargie si on la compare à la diaphyse;
elle est surtout très-haute. Les condyles sont longs et à peu près égaux;
la gorge intercondylienne antérieure est évasée, profonde, et creusée

(1) Voyez pl. CXLIV, fig. 16 à 30.

d'une dépression transversale très-marquée pour l'insertion du ligament articulaire antérieur. En dessous, les condyles sont arrondis, et
en arrière ils sont séparés par une large gorge, dont les bords sont
à peu près égaux, et dont le milieu est garni d'une légère saillie longitudinale qui suit son contour. La gouttière du tendon du muscle
extenseur des doigts est grande et assez profonde sous le pont sus-
tendineux, qui occupe à peu près la ligne médiane de l'os, ou il est
disposé transversalement. La largeur de ce pont osseux varie suivant
les genres. La saillie d'insertion de la portion supérieure de la bride
ligamenteuse, sous laquelle passe le muscle tibial antérieur, est située
sur la lèvre interne de la coulisse de l'extenseur, à une assez grande
hauteur au-dessus du pont sus-tendineux. La saillie d'insertion inférieure du même ligament se voit en dehors du pont sus-tendineux.
La coulisse du tendon du muscle court péronier se trouve creusée
vers le bord antéro-externe de la diaphyse, immédiatement au-dessus
du condyle correspondant, et elle est limitée de chaque côté par une
petite crête plus ou moins saillante.

On voit, d'après l'exposé de ces caractères, qu'il est impossible
de confondre le tibia d'un Ædornine avec celui d'aucun autre oiseau.
Les Gallinacés présentent sous ce rapport quelques ressemblances
avec les Passereaux; mais chez les premiers, les condyles inférieurs
sont plus épais, séparés par une gorge moins large, et la dépression
dans laquelle s'insère le ligament articulaire antérieur est beaucoup
moins profonde.

Les caractères qui permettent de distinguer le tibia des groupes
secondaires de la famille des Ædornines consistent principalement
dans les différences de proportions qui s'y observent. Ainsi, chez tous
les Becs-Fins (1), cet os, comparativement à sa grosseur, est beaucoup
plus long que chez les Conirostres (2).

(1) Voyez pl. XCLIV, fig. 28 à 30.
(2) Voyez pl. XCLIV, fig. 25 à 27.

Dans les autres genres, que Cuvier confondait avec les Passereaux véritables, le tibia offre des caractères bien différents de ceux que je viens d'exposer.

Chez les Épopsines, c'est-à-dire les Huppes et les Irrisors, les crêtes tibiales supérieures sont peu saillantes; le corps de l'os est cylindrique et aussi élargi que l'extrémité inférieure, qui est d'ailleurs remarquable par le peu de développement des condyles. Enfin, on y voit à peine une trace de la gouttière de l'extenseur des doigts, qui s'engage sous un pont sus-tendineux, et celui-ci ne s'ossifie que fort tard et reste toujours étroit et très-petit.

Chez les Guêpiers, de même que dans les deux groupes qui précèdent, les crêtes tibiales sont très-peu saillantes; mais la gouttière de l'extenseur est large, bien que superficielle, et le pont osseux sous lequel elle passe est extrêmement étroit et disposé obliquement.

Dans le groupe naturel qui comprend les Martin-Pêcheurs et les Martin-Chasseurs (1), la portion supérieure de l'os principal de la jambe ressemble beaucoup à celle des Guêpiers; mais l'extrémité articulaire inférieure en diffère par la profondeur de la gorge intercondylienne, qui se continue directement avec la gouttière de l'extenseur des doigts.

Chez les Calaos (2), il n'y a pas de pont osseux sus-tendineux; celui-ci reste toujours à l'état de bride ligamenteuse, même chez les espèces marcheuses, telles que le Calao d'Abyssinie. La gouttière tendineuse se creuse dans sa partie inférieure, où elle se confond avec la gorge intercondylienne antérieure. Les condyles sont minces et à peu près égaux; leur surface articulaire postérieure est remarquable par une forte saillie longitudinale, qui suit en dedans son contour et qui s'articule avec une pièce solide résultant de l'ossification du fibro-cartilage, dans lequel glissent les tendons des fléchisseurs; je n'ai retrouvé encore cette particularité que dans le groupe des Calaos.

(1) Voyez pl. CLXX, fig. 7, 8 et 9.
(2) Voyez pl. CLXX, fig. 4 à 6.

Dans le genre *Cypselus* (1), les deux condyles sont séparés en avant, aussi bien qu'en dessous et en arrière, par une gorge étroite, mais très-profonde, qui semble diviser l'extrémité inférieure en deux parties. Elle se continue en avant en haut avec la gouttière de l'extenseur.

Chez les Engoulevents, les condyles sont, au contraire, très-épais et à peine séparés sur la ligne médiane.

Le tibia des Touracos (2) et des Musophages est, par ses caractères ostéologiques, intermédiaire à celui des Ædornines ou Passereaux proprement dits, et à celui des Coucous et des Pics. De même que chez ces derniers, il présente une légère courbure à concavité postéro-interne ; mais la diaphyse est presque cylindrique et allongée comme chez les Gallinacés. La gouttière du tendon de l'extenseur des doigts, large et profonde, s'ouvre beaucoup plus en dedans que chez les Passereaux véritables. La coulisse du tendon du court péronier est bien marquée. Le condyle interne est beaucoup plus étroit que l'externe, qui se continue insensiblement avec la gorge intercondylienne, tandis que celui du côté opposé s'en détache brusquement. En arrière, la gorge rotulienne se rétrécit beaucoup.

Chez les Couroucous, l'extrémité supérieure de l'os principal de la jambe est très-renflée ; la diaphyse presque cylindrique est à peine sillonnée par la gouttière du muscle extenseur des doigts, qui en bas débouche au-dessous du pont sus-tendineux, dans la gorge intercondylienne antérieure. La gorge rotulienne est large et porte sur la ligne médiane une saillie longitudinale qui suit sa courbure.

Le tibia des Pics (3) est robuste et légèrement arqué en dedans. Le bord antéro-interne de l'os est cristiforme dans sa partie

(1) Voyez pl. CLXX, fig. 17, 18 et 19.
(2) Voyez pl. CLXX, fig. 1, 2 et 3.
(3) Voyez pl. CLXX, fig. 10, 11 et 12.

supérieure, ce qui permet de distinguer au premier coup d'œil cet os
de celui de la plupart des autres oiseaux. La crête péronière est
longue, située très en arrière, et généralement elle est lamelleuse et
saillante. L'extrémité supérieure offre une disposition caractéristique ;
sa face antérieure s'élève au-dessus de la surface articulaire, en forme
de lame triangulaire, à bord épais et arrondi, et il n'existe, à proprement parler, aucune crête tibiale antérieure. Le condyle péronier est
bien circonscrit. L'extrémité inférieure se fait remarquer par la brièveté des condyles, qui sont très-saillants en avant. L'externe est plus
large et moins avancé que celui du côté opposé. La gorge qui les
sépare est étroite et creusée d'une dépression transversale profonde,
pour l'insertion du ligament articulaire antérieur. La gouttière de
l'extenseur des doigts est peu évasée, située à peu près sur la ligne
médiane, et s'engage sous un pont sus-tendineux, court et étroit. La
saillie d'insertion supérieure du ligament oblique sus-tibial, est située
en général très-haut sur le bord interne de l'os.

Dans le genre *Bucco*, le tibia revêt les mêmes caractères essentiels, mais la crête interne de la face antérieure est moins saillante
dans sa portion supérieure.

Les Toucans sont caractérisés par la grosseur de l'extrémité inférieure du tibia, dont les condyles sont très-proéminents et séparés par
une gorge profonde. Au-dessus, la face antérieure de l'os est très-déprimée.

Chez les Coucous (1), le tibia présente une légère courbure à
concavité postérieure. Les extrémités articulaires sont renflées ; la face
antérieure ne se prolonge pas de façon à dépasser la surface articulaire, comme chez les Pics. L'extrémité inférieure est remarquable
par la grosseur des condyles, qui laissent entre eux une gorge très-
étroite. Dans les genres Leptosome et Centrope on retrouve à peu de

(1) Voyez pl. CLXX, fig. 13, 14 et 15.

chose près les mêmes caractères. Mais, chez ces derniers, le tibia est relativement beaucoup plus allongé.

Le FÉMUR des Passereaux est peut-être de toutes les parties du squelette de ces oiseaux celle qui fournit le moins de caractères distinctifs. Chez les *Ædorninæ*, l'os est peu arqué et assez long (1). L'extrémité inférieure est légèrement tournée en dedans et médiocrement élargie. La gorge rotulienne est profonde, et limitée de chaque côté par des bords à peu près égaux; celui du côté interne ne fait pas, à beaucoup près, autant saillie que chez les Gallinacés. La crête péronéo-tibiale est proéminente, et il n'existe pas de fosse poplitée. En haut, le trochanter s'élève très-peu, et son bord ne dépasse pas, en dessus, la surface articulaire. La tête du fémur est petite, creusée en dessus d'une large dépression pour l'insertion du ligament rond, et portée sur un col court qui se dirige presque directement en dehors, de façon qu'elle est toujours située à un niveau un peu inférieur au bord trochantérien supérieur.

Cet os se distingue donc facilement du fémur des Gallinacés, des Rallides et des Ardéides, par l'absence de la forte courbure qui est caractéristique dans ces familles. J'ajouterai que chez les Totanides, il est beaucoup plus court, et que chez les Palmipèdes, son extrémité inférieure est plus élargie.

Dans le petit groupe formé par les Epopsides, l'os de la cuisse est très-renflé, et ses extrémités sont comparativement étroites. L'inférieure n'est creusée en avant que d'une gorge rotulienne très-superficielle. Enfin, la tête du fémur est presque sessile sur le corps de l'os.

Dans le genre Martinet (*Cypselus*), le corps du fémur est très-épais et s'élargit dans sa partie supérieure; il n'existe pas de col fémoral, et la gorge rotulienne est extrêmement superficielle.

(1) Voyez pl. CXLVI, fig. 1 à 8.

Le fémur des Engoulevents (1) ressemble beaucoup plus à celui des Ædornines, mais il s'en distingue par la saillie que fait le bord supérieur du trochanter, saillie qui n'existait pas dans la famille des Passereaux proprement dits.

Chez les Guêpiers, l'os de la cuisse est encore moins arqué que chez les Ædornines, et le col du fémur se confond avec la tête articulaire; celle-ci n'est creusée en dessus que d'une dépression superficielle.

Le fémur des Martin-Pêcheurs et des Martin-Chasseurs se reconnaît à l'aplatissement de son extrémité inférieure, dont la gorge rotulienne est élargie, mais limitée par des bords extrêmement surbaissés; la tête de l'os est comparativement grosse et portée sur un col très-court. L'os de la cuisse des Rolliers présente aussi une tête articulaire très-renflée, mais la gorge rotulienne est plus profonde que dans le groupe précédent.

Chez les Calaos, cet os est remarquable par l'existence d'orifices pneumatiques, dont les uns se voient à la partie supérieure, en dedans du bord trochantérien, et dont les autres s'ouvrent au fond du creux poplité. Le corps de l'os est cylindrique et se renfle inférieurement, de façon à se continuer insensiblement avec l'extrémité articulaire, qui paraît ainsi très-étroite. La crête péronéo-tibiale est très-profonde, et la gorge rotulienne est resserrée et limitée par des bords épais et saillants.

Dans le genre Touraco, il existe un orifice pneumatique à l'extrémité supérieure, en dedans du trochanter; le corps de l'os présente une forte courbure à concavité postérieure, qui rappelle ce que nous savons exister chez les Gallinacés; le trochanter est plus saillant que dans les genres précédents, et la tête du fémur est creusée d'une petite dépression très-profonde, pour l'insertion du ligament rond.

(1) Voyez pl. CLXXI, fig. 17 et 18.

L'extrémité inférieure est resserrée; la gorge intercondylienne antérieure est peu ouverte, et ses bords sont épais; enfin, il existe en
arrière une fosse poplitée, étroite et allongée, qui manque dans la
plupart des groupes que nous allons passer en revue.

Le fémur des Trogons présente, ainsi que celui des Touracos, un
orifice pneumatique trochantérien; mais il se distingue par la forme
de l'extrémité inférieure, qui est très-ramassée et creusée d'une gorge
intercondylienne antérieure, évasée et peu profonde.

L'os de la cuisse des Pics (1) est loin d'être aussi nettement caractérisé que les autres parties du squelette; cependant, on peut, à l'aide
d'une comparaison attentive, le distinguer de celui des autres groupes
ornithologiques. Le corps de l'os affecte une légère courbure à concavité interne, de façon que l'extrémité inférieure est tournée en dedans.
Elle est assez élargie et creusée d'une gorge rotulienne, évasée et limitée par une crête interne plus saillante que l'externe. En arrière,
la crête péronéo-tibiale est peu saillante et séparée du bord externe
du condyle correspondant par une gorge assez large. Il n'y a pas de
fosse poplitée. La face interne de cette extrémité articulaire inférieure,
est beaucoup plus étroite que celle du côté opposé. Le corps de l'os
est presque cylindrique, et le trochanter est peu développé; son bord
antérieur s'avance notablement; mais il ne se prolonge pas en dessus, de
façon que la surface articulaire supérieure est lisse et aplatie. Il n'y a
dans ce point aucun orifice pneumatique, comme chez les Couroucous
et les Touracos. En arrière, on aperçoit au-dessous une petite dépression qui n'existe chez aucun des oiseaux dont l'étude nous a occupé
jusqu'ici. La tête fémorale est petite, ovalaire, portée sur un col
assez court, et la dépression dans laquelle s'insère le ligament rond
est extrêmement superficielle; elle occupe la face supérieure de la
tête articulaire. L'existence d'une fossette post-trochantérienne, qui

(1) Voyez pl. CLXXI, fig. 22 à 24.

se remarque chez toutes les espèces de cette famille, permet de distinguer avec une certaine précision le fémur des Pics.

Dans le groupe des Barbus et des Toucans, l'extrémité inférieure
de l'os de la cuisse est élargie et aplatie en avant; effectivement, les
lèvres de la gorge rotulienne sont à peine indiquées, et cette particularité donne à l'os un aspect dont il est impossible de ne pas être
frappé.

Chez les Coucous (1), le fémur est long, arqué et ressemble beaucoup à celui des Pics; mais l'extrémité inférieure est moins ramassée,
et l'extrémité supérieure est dépourvue de dépression post-trochantérienne. Dans le genre *Leptosomus*, le fémur est plus court, et presque
droit. Dans le genre *Centropus*, il est remarquablement allongé et se
reconnaît immédiatement à la profondeur de la gorge intercondylienne
antérieure, qui est aussi très-longue, et dont les bords sont brusquement relevés; celui du côté interne est plus saillant que celui du côté
opposé.

§ 3. — DES OS DU TRONC.

Dans la grande division des Ædornines ou Passereaux proprement
dits, le bassin est court et très-large dans sa moitié postérieure (2); les
gouttières vertébrales ne sont pas recouvertes par les os iliaques, et
ceux-ci ne sont que peu ou point dilatés en avant; les trous sacrés sont
presque toujours très-grands et oblitérés seulement dans le voisinage
des cavités cotyloïdes; les crêtes sus-ischiatiques sont saillantes et
fortes; elles sont placées très-loin des bords latéraux du sacrum et
terminées par un angle proéminent, mais qui pourtant n'atteint pas,
à beaucoup près, le niveau des angles de l'ischion. La portion du bord
pelvien comprise entre les points sus-ischiatiques, est très-déprimée et

(1) Voyez pl. CLXXI, fig. 19 à 21.
(2) Voyez pl. CXLVI, fig. 9 à 21.

ne présente pas d'échancrure médiane correspondante à la portion
constituée par le sacrum. Les surfaces ischiatiques sont concaves de
haut en bas et percées de trois trous bien circonscrits, savoir : le trou
sciatique, qui est grand; le trou obturateur, qui est circulaire, et le
trou post-obturateur, qui est large, ovalaire et quelquefois incomplétement séparé du précédent. Il n'y a jamais d'apophyses iléo-pectinées. Les branches pubiennes sont très-divergentes et se recourbent
en haut vers leur extrémité, qui ne dépasse que de peu la pointe de
l'ischion. Enfin, les fosses rénales sont plus ou moins complétement
confluentes et circonscrites en arrière par un bord quelquefois assez
saillant.

La conformation du bassin ne varie que très-peu dans cette grande
division ornithologique; on y observe de légères modifications de genre
à genre; mais je n'y ai trouvé aucun caractère de nature à motiver
l'établissement de groupes d'un rang plus élevé.

Chez les Corbeaux (1), les fosses iliaques externes sont plus allongées que chez la plupart des Passereaux proprement dits; les crêtes ischiatiques portent, vers les deux tiers de leur longueur, une saillie
plus ou moins marquée, puis s'infléchissent un peu en dedans.

Chez les Loriots, les fosses iliaques sont très-allongées, mais
moins inclinées; la région post-cotyloïdienne est plus large et plus
bombée; enfin, la portion subterminale des crêtes sus-ischiatiques est
moins saillante, et l'échancrure du bord postérieur du pelvis, qui est
située au-dessous de leur extrémité, est plus grande.

Chez les Merles (2), la portion post-cotyloïdienne du bassin est
beaucoup plus large encore; les surfaces iliaques postérieures sont
plus bombées, et les crêtes sus-ischiatiques s'étendent presque en
ligne droite, depuis la tubérosité qui porte la surface articulaire sus-

(1) Voyez pl. CXLVI, fig. 9 à 11.
(2) Voyez pl. CXLVI, fig. 12 et 13.

cotyloïdienne, jusqu'à l'extrémité de l'angle correspondant du bord pelvien postérieur. Enfin, les fosses rénales antérieure et postérieure, ne sont pas complétement confondues entre elles.

Le bassin des Cincles ressemble extrêmement à celui des Merles ; les fosses iliaques sont un peu plus marginées, et les angles sus-ischiatiques sont un peu plus allongés.

Le bassin des Philedons en diffère davantage ; sa région post-cotyloïdienne est plus étroite, plus aplatie et plus tabuliforme ; enfin, les pointes ischiatiques se prolongent davantage, et la portion du bord pelvien postérieur, qui les surmonte, est plus sinueuse.

Le bassin des *Icterus* se fait remarquer par l'existence d'une fossette bien caractérisée sur la face dorsale de la base de chacun des angles sus-ischiatiques, et par le peu d'écartement des pointes des ischions.

Chez les Becs-Fins : le Rossignol (1) par exemple, la région post-cotyloïenne du bassin est plus bombée ; les angles sus-ischiatiques sont très-saillants et se recourbent un peu en dedans, en forme de crochet ; enfin, les pointes de l'ischion sont très-divergentes. Chez les Mésanges, les trous sacrés tendent à s'oblitérer plus que cela ne se voit d'ordinaire.

La structure du bassin est à peu près la même chez les Gros-Becs (2), tels que le Moineau, le Pinson, le Verdier, le Bouvreuil, etc.; le bassin s'élargit un peu plus en arrière, mais ne présente que peu de caractères particuliers.

Le bassin des Hirondelles est plus court et plus rétréci en avant (3) ; les crêtes sus-ischiatiques sont moins saillantes et moins élevées.

Chez les Huppes, la portion antérieure est très-aplatie, et les

(1) Voyez pl. CXLVI, fig. 20 et 21.
(2) Voyez pl. CXLVI, fig. 14 à 16.
(3) Voyez pl. CXLVI, fig. 17, 18 et 19.

gouttières vertébrales ouvertes dans toute leur étendue s'élargissent beaucoup en avant par suite de l'incurvation du bord interne des os iliaques ; les fosses de même nom sont remarquablement petites. La portion cotyloïdienne du bassin est large et courte ; il existe sur le sacrum une petite crête médiane, et les surfaces iléo-ischiatiques sont un peu renflées au-dessus des crêtes sus-ischiatiques ; celles-ci sont saillantes et présentent, en arrière du trou dont elles sont percées, une petite pointe subdentiforme. Les lames de l'ischion sont très-peu étendues et leur angle postéro-externe, fortement déjeté en dehors, ne se prolonge que peu au delà du niveau des angles sus-ischiatiques entre lesquels le bord pelvien s'échancre beaucoup. Le corps des premières vertèbres sacrées est garni en dessous d'une crête médiane assez forte ; les fosses rénales sont complétement confluentes.

Les Martinets, que Cuvier et plusieurs autres zoologistes ont rangés à côté des Hirondelles, dans la section des fissirostres, mais qu'aujourd'hui on s'accorde assez généralement à en séparer, et que nous avons placés avec les Trochilides et les Caprimulgides dans la division des Ocyptilines, présentent dans la conformation du bassin des particularités remarquables (1). Les os iliaques sont très-étroits antérieurement et non-seulement ils ne recouvrent pas les gouttières vertébrales mais ils laissent de chaque côté, entre le sacrum et leur bord interne, un hiatus linéaire ; les trous sacrés sont extrêmement grands dans toute la longueur du bassin, et la région post-cotyloïdienne est courte, très-large et déclive latéralement ; les crêtes sus-ischiatiques sont à peine marquées, divergent beaucoup en arrière et ne se terminent pas par un angle saillant.

Le bassin des Engoulevents se distingue par son extrême étroitesse dans la partie antérieure, par sa dilatation graduelle d'avant en arrière, par sa grande largeur postérieurement, par sa forme déprimée

_____

(1) Voyez pl. CLXX, fig. 30 et 31.

et l'extrême brièveté de sa portion post-cotyloïdienne. Les os iliaques ne s'avancent pas à beaucoup près autant que le sacrum et les sillons vertébraux qui les séparent de la crête épineuse sont larges mais très-courts. Le sacrum se dilate excessivement vers le milieu du bassin et se rétrécit ensuite fortement jusqu'à son bord postérieur.

La région post-cotyloïdienne est extrêmement large, un peu bombée et mal consolidée par suite de l'union imparfaite du sacrum avec les parties adjacentes des os iliaques. Les crêtes sus-ischiatiques sont saillantes et droites, mais remarquablement courtes. Les lames ischiatiques sont petites et très-divergentes. Le bord pelvien postérieur est assez régulièrement arqué et ne présente pas d'échancrures notables. Enfin il existe à la partie antérieure de la face inférieure du bassin une petite crête vertébrale médiane, et il n'y a pas de fosses iliaques internes.

Le bassin des Podarges, par sa forme générale, ressemble beaucoup plus à celui des Passereaux proprement dits, mais pourtant il se distingue : 1° par la grande largeur des gouttières vertébrales et des trous sacrés dans toute la région précotyloïdienne ; 2° par l'élévation de la partie correspondante de la crête épineuse ; 3° par la direction presque verticale de la portion correspondante des os iliaques et la longueur plus considérable des fosses du même nom ; 4° par le grand allongement des pointes ischiatiques, et 5° par la petitesse des trous ischiatiques et l'étroitesse de la fente comprise entre le bord inférieur de l'os ischion et la branche pubienne qui y est accolée.

Le bassin des Rolliers ne diffère que très-peu de celui des Ædornines, cependant les gouttières vertébrales sont plus largement ouvertes, la crête épineuse est plus élevée antérieurement et les lames ischiatiques se dirigent plus en dehors.

Chez les Martin-Pêcheurs et les Martin-Chasseurs (1), le pelvis est

(1) Voyez pl. CLXX, fig. 32 et 33.

caractérisé par la conformation du sacrum qui présente en dessous une crête épineuse, dans toute son étendue ; de chaque côté de celle-ci existe une gouttière faisant suite à la gouttière vertébrale ordinaire ; elle est limitée en dehors par une ligne saillante presque droite, située entre la rangée interne des trous sacrés et l'espace occupé par la rangée externe de ces mêmes trous. Les fosses iliaques sont très-courtes et la portion post-cotyloïdienne est très-large. Quant aux ischions ils ne se prolongent que peu en arrière, mais leur disposition varie notablement suivant les espèces.

Le bassin des Pics est, en général, très-bien caractérisé (1). Les gouttières vertébrales sont ouvertes en dessus comme chez les Colombes et la crête épineuse est aussi fort peu élevée ; mais les os iliaques sont très-rétrécis antérieurement et leur angle antéro-interne se prolonge de façon à constituer une petite apophyse pointue. Les surfaces articulaires sus-cotyloïdiennes forment de chaque côté une très-forte saillie, et la portion post-cotyloïdienne du bassin est large, courte, presque carrée et fort peu bombée.

Le sacrum s'élargit graduellement et se soude assez intimement à la partie dorsale des lames iliaques postérieures. Les crêtes sus-ischiatiques sont très-saillantes et se prolongent beaucoup au delà du bord postérieur du sacrum, de façon à limiter latéralement une grande échancrure médiane qui est coupée carrément. Les lames ischiatiques sont légèrement obliques et leur angle postéro-externe se prolonge beaucoup en arrière et en bas ; à son extrémité, celui-ci se soude à la branche pelvienne au-dessus de laquelle est un trou ovalaire très-grand ; le trou sciatique est moins long mais assez large ; les fosses iliaques internes sont rudimentaires et il existe à l'extrémité postérieure de leur bord inférieur une apophyse iléo-pectinée peu développée. Enfin, les deux fosses rénales antérieures et postérieures sont complé-

tement confondues entre elles et la face externe du bord latéral des os
ischiatiques est surmontée d'une ligne saillante subcristiforme qui
prend naissance sur le bord postérieur des cavités cotyloïdes et se recourbe en arrière et en bas pour gagner l'angle ischiatique correspondant. Chez le *Picoïdes arcticus*, les pubis se prolongent et se recourbent
au po nt de presque se rencontrer sur la ligne médiane, et présentent
à leur extrémité un élargissement notab

Le bassin des Barbus se fait remarquer par l'étroitesse de sa partie
antérieure et l'élargissement progressif de sa partie post-cotyloïdienne
qui, en arrière, s'étale beaucoup. Les gouttières vertébrales, séparées
entre elles par une crête épineuse peu élevée, sont resserrées et ouvertes dans leur longueur entière. Les fosses iliaques externes sont
très-étroites et fort déclives ; leur bord interne est élevé et leur bord
externe à peine saillant ; enfin leur angle antéro-externe est arrondi
et ne se prolonge pas en dehors. La partie post-cotyloïdienne est longue ;
sa région dorsale est peu élargie en avant et se rétrécit notablement en
arrière ; les crêtes sus-ischiatiques qui la limitent latéralement sont
saillantes dans leur moitié antérieure, mais se courbent ensuite en
dedans et s'effacent presque. Les lames ischiatiques sont larges et dirigées très-obliquement en bas et en dehors. Le trou sciatique est
très-court, le trou obturateur est petit, circulaire ; et l'espace vide
compris entre la portion suivante des branches pubiennes et les angles
de l'ischion est très-large. Le bord postérieur du bassin est presque
transversal ; l'angle sus-ischiatique, étroit et avancé, est séparé de la
partie adjacente du bord pelvien par une échancrure resserrée, et, parfois, il existe plus bas une seconde échancrure semblable, au-dessous
de l'angle ischiatique. Les fosses rénales antérieures sont très-petites
et mal circonscrites postérieurement, les fosses postérieures sont très-
évasées et ouvertes en arrière.

Le bassin des Toucans est très-allongé. Les os iliaques ne se réunissent pas sur la ligne médiane au-dessus des premières vertèbres

sacrées ; mais les gouttières vertébrales sont très-étroites. Le bord
antérieur de ces os est arrondi et ne présente pas d'angle externe,
enfin les fosses iliaques sont très-déclives ; il n'y a pas d'apophyse
iléo-pectinée et la saillie formée de chaque côté par la surface articulaire épicotyloïdienne est médiocre. La portion post-cotyloïdienne est
plate en dessus et environ une fois et demie aussi longue que large ;
le sacrum y est confondu avec les os iliaques et ne présente que peu
de traces des trous sacrés. Les crêtes sus-ischiatiques sont saillantes
mais ne s'étendent que sur la moitié antérieure de cette région pelvienne et s'arrêtent à une très-grande distance des angles ischiatiques.
Les lames du même nom sont vastes et un peu bombées ; leur bord
postérieur est concave et leur bord inférieur n'est séparé de la branche
pubienne que par un espace linéaire qui est distinct du trou obturateur. Les trous sciatiques sont grands, mais n'occupent qu'environ
la moitié de la longueur des lames dans lesquelles ils sont pratiqués.
Les angles ischiatiques sont pointus et ne se prolongent que médiocrement ; en dessous ils sont soudés aux branches du pubis, enfin les
fosses rénales sont confluentes et ne sont pas bordées en arrière.

Le bassin des Coucous (1) diffère beaucoup de celui des Pics auquel
il ressemble cependant par ses proportions générales. Les gouttières
vertébrales sont ouvertes comme chez ces derniers oiseaux. Mais les
fosses iliaques sont élargies en avant et leur angle antéro-externe se
prolonge en dehors et en arrière, de façon à représenter un crochet ;
les surfaces articulaires sus-cotyloïdiennes sont peu avancées ; le
sacrum est intérieurement uni aux os iliaques dans toute leur longueur ; la partie post-cotyloïdienne est large, courte et un peu bombée, les trous sacrés y sont presque entièrement oblitérés ; les crêtes
sus-ischiatiques sont droites et très-saillantes antérieurement ; mais,
en arrière, elles se recourbent en dedans et s'y terminent par une pe-

(1) Voyez pl. CLXX, fig. 21 et 22.

tite apophyse très-déclive. Les lames iléo-ischiatiques sont grandes et
obliques ; le trou sciatique est court, mais largement ouvert, et les
branches pubiennes sont soudées au bord inférieur des lames ischiatiques dans toute la longueur. Enfin, les fosses rénales sont confluentes,
mais leur bord postérieur est saillant et la ligne épaisse, qui borde en
dessus les os ischiatiques, est arrondie.

Chez les Vouroudrious (*Leptosomus*), le bassin est beaucoup plus
allongé ; les os iliaques sont arrondis en avant et leur bord supérieur
se relève un peu. Les surfaces sus-cotyloïdiennes ne font pas saillie à
l'extrémité antérieure des crêtes sus-ischiatiques qui sont bien développées dans toute leur longueur, droites et parallèles entre elles. La
surface ischiatique qui la surmonte est intimement unie au sacrum,
mais en est séparée par une ligne saillante subcristiforme. Les trous
sacrés y sont visibles quoique tendant à s'oblitérer. Les surfaces ischiatiques sont jointes aux branches pubiennes dans toute leur longueur à l'exception de la partie correspondant au trou obturateur qui
est petit. Le bord postérieur du bassin est concave et présente de chaque côté deux échancrures. Il n'y a pas de trace d'apophyses iléo-
pectinées. Enfin, les fosses rénales sont conformées à peu près comme
chez les Coucous.

Chez les Centropes que Cuvier rangeait dans le grand genre *Cuculus*, le bassin (1) se rapproche de celui des Coucous par sa forme
générale mais présente plusieurs particularités fort remarquables.
Ainsi, la crête épineuse du sacrum est extrêmement élevée en avant
et envoie de chaque côté sur la partie antérieure des fosses iliaques une
branche osseuse en forme de pont et d'arc-boutant, au-dessus de laquelle
existe un trou sacré d'une grandeur extraordinaire. Les gouttières vertébrales, ainsi recouvertes en avant, sont très-larges et béantes en
arrière; les fosses iliaques au lieu d'être creuses sont bombées et

_____

(1) Voyez Eyton, *op. cit.*, pl. XIII, fig. 1.

s'écartent graduellement l'une de l'autre jusqu'au sommet de la crête médiane dont je viens de parler. Les angles iliaques antéro-externes sont très-dilatés en forme de cornes divergentes ; les lignes courbes qui séparent les fosses iliaques de la partie post-cotyloïdienne du bassin sont élevées en forme de crêtes. Cette région pelvienne postérieure est courte mais remarquablement aplatie et élargie par suite de la grande dilatation des crêtes sus-ischiatiques dont l'angle postérieur, large et saillant, se relève beaucoup. Les surfaces ischiatiques sont développées et très-resserrées au-dessous des crêtes dont il vient d'être question, de façon que celles-ci s'avancent au-dessus d'elles en manière d'auvent voûté. Les trous sciatiques sont courts mais larges et ovalaires ; les bords postérieurs des ischions sont légèrement découpés en deux échancrures, séparées par un petit prolongement dentiforme. Les angles terminaux sont peu avancés et se soudent en dessous, à la branche pubienne. Les trous obturateurs sont bien circonscrits et les trous post-obturateurs très-étroits, souvent divisés en deux parties par une bride osseuse ; les apophyses iléo-pectinées sont extrêmement longues. Enfin, les fosses rénales postérieures ne sont pas séparées des antérieures et elles se prolongent beaucoup en forme de cul-de-sac dans l'épaisseur des cornes sus-ischiatiques ; le bord qui les limite est arqué et très-saillant.

Le bassin des Touracos ou *Turacus* (1) ressemble un peu à celui des Coucous par son aspect général et par le prolongement latéral de l'angle antéro-externe des fosses iliaques, en forme de crochet, mais il est pourvu d'apophyses iléo-pectinées dont le développement est plus grand que chez les Gallinacés et les gouttières vertébrales sont couvertes par la réunion des os iliaques au-dessus de la portion antérieure de la crête épineuse des vertèbres sacrées. La partie post-cotyloïdienne du pelvis est plus allongée et présente de chaque côté une double ran-

(1) Voyez pl. CLXX, fig. 25.

gée de trous sacrés plus ou moins distincts. Les crêtes sus-ischiatiques
sont très-saillantes et surmontées d'une ligne subcristiforme; elles
sont armées, vers leur milieu, d'une dent en forme d'épine et leur
extrémité postérieure se prolonge en manière de corne de chaque côté
de l'échancrure sacrée; cette corne postérieure est très-épaisse à sa base
et constitue une pyramide à trois faces dont le sommet est dirigé en arrière et la base creusée d'une loge en communication avec les fosses
rénales postérieures à peu près comme chez les Gallinacés. La dernière
vertèbre sacrée en s'y soudant laisse de chaque côté de la base de la
queue une fossette dont le fond est perforé; les surfaces ischiatiques sont
larges, excavées, très-resserrées au-dessous des crêtes dont je viens
de parler et leur bord postérieur descend presque verticalement; les
trous sciatiques, presque circulaires, sont remarquablement petits et
leur grandeur ne surpasse guère celle des fosses cotyloïdiennes; les
angles des ischions sont dirigés en bas et ne se prolongent pas en arrière, au delà du niveau des angles sus-ischiatiques. Les branches pubiennes sont presque entièrement libres, mais cependant se soudent
au bord inférieur des ischions de façon à circonscrire un trou obturateur circulaire. Enfin, les fosses rénales sont disposées à peu près
comme chez les *Centropus*, si ce n'est que leur bord postérieur est moins
saillant et le cul-de-sac qui les termine moins profond.

Chez les Couroucous ou Trogons, le bassin est extrêmement court
et élargi, mode de conformation qui est dû surtout à la grande dilatation
du sacrum (1); les gouttières vertébrales, ouvertes dans toute leur
étendue, sont très-petites; les fosses iliaques externes sont peu profondes et leur bord antérieur formé en dehors une courbe assez régulière, en sorte que les angles antéro-externes manquent. La portion
post-cotyloïdienne du bassin est légèrement bombée en dessus, très-
courte et fort large; les surfaces iliaques postérieures, intimement

_____

(1) Voyez pl. CLXX, fig. 26 et 27.

unies au sacrum, présentent de chaque côté un pertuis ou un espace très-aminci correspondant à ce trou. Les crêtes sus-ischiatiques sont saillantes, droites, courtes et terminées par un angle proéminent ; les ischions se prolongent beaucoup en bas et en arrière, où ils s'unissent aux branches pubiennes qui laissent entre elles et le bord inférieur de ces os un très-large hiatus. Les trous sciatiques sont grands ; enfin, les fosses rénales sont confluentes, et de même que chez les Barbus il n'y a pas d'apophyses ilio-pectinées.

Les VERTÈBRES des Passereaux sont peu nombreuses ; on compte, en général, de six à huit de ces osselets dans la région coccygienne. Ce sont les Coracias et les Toucans chez lesquels ce nombre est le plus considérable. L'os en soc de charrue est d'ordinaire faible, cependant chez les espèces qui se servent de leur queue comme d'un auxiliaire pour se maintenir sur les branches, il acquiert un développement considérable, par exemple, chez les Grimpereaux, les Picucules, les Pics (1) et les Toucans.

Le nombre des vertèbres dorsales est d'ordinaire de sept, cependant la plupart des Cuculides n'en ont que six (2).

Il existe de onze à treize vertèbres cervicales, elles sont courtes et fortes. Chez les Calaos, l'atlas se soude complétement avec l'axis de façon à constituer par leur réunion une seule pièce. Chez certaines espèces, les Pics et les Megalaimes, par exemple, la dernière vertèbre du cou porte une paire de stylets costiformes très-courts, de façon qu'on peut la considérer à volonté comme appartenant soit à la région cervicale, soit à la région dorsale.

Les CÔTES (3) qui s'articulent aux vertèbres dorsales sont grêles.

(1) Voyez pl. CLXIII.
(2) Voyez pl. CLXVIII.
(3) Voyez pl. CXLII, CXLIII, CLXIII à CLXVIII.

Celles des 2°, 3°, 4° et 5° paires portent d'ordinaire des apophyses récurrentes longues et lamelleuses. La première paire de côtes ne s'articule jamais au sternum, elle est flottante; la dernière ne s'y appuie
que par l'intermédiaire de la pénultième.

L'APPAREIL STERNAL des différents groupes qui composent l'ordre
des Passereaux a été l'objet d'études approfondies ; Lherminier a basé
toute sa classification des oiseaux sur les modifications que présentent
les pièces osseuses entrant dans sa constitution, et il est arrivé à
des résultats très-nets qui ont été depuis vérifiés et étendus par les
recherches de M. E. Blanchard, de M. Eyton et de plusieurs autres
naturalistes.

Aussi, je n'insisterai que peu sur les particularités anatomiques
du sternum des Passereaux, et je n'examinerai que les formes principales que peut revêtir cet os.

Dans toute la grande division des Ædornines (1) le sternum se montre
avec les mêmes caractères, et les divers grands genres qui composent
ce groupe ne varient sous ce rapport que très-peu entre eux. Le brechet est bien développé, son bord antérieur est concave et s'avance au
moins au niveau des rainures coracoïdiennes; son bord inférieur est peu
arqué et se termine en arrière en s'élargissant légèrement, de façon
à circonscrire avec le bord postérieur du sternum un petit espace aplati
et triangulaire. Les lames sternales sont très-inclinées en forme de
toit. Les rainures articulaires destinées à recevoir les coracoïdiens sont
profondes et séparées l'une de l'autre sur la ligne médiane par une
petite dépression, au-devant de laquelle s'avance une apophyse épisternale très-forte, très-proéminente et généralement terminée en haut
par deux cornes divergentes; cette apophyse comprimée et lamelleuse
à sa base, se continue avec le bord antérieur du brechet : les lames

(1) Voyez pl. CXLII, CXLIII et CXLVII.

hyosternales sont grandes et fortes, elles se terminent par une extrémité élargie. Les bords latéraux du sternum sont assez profondément échancrés et ne portent leurs cinq facettes articulaires costales que dans leur tiers ou dans leurs deux cinquièmes antérieurs. Les échancrures du bord postérieur, au nombre de deux seulement, sont plus ou moins profondes ; un large espace entosternal les sépare l'une de l'autre et, latéralement, elles sont limitées par des branches hyposternales grandes, légèrement divergentes, un peu élargies à leur extrémité qui se rapproche de l'entosternum. De nombreux pertuis pneumatiques s'ouvrent à la face supérieure du sternum, en avant et sur la ligne médiane.

Ces caractères peuvent s'appliquer au sternum de tous les représentants de la division qui nous occupe, et les particularités instructives que cet os fournit consistent dans ses proportions générales, dans le développement et la forme de l'épisternum, dans les dimensions des échancrures latérales. Entre le sternum d'un Moineau, celui d'un Corbeau, d'une Hirondelle, d'une Pie-Grièche ou d'une Fauvette, il n'y a que des différences de détails, le plan organique reste toujours le même.

Les Picucules sont de tous les Ædornines ceux dont le sternum s'éloigne le plus de la forme typique ; les lames latérales sont plus aplaties, les bords latéraux moins excavés, et l'entosternum se dilate davantage dans sa partie postérieure, de façon à former en partie les échancrures latérales.

Chez les Ampélis, l'apophyse épisternale est comprimée latéralement et ses angles ne s'élèvent pas en forme de cornes divergentes.

Dans le genre Ménure (1), le sternum est plus étroit, l'entosternum est arrondi et se prolonge beaucoup plus loin en arrière que les branches hyposternales qui sont rudimentaires, de façon que les échancrures latérales sont à peine marquées.

Si nous passons maintenant à l'étude du sternum dans une autre

(1) Voyez Eyton, *Osteologia avium*, pl. XIV, fig. 1.

division de l'ordre des Passereaux, nous lui trouverons d'autres caractères. Ainsi, chez les Epopsides, le brechet est très-grand, beaucoup
plus arqué et terminé en avant par un angle arrondi ; l'apophyse épisternale est lamelleuse et s'élève jusqu'au bord supérieur des rainures
coracoïdiennes, avec lequel elle se soude, formant ainsi au-dessus de
ces dernières une sorte de pont osseux. Les Huppes et les Irrisors
sont les seuls Passereaux ordinaires chez lesquels cette disposition ait
été constatée.

Le sternum des Martinets (1) se fait remarquer par l'énorme développement du brechet ; la hauteur de cette carène, mesurée en avant,
égale presque la largeur du bord sternal postérieur, son angle antérieur
s'avance en forme de crochet au devant de l'apophyse épisternale qui
est rudimentaire. Les rainures coracoïdiennes sont hautes, mais très-
étroites et séparées l'une de l'autre par une petite saillie. Les apophyses
hyosternales se portent presque directement en haut et en dehors ; elles se
terminent par une extrémité pointue. Les lames latérales s'élargissent
en arrière ; le bord postérieur est presque deux fois aussi long que le
bord antérieur, il est entier et régulièrement arrondi sans aucune trace
d'échancrure. Les bords latéraux sont très-excavés et côtoyés dans leur
portion antérieure par la ligne intermusculaire du grand pectoral. Sur la
face supérieure, il existe sur la ligne médiane et en avant un grand trou
pneumatique. Le sternum des Acanthylis et des Salanganes ne diffère
de celui des Martinets que par quelques particularités sans importance.
Chez les Trochilides, le plan fondamental est encore le même, cependant le brechet est plus développé et s'avance davantage ; le sternum
s'élargit beaucoup en arrière, où il se termine par un bord très-arrondi, de façon à ressembler à l'extrémité d'un bec de Canard.

Le sternum des Engoulevents (2) diffère beaucoup de celui des
précédents ; au lieu d'être très-long, il est remarquablement court.

(1) Voyez pl. CLXXI, fig. 1 et 2.
(2) Voyez pl. CLXXI, fig. 13 et 14.

Le brechet est très-grand et se termine par un angle aigu ; son bord inférieur est très-arqué et se continue jusqu'à l'extrémité postérieure. Les rainures coracoïdiennes sont plus profondes que chez les Martinets, leur bord supérieur est épais ; entre elles il n'existe pas d'apophyse épisternale. Les cornes hyosternales sont grêles et dirigées en haut, l'espace occupé par les cinq facettes costales est très-petit. Le bord postérieur est large et creusé de deux échancrures peu profondes mais évasées, limitées en dehors par les lames hyposternales qui sont courtes, larges, et dirigées en dehors et bordées en dedans par l'entosternum dont l'extrémité libre est arquée. Les Steatornis et les Podarges ont un sternum à peu près semblable.

Dans le groupe des Syndactyles, il existe plusieurs types parfaitement caractérisés par la forme du bouclier sternal.

Cette pièce présente chez les Alcédinidés (1) un aspect tout particulier, dû à la manière dont le brechet se prolonge au devant des rainures coracoïdiennes comme le ferait une proue de navire. Son bord antérieur est presque droit et se confond avec l'apophyse épisternale ; celle-ci est creusée en dessus d'une profonde dépression. Les rainures coracoïdiennes sont séparées, sur la ligne médiane, par une petite fossette ; les cornes hyosternales sont grêles et dirigées en avant. Les bords latéraux sont très-excavés et portent quatre facettes costales, dont la première est très-petite. En arrière, il existe deux paires d'échancrures, dont l'externe est de beaucoup la plus profonde. L'interne se transforme quelquefois en un trou, ainsi que je l'ai constaté chez le Céryle à collier ; dans cette dernière espèce le sternum est beaucoup plus allongé que chez les Martins-Pêcheurs et que chez les Martins-Chasseurs d'Australie.

Les Guêpiers ou Méropsides se rapprochent des précédents par la disposition du bouclier sternal, mais cependant on y trouve des carac-

(1) Voyez pl. CLXXI, fig. 7, 8 et 9.

tères spéciaux. Ainsi le brechet s'avance beaucoup moins et se soude,
comme chez les Huppes, à l'apophyse épisternale de façon à former une
sorte de pont osseux au devant des rainures coracoïdiennes. Les angles
antéro-supérieurs de cette apophyse se prolongent en forme de corne
comme chez les Ædornines. Le bord postérieur est creusé de deux
paires d'échancrures plus profondes que chez les Alcédinides, surtout
celles du côté interne ; les branches qui les séparent sont très-étroites.
Les Guêpiers et les Nyctiornis ont le sternum presque entièrement
semblable.

Chez les Rolliers nous retrouvons quelques-uns des caractères
que nous avons indiqués pour le groupe des Martins-Pêcheurs. Cependant le brechet est moins avancé et moins confondu avec l'apophyse
épisternale. Les gouttières coracoïdiennes sont moins profondes et
plus obliques, les cornes hyosternales plus grêles et moins pointues.
Il existe sur la partie postérieure deux paires d'échancrures dont les
internes sont plus petites. L'examen de cette pièce, de même que
celui des autres parties du squelette, indique nettement que les Rolliers, bien qu'appartenant à la même division que les Alcédinides,
doivent constituer une famille particulière.

Le sternum des Calaos offre une réunion de caractères montrant les
affinités qu'ont ces oiseaux d'une part avec les Alcédinides, d'autre part
avec les Méropsides ; de même que chez les premiers de ces oiseaux, le
brechet s'avance en forme de proue de navire, mais de même que chez
les seconds, il se soude à l'apophyse épisternale en laissant au devant
des rainures coracoïdiennes un trou plus ou moins ouvert. Ces cavités
articulaires sont très-profondes et courtes ; les cornes hyosternales sont
larges, peu allongées et tronquées à leur extrémité. Le bord postérieur
est creusé de deux échancrures étroites et très-peu profondes. Chez le
Calao d'Abyssinie, qui est une espèce à habitudes plus terrestres que
les autres du même genre, le brechet s'avance moins, il s'élargit beaucoup pour fournir une large surface déprimée avec laquelle s'ar-

ticule l'os furculaire; enfin, son bord inférieur est plus arqué que d'ordinaire.

Par la conformation de leur sternum, les Eurystomes, les Motmots et les Todiers doivent évidemment se ranger à la suite des Alcédinides, des Méropsides, des Rolliers et des Calaos.

Lherminier, qui attachait une très-grande importance au nombre et à la forme des échancrures du bord sternal postérieur, avait, à raison de ce caractère, rapproché les Touracos des Rapaces nocturnes. Ce rapprochement est loin d'être naturel, et les Musophagides, comprenant les genres Musophage et Touraco, semblent, au contraire, rattacher les Passereaux aux Gallinacés. Chez ces oiseaux, le sternum est très-petit comparativement à la taille de l'animal (1); le bréchet est peu arqué, peu proéminent et se prolonge au delà du bord sternal antérieur; il se réunit avec l'apophyse épisternale, qui est lamelleuse et très-mince. Les rainures coracoïdiennes se croisent un peu sur la la ligne médiane, elles sont profondes et surmontées par une surface articulaire petite, ovalaire et parfaitement limitée. Les cornes hyosternales sont grandes et dirigées presque directement en haut. Les bords latéraux sont très-excavés et portent quatre facettes costales. Il existe deux paires d'échancrures postérieures; les externes sont beaucoup plus profondes que les internes, et les branches qui les limitent en dehors sont beaucoup plus petites que le prolongement entosternal. Par la conformation de toute la portion antérieure le sternum des Musophagides s'éloigne beaucoup de celui des Strigides; il rappelle bien davantage la disposition de celui des Rolliers et des Trogonides. Chez ces derniers oiseaux le bouclier sternal est notablement plus élargi et plus robuste (2); il s'élargit beaucoup en arrière. Le bréchet fait une saillie considérable, son bord inférieur est très-arqué et se termine en avant par un bord arrondi. Il existe au-dessus une apophyse épister-

(1) Voyez pl. CLXXI, fig. 10 à 12.
(2) Voyez pl. CLXXI, fig. 15 à 16.

nale très-développée, ressemblant un peu à celle des Ædornines, et creusée à sa base et en dessus d'un large pertuis pneumatique. Cet orifice sépare les deux rainures coracoïdiennes, qui sont profondes et terminées en haut par une surface articulaire étroite et allongée. Les cornes hyosternales sont très-larges à leur base et tronquées à leur extrémité.

Les bords latéraux sont courts, très-concaves et portent quatre facettes costales. On remarque en arrière deux paires d'échancrures ; les externes à peine plus profondes que les internes ; celles-ci séparées l'une de l'autre par une lame entosternale extrêmement étroite et triangulaire ; les branches latérales internes sont dirigées un peu en dedans, tandis que les externes, dont l'extrémité est élargie, regardent en dehors. Indépendamment de l'orifice pneumatique épisternal dont j'ai parlé, il existe souvent toute une série de pertuis de la même nature situés sur la ligne médiane. Le sternum des Trogons asiatiques est construit exactement sur le même plan que celui des espèces américaines de ce genre.

Dans le groupe des Phlœodromines on remarque deux formes principales dans l'appareil sternal : la première appartient aux Cuculides ; la seconde aux Pics, aux Barbus, aux Megalaimes et aux Toucans.

Chez les Coucous le sternum est court et très-élargi en arrière (1) ; il ressemble beaucoup, par ses proportions générales, à celui des Engoulevents ; mais le brechet est moins développé ; il se termine en avant par un angle très-avancé sur lequel s'appuie la fourchette ; son bord antérieur est excavé ; immédiatement au-dessus on voit une apophyse épisternale, petite et styliforme, se détacher du bord inférieur des rainures caracoïdiennes ; le bord supérieur en porte également une autre, chez le Coucou d'Europe, par exemple, mais notablement plus

(1) Voyez pl. CLXXI, fig. 5 et 6.

petite, qui s'avance au-dessus de la précédente, et parallèlement à elle. Les cavités articulaires, destinées à loger les coracoïdiens, sont étroites et beaucoup moins élevées que chez les Caprimulgides. Les cornes hyposternales sont larges et arrondies à leur extrémité. Les bords latéraux sont concaves et portent quatre facettes costales. Le bord postérieur est interrompu par deux échancrures peu profondes et séparées l'une de l'autre par une large lame entosternale à bord arrondi. Les branches latérales qui les limitent en dehors sont fortes et tournées en dehors. Chez l'*Eudynamis orientalis*, Linn., et l'*E. niger*, Linn., les caractères du sternum sont les mêmes, mais l'apophyse épisternale supérieure manque. Dans le genre *Zanclostomus* (*Z. tristis* et *javanicus*), il existe deux échancrures au bord postérieur, résultant de la subdivision par une branche étroite de l'échancrure qui existait chez les Coucous. Cette disposition se retrouve chez les Malcohas de l'Asie et chez les Piayas de l'Amérique. Le sternum des Centropes se rapproche au contraire beaucoup plus de celui des Coucous, de même que chez ces derniers il n'y a qu'une seule échancrure postérieure.

Le sternum des Pics (1) est beaucoup plus allongé que celui des Cuculides, et il présente un aspect tout particulier dû au développement que prend la portion antérieure du bréchet. Cette carène s'avance, en effet, au devant du bord sternal et se soude à l'apophyse épisternale, rappelant ainsi la disposition que j'ai déjà signalée chez les Alcedinides. Le bord inférieur de la carène médiane est presque droit ; les rainures coracoïdiennes sont courtes et larges, leurs bords forment une sorte de bourrelet ; elles sont séparées au milieu par une petite dépression au fond de laquelle s'ouvrent des pertuis pneumatiques. Les cornes hyosternales sont grêles, pointues et fortement dirigées en avant. Les bords latéraux sont très-longs et portent cinq facettes costales dont

(1) Voyez pl. CLXXI, fig. 3 et 4.

la première occupe l'extrémité de la corne hyosternale. Il existe deux paires d'échancrures postérieures : les internes sont les plus grandes et se dirigent en haut, et en dehors une lame entosternale étroite les sépare ; les externes, beaucoup plus petites, remontent presque parallèlement au brechet ; ces échancrures tendent à se transformer en trous par suite de l'élargissement de l'extrémité des branches qui les séparent. Cette disposition s'observe particulièrement chez les *Picus validus* de Java. Le sternum du Torcols est construit sur le plan de celui des Pics, mais les échancrures sont plus profondes, et l'apophyse épisternale plus mince et plus saillante.

Le sternum des Toucans, de même que les autres parties de leur squelette, ressemble beaucoup à celui des Pics, et le brechet présente les mêmes particularités ; les rainures coracoïdiennes sont également larges et courtes, les cornes hyosternales grêles, pointues et dirigées en avant, mais elles ne portent pas de facette costale vers leur extrémité. J'ajouterai que les échancrures externes sont plus profondes que les internes : disposition inverse de ce qui existe dans la famille des Pics. Chez le Toucan de Cuvier, le bouclier sternal est comparativement allongé, sans l'être cependant autant que chez ces derniers oiseaux ; mais chez le Toucan piscivore nous voyons cet os se raccourcir et prendre en même temps une forme plus bombée. Ces particularités s'accusent encore davantage chez les Aulacoramphes, qui, sous le rapport de la constitution du sternum, relient les Pics et les Toucans aux Barbus. Effectivement, chez ces oiseaux, le sternum se raccourcit beaucoup et présente une largeur considérable, de façon que les rainures coracoïdiennes, au lieu d'être très-obliques, sont presque transversales. Les facettes costales sont au nombre de cinq, comme chez les Pics, mais elles ne s'avancent pas jusqu'à l'extrémité de la corne hyosternale, enfin, les échancrures postérieures sont très-profondes et occupent plus de la moitié de la longueur totale de l'os. Entre le sternum des Barbus, des Mégalaimes, des Tamatias et des Jacamars, on ne remarque que des différences d'importance secondaire indiquant l'étroite parenté de ces genres.

La CLAVICULE FURCULAIRE est parfaitement caractérisée chez les Ædornines (1), et les différences de formes qu'elle présente permettent de distinguer les groupes secondaires ; mais ces indications ne peuvent être que bien rarement mises à profit par les paléontologistes, à cause de la fragilité de cette pièce osseuse.

Les branches furculaires sont longues, grêles, et se réunissent en formant une courbe peu ouverte, mais régulière, de façon à affecter la forme d'un U très-allongé. Il existe toujours sur la ligne médiane une apophyse furculaire dont les formes varient suivant les genres ou suivant les espèces. Les branches claviculaires sont plus ou moins arrondies vers leur extrémité sternale, mais deviennent lamelleuses et comprimées latéralement vers leur extrémité scapulaire, où elles s'élargissent beaucoup en forme de triangle. Leur face externe ne porte pas de facette saillante pour l'articulation coracoïdienne, qui ne se fait que par l'intermédiaire d'une surface légèrement déprimée. Leur angle postéro-inférieur s'appuie largement sur la tubérosité de l'omoplate.

Dans le groupe des Corvides (2), les branches furculaires sont plus robustes que chez la plupart des autres Passereaux, et l'apophyse médiane est toujours courte ; mais, comme d'ordinaire, elle s'appuie sur le bord antérieur du brechet. Chez les Corbeaux, les Corneilles et les Freux, elle est plus courte et plus épaisse que chez les Pies, où elle se termine en arrière et en haut par une petite pointe.

Chez les Merles (3), elle est plus mince et plus longue que dans le

(1) Voyez pl. CXLVIII, fig, 19 à 25.
(2) Voyez pl. CXLVIII, fig. 19, 20 et 21.
(3) Voyez pl. CXLVIII, fig. 24 et 25.

génre précédent ; son bord postérieur est arrondi, et son bord supérieur présente, vers sa moitié, une petite apophyse.

Dans le genre *Oriolus*, l'apophyse furculaire est étroite, mais très-longue, et l'angle postéro-supérieur de l'extrémité scapulaire est très-proéminent et s'élève en forme de lame étroite à bord arrondi.

Chez les Gros-Becs (1), cet angle est moins développé, mais l'apophyse médiane présente à peu près la même forme. Chez les Becs-fins, elle est coupée carrément à son extrémité. Chez les Hirondelles, elle paraît au contraire bifurquée. Enfin si l'on voulait pousser plus loin les comparaisons, on pourrait, à l'aide de l'os furculaire, arriver à déterminer non-seulement le genre, mais, dans un grand nombre de cas, l'espèce des divers membres de la famille des Passereaux.

On ne peut confondre un seul instant l'os furculaire de ces oiseaux avec celui des genres que Cuvier réunissait autrefois dans le même ordre, et que M. Lherminier et M. Blanchard en ont séparés ; car chez aucun on ne trouve d'apophyse furculaire. Les Huppes, les Engoulevents, les Rolliers, les Martins-pêcheurs et les Martins-chasseurs, les Guêpiers, en sont dépourvus. Chez les Martinets il existe un petit prolongement lamelleux extrêmement court, et l'os se distingue d'ailleurs par l'écartement et la brièveté des branches furculaires, jointes à l'existence d'une facette articulaire coracoïdienne, et d'une apophyse scapulaire mince et étroite. Ces particularités de structure qui existent dans le groupe des Martinets sont intéressantes à noter, car elles montrent clairement que le genre de vie d'un animal n'entraîne pas nécessairement à sa suite les mêmes particularités organiques, puisque chez l'Hirondelle, dont les ailes sont presque conformées de même, dont le vol s'effectue d'une manière analogue, et dont la nourriture est la même, toutes les pièces solides qui servent leurs organes locomoteurs sont construites sur un plan complétement différent.

(1) Voyez pl. CXLVIII, fig. 22 et 23.

La clavicule furculaire des oiseaux de la famille des Pics (1) est très-nettement caractérisée par le grand développement de son extrémité scapulaire et l'absence d'une apophyse furculaire. Les branches sont comprimées, minces et peu arquées ; elles se réunissent en formant une courbe, et non un angle, de façon que, considérées dans leur ensemble, elles prennent la forme d'un U. En arrière, elles s'élargissent beaucoup, bien que restant très-étroites, et portent une sorte d'apophyse en manière de crochet distinct pour l'articulation du coracoïdien ; l'apophyse scapulaire est courte et à bord arrondi.

Chez les Toucans et les Aracaris, les branches de la clavicule, très-minces et très-élargies dans le haut, ne s'unissent pas sur la ligne médiane et restent distinctes l'une de l'autre.

Dans le genre Coucou, la clavicule s'allonge davantage, et les branches, peu arquées, s'étendent presque parallèlement et divergent légèrement vers leur extrémité. Celle-ci ne s'élargit pas comme chez les Pics ; elle est légèrement renflée, et l'on n'y aperçoit aucune facette coracoïdienne. Enfin il existe, en dessous et en arrière de la symphyse des branches furculaires, une apophyse mince, lamelleuse et peu saillante, qui s'applique contre le bord antérieur du brechet.

La clavicule des oiseaux du genre *Leptosomus* diffère beaucoup de celle des Coucous ; elle se rapproche un peu par sa forme de celle des Pics. Ses branches, très-étroites au voisinage de leur symphyse, s'élargissent beaucoup en s'approchant de leur extrémité scapulaire, où elles portent une petite facette pour leur articulation coracoïdienne : il n'existe pas d'apophyse furculaire.

Dans le genre *Centropus*, les clavicules furculaires ressemblent beaucoup à celles des Coucous, mais l'apophyse furculaire y est beaucoup plus courte, et ne s'applique pas contre le bord antérieur du brechet.

(1) Voyez pl. CLXXI, fig. 34 et 35.

La fourchette des Couroucous est très-ouverte et très-arquée, les branches en sont grêles, dépourvues de facette coracoïdienne et terminées par une petite apophyse qui s'appuie contre le bord du sternum.

Chez les Touracos, cette pièce est intermédiaire à celle des Pics et à celle des Toucans ; elle est en effet extrêmement grêle vers son extrémité sternale, et s'élargit en arrière en présentant la forme de la lettre V. Enfin elle est dépourvue d'apophyse médiane.

Le CORACOÏDIEN des Ædornines (1) fournit au zoologiste des particularités distinctives d'une grande netteté. Le caractère le plus apparent consiste dans la disposition de l'extrémité supérieure, qui se recourbe en bas et en dedans en formant un crochet, à l'extrémité duquel se fixe le ligament épisterno-coracoïdien. Cet os est d'ailleurs épais et très-allongé ; son extrémité sternale médiocrement élargie, présente une facette articulaire, peu développée et lisse, au-dessus de laquelle on ne voit aucune trace de dépression pour l'insertion du coraco-huméral ; l'apophyse hyosternale est remplacée par un bord très-proéminent, mince et tranchant, qui occupe environ le tiers inférieur de l'os. La ligne intermusculaire qui limite en dehors l'insertion du pectoral profond, ou muscle releveur de l'aile, est saillante inférieurement, mais s'atténue en s'avançant vers l'extrémité supérieure. Le bord interne de l'os est arrondi, et l'apophyse sous-claviculaire est très-réduite ; il n'existe à sa base aucun trou pour le passage des vaisseaux sanguins.

La facette d'articulation scapulaire est aplatie et non déprimée ; la surface glénoïdale s'élargit peu ; la tubérosité supérieure est haute, et, ainsi que je viens de le dire, son bord interne et inférieur est oblique et se prolonge en forme de pointe ; enfin, sa surface est aplatie en dedans pour l'articulation de l'os furculaire.

Le coracoïdien varie peu dans les différents genres de la famille

(1) Voyez pl. CXLVIII, fig. 10 à 18.

des Ædornines, et les modifications que l'on y rencontre portent surtout sur ses proportions relatives en longueur et en largeur.

Dans les groupes des Corbeaux (1), des Merles, des Loriots, des
Tangaras, des Becs-fins, le crochet de la tubérosité coracoïdienne est
très-développé. Il l'est généralement moins chez les Gros-Becs (2).

Dans le genre *Alauda*, le bord hyosternal est beaucoup plus saillant
que d'ordinaire (3).

Le coracoïdien des Syndactylies ne peut se confondre avec celui des
Passereaux proprement dits, car chez ces derniers la tubérosité supérieure ne se prolonge généralement pas en forme de crochet, et ordinairement il existe une apophyse hyosternale. Ainsi cette apophyse se
retrouve, chez les Huppes, les Guêpiers, les Rolliers, la plupart des
Alcedo (4) et les Engoulevents.

Dans le genre *Upupa* et chez l'*Aceido Ispida*, l'apophyse sous-claviculaire se soude à la tubérosité supérieure, de façon à transformer en
un canal clos la coulisse du muscle pectoral profond.

Chez les Calaos, le coracoïdien est allongé et très-renflé ; il est
pourvu inférieurement d'une apophyse hyosternale, et le bord interne
de sa tubérosité ne s'avance pas en manière de crochet comme dans
la division des Ædornines.

Chez les Cypsélides (5), cet os est très-court et très-épais ; sa surface articulaire sternale est ovalaire et élargie, bien que l'apophyse
sous-claviculaire soit courte ; il existe à sa base un trou pour le passage
des vaisseaux sanguins.

L'os coracoïdien des Pics (6) est remarquable par la compression
et la longueur de l'extrémité scapulaire. L'extrémité sternale est au

(1) Voyez pl. CXLVIII, fig. 10, 11 et 12.
(2) Voyez pl. CXLVIII, fig. 13, 14 et 15.
(3) Voyez pl. CXLVIII, fig. 16, 17 et 18.
(4) Voyez pl. CLXXI, fig. 31.
(5) Voyez pl. CLXXI, fig. 32 et 33.
(6) Voyez pl. CLXXI, fig. 29 et 30.

contraire épaisse, mais droite, et l'articulation se fait au moyen de deux surfaces, séparées par une ligne saillante longitudinale. L'apophyse hyosternale est triangulaire et située à la même hauteur que le bord articulaire. Il n'existe en arrière aucune dépression pour l'insertion du muscle coraco-huméral. Le bord interne du corps de l'os est arrondi, l'apophyse sous-claviculaire est rudimentaire et dépourvue à sa base de trou pour le passage des vaisseaux. La surface glénoïdale est longue et étroite; au-dessous d'elle on ne voit pas de fossette scapulaire. La tubérosité, portée sur un col assez grêle, est comprimée latéralement et porte en dedans un ou plusieurs petits pertuis pneumatiques.

Le coracoïdien des Barbus présente une grande ressemblance de formes avec le précédent, mais son bord articulaire sternal est beaucoup plus profondément échancré; l'apophyse hyosternale plus basse, et enfin le bord interne du corps de l'os est mince et parfois cristiforme dans sa portion inférieure.

Dans le genre Toucan, le coracoïdien est très-allongé, mais ressemble à celui des Pics, bien qu'il s'en distingue par le peu de développement de l'apophyse hyposternale.

Chez les Coucous (1), cet os est tout à fait différent de ce que nous avons vu exister chez les Pics; il se distingue facilement par le développement de l'apophyse hyosternale, qui est très-relevée, large et triangulaire. Le bord interne de l'os est arrondi, mais l'apophyse sous-claviculaire, qui est mince et lamelleuse, s'avance considérablement et se recourbe en dessous. La tubérosité supérieure est très-élargie; son angle interne se développe beaucoup en forme de crochet pour se diriger vers l'apophyse sous-claviculaire. J'ajouterai que la surface d'insertion du muscle coraco-huméral est limitée par des lignes saillantes qui n'existaient pas chez les Pics.

Le coracoïdien des Vouroudrious (*Leptosomus*) est court et remarquablement large, mais présente les mêmes caractères essentiels.

(1) Voyez pl. CLXXI, fig. 27 et 28.

Celui des *Centropus* se rapproche davantage de ce qui existe chez les Coucous proprement dits, et l'apophyse sous-claviculaire est encore plus développée.

Chez les Couroucous, le coracoïdien revêt une forme particulière qui le rend facile à distinguer. Le corps de l'os est très-grêle, et l'extrémité inférieure s'élargit beaucoup, aussi bien aux dépens du bord interne que de l'externe; tous deux sont minces et tranchants. L'apophyse sous-claviculaire est beaucoup moins saillante que dans la famille des Coucous, bien qu'elle le soit davantage que dans celle des Pics ; la tubérosité est renflée, arrondie et peu saillante.

L'os coracoïde des Touracos (1) se distingue au premier coup d'œil de celui de presque tous les autres oiseaux, par la soudure complète de l'apophyse sous-claviculaire avec la tubérosité coracoïdienne, de façon à former une gouttière tubulaire dans laquelle glisse le tendon du muscle releveur de l'aile. Le corps de l'os est légèrement comprimé d'avant en arrière ; son bord interne est mince, et enfin son extrémité inférieure est très-élargie comme chez les Coucous.

L'omoplate des Ædornines est lamelleuse, aplatie, assez fortement courbée en forme de faux et terminée par une extrémité postérieure aiguë ; la surface glénoïdale destinée à l'articulation de l'humérus est arrondie et saillante. La facette articulaire du coracoïdien est peu apparente et se confond avec la précédente. La tubérosité est très-élargie et déprimée pour s'unir largement à la fourchette ; ses angles sont saillants et l'interne est plus avancé que l'externe. Dans la famille des Pics (2), où il existe une disposition analogue, c'est le contraire qui a lieu ; d'ailleurs, chez ces derniers oiseaux, le scapulum se recourbe en crosse à son extrémité postérieure.

(1) Voyez pl. CLXXI, fig. 25 et 26.
(2) Voyez pl. CLXXI, fig. 36 et 37.

Chez tous les représentants du groupe des Passereaux, on retrouve presque exactement la même disposition, et l'on ne pourrait, en se basant sur les modifications de forme que présente le scapulum, établir dans ce groupe des coupes naturelles.

Chez les Engoulevents, les Huppes, les Martinets, la tubérosité claviculaire n'est pas, à beaucoup près, aussi élargie que chez les Ædornines.

Dans la famille des Alcyons, composée des Martins-pêcheurs et des Martins-chasseurs, cette tubérosité est large, mais le scapulum se distingue par la forme tronquée de son extrémité postérieure.

Chez les Coucous, le scapulum ne se recourbe pas en dehors à son extrémité postérieure. Le corps de l'os est lamelleux, assez élargi et falciforme ; la surface glénoïdale est saillante et ovalaire ; il n'y a pas de facette coracoïdienne, et la tubérosité claviculaire est très-saillante et terminée par une extrémité renflée. Ces caractères se retrouvent dans les genres *Leptosomus* et *Malcoha*. Chez les Centropes, l'omoplate est beaucoup plus mince, et se termine par une extrémité aiguë.

Le scapulum des Trogons est allongé, peu courbé ; sa surface glénoïdale est tournée en haut et en dehors ; sa tubérosité claviculaire ressemble à celle des Coucous, mais elle est moins allongée.

Chez les Touracos, l'omoplate est falciforme, mais elle ne présente pas la concavité inférieure qui existe dans la famille des Coucous.

§ 4. — DES OS DE L'AILE.

Chez tous les Passereaux, l'humérus offre un ensemble de caractères qui permettent de le distinguer avec certitude.

Dans la division des Ædornines, il est en général court et robuste, et ses extrémités sont très-élargies (1) ; la tête articulaire est assez

(1) Voyez pl. CXLVIII, fig. 1 à 7, et pl. CXLIX, fig. 1 à 21.

élevée, mais le sillon du ligament coraco-huméral qui la limite inférieurement est peu profond. La surface bicipitale est courte et large,
bien qu'elle ne présente pas le développement qui s'observe chez les
Pics. La crête externe est saillante et la surface d'insertion du muscle
grand pectoral y est marquée en dedans par une ligne courbe à concavité interne. En arrière, la fosse sous-trochantérienne est généralement
très-creuse et de nombreux pertuis pneumatiques en occupent le fond.
Le corps de l'os est peu arqué, l'extrémité inférieure est large et ressemble beaucoup à celle des Pics, mais elle s'en distingue très-facilement par l'existence d'un petit tubercule qui surmonte la saillie sus-
épicondylienne. Ce petit tubercule existe chez toutes les espèces si
nombreuses de la famille des Ædornines, et ne se remarque que dans
ce groupe ; il constitue par conséquent un caractère de première importance.

L'épitrochlée est très-saillante, surtout en arrière et en bas ; le condyle radial ne présente rien de particulier à noter, mais le condyle
cubital est peu élevé et très-allongé transversalement ; l'empreinte
d'insertion du muscle brachial antérieur est profonde, allongée et située très en dedans, contre le bord interne de l'os, tandis que chez la
plupart des oiseaux cette empreinte se trouve placée vers la ligne
médiane. Au-dessus des condyles, on voit sur la ligne médiane un tubercule saillant et arrondi sur lequel se fixe le tendon de la portion interne du muscle long extenseur de la main, dont la portion externe
s'insère sur le tubercule de la tubérosité sus-épicondylienne. Cette
petite saillie médiane n'existe que chez les oiseaux de la famille qui
nous occupe ; elle manque chez les Pics, où la dépression du brachial
antérieur occupe aussi le côté interne de l'os. Enfin j'ajouterai que l'empreinte sur laquelle se fixe le tendon du ligament latéral interne du
coude est arrondie et bien marquée, et que la fosse olécrânienne est
profonde, transversale, et circonscrit en arrière le condyle cubital.

D'après l'énoncé de ces caractères, on voit que l'humérus des

Passereaux proprement dits se distingue avec la plus grande facilité de celui de tous les autres oiseaux, et que les meilleurs caractères sont fournis par l'extrémité inférieure.

Dans le groupe des Corvides (1), il n'existe pas de dépression au-dessous de la tête articulaire, pour l'insertion de la portion supérieure du triceps ; l'empreinte du brachial antérieur est superficielle et étroite ; enfin, la tubérosité sus-épicondylienne est très-relevée et peu saillante en dehors.

Dans les genres Pie-grièche (*Lanius*) (2), Pie-grièche hirondelle (*Artamus*), Gobe-mouche (*Muscicapa*), Jaseur (*Bombycilla*), Philédon (*Philedon*), Loriot (*Oriolus*), Hirondelle (*Hirundo*), Alouette (*Alauda*), de même que chez les précédents, il n'existe pas de dépression tricipitale supérieure ; mais chez le Gros-Bec (3) et le Bec-fin (4) on en remarque une très-large et très-profonde qui est séparée de la fosse sous-trochantérienne par une cloison peu élevée. Chez les Merles (5), cette dépression est moins profonde que dans les genres précédents.

Chez les Huppes, les Engoulevents, les Martinets, les Alcyons, etc., l'os du bras diffère beaucoup de celui des Ædornines ; jamais on n'y remarque de tubercule médian pour l'insertion du long extenseur de la main, et la tubérosité sus-épicondylienne, quand elle existe, n'est pas surmontée d'une petite saillie. Ces derniers caractères suffisent pour caractériser l'humérus des Huppes (6), qui ressemble du reste beaucoup à celui des Ædornines.

L'humérus des Martinets (7) est à celui des autres oiseaux comme l'humérus des Taupes est à celui des autres Mammifères ; il est presque

(1) Voyez pl. CXLVIII, fig. 1 à 6.
(2) Voyez pl. CXLIX, fig. 13 à 15.
(3) Voyez pl. CLXIX, fig. 1 à 3.
(4) Voyez pl. CXLIX, fig. 7 à 9.
(5) Voyez pl. CXLIX, fig. 16 à 19.
(6) Voyez pl. CLXXII, fig. 12 et 13.
(7) Voyez pl. CLXXII, fig. 1 à 3.

aussi large que long'; toutes les saillies musculaires se développent d'une façon exagérée, la crête externe est pointue et relevée ; la surface bicipitale est limitée en bas par un sillon profond ; le trochanter interne s'avance beaucoup en arrière ; les condyles inférieurs sont petits ; le radial est allongé transversalement et légèrement oblique en bas et en dedans ; enfin la coulisse tricipitale est profondément encaissée.

Dans le groupe naturel des Alcyons, l'humérus est long et grêle; son extrémité supérieure est courte et la crête externe peu saillante ; l'extrémité inférieure de l'os est élargie et légèrement courbée en avant. La surface articulaire est très-oblique inférieurement et l'empreinte d'insertion du brachial antérieur est longue et disposée obliquement d'un bord à l'autre de l'os. L'os du bras des Martins-chasseurs (1) présente les mêmes caractères que celui des Martins-pêcheurs.

Chez les Guêpiers (*Merops*), l'empreinte d'insertion du brachial antérieur est rejetée en dedans comme dans le groupe précédent, mais elle est plus étroite. La fosse sus-trochantérienne est peu profonde et l'orifice pneumatique est très-petit.

Chez les Calaos (2), l'humérus est court et très-robuste, la crête externe est peu saillante, il n'y a pas de fosse sous-trochantérienne, et l'orifice pneumatique s'ouvre à fleur de l'os. L'extrémité inférieure est élargie et remarquable par la profondeur de l'empreinte d'insertion du muscle brachial antérieur, qui est arrondie et plus rapprochée du bord interne que de l'externe. J'ajouterai que cet os est extrêmement léger, eu égard à son volume.

Chez les Pics, l'os du bras (3) est court et fort. Le bord externe de l'os est presque droit, mais l'interne est fortement concave, à cause du développement des extrémités. En effet, l'extrémité supérieure est

(1) Voyez pl. CLXXII, fig. 18 à 21.
(2) Voyez pl. CLXXII, fig. 22 à 25.
(3) Voyez pl. CLXXII, fig. 4 à 6.

très-élargie et la surface bicipitale s'avance beaucoup, mais elle est
très-courte. La crête externe est mince, saillante et dirigée en dehors,
son bord est arrondi ; à son extrémité supérieure on voit au-dessous
de la tête humérale une dépression ou fossette profonde qui n'existait
pas chez les oiseaux que nous avons déjà passés en revue. En arrière,
la fosse sous-trochantérienne est très-creusée, mais au fond elle n'est
percée d'aucun trou pneumatique, et l'on ne voit pas au-dessous de la
tête humérale de dépression pour l'insertion de la portion supérieure
du triceps brachial.

L'extrémité inférieure de l'humérus est très-élargie, et cet élargissement est dû à la saillie que fait en dedans l'épitrochlée. L'empreinte d'insertion du muscle court fléchisseur de l'avant-bras est large
et située très en dedans, de façon à suivre le bord interne de cette partie
de l'os. Il existe une petite saillie sus-épicondylienne arrondie, pour
l'insertion du muscle extenseur de la main. Le condyle radial ne présente aucune particularité intéressante à noter, mais le condyle cubital
est peu saillant et allongé transversalement ; en arrière la fosse
olécrânienne est peu profonde et la gouttière principale des tendons
du triceps brachial est large et superficielle.

L'os du bras des Barbus (1) présente presque tous les caractères
essentiels de celui des Pics, mais il peut cependant se distinguer de
ces derniers par diverses particularités d'une importance secondaire.
La crête externe est très-relevée, de façon qu'elle se termine supérieurement presque à la même hauteur que la tête humérale ; la fosse sous-
trochantérienne est extrêmement profonde ; enfin l'empreinte d'insertion du court fléchisseur est plus déprimée que chez les Pics.

L'humérus des Toucans se distingue de celui des oiseaux que je
viens de citer par le peu de saillie de la crête externe et la profondeur
moindre de la fosse sous-trochantérienne. Le condyle cubital est encore
moins développé que dans la famille des Pics.

(1) Voyez pl. CLXXII, fig. 7 et 8.

Chez les Coucous (1), l'extrémité supérieure de l'os du bras est moins élargie, mais la crête pectorale est plus saillante. La fosse sous-trochantérienne est à peine creusée, et le trou pneumatique s'ouvre à fleur de l'os, ce qui permet de distinguer immédiatement l'humérus de ces oiseaux de celui des familles précédentes. L'extrémité inférieure est très-large ; l'empreinte d'insertion du brachial antérieur est moins profonde que chez les Pics ; l'épitrochlée est aussi moins développée. Le muscle extenseur de la main se fixe sur une petite saillie sus-épi-condylienne moins forte et située plus haut que chez les Pics.

Ces caractères se retrouvent dans le genre *Leptosomus*, où l'hu-mérus est seulement beaucoup plus allongé ; il l'est moins dans le genre *Centropus*, où il présente une courbure assez forte et où la crête externe est moins saillante que chez les véritables Coucous.

Chez les Trogons (2), l'extrémité supérieure de l'humérus est très-développée, relativement à la grosseur de l'os ; la fosse sous-trochan-térienne est superficielle et creusée d'un grand trou pneumatique ; en dehors il existe une dépression tricipitale assez profonde, qui cependant ne se prolonge pas dans l'épaisseur de la tête articulaire comme chez certains Gallinacés, les *Ortyx* et les *Palæortyx* par exemple.

Chez les Touracos (3) et les Musophages, l'os du bras est remar-quable par la largeur de l'extrémité inférieure, comparée à celle de l'extrémité supérieure. La surface bicipitale, est étroite, mais très-relevée, et se continue directement en arrière avec le trochanter in-terne, à cause du peu de profondeur du sillon du ligament coraco-huméral qui d'ordinaire sépare ces deux parties de l'os. Il n'existe pas de fosse sous-trochantérienne, et à la place qu'elle occupe d'ordi-naire on ne voit qu'un petit orifice pneumatique. Enfin la crête ex-terne est longue et coupée carrément en avant. L'extrémité inférieure

(1) Voyez pl. CLXXII, fig. 26 à 29.
(2) Voyez pl. CLXXII, fig. 30 à 33.
(3) Voyez pl. CLXXII, fig. 14 à 17.

de l'os est très-oblique , l'épitrochlée se prolongeant beaucoup plus bas que l'épicondyle ; d'ailleurs, l'empreinte d'insertion du muscle brachial antérieur et la disposition des condyles sont à peu près les mêmes que dans la famille des Pics.

Les os de l'avant-bras des Ædornines présentent beaucoup de ressemblance avec ceux des Pics, mais on peut les en distinguer à l'aide de quelques particularités peu apparentes au premier abord, mais qui ne manquent chez aucune des nombreuses espèces dont cette famille se compose.

Le CUBITUS est gros et faiblement arqué (1) ; son extrémité inférieure paraît légèrement tordue en dedans ; l'apophyse olécrânienne est en général bien développée, mais cependant elle ne présente que rarement les dimensions qu'on remarque dans la famille des Pics, et elle n'est jamais aussi comprimée latéralement ; la facette glénoïdale interne est grande, mais l'externe est moins étroite et plus arrondie que dans ce dernier groupe ; l'empreinte d'insertion du ligament interne de l'articulation du pouce est située de côté et fait peu de saillie. La surface sur laquelle se fixe le muscle brachial antérieur est d'ordinaire peu déprimée. Les tubercules qui garnissent la face postérieure de l'os et sur lesquels se fixent les grandes plumes de l'aile sont moins étendus que ceux des Pics, mais ils sont mieux circonscrits et moins saillants ; la poulie articulaire inférieure est plus courte que chez ces oiseaux, et le tubercule carpien moins saillant.

Le RADIUS est très-peu arqué et peu tordu ; son extrémité carpienne est coupée obliquement pour s'articuler avec le premier os du poignet ; elle est surmontée d'une gouttière peu profonde pour le tendon du muscle extenseur de la main.

Le cubitus des Huppes (2) est très-allongé et assez grêle. Il pré-

(1) Voyez pl. CL, fig. 1 à 4.
(2) Voyez pl. CLXXIII, fig. 30 à 32.

sente une certaine ressemblance avec celui des Passereaux proprement dits, mais il s'en distingue par le peu de saillie des empreintes musculaires et des tubercules d'insertion des grandes plumes. L'apophyse olécrânienne est longue et conique, et l'extrémité articulaire carpienne est beaucoup moins grosse.

Dans le groupe des Engoulevents, les tubercules d'insertion des rémiges sont beaucoup plus nombreux, et l'apophyse olécrânienne est forte et arrondie (1).

La forme du cubitus des Martinets est très-particulière (2). Cet os est extrêmement gros et court; sa facette glénoïdale interne est allongée transversalement, et l'extrémité carpienne est creusée d'une gorge profonde ; enfin les tubercules d'insertion des rémiges sont à peine marqués. Le cubitus des Alcyons est long et grêle, l'extrémité supérieure est petite et surmontée d'une apophyse olécrânienne, tantôt saillante comme chez les Martins-pêcheurs ; tantôt arrondie et courte comme chez les Martins-chasseurs (3).

Chez certaines espèces de Calaos, les tubercules du cubitus sont très-saillants ; chez d'autres, ils sont remplacés par des empreintes un peu déprimées, allongées et disposées obliquement par rapport à l'axe de l'os (4) ; la diaphyse est d'ailleurs très-renflée, et il existe toujours un orifice pneumatique près de l'extrémité supérieure, au fond de l'empreinte d'insertion du muscle brachial antérieur. Le radius de ces oiseaux est également très-gros et très-pneumatique.

L'avant-bras des Pics est toujours plus long que le bras ; l'espace interosseux est peu considérable, surtout vers l'extrémité carpienne, où le radius se rapproche beaucoup du cubitus. Ce dernier os

(1) Voyez pl. CLXXIII, fig. 35 et 36.
(2) Voyez pl. CLXXIII, fig. 22 et 23.
(3) Voyez pl. CLXXIII, fig. 43 à 45.
(4) Voyez pl. CLXXIII, fig. 41 et 42.

est peu arqué (1); l'extrémité supérieure, médiocrement élargie, se reconnaît aisément à la forme de la facette glénoïdale externe, qui est très-petite et s'avance en dehors du corps de l'os ; l'interne est beaucoup plus grande, arrondie et surmontée d'une apophyse olécrânienne très-nettement détachée et comprimée latéralement; l'empreinte d'insertion du ligament articulaire interne du coude est dirigée en dehors aussi bien qu'en avant. La surface sur laquelle se fixe le muscle court fléchisseur de l'avant-bras est large et profonde ; la face postérieure est marquée d'environ sept gros tubercules pour l'insertion des grandes plumes de l'aile ; l'extrémité inférieure est haute mais comprimée latéralement; le tubercule carpien est mince et très-peu élevé.

Le cubitus des Toucans ressemble beaucoup à celui des Pics. L'apophyse olécrânienne est très-arquée, mais cependant moins saillante que dans le genre précédent.

Les différences qui existent entre les os de l'avant-bras des Barbus et ceux des Pics sont aussi peu considérables.

Dans le groupe des Coucous (2), le cubitus est comparativement plus gros que chez les précédents, et la facette glénoïdale supéro-externe est moins étroite transversalement; l'apophyse olécrânienne est mousse et peu proéminente. Les saillies d'insertion des grandes plumes de l'aile sont peu marquées, et le tubercule carpien est plus gros et plus élevé que chez les Pics. Ces caractères existent aussi bien chez les Coucous proprement dits que dans les genres *Malcoha*, *Centropus* et *Leptosomus*. Chez ce dernier, les os de l'avant-bras ont une longueur plus considérable qu'on ne le remarque d'ordinaire dans cette famille.

Le cubitus des Trogons (3) ne présente aucune ressemblance avec celui des Pics : l'apophyse olécrânienne y est arrondie et très-basse;

(1) Voyez pl. CLXXIII, fig. 37 et 38.
(2) Voyez pl. CLXXIII, fig. 28 et 29.
(3) Voyez pl. CLXXIII, fig. 24 et 25.

enfin les tubercules d'insertion des grandes plumes de l'aile y sont à peine marqués.

Par sa forme générale, le cubitus des Touracos (1) se rapproche beaucoup plus de celui des Gallinacés que de celui des familles que nous passons en revue. Cet os est en effet court, arqué, comprimé latéralement; son apophyse olécrânienne est très-petite, mais il se distingue aussi de celui des Gallinacés par la grosseur des tubercules sur lesquels s'attachent les grandes plumes; ceux-ci sont très-rapprochés les uns des autres, et les tuyaux des plumes s'y fixent d'une façon si intime, qu'en arrachant ces derniers on enlève souvent la lamelle osseuse.

Les caractères que fournit le radius pour la distinction des familles précédentes sont très-incertains, et il me suffira de dire que chez les Pics, les Barbus, les Toucans et les Trogons, cet os est légèrement arqué et tordu sur lui-même, et que son extrémité carpienne est étroite et creusée d'une gouttière assez profonde, tandis que dans la famille des Coucous le radius est presque droit.

Le MÉTACARPE des Ædornines (2) présente une certaine ressemblance de formes avec celui des Gallinacés. En effet, on y remarque une apophyse musculaire intermétacarpienne très-développée, lamelleuse et triangulaire, qui s'avance beaucoup et se soude à la petite branche du métacarpe, ce qui n'avait jamais lieu chez les Gallinacés. Cette branche est beaucoup moins arquée que dans ces derniers oiseaux, de façon que l'espace interosseux est beaucoup moins large. La coulisse du fléchisseur de la première phalange occupe le bord supérieur de l'os, au lieu de sillonner sa face externe.

L'extrémité articulaire supérieure est élargie comme chez les Gallinacés, mais la lèvre interne de la poulie carpienne est dépourvue d'échancrure interarticulaire; l'apophyse radiale est beaucoup plus

(1) Voyez pl. CLXXIII, fig. 26 et 27.
(2) Voyez pl. CL, fig. 1 et 2, 7 et 8.

petite, et il existe une fossette profonde au-dessous et en arrière de la gorge carpienne. La surface articulaire de la première phalange du doigt médian est beaucoup moins avancée que celle qui correspond au petit métacarpien : cette différence de niveau n'est poussée aussi loin chez aucun autre oiseau.

La première phalange du doigt médian est facile à reconnaître. Son bord supérieur est large et creusé d'une gouttière longitudinale profonde qui n'existait pas chez les Pics. Sa face externe est lisse, aplatie ; sa face interne est profondément déprimée ; enfin la tête articulaire est portée sur une sorte de col peu rétréci.

Chez les Huppes (1), les Rolliers, les Guêpiers, les Engoulevents et les Martinets (2), on n'observe pas d'apophyse intermétacarpienne.

Chez les Alcyons (3), où il en existe, elle est peu développée et ne se soude pas au petit métacarpien ; d'ailleurs, la surface articulaire correspondant à ce dernier os est placée à peu près à la même hauteur que l'inférieure.

Chez les Calaos, le métacarpe est remarquablement renflé (4). Le petit métacarpien est gros, perméable à l'air et arqué. L'espace interosseux est court parce que l'apophyse intermétacarpienne se soude complétement aux branches de cet os aussi bien par son extrémité que par son bord supérieur ; de même que chez les Passereaux, le petit métacarpien se prolonge plus que le métacarpien principal.

Le métacarpe des Pics (5) ressemble beaucoup à celui des Passereaux proprement dits ; il présente en effet, de même que chez ces derniers, une apophyse musculaire intermétacarpienne très-développée, qui, se détachant de la branche principale, va se souder à la petite

(1) Voyez pl. CLXXIII, fig. 18 et 19.
(2) Voyez pl. CLXXIII, fig. 16 et 17.
(3) Voyez pl. CLXXIII, fig. 5 et 6.
(4) Voyez pl. CLXXIII, fig. 1 à 3.
(5) Voyez pl. CLXXIII, fig. 8, 9 et 10.

branche de l'os de la main. Chez les Gallinacés, où cette apophyse
existe, il n'y a jamais soudure entre elle et le petit métacarpien. Dans
la famille qui nous occupe, l'os de la main est court et gros ; la poulie
articulaire supérieure est large, et sa lèvre interne se prolonge beaucoup en bas, tandis que celle du côté opposé est peu allongée. Il n'y
a pas d'échancrure intermusculaire. L'apophyse radiale est saillante
et relevée ; la surface articulaire digitale correspondant à la petite
branche métacarpienne s'avance beaucoup plus que celle qui répond
à la branche principale. Enfin, la face antérieure de l'os est creusée
d'une gouttière tendineuse longitudinale ; la première phalange du
doigt médian est peu déprimée pour l'insertion des grandes plumes
de cette partie de l'aile ; son angle postéro-inférieur se dilate brusquement et va s'appliquer contre la petite phalange inférieure.

Chez les Toucans et les Barbus, le métacarpe présente aussi une
apophyse intermétacarpienne très-développée, mais elle est située
beaucoup plus bas, et se détache du métacarpien principal vers la
moitié de celui-ci.

Dans la famille des Coucous (1), il n'y a pas d'apophyse intermétacarpienne ; le petit métacarpien présente une forte courbure, comme
chez les Colombides, mais cet os se distingue facilement de celui de
ces derniers oiseaux par la forme de son extrémité supérieure, qui est
beaucoup plus forte et pourvue d'une apophyse radiale beaucoup plus
relevée. La surface articulaire inférieure se trouve presque plate,
bien que la fossette correspondant à la petite branche soit un peu
plus basse.

La première phalange du doigt médian est épaisse, prismatique, à
bords très-tranchants et ne se dilate pas à son angle postéro-inférieur.

Le métacarpe du genre *Leptosomus* diffère beaucoup de celui des
autres Cuculides par la faible courbure de la petite branche du métacarpe, de façon que l'espace interosseux est beaucoup moins élargi.

(1) Voyez pl. CLXXIII, fig. 14.

Chez les Couroucous (1), cet espace est très-large, surtout dans sa partie inférieure ; il n'existe pas d'apophyse intermétacarpienne, et la première phalange du doigt médian, très-dilatée inférieurement, se rétrécit au-dessous de sa surface articulaire supérieure.

Dans le genre Touraco (2), on retrouve quelques-uns des caractères que je viens de signaler chez les Coucous, mais la petite branche du métacarpe, qui est lamelleuse et élargie, présente deux courbures, l'une à convexité postérieure, l'autre à concavité interne ; elle est creusée supérieurement, au-dessous de l'articulation, d'une petite fossette assez profonde. L'apophyse radiale est très-développée ; enfin la première phalange du doigt médian est beaucoup plus étroite que dans les familles dont nous venons d'étudier les caractères ostéologiques.

§ 5. — DE LA TÊTE OSSEUSE.

Chez les Passereaux proprement dits, ou Ædornines, la tête présente toujours, à peu de chose près, la même forme générale (3). La boîte crânienne est courte, large et très-bombée en dessus ; les crêtes occipitales sont à peine marquées. Les fosses temporales sont petites et superficielles. La région interorbitaire est assez large et médiocrement inclinée ; les os du bec sont soudés entre eux et avec le front, de façon à avoir beaucoup de solidité, lors même que la mandibule est grêle dès sa base. Les os lacrymaux sont en général unis au front, peu élargis transversalement, et bien développés dans leur portion descendante, qui clôt en avant la cavité orbitaire. Les narines sont larges et ovalaires. Chez les Becs-fins, elles sont très-allongées ; mais chez les Gros-becs, les Corbeaux, etc., elles sont courtes et n'occupent que la portion basilaire de la mandibule. Les palatins sont très-étroits anté-

(1) Voyez pl. CLXXIII, fig. 20 et 21.
(2) Voyez pl. CLXXIII, fig. 26 et 27.
(3) Voyez pl. CXLI et CXLII, CL, fig. 9 à 15.

rieurement, où ils laissent entre eux un grand espace vide, mais ils s'élargissent notablement vers la partie postérieure du palais et se rencontrent au delà des arrière-narines, au-dessus de la lame sphénoïdale.

Dans le genre Corbeau, le crâne est fort élargi au-dessus des tempes, très-arrondi en arrière et peu élevé (1). La région interorbitaire est grande, plate transversalement, et s'incline doucement depuis le sinciput jusqu'à la base du bec, où le front devient légèrement concave. Les os lacrymaux constituent à l'angle antérieur de l'orbite un tubercule saillant ; ils sont largement soudés aux parties adjacentes de la tête, et leur branche descendante est très-forte. La mandibule supérieure est élevée à sa base, un peu arquée en dessus, très-robuste et notablement plus longue que la portion fronto-crânienne de la tête. Les narines sont courtes, évasées et ovalaires.

Les Loriots, quoique ressemblant beaucoup aux Corbeaux, s'en distinguent par l'élargissement et l'aplatissement du front, ainsi que par la forme du bec.

Chez les Moineaux et les autres Gros-becs, la boîte crânienne est plus arrondie et plus élevée ; l'excavation du front est plus marquée, et le bec est plus court, mais non moins robuste proportionnellement.

Chez les Becs-fins, le Rossignol par exemple, le sinciput est moins élevé, la région interorbitaire est beaucoup plus rétrécie et un peu creusée longitudinalement ; les narines sont plus allongées et la mandibule supérieure est beaucoup plus faible.

La forme du crâne des Merles est à peu près la même et la région interorbitaire est aussi fort étroite, mais le front s'élargit davantage et la mandibule est un peu différente.

La tête osseuse des Hirondelles est beaucoup plus aplatie que celle des autres Passereaux. La région interorbitaire est remarquablement rétrécie au milieu ; le front est large et renflé latéralement. Le

(1) Voyez pl. CL, fig. 9 à 11.

bec est très-aplati et fort court. Enfin la région occipitale est un peu bombée latéralement dans les parties correspondant aux caisses auditives, et l'on remarque de chaque côté, sur le bord supérieur du grand trou rachidien, une gouttière qui, vers la ligne médiane, remonte brusquement vers la saillie cérébelleuse et se termine au pertuis crânien postérieur.

Chez les Promérops, les Souimangas, les Falculies, etc., le bec s'allonge d'une manière excessive, mais les caractères généraux de la tête sont les mêmes que chez les Passereaux ordinaires.

Chez les Huppes, qui, à raison de la forme de leur bec, ont été réunies aux Promérops par la plupart des zoologistes, les caractères ostéologiques fournis par les autres parties de la tête sont au contraire très-différents. Le sinciput, au lieu d'être uniformément bombé, est bilobé, et la dépression longitudinale qui le sépare en deux portions se continue antérieurement avec une dépression frontale. La région interorbitaire est très-large, mais la partie sus-mandibulaire l'est encore davantage, et la branche descendante des os lacrymaux se détache d'une manière remarquable. Les trous nasaux commencent, tout près du front, à la face supérieure du bec et descendent ensuite obliquement sur les côtés de celui-ci; mais au lieu d'être simples, comme cela est d'ordinaire, ils sont divisés en deux portions par une lame osseuse transversale et oblique. De même que chez les Ædornines, les fosses temporales sont très-superficielles et les crêtes occipitales faiblement indiquées.

La tête des Martinets est construite sur un plan complétement différent de celui qui s'observe chez les Hirondelles. Le crâne, quoique arrondi comme celui de ces Passereaux, est très-élargi comparativement à sa longueur. Le bord sourcilier se relève brusquement en forme de lame tranchante dans toute l'étendue de sa portion crânienne, et l'orbite est surmontée d'un sillon qui s'élargit en avant. Le front est très-excavé longitudinalement et sa portion interorbitaire est étroite.

La mandibule supérieure, qui, comme on le sait, présente une grande largeur à sa base, n'est que faiblement unie au crâne par une ligne articulaire transversale. Les fosses temporales sont très-petites et comme refoulées en avant par suite du grand développement de la région auriculaire. En arrière, les caisses forment de chaque côté de la base de l'occiput une large protubérance arrondie et la surface basilaire du crâne s'étale en manière d'écusson triangulaire. Le grand trou occipital présente presque la forme d'un trèfle, et les deux petits pertuis qui le surmontent sont très-écartés entre eux, au lieu d'être fort rapprochés comme chez les Hirondelles.

La plupart des caractères ostéologiques que je viens de signaler chez les Martinets se retrouvent fort exagérés dans le groupe des Engoulevents. La tête est très-courte et élargie en arrière ; par sa forme générale, elle rappelle un peu ce que nous verrons dans la famille des Rapaces nocturnes. Cette ressemblance est due, en majeure partie, au grand élargissement de la région occipitale qui résulte de l'énorme développement de la paroi postérieure et inférieure des caisses tympaniques. La tête est cependant très-déprimée ; la portion interorbitaire du front est large et aplatie ; le sinciput est faiblement bilobé ; les cavités de l'orbite sont très-grandes et leur bord postérieur se prolonge beaucoup en dehors ; les os lacrymaux, intimement soudés au frontal, prennent une part considérable dans la constitution du bord sourcilier, et la cloison interorbitaire est presque complète, comme chez les Strigides. Les fosses temporales, resserrées entre l'angle postorbitaire et le bord antérieur du trou auditif, sont extrêmement réduites, et les crêtes occipitales, peu saillantes, mais bien distinctes, se portent en dedans et à peu près en ligne droite, de l'un à l'autre de ces orifices. La portion postérieure du crâne, très-aplatie et presque verticale, est fort basse et, de chaque côté, se prolonge inférieurement en une pointe qui tient lieu d'apophyse mastoïde. La région basilaire de la tête osseuse est large, aplatie longitudinalement et concave transversalement. Les os palatins sont réunis et très-élargis dans leur moitié postérieure, mais il existe un grand hiatus au devant des arrière-narines. Enfin, la mandibule supérieure, très-ouverte en arrière et déprimée, se termine par une pointe à peine infléchie et n'est que très-faiblement unie au front, les branches basilaires étant constituées par des lamelles osseuses, minces et linéaires.

Chez les Podarges, la forme du crâne est à peu près la même que chez les Engoulevents, mais la mandibule supérieure est beaucoup plus solidement constituée, et les fosses temporales sont bien développées ; elles remontent en arrière jusque vers le milieu du sinciput, et à leur extrémité antéro-inférieure elles sont limitées par un pont osseux étendu du bord postérieur de la caisse auditive à l'angle postorbitaire, qui descend très-bas. Les crêtes occipitales sont plus fortes que chez les Engoulevents, et la face occipitale de la tête présente une conformation très-particulière par suite de la dilatation partielle de la paroi des caisses, qui s'avance en manière d'aile au-dessus de l'os carré, pour constituer le pont zygomatique dont j'ai déjà parlé. Il est aussi à noter que la voûte palatine est très-large et complétement fermée, excepté dans la partie occupée par les arrière-narines.

Les Guêpiers, par la forme de leur bec, se rapprochent un peu des Huppes, mais ils s'en éloignent par la forte inclinaison du front, disposition qui est due au chevauchement de la boîte crânienne au-dessus des deux tiers postérieurs des orbites et à la hauteur considérable du sinciput. La tête des Coracias participe à la fois, par ses caractères, de celles des Podarges et des Passereaux ordinaires. Le crâne est très-élargi, en raison du développement de la paroi postérieure des orbites et des régions auditives. Le bec est court, pointu, déprimé, très-dilaté à sa base et solidement constitué. Le front est fort large et les os lacrymaux sont très-grands ; la cloison interorbitaire est presque complète ; l'angle postorbitaire descend jusque sur l'arcade jugale et les fosses temporales remontent assez haut sur les côtés du crâne. Les crêtes occipitales sont peu saillantes, et les protubérances mastoïdiennes, dues au développement des parois de la caisse, sont arrondies en dessous. Enfin, la région palatine ressemble un peu à celle des Podarges, bien que l'hiatus médian y soit beaucoup plus considérable.

La tête osseuse des Martins-pêcheurs (1) ressemble singulièrement à celle des Hérons, et celle des Martins-chasseurs rappelle la tête des Savacous. Dans cette famille, la boîte crânienne présente, dans la région sincipitale, deux renflements arrondis, et plus en arrière une constriction brusque due au grand développement des fosses temporales, qui remontent jusqu'à la ligne médiane, où elles sont séparées entre elles par une petite crête. L'espèce de gouttière transversale ainsi formée est bordée en arrière par les crêtes occipitales, qui sont très-saillantes, et par les tubérosités prémastoïdiennes. La région postérieure du crâne est étroite, aplatie, presque verticale et à peu près triangulaire. La partie interorbitaire est large et plate ; les os lacrymaux sont petits. Le bec est énorme et ressemble beaucoup à celui des Ardéides, si ce n'est que les narines sont plus courtes et ne sont pas suivies d'une gouttière maxillaire.

Dans le groupe des Martins-pêcheurs, le crâne est étroit comme chez les Hérons et les crêtes occipitales sont fortes ; mais la région frontale est beaucoup moins longue que celle de ces oiseaux. Enfin, le bec est droit, comprimé latéralement et très-pointu.

Chez les Martins-chasseurs, le crâne est beaucoup plus élargi (2) et les crêtes occipitales sont moins fortes, à peu près comme dans le genre Savacou (*Cancroma*). Les bords orbitaires supérieurs sont minces et relevés ainsi que chez les Échassiers, et de même le front est séparé de

(1) Voyez pl. CLXXIV, fig. 8 et 9.
(2) Voyez pl. CLXXIV, fig. 5, 6 et 7.

la base du bec par une ligne transversale bien marquée, qui n'est qu'à
peine indiquée chez les Martins-pêcheurs et chez les Hérons. Le bec
des Martins-chasseurs est large et déprimé comme celui des Savacous;
mais les bords latéraux sont droits au lieu d'être courbes, et les
narines sont plus grandes; du reste, on remarque chez les uns et les
autres une ligne saillante qui descend obliquement le long du bord
externe de ces ouvertures et qui part de l'angle orbitaire antérieur.
Enfin, la voûte palatine est complétement close, et la portion postérieure des os palatins constitue une paire de lames assez larges et
plates qui se réunissent entre elles derrière les narines.

La tête osseuse des Calaos (1) est très-remarquable par l'énorme
développement de la face et surtout du bec. Ces parties sont cependant
très-légères, à cause de leur extrême pneumaticité. Le crâne est arrondi
en dessus et en arrière; les fosses temporales sont petites et peu profondes, l'espace interorbitaire acquiert une largeur considérable. Les
os tympaniques ressemblent beaucoup à ceux des Alcédinidés. La région
palatine est largement cloisonnée en avant; en arrière, les palatins,
soudés l'un à l'autre, se terminent en s'amincissant et encaissent
profondément l'ouverture des arrière-narines; ils se soudent aussi
à l'os vomer. Les ptérygoïdiens sont longs et presque cylindriques.
Les narines, petites et arrondies, s'ouvrent à la partie supérieure du
bec, au-dessus et en avant de l'orbite; elles sont généralement bordées en dehors par une crête qui se prolonge plus ou moins loin
sur le bec.

Chez les Pics (2), la boîte crânienne est remarquablement globuleuse, et, en y regardant attentivement, on aperçoit une particularité
d'organisation qui est en rapport avec les mœurs de ces oiseaux.
On sait que pour s'emparer des insectes dont ils font leur nourri-

(1) Voyez pl. CLXXIV, fig. 1 et 2.
(2) Voyez pl. CLXXIV, fig. 3 et 4.

ture, les Pics dardent en avant leur langue styliforme, et que ce mouvement est produit par l'action des muscles mylo-hyoïdiens qui s'insèrent à l'extrémité des longues cornes de l'hyoïde, lesquelles, contournant le crâne en arrière et en dessus, s'étendent jusque sur le front, et glissent d'avant en arrière à mesure que la langue, fixée à leur extrémité inférieure, doit avancer ou reculer. Or, le frottement produit ainsi par les branches de l'appareil lingual laisse des traces sur la face supérieure du crâne, et l'on aperçoit sur la région inter-orbitaire, ou même au-dessus de la racine du bec, jusqu'à l'occiput, une petite gouttière longitudinale superficielle, qui correspond à l'espace occupé par les cornes hyoïdiennes, et qui est située tantôt sur la ligne médiane, tantôt un peu de côté, suivant les espèces (1). Il est aussi à remarquer que le bord supérieur de l'orbite est mince et très-relevé ; que le front est très-déclive et la base du bec extrêmement déprimée. La mandibule supérieure est pointue ; sa branche moyenne est large et sa portion prénasale est très-forte : mais les dimensions de cette partie varient notablement suivant les espèces.

La plupart des ornithologistes rangent à côté de la famille des Pics le petit groupe des Barbus, qui y ressemblent beaucoup par la forme du bec et des pattes, mais qui, d'un autre côté, en diffèrent par quelques caractères ostéologiques. Chez ces oiseaux, la boîte crânienne, au lieu d'être globuleuse en arrière, présente au devant de la crête occipitale transverse une forte constriction qui résulte du prolongement des fosses temporales jusqu'au-dessus de la saillie cérébelleuse. Les bords sourciliers sont minces et relevés comme chez les Pics, et la région interorbitaire est également très-large.

Chez les Coucous, elle est déprimée vers le milieu ; tandis que chez les Buccos, elle présente un renflement médian limité de chaque

---

(1) Ainsi, chez le *Picus viridis*, où cette gouttière hyoïdienne est très-marquée, son extrémité antérieure se déjette généralement à droite sur la région frontale.

côté par une dépression longitudinale. Enfin, le bec est beaucoup plus gros que dans le groupe précédent et son bord dorsal est élevé.

Chez les Coucals (ou *Centropus*), la constriction préoccipitale du crâne, qui résulte du prolongement des fosses temporales, est beaucoup plus profonde que chez les Buccos. La région frontale est large et plate; le bord sourcilier des orbites n'est pas relevé; la mandibule supérieure est plus courte, plus robuste, et plus bombée au-dessus des narines.

La tête osseuse des Leptosomes se rapproche davantage de celle des Barbus, mais elle en diffère encore par plusieurs caractères importants. La région frontale est profondément creusée au milieu, et les bords sourciliers se relèvent beaucoup de chaque côté de cette dépression, qui en arrière se continue sur le sinciput avec un sillon médiocre analogue à celui que nous avons vu chez les Pics. L'angle postorbitaire constitue une longue apophyse styliforme dont l'extrémité inférieure repose sur l'arcade zygomatique de manière à clore complétement le bord antérieur de la fosse temporale. Enfin, la boîte crânienne est renflée, haute, mais extrêmement courte; les crêtes occipitales manquent, et les fosses temporales, peu développées, s'arrondissent en arrière de façon à se confondre avec la surface occipitale.

Chez les Trogons (1), la partie postérieure du crâne ressemble assez à ce que nous venons de voir chez les Leptosomes, mais la conformation des régions temporales et celle de la mandibule sont très-différentes. L'angle postorbitaire est rudimentaire et situé très-haut; au-dessous, la fosse temporale se recourbe en bas et en dedans de manière à s'enfoncer dans la cavité orbitaire, et son bord inférieur s'avance beaucoup, en forme de crête oblique, au-dessus de l'articulation de l'os tympanique et de la région mastoïdienne. Enfin, le front est très-étroit entre les orbites, mais s'élargit d'une façon remar-

(1) Voyez pl. CLXXIV, fig. 10 et 11.

quable au-dessus de la racine du bec; celui-ci est court, large et un peu déprimé.

Les Touracos tiennent le milieu entre les Pics et les Barbus par la forme du crâne, mais ils en diffèrent beaucoup par la disposition de la mandibule supérieure, qui est unie au front à l'aide d'une articulation mobile comme chez les Perroquets, et qui rappelle aussi un peu le bec de ceux-ci par sa forme arquée et sa structure solide.

Il me paraîtrait superflu de passer ici en revue les caractères ostéologiques de la tête des Toucans, car la conformation du bec de ces oiseaux est si remarquable et si bien connue des naturalistes, qu'elle suffirait pour faire distinguer au premier coup d'œil, par les paléontologistes même les moins exercés, tout *Rhamphastos* fossile dont on viendrait à découvrir la tête.

CHAPITRE XXX

DES. OISEAUX FOSSILES DE L'ORDRE DES PASSEREAUX

(*Passeres*).

§ 1.

Ce groupe, qui aujourd'hui renferme un nombre d'espèces si considérable, comptait déjà des représentants pendant la période éocène, et à partir de cette époque on en trouve les traces dans tous les terrains plus récents. Le gypse des environs de Paris a fourni des débris incontestables de Passereaux : ainsi, parmi les pièces figurées par Cuvier, il en est quelques-unes susceptibles d'une détermination au moins générique, et qui prouvent que, pendant le dépôt des couches gypseuses, il y avait dans cette région plusieurs espèces appartenant à la division dont l'étude nous occupe en ce moment. Depuis la publication du grand ouvrage de Cuvier, les collections du Muséum se sont enrichies de quelques belles empreintes fossiles provenant des mêmes localités, et elles ont été étudiées par plusieurs naturalistes, et particulièrement par M. Gervais et M. Blanchard. M. Gervais, reprenant en même temps l'examen de tous les fossiles figurés par Cuvier, formule de la manière suivante le résultat de ses observations : « Je considère comme rentrant dans l'ordre des Passereaux les espèces dont proviennent les débris rangés par Cuvier sous les n°ˢ 5, 9 et 10. L'espèce n° 4, qui était comparée aux Bécasses par Cuvier, n'a pas moins d'analogie avec la plupart des Passereaux par la forme de ses pattes, et l'on pourrait supposer qu'elle était voisine des Corvidés, quoiqu'elle ait été inférieure en taille à la plupart des espèces de cette famille ; mais on ne peut rien affirmer à cet égard. Je propose seulement de ne point considérer comme démontrés ses rapports avec les Échassiers.

« L'espèce n° 5 appartient plus positivement à la grande famille des Passereaux.

» D'autres débris fossiles recueillis dans les plâtrières peuvent être considérés comme signalant une espèce assez peu différente des Merles, et de laquelle proviendrait aussi le squelette représenté par Cuvier dans la figure 1 de sa planche LXXIV (1) ».

L'espèce n° 4 dont Cuvier a fait représenter les pattes d'après une pièce appartenant à M. Elluin, et qui avait déjà été gravée très-grossièrement dans le *Journal de physique*, ne se rapporte pas à l'ordre des Passereaux ; elle se rapproche, au contraire, beaucoup des Gallinacés.

L'espèce n° 5 n'est autre qu'un Palæortyx, et l'oiseau que M. Gervais rapproche des Merles est identique avec celui qu'il a rangé ailleurs dans le groupe des Échassiers, sous le nom de *Tringa Hoffmanni;* et je crois avoir démontré que l'espèce unique qui a servi à établir ces deux déterminations n'appartient ni au groupe des Passereaux, ni à celui des Échassiers, mais prend place parmi les Gallinacés et constitue le genre *Palæortyx*.

A côté de ces espèces, il en est d'autres qui se rattachent en réalité à l'ordre des Passereaux : tels sont le *Sitta? Cuvieri*, le *Centropus? antiquus*, Gerv., et le squelette représenté sur la planche LXXV, sous les n°ˢ 5 et 6, comme appartenant à la neuvième espèce de Cuvier. J'examinerai, dans la suite de ce chapitre, les caractères de ces oiseaux, et je chercherai à établir leurs relations de parenté avec les types aujourd'hui vivants.

M. Blanchard a rapporté à un représentant du groupe des Cuculides (1) un humérus provenant également des plâtrières, et figuré dans les *Recherches sur les ossements fossiles* (2).

Les schistes du Plattenberg, à Glaris, ont fourni le squelette presque complet d'un oiseau de la grosseur d'une Alouette, que M. de Meyer a nommé *Protornis glarisiensis*. Ce squelette n'est qu'à l'état d'empreinte excessivement superficielle et effacée, de façon qu'il est impossible de déterminer avec précision le groupe auquel l'oiseau de Glaris doit se rapporter; et il pourrait aussi bien provenir d'un Passereau ayant à peu près les proportions d'un *Alcedo* que d'un Longipenne voisin des Hirondelles de mer ou d'un Échassier plus petit que le Tournepierre. Il en résulte que la seule induction que l'on puisse tirer de ce fossile, c'est qu'il existait des oiseaux contemporains du dépôt des schistes de Glaris.

L'argile éocène de l'île de Sheppey, à l'embouchure de la Tamise, renferme quelques débris d'oiseaux, parmi lesquels M. Owen a décrit un fragment de crâne qu'il regarde comme provenant d'un Alcyon, l'*Halcyornis Toliapicus*.

Nous connaissons un bien plus grand nombre de Passereaux miocènes. M. H. de Meyer a signalé des fragments d'oiseaux voisins des Grives et des Gros-becs, trouvés à Weissenau, dans le bassin de Mayence.

Dans le département de l'Allier, j'ai constaté l'existence de plusieurs espèces bien caractérisées, appartenant au groupe des Ædornines, des Syndactylines, des Ocyptilines et des Phlœodromines. A Sansan, les Passereaux étaient aussi nombreux et très-variés en espèces.

La molasse supérieure de Radoboj, en Croatie, contient quelques restes d'oiseaux, parmi lesquels M. de Meyer a fait figurer la patte

---

(1) Blanchard, *Des caractères ostéologiques de la famille des Gallides* (*Ann. des sc. nat.*, ZOOLOGIE, 4ᵉ série, t. VII, p. 98.

(2) Cuvier, *Recherches sur les ossements fossiles*, 4ᵉ édit., pl. CLIV, fig. 10.

presque entière d'une petite espèce qu'il a désignée sous le nom de *Fringilla? Radobojensis* (1).

Les couches pliocènes de Licata, en Sicile, m'ont fourni une portion de squelette bien conservée et provenant d'un oiseau du groupe des Fringillides (2).

Enfin, on a signalé dans les cavernes un assez grand nombre de Passereaux, tels que des Pies, des Geais, des Corbeaux, des Corneilles, des Alouettes, des Moineaux, des Hochequeues, des Grives, des Hirondelles et des Huppes.

§ 2. — PASSEREAUX DES TERRAINS ÉOCÈNES.

CRYPTORNIS (3) ANTIQUUS, nov. gen.

(Voyez pl. CLXXV.)

Espèce d'ALCEDO, Laurillard, *Dictionnaire d'histoire naturelle*, Atlas, *Oiseaux fossiles*, pl. II. — CENTROPUS? ANTIQUUS, P. Gervais, *Paléontologie française*, 2ᵉ édit., pl. XLIX, fig. 1.

La pièce d'après laquelle cette espèce a été établie appartient au Muséum d'histoire naturelle : c'est un des plus beaux ornitholithes qui aient jamais été trouvés dans le gypse des environs de Paris. L'oiseau est couché en partie sur le ventre, en partie sur le côté, de façon que le sternum est entièrement englobé dans la masse, tandis que le crâne et une portion du bec, la colonne vertébrale, les côtes, les membres antérieurs presque complets, une des branches de la fourchette et la patte droite, sont étalés sur la pierre ; il ne reste plus que quelques fragments du bassin, et la patte gauche manque complétement. La planche CLXXV représente cette pièce de grandeur naturelle, de manière qu'on puisse exactement juger des dimensions de l'oiseau. Ce

(1) *Palæontographia*, août 1865, p. 125, pl. XXX, fig. 1.
(2) Voyez pl. CLXII, fig. 4.
(3) De κρύπτω, je cache, et ὄρνις, oiseau.

fossile a été acquis depuis la publication des *Recherches sur les ossements fossiles;* mais 'Laurillard, après l'avoir comparé aux types
ornithologiques qui vivent aujourd'hui, l'a rapproché des Martins-
pêcheurs et en a publié une bonne figure dans le *Dictionnaire universel
d'histoire universelle.* M. Gervais a repris cette étude, et il est arrivé à une
conclusion tout à fait différente : pour lui, l'oiseau du gypse de Montmartre serait un Grimpeur du groupe des Cuculides, et probablement
du genre *Centropus.* Il l'a désigné sous le nom de *Centropus? antiquus.*

J'ai examiné avec le plus grand soin le fossile dont il est ici
question, et il me semble impossible de le ranger dans le genre
Centropus; je dirai même plus : il n'appartient pas au groupe des
Cuculides, ni même à aucune des divisions qui constituaient l'ancien
ordre des Grimpeurs, tel que Cuvier le délimitait. La disposition de la
patte le démontre d'une manière péremptoire. « Cette patte, dit M. Ger-
» vais, ne ressemble exactement, par ses dimensions, à aucune de
» celles données par Cuvier; cependant elle se rapproche, à plusieurs
» égards, de celle de sa figure 11, planche LXXII, qui est celle de
» l'espèce n° 5. » J'ai déjà eu l'occasion de dire que l'espèce figurée
sous le n° 5 par l'auteur des *Recherches sur les ossements fossiles* appartenait à la famille des Gallinacés.

Le *Cryptornis* était un oiseau à pattes courtes : ainsi le tarso-métatarsien ne mesure que 26 millim. et le tibia 46 millim. Le premier de
ces os est pourvu d'un pouce bien développé, situé un peu au-dessus
des trochlées digitales antérieures et terminé par un angle fort et
crochu. Dans le genre *Centropus,* on sait que l'ongle du pouce est au
contraire droit et extrêmement allongé. Les autres doigts sont tous
bien visibles, et l'on peut même distinguer la forme de chacune des
phalanges; on remarque que tous naissent en avant, et qu'il n'existe
aucune trace de la trochlée secondaire externe, caractéristique des
Cuculides. Chez ces derniers, cette poulie articulaire est située à un
niveau plus élevé que les autres, ce qui n'existe pas pour notre fossile,

où tous les doigts paraissent s'insérer à la même hauteur. Enfin, chez les Cuculides, la quatrième phalange du doigt externe est très-petite, disposition que le *Cryptornis* ne présente pas.

La longueur des ailes indique un oiseau bon voilier; l'humérus a plus de deux fois la longueur du tarso-métatarsien, et l'avant-bras est beaucoup plus long que le bras. Les Centropes se font au contraire remarquer par la longueur de leurs pattes comparée à la brièveté de leurs ailes, dont l'avant-bras est plus court que le bras, ce qui, indépendamment des autres particularités que je viens de signaler, leur donne une conformation toute particulière et complétement différente de celle du *Cryptornis antiquus*. Sous ce rapport, les Coucous véritables et les Leptosomes se rapprochent davantage de notre fossile, mais nous savons que les caractères du métatarse les en éloignent.

Le bec du *Cryptornis* est brisé un peu en avant de l'ouverture des narines, mais sa base suffit pour montrer qu'il devait être remarquablement gros et probablement fort allongé. La portion crânienne est très-petite comparativement à la portion faciale; elle fait dans la région frontale un ressaut brusque qui n'existe pas chez les Centropes. Il est impossible de ne pas être frappé de la similitude qui existe entre la tête du *Cryptornis* et celle de certains Calaos, particulièrement des petites espèces du Sénégal que l'on range dans le genre *Tockus*. Or, cette analogie se retrouve pour toutes les autres parties du squelette, et il est facile de se convaincre que les proportions relatives des membres de notre fossile se rapprochent beaucoup de celles de ces Calaos.

J'ai réuni dans le tableau suivant les nombres indiquant la longueur des diverses parties du corps, rapportée à celle du tarso-métatarsien comptée pour 100 parties, chez le *Cryptornis* ainsi que chez les Centropes et les Calaos tock. On peut facilement juger de l'exactitude du rapprochement que je propose et des différences profondes et essentielles qui séparent le *Cryptornis* des Centropes.

	CRYPTORNIS ANTIQUUS.	CENTROPUS PHILIPPINENSIS	CENTROPUS AFFINIS.	TOCKUS erythrorhynchus.
Tarse....	100	100	100	100
Tibia.	168	150	148	174
Humérus.	184	96	96	164
Cubitus.	198	80	82	200

Je crois en effet que, de tous les types ornithologiques actuellement vivants, c'est de celui de certains Calaos africains que le *Cryptornis antiquus* se rapproche le plus. Cependant on ne peut le faire rentrer ni dans le genre *Tockus*, ni même dans le genre *Buceros* tel que Cuvier l'avait délimité ; il doit former une division générique distincte se rattachant au groupe des Syndactyles et placée immédiatement après le groupe des Calaos. Je regrette de n'avoir jamais pu étudier aucune partie du squelette de l'Eurycère de Madagascar, dont les affinités zoologiques sont loin d'être établies d'une manière satisfaisante, car par la forme du bec notre fossile se rapproche un peu de ce genre singulier, mais les proportions des pattes ne sont plus les mêmes.

Le *Cryptornis antiquus* est de tous les oiseaux du gypse celui qui s'éloigne le plus des formes ornithologiques aujourd'hui connues.

LAURILLARDIA LONGIROSTRIS, nov. gen. et sp.

(Voyez pl. CLXI, fig. 1.)

Le squelette d'après lequel j'établis cette espèce avait été, de la part de Cuvier, l'objet de quelques observations. « Le troisième de nos squelettes, dit l'illustre anatomiste, est probablement le plus complet et le mieux caractérisé de tous les ornitholithes qui aient jamais été découverts. Je l'ai reçu depuis peu de temps de Montmartre, et l'on en voit une représentation minutieusement exacte pl. CLVI, fig. 6

(pl. LXXV de la 1ʳᵉ édit.). Il présente la tête, le cou, le tronc, le bassin, les deux extrémités du côté droit (1) et une partie de l'aile du côté gauche. La tête, *ab*, montre sa forme, et son bec qui est assez long et assez fort. En *c* est un reste de fourchette; *d* est une partie de l'os coracoïde droit; *e*, une partie de l'omoplate du même côté; *d'* et *e'* sont le coracoïde et l'omoplate gauches: cette dernière est presque complète; *fgh*, l'humérus, le cubitus et le radius droits; *f'g'h'*, les mêmes os du côté gauche; *i* est le pouce ou l'os de l'aile bâtarde; *k*, l'os du métacarpe; *l*, la première phalange du doigt ou du bout de l'aile. Les côtes qui se voient entre *e* et *f* sont si bien conservées, qu'on y distingue la partie vertébrale et la partie sternale de la côte, ainsi que l'apophyse récurrente, qui caractérise si bien les côtes des oiseaux, qu'à elle seule elle prouverait que c'est ici un ornitholithe. Le bassin, *mno*, n'est pas moins caractéristique par sa forme générale, par la direction du pubis que par les trous et les échancrures qui s'y remarquent. Le fémur, *t*, le tibia, *u*, le tarse, *v*, trois doigts entiers, et deux phalanges d'un quatrième, forment un pied d'oiseau aussi nettement caractérisé qu'aucun de ceux de notre première planche. Le coccyx, *r*, ainsi que le cou, ont laissé des empreintes plus confuses, à cause de la forme plus compliquée des os qui les composaient; mais le tout n'en est pas moins clairement reconnaissable pour quiconque a jamais jeté les yeux sur un squelette d'oiseau.

DIMENSIONS (2).

Longueur de la tête depuis l'occiput jusqu'au bout du bec............	0,043
Longueur de l'humérus....................................	0,023
Longueur de l'avant-bras..................................	0,028
Longueur du métacarpe...................................	0,014
Longueur de la première phalange...........................	0,007
Longueur du fémur......................................	0,017
Longueur du tibia.......................................	0,028
Longueur du tarse.......................................	0,016

(1) Cette figure, ayant été dessinée directement sur la pierre, se trouve retournée, et les parties indiquées à droite se trouvent à gauche dans notre planche CLXI.

(2) J'ai dû modifier quelques-uns des nombres publiés par Cuvier.

» D'après l'identité absolue de grandeur des os des membres, je ne doute pas que cet ornitholithe ne soit précisément de la même espèce que le précédent (1) et que le pied (fig. 2, pl. CLXI). Il ne s'agirait plus désormais que de déterminer, jusqu'à un certain point, les genres auxquels appartiennent ces divers ornitholithes; mais j'avoue que c'est un problème très-difficile, pour ne pas dire impossible, à résoudre (2). »

Par la brièveté de l'os du pied, par l'allongement du bec et la saillie que fait le crâne dans sa portion frontale, l'oiseau du gypse semble se rapprocher de certains Syndactyles, et particulièrement des Guêpiers; mais il s'en distingue par la disposition des doigts, qui semblent appartenir à un véritable Passereau : ils sont bien détachés les uns des autres, bien développés, et le pouce présente des dimensions plus considérables que cela ne s'observe d'ordinaire chez les Guêpiers.

Les os de l'avant-bras sont un peu plus longs que celui du bras, cependant ils n'acquièrent pas les dimensions de ceux des Guêpiers et de la plupart des Syndactyles. Le métacarpe est aussi plus court que celui de ces derniers oiseaux. Enfin, l'ouverture des narines, au lieu d'être petite et ovalaire, semble avoir été beaucoup plus allongée. D'après la considération de ces différents caractères, je serais disposé à penser que l'oiseau du gypse se rapprocherait davantage de certains Ædornines, et particulièrement des *Promerops*. Il ne peut cependant rentrer dans ce genre, dont les pattes sont plus longues, les ailes plus courtes et le bec plus grêle; il doit former à côté de lui une petite division générique particulière. Je proposerai donc de désigner cette espèce sous le nom de *Laurillardia longirostris*, en l'honneur du savant modeste qui fut le plus actif et le plus dévoué des collaborateurs de Cuvier.

Cuvier regardait comme provenant de cette même espèce deux

(1) Voyez pl. CLXI, fig. 1.
(2) Cuvier, *Recherches sur les ossements fossiles*, 4ᵉ édition, t. V, p. 588.

squelettes du gypse des environs de Paris, qui font partie des collections du Muséum; mais l'examen que j'ai fait de ces pièces ne me permet pas d'adopter cette opinion. Chacun de ces squelettes appartient à une espèce bien distincte.

L'un de ces oiseaux (1), figuré dans les *Recherches sur les ossements fossiles* (pl. LXXV, fig. 5), est à peu près de la même taille que le *Laurillardia*, mais les proportions relatives des ailes et des pattes sont différentes, ces dernières étant proportionnellement plus courtes; les os sont encore en connexion, mais tellement écrasés, qu'on ne peut constater sur eux aucun caractère anatomique suffisant pour une détermination même générique.

Le second de ces ornitholithes (2), de même que le précédent, est représenté par une empreinte et une contre-empreinte : les ailes, les coracoïdiens, l'omoplate, une partie de l'os furculaire et du sternum, se voient distinctement, ainsi que l'une des pattes; les autres parties du squelette manquent ou sont peu distinctes, ou bien sont cachées sous une vertèbre caudale de *Palæotherium* qui se remarque sur la même plaque de gypse. Ce fossile est mieux caractérisé que le précédent; il appartient évidemment au groupe des Passereaux, mais ne peut se confondre avec le *Laurillardia*, car l'os du pied est beaucoup plus long et les ailes sont courtes, l'avant-bras est très-robuste et sa longueur dépasse à peine celle du bras : disposition rare dans la famille qui nous occupe.

(1) Voyez pl. CLXII, fig. 1.
(2) Voyez pl. CLX, fig. 1 et 2.

PALÆGITHALUS (1) CUVIERI, nov. gen.

(Voyez pl. CLXI, fig. 2 et 3.)

SITTA? CUVIERI, P. Gervais, *Zoologie et Paléontologie françaises*, 1re édit., p. 228, pl. L, fig. 2 et 2*a*, 2e édit., p. 109.

Cette espèce a été établie d'après un oiseau complet, écrasé entre deux plaques de gypse et montrant presque tous les os du squelette. L'oiseau paraît avoir été enfoui peu de temps après sa mort, car les diverses pièces de la charpente solide sont parfaitement en place, et les parties molles, en se décomposant, ont produit une couche charbonneuse noirâtre qui, sur certains points, masque les ossements. Le squelette est vu par la face ventrale; mais, bien que le sternum existe, on ne peut rien distinguer de sa forme, il recouvre en grande partie le bassin, sans toutefois le cacher tout à fait. Les deux pattes sont entières et remarquables à la fois par leur longueur et par leur gracilité. Le tarso-métatarsien mesure $0^m,015$, et le tibia environ $0^m,023$; l'os de la cuisse est caché par le bassin. Les ailes sont assez longues relativement à la grosseur du corps de l'animal : l'humérus mesure $0^m,013$, le cubitus $0^m,014$, le métacarpe $0^m,008$. La tête est volumineuse, ce qui est principalement dû au développement de la région crânienne; le bec est grêle et peu allongé.

M. Gervais a rapproché cet oiseau des Sittelles, et l'a désigné sous le nom de *Sitta? Cuvieri*. Si l'on compare le squelette de l'oiseau fossile à celui des représentants vivants de ce genre, il est impossible de ne pas y reconnaître des particularités distinctives d'une grande importance, tirées principalement de la forme de la tête et des proportions générales. Ainsi, chez les Sittelles, le corps est notablement plus trapu,

(1) De παλαιὸς, ancien, et αἰγιθαλὸς, mésange.

les ailes sont plus courtes, et les tarso-métatarsiens sont comparativement plus petits. Le crâne est moins gros par rapport au bec, qui est plus long et plus pointu. L'oiseau des plâtrières me semble réunir à la fois quelques-uns des caractères du genre *Sylvia* et d'autres du genre *Parus* ou plutôt du genre *Parula :* il a la tête du premier et les pattes du second. Aussi proposerai-je de le considérer comme le type d'une petite division générique particulière que je désignerai sous le nom de *Palægithalus.*

§ 3. — PASSEREAUX DES TERRAINS MIOCÈNES.

On trouve une quantité considérable de petits ossements d'oiseaux dans une couche argileuse de la colline de Sansan. Ce lit a été exploré avec un très-grand soin par M. Lartet, et c'est à lui qu'appartiennent presque tous les débris des petites espèces dont nous avons maintenant à parler (1). Malheureusement ces os sont très-fragmentés, il est très-rare qu'on en ait un seul entier ; ce ne sont généralement que des portions articulaires plus ou moins mutilées. Or, comme ces pièces se rapportent à un assez grand nombre d'oiseaux très-voisins les uns des autres, il est presque impossible de pouvoir reconstituer les squelettes ; aussi me bornerai-je maintenant à indiquer quelles sont les affinités générales que les Passereaux de Sansan présentaient avec les types aujourd'hui vivants. Il est probable que de nouvelles recherches faites dans ce gisement fourniront des pièces plus complètes, qui permettront, à l'aide de la taille et des proportions, de rapporter à chaque espèce tous les ossements qui lui appartiennent. Toutefois l'examen des fossiles dont je viens de parler indique la présence à Sansan d'un grand nombre d'oiseaux se rapportant pour la plupart à la division des Conirostres et présentant beaucoup de rapports avec certaines espèces africaines et particulièrement avec les Bengalis. Les tarso-métatarsiens indiquent

(1) Voyez pl. CLIII, CLIV et CLV.

la présence de treize espèces distinctes. Celui qui porte le n° 1 de la planche CLIII est à peu près de la taille de celui du Bruant des neiges (*Emberiza nivalis*), mais le corps de l'os est plus étroit ; on doit probablement considérer l'extrémité supérieure (n° 14) comme lui appartenant. Le n° 2 se distingue de l'espèce précédente par la position de la trochlée interne, qui descend beaucoup plus et vient presque se placer au niveau de la trochlée médiane ; le corps de l'os est plus large et répond assez bien par ses proportions à l'extrémité supérieure n° 15.

Les extrémités inférieures des tarso-métatarsiens qui portent les n°ˢ 1, 2, 3, 4, 5, 6, 7 et 8 me paraissent provenir d'oiseaux du groupe des Conirostres. Il en est de même pour les parties supérieures du même os figurées sous les n°ˢ 14, 15, 16 et 18.

Les n°ˢ 9, 10, 11, 12 et 13 me semblent avoir appartenu à des Becs-fins, ainsi que les n°ˢ 17, 19 et 20.

Le métatarsien postérieur sur lequel s'articule le pouce, et qui est figuré n° 22, se rapporte probablement au même oiseau que l'os du pied n° 3. Celui qui porte le n° 23 s'accorde assez bien par ses dimensions au tarso-métatarsien n° 6.

Le tibia n° 1 (pl. CLIV), le coracoïdien n° 9, l'omoplate n° 8, l'humérus n° 5, le métacarpe n° 9 et l'os de l'aileron n° 12 (pl. CLV) se rapportent probablement à la même espèce que l'os du pied n° 3. Je regarde aussi comme provenant du même oiseau l'os du pied n° 6, le coracoïdien n° 11, l'humérus n° 6, le métacarpe n° 10.

Les tibias n°ˢ 3 et 4, l'os coracoïde n° 12, le cubitus n° 4, le métacarpe n° 11, semblent avoir appartenu à des Becs-fins ; il en est de même du bec n° 1, tandis que ceux qui portent les n°ˢ 2 et 3 se rapprochent davantage de ceux de nos Conirostres. Mais ils sont si incomplets, qu'il est difficile d'émettre à ce sujet une opinion bien précise.

On voit, d'après ce qui précède, que si l'on peut reconnaître qu'à Sansan les Passereaux appartenant à la section des Ædornines

étaient nombreux en espèces, il est d'une extrême difficulté de limiter
ces espèces et de les caractériser d'une manière rigoureuse. J'ai fait
représenter dans l'atlas joint à cet ouvrage les pièces du squelette
les mieux conservées, et, d'après ces figures, on pourra se rendre
compte de la variété des oiseaux qui vivaient autour du petit lac
de Sansan.

Parmi ces Passereaux, il en est cependant quelques-uns sur la
nature desquels on est complétement fixé, soit qu'il ait été possible
de retrouver presque toutes les parties de leur squelette, soit que les
ossements en petit nombre qui ont été recueillis aient présenté des
caractères plus saillants et d'une évaluation plus certaine.

CORVUS LARTETI, nov. sp.

(Voyez pl. CLI et CLII.)

L'oiseau dont on trouve le plus communément des débris dans
les dépôts miocènes de Sansan appartient à la famille des Passereaux
et au grand genre *Corvus*, dont il présente tous les caractères ostéologiques. Je crois ne pouvoir mieux faire que de lui donner le nom
du savant paléontologiste qui nous a fait connaître l'existence du
riche ossuaire de Sansan.

Le tarso-métatarsien (1) est, par ses proportions, presque entièrement semblable à celui du Geai (*Corvus glandarius*, Lin.), mais
il est un peu moins grand et l'extrémité supérieure est comparativement plus étroite ; la facette glénoïdale externe est plus profonde,
le pont osseux sous lequel s'engage le tendon de l'extenseur des
doigts est placé très-haut. Le corps de l'os, bien que légèrement comprimé d'avant en arrière, est pourvu d'une crête postéro-externe très-

(1) Voyez pl. CLII, fig. 1 à 9.

saillante. L'extrémité inférieure est disposée comme chez le Geai; les trochlées digitales latérales sont très-étroites et dépourvues de gorge ; la médiane est plus large, mais située à peu près au même niveau. Enfin, le pertuis inférieur est très-petit, et la surface articulaire du pouce est profonde et très-allongée. Il est impossible d'hésiter un seul instant sur la détermination zoologique de cette pièce, qui se trouve indiquée de la manière la plus précise.

Le tibia de cette espèce (1) se reconnaît facilement à la disposition des extrémités articulaires. Les crêtes tibiales sont courtes, mais saillantes et terminées inférieurement en crochet; les condyles inférieurs sont allongés, étroits, à peu près égaux, et séparés par une gorge large et profonde au fond de laquelle existe la dépression transversale du ligament articulaire antérieur; enfin, en arrière, la surface articulaire présente sur la ligne médiane une saillie qui suit le contour de la gorge intercondylienne postérieure. Par ses proportions, ce tibia ressemble beaucoup à celui du Geai, mais sa taille est un peu moindre et se rapproche de celle du même os chez le Casse-noix (*Corvus caryocatactes*) ; la dépression du ligament articulaire antérieur est très-profonde, mais les condyles, de même que ceux du Geai, sont plus épais et un peu plus courts. Les saillies d'insertion de la bride ligamenteuse sus-tibiale sont très-marquées ; enfin, la crête péronière est plus courte que celle du Geai.

Jusqu'à présent je n'ai pu observer aucun fémur complet du *Corvus Larteti*, de façon que je ne puis étudier les caractères fournis par la courbure plus ou moins grande du corps de l'os; mais les particularités ostéologiques que présentent les extrémités articulaires s'accordent très-bien avec celles qui nous sont offertes par le tarso-métatarsien et le tibia. En effet, l'os de la cuisse du Corvide de Sansan (2) était un peu plus petit que celui du Geai, mais la disposition des

(1) Voyez pl. CLII, fig. 10 à 15.
(2) Voyez pl. CLII, fig. 16 à 19.

condyles, la largeur de la gorge rotulienne sont les mêmes que chez ce dernier oiseau.

Le coracoïdien (1) est allongé et sa tubérosité supérieure présente un angle inféro-antérieur très-saillant. La face interne de cette tubérosité est arrondie et porte un pertuis pneumatique comme chez les diverses espèces du genre *Corvus*, dont il se rapproche par tous ses principaux caractères ; sa taille n'est qu'un peu inférieure à celle du Geai, et il est relativement plus grêle que celui de cette dernière espèce.

Je n'ai presque rien à dire sur le scapulum de notre fossile, si ce n'est qu'il ressemble beaucoup à celui du Geai. Les angles de la tubérosité claviculaire sont moins saillants que chez les Grosbecs et les Becs-fins ; ils présentent les caractères propres au groupe des Corvidés ; les facettes articulaires sont à peu près aussi grandes, mais le corps de l'os est moins élargi.

L'humérus (2), de même que celui des représentants actuels du genre *Corvus*, est dépourvu de fosse tricipitale supérieure ; la fosse sous-trochantérienne est profonde, et les orifices pneumatiques qui s'y trouvent sont larges ; la crête externe est saillante, et la ligne courbe qui limite la surface d'insertion du grand pectoral est bien marquée. L'extrémité inférieure de l'os présente une largeur assez considérable ; la dépression dans laquelle s'insère le brachial antérieur est étroite et peu profonde. Si les proportions n'étaient pas un peu différentes de celles de l'humérus du Geai, il serait difficile d'en distinguer notre fossile ; cependant le petit sillon qui limite inférieurement la surface bicipitale est plus marqué chez le *Corvus Larteti* que chez le *Corvus glandarius*. Mais ce sont là des nuances qui servent seulement à prouver que l'espèce de Sansan est distincte spécifiquement de celle qui aujourd'hui est si commune en France.

(1) Voyez pl. CLII, fig. 20 et 21.
(2) Voyez pl. CLII.

J'ai recueilli en 1860, à Sansan, un cubitus entier et parfaitement conservé de cette espèce (1), de dimensions un peu inférieures à celles des nombreux fragments du même os que M. Lartet a trouvé dans ce gisement.

Ce cubitus, un peu plus petit et plus grêle que celui du Geai, présente le même ensemble de caractères essentiels. Les facettes glénoïdales sont disposées de même, les tubercules d'insertion des grandes plumes sont très-saillants et en même nombre que chez l'espèce vivante; enfin, le tubercule carpien paraît toutefois avoir été plus saillant.

Le métacarpe (2) du *Corvus Larteti* est presque aussi allongé que celui du Geai, mais il est plus grêle; l'apophyse radiale est plus courte : mais ce sont là les seules différences que l'on ait à signaler entre le métacarpe de ces deux espèces.

La première phalange du doigt médian est longue, étroite et creusée en dedans d'une dépression profonde.

D'après cet exposé des caractères ostéologiques de cette espèce, on peut voir qu'elle ressemble beaucoup par ses proportions générales au *Corvus glandarius*, bien qu'elle soit un peu plus petite. Peut-être les ailes étaient-elles comparativement plus longues (3).

Les débris de cette espèce constituent la majeure partie des ossements d'oiseaux que l'on trouve à Sansan, et j'ai pu en observer presque toutes les pièces du squelette, à l'exception de la tête, du sternum, de la fourchette et du bassin. Les phalanges et même l'os tympanique se rencontrent assez communément.

(1) Voyez pl. CLII, fig. 25 et 26.
(2) Voyez pl. CLII, fig. 27 et 28.
(3) Voyez pl. CLI.

HOMALOPUS PICOIDES (1), nov. gen. et sp.

(Voyez pl. CLXXVIII, fig. 15 à 31.)

Je crois devoir ranger dans une nouvelle division générique un oiseau de l'époque miocène dont on a trouvé des débris à Sansan et dont les caractères ostéologiques sont très-particuliers. Par beaucoup de ses particularités organiques, il se sépare de tous les types connus ; il présente cependant certains rapports avec les Syndactyles et particulièrement avec les Calaos.

Le tarso-métatarsien (2), dont je n'ai malheureusement pu étudier que la partie inférieure, se fait remarquer par sa forme très-élargie latéralement et comprimée d'avant en arrière. Les trochlées digitales sont courtes ; la médiane est creusée d'une gorge tellement profonde, qu'elle semble divisée jusqu'à son origine : cette disposition est surtout apparente en arrière. Les trochlées latérales sont petites, dépourvues de gorge, très-rapprochées de la précédente, à laquelle elles se relient insensiblement en avant, ne laissant entre elles que des échancrures interdigitales courtes et étroites. Les trois trochlées sont situées presque sur un même plan et se terminent à peu près au même niveau ; l'interne est cependant un peu plus courte que les autres. Le pertuis inférieur est étroit et se voit à une assez grande hauteur au-dessus de l'extrémité inférieure. L'empreinte articulaire du pouce est arrondie, bien circonscrite et très-relevée. La face antérieure de la diaphyse est large et déprimée. La cassure de cet os montre que l'air pénétrait largement jusqu'à son extrémité.

Cet ensemble de caractères donne au tarso-métatarsien de l'Homalope un aspect tout particulier et dont on ne retrouve d'analogue

(1) De ὁμαλὸς, aplati, et ποῦς, pied.
(2) Voyez pl. CLXXVIII, fig. 15 à 20.

que chez les Syndactyles. L'os du pied de ces oiseaux est toujours large et comprimé d'avant en arrière, et celui des Calaos est très-pneumatique et terminé par des poulies articulaires courtes et comme soudées en partie latéralement les unes avec les autres, comme chez notre fossile. Mais aucun des représentants du groupe des Syndactyles ne présente une division profonde de la poulie médiane : les Picucules nous offrent quelques traces d'une division semblable, que l'on trouve portée à un très-haut degré dans le genre Pic ; mais, chez ces derniers oiseaux, il existe une trochlée accessoire postéro-externe qui est toujours très-développée, tandis que dans notre fossile elle manque complétement. D'ailleurs, chez l'Homalope picoïde, les trochlées digitales sont plus courtes et séparées par des échancrures moins profondes ; la gorge de la poulie articulaire est droite, tandis que chez les Pics elle est légèrement oblique ; la trochlée externe est située plus en avant que dans cette dernière famille, et enfin la diaphyse est plus élargie dans sa portion inférieure.

Les mêmes caractères différentiels qui existent entre ce fossile et les Pics suffisent pour le distinguer des Picumnes, des Torcols, des Barbus et des Toucans. On ne peut penser à le rapprocher des Coucous, chez lesquels la trochlée digitale externe est très-relevée et n'atteint même pas la base de la médiane. Chez les Couroucous, la poulie articulaire du doigt externe est fortement rejetée en arrière, ce qui n'existe pas dans notre fossile ; enfin la forme des trochlées est tout à fait différente de celles des Touracos et des Musophages. La taille de ce tarso-métatarsien devait se rapprocher de celle du même os chez le Pic moyen épeïche.

Je pense devoir rapporter à l'*Homalopus picoides* plusieurs portions inférieures de tibia provenant de Sansan (1), qui, par leurs caractères ostéologiques, se rapprochent plus des Pics que des groupes voisins,

(1) Voyez pl. CLXXVIII, fig. 21 à 25.

mais qui, d'autre part, offrent certaines particularités de structure qui ne se trouvent pas exister dans cette famille, et qui, par conséquent, ne permettent pas d'y rattacher ces fossiles. L'extrémité inférieure de ce tibia est plus large relativement à la diaphyse ; la coulisse du tendon du court péronier est très-large et occupe près du tiers de la largeur de la face antérieure de la portion correspondante de l'os ; tandis que dans la famille des Pics elle est rejetée beaucoup plus en dehors. La gouttière du tendon du muscle extenseur des doigts est assez profonde, mais elle s'ouvre inférieurement par un orifice très-étroit ; le pont sus-tendineux est placé plus bas que chez les Pics ; il se fait aussi remarquer par son peu de largeur.

Le diamètre transversal de l'extrémité inférieure de notre tibia fossile est presque le même que chez le *Picus medius*, mais le corps de l'os est moins considérable.

Je rapporte aussi à cette espèce, mais avec beaucoup d'hésitation, un humérus de petite taille (1) provenant de Sansan, mais dont les dimensions me paraissent un peu faibles pour un oiseau dont le tarso-métatarsien était presque aussi grand que celui du *Picus medius*. Cependant je ne pense pas devoir m'arrêter à ces considérations : car, dans un même groupe naturel, les proportions relatives des ailes et des pattes varient souvent beaucoup. Ainsi, dans la famille des Coucous, les pattes sont très-développées dans le genre *Centropus* comparativement aux ailes, tandis qu'on observe la disposition contraire dans le genre *Leptosomus*.

Malheureusement l'extrémité supérieure du fossile est brisée, de façon qu'on ne peut tirer aucune indication des caractères que cette partie peut fournir. Le corps de l'os est presque droit, mais le bord interne est légèrement arqué, l'extrémité inférieure est très-élargie ; l'empreinte d'insertion du muscle court fléchisseur de l'avant-bras

(1) Voyez pl. CLXXVIII, fig. 26 à 31.

est profonde et située très en dedans ; le condyle cubital est extrêmement allongé transversalement, l'épitrochlée est très-développée
comme chez les Pics ; il n'existe pas de tubercule sus-épicondylien
comme chez les Passereaux véritables, et la petite saillie sus-épicondylienne sur laquelle s'insère l'extenseur de la main est plus élevée
que dans cette famille.

NECRORNIS PALUSTRIS, nov. gen. et sp.

(Voyez pl. CLXXVIII, fig. 6 à 14.)

Cette espèce, qui provient aussi du gîte ossifère de Sansan, me
paraît distincte de tous les types génériques connus. Le tarso-métatarsien, de même que celui de l'*Homalopus picoïdes*, est remarquable
par sa largeur et son aplatissement antéro-postérieur ; sa face antérieure est arrondie dans sa partie inférieure et creusée en gouttière
dans sa moitié supérieure. La face externe est peu élargie et se
rétrécit inférieurement. La face interne est remplacée par un bord
épais.

L'extrémité inférieure de l'os est dilatée et la trochlée digitale
médiane est creusée d'une gorge profonde ; la trochlée interne, située
plus haut, est petite, arrondie, et présente en arrière une petite saillie
tuberculiforme servant à l'insertion du ligament destiné à fixer le
doigt postérieur. La trochlée externe descend presque au même niveau que la précédente. Elle offre une gorge assez marquée et se prolonge en arrière par un bord saillant et dirigé en dedans. Le pertuis
inférieur destiné à livrer passage au tendon du muscle adducteur
du doigt externe est peu ouvert, et se continue sur la face antérieure
de l'os par un sillon court, mais bien marqué. En bas et en dehors,
ce sillon est limité par une lèvre saillante qui se continue avec le
bord interne de la trochlée externe.

Aucun genre de la famille des Fringillides n'offre cette réunion

de caractères ; chez tous, ainsi que nous le verrons, les trochlées digitales sont situées sur le même plan et à peu près à la même hauteur.

Les Huppes, les Guêpiers, les Alcyons, les Todiers, les Calaos, les
Engoulevents, se distinguent de notre fossile par la forme des trochlées
latérales, qui ne se prolongent pas en arrière par un bord saillant. Le
corps de l'os est toujours moins comprimé latéralement. Pour retrouver
les caractères qui distinguent le tarso-métatarsien de notre fossile, il
faut s'adresser à un groupe différent, qui comprend les oiseaux dési-
gnés par Cuvier sous le nom de Grimpeurs. On peut immédiatement
éliminer les Perroquets, chez lesquels l'os du pied est si nettement
caractérisé, qu'on ne rencontre rien d'analogue dans la même classe.
Parmi les autres familles, nous savons que les Pics, les Barbus, les
Toucans et les Coucous se distinguent par l'existence d'une trochlée
digitale accessoire, située en arrière de l'externe. Cette surface articulaire n'existe pas chez notre fossile, ainsi que chez les Touracos et les
Musophages : dans ces groupes, le bord seul de la trochlée externe se
prolonge en arrière. C'est donc à côté de ces deux genres que doit
venir se placer le *Necrornis palustris*, mais on ne peut réunir ces oiseaux
dans la même famille ; car notre fossile se distingue de ces espèces
vivantes par le grand aplatissement antéro-postérieur de l'os, caractère qui le rapproche un peu des Pics, et par la position de la surface
articulaire du doigt postérieur, qui est moins allongée et située plus bas.
C'est à raison de ces particularités de structure que j'ai été conduit à
établir, pour cet oiseau fossile de Sansan, une nouvelle division
générique.

Je rapporte à cette espèce un tibia (1), qui provient évidemment
d'une espèce voisine des Musophages, ainsi que l'indiquent la forme
des condyles et la disposition des saillies auxquelles s'insère la bride
ligamenteuse oblique sus-tibiale. Cet os se distingue de celui de l'espèce

_____

(1) Voyez pl. CLXXVIII, fig. 11 à 14.

précédente par la forme du pont sus-tendineux qui est très-large ; la coulisse du court péronier, au lieu d'être placée sur la face antérieure de l'os, est reportée beaucoup plus en dehors ; enfin, la saillie supérieure d'insertion du ligament sus-tibial se présente sous la forme d'un petit tubercule situé à peu de distance au-dessus du condyle interne. Les dimensions de l'extrémité articulaire de ce tibia paraissent se rapporter très-exactement à celles de l'extrémité tarsienne du canon.

MOTACILLA HUMATA, nov. sp.

(Voyez pl. CLVIII, fig. 7 à 11, et pl. CLIX, fig. 10 et 11.)

J'ai trouvé dans les carrières des environs de Langy un tibia parfaitement conservé (1), que j'attribue à une espèce du groupe des Becsfins, car il présente la réunion des caractères que j'ai indiqués comme propres à faire distinguer cet os chez les Passereaux, et il est plus grêle et plus élancé que chez les Gros-becs, les Merles, les Loriots, les Pies-grièches, etc. Les extrémités articulaires sont peu élargies comparativement à la grosseur du corps de l'os, mais les condyles sont très-saillants, et la gorge qui les sépare est profonde et marquée d'une dépression transversale très-creuse. Le pont sus-tendineux est large ; la gouttière de l'extenseur est profonde, et les empreintes d'insertion de la bride sus-tibiale sont proéminentes. De même que chez les Fauvettes, la crête péronière est petite et très-relevée. Les crêtes tibiales antérieures sont proéminentes, mais courtes. La taille de ce fossile est inférieure à celle du tibia du Rouge-gorge (*Sylvia rubecula*), de la Fauvette à tête noire (*S. atricapilla*) et de la Fauvette des jardins (*S. hortensis*) ; elle est plus considérable que celle du même os chez le Pouillot (*Motacilla trochilus*), et peut se comparer à ce qui existe chez le Tarier (*Motacilla rubetra*).

(1) Voyez pl. CLIX, fig. 10 et 31.

DIMENSIONS.

Longueur totale du tibia................................. 0,0270
Longueur de l'extrémité inférieure 0,0018
Largeur du corps de l'os.................................. 0,0010
Distance de l'extrémité du condyle à la crête péronière............ 0,0200
Longueur de la crête péronière 0,0030

MOTACILLA MAJOR, nov. sp.

(Voyez pl. CLVIII, fig. 1 à 6, et pl. CLIX, fig. 13 et 14.)

J'ai recueilli dans le même gisement un tarso-métatarsien et un tibia qui proviennent d'une autre espèce du même genre, mais plus grande et à peu près de la taille du *Motacilla flava*. L'os du pied (1) est plus comprimé latéralement, plus grêle et plus élancé que chez cette dernière espèce ; l'extrémité articulaire supérieure est plus étroite. La longueur totale de l'os est de 0,028. Les particularités qui distinguent le tibia (2) du *Motacilla major* de celui des espèces actuelles sont peu importantes ; l'extrémité articulaire inférieure est un peu plus rétrécie. Le tibia du Rouge-gorge ressemble beaucoup à celui de notre Fauvette fossile, mais les condyles y sont plus étroits et séparés par une gorge plus profonde.

LANIUS MIOCÆNUS, nov. sp.

(Voyez pl. CLIX, fig. 1, 2 et 3.)

Je ne connais de cette espèce que des os du bras parfaitement conservés, qui ont été trouvés aux environs de Langy (Allier). Cet humérus présente un aspect tout particulier, dû à l'élargissement de

(1) Voyez pl. CLVIII, fig. 1 à 6.
(2) Voyez pl. CLXIX, fig. 13 et 14.

ses extrémités articulaires comparées à la diaphyse ; celle-ci est légèrement courbée en dedans. Il n'existe pas en arrière de fosse sous-trochantérienne, ou du moins elle est très-peu marquée, et l'on ne remarque sur ce point qu'une dépression très-superficielle. Une disposition semblable se retrouve chez les Corvides, les Alouettes, les Gobemouches et les Pies-grièches. Notre fossile ressemble davantage à l'humérus de ces derniers oiseaux ; effectivement, chez les Corvides, le corps de l'os est plus gros, l'empreinte sus-épitrochléenne est plus étroite et moins profonde, et la crête externe destinée à l'insertion du muscle grand pectoral est plus longue. Le corps de l'os du bras est très-gros et presque droit chez les Alouettes ; je ne connais que les Pies-grièches où il présente les mêmes caractères que le fossile de Langy.

Les dimensions de cet os sont à peu près celles de l'humérus du *Lanius cristatus*.

Longueur totale, 0,021.

Je possède un autre humérus (1) un peu plus trapu et plus court, qui présente d'ailleurs les mêmes caractères généraux, et que je serais tenté de rapporter à un oiseau du même genre, peut-être de la même espèce.

LIMNATORNIS (2) PALUDICOLA, nov. gen. et sp.

(Voyez pl. CLXXVI, fig. 8 à 13.)

Je crois devoir rapprocher des Épopsides un oiseau dont j'ai découvert l'os du bras dans les carrières de Saint-Gérand ; en effet, cet humérus diffère de celui de tous les Ædornines par l'absence du petit tubercule qui d'ordinaire surmonte l'épicondyle. L'extrémité articulaire supérieure est remarquablement large et se prolonge beaucoup en dedans, comme chez certains Grimpeurs, et particulièrement dans le

(1) Voyez pl. CLXXVI, fig. 19 à 22.
(2) De λιμνήτης, qui habite les étangs, et ὄρνις, oiseau.

groupe des Pics. Mais la crête pectorale de l'humérus de ces oiseaux est coupée carrément et s'élève au niveau de la tête articulaire ; caractère que notre fossile ne présente pas. La crête pectorale s'avance au contraire en pointe et est située à un niveau bien inférieur à l'articulation. En arrière, il n'y a pas de fosse sous-trochantérienne.

L'extrémité inférieure est peu élargie et ressemble beaucoup à celle des Huppes ; l'empreinte d'insertion du brachial antérieur est bien marquée, mais moins profonde que chez les Fringillides. L'épicondyle est peu développé ; il est surmonté par une éminence moins saillante que chez les Coucous, mais plus forte que chez les Huppes.

Les caractères que présente ce fossile indiquent une certaine affinité avec les Épopsides, mais cependant les différences sont trop considérables pour qu'il soit possible de le réunir à ces oiseaux ; aussi je crois préférable de ranger cette espèce dans une division générique particulière, que de nouvelles découvertes feront probablement mieux connaître.

Longueur totale de l'humérus, 0,0194.

Je possède un autre humérus (1) qui ressemble beaucoup au précédent, mais qui est beaucoup plus grand et plus robuste (la longueur totale de cet os est de 0,0215) ; il est probable qu'il ne provient pas de la même espèce, à moins que ces différences ne soient qu'individuelles.

Enfin, j'ajouterai que c'est peut-être à un oiseau du même genre que se rapporte un humérus (2) trouvé aussi à Saint-Gérand le Puy, et qui présente la plupart des caractères que je viens de signaler chez le *Limnatornis paludicola.* Cependant il s'en distingue par le développement moins considérable de l'articulation supérieure et de la tubérosité trochantérienne, tandis que l'extrémité inférieure est au contraire plus élargie. La longueur totale de cet humérus est de 0,0192.

(1) Voyez pl. CLXXVII, fig. 14 à 17.
(2) Voyez pl. CLXXVI, fig. 14 à 18.

CYPSELUS IGNOTUS, nov. sp.

(Voyez pl. CLXXVII, fig. 9 à 13.)

Les diverses pièces du squelette des Cypsélides présentent des caractères tout particuliers qui permettent de les distinguer immédiatement de ceux des groupes voisins.

Aussi ai-je pu, par l'inspection d'un cubitus (1) et d'un métacarpien (2) parfaitement conservés et trouvés à Saint-Gérand le Puy, indiquer l'existence d'un oiseau appartenant à cette petite division et présentant des caractères intermédiaires à ceux des Martinets et des Salanganes. Le cubitus est très-facile à reconnaître à la forme de la diaphyse, qui est raccourcie, trapue, presque cylindrique et droite ; la facette interne de l'articulation supérieure est profonde et cupuliforme, la facette externe est étroite et oblique ; l'apophyse olécrânienne est malheureusement brisée ; enfin, en arrière du corps de l'os on ne voit pas de tubercules pour l'insertion des plumes.

Le cubitus de l'oiseau de Saint-Gérand est plus grêle que celui des Martinets, mais il est presque aussi long. Ce qui indique pour cette espèce des proportions un peu différentes.

Longueur totale du cubitus	0,019
Longueur du métacarpe	0,016

COLLOCALIA INCERTA, nov. sp.

(Voyez pl. CLXXVII, fig. 1 à 8.)

C'est également à la petite famille des Cypsélides que se rapporte un tibia trouvé dans le même gisement ; cet os est de trop petite taille

____

(1) Voyez pl. CLXXVII, fig. 9 à 13.
(2) Voyez pl. CLIX, fig. 18, 18ᵃ, 19.

pour avoir appartenu à la même espèce que le cubitus dont il vient d'être question. Il est remarquablement grêle.

Le corps de l'os est légèrement comprimé latéralement dans sa partie inférieure, puis il s'élargit beaucoup pour constituer les condyles articulaires. Ceux-ci sont gros et séparés par une gorge très-peu profonde, mais évasée, immédiatement au-dessus de laquelle se voit le pont osseux sus-tendineux recouvrant une très-étroite coulisse ; à quelque distance au-dessus, on remarque une crête extrêmement marquée, destinée à l'insertion du ligament sus-tendineux. A l'extrémité supérieure, les crêtes tibiales sont peu saillantes, et dépassent à peine en dessus la surface articulaire.

Le tibia des Martinets est beaucoup plus robuste, et la gorge inter-condylienne est beaucoup plus profonde. Au contraire, chez les Salanganes les caractères sont presque les mêmes que pour notre fossile ; il y a aussi beaucoup d'analogie dans les proportions générales. Je désignerai cette espèce sous le nom de *Collocalia incerta*.

TROGON GALLICUS, nov. sp.

(Voyez pl. CLXXVII, fig. 18 à 22.)

Je possède de cette espèce deux humérus parfaitement conservés, sur lesquels on peut constater tous les caractères propres au genre Couroucou. L'os est court, trapu et légèrement arqué en dedans. L'extrémité supérieure est large et la surface bicipitale très-étendue. La crête externe sur laquelle s'insère le grand pectoral est saillante, très-grande et se prolonge beaucoup en bas ; elle ne s'élève pas jusqu'au niveau de la tête articulaire, comme chez les Pics et les Barbus.

L'extrémité inférieure se courbe en avant. Le condyle cubital est creusé d'une petite dépression transversale bien marquée, quoique moins profonde que celle des Pics ; au-dessus on voit l'empreinte d'insertion du muscle brachial antérieur, qui est bien circonscrite et à bords arrondis. L'épitrochlée est grosse et s'avance en dedans.

Les représentants américains du groupe des Trogons ne diffèrent que très-peu, sous le rapport des caractères ostéologiques, des espèces asiatiques. Je n'ai pu étudier le squelette d'aucun Trogon africain ; mais, d'après l'aspect extérieur de ces oiseaux, il est probable qu'ils doivent être organisés d'après le même type. Il est très-intéressant de trouver en France, dans les terrains miocènes, une espèce appartenant à un genre qui aujourd'hui n'est plus représenté en Europe. Ce fait donne à la faune ancienne de l'Allier un facies particulier et parfaitement en rapport avec l'existence des Perroquets, des Ibis, des Pélicans qui s'y rencontrent aussi.

Le *Trogon gallicus* devait être à peu près de la même taille que le *Trogon (Harpactes) rutilus* d'Asie, autant du moins qu'on peut en juger par les dimensions de l'humérus ; cependant cet os est plus large et la diaphyse plus grosse et moins arquée.

Longueur totale de l'os....................................	0,0285
Longueur de l'extrémité articulaire supérieure	0,008
Largeur de l'extrémité inférieure	0,0005
Largeur du corps de l'os................................	0,003

PICUS ARCHIACI, nov. sp.

(Voyez pl. CLXXVIII, fig. 1 à 5.)

Cette espèce provient du terrain miocène du bassin de l'Allier. « Je n'en connais jusqu'à présent qu'un tibia parfaitement conservé, trouvé dans les carrières de Langy (1), et qui par tous ses caractères paraît se rapprocher beaucoup de ce qui existe chez les Pics. Le corps de l'os présente une forte courbure à concavité interne. L'extrémité supérieure est élargie et offre en avant un rebord saillant qui s'élève

(1) Voyez pl. CLXXVIII, fig. 1.

obliquement en se dirigeant en dedans, et qui se continue avec la face antérieure de l'os. Nous savons que ce caractère ne se retrouve pas chez les Coucous, tandis qu'il ne manque jamais chez les Pics. De même que chez ces derniers, le *Picus Archiaci* ne présente pas de crêtes tibiales, mais les bords latéro-antérieurs sont minces et médiocrement saillants.

L'extrémité inférieure de l'os est élargie, et, par la forme des condyles ainsi que par la disposition de la gouttière de l'extenseur, s'éloigne de ce qui se voit chez les Barbus, les Toucans, les Coucous, les Couroucous et les Touracos, pour se rapprocher ainsi de celui des Pics.

Les dimensions de ce tibia sont un peu inférieures à celles qui existent chez le Pic moyen Épeiche, mais les proportions sont presque les mêmes.

Il est probable qu'un jour on connaîtra mieux cette espèce, et peut-être sera-t-on obligé, d'après les caractères des autres pièces du squelette, de la séparer des Pics, et de la ranger dans une nouvelle division générique; mais cependant on est en droit de croire, d'après le principe des harmonies organiques, qu'elle ne doit différer que peu des Pics actuels.

PICUS CONSOBRINUS, nov. sp.

(Voyez pl. CLXXVI, fig. 1 à 7.)

Le tibia de ce Pic se distingue très-facilement, par ses proportions générales, de celui de l'espèce précédente. Il est un peu plus long et surtout beaucoup moins trapu ; les extrémités articulaires sont moins élargies, la diaphyse est plus étroite. La crête péronière s'étend davantage, et la crête rotulienne s'élève un peu plus au-dessus de l'articulation. D'après l'examen de cet os, il est évident que l'oiseau dont il provient était plus haut sur pattes et plus grêle de formes que le *Picus Archiaci*. Ce fossile a été trouvé dans les carrières des environs de Saint-Gérand le Puy.

Je donne ici, comparativement, les dimensions du tibia du *Picus
Archiaci* et du *P. consobrinus*, afin qu'il soit facile de juger des différences de proportions qui distinguent ces deux espèces.

	Picus consobrinus.	Picus Archiaci.
Longueur totale de l'os..........................	0,0317	0,0296
Distance entre l'extrémité inférieure et la crête péronière.	0,0220	0,0204
Largeur de l'extrémité inférieure	0,0032	0,0034
Largeur de l'extrémité supérieure	0,0040	0,0044

Il existait aussi dans le bassin de l'Allier, à l'époque du dépôt des
couches miocènes, d'autres oiseaux de la famille des Passereaux, ainsi
que j'en ai eu la preuve par quelques débris que j'y ai trouvés, et qui
ne peuvent se rapporter ni au *Motacilla humata*, ni au *Motacilla major*,
ni à aucune des espèces que je viens de décrire. L'une de ces pièces
consiste en un coracoïdien (1) bien conservé, qui présente tous les
caractères essentiels des Passereaux, mais dont l'angle inféro-antérieur de la tubérosité coracoïdienne est obtus et ne se prolonge pas
en manière de crochet, comme cela se voit d'ordinaire dans la famille
qui nous occupe. J'ai déjà eu l'occasion de dire, dans le chapitre précédent, que chez les Gros-becs cette particularité de structure était
beaucoup moins apparente que dans les autres subdivisions du même
groupe naturel ; ainsi est-ce probablement à un oiseau voisin des *Loxia*
que doit se rapporter le coracoïdien des carrières de Langy. Par ses
dimensions, il indique une espèce un peu plus petite que le Bec-croisé.

J'ai aussi recueilli des cubitus (2) qui paraissent provenir du
même oiseau ou d'une espèce un peu plus petite. Cet os est en effet à peu
près de la longueur de celui du Bouvreuil, mais plus gros et plus trapu.
Les tubercules d'insertion des rémiges y sont peu saillants, comme
chez tous les Gros-becs.

(1) Voyez pl. CLIX, fig. 16 et 17.
(2) Voyez pl. CLVIII, fig. 12 à 16.

Enfin, j'ajouterai que je crois devoir rapporter à un oiseau voisin des Rossignols un humérus provenant de Saint-Gérand le Puy (1). Il mesure 0,015 de longueur, et est par conséquent plus petit que l'os du bras du Rossignol, dont les dimensions sont de 0,017. De même que ce dernier, il est dépourvu de la fosse tricipitale, qui chez presque tous les Conirostres existe au-dessous de la tête articulaire supérieure ; mais l'extrémité inférieure est beaucoup plus élargie et pourvue d'une saillie sus-épicondylienne très-forte. J'ai également recueilli dans le même gisement un autre humérus (2), de plus petite taille (0,013), ayant à peu près les dimensions de l'os du bras du Pouillot ; ce fossile appartient évidemment à un représentant du groupe des Ædornines, mais il se distingue de tous ceux que je connais par la disposition de l'extrémité supérieure, qui est renflée en arrière dans la portion généralement occupée par la fosse tricipitale.

Ces humérus ne me paraissent pas assez nettement caractérisés pour que je puisse les rapporter à tel ou tel genre actuellement existant.

Les couches miocènes du bassin de Mayence m'ont aussi fourni des débris de Passereaux. Ainsi je dois à l'obligeance de M. Lartet une portion inférieure d'un humérus de très-petite taille (3) provenant de Weissenau, et qui appartient évidemment à un oiseau du groupe qui nous occupe. Si cet os était complet, on pourrait essayer d'arriver à déterminer le genre dans lequel il doit prendre place ; mais la partie supérieure, qui, ainsi qu'on le sait, fournit d'excellents caractères distinctifs, nous fait défaut, et la base de l'épicondyle est brisée. Cependant, d'après la profondeur de l'empreinte d'insertion du muscle

(1) Voyez pl. CLIX, fig. 6 et 7.
(2) Voyez pl. CLIX, fig. 4 et 5.
(3) Voyez pl. CLIX, fig. 8 et 9.

brachial antérieur, on peut présumer que ce fossile appartient à un Bec-fin ou à un Gros-bec, et la saillie de la tubérosité sus-épicondylienne confirme cette manière de voir. La grosseur de l'extrémité articulaire de cet humérus est à peu près la même que celle du Bruant (*Emberiza citrinella*, Linn.), mais le corps de l'os est plus grêle. Peut-être devra-t-on rapporter ce fossile à l'espèce miocène du département de l'Allier dont j'ai recueilli un coracoïdien. Mais ce sont là des suppositions que de nouvelles découvertes peuvent seules vérifier.

§ 4. — PASSEREAUX DE L'ÉPOQUE QUATERNAIRE.

Jusqu'ici je n'ai rencontré dans les cavernes aucun débris qui parût indiquer une espèce de Passereau différente de celles qui vivent aujourd'hui en France.

Cependant quelques auteurs ont cru devoir rapporter à des espèces éteintes divers débris provenant du diluvium. Ainsi M. Giebel a décrit, du diluvium de Quedlimbourg, deux Corbeaux qu'il désigne sous les noms de *Corvus fossilis* et de *Corvus crassipennis*, un Fringille (le *Fringilla trochanteria*, et une Hirondelle, l'*Hirundo fossilis* (1).

M. Herman de Meyer signale dans le diluvium de la vallée de la Lahn une espèce du genre *Corvus*, et une Grive (2).

Dans les brèches de Sardaigne, M. Wagner cite les espèces suivantes : Grive, Moineau, Alouette, Corbeau et Corneille (3).

Le même observateur a reconnu des Passereaux voisins des Bergeronnettes et des Grives dans les brèches de Cette.

Dans la caverne de Kirkdale, Buckland a recueilli un certain nombre de débris d'oiseaux, qu'il rapporte au Corbeau, à la Pie et à

(1) Giebel, *Fauna der Vorwelt*, 1847, t. I, 2ᵉ partie, p. 11 et suiv.
(2) H. von Meyer, *Neues Jahrb.*, 1846, p. 515.
(3) *Ueber die fossilen der Diluvialzeit (Abhandlungen der Bayerischen Akademie der Wissenschaften*, erster Band, 1832, p. 770).

l'Alouette. Ce dernier oiseau existe, d'après Schmerling, dans les
cavernes de la province de Liége.

Enfin, plusieurs observateurs signalent dans des gisements analogues des ossements de Pie et de Geai. Mais j'ai eu l'occasion de
constater que quelques-unes de ces déterminations étaient fautives,
ainsi que je vais l'établir, et l'exactitude des autres n'est pas bien
démontrée.

La plupart des ossements de Corvides que l'on rencontre dans
les cavernes ne peuvent se rapporter ni à la Pie, ni au Geai, bien qu'ils
y ressemblent à beaucoup d'égards; mais les dissemblances sont surtout
sensibles pour l'os du pied.

Le tarso-métatarsien (1) est remarquable par la compression
d'avant en arrière de l'extrémité inférieure et par la largeur de cette
portion de l'os. Chez les *Corvus pica* et *Corvus glandarius*, les trochlées
digitales sont beaucoup plus resserrées et plus longues, les latérales
plus étroites, et le corps de l'os se rétrécit légèrement au niveau de la
surface articulaire du doigt postérieur, disposition inverse de ce qui
existe chez l'oiseau des cavernes ; de plus, j'ai retrouvé sur tous les
os tarso-métatarsiens que j'ai pu étudier deux pertuis inférieurs, très-
petits et situés chacun au-dessus d'une des échancrures interdigitales.

L'extrémité supérieure est plus élargie que chez les Pies ou les
Geais, et le pont osseux qui recouvre la gouttière de l'extenseur des
doigts manque généralement.

Tous les caractères que je viens d'énumérer se rencontrent chez
une espèce qui habite encore aujourd'hui la France (2), et dont Cuvier
a formé son genre *Pyrrhocorax* : c'est le Chocard des Alpes, oiseau que
ce célèbre anatomiste a rapproché à tort des Merles, tandis qu'il
présente des analogies étroites avec les Corbeaux.

(1) Voyez pl. CLVI, fig. 1 à 4, et pl. CLVII.
(2) Voyez pl. CXLV, fig. 6 à 10, et pl. CLVII.

La seule différence que j'ai remarquée entre les tarso-métatarsiens fossiles et celui du Chocard consiste dans la longueur un peu plus considérable de ce dernier; mais nos observations n'ont pu porter que sur deux individus de cette espèce, et il est très-possible que cette légère différence soit seulement individuelle.

Je suis conduit à rapporter à la même espèce des tibias (1) qui ont été trouvés dans la grotte de Lacombe (Dordogne), et qui par tous leurs caractères se rapportent au groupe des Corvides. Ils sont notablement plus petits que ceux des Corneilles; leur taille est à peu près la même que chez les Pies, mais le corps de l'os est beaucoup plus grêle que dans cette dernière espèce. Le tibia du Geai et du Casse-noix est beaucoup plus petit, et je me trouve ainsi conduit, en procédant par voie d'exclusion, à rapprocher ce fossile de l'os correspondant du Chocard.

L'humérus (2) de cette même espèce est un des os que l'on rencontre le plus fréquemment dans les cavernes. Bien que ressemblant beaucoup à celui de la Pie ou du Geai, il présente des particularités qui permettent de le distinguer avec précision. Ainsi sa longueur est plus considérable que celle de l'humérus du *Corvus caryocatactes*, et est à peu près la même que chez le *Corvus pica ;* mais il est comparativement beaucoup plus robuste et plus trapu. L'extrémité inférieure est plus épaisse, les condyles sont plus gros; le corps de l'os est plus renflé; la crête externe se prolonge davantage et présente un bord arrondi et non tronqué, comme cela se voit d'ordinaire chez les Pies; enfin, l'extrémité supérieure est plus élargie. Ces différences sont encore plus frappantes, si on le compare à l'os du bras du Geai, qui est plus petit et moins robuste que chez la Pie. Je n'ai pu trouver aucune différence entre le fossile et l'os correspondant du *Pyrrhocorax alpinus*.

(1) Voyez pl. CLVI, fig. 5, 6 et 7, et pl. CLVII.
(2) Voyez pl. CLVI, fig. 8, 9 et 10, et pl. CLVII.

Des particularités du même ordre permettent de distinguer le cubitus de cet oiseau de celui des autres espèces de Corvides (1) ; il est beaucoup plus court que celui du *Pyrrhocorax graculus*, mais plus grand que chez la Pie, le Geai et le Casse-noix ; les mêmes différences existent pour le métacarpe.

Jusqu'à présent j'ai reconnu que tous les ossements des cavernes qui ont été rapportés, soit à la Pie, soit au Geai, et que j'ai pu étudier, appartenaient au *Pyrrhocorax alpinus* (2). Tels sont les débris d'oiseaux de la caverne de Brengues, déterminés à tort, par M. Puel, comme provenant du *Corvus pica*, et ceux de Massat, que M. Fontan avait cru devoir attribuer à la Pie ou au Geai.

Je suis loin d'affirmer cependant que ces deux oiseaux n'aient pas existé à l'époque du remplissage des cavernes, et j'ai tout lieu de croire le contraire d'après quelques ossements trouvés dans la caverne de Lacombe (Dordogne), qui malheureusement appartiennent à de jeunes individus, et qui par conséquent ne présentent pas tous les caractères de l'oiseau adulte.

Au milieu des os de Tétras et de Chocard provenant de la grotte de Lacombe, se trouvait un humérus presque complet de Corbeau (*Corvus corax*) (3). Cet os ne peut en effet être rapporté ni à la Corneille, ni au Freux, car il est plus grand que chez ces derniers et il est notablement plus petit que celui du grand Corbeau du Nord (*Corvus carnivorus*). Une grotte à ossements du nord de l'Italie m'a également fourni un tarso-métatarsien provenant d'un jeune individu de la même espèce (4).

J'ai pu reconnaître, parmi les ossements d'oiseaux recueillis par M. J. Desnoyers, dans les brèches de Montmorency, l'humérus d'une

(1) Voyez pl. CLVI, fig. 11 et 12, et pl. CLVII.
(2) Voyez pl. CLVII.
(3) Voyez pl. CLVI, fig. 15 et 16.
(4) Voyez pl. CLVI, fig. 17 à 21.

Alouette (1), que je pense être l'*Alauda cristata:* l'os du bras des oiseaux qui composent ce genre est assez facile à distinguer, parce qu'il ne présente pas à sa partie supérieure de fosse pour l'insertion du triceps, comme chez les Gros-becs et les Becs-fins; mais qu'il y existe une légère dépression, tandis que chez les Corvides, les Loriots, les Gobe-mouches, les Pies-grièches, on n'en voit aucune trace. De plus, cet os est assez allongé, comparativement à sa grosseur. La fosse sous-tro-chantérienne est profonde, bien que peu élargie, et inférieurement la tubérosité sus-épicondylienne est très-peu développée; enfin, l'em-preinte d'insertion du muscle brachial antérieur, au lieu d'être profon-dément creusée, comme chez tous les Becs-fins et les Gros-becs, est superficielle, et par là ressemble à ce qui existe dans les genres *Corvus* et *Oriolus*. À raison de sa taille, j'attribue cet humérus à l'Alouette cochevis plutôt qu'à l'Alouette des bois, ou à celle des champs. Mais je n'ai malheureusement pu le comparer à l'os du bras de l'Alouette à hausse-col noir (*Alauda siberica*, Gmelin), qui aujourd'hui habite les régions froides de l'Europe, de l'Asie et de l'Amérique.

J'ai recueilli dans la caverne de Lourdes (Hautes-Pyrénées) deux petits humérus (2) que je crois pouvoir rapporter avec certitude à l'Hirondelle des rochers (*Hirundo rupestris*, Lin.). Ainsi que je l'ai dit, l'os du bras de ces oiseaux est dépourvu de la fosse tricipitale supé-rieure qui existe chez tous les Gros-becs et les Becs-fins; et il se dis-tingue des autres Passereaux, qui, sous ce rapport, présentent le même mode de conformation, par ses proportions relatives: il est en effet plus robuste que chez les oiseaux du même groupe. L'extrémité supé-rieure est épaisse et large, et l'extrémité inférieure se fait remarquer à la fois par la forte saillie de l'épitrochlée, qui se prolonge beaucoup en bas, et par la position de la tubérosité sus-épicondylienne, qui est

(1) Voyez pl. CLVI, fig. 22 et 23.
(2) Voyez pl. CLVI, fig. 24 et 25.

située sur le bord externe, au-dessus du condyle correspondant, tandis que d'ordinaire elle est située tout au plus au niveau de celui-ci.

L'humérus de l'Hirondelle des rochers est plus robuste que celui des autres espèces du même genre, et, toutes proportions gardées, la crête externe et la surface bicipitale sont plus développées.

J'ai pu reconnaître, parmi des débris d'oiseaux provenant des brèches de Sardaigne, un humérus bien conservé de Huppe (*Upupa epops*) (1). Il est facile de distinguer l'os du bras de cette espèce de celui de tous les autres oiseaux : car, bien qu'il présente quelques-uns des caractères propres à la famille des Passereaux, tels que la largeur de l'extrémité articulaire inférieure et l'allongement transversal du condyle interne, il est dépourvu du petit tubercule qui surmonte, chez les Passereaux, la tubérosité sus-épicondylienne, et de la petite saillie médiane qui sert à l'insertion de la portion externe du muscle long extenseur de la main.

Je n'ai pu constater aucune différence entre cet os fossile et celui de l'espèce vivante.

(1) Voyez pl. CLVI, fig. 26 et 27.

CHAPITRE XXXI

DES CARACTERES OSTÉOLOGIQUES DES OISEAUX DE PROIE DIURNES

(*Accipitres diurni*).

§ 1.

Les Oiseaux de proie diurnes forment un groupe parfaitement naturel, dont tous les représentants offrent entre eux de grandes ressemblances. Aussi tous les zoologistes se sont-ils accordés sur les limites qu'on doit assigner à ce groupe. Mais les uns l'ont élevé au rang d'ordre, tandis que d'autres en faisaient un sous-ordre, ou une tribu, ou même une famille. Je n'ai pas à examiner en ce moment sur quelles données on s'est fondé; mais il me semble que, quelle que soit la valeur qu'on accorde à ce groupe, il est nécessaire d'y établir deux sections parfaitement caractérisées par leur organisation intime.

L'une d'elles, qu'on pourrait désigner sous le nom de famille des Sarcoramphes, comprend les Condors, le Vautour royal et les différentes espèces de Cathartes; elle ne compte par conséquent que des représentants américains. La seconde se compose de tous les autres Rapaces, à l'exception du Secrétaire ou Serpentaire. Ce dernier a certainement des liens de parenté avec les Rapaces; mais il en diffère sous tant de rapports, pour se rapprocher de certains Ciconides, qu'on pourrait en faire, soit un Rapace échassier, soit un Échassier rapace. Conservant cependant ici la nomenclature généralement admise, j'examinerai ses caractères ostéologiques comparativement à ceux des oiseaux de proie.

§ 2. — DES OS DE LA PATTE.

En général, les pattes des Rapaces diurnes sont beaucoup plus courtes que les ailes ; les Serpentaires font toutefois exception à cette règle, car chez eux les ailes sont notablement moins longues. Dans quelques espèces les dimensions des membres antérieurs et postérieurs sont presque les mêmes, ainsi que cela s'observe chez certains Rapaces à pattes très-longues, tels que notre Épervier commun. D'ailleurs le tableau suivant indiquera les rapports qui existent entre ces parties chez divers oiseaux de proie.

Aquila fulva..	142 (1)
Haliætus albicilla....................................	162
Helotarsus ecaudatus................................	170
Circaetus gallicus...................................	162
Buteo cinereus.......................................	130
Pernis apivorus	150
Milvus regalis.......................................	190
Nauclerus furcatus...................................	190
Falco peregrinus.....................................	144
Falco tinnunculus....................................	130
Accipiter Nisus......................................	100
Circus cyaneus.......................................	130
Gypohierax angolensis	150
Gypaetus barbatus	170
Neophron pileatus	130
Sarcoramphus papa...................................	145
Cathartes aura.......................................	190
Gypogeranus serpentarius	78

Le TARSO-MÉTATARSIEN est toujours notablement plus court que le tibia, et présente des caractères qui permettent de le distinguer faci-

_____

(1) Ces chiffres indiquent la longueur de l'aile rapportée à celle de la patte, cette dernière étant comptée comme 100.

lement de celui de tous les autres oiseaux (1). On y remarque cependant des modifications qui peuvent se grouper autour de quatre types : celui des Aigles, celui des Balbuzards, celui des Secrétaires, et celui des Sarcoramphes.

Chez les Aigles, le tarso-métatarsien est robuste et trapu (2), le corps de l'os est élargi ; la face antérieure, plus ou moins excavée longitudinalement, est limitée en dehors par un bord beaucoup plus saillant et plus avancé que celui du côté opposé. L'empreinte d'insertion du muscle tibial antérieur est située assez bas ; elle est saillante et allongée suivant l'axe de l'os. A quelque distance au-dessus se trouvent les pertuis supérieurs ; ceux-ci sont petits et ne présentent jamais le développement qui se remarque chez les Strigides ; la dépression au fond de laquelle ils s'ouvrent n'est jamais profonde. La face externe de l'os est élargie, surtout vers sa partie moyenne ; la face interne est au contraire réduite à un bord en forme d'arête plus ou moins aiguë. Chez les Strigides, les faces latérales sont à peu près d'égale largeur. La face postérieure présente dans toute son étendue une gouttière bien indiquée.

L'extrémité supérieure est comprimée d'avant en arrière ; les deux surfaces glénoïdales sont petites, peu profondes, situées à la même hauteur, et séparées par une tubérosité intercondylienne à peine indiquée. La crête interne du talon est courte, mais proéminente et rejetée en arrière vers la partie moyenne de la facette glénoïdale interne ; tandis que chez les Strigides elle est placée plus en dehors, relativement à l'axe de l'os. La crête interne est petite et tuberculiforme, et la gouttière tendineuse que ces crêtes laissent entre elles est large et évasée.

L'extrémité inférieure de l'os est remarquablement robuste. Les

(1) Voyez pl. III, fig. 1 à 5, et pl. CLXXIX, fig. 1 à 22.
(2) Voyez pl. III, fig. 1 à 5.

chlées digitales sont disposées sur une ligne transversale très-peu arquée. Elles sont situées toutes trois à peu près sur le même niveau : l'interne descend cependant un peu plus bas ; elle est très-forte et porte en dehors une large fossette pour l'insertion du ligament latéral interne de l'articulation du doigt correspondant ; enfin, elle se prolonge en arrière par un bord saillant dirigé un peu en dehors, auquel se fixe le ligament destiné à maintenir le doigt postérieur. La trochlée médiane est petite, munie d'une gorge bien marquée et dirigée un peu obliquement en dehors et en bas ; en arrière, sa lèvre externe n'est pas à beaucoup près aussi saillante que chez les Strigides. La trochlée externe est très-fortement comprimée latéralement et se prolonge en arrière par un bord mince et arrondi. Les deux échancrures interdigitales sont à peu près d'égale largeur, et la petite coulisse qui, chez les Strigides, sillonne la face postérieure et se termine à l'échancrure digitale interne, est à peine marquée. Au contraire, la dépression articulaire du doigt postérieur est profonde et allongée.

Le tarso-métatarsien de l'*Aquila Bonelli* et de l'*Aquila nœvia* se distingue par sa forme plus élancée ; celui de l'*A. fulva* (1), de l'*A. heliaca*, de l'*A. nœvioides*, est au contraire extrêmement trapu et vigoureux.

Dans le genre Pygargue (*Haliœtus*, Savigny), l'os du pied présente la même disposition que chez les Aigles. Le Bateleur, dont on a formé avec raison le genre *Helotarsus* (Smith), est remarquable par la forme trapue et élargie du canon et par sa compression d'avant en arrière ; d'où il résulte que la face externe est plus étroite que chez les oiseaux précédents.

Le canon des Circaètes (genre *Circaetus*, Vieillot) se reconnaît à sa longueur, comparativement beaucoup plus considérable que chez

_____

(1) Voyez pl. III, fig. 1 à 5.

les Aigles et même que chez l'*Aquila Bonelli*. Le corps de l'os est aussi moins élargi, surtout vers sa portion moyenne, et plus épais ; les extrémités articulaires ne présentent d'ailleurs rien de particulier à noter.

Chez les Buses (genre *Buteo*, Vieillot), le tarso-métatarsien ne diffère que peu de celui du genre précédent ; il se distingue cependant par la forte saillie du bord antéro-externe (ce qui donne à la diaphyse une forme prismatique triangulaire), par la profondeur de la gouttière métatarsienne postérieure, et par la largeur des extrémités comparée à celle du corps de l'os.

Dans le genre *Buteogallus* (Lesson), la diaphyse du canon offre la même forme que chez les Buses, mais les extrémités en diffèrent. L'inférieure est très-comprimée d'avant en arrière, de façon que les trochlées digitales se trouvent situées à peu près sur une ligne droite transversale ; l'empreinte d'insertion du muscle tibial antérieur est plus relevée que d'ordinaire et plus déjetée en dehors ; enfin, on voit à peine la trace de la dépression qui la surmonte.

Chez les Bondrées (genre *Pernis*, Cuv.), le tarso-métatarsien est mince et comprimé d'avant en arrière (1) ; la face externe est très-étroite, tandis que l'antérieure et la postérieure sont larges. L'extrémité supérieure se reconnaît au premier coup d'œil, à cause du développement de la crête externe du talon qui s'avance en dedans pour se réunir presque à la crête interne, et clore incomplétement en arrière la gouttière tendineuse.

Dans le genre Milan (*Milvus*, Cuvier), le tarso-métatarsien est court et élargi. Le corps de l'os est assez épais, mais l'extrémité supérieure est comprimée d'avant en arrière. Cette disposition s'exagère encore chez les Milans dont on a formé le genre *Nauclerus*.

Chez les Faucons proprement dits, l'os du pied est très-bien carac-

(1) Voyez pl. CLXXIX, fig. 12 à 14.

térisé (1). La diaphyse est épaisse, rétrécie; et vers sa partie moyenne la face externe est moins large que chez les Aigles, les Pygargues, les Buses, etc.; mais la face interne est beaucoup plus développée. L'extrémité supérieure est remarquable par la position et la forme de la crête interne du talon; celle-ci occupe presque la ligne médiane, et se termine par un bord postérieur élargi qui se continue sur la face postérieure de l'os par une crête saillante et un peu oblique en bas et en dedans, laquelle se porte, en s'atténuant, vers la dépression articulaire du doigt postérieur. Les trochlées digitales sont disposées sur une ligne transversale beaucoup plus arquée que dans les genres précédents; les trochlées latérales sont en effet rejetées en arrière. Le bord postérieur de l'interne est mince et se prolonge beaucoup en dehors et en arrière. Ces caractères se retrouvent toujours les mêmes chez le Faucon pèlerin (*Falco peregrinus*), le Gerfaut (*Falco islandicus*), la Crécerelle (*F. tinnunculus*) et la petite Crécerelle (*F. tinnunculoides*).

Le tarso-métatarsien du Caracara (*Polyborus brasiliensis*, Gmel.) ressemble plus à celui des Faucons proprement dits qu'à celui d'aucun autre oiseau de proie; la crête interne du talon est disposée de même et occupe la ligne médiane de l'os, la diaphyse est épaisse, et les faces latérales sont à peu près égales. Les trochlées digitales sont disposées sur une ligne transversale très-arquée, mais le bord postérieur de la trochlée interne, au lieu de se diriger un peu en dehors, se porte presque directement en arrière.

Dans le groupe des Spizaètes (*Spizaetus*, Vieill.; *Urubitinga*, Less.), le tarso-métatarsien est remarquablement allongé, et, par sa forme générale, ressemble beaucoup à celui des Circaètes; mais les trochlées digitales sont plus petites, plus égales entre elles, et disposées sur une ligne transversale moins arquée.

(1) Voyez pl. CLXXIX, fig. 9 à 11.

Chez les Autours (*Astur*, Lacépède), on retrouve à peu près les mêmes particularités d'organisation, bien que le canon soit un peu moins allongé que chez les précédents.

Dans le genre Épervier (*Accipiter*), l'os du pied est extrêmement grêle et allongé, mais par la plupart de ses caractères essentiels il se rapproche de celui des Spizaètes. Cependant, de même que chez les Busards (genre *Circus*, Bechstein), la trochlée digitale externe est plus fortement comprimée latéralement.

Le tarso-métatarsien des *Melierax* ressemble beaucoup à celui des Spizaètes, mais on pourrait bien le distinguer en prenant en considération sa longueur relative moindre et le développement plus considérable des trochlées digitales, dont les latérales sont un peu plus rejetées en arrière.

Chez les Vautours (genre *Gyps*, Savigny; genre *Vultur*, Linné; genre *Neophron*, Savigny), le tarso-métatarsien est court et très-élargi, mais la faible saillie des surfaces d'attache musculaire indique des oiseaux moins robustes. Le bord antéro-externe s'avance moins, de façon que la face antérieure est plus aplatie et le corps de l'os n'est pas prismatique triangulaire, comme chez la plupart des genres précédents. L'empreinte d'insertion du tendon du tibial antérieur occupe à peu près la ligne médiane. La surface d'insertion de l'abducteur du doigt externe est moins déprimée que chez les Aigles ; la gouttière tendineuse du talon, plus étroite. Les trochlées digitales sont plus longues, mais cependant l'interne est moins élargie.

Dans le genre Gypaète (*Gypaetus*, Storr), la forme générale de l'os est à peu près la même que chez les Vautours. Cependant la diaphyse est plus rétrécie (1), et la crête interne du talon, petite et tuberculiforme, ne dépasse guère la crête externe, qui est plus développée que d'ordinaire et dirigée en dehors.

(1) Voyez pl. CLXXIX, fig. 1 à 4.

L'os du pied du *Gypohierax angolensis*, Daud., bien que ressemblant un peu par sa forme générale à celui des Gypaètes, offre certaines particularités qui le rapprochent de celui des Aquilides ; mais son extrémité inférieure se fait remarquer par la position de la trochlée digitale interne, qui descend plus bas que la médiane, rappelant un peu le mode de conformation que j'ai signalé chez les Bondrées.

Le tarso-métatarsien du Balbuzard (*Pandion haliœtus*, Lin.) est très-remarquable en ce qu'il a quelques caractères communs avec celui des Strigides; il est en effet court et trapu (1), et la gouttière de l'extenseur commun des doigts s'engage sous un pont osseux large et très-arqué : aucun autre Rapace diurne ne nous a offert une disposition analogue. Les crêtes du talon offrent un mode de conformation particulier : elles se réunissent en arrière sur la ligne médiane, de façon à clore complétement en arrière la gouttière tendineuse, et l'interne est beaucoup plus longue que l'externe. Chez la Bondrée, j'ai déjà signalé une tendance vers cette forme. Les trochlées digitales ressemblent plus à celles des Strigides qu'à celles des Rapaces ordinaires; elles sont petites, très-rapprochées les unes des autres, et leur bord postérieur se recourbe en dedans, comme chez ces derniers oiseaux.

Dans le genre Secrétaire (*Serpentarius*), l'os du pied, bien que présentant une longueur beaucoup plus considérable que chez les autres Rapaces (2), offre encore les caractères essentiels de ce groupe, et l'on ne peut, sous ce rapport, rapprocher cet oiseau des Ciconides, ainsi que l'ont fait quelques zoologistes.

En effet, l'extrémité supérieure de ce tarso-métatarsien est élargie ; les facettes glénoïdales sont séparées par une tubérosité intercondy-

(1) Voyez pl. CLXXIX, fig. 5 à 8.
(2) Voyez pl. CLXXIX, fig. 19 à 23.

lienne aplatie et peu saillante, disposition inverse de celle qui s'observe chez les Cigognes. Le talon est court, élargi, aplati en arrière et
limité en dedans par une crête peu saillante. La face antérieure est
profondément excavée dans sa partie supérieure, pour l'insertion du
muscle extenseur du pouce et de l'adducteur du doigt externe. La
surface d'insertion du fléchisseur propre du pouce est large et très-
profondément déprimée, ce qui n'existe pas chez les Échassiers. Enfin,
l'extrémité inférieure est élargie comme chez les Rapaces ordinaires ;
mais la trochlée interne est moins développée que d'ordinaire, et ne se
prolonge que peu en arrière.

Dans la sous-famille des Sarcoramphes, comprenant les genres
Condor (*Sarcoramphus*, Dum.) et Catharte (*Cathartes*, Illiger), le
tarso-métatarsien est construit sur un autre plan organique que
dans les groupes précédents (1). L'os est comprimé d'avant en
arrière ; les faces latérales sont étroites, mais à peu près égales ; la
face antérieure est creusée dans sa moitié supérieure d'une gouttière
large et profonde dont les deux lèvres sont à peu près également saillantes ; l'empreinte d'insertion du muscle tibial antérieur est placée
plus haut que d'ordinaire ; la gouttière métatarsienne postérieure est
superficielle. Le talon diffère complétement de celui des autres
Rapaces : il n'y a ni crête externe, ni crête interne ; celles-ci sont
confondues, et constituent une saillie peu considérable, dont la face
postérieure est aplatie et marquée de deux gouttières très-superficielles. Enfin les trochlées latérales se prolongent très-peu en arrière
et la surface d'articulation du pouce est à peine marquée.

Les doigts des Rapaces diurnes sont courts, très-robustes et armés
d'ongles puissants (2). Le métatarsien postérieur se prolonge presque
au niveau des trochlées digitales ; il se termine par une extrémité com-

(1) Voyez pl. CLXXIX, fig. 15 à 18.
(2) Voyez pl. I.

primée d'avant en arrière et extrêmement large, surtout chez les
Aquilides. Le pouce acquiert des dimensions parfois énormes. La
phalange qui le constitue s'élargit alors beaucoup dans toute sa portion
articulaire supérieure ; il est aussi à noter qu'elle est assez fortement
arquée dans le sens de sa longueur. La phalange unguéale est très-
robuste.

Les deux phalanges qui composent le doigt interne sont très-iné-
gales. La première est courte et presque aussi large que longue ; son
extrémité supérieure s'étend beaucoup en dessus et en dedans ; son extrémité inférieure est creusée d'une gorge profonde, en rapport avec la
forme de la surface articulaire de la phalange correspondante ; celle-ci a
près de deux fois la longueur de la précédente. La phalange unguéale
est extrêmement grande, forte et recourbée. Les osselets qui constituent le doigt médian diminuent graduellement de grandeur de la
première à la dernière ; ils s'emboîtent étroitement les uns avec les
autres. Ce doigt dépasse tous les autres. Le doigt externe est le plus
faible ; ses deuxième et troisième phalanges sont les plus courtes, et la
quatrième est la plus longue ; enfin, celle qui porte l'ongle est plus
grêle que celles des autres doigts.

Chez les Sarcoramphes, les doigts sont beaucoup plus faibles et
les ongles moins crochus ; le médius est très-long, l'interne très-court ;
il est composé de deux phalanges à peu près égales. Les différences
que j'ai signalées dans les dimensions des osselets qui, chez les Aquilides, composent le doigt externe, ne s'observent pas dans la division
des Sarcoramphes, où les deuxième et troisième phalanges sont beaucoup plus allongées que d'ordinaire.

Ainsi que j'ai souvent eu l'occasion de le faire remarquer, le TIBIA
des Oiseaux fournit d'excellents caractères pour la détermination des
divers groupes zoologiques qui composent cette classe. La famille des
Rapaces diurnes ne fait pas exception à cette règle : chez eux, l'os de la

jambe est facile à distinguer de celui des autres oiseaux (1) ; mais il présente de légères modifications de forme qui concordent avec celles que nous a offertes le tarso-métatarsien, et qui permettent d'y reconnaître quatre plans différents, celui des Aigles, celui des Balbuzards, celui des Secrétaires, et celui des Sarcoramphes.

Chez les Aigles (2), cet os est robuste et légèrement arqué, à concavité postérieure et interne. La diaphyse est un peu aplatie en avant et arrondie en arrière et latéralement. La crête péronière est peu saillante, mais assez allongée, et le péroné se soude au tibia vers le quart inférieur de celui-ci. L'extrémité inférieure est élargie, peu élevée et comprimée d'avant en arrière ; les condyles sont arrondis, et l'interne est plus grand et se prolonge plus bas que l'externe. La gorge intercondylienne antérieure est large et évasée ; la gorge intercondylienne postérieure est basse, mais occupe tout le diamètre transversal de l'extrémité inférieure. Son bord interne est oblique en haut et en dedans, et plus prolongé que celui du côté opposé. Le condyle interne présente en dehors une saillie tuberculiforme très-développée, pour l'insertion du ligament interne de l'articulation tarsienne. La gouttière de l'extenseur des doigts, très-superficielle sur la face antérieure de l'os, devient fort profonde sous le pont sus-tendineux. Celui-ci est placé très-obliquement en bas et en dehors, de telle sorte que la gouttière tendineuse s'ouvre au-dessus du condyle interne.

La petite coulisse dans laquelle glisse le tendon du court péronier est située sur le bord externe de l'os et limitée par deux lignes peu saillantes. L'extrémité supérieure est forte et arrondie ; le condyle externe est très-développé. Les crêtes tibiales sont mousses, surtout l'externe. La crête rotulienne s'élève peu au-dessus de la surface articulaire.

(1) Voyez pl. III, fig. 6 à 9; pl. CLXXIX, fig. 23 et 24, et pl. CLXXX, fig. 4 à 9.
(2) Voyez pl. III, fig. 6 à 11.

Chez les Pygargues (*Haliœtus*), le pont sus-tendineux est disposé plus obliquement que chez les Aigles, de façon qu'il est dirigé presque suivant l'axe de l'os. Le condyle interne est beaucoup plus élargi que l'externe, et son bord postérieur, qui constitue la lèvre externe de la gorge intercondylienne postérieure, est très-oblique et se prolonge moins haut que dans le genre précédent, tandis que du côté opposé la lèvre externe remonte davantage. L'extrémité articulaire supérieure est disposée de même, bien que la crête tibiale antérieure soit un peu moins proéminente. Chez l'Aigle bateleur (genre *Helotarsus*), le pont sus-tendineux ressemble davantage, par sa disposition, à celui des Aigles; mais les condyles sont plus courts, la gorge intercondylienne est moins profonde; enfin le péroné se réunit au tibia beaucoup plus près de l'extrémité inférieure.

Dans le genre Circaète, le pont sus-tendineux est placé plus transversalement que chez les précédents; les condyles sont très-petits et presque égaux entre eux; enfin, les crêtes tibiales sont peu saillantes.

Chez le *Buteogallus busarellus*, le tibia se reconnaît à l'aplatissement que présente le corps de l'os dans sa partie supérieure, et à la largeur de la lèvre interne de la gorge intercondylienne postérieure. L'os principal de la jambe des Buses ressemble beaucoup à celui des Aigles; l'extrémité inférieure est cependant plus étroite; le condyle interne, comparé à celui du côté opposé, est moins élargi, et la gouttière du tendon de l'extenseur des doigts est beaucoup plus étroite que dans le genre précédent.

Dans le genre Bondrée (*Pernis*), le pont sus-tendineux est presque transversal; les condyles sont très-étroits et séparés par une gorge large et peu profonde; enfin les crêtes tibiales sont encore moins saillantes que dans les genres *Buteo* et *Buteogallus*.

Le tibia des Milans se reconnaît à sa brièveté relative et à la grande largeur de l'extrémité inférieure, dont le condyle externe est fortement déjeté en dehors. Il en résulte que la gorge intercondylienne est très-élargie aussi bien en avant qu'en arrière ; le pont sus-tendineux est peu oblique.

Chez les Faucons proprement dits, l'extrémité inférieure du tibia présente une disposition qui permet de reconnaître très-facilement cet os (1). Le pont sus-tendineux est dirigé obliquement comme d'ordinaire, mais il se réunit à un autre pont placé presque transversalement, qui, partant du bord externe de la gouttière tendineuse, se réunit au pont principal vers sa partie moyenne, de façon que cette gouttière s'ouvre inférieurement par deux orifices situés, l'un au-dessus du condyle externe, l'autre au-dessus du condyle interne.

Chez le Caracara (*Polyborus*), on observe la même disposition, mais l'orifice externe est plus petit et rejeté plus en dehors ; la crête péronière est plus courte que d'ordinaire.

Dans le groupe des Spizaètes (*Spizaetus* et *Urubitinga*), le tibia est long et comprimé inférieurement ; les condyles articulaires sont extrêmement courts ; la gouttière de l'extenseur est rejetée très en dedans, et elle s'engage sous un pont osseux peu oblique.

Chez les Éperviers, on retrouve à peu de chose près les mêmes caractères, mais la gouttière de l'extenseur occupe la ligne médiane de l'os, et celui-ci est relativement moins allongé.

Dans le genre *Circus*, le tibia est aussi très-long et grêle, mais son extrémité inférieure est plus étroite. Il en est de même dans le genre *Melierax*, qui cependant se distingue par la faible profondeur de la gorge intercondylienne antérieure, due à la largeur des condyles.

Le tibia des Vautours diffère peu de celui des Aigles, des Buses, etc. La gorge intercondylienne est généralement plus large, et cette disposition est très-marquée dans le genre *Gypohierax*. Il en est à peu près de même chez les Gypaètes.

---

(1) Voyez pl. CLXXX, fig. 7 et 8.

Le tibia des Balbuzards (1) présente des caractères particuliers qui concordent parfaitement avec ceux que nous a offerts le tarso-métatarsien. En effet, de même que chez les Strigides, la gorge intercondylienne est remarquablement profonde, aussi bien en avant qu'en bas et en arrière; ce qui n'existe chez aucun Rapace diurne. La gouttière de l'extenseur des doigts est extrêmement profonde comme celle des Strigides, mais elle en diffère par l'existence d'un pont osseux sustendineux, qui, ainsi que je l'ai dit, ne se voit presque jamais dans cette dernière famille. J'ajouterai que la crête péronière est saillante et se prolonge jusqu'à la moitié de l'os.

Le tibia du Secrétaire (*Serpentarius reptilivorus*) diffère beaucoup de celui des autres Rapaces (1). Comme on le sait, cet os est extrêmement allongé, sa diaphyse est presque cylindrique; la crête péronière est courte et peu saillante, et le péroné, très-réduit, ne se prolonge guère au delà de la moitié du tibia. L'extrémité inférieure est comprimée latéralement. Les condyles articulaires sont très-avancés, et l'interne est plus saillant que celui du côté opposé. La gorge intercondylienne antérieure est peu élargie et superficielle; la gorge postérieure est profonde et encaissée par deux bords très-saillants et à peu près parallèles. Le pont sus-tendineux est large et disposé transversalement au-dessus d'une coulisse oblique et peu profonde. On voit cependant que, bien que par ses caractères cet os diffère notablement du tibia des Rapaces ordinaires, il s'en rapproche beaucoup plus que de celui des Échassiers de la famille des Ciconides.

Dans le groupe des Sarcoramphes, on observe des particularités importantes dans la conformation de l'os principal de la jambe (2). L'extrémité inférieure, au lieu d'être élargie et aplatie d'avant en arrière, est plus ou moins étroite et comprimée latéralement. La

(1) Voyez pl. CLXXIX, fig. 23 et 24.
(2) Voyez pl. CLXXX, fig. 4 à 6.

largeur de la gorge intercondylienne antérieure n'est guère plus considérable que celle du condyle externe, qui, contrairement à ce que nous venons de voir, est plus élargi que celui du côté opposé. La gorge intercondylienne postérieure est plus étroite et même plus limitée que chez les autres Rapaces.

Les genres *Sarcoramphus* et *Cathartes* offrent les mêmes caractères.

Le FÉMUR des Oiseaux de proie diurnes (1) est, en général, très-robuste, et présente, à l'extrémité supérieure de sa face antérieure, un grand trou pneumatique qui est situé en dedans du bord trochantérien ; un orifice semblable existe chez les Cigognes et chez quelques Gallinacés, mais dans la famille des Rapaces il est placé moins haut. Le corps de l'os est assez fortement arqué en avant et son extrémité inférieure est notablement recourbée en arrière. Le trochanter s'élève beaucoup au-dessus de la tête du fémur, mais son bord supérieur ne se recourbe pas en dedans, comme chez quelques Gallinacés, les Grues, etc., et la surface articulaire qui s'étend de ce bord sur le dessus du col du fémur, quoique très-large, ne se dilate pas en avant. La fossette du ligament rond est bien caractérisée, mais elle est beaucoup moins grande que chez les Strigides ; la gorge rotulienne est évasée, presque verticale et très-inclinée en arrière ; le condyle externe ne descend pas beaucoup au-dessous du condyle interne, et en dehors il est très-renflé, proéminent et très-tuberculeux.

Chez les Aigles (2) et les Pygargues, le fémur est gros et fortement arqué en avant ; la tubérosité trochantérienne s'élève notablement au-dessus du niveau de la tête articulaire, et le trou pneumatique situé au-dessous est très-grand ; l'extrémité inférieure de l'os n'est pas plus large que son extrémité supérieure, bien que les tubérosités latérales

(1) Voyez pl. II, fig. 4 à 9, et pl. CLXXX, fig. 10 à 14.
(2) Voyez pl. II, fig. 4 à 9.

qui surmontent la lèvre externe du condyle péronéen soient très-grosses et très-saillantes ; enfin la fosse poplitée est percée de quelques petits orifices pneumatiques. Le fémur des Harpies est encore plus robuste et s'élargit davantage dans sa partie inférieure ; la coulisse rotulienne est remarquablement évasée ; le trou pneumatique sous-tro-chantérien n'est représenté que par une fossette ovalaire peu profonde, dont le fond est percé de quelques petits pertuis, et il existe au milieu de la fosse poplitée un ou plusieurs trous aériens dont les dimensions sont considérables.

Chez l'Aigle bateleur, dont Smith a formé le genre *Helotarsus*, la crête qui borde en avant la tubérosité trochantérienne est plus mince et plus recourbée en dedans ; la fosse poplitée est surmontée d'un tubercule proéminent où s'insère le muscle gastrocnémien ; enfin la lèvre externe du condyle péronéen est très-saillante et se termine en dessus par un angle aigu.

Dans le genre *Circaetus*, la forme générale de l'os de la cuisse est à peu près la même que dans le groupe précédent, mais la tête du fémur est plus petite et moins élevée ; la crête antérieure du trochanter est plus courte, et la fosse poplitée est plus excavée en bas et n'est pas surmontée d'un tubercule saillant.

Dans le genre *Buteo*, l'os de la cuisse est beaucoup moins gros ; le trochanter est aplati en dehors, et, de même que chez les Circaètes, il s'élève notablement au-dessus de la tête articulaire. Il est aussi à noter que les crêtes condyliennes qui limitent latéralement la coulisse rotulienne sont tranchantes et remontent très-haut sur la face antérieure de l'os.

Dans le groupe des Faucons proprement dits, le fémur (1) est plus grêle que chez tous les Rapaces dont je viens de parler et le bord externe du trochanter s'élève davantage en forme de crête. Le trou

(1) Voyez pl. CLXXX, fig. 13 et 14.

pneumatique sous-jacent est placé plus haut, et la ligne âpre qui descend
au côté interne de cette ouverture est très-saillante. Enfin la coulisse
rotulienne remonte beaucoup sur la face antérieure de l'os et le condyle externe s'avance peu en dehors.

Chez les Éperviers, le fémur est encore plus grêle comparativement
à sa longueur, et ses extrémités sont moins élargies ; le trochanter est
obtus en dessus et sa crête antérieure est peu prononcée ; enfin la
coulisse rotulienne remonte très-haut, ses bords latéraux sont cristiformes, et la surface externe du condyle péronéen est légèrement
convexe.

Le fémur des Gypaètes est très-robuste ; le trochanter est élevé
et son bord antérieur est fort saillant ; la tête articulaire est proéminente ; le trou pneumatique sous-trochantérien est très-grand ; la
coulisse rotulienne est large et se dirige obliquement en dedans ;
la lèvre externe du condyle péronéen est surmontée d'un tubercule
bien marqué ; enfin le fond de la fosse poplitée est criblé de petits trous
pneumatiques.

Chez les Vautours et le *Gypohierax*, la surface articulaire supérieure qui se trouve entre la tubérosité trochantérienne et la tête de l'os
est plus large d'avant en arrière que chez les Aigles, les Faucons, etc. ;
la fossette du ligament rond est grande, et le col du fémur est très-excavé
en dessous.

Le trochanter du Condor est remarquablement développé, ce qui
donne une grande largeur à la partie supérieure de la face antérieure
de l'os, et le trou pneumatique principal est situé plus bas que d'ordinaire dans cette famille.

Chez le *Sarcoramphus papa* (1), le trochanter n'est pas notablement
renflé en dehors et le trou pneumatique est très-élevé.

Le fémur du Secrétaire est très-gros et presque droit ; le bord

(1) Voyez pl. CLXXX, fig. 10 à 12.

supérieur du trochanter est relevé et s'incurve en dedans ; enfin,
l'extrémité inférieure de l'os est fort élargie et la coulisse rotulienne
est dirigée obliquement en bas et en dedans. Par l'ensemble de sa structure, il ressemble beaucoup au fémur des Cigognes, mais il s'en
distingue par l'élargissement plus considérable de son extrémité supérieure, la forme plus renflée du trochanter, l'obliquité plus grande de
la surface articulaire inférieure et l'existence d'un grand trou pneumatique au fond de la fosse poplitée.

§ 3. — DES OS DU TRONC.

Le bassin des Oiseaux de proie diurnes (1) se reconnaît, au premier
coup d'œil, tant par sa forme générale que par les particularités d'organisation que l'on remarque dans plusieurs de ses parties. Il ressemble
un peu à celui de quelques Échassiers, tels que les Grues ; mais pour
l'en distinguer, il suffit d'avoir égard à la forme déclive de la portion
postérieure de sa surface dorsale. Il est long, étroit en arrière, et
remarquablement élevé, surtout vers le niveau du bord postérieur des
fosses cotyloïdes. Les fosses iliaques sont très-développées, élargies en
avant et très-obliques de dedans en dehors. Leurs bords internes sont
saillants, arqués et très-relevés ; en général ils ne se rencontrent pas
sur la ligne médiane, mais se réunissent à une lame osseuse qui complète la voûte ; cette lame s'appuie sur la crête épineuse et recouvre les
gouttières vertébrales. Celles-ci sont complétement fermées jusque
dans le voisinage du coccyx, et le prolongement osseux qui les cache est
ordinairement creusé en forme de gouttière longitudinale, étroite et
horizontale en avant, élargie, mais recourbée en bas postérieurement.
    Ainsi que je l'ai déjà dit, le bord supérieur des fosses iliaques
surplombe les cavités cotyloïdes ; il se prolonge en dehors et en haut de

_____

(1) Voyez pl. II, fig. 1 à 3, et pl. CLXXX, fig. 1 à 3.

façon à constituer une crête qui est souvent très-forte; il se continue
postérieurement avec la crête sus-ischiatique. Celle-ci est saillante en
dehors et se porte obliquement en arrière, en dedans et en bas. La
région postcotyloïdienne du bassin est courte, très-robuste et plus
large en dessus qu'elle ne l'est au niveau des branches pubiennes. Sa
surface dorsale est plus élevée sur les côtés qu'au milieu; la portion
constituée par le sacrum est presque aussi développée en avant qu'en
arrière; les lames iliaques qui en forment les régions latérales sont
larges et plates; elles se prolongent beaucoup à leur partie postéro-
externe, et l'angle sus-ischiatique formé par celle-ci est toujours situé
très en arrière et au-dessous du bord postérieur du sacrum; en général
il se confond avec la portion suivante du bord pelvien, de sorte que
les crêtes sus-ischiatiques semblent descendre jusqu'à la pointe de
l'ischion. Les faces latérales de la portion postcotyloïdienne du bassin
sont courtes, larges et dirigées presque verticalement; la tubérosité
sus-cotyloïdienne qui les limite en avant et en haut est peu saillante, et
sa surface articulaire est dirigée en dehors plutôt qu'en bas. Le trou
sciatique est large, mais court; la crête qui le surmonte le surplombe
en dessus, et la portion des lames pelviennes qui fait suite à son bord
postérieur est creusée de façon à constituer une large gouttière évasée,
assez longue et dirigée obliquement en bas et en arrière. Le trou obturateur est grand, ovalaire, et en général bien limité postérieurement
par la jonction du pubis et d'une expansion du bord inférieur de
l'ischion; union qui a généralement lieu dans toute la longueur de cet
os. Les angles ischiatiques sont obtus, et le bord pelvien qui s'étend
de l'un à l'autre est presque toujours entier, régulièrement arqué
et semi-ovalaire.

La face inférieure du bassin présente aussi plusieurs particularités
importantes à noter. Le corps des vertèbres sacrées est très-robuste et
arrondi en dessous. Les fosses rénales antérieures sont plus développées que les suivantes; elles sont très-profondes et chevauchent beau-

coup en arrière au-dessus de ces dernières, qui sont limitées postérieurement par un bord épais et saillant; souvent elles se prolongent dans l'épaisseur des angles sus-ischiatiques, mais n'y forment pas un cul-de-sac bien caractérisé, et restent ouvertes en dehors du côté du trou sciatique. Enfin, il n'y a aucun vestige d'apophyses ilio-pectinées.

Dans la grande famille des Faucons, des Aigles (1) et des autres Rapaces diurnes qui sont organisés d'après le même plan fondamental, les divers caractères ostéologiques dont je viens de parler sont extrêmement marqués. La portion dorsale de la région postcotyloïdienne est très-courte et extrêmement déclive; les crêtes sus-ischiatiques sont très-saillantes latéralement, et le bord pelvien postérieur n'est pas échancré au-dessus des angles de l'ischion.

Chez les Faucons proprement dits, les crêtes iliaques supérieures sont écartées entre elles dans toute leur longueur, et le bassin est beaucoup plus élargi en arrière que chez les autres Rapaces de la même famille naturelle; les fosses iliaques ne se dilatent pas à leur partie antérieure. Les crêtes sus-ischiatiques sont très-saillantes à leur extrémité postérieure, qui est tronquée; la surface dorsale qu'elles limitent en dehors est légèrement bombée de chaque côté et à peine excavée au milieu; la grande échancrure, constituée en arrière par le bord du pelvis, est plus large que profonde. Enfin les fosses rénales sont très-grandes et séparées entre elles par une crête osseuse qui part du bord supérieur de la fosse cotyloïde pour s'étendre jusqu'au bord du sacrum, où elle rencontre l'apophyse transverse correspondante.

Chez les Éperviers, les Buses, les Bondrées et les Busards, il existe aussi une large gouttière médiane entre les crêtes iliaques supérieures; mais les crêtes sus-ischiatiques sont beaucoup moins saillantes vers leur extrémité postérieure, et leur bord se recourbe graduellement en dedans pour s'unir en arrière au bord ischiatique. Quelquefois aussi

(1) Voyez pl. II, fig. 1 à 3.

il existe dans la moitié postérieure du bassin des trous sacrés assez larges (1); enfin les fosses iliaques se dilatent vers leur extrémité antérieure. Pour distinguer entre eux les divers oiseaux de proie d'après la conformation du bassin, il faut avoir recours principalement aux caractères fournis par la disposition des crêtes sus-ischiatiques et par le développement relatif des fosses iliaques et de la région post-cotyloïdienne.

Dans le genre Milan, les bords supérieurs des fosses iliaques se rapprochent davantage vers leur tiers antérieur, sans cependant se rencontrer, et les crêtes sus-ischiatiques sont sinueuses.

Chez les Aigles (2), les Pygargues et les Harpies, les crêtes iliaques se rencontrent dans une petite étendue vers leur partie moyenne, et les crêtes sus-ischiatiques se relèvent plus que dans les genres précédents, de façon à rendre la portion postérieure du bassin plus concave transversalement. Chez les Aigles, ces mêmes crêtes se dilatent beaucoup au-dessus des trous sciatiques; les ischions ne se prolongent que peu en arrière, et la grande échancrure postérieure, dont ceux-ci forment les angles inférieurs, est beaucoup plus large que longue. Le bassin des Pygargues se distingue de celui des Aigles par l'allongement plus considérable des ischions, la dilatation beaucoup moindre des crêtes sus-ischiatiques, et la courbe régulière formée par la portion descendante de celles-ci vers les angles postéro-inférieurs du bassin. Chez les Harpies, le bassin est plus étroit, les crêtes latérales sont moins saillantes, les ischions se prolongent davantage en arrière et en bas : il existe une saillie médiane subcristiforme sur la région post-cotyloïdienne; enfin l'échancrure limitée par le bord pelvien postérieur est moins large que longue.

Dans le genre Gypaète, il existe à la face inférieure du corps des premières vertèbres sacrées une ligne subcristiforme, et les crêtes sus-

(1) Chez les Bondrées, par exemple.
(2) Voyez pl. II, fig. 1 à 3.

ischiatiques se terminent par une petite tubérosité qui fait saillie sur
le bord pelvien postérieur, sans cependant se prolonger beaucoup.
Il est aussi à remarquer que les bords iliaques internes sont peu
dilatés en arrière et séparés entre eux par une gouttière médiane très-
large et très-superficielle. Enfin la portion postérieure de la surface
dorsale du bassin est très-déclive, mais n'est pas concave transversalement.

Chez les Vautours, la plupart des particularités de structure que je
viens d'indiquer se rencontrent presque toujours et sont même portées
plus loin ; mais les différences spécifiques sont très-considérables.
Ainsi, chez le Vautour brun ou arian, les angles sus-ischiatiques sont
saillants en forme de tubérosité, et les pointes de l'ischion sont renflées,
mais ne sont pas séparées des précédents par une échancrure du bord
pelvien. La région postcotyloïdienne est plus allongée que d'ordinaire,
et les surfaces iliaques postérieures présentent près des angles sus-
ischiatiques une dépression large et évasée. Enfin les crêtes iliaques
se réunissent aux crêtes latérales, en décrivant une courbe très-
régulière.

Chez les Percnoptères, la crête sous-vertébrale manque complète-
ment ou presque complétement ; les fosses iliaques se rétrécissent
beaucoup vers la moitié de leur longueur, et se rencontrent sur la ligne
médiane ; les crêtes sus-ischiatiques sont courtes et leur angle postérieur n'est que peu saillant ; il n'y a pas d'échancrure entre elles et les
angles de l'ischion ; enfin, ceux-ci sont obtus et ne se prolongent que
peu. Il en résulte que le bassin de ces oiseaux ressemble beaucoup
à celui des *Gypohierax*.

Chez le Condor, les crêtes sus-ischiatiques forment en se rencon-
trant un angle bien marqué ; les tubérosités sus-ischiatiques sont très-
allongées, pointues et séparées des angles de l'ischion par une échancrure assez forte ; les surfaces iliaques postérieures sont planes et la
carène sous-vertébrale est forte.

Le bassin du *Sarcoramphus papa* (1) offre le même allongement des angles sus-ischiatiques, et le bord pelvien présente aussi au-dessous de ces pointes une échancrure assez forte, mais la carène sous-vertébrale est beaucoup plus développée.

Chez le Catharte urubu, les échancrures, dont je viens de parler sont encore plus prononcées et les angles de l'ischion sont plus proéminents, mais les pointes ischiatiques ne se prolongent pas autant.

Le bassin du Catharte aura est remarquablement court et déprimé, surtout en avant; les fosses iliaques sont presque horizontales et leur bord interne ne s'élève que très-peu au-dessus du niveau des tubérosités sus-cotyloïdiennes. Les trous sacrés sont largement ouverts dans les trois quarts postérieurs du pelvis; en arrière les surfaces iliaques et les angles sus-ischiatiques sont disposés à peu près comme chez le Vautour arian; enfin la crête sous-vertébrale est très-développée.

De même que chez la plupart des Vautours, le bassin du Secrétaire présente des échancrures sus-ischiatiques; mais il se distingue par l'élargissement considérable de la surface dorsale au-dessus des tubérosités sus-cotyloïdiennes et par l'absence d'une crête médiane à la face inférieure des premières vertèbres sacrées.

Le coccyx des Rapaces diurnes est en général assez allongé; il se compose quelquefois de six, mais plus souvent de huit osselets distincts (2). Les apophyses transverses sont courtes, mais larges, et les apophyses épineuses se terminent d'ordinaire en pointe; l'os en forme de soc de charrue est long, mais comprimé.

Les vertèbres dorsales, dont le nombre varie de six à huit, sont robustes, solidement unies entre elles, mais cependant restent distinctes; leurs apophyses transverses s'élargissent souvent vers leur

(1) Voyez pl. CLXXX, fig. 1 à 3.
(2) Voyez pl. I.

extrémité, de façon à se rattacher les unes aux autres : cette disposition est très-apparente chez les Cathartes. Le corps des premières de ces vertèbres est pourvu, d'ordinaire, d'une apophyse épineuse inférieure très-dilatée à son extrémité.

Les vertèbres cervicales sont généralement au nombre de treize ; cependant, chez le Vautour fauve on en compte quinze, il en existe quatorze chez le *Cathartes aura*. Ces osselets sont courts et robustes ; le canal dont ils sont creusés pour le passage de l'artère vertébrale est largement ouvert. La gouttière sous-vertébrale est profondément encaissée, mais elle n'est jamais transformée en un tube par suite de la soudure de ses bords. Les apophyses épineuses supérieures ne se remarquent que sur les premiers et les derniers de ces osselets, toute la portion cervicale intermédiaire en est dépourvue. Les dernières vertèbres sont pourvues d'une apophyse inférieure généralement peu saillante.

Les CÔTES, ordinairement au nombre de huit (1), donnent à la cage thoracique une grande solidité non-seulement parce qu'elles sont larges et robustes, mais aussi parce qu'à l'exception de la première elles s'articulent toutes directement avec le sternum. Chez les Cathartes il n'en existe que sept, et la dernière s'appuie sur la sixième côte. Les apophyses récurrentes se font remarquer par l'élargissement de leur portion basilaire.

Le STERNUM des Oiseaux de proie a été l'objet de recherches minutieuses dues principalement à M. E. Blanchard (2). Il sera donc inutile de m'arrêter longtemps sur cette partie du squelette, et je me bornerai à indiquer ses principales modifications.

(1) Voyez pl. I.
(2) Voyez E. Blanchard, *Annales des sciences naturelles*, ZOOLOGIE, 4° série, 1852, t. XI, p. 31, pl. II et pl. III, fig. 1-14. — Eyton, *Osteologia Avium*, pl. I. — Lherminier, *Recherches sur l'appareil sternal des Oiseaux*, 1828, p. 49, pl. I, fig. 1, 3, 4.

Chez les Aigles (1), ce bouclier présente beaucoup de force ; il est
fortement bombé et s'élargit peu, mais régulièrement vers sa partie
postérieure. Le brechet est épais, mais ne forme pas une saillie considérable ; son bord inférieur est très-convexe ; il ne se prolonge pas en
arrière jusqu'au bord postérieur, et il se termine par deux lignes saillantes qui se portent en dehors vers les angles sternaux, de façon à
limiter une surface aplatie et triangulaire. L'espace occupé par le
muscle pectoral profond est très-petit relativement à celui qu'occupe
le grand pectoral.

Les bords latéraux sont occupés dans près de leurs deux tiers
antérieurs par les facettes costales ; celles-ci sont larges et au nombre
de sept. Le bord sternal postérieur est généralement entier ; cependant sa forme varie beaucoup, car, sur trois squelettes de l'Aigle
fauve que j'ai sous les yeux, le sternum offre sous ce rapport certaines particularités. Sur l'un ce bord est droit, sur le second il est
excavé vers le milieu, et enfin sur le troisième il est un peu cintré en
arrière et porte d'un seul côté une fenêtre arrondie, dont il n'existe
aucune trace du côté opposé. Ces faits montrent le peu d'importance qu'on doit attacher à l'existence ou à l'absence des trous ou
des échancrures du bord postérieur du bouclier sternal. Les surfaces
hyosternales occupées par le muscle sterno-coracoïdien sont peu étendues. Les rainures coracoïdiennes se croisent légèrement sur la ligne
médiane ; elles sont larges et leur lèvre inférieure s'avance surtout en
dehors. L'apophyse épisternale qui les sépare est courte, épaisse et
terminée en avant par une petite surface triangulaire. La face supérieure du sternum est très-creuse, et constitue une sorte de cuvette par
suite de l'encaissement formé par les bords antérieur, postérieur et
latéraux. On remarque sur la ligne médiane et sur les côtés de nombreux orifices pneumatiques.

(1) Voyez pl. I, et pl. IV, fig. 1 et 2.

Chez l'Aigle à queue étagée de l'Australie (*Aquila fucosa*, Cuv.), le sternum est plus allongé, mais ses caractères généraux sont les mêmes (1). Cet allongement est porté beaucoup plus loin chez le Pygargue (*Haliœtus albicilla*, Lin.).

Dans le genre *Helotarsus*, qui comprend l'Aigle bateleur, le sternum est plus élargi encore que chez l'*Aquila fulva*, et l'exemplaire que j'ai sous les yeux présente en arrière, de chaque côté, une fenêtre ovalaire très-grande.

Le sternum du Jean-le-Blanc (*Circaetus gallicus*, Gmel.) se fait remarquer par la brièveté du brechet, qui se termine à une très-grande distance du bord postérieur.

Chez les Buses, on retrouve à peu près les mêmes caractères que chez les Aigles, mais le sternum se rétrécit davantage dans sa portion antérieure, et les facettes costales n'occupent guère que la moitié des bords latéraux ; enfin, les orifices pneumatiques de la face supérieure sont plus nombreux que dans le genre *Aquila*.

Chez les Bondrées (genre *Pernis*, Cuvier), le brechet est plus mince et il se prolonge jusqu'au bord postérieur, ce qui donne au bouclier thoracique un tout autre aspect. En arrière, on remarque généralement de chaque côté une petite échancrure, souvent transformée en trou ; sur les côtés il n'existe que six facettes costales, tandis que dans les genres précédents on en trouve toujours sept.

Le sternum des Milans ressemble beaucoup à celui des Buses, et surtout à celui des Aigles ; cependant le brechet se prolonge plus loin en arrière, et sous ce rapport est intermédiaire à ces derniers et aux Bondrées. Chez le *Nauclerus furcatus*, Lin., de l'Amérique, la carène médiane s'étend jusqu'au bord postérieur.

Le sternum des Faucons se distingue très-facilement de celui de tous les oiseaux précédents : ainsi, chez le Faucon pèlerin (*Falco pere-*

(1) Voyez pl. I.

grinus, Lin.), le brechet est plus saillant, et, au lieu de se terminer en avant par un angle arrondi, il s'avance en formant un angle qui dépasse l'apophyse épisternale ; en arrière il s'étend jusqu'au bord postérieur. Ce dernier est entier, mais surmonté de deux fenêtres arrondies et très-grandes, que je n'ai jamais vues manquer chez aucun des nombreux individus de cette espèce que j'ai examinés. Les rainures coracoïdiennes sont étroites et très-profondes ; elles sont très-obliques, et leur lèvre supérieure est beaucoup plus avancée que l'inférieure, ce qui n'a pas lieu dans les genres précédemment étudiés : cette lèvre se prolonge sur la ligne médiane en une petite pointe située directement au-dessus de l'apophyse épisternale ; cette dernière est grêle et aiguë. Chez la Crécerelle le brechet s'avance beaucoup moins, mais il est encore terminé par un angle bien marqué, et il existe aussi une petite saillie lamelleuse entre les gouttières coracoïdiennes ; enfin, j'ajouterai que le bouclier sternal est plus court et plus large que celui du Faucon pèlerin.

Dans le genre Épervier (*Accipiter*), le sternum rappelle un peu celui du genre précédent par la forme du brechet, qui s'avance beaucoup ; mais les rainures coracoïdiennes, au lieu d'être très-obliques, sont courtes et suivent presque le bord sternal antérieur ; leur lèvre supérieure est très-épaisse, et il n'existe pas de saillie médiane au-dessus de l'apophyse épisternale, qui est grêle et très-longue. Enfin la surface occupée par le muscle sterno-coracoïdien s'étend en arrière beaucoup plus que nous ne l'avons vu jusqu'à présent.

Les *Caracara* offrent dans la conformation de leur sternum beaucoup de points de ressemblance avec les Faucons. Mais, d'autre part, ce bouclier se rapproche de celui des Vautours par l'existence de deux échancrures profondes qui entament son bord postérieur.

Dans le genre *Circus*, le sternum offre à peu près la même forme que chez les Éperviers, mais le brechet est court et se termine en avant par un angle arrondi et peu proéminent.

La disposition du sternum du Balbuzard est presque celle que nous avons signalée chez la Bondrée, et, pour l'en distinguer, il faut avoir égard à des particularités de détail telles que la saillie considérable du bréchet, l'épaisseur de la lèvre supérieure des rainures coracoïdiennes et la forte voussure de l'ensemble de l'os.

Le sternum des véritables Vautours est facile à distinguer de celui des Aigles, des Faucons, des Buses, des Éperviers, etc., et de tous les Rapaces que nous venons de passer en revue. Chez le Vautour fauve, cette pièce est fortement bombée et très-allongée, à peu près comme chez les Pygargues. La crête médiane est très-peu saillante, elle naît fort loin en arrière du bord antérieur et n'atteint pas le bord postérieur ; celui-ci est surmonté de deux grandes fenêtres ovalaires, quelquefois transformées en échancrures. Les facettes costales, au nombre de six, n'occupent que la moitié des bords latéraux. La surface hyosternale est petite et porte au niveau de l'articulation du coracoïdien un vaste orifice pneumatique. Les rainures articulaires sont étroites et ne se croisent que peu sur la ligne médiane. L'apophyse épisternale est courte, mais grosse.

Les Néophrons ou Percnoptères, par leur forme extérieure, s'éloignent beaucoup des Vautours, cependant leur sternum ainsi que les autres pièces du squelette indiquent des liens de parenté étroits. Le bréchet est toutefois beaucoup plus allongé que chez ces oiseaux, mais il présente la même disposition ; enfin les rainures coracoïdiennes sont moins obliques. Chez le Percnoptère ordinaire, ou *Neophron percnopterus*, Lin., le bouclier sternal est beaucoup plus étroit en avant que chez le *Neophron pileatus*, Burch., et l'orifice pneumatique sous-coracoïdien manque.

Les Gypaètes se distinguent facilement de tous les autres Rapaces par la forme courte et élargie de leur sternum ; en effet, la largeur de cette pièce égale presque sa longueur. Mais si on laisse de côté ces différences de proportions, on retrouve beaucoup des particularités propres aux Vautours. L'os est cependant moins pneumatique et les facettes costales sont au nombre de sept.

Le sternum des Sarcoramphes (1) est construit sur un type tout à fait différent de celui des autres Rapaces. Ce bouclier, au lieu d'être fortement bombé dans tous les sens, est aplati longitudinalement. L'espace occupé par le pectoral profond est plus considérable que celui réservé au grand pectoral ; il est limité par une ligne saillante qui, partant des angles latéro-antérieurs, se dirige obliquement vers l'extrémité du brechet. Cette disposition indique des modifications profondes dans l'arrangement des muscles du vol. Le brechet se prolonge en arrière jusqu'au bord postérieur ; il se termine en avant par un bord plus ou moins arrondi qui n'atteint pas le niveau de l'apophyse épisternale, à laquelle il se relie d'ailleurs par une petite crête verticale. Les rainures coracoïdiennes, au lieu d'être encaissées par des lèvres saillantes, sont constituées du côté interne par une large facette arrondie. Les bords latéraux portent six facettes costales, dans l'intervalle desquelles existent de nombreux trous pneumatiques ; des orifices de même nature se voient sur la surface hyosternale et sur la lame supérieure du bouclier thoracique. Le bord postérieur porte chez le Vautour royal deux échancrures profondes ; chez le Catharte aura, il en existe quatre, dont deux internes grandes et deux externes petites. Enfin, chez le Condor ces échancrures sont très-superficielles.

Le sternum du Secrétaire offre une forme très-particulière et bien différente de celle que nous venons d'étudier chez tous les autres oiseaux de proie ; il présente en effet certains caractères qui le rapprochent des Échassiers de la famille des Ciconides. Ce bouclier est extrêmement bombé transversalement et presque horizontal dans le sens antéro-postérieur ; le brechet, très-saillant, se continue en arrière jusqu'au bord postérieur ; il est peu convexe, et en avant il se

(1) Voyez pl. CLXXXI, fig. 1 et 2.

recourbe en haut et se rattache à l'épisternum par une petite crête verticale. Les bords latéraux sont à peu près parallèles dans toute leur portion costale, qui porte six facettes ; puis, en arrière de celles-ci, ils convergent faiblement l'un vers l'autre, forment une sorte de lobe, puis se rapprochent brusquement, de façon que le sternum se termine en arrière par une pointe aiguë. La surface d'insertion du muscle pectoral profond est petite, et la ligne saillante qui la limite en arrière se porte très-obliquement de l'extrémité de la gouttière coracoïdienne vers le tiers antérieur du brechet. Les rainures articulaires ne se croisent pas sur la ligne médiane comme chez les autres Rapaces ; elles sont au contraire séparées par un espace déprimé, et leur hauteur est très-considérable.

La face sternale supérieure est profondément déprimée et creusée en avant d'un trou pneumatique énorme. L'étude anatomique de cet os montre bien les différences qui séparent le Secrétaire des Rapaces véritables et ses affinités avec certains Échassiers.

La CLAVICULE FURCULAIRE des Rapaces diurnes (1) présente la forme d'un U, dont les branches seraient très-écartées vers leur extrémité ; celles-ci sont comprimées d'avant en arrière dans toute leur portion inférieure, et latéralement dans le reste de leur étendue. Dans leur région scapulaire, elles se dilatent notablement et se courbent brusquement de façon à décrire une ligne fortement arquée à concavité postérieure.

Les cavités articulaires qui s'unissent au coracoïdien sont en général très-larges, et la tubérosité scapulaire est presque toujours petite et mince.

Chez les Aigles (2), la portion antérieure de la fourchette est grêle,

(1) Voyez pl. IV, fig. 3 et 4, et pl. CLXXXII, fig. 4.
(2) Voyez pl. I et pl. IV, fig. 3 et 4.

mais ses branches, tout en restant lamelleuses, s'élargissent beaucoup dans le voisinage de l'épaule. Il existe une petite apophyse furculaire courte et comprimée latéralement. Les tubérosités coracoïdiennes sont larges, mais peu saillantes, et présentent en arrière une facette articulaire, ovalaire et oblique, qui est suivie d'une excavation rugueuse dont le fond est occupé par quelques ouvertures pneumatiques. Enfin, l'extrémité scapulaire est mince, étroite et garnie en dehors d'une surface articulaire très-petite.

Chez les Pygargues, l'apophyse furculaire est rudimentaire; les branches claviculaires sont plus longues et plus écartées entre elles, et la facette coracoïdienne est moins prononcée, plus allongée, plus oblique et moins nettement circonscrite en arrière. Enfin l'extrémité scapulaire est plus obtuse.

La fourchette des Harpies se dilate beaucoup moins au voisinage de l'épaule, en sorte que le bord supérieur de ses branches est beaucoup moins arqué, tandis que la courbe décrite par leur bord inféro-interne est presque aussi concave. Les tubérosités coracoïdiennes sont plus saillantes, et la surface articulaire qu'elles portent est dirigée plus transversalement. Enfin, la portion scapulaire de l'os comprise entre ces tubérosités et l'extrémité postéro-supérieure est moins grande et plus obtuse vers le bout.

La fourchette du Jean-le-Blanc (*Circaetus gallicus*) présente une protubérance coracoïdienne moins proéminente, et sa facette articulaire est petite. Il est bon de noter que la portion scapulaire est très-courte et se termine en pointe.

Chez le Balbuzard, la fourchette est plus lamelleuse, la tubérosité coracoïdienne est moins saillante, et les facettes articulaires qu'elle limite en avant sont plus complétement confondues entre elles et plus petites. Enfin l'extrémité scapulaire est plus arrondie.

La conformation de cet os est à peu près la même chez les Milans; mais la portion scapulaire est un peu plus dilatée en dessus; enfin la crête médiane ou apophyse furculaire est lamelleuse et bien développée.

La clavicule furculaire des Faucons proprement dits est plus longue et beaucoup moins ouverte que chez les autres oiseaux de la même famille ; les facettes coracoïdiennes sont moins proéminentes, et l'extrémité scapulaire est renflée de façon à constituer une grosse tubérosité.

Chez les *Gypohierax*, la fourchette ressemble beaucoup à celle des Pygargues, mais se dilate moins dans la région scapulaire, et sous ce rapport rappelle davantage ce qui se voit dans le genre Circaète. Elle se distingue de son homologue, chez ces derniers oiseaux, par la saillie considérable des tubérosités coracoïdiennes.

La fourchette des Vautours est plus rétrécie en avant, et par conséquent sa forme générale s'éloigne moins de celle d'un V. Sa portion moyenne est robuste et presque cylindrique. Il n'y a pas de tubérosité ou autre saillie pour l'articulation de cet os avec le coracoïdien, et la presque totalité de la portion scapulaire de la face externe est occupée par une grande fosse allongée et limitée en dessus par un bord mince qui se recourbe en bas. Enfin l'extrémité scapulaire, renflée en forme de tubérosité, est étroite et atténuée vers le bout.

Chez le Gypaète, la fourchette présente un mode de conformation qui, à certains égards, est intermédiaire à celui des Aigles et des Vautours. Ses branches sont robustes et s'écartent beaucoup l'une de l'autre ; elles sont moins arquées d'avant en arrière que chez la plupart des oiseaux de la même famille, et leur facette coracoïdienne est peu saillante et très-oblique, mais elle n'est pas remplacée par une fosse comme chez les Vautours.

Chez les Sarcoramphes (1), l'os furculaire se reconnaît facilement à la forme toute particulière de l'extrémité des branches : en effet, la

(1) Voyez pl. CLXXXII, fig. 4.

surface coracoïdienne est longue et très-étroite, au lieu de constituer une facette aplatie et arrondie ; il existe aussi au-dessous de cette surface des orifices pneumatiques largement ouverts.

La fourchette du Secrétaire se reconnaît de celle de tous les autres Rapaces diurnes par le développement considérable de l'apophyse furculaire et le peu d'élargissement de sa portion scapulaire. J'ajouterai que les branches claviculaires sont plus longues que d'ordinaire et ne s'écartent entre elles que médiocrement.

L'os CORACOÏDIEN des Rapaces diurnes (1) se distingue facilement de celui des autres oiseaux par sa forme générale, ainsi que par plusieurs caractères particuliers. Il est trapu, remarquablement fort, et son extrémité scapulaire surtout présente un développement très-considérable. L'apophyse sous-claviculaire est très-saillante, et sa base est traversée par un trou plus ou moins large. En général, il existe un grand orifice pneumatique sous le bord interne de la tubérosité. La surface qui s'articule avec la facette coracoïdienne de la fourchette est ovalaire, grande et très-marquée. Enfin la surface articulaire sternale n'est que peu élargie en avant, mais se dilate en arrière, et l'angle hyosternal se prolonge beaucoup postérieurement et ne présente que très-peu de hauteur.

C'est chez les Aigles (2), les Harpies et les Pygargues que toutes les particularités dont je viens de parler sont les plus prononcées. Ainsi le coracoïdien des Pygargues est remarquablement gros ; la tubérosité est extrêmement forte, et sa surface articulaire antérieure, de forme ovalaire, est très-saillante. La coulisse du muscle moyen pectoral est large et profonde, et la fossette qui en occupe la face latérale est très-creuse et présente un assez grand orifice. Le trou

(1) Voyez pl. IV, fig. 5 à VIII, et pl. CLXXXII, fig. 5 et 6.
(2) Voyez pl. IV, fig. 5 à 8.

sous-claviculaire est très-ouvert. La crête qui descend de la tubérosité claviculaire sur la face antérieure de l'os est tranchante. L'apophyse hyosternale est relevée en forme de crochet. Enfin, la lèvre interne de la surface articulaire est saillante et recourbée en bas.

Chez les Aigles, la tubérosité claviculaire est un peu moins élevée (1), et la crête qui descend de sa base sur la face antérieure de l'os est plus mousse. Le coracoïdien est moins robuste chez les Harpies et l'apophyse sous-claviculaire est moins proéminente.

L'os coracoïde des Faucons est plus mince vers le milieu et plus élargi à ses deux extrémités; mais il se fait surtout remarquer par le mode de conformation de sa portion scapulaire; la tubérosité claviculaire est fortement recourbée en dedans; l'apophyse sous-claviculaire est très-allongée, et sa pointe se dirige en haut et en avant, de manière à circonscrire dans une étendue considérable la coulisse du muscle moyen pectoral; enfin, la grosse crête antérieure descendant de la tubérosité claviculaire se réunit inférieurement à la petite crête intermusculaire qui va se terminer près de la surface sternale. Il est aussi à noter que la lèvre interne de cette surface articulaire est à peine saillante, et que l'angle hyosternal se porte directement en arrière.

L'os coracoïdien des Bondrées se distingue de tous les précédents par le peu d'élévation de l'apophyse sous-claviculaire et l'état imparfait du bord interne du trou de même nom, qui, de la sorte, est transformé en une échancrure. On remarque aussi que la tubérosité claviculaire est peu développée, que la portion hyosternale de l'os est très-allongée, et que la lèvre interne de la surface sternale est très-proéminente.

Chez les Buses, l'angle de l'apophyse sous-claviculaire se relève

(1) Voyez pl. I, et pl. IV, fig. 5 à 8.

davantage, et l'angle correspondant de la tubérosité se recourbe
en bas.

Le coracoïdien des Busards ne diffère que peu de celui des Buses ;
le grand trou pneumatique qui se voit à la face interne de la coulisse du muscle moyen pectoral est situé plus haut, et l'angle hyosternal est plus marqué.

Des différences du même ordre permettent de reconnaître aussi
le coracoïdien des Vautours, des Milans, etc.

Chez les *Gypohierax*, l'apophyse sous-claviculaire est peu développée, le trou pratiqué à sa base est petit ; la crête antérieure est très-
saillante ; enfin la tubérosité est large, mais peu élevée.

Dans le groupe des Vautours, l'os coracoïdien est plus allongé,
la tubérosité se détache davantage des parties sous-jacentes ; l'apophyse sous-claviculaire est moins développée, et le trou de même nom
est rudimentaire. Cet os, chez les Gypaètes, est caractérisé par la grandeur de la facette claviculaire antérieure, qui est très-marquée et se
prolonge inférieurement en forme de crochet.

Le coracoïdien des Sarcoramphes est bien différent de celui des
autres Rapaces (1). L'extrémité inférieure est moins élargie, la surface
articulaire est plus large et plus aplatie ; elle est surmontée d'une
dépression profonde au fond de laquelle s'ouvrent de nombreux pertuis pneumatiques. Le corps de l'os est comparativement assez grêle,
et l'extrémité supérieure est très-haute ; la surface destinée à l'articulation de la fourchette est petite et occupe seulement la tête de l'os.

Chez le Secrétaire, la tubérosité supérieure est très-renflée, mais
peu élevée ; la surface furculaire est étroite, occupe toute la largeur
de cette portion de l'os et surmonte un orifice pneumatique considérable. L'extrémité inférieure est large et s'avance en dehors en
formant un angle arrondi ; la surface articulaire est très-épaisse

(1) Voyez pl. CLXXXII, fig. 5 et 6.

en dedans et se prolonge un peu sur la face inférieure de l'os, où elle est limitée par un bourrelet saillant.

LE SCAPULUM est large, lamelleux et robuste (1) ; en général, il est assez fortement dilaté en dessus vers les deux tiers de sa longueur ; il est peu arqué, et son extrémité articulaire est très-forte. La surface glénoïdale est grande et la tubérosité claviculaire est fort trapue. Enfin la fossette creusée sous son bord antéro-inférieur est percée d'un petit trou pneumatique.

Chez les Aigles, le bord supérieur du scapulum est très-arqué, tandis que le bord inférieur n'est que peu concave ; l'extrémité postérieure de l'os se rétrécit brusquement. La tubérosité claviculaire est peu saillante.

Chez les Buses, l'élargissement de la portion subterminale du scapulum est plus considérable ; la tubérosité claviculaire est plus relevée et moins saillante en avant ; enfin la dépression qui sépare celle-ci du bord externe de la cavité glénoïde, et qui concourt à former la coulisse du muscle moyen pectoral, est plus concave.

Dans le groupe des Faucons proprement dits, le scapulum est au contraire plus étroit ; il est aussi notablement tronqué vers le bout, et la tubérosité claviculaire est plus grosse, de façon que son extrémité articulaire est très-forte.

Chez les Vautours, les deux bords de l'os décrivent la même courbe, en sorte que la portion subterminale ne s'élargit que peu ou point. La tubérosité est plus fortement recourbée en dehors, et par conséquent la coulisse du muscle moyen pectoral est plus profonde ; enfin la surface coracoïdienne est plus saillante, ce qui contribue aussi à rendre l'extrémité articulaire de l'os plus arquée que chez les autres oiseaux de la même famille. Chez les Gypaètes, la confor-

(1) Voyez pl. IV, fig. 9 et 10.

mation du scapulum est intermédiaire entre ce que nous venons de trouver dans le groupe des Vautours et dans celui des Aigles.

§ 4. — DES OS DE L'AILE.

Les ailes des Oiseaux de proie sont toujours très-longues et très-robustes. Le bras est beaucoup plus court que l'avant-bras. L'HUMÉRUS est légèrement tordu sur lui-même. La crête externe, destinée à l'insertion du muscle grand pectoral, est très-longue, très-saillante ; elle porte une facette ovalaire et assez large. La fosse sous-trochantérienne est profonde et creusée d'orifices pneumatiques. L'extrémité inférieure est large et porte en dehors une tubérosité sus-épicondylienne très-relevée. L'épitrochlée s'avance beaucoup en arrière, de façon à encaisser la gouttière du tendon du muscle triceps.

Chez les Aigles (1), l'os du bras est très-robuste comparativement à sa longueur. La crête externe est épaisse, son bord antérieur est arrondi et se prolonge beaucoup en bas. L'empreinte d'insertion du grand pectoral est large et limitée par une saillie un peu rugueuse. La tête articulaire est peu proéminente, et l'échancrure qui la sépare de la tubérosité interne du trochanter est superficielle. La surface bicipitale présente une grande largeur, et se prolonge en haut jusqu'au trochanter. La fosse sous-trochantérienne est grande, et le trou pneumatique qui en occupe le fond est bien ouvert et arrondi. L'extrémité inférieure est très-large, légèrement comprimée d'avant en arrière ; l'empreinte d'insertion du muscle brachial antérieur est déprimée et allongée. La tubérosité sus-épicondylienne est grosse et renflée ; l'épitrochlée est très-développée, de même que l'empreinte d'insertion du ligament interne de l'articulation du coude. Dans le genre Pygargue (*Haliætus*), l'humérus est plus long et moins robuste ;

(1) Voyez pl. V, fig. 1 et 2.

la crête externe est plus courte et moins saillante. L'os du bras de l'Aigle bateleur (genre *Helotarsus*) ressemble davantage à celui des Aigles. Chez les Circaètes, l'extrémité supérieure est plus étroite, la crête externe moins développée.

L'humérus des Buses ne présente presque rien de particulier à noter ; cependant la saillie sus-épicondylienne, au lieu d'être grosse et renflée, est petite et tuberculiforme. Dans le genre Bondrée (*Pernis*), la surface bicipitale est élevée, mais courte, et la fosse sous-trochantérienne est située plus haut que d'ordinaire. Chez les Milans, l'extrémité supérieure est peu élargie, la crête externe peu développée.

Dans le genre *Falco* proprement dit (1), l'humérus est comparativement plus court et plus trapu. Sa courbure en S est plus forte ; l'extrémité supérieure plus large et la tête articulaire très-renflée. La crête externe est forte et saillante. La fosse sous-trochantérienne est large, profonde, et, au lieu de présenter un grand trou pneumatique, il existe au fond plusieurs petits pertuis. L'extrémité inférieure est épaisse et médiocrement élargie ; la saillie sus-épicondylienne est très-peu proéminente, et constitue plutôt une simple empreinte d'insertion. La surface d'attache du muscle brachial antérieur est très-large, et l'épitrochlée s'avance beaucoup en arrière.

Les différences que présente l'os du bras des Vulturides et des Gypaètes sont peu importantes, et n'ont pas plus de fixité que celles qui existent entre les divers genres que nous venons de passer en revue.

Chez les Cathartes et les Sarcoramphes, l'extrémité inférieure est très-élargie et porte en avant des pertuis pneumatiques, qui tantôt sont situés sur l'empreinte d'insertion du brachial antérieur, tantôt plus en dedans, au-dessus du condyle radial.

(1) Voyez pl. CLXXXI, fig. 5 et 6.

Chez le *Sarcoramphus papa* (1) et le *Cathartes aura*, indépendamment de ces orifices, il en existe un autre au-dessous de la tête articulaire, en dehors du sillon du ligament coraco-huméral.

L'os du bras du Secrétaire (*Serpentarius*), bien que présentant les caractères essentiels des Rapaces diurnes, c'est-à-dire la largeur de l'extrémité supérieure, la forte saillie de la crête externe, l'élargissement de l'extrémité inférieure, se distingue par l'étroitesse de la fosse sous-trochantérienne, qui est limitée en dessus par un bord très-épais, et entièrement occupée par le trou pneumatique situé, comme chez les Strigides, à fleur de l'os (2).

L'avant-bras des Oiseaux de proie est très-long et étroit; il est aussi à noter que l'espace interosseux est très-rétréci, surtout dans sa moitié antérieure, et que le radius est légèrement courbé en S (3).

Le CUBITUS ressemble assez à celui des Grues et des Cigognes; mais l'apophyse olécrâne est plus grosse et plus élevée; la fossette glénoïde externe ou supérieure est plus excavée, et le bord latéral de la fossette glénoïde interne ou inférieure s'avance davantage en forme de crête.

La dépression servant à loger la tête du radius est allongée. L'empreinte d'insertion du muscle brachial antérieur est bien développée et limitée par un rebord latéral très-saillant. L'extrémité inférieure de l'os est un peu plus élargie que d'ordinaire; la lèvre interne de la poulie carpienne est très-grande et s'élève très-haut; la coulisse des fléchisseurs de la main n'est pas distincte et se trouve souvent remplacée par une fossette assez profonde.

La tubérosité carpienne qui se voit du côté opposé de l'os est

(1) Voyez pl. CLXXXI, fig. 3 et 4.
(2) Chez les Polyboroïdes, la fosse trochantérienne est également très-petite et occupée entièrement par le trou à air qui s'ouvre aussi à fleur de l'os.
(3) Voyez pl. I.

proéminente. Enfin les tubérosités qui correspondent aux insertions des grandes plumes de l'aile sur la surface postérieure 'de la diaphyse sont très-peu marquées.

Le cubitus des Pygargues est remarquablement large et robuste. Chez l'Aigle fauve (1), il est beaucoup moins long, mais presque aussi gros, et chez l'Aigle de Bonelli il est moins fort et d'environ un tiers plus court. Celui du Circaète Jean-le-Blanc est notablement moins gros et sa tête articulaire est moins élargie; l'empreinte du muscle brachial antérieur est étroite; enfin la fossette qui, chez les Pygargues, remplace la coulisse des fléchisseurs de la main, sur le côté de l'extrémité inférieure de l'os, est rudimentaire. Chez l'Aigle bateleur, les tubercules d'insertion des grandes plumes de l'aile sont beaucoup plus saillants que d'ordinaire dans cette famille, et la crête marginale de l'empreinte du brachial antérieur se termine supérieurement par un tubercule proéminent.

Le cubitus des Faucons est plus arqué (2), l'olécrâne est plus élevé, la fossette glénoïdale située à la base de cette apophyse est déprimée, et la crête marginale de l'empreinte du muscle brachial antérieur est fort saillante; enfin la tubérosité carpienne est très-grosse.

Le cubitus de la Bondrée est grêle et se fait remarquer par l'allongement de l'empreinte du brachial antérieur.

Chez le Gypaète, le cubitus est très-robuste, l'olécrâne est gros, et la fossette qui loge la tête du radius est très-excavée. Chez les Vautours, les tubérosités qui garnissent la face supérieure du corps de l'os, et qui donnent attache aux rémiges, sont plus marquées que chez la plupart des autres Rapaces diurnes, et l'extrémité supérieure de l'empreinte d'insertion du muscle brachial antérieur est très-creusée. Le cubitus du Secrétaire présente les mêmes caractères, mais il est plus

(1) Voyez pl. V, fig. 3, 4 et 5.
(2) Voyez pl. CLXXXI, fig. 9 et 10.

gros relativement à sa longueur, et la ligne qui descend de l'olécrâne
sur le bord dorsal de l'os est plus saillante.

Bien que l'espace interosseux du métacarpe des Rapaces diurnes
soit très-considérable, il l'est cependant moins que chez les Strigides.
La petite branche est presque droite; elle se sépare de la branche
principale immédiatement au-dessous de l'extrémité supérieure, puis
s'en écarte graduellement, et se courbe brusquement vers son extrémité inférieure pour se réunir à cette dernière.

L'apophyse radiale est grosse, saillante et légèrement recourbée
en dedans. L'apophyse pisiforme est proéminente, et la coulisse qu'elle
limite en arrière est plus large que chez les Oiseaux de nuit. La coulisse qui sillonne la face externe du gros métacarpien est profonde,
limitée en bas, de chaque côté, par une petite crête saillante, et ne se
termine pas par une large dépression, comme dans la famille des
Strigides. Ces caractères sont faciles à saisir, et permettent de distinguer avec certitude l'os métacarpien des Rapaces diurnes de celui
des Oiseaux de nuit.

Chez les Aigles (1), l'espace interosseux est très-large inférieurement, l'apophyse radiale est peu élevée et assez épaisse. Dans le
genre Pygargue (*Haliætus*), il en est à peu près de même, cependant
la gorge carpienne est plus profonde en arrière, et l'extrémité supérieure est comparativement plus petite. Chez l'Aigle bateleur (genre
Helotarsus), l'espace interosseux est plus étroit, et l'apophyse radiale
est mince, comprimée latéralement et très-saillante. Le métacarpe des
Circaètes ressemble beaucoup au précédent, bien que l'apophyse radiale soit moins développée.

Dans le groupe des Faucons proprement dits, l'apophyse pisiforme est petite et située très-bas. La petite branche du métacarpe

(1) Voyez pl. VI, fig. 1 à 4.

se détache immédiatement au-dessous, ce qui donne à l'espace interosseux une longueur plus considérable que d'ordinaire. L'apophyse
radiale est très-relevée. Dans le genre *Circus*, l'extrémité supérieure
est petite, la gorge carpienne est courte, et l'apophyse radiale très-
proéminente, mais mince. Chez les Balbuzards (*Pandion*), la tête articulaire est également très-petite, mais l'espace interosseux est plus
étroit que dans le genre précédent. L'apophyse radiale est courte.

Chez les Vautours, il existe généralement un grand trou pneumatique à l'extrémité supérieure de la petite branche métacarpienne.
Quelquefois on en voit un autre en avant de la gorge carpienne, au-
dessus de l'apophyse radiale, qui n'est jamais très-développée. Ces
orifices pneumatiques manquent chez les Gypaètes et les Gypohierax.
Le métacarpe des Cathartes et des Sarcoramphes est remarquable par
sa grande pneumaticité et par la forme renflée de la petite branche
métacarpienne, l'espace interosseux est peu allongé (1).

Dans le genre Secrétaire (*Serpentarius*), le métacarpe présente
les caractères fondamentaux des Rapaces ordinaires; mais il se distingue par le faible écartement des branches du métacarpe et par la
forme renflée en arrière de la poulie carpienne.

§ 5. — DE LA TÊTE OSSEUSE.

La tête des Rapaces diurnes (2) est remarquable par le faible
développement antéro-postérieur et la grande largeur du crâne, ainsi
que par l'élévation rapide du sinciput au-dessus de la région occipitale. En arrière, cette boîte osseuse est très-arrondie, et la largeur
de la tête derrière les yeux est encore augmentée par l'extension
du bord postérieur de l'orbite, qui, souvent, se prolonge beaucoup en
dehors et se recourbe fortement en avant. La région occipitale est

(1) Voyez pl. CLXXXII, fig. 7 à 10.
(2) Voyez pl. I, pl. VI, fig. 7 et 8, et pl. CLXXXII, fig. 1 à 3.

très-basse et elle n'est séparée des pariétaux que par une ligne courbe peu saillante. Les fosses temporales sont superficielles et rejetées très en arrière ; les orbites sont fort grandes, et la cloison qui les sépare est en majeure partie ossifiée. La région interorbitaire est large et plane ou faiblement déprimée au milieu, et le front est agrandi par les os lacrymaux, qui ont en général des dimensions très-considérables, et offrent fort souvent une disposition qu'on ne trouve pas chez d'autres oiseaux ; leur portion frontale est lamelleuse et se prolonge en dehors et en arrière au-dessus de l'orbite, de façon à jouer un rôle important dans la constitution de la voûte de cette cavité. La forme des espèces d'ailes ainsi produites varie suivant l'âge et les espèces, et leur développement contraste avec celui de la lame descendante du même os, qui est très-grêle et ne se soude, ni en arrière à l'ethmoïde, ni en bas à l'arcade jugale ; mais ce dernier caractère n'existe pas chez tous les Rapaces diurnes. Le bec, comme on le sait, est très-robuste et solidement soudé au front dans toute la longueur de la partie dorsale ; les narines, en général, sont grandes, mais leur forme varie chez les différentes espèces, et il en est de même du crochet terminal de la mandibule. Le plus souvent les os palatins sont larges, mais écartés l'un de l'autre dans toute leur étendue, et ils ne descendent jamais entre les branches de la mâchoire inférieure comme chez les Perroquets. La mandibule inférieure est robuste et sa portion postarticulaire est remarquablement élargie du côté interne.

Dans la famille des Vautours, la tête est très-allongée, disposition qui dépend principalement de la conformation de sa partie mandibulaire. Celle-ci présente d'ailleurs une forme caractéristique. La portion terminale ou prénasale de la mandibule supérieure se renfle en dessus et sur les côtés, de sorte que la région basilaire du bec, qui, à l'état frais, est recouverte par la cire, est un peu rétrécie, et que la courbure dorsale des os intermaxillaires ne se continue pas d'une manière régulière, depuis le crochet mandibulaire jusqu'au front, comme cela se voit chez la plupart des Falconides, mais se trouve divisée en deux parties bien distinctes par une dépression située au devant des narines, et ayant chacune une courbure particulière. Il est aussi à noter que la région frontale est très-large.

Il existe dans cette partie du squelette des Vautours de nombreuses variations de forme, mais ces particularités peuvent se rapporter à quatre types principaux qui nous sont offerts : 1° par les Sarcoramphes, comprenant les Condors, les Cathartes proprement dits et les Néophrons ou Percnoptères ; 2° par les Gypses, tels que le Vautour fauve ; 3° par l'Auricou et le Vautour arrian ; 4° par les Gypaètes. Chez les premiers, les branches de la mâchoire inférieure sont très-rapprochées entre elles postérieurement, et les trous nasaux qui logent les narines sont dirigés longitudinalement. Chez les seconds, la forme générale de la tête est à peu près la même, mais les trous nasaux sont dirigés transversalement. Dans la troisième forme, les branches de la mâchoire inférieure sont très-écartées postérieurement, le crâne présente un élargissement correspondant, et les trous nasaux sont disposés comme chez les précédents. Enfin, dans le quatrième type, la tête est également très-élargie en arrière, mais les trous dont nous venons de parler sont dirigés longitudinalement, comme dans le premier groupe cité ci-dessus.

J'insiste ici sur la forme de la mâchoire inférieure plutôt que sur celle du crâne, parce que celle-ci est parfois masquée en quelque sorte par des modifications de peu d'importance, mais qui influent beaucoup sur l'aspect général de la tête.

Ainsi, chez les Sarcoramphes, celle-ci est très-allongée et rétrécie en arrière, tandis que chez une espèce voisine, le Vautour papa (1), elle paraît être extrêmement large dans la portion postmandi-

(1) Voyez pl. CXXXII, fig. 1 à 3.

bulaire ; cette particularité dépend principalement de ce que les os lacrymaux, au lieu de rester isolés dans toute leur région sourcilière, se confondent avec l'os frontal jusque dans le voisinage des apophyses postorbitaires, et donnent ainsi à la voûte de l'orbite un développement énorme.

Dans le chapitre suivant, il me faudra revenir sur les caractères du bec des Gypaètes, et par conséquent je n'en parlerai pas davantage ici.

Par la conformation de sa tête osseuse, le genre *Gypohierax* relie entre eux les Cathartes, les Gypaètes et les Aigles. De même que chez les premiers, la tête est étroite et allongée ; le bec est comprimé latéralement, à peu près comme chez les Gypaètes, bien que la forme soit différente, et les trous nasaux sont disposés de la même manière que ceux des Pygargues ou Aigles pêcheurs.

La forme générale de la tête des Pygargues et des Aigles proprement dits (1) ne diffère que peu de ce que nous avons déjà observé dans le genre Gypaète ; elle est très-large au niveau de l'articulation de la mâchoire et se rétrécit graduellement d'arrière en avant. Le bec est plus court, et sa partie nasale, au lieu d'être déprimée antérieurement, se relève au-devant des trous nasaux, de manière à présenter à cet endroit plus de hauteur qu'à la base de son crochet terminal ; enfin l'espace compris entre ces trous et l'articulation fronto-maxillaire est très-court, etc. De même que chez les Gypaètes, la paroi postérieure des orbites est très-saillante en dehors.

Chez les Autours, les Circaètes, les Buses, les Busards, etc., la tête est beaucoup plus courte et plus élargie en arrière ; le bec est peu allongé et sa partie naso-frontale est étroite ; les os lacrymaux prennent en général un développement énorme et donnent une grande largeur à la voûte orbitaire.

(1) Voyez pl. VI, fig. 7 et 8.

Dans le groupe des Faucons proprement dits, la boîte crânienne est également très-élargie ; le bec est encore plus court, mais sa portion naso-frontale est beaucoup plus développée et plus aplatie.

On rencontre encore, chez les Oiseaux de proie diurnes qui se groupent autour des Aigles et des Faucons, beaucoup d'autres variations dans la conformation de la tête osseuse ; et lorsque les paléontologistes auront besoin de recourir à l'étude de cette partie du squelette des Rapaces pour la détermination des fossiles, ils y trouveront un grand nombre de caractères précieux à noter ; mais en ce moment nous n'aurions pas l'occasion d'utiliser ces faits de détail, et par conséquent je ne m'y arrêterai pas plus longtemps. J'ajouterai seulement que le Secrétaire, ou *Serpentarius*, présente dans la structure de sa tête osseuse tous les caractères propres au groupe des Oiseaux de proie diurnes, et se rapproche beaucoup des Aigles, bien qu'il s'en distingue facilement par la forme concave de la région interorbitaire, ainsi que par plusieurs autres particularités organiques.

CHAPITRE XXXII

DES OISEAUX FOSSILES DE LA FAMILLE DES OISEAUX DE PROIE DIURNES

(*Accipitres diurni*).

§ 1.

Aussitôt que les Oiseaux ont apparu à la surface du globe, il devait s'en trouver quelques-uns destinés à vivre de chasse, à se nourrir de proies vivantes, et à empêcher ainsi la trop grande multiplication des autres espèces. Les choses paraissent en effet s'être ainsi passées, car dès l'époque tertiaire inférieure on rencontre des représentants de la famille des Rapaces.

En 1841, M. Owen fit connaître une très-petite espèce de Vautour, qu'il plaça dans une nouvelle division générique, sous le nom de *Lithornis vulturinus* (1). Sur l'échantillon qui a servi à cette détermination et qui fait partie de la collection du musée des chirurgiens à Londres, on voit encore la plus grande partie du sternum, les extrémités contiguës des coracoïdiens, les vertèbres dorsales, des fragments de côtes, ainsi que les portions terminales du fémur gauche et du tibia. Sur une autre pièce on peut étudier le sacrum.

---

(1) Owen, *Description of the fossil remains of a Mammal and of a Bird (Lithornis vulturinus) from the London clay (Transactions of the Geological Society of London,* 1841, t. VI, p. 208, pl. XXI, fig. 5 et 6). — *Journal l'Institut,* 1840, t. VIII, p. 332. — *Catalogue of the fossil Mammalia and Birds of the museum of the College of Surgeons,* 1845, p. 337.

Les couches gypseuses des environs de Paris renferment, comme nous le verrons, divers ornitholithes se rapportant à des Rapaces diurnes. Les marnes calcaires de Ronzon, près du Puy, ont fourni à M. Aymard un oiseau qu'il rapproche des Faucons et auquel il a donné le nom de *Teracus littoralis* (1). Dans des couches qui paraissent à peu près du même âge et qui contiennent des ossements de Palæotherium et d'Anoplotherium, M. le docteur Fras a découvert, au sommet de l'Alb de Souabe, des débris d'un oiseau qu'il a rapproché des Busards (2).

A l'époque miocène, les Rapaces paraissent avoir été assez nombreux ; il en existe plusieurs espèces dans le département de l'Allier, et au moins autant à Sansan. Je reviendrai, d'ailleurs, sur l'étude de ces oiseaux.

M. Jourdan, dans une note sur quelques fossiles trouvés dans les dépôts d'eau douce du centre de la France, annonce la découverte faite, dans les calcaires d'Auvergne et du Velay, de plusieurs crânes d'oiseaux, dont un semblable à celui du Catharte urubu (3).

M. Gervais cite, aux environs de Montpellier, dans les marnes fluviatiles pliocènes, un os tarso-métatarsien d'un Rapace voisin du Faucon (4). Mais cette détermination aurait besoin, je crois, d'être contrôlée, car, d'après la figure qui a été donnée de ce fossile, je serais disposé à regarder cette portion de canon comme appartenant à un oiseau de la famille des Strigides. Cependant, avant de rien conclure à ce sujet, il serait nécessaire d'étudier l'échantillon original.

Les couches quaternaires renferment souvent des débris d'Oiseaux de proie. Mais jusqu'à présent on n'a pas de preuve certaine qu'ils appartiennent à des espèces différentes de celles qui habitent aujourd'hui l'Europe.

(1) Voyez pl. CXXXV, fig. 20 à 23.
(2) *Bulletin de la Société géologique de France*, 2e série, 1852, t. IX, p. 266.
(3) Jourdan, *Nouveau genre de Rongeurs fossiles* (Journal l'Institut, 1857, p. 344.
(4) P. Gervais, *Zoologie et Paléontologie françaises*, 2e édit., pl. I, fig. 17.

§ 2. — DES RAPACES DIURNES DE L'ÉPOQUE ÉOCÈNE.

PALÆOCIRCUS CUVIERI, nov. gen. et sp.

(Voyez pl. CLXXXV, fig. 16.)

Les seules pièces que l'on puisse rapporter à des oiseaux de la
famille qui nous occupe ici, et qui aient été trouvées dans les couches
du terrain tertiaire inférieur de France, ont été figurées par G. Cuvier,
et proviennent du gypse de Montmartre. L'une des pièces dont je viens
de parler est le métacarpe « d'un oiseau de forte taille et à longues
« ailes (1) ; il est même à peu près semblable, dit Cuvier, pour la
« forme et pour la grandeur, à celui du Balbuzard ». Ce fossile présente en effet une certaine ressemblance de forme avec le métacarpe
du Balbuzard, mais on ne peut cependant le rapporter au genre
Pandion, car il en diffère par le peu de saillie que fait en arrière la
poulie articulaire carpienne et par la moindre longueur de l'espace
interosseux. Je n'ai pu, après une comparaison attentive, attribuer ce
débris à aucun des genres actuels de la même famille ; il se distingue
de son analogue chez les Aigles, les Pygargues, les Circaètes, les
Buses et les Éperviers, par le faible écartement des branches méta-
carpiennes. La même disposition existe chez les Busards, mais dans
ce genre la tête de l'os est beaucoup plus petite. Nous savons que chez
les Faucons l'apophyse pisiforme est placée beaucoup plus bas et que
la petite branche du métacarpe naît immédiatement au-dessous d'elle,
ce qui n'a pas lieu chez le fossile de Montmartre. L'absence d'orifice
pneumatique ne permet pas de le rapprocher des Vulturides et des
Sarcoramphes ; il me paraît probable que l'oiseau auquel appartenait
cette pièce du squelette doit se ranger dans une division générique

(1) Voyez pl. CLXXXV, fig. 16.

particulière, intermédiaire aux Aigles et aux Busards et peu éloignée des Balbuzards. Je le désignerai sous le nom de *Palæocircus Cuvieri.*

D'autres fragments ont été rapportés avec raison par Cuvier à des Rapaces : ce sont quatre phalanges composant le doigt médian, et qui, ainsi que le dit l'auteur des *Recherches sur les ossements fossiles*, ressemblent beaucoup à leurs analogues dans le Busard (1). D'après leur taille, il est très-probable qu'elles appartiennent aux *Palæocircus Cuvieri.*

Cuvier regarde comme provenant d'un oiseau de nuit un métacarpe de petite taille (2), qui appartient, sans qu'il soit possible d'en douter, à un Rapace diurne (3). En effet, nous savons que chez ces derniers la petite branche de cet os est moins arquée que chez les Strigides, et que si l'espace interosseux est large, cela est dû à ce que cette branche s'écarte graduellement du métacarpien principal pour ne s'y réunir qu'à son extrémité : or, ces caractères s'observent chez le fossile du gypse; de plus, la gouttière qui sillonne la face externe, et dans laquelle s'engage le fléchisseur de la première phalange, est limitée inférieurement, de chaque côté, par une petite crête saillante, tandis que chez les Strigides elle se termine sur ce point par une dépression ou fossette en général large et évasée. Il me paraît difficile de pousser plus loin les comparaisons, car ce fossile est dans un mauvais état de conservation, et il est impossible de tirer aucun caractère de la disposition de l'extrémité supérieure ; je crois que l'on peut seulement avancer avec certitude qu'il n'appartient pas à une espèce des genres *Falco, Pandion, Vultur* ou *Sarcoramphus.*

(1) Voyez Cuvier, *Recherches sur les ossements fossiles*, 4ᵉ édit., in-8; t. V, p. 568, pl. CLV, fig. 2.

(2) Cuvier, *Recherches sur les ossements fossiles*, 4ᵉ édit., in-8, t. V, p. 578, pl. CLV, fig. 4.

(3) Voyez pl. CLXXXV, fig. 17, 18 et 19.

§ 3. — DES RAPACES DIURNES DE L'ÉPOQUE MIOCÈNE.

PALÆOHIERAX (1) GERVAISII.

(Voyez pl. CLXXXIII, fig. 1 à 10.)

Aquila Gervaisii, Alph. Milne Edwards, *Mémoire sur la distribution géologique des Oiseaux fossiles* (*Ann. des sc. nat.*, Zool., 4ᵉ série, 1863, t. XX, p. 156).

M. P. Gervais a, le premier, signalé l'existence de cette espèce d'après un tarso-métatarsien trouvé par l'abbé Croizet, à Chaptuzat (Allier), et appartenant aujourd'hui au Muséum d'histoire naturelle. Mais le savant zoologiste que je viens de citer n'a pas établi les liens de parenté que cet oiseau présente avec les Rapaces actuels. « Ce tarse, » dit-il, est plus large et plus aplati que celui des Buses, et en parti- » culier beaucoup plus robuste que celui de la Buse commune. Ses » proportions le rapprocheraient davantage de celui du *Balbuzard*, des » Aigles ou de la Pygargue. » Le fossile en question est parfaitement conservé (2), et il est aisé d'établir d'une manière précise le genre auquel il appartient. J'ai montré dans le chapitre précédent les diffé- rences qui existent dans la conformation du tarso-métatarsien de Rapaces, et je crois avoir prouvé qu'à l'aide de cette partie du sque- lette les déterminations génériques sont toujours possibles. Il n'existe absolument aucune ressemblance entre l'os du pied du Balbuzard (*Pandion haliœtus*) (3) et celui du Rapace de Chaptuzat ; il est même inutile de revenir sur les particularités qui sont spéciales à ce dernier, il me suffira de renvoyer à ce que j'en ai dit plus haut (voyez page 413). Le fossile trouvé à Chaptuzat par l'abbé Croizet se rapproche davan-

---

(1) De παλαιὸς, ancien, et ἱέραξ, faucon.
(2) Voyez pl. CLXXXIII, fig. 1 à 6.
(3) Voyez pl. CLXXIX, fig. 5 à 8.

tage de celui des Aigles proprement dits, tout en offrant certains caractères qui lui sont communs avec les *Gypohierax* (Ruppell).

De même que chez le Gypohierax, la face antérieure du canon est élargie, peu excavée dans sa portion supérieure, où son bord externe est relativement peu avancé. L'empreinte d'insertion du muscle tibial antérieur est bien marquée. La face externe est moins large, dans sa portion moyenne, que chez les Aigles, et, comme d'ordinaire, la face interne est remplacée par un bord très-mince, ce qui éloigne notre fossile des Faucons. La surface articulaire supérieure est aplatie, et le talon se distingue de celui des Aigles par le faible développement de la saillie externe ; celle-ci est peu élevée et se dirige non pas en arrière, mais en dehors, comme cela se remarque dans le genre *Gypohierax*. Les trochlées digitales sont petites; l'externe est très-comprimée latéralement. l'interne est forte et son bord postérieur se prolonge en arrière. Cette disposition de l'extrémité articulaire inférieure rappelle celle des Aigles bien plus que celle des Gypohierax ; car chez ces derniers, la trochlée externe est plus élargie et celle du côté interne descend plus bas que la médiane. En résumé, le tarso-métatarsien du *Palæohierax* ressemble à celui des Aquilides par la disposition de l'extrémité digitale, tandis que la forme élargie de la diaphyse, surtout dans sa partie inférieure, le rapproche des Gypohierax.

J'ai trouvé à Saint-Gérand le Puy un tarso-métatarsien incomplet (1), qui provient évidemment du *Palæohierax;* il présente les mêmes dimensions, les mêmes proportions et les mêmes caractères que celui de Chaptuzat. Des fragments de tibia et de métacarpe qui ont été recueillis dans le même gisement me paraissent aussi se rapporter à cette nouvelle espèce.

Les chiffres suivants indiquent les dimensions du tarso-métatar-

(1) Voyez pl. CLXXXIII, fig. 7 à 10.

sien du *Palæohierax Gervaisii,* comparativement à celles de différentes espèces de Rapaces.

	Longueur de l'os.	Largeur de l'extrémité supérieure.			Largeur de l'extrémité inférieure.			Largeur du corps de l'os.	
	Dimensions réelles.	Dimensions réelles.	Dimensions rapportées à la longueur (1).		Dimensions réelles.	Dimensions rapportées à la longueur.		Dimensions réelles.	Dimensions rapportées à la longueur.	
Palæohierax Gervaisii	0,0883	0,0162	18,2		0,0179	20,3		0,009	10,2	
Gypohierax angolensis......	0,079	0,015	18 »		0,0165	20 »		0,0065	8,1	
Gypaetus barbatus........	0,089	0,0212	23,8		0,021	23,6		0,010	11 »	
Gyps fulvus.............	0,1065	0,026	24,4		0,0279	26,2		0,015	14,1	
Haliætus albicilla.........	0,099	0,0162	18,3		0,025	25,3		0,011	11,1	
Aquila fulva.;............	0,106	0,022	20,8		0,024	22,6		0,013	12,3	
Helotarsus ecaudatus.......	0,075	0,017	22,7		0,021	28 »		0,010	13,3	
Falco buteo	0,074	0,0129	17,4		0,0135	18,2		0,006	8,1	

AQUILA DEPREDATOR, nov. sp.

(Voyez pl. CLXXXIII, fig. 11 à 16, et pl. CLXXXIV, fig. 5 à 10, et pl. CLXXXVI, fig. 7 à 12.)

A côté du *Palæohierax,* vivaient plusieurs autres espèces de Rapaces diurnes, dont une devait avoir à peu près les dimensions de l'Aigle de Bonelli. Je n'ai du squelette de cet oiseau qu'un très-petit nombre de pièces, mais quelques-unes d'entre elles sont parfaitement caractérisées : tel est un tarso-métatarsien entier qui a été recueilli dans les carrières de Saint–Gérand le Puy (2). Toutes les particularités de conformation de ce tarso-métatarsien indiquent qu'il provient d'un Rapace très-voisin des Aigles. L'os est allongé et robuste, et vers sa portion

(1) Celle-ci étant comptée pour 100 parties.
(2) Voyez pl. CLXXXIV, fig. 5 à 10.

moyenne présente la forme d'un prisme triangulaire ; il est beaucoup
plus grêle que chez l'Aigle fauve, le Pygargue et l'Aigle rapace. Il appartenait à une espèce à hautes pattes, très-voisine probablement de
l'*Aquila Bonelli*, Temminck, oiseau qui habite aujourd'hui le sud de
l'Europe, le nord de l'Afrique et une partie de l'Asie. Les caractères
qui permettent de distinguer l'os du pied de ces deux espèces sont
peu saillants ; on remarque cependant que chez l'*Aquila depredator*, le
canon est plus fortement cambré, c'est-à-dire que la face postérieure
est arquée longitudinalement. J'ajouterai que l'extrémité inférieure de
la diaphyse est plus épaisse et moins comprimée ; enfin, la gouttière
postérieure destinée à loger les tendons des muscles fléchisseurs est
remarquablement profonde et encaissée.

J'ai recueilli dans le même gisement un autre os tarso-métatarsien (1), de taille moindre, mais offrant les mêmes caractères et
appartenant probablement à la même espèce, peut-être à un mâle.
Je rapporte à l'*Aquila depredator* un fémur et un coracoïdien trouvés
aussi à Saint-Gérand le Puy. L'os de la cuisse (2) ressemble beaucoup
à celui de l'*Aquila nævioïdes*, Cuv., ou *Aquila rapax*, Temm., et
de l'*Aquila Bonelli*, Temm. ; il ne peut appartenir au *Palæohierax*,
car si les analogies que nous a présentées le tarso-métatarsien de cette
espèce se retrouvent dans le fémur, cet os se distingue par une forte
saillie du trochanter et des crêtes limitant la gouttière rotulienne,
caractères qui n'existent pas chez notre fossile. Les dimensions sont
trop faibles pour qu'on puisse l'attribuer à l'*Aquila prisca*.

Le coracoïdien (3) est plus allongé que celui de l'*Aquila nævioïdes*,
et la tête furculaire est plus large, mais moins longue. L'articulation
sternale est aussi moins forte. L'apophyse hyosternale est malheureusement brisée, de sorte qu'on n'en peut tirer aucune indication.

(1) Voyez pl. CLXXXIII, fig. 11 à 14.
(2) Voyez pl. CLXXXVI, fig. 7 à 10.
(3) Voyez pl. CLXXXVI, fig. 11 et 12.

DIMENSIONS DU TARSO-MÉTATARSIEN.

	Aquila depredator.	Aquila Bonelli.
Longueur totale..........................	0,103	0,100
Largeur de l'extrémité supérieure............	0,016	0,016
Largeur de l'extrémité inférieure.......	0,021	0,019
Plus petite largeur du corps de l'os..........	0,010	0,009
Plus grande largeur du corps de l'os.........	0,014	0,013
Plus petite épaisseur du corps de l'os	0,006	0,0055
Plus grande épaisseur du corps de l'os........	0,008	0,008

AQUILA PRISCA.

(Voyez pl. CLXXXIV, fig. 1 à 4 et 11 à 13.)

Alph. Milne Edwards, *Mém. sur la distribution géologique des Oiseaux fossiles* (*Ann. des sc. nat.*, Zool., 4e série, 1863, t. XX, p. 157).

Quelques années avant sa mort, M. Poirrier, qui avait recueilli un très-grand nombre de vertébrés fossiles dans la Limagne et le Bourbonnais, m'avait prié de déterminer les os d'oiseaux de sa collection. J'y ai reconnu entre autres un os tarso-métatarsien provenant des carrières de Langy, et qui, de même que le précédent, appartient au genre *Aquila ;* mais il est plus robuste. L'extrémité supérieure est brisée (1), mais la portion qui a été conservée suffit pour la détermination exacte de ce fossile. La face antérieure est moins rétrécie vers sa partie moyenne que chez l'*Aquila depredator*, et la face externe est plus élargie, ce qui donne à la diaphyse une forme prismatique triangulaire notablement plus prononcée. La trochlée digitale interne est plus forte et se prolonge davantage en arrière. La longueur de cet os est à peu près la même que chez l'*Aquila depredator*, mais il est beaucoup plus robuste, bien que, sous ce rapport, il soit inférieur à l'Aigle fauve ou aux Pygargues.

(1) Voyez pl. CLXXXIV, fig. 1 à 4.

Le tibia, qui, je le pense, doit se rapporter à cette espèce (1), a été trouvé dans les mêmes carrières ; l'extrémité inférieure est plus élargie que celle de l'Aigle de Bonelli, et le corps de l'os présente plus de force. Le pont osseux sus-tendineux est moins oblique que chez cette dernière espèce, et la gorge intercondylienne antérieure est plus évasée.

Si l'*Aquila prisca* ne se distinguait de l'*A. depredator* que par des différences de dimensions, j'aurais été disposé à regarder le premier de ces oiseaux comme la femelle du second ; mais, ainsi que cela ressort de l'étude qui précède, les caractères de l'os tarso-métatarsien ne sont pas les mêmes, ce qui indique qu'il s'agit ici de deux types spécifiques distincts.

Je donne ici les dimensions de l'os canon et du tibia de l'*Aquila prisca*.

TARSO-MÉTATARSIEN.

Longueur de l'os, de l'extrémité inférieure à la naissance de l'empreinte tibiale...	0,0846
Largeur de l'extrémité inférieure..............................	0,021
Largeur du corps de l'os	0,0107

TIBIA.

Épaisseur du corps de l'os..................................	0,0107
Épaisseur de l'extrémité inférieure...........................	0,0185
Largeur du corps de l'os....................................	0,0095
Épaisseur du corps de l'os..................................	0,0063

MILVUS DEPERDITUS, nov. sp.

(Voyez pl. CLXXXV, fig. 1 à 4.)

J'ai recueilli à Langy (Allier) un os tarso-métatarsien d'oiseau de proie qui me semble avoir appartenu à une espèce du genre *Milvus*. Ce fossile est très-bien conservé, et la trochlée digitale externe est seule brisée. Ainsi que je l'ai déjà dit dans le chapitre précédent, le canon

(1) Voyez pl. CLXXXIV, fig. 11 à 13.

des Milans est court et plus élargi encore que celui des Faucons ; la diaphyse est cependant moins épaisse, la face interne est remplacée par un bord tranchant, tandis qu'il n'en est pas de même dans le genre dont il vient d'être question. L'empreinte d'insertion du muscle tibial antérieur est située sur la ligne médiane et surmontée d'une dépression plus profonde que d'ordinaire et qui s'étend jusqu'au-dessous de l'extrémité supérieure. Le talon est très-petit et, toutes proportions gardées, plus grêle que celui des Aigles ; la crête interne est courte ; elle n'occupe pas la ligne médiane, et ne se continue pas par une ligne saillante sur la face postérieure de l'os, comme cela se voit dans le genre *Falco*. Cette face est profondément excavée en forme de gouttière, ce qui distingue cet os de celui des Vulturides. Les trochlées digitales sont courtes, la gorge articulaire de la médiane est légèrement oblique en bas et en dehors. L'interne se prolonge en arrière par un bord saillant, à peu près comme chez les Aigles et d'une façon beaucoup moins prononcée que dans le genre *Falco*.

Tous ces caractères, propres au Milan, se retrouvent chez notre fossile. Par ses dimensions il diffère du canon du Milan ordinaire ; il est plus petit et surtout plus grêle ; l'empreinte du tibial antérieur est moins marquée et plus étroite, la dépression qui la surmonte présente plus de profondeur ; mais ce sont là des particularités auxquelles on ne peut accorder qu'une importance spécifique.

Jusqu'à présent je ne connais que le tarso-métatarsien de cet oiseau ; mais il me semble assez bien caractérisé pour qu'il n'y ait pas d'hésitation sur sa détermination, et pour que l'on puisse s'attendre à retrouver sur toutes les autres pièces de la charpente solide les particularités de conformation propres au genre *Milvus*.

Tarso-métatarsien.

	Milvus deperditus.		Falco islandicus.		Falco peregrinus.		Falco tinnuculus.	
	Dimensions réelles.	Dimensions relatives.	Dimensions réelles.	Dimensions relatives.	Dimensions réelles.	Dimensions relatives.	Dimensions réelles.	Dimensions relatives.
Longueur de l'os	0,0459	100	0,064	100	0,048	100	0,040	100
Largeur de l'extrémité supérieure.	0,0087	19	0,018	28,1	0,012	25	0,007	17,5
Largeur de l'extrémité inférieure.	0,009	19,6	0,018	28,1	0,0129	27	0,0072	19
Largeur du corps de l'os.......	0,0045	9,8	0,0079	12,3	0,005	11,8	0,003	7,5
Épaisseur du corps de l'os......	0,004	8,7	0,006	9,4	0,004	10	0,003	7,5

AQUILA MINUTA, nov. sp.

(Voyez pl. CLXXXV, fig. 5 à 8.)

L'espèce que je désigne sous ce nom provient des couches miocènes de la colline de Sansan; je n'en connais jusqu'ici qu'une portion de tibia, et probablement quelques phalanges unguéales : mais les caractères que l'on peut tirer de la conformation de l'os principal de la jambe suffisent pour faire connaître la place zoologique qui doit être assignée à l'oiseau de proie de Sansan.

En effet, l'existence d'un pont sus-tendineux unique ne permet pas de rapporter ce fossile au groupe des Faucons proprement dits, ou des Caracaras. La profondeur de la gouttière de l'extenseur des doigts, qui, au-dessus du pont dont je viens de parler, occupe la moitié interne de la face antérieure de l'os, l'éloigne des Vulturides, des Éperviers, des Buses, des Milans, etc. On ne retrouve une disposition semblable que dans le genre Aquila, et parmi les espèces qui composent ce groupe, c'est l'Aigle de Bonelli qui présente le plus de ressemblances avec notre fossile : de même que chez cette espèce vivante, les condyles sont médiocrement écartés et la gorge qui les sépare est assez profonde en avant; en arrière, au contraire, la surface articulaire est aplatie, et son bord interne est plus long que l'externe.

En dedans, la facette d'insertion du ligament latéral interne est arrondie et saillante; celle du ligament externe est à peine marquée.

L'empreinte sur laquelle se fixe en haut la bride ligamenteuse sus-tibiale est située à une plus grande distance au-dessus du pont sus-tendineux que chez l'Aigle de Bonelli. La taille de ce tibia est à peu près la même que chez le Busard Saint-Martin (*Circus cyaneus*).

HALIÆTUS PISCATOR, nov. sp.

(Voyez pl. CLXXVX, fig. 9 à 11.)

Je suis disposé à attribuer à un oiseau de proie du genre Pygargue (*Haliætus*) un métacarpe trouvé à Sansan, dont la taille est à peu près la même que celle de son analogue chez le Circaète Jean-le-Blanc. La gorge carpienne est courte et sa lèvre interne se prolonge peu en arrière et en bas, ce qui permet de distinguer cet os de celui des Aigles et des Buses. L'apophyse pisiforme est moins rapprochée de l'extrémité supérieure que dans le genre Busard, mais elle en est moins éloignée que chez les Faucons proprement dits; la coulisse qui existe en avant de cette saillie est disposée comme dans le genre *Haliætus*. Il en est de même pour l'apophyse radiale, qui est mince, saillante et un peu courbée en dedans; chez les Balbuzards, elle est beaucoup moins proéminente; chez les Busards et les Eperviers, elle est plus grêle.

C'est peut-être à cette espèce qu'appartiennent plusieurs phalanges unguéales de Rapaces trouvées dans le même gisement, et qui, par leurs dimensions, semblent devoir se rapporter à un oiseau de cette taille (1).

(1) Voyez pl. LXXXV, fig. 12 à 15.

Ces oiseaux de proie ne sont pas les seuls qui existaient à Sansan ; il y en avait, comme l'a dit M. Lartet, d'une taille beaucoup plus grande, et analogue à celle de nos Aigles pyrénéens (1), ainsi qu'on peut le constater d'après une phalange unguéale trouvée dans ce gisement (2).

SERPENTARIUS ROBUSTUS.

(Voyez pl. CLXXXVI, fig. 1 à 6.)

Alphonse Milne Edwards, *Comptes rendus de l'Acad. des sciences*, séance du 11 mars 1870, t. LXX, p. 557.

L'existence d'un oiseau du genre Serpentaire en France, à l'époque du dépôt des couches miocènes est certainement l'un des faits les plus intéressants que nous ait fournis l'ornithologie paléontologique. En effet, les Serpentaires, connus aussi sous le nom de Secrétaires, appartiennent à un type zoologique particulier qui, bien que présentant de nombreux points de contact avec les Rapaces diurnes, se rapproche aussi, à certains égards, des Échassiers, et particulièrement de ceux de la famille des Cigognes ; de telle sorte qu'il est très-difficile d'établir la place que doit occuper cet oiseau dans nos cadres méthodiques, et de savoir si c'est un Rapace échassier ou un Échassier rapace. On ne connaît aujourd'hui qu'une seule espèce de Serpentaire, qui habite les régions australes de l'Afrique et remonte jusqu'en Abyssinie. La présence du *Serpentarius robustus* pendant la période tertiaire moyenne nous prouve que cette forme zoologique n'est pas aussi isolée qu'on aurait pu le croire ; d'ailleurs, j'ai déjà constaté des faits du même ordre. Ainsi j'ai montré que les Flamants se rattachaient aux autres Échassiers par l'intermédiaire d'une série d'espèces

(1) Lartet, *Notice sur la colline de Sansan*, 1851, p. 37.
(2) Voyez pl. CLXXXV, fig. 12.

fossiles ; de plus, les Serpentaires sont aujourd'hui confinés dans les pays chauds, et s'ils ont vécu en France, c'est probablement parce que le climat à cette époque ressemblait à celui de l'Afrique australe. Si le *Serpentarius robustus* était le seul représentant en France de la faune équatoriale, il serait peut-être téméraire d'en tirer une pareille conclusion ; mais cette espèce ne se trouve pas seule, elle est accompagnée de Flamants, d'Ibis, de Pélicans, de Couroucous, de Salanganes, de Perroquets. Cette réunion d'oiseaux indique des conditions extérieures très-différentes de celles qui existent de nos jours dans la Limagne et le Bourbonnais.

Le *Serpentarius robustus* est très-rare. Jusqu'ici je ne possède qu'une seule des pièces du squelette, un os du pied parfaitement conservé et si nettement caractérisé, qu'on ne peut avoir aucune incertitude sur sa détermination. Ce tarso-métatarsien est notablement plus court et plus robuste que celui de l'espèce d'Afrique : tandis que chez cette dernière il mesure environ $0^m,270$, notre fossile n'a que $0^m,215$; il est plus large surtout dans sa partie inférieure, et l'on y remarque un certain nombre de particularités distinctives peut-être assez considérables pour motiver l'établissement d'un genre nouveau. Mais je crois plus utile, pour indiquer le caractère de la faune ornithologique des époques géologiques, de ne pas multiplier les coupes génériques, et je placerai notre espèce nouvelle à côté du *Serpentarius reptilivorus.*

Le tarso-métatarsien, de même que celui de ce dernier, présente une gouttière antérieure extrêmement profonde dans le tiers supérieur de l'os ; elle est ici beaucoup plus creusée que d'ordinaire et limitée de chaque côté par des bords élevés ; sa paroi postérieure est formée par une lame osseuse tellement mince, qu'elle est transparente, ce qui nous montre l'importance que devait avoir le muscle extenseur propre du pouce. Ce muscle, dans le genre qui nous occupe, est double, il se décompose en deux portions : l'une , supérieure, remplissant la fosse dont il vient d'être question, et l'autre, inférieure, située un peu au-dessus de la facette articulaire du métatarsien postérieur et dont les fibres vont se fixer sur le tendon commun. La puissance que ce muscle devait avoir dans le Serpentaire fossile est en parfait accord avec les dimensions de la surface sur laquelle s'articulait le pouce. Cette dernière est plus profonde et plus étendue que dans l'espèce vivante. L'empreinte d'insertion du muscle tibial antérieur est bien marquée; elle se voit immédiatement au-dessous des pertuis supérieurs qui sont situés à la même hauteur, l'interne plus large que l'externe. La face antérieure est aplatie dans toute sa portion inférieure. C'est à.peine s'il y a une faible gouttière pour l'insertion de l'adducteur propre du doigt externe; ce muscle, comme chez le *Serpentarius reptilivorus*, devait être très-faible. Du côté externe il existe en haut une dépression limitée par une crête saillante et servant à l'insertion du muscle fléchisseur propre du pouce; cette surface est plus accentuée que chez l'espèce d'Afrique, et évidemment les muscles du pouce étaient beaucoup plus puissants. Sur cette même face, on voit, un peu au-dessous de la moitié de l'os, une petite crête oblique indiquant le trajet du tendon de l'extenseur du pouce; cette sorte de coulisse existe aussi dans l'espèce vivante, mais elle est située beaucoup plus bas. La face externe de l'os est comparativement plus large; elle présente en haut une dépression qui se prolonge sur le talon et est destinée à fournir des attaches aux muscles abducteur du doigt externe et adducteur du doigt interne.

L'extrémité articulaire supérieure est très-aplatie, et, comme cela se voit dans ce genre, l'apophyse intercondylienne est rudimentaire. Le talon est moins saillant que chez le *Serpentarius reptilivorus*, mais il est plus étendu dans le sens de la longueur de l'os; sa crête interne est notablement plus allongée, de façon que la coulisse dans laquelle s'engagent les tendons du fléchisseur des doigts est plus développée. L'extrémité inférieure ressemble beaucoup à celle de l'espèce vivante, mais elle est comparativement plus large ; les trochlées sont plus longues et la médiane descend davantage ; considérées dans leur ensemble, les poulies digitales sont situées sur une ligne plus arquée transversalement.

Cette étude anatomique de l'os du pied du *Serpentarius robustus* nous prouve que, par toutes ses parties essentielles, il ressemble à son analogue chez le Secrétaire ; que les muscles, indiqués par leurs attaches, sont semblablement disposés, mais qu'ils sont plus puissants ; et tout nous montre que l'oiseau fossile était plus bas sur pattes, mais plus robuste et plus trapu que l'espèce vivante ; ses doigts étaient plus vigoureux, et son pouce mieux armé permettait aux serres d'agir avec plus d'énergie.

	Serpentarius robustus.		Serpentarius reptilivorus.	
	Dimensions réelles.	Dimensions relatives.	Dimensions réelles.	Dimensions relatives.
Longueur totale du tarso-métatarsien.............	0,210	100	0,270	100
Largeur de l'extrémité supérieure................	0,021	10	0,024	8,6
Épaisseur de l'extrémité supérieure..............	0,018	8	0,020	7,4
Largeur de l'extrémité inférieure................	0,0205	9,7	0,021	7,7
Épaisseur de l'extrémité inférieure..............	0,013	6,1	0,012	4,4
Largeur minimum du corps de l'os................	0,008	3,8	0,007	2,5
Largeur au niveau des empreintes tibiales	0,0135	6,4	0,015	5,9
Épaisseur de l'os au niveau de la facette métatarsienne postérieure	0,007	3,3	0,0065	2,4
Épaisseur maximum de l'os......................	0,010	4,9	0,010	3,7

§ 4. — DES RAPACES DIURNES DE L'ÉPOQUE QUATERNAIRE.

Le nombre des espèces de Rapaces diurnes qui ont été signalées par divers auteurs dans les cavernes et les brèches osseuses est assez considérable ; malheureusement ces déterminations ne sont en général qu'approximatives, et, dans la plupart des cas, on ne trouve aucune indication des caractères d'après lesquels elles ont été établies, aussi ne doit-on pas les admettre sans contrôle.

M. Marcel de Serres signale, dans la caverne de Mialet et de Jobertas (Gard), des débris de Rapaces dont quelques-uns, dit cet auteur, se rapportent à un oiseau de la taille de l'Aigle noir (1); dans la grotte du Fausan (Hérault) (2) et dans celle de Bize (3), il cite l'Epervier commun; dans les cavernes du département de l'Aude, il signale des os de Buse (4).

Dans les brèches de Bourgade, auprès de Montpellier, MM. Marcel de Serres et Jeanjean parlent de débris indiquant un oiseau de proie voisin du Gerfaut (5).

Wagner avait cru reconnaître dans les brèches osseuses de Sardaigne des os de Buse et de Milan (6). Mais Nitzsch a attribué les premiers à une petite espèce d'Aigle, peut-être l'*A. pennata;* les autres, d'après cet auteur, se rapprocheraient du *Nyctea nivea* ou Chouette Harfang (7).

Dans le diluvium de Magdebourg, on a signalé la présence d'un Vautour (8).

M. Owen cite, dans la caverne de Berry-Head, près de Torbay, un Faucon un peu plus grand que le Faucon pèlerin.

J'ai pu examiner un grand nombre de débris de Rapaces provenant de plusieurs cavernes du Midi et du centre de la France, et constater qu'ils se rapportent à diverses espèces. Ainsi parmi les ossements que M. Lartet a trouvés dans le dépôt d'Aurignac, dépôt qui paraît dater du commencement de l'époque quaternaire, j'ai reconnu

(1) Voyez Marcel de Serres, *Essai sur les cavernes,* p. 149.
(2) *Op. cit.,* p. 154.
(3) *Journal de géologie,* t. III, p. 315.
(4) *Journal l'Institut,* 1842, p. 388.
(5) *Annales des sciences naturelles,* 3e série, t. XV, p. 72.
(6) Wagner, *Abhandlungen der Akademie der Wissenschaften,* 1832, t. I, p. 776 et 778, pl. II, fig. 41a, 46d et 47.
(7) *Neues Jahrbuch von Leonhard und Bronn,* 1833, t. I, p. 324.
(8) Wagner, *Op. cit.,* p. 773. — *Vultur fossilis,* Germar, in *Lethœa,* t II, p. 824. — Giebel, *Palæozool.,* p. 313. — *Fauna der Vorwelt,* 2e partie, t. I, p. 9.

l'extrémité inférieure d'un tibia appartenant à une Buse de grande taille (1). Bien que par sa grosseur elle surpasse les dimensions ordinaires chez la plupart des individus de cette espèce que j'ai pu examiner, les caractères ostéologiques sont tellement identiques, qu'il me paraît impossible d'attribuer ce fossile à un autre type spécifique que celui qui vit aujourd'hui en Europe. L'extrémité du corps de l'os n'est que faiblement comprimée. Le pont sus-tendineux est oblique en bas et en dehors; la gouttière de l'extenseur des doigts s'ouvre au-dessus du condyle interne et se continue sur la face antérieure de l'os par un sillon étroit et peu prolongé. Les condyles sont faiblement écartés et peu saillants ; l'interne s'avance plus que celui du côté opposé. La gorge articulaire postérieure est élargie et sa lèvre interne est oblique et se prolonge un peu plus que l'externe. Le tubercule sur lequel se fixe le ligament interne de l'articulation est saillant et arrondi.

J'ai pu constater également l'existence de cette espèce dans la grotte de Bruniquel, d'après une extrémité inférieure de tibia dont la taille est moins considérable, et qui se rapproche exactement, sous ce rapport, de ce qui existe chez la majorité des individus du *Buteo cinereus*.

La grotte de Massat, dans l'Ariége, qui nous a déjà fourni des ossements du *Pyrrhocorax alpinus*, renfermait aussi quelques débris de Rapaces, parmi lesquels existe un os tarso-métatarsien (2) dont l'extrémité articulaire supérieure est brisée et qui appartient à une espèce du genre *Aquila*. Mais jusqu'à présent je l'ai comparé avec le même os de tous les représentants actuels du même genre que j'ai pu me procurer, et je n'ai encore pu l'identifier avec aucun d'eux. Ce fossile est à peu près aussi allongé, mais beaucoup plus grêle que le canon de

(1) Voyez pl. CLXXXVII, fig. 8 à 11.
(2) Voyez pl. CLXXXVII, fig. 12 à 15.

l'Aigle fauve (*Aquila fulva*, Meyer), de l'Aigle impérial (*Aquila heliaca*, Savigny), de l'*Aquila nævioides*, Cuv.; au contraire, il est plus robuste que celui de l'Aigle criard (*Aquila nævia*), et même de l'Aigle de Bonelli (*Aquila Bonelli*, Temm.). Le tarso-métatarsien de l'*Aquila pennata*, Gmel., est beaucoup plus petit, celui des Pygargues est plus élargi; de façon qu'il ne m'a pas encore paru possible de le rapporter à aucune des diverses espèces vivantes du genre *Aquila*. Cependant je craindrais de hasarder une détermination prématurée en considérant ce fossile comme indiquant l'existence d'un type spécifique aujourd'hui éteint, car chez les Rapaces la taille varie beaucoup suivant les sexes; et jusqu'à présent je n'ai pu me procurer qu'un très-petit nombre d'os tarso-métatarsiens de l'*Aquila Bonelli*, avec lesquels le fossile de Massat offre le plus d'analogie, et peut-être trouverai-je plus tard qu'il ressemble à l'os du pied des femelles de cet oiseau.

Peut-être doit-on rapporter à l'Aigle ordinaire des phalanges unguéales de très-grande taille (1), dont les unes proviennent de la caverne du Moustier et les autres de la grotte de la Madeleine (Dordogne). La grotte de Lacombe (Dordogne), dans laquelle j'ai déjà signalé l'existence du Corbeau, du Chocard et du Tétras des Saules, m'a fourni des ossements de Rapaces diurnes, parmi lesquels se trouvent deux humérus (2) et un os tarso-métatarsien (3) de la Crécerelle (*Falco tinnunculus*, L.). Cet os se distingue facilement d'abord par sa taille, ensuite par la disposition de la fosse sous-trochantérienne, qui est très-profonde, et qui, au lieu d'être percée d'un large orifice pneumatique, comme chez la plupart des Rapaces ordinaires, présente plusieurs pertuis de ce genre. La saillie sus-épicondylienne sur laquelle s'insère le muscle extenseur de la main est très-petite et située à une assez grande distance au-

(1) Voyez pl. CLXXXVIII, fig. 9 à 11.
(2) Voyez pl. CLXXXVII, fig. 6 et 7.
(3) Voyez pl. CLXXXVII, fig. 1 à 5.

dessus de l'extrémité articulaire. L'humérus de l'Épervier commun présente à peu près les mêmes dimensions, mais il est cependant plus court et plus trapu ; la crête externe y est plus mince et plus proéminente ; la fosse sous-trochantérienne est moins grande, plus arrondie et limitée au-dessus par un bord plus étroit ; enfin l'extrémité supérieure est moins élargie et la petite saillie sus-épicondylienne placée plus bas. On ne peut donc confondre l'os du bras de ces deux espèces.

Je suis tenté d'attribuer au Milan commun un humérus (1) provenant d'Aurignac, mais dont l'état de conservation est malheureusement très-imparfait. Cet os est assez fortement tordu en forme d'S. La tête articulaire est petite comme dans le genre *Milvus*, et limitée en bas et en avant par un sillon plus profond que d'ordinaire. La surface d'insertion du grand pectoral est marquée par une saillie très-développée qui existe à la base de la crête externe. L'empreinte du brachial antérieur est allongée et déprimée ; la saillie sus-épicondylienne relevée et nettement indiquée, tandis que chez les Aigles elle est beaucoup plus arrondie. La taille de cet humérus est plus considérable que celle de l'os du bras du *Milvus parasitus*, Daud., et s'accorde parfaitement avec ce qui existe chez le Milan royal (*Milvus regalis*, Br.).

Parmi les débris d'os recueillis par M. Lartet dans le dépôt quaternaire de Lacombe, se trouve un fragment de mandibule supérieure (2) qui appartient indubitablement à un grand oiseau de proie diurne, et que je crois pouvoir rapporter au *Gypaetus barbatus*. Il provient de la portion prénasale du bec ; sa pointe est brisée, mais on y voit encore très-bien la forme que devait avoir le crochet mandibulaire ; et, par la courbure de son bord dorsal, l'amincissement de la crête constituée par ce bord, la compression latérale de l'os et l'allon-

(1) Voyez pl. CLXXXVII, fig. 16 et 17.
(2) Voyez pl. CLXXXVIII, fig. 1, 2 et 3.

gement du petit sillon dont ses bords inférieurs sont creusés, il ne diffère en rien de la partie correspondante de la tête du Griffon vivant. A raison de sa taille, on aurait pu penser, au premier abord, qu'il provenait d'un Aigle ou d'un Pygargue ; mais, chez les Aquilides, le bord dorsal du crochet mandibulaire n'est pas tranchant comme chez les Gypaètes et les faces latérales du bec sont plus renflées.

J'ai constaté la présence d'autres débris du Gypaète (*Gypaetus barbatus*) parmi les ossements d'Oiseaux trouvés aux environs de Bruniquel par M. Brun. L'un de ces restes est un humérus incomplet (1), qui se reconnaît d'ailleurs aux caractères suivants. L'extrémité supérieure est comparativement plus large que chez les Aigles et les Pygargues, ce qui tient au développement de la surface bicipitale ; l'empreinte d'insertion du grand pectoral est aplatie, étroite, allongée et située à la base de la crête externe, tandis que dans les genres *Aquila* et *Haliætus* elle forme une saillie arrondie. Le corps de l'os est gros et peu arqué ; l'extrémité inférieure présente une largeur considérable, et l'empreinte d'attache du brachial antérieur est grande et déprimée ; l'épitrochlée est très-saillante en dehors, mais se prolonge peu en arrière et en bas, comme on l'observe chez les Aigles : sous ce rapport, elle ressemble davantage à ce qui se voit chez les Pygargues.

On a extrait du même gisement un cubitus presque entier (2), qui me paraît appartenir à cette espèce ; j'ai indiqué dans le chapitre précédent les caractères qui permettent de distinguer cet os, je n'y reviendrai donc pas en ce moment.

(1) Voyez pl. CLXXXVIII, fig. 4 et 5.
(2) Voyez pl. CLXXXVIII, fig. 6, 7 et 8.

CHAPITRE XXXIII

DES CARACTÈRES OSTÉOLOGIQUES
DE LA FAMILLE DES OISEAUX DE PROIE NOCTURNES,
OU STRIGIDES

§ 1.

La famille des Strigides, ou Oiseaux de proie nocturnes, est sans contredit une des plus homogènes de la classe qui nous occupe. Aussi tous les naturalistes ont-ils toujours été d'accord sur les limites que l'on doit y assigner. Linné n'en formait qu'un grand genre. Temminck et G. Cuvier suivirent la même marche, et ce dernier le divisa simplement en six sous-genres. Les ornithologistes modernes ont beaucoup multiplié ces divisions, et ils ont élevé au rang de sous-ordre ou même d'ordre le grand genre linnéen; mais cette marche ne me paraît pas devoir être suivie.

Certaines espèces semblent relier les Strigides aux autres oiseaux, et particulièrement aux Perroquets : tel est le *Strigops habroptilus* de la Nouvelle-Zélande, qui, par ses habitudes et son plumage, rappelle certaines Chouettes du sous-genre *Surnia*. J'ai pu étudier l'unique squelette de cette espèce qui existe en Europe et qui appartient au Musée Britannique à Londres, et j'ai constaté que sa charpente osseuse était exactement construite sur le plan de celle des Perroquets, bien qu'elle présente certaines différences en harmonie avec le mode d'existence de cet oiseau. Malheureusement l'individu sur lequel j'ai pu faire ces observations était atteint de rachitisme et les os étaient légèrement déformés.

§ 2. — DES OS DE LA PATTE.

L'os TARSO-MÉTATARSIEN des Strigides (1) est très-facile à distinguer de celui de tous les autres oiseaux ; les différences que l'on observe dans son mode de conformation paraissent quelquefois assez considérables au premier abord, mais elles ne portent guère que sur les dimensions relatives des diverses parties de l'os.

L'Effraie (*Strix flammea*, Linné), et quelques espèces qui composent le genre *Strix* proprement dit, présentent cependant certaines particularités d'organisation qui permettent de séparer ces oiseaux des autres Strigides.

En général, dans la famille qui nous occupe, l'os canon est peu allongé et robuste ; la face antérieure, arrondie inférieurement, se creuse profondément dans sa partie supérieure, pour fournir une large surface d'insertion au muscle extenseur propre du pouce. Sur ce point, l'os est réduit à une simple lame osseuse. L'empreinte d'insertion du tendon du muscle tibial antérieur est allongée, large, saillante et située à peu près sur la ligne médiane et très-éloignée de l extrémité supérieure. Les pertuis supérieurs s'ouvrent au-dessous de l'extrémité articulaire, l'externe est beaucoup plus large que l'interne ; la gouttière du tendon de l'extenseur commun des doigts est très-profonde et recouverte par un pont sus-tendineux qui s'ossifie de très-bonne heure. A cause de la profondeur de la gouttière, ce pont est généralement peu avancé et ne ressemble en rien à celui qui existe chez la plupart des Rallides et des Passereaux. Les faces latérales sont à peu près aussi larges l'une que l'autre ; la face postérieure est creusée d'une gouttière longitudinale, profonde et large, dont le bord externe est plus saillant que celui du côté opposé. Dans le fond de cette

(1) Voyez pl. CLXXXIX, fig. 1 à 23.

coulisse, on voit un petit sillon plus marqué inférieurement, où il aboutit à l'échancrure interdigitale interne, et dans lequel glisse le tendon de l'adducteur du doigt correspondant.

L'extrémité supérieure de l'os est élargie, légèrement comprimée d'avant en arrière ; les facettes glénoïdales sont situées presque à la même hauteur. L'interne est plus profonde et plus large que l'externe. La saillie intercondylienne est large, peu saillante, et son extrémité, au lieu d'être arrondie, est rugueuse et mamelonnée. Le talon est réduit, pour ainsi dire, à sa crête principale interne, qui a la forme d'une lame mince, comprimée latéralement et terminée en arrière par un bord épais et aplati ; elle est située dans le prolongement du bord postéro-interne de l'os. La crête externe est très-peu développée et se présente sous la forme d'une petite saillie située en arrière de la facette glénoïdale externe, et dirigée un peu en haut et en dehors.

Les trochlées digitales sont disposées sur une ligne transversale très-arquée ; la médiane est courte mais grosse, et un peu oblique d'avant en arrière et de dedans en dehors ; la lèvre externe de la gorge articulaire est plus saillante en arrière que celle du côté opposé, et en avant on observe une disposition inverse. La trochlée interne se prolonge au moins jusqu'au même niveau que la médiane ; en avant, elle présente une tête articulaire arrondie, et en arrière elle se prolonge par un bord mince et tuberculiforme, destiné à donner attache au ligament du doigt postérieur. La trochlée externe est petite, rejetée en arrière et moins prolongée que la médiane ; son bord postéro-externe est mince, proéminent et légèrement recourbé en dedans.

Les échancrures interdigitales sont larges ; enfin la surface articulaire du pouce est peu profonde et située sur le bord interne de l'os, à peu de distance de la trochlée correspondante.

Ainsi que je l'ai déjà dit, les différentes espèces qui composent la famille des Strigides se ressemblent beaucoup entre elles sous le rapport de la conformation du tarso-métatarsien ; parfois la longueur de cet os est assez considérable, comme chez les *Ketupa* (*Ketupa java-nensis*, Less., et *Ketupa ceylonensis*, Gmel.) ; parfois, au contraire, il est très-court et très-large, comme chez la *Surnia ulula* (1) de Linné (*Surnia borealis*, Less.).

Chez les grands Ducs (*Bubo atheniensis* (2), Aldrovande), l'os tarso-métatarsien est très-robuste, mais il l'est plus encore comparativement à sa longueur, chez le *Bubo lacteus*, Temm., et surtout chez le Harfang (*Nyctea nivea*) (3) ; il est plus grêle dans les sous-genres *Brachyotus* (4) et *Syrnium*.

Le tarso-métatarsien de l'Effraie (*Strix flammea*) (5) est remarquable par sa longueur et ses formes grêles. Certaines espèces du genre *Athene*, l'*A. cunicularia* par exemple, peuvent sous ce rapport lui être comparées. Mais l'Effraie se distingue par la grande profondeur de la dépression où s'insère l'extenseur propre du pouce, par l'absence du pont osseux sous lequel passe le tendon de l'extenseur commun des doigts, par la position de l'empreinte d'insertion du tibial antérieur, qui est beaucoup plus relevée et située immédiatement au-dessous du pertuis supéro-interne ; enfin, les trochlées digitales sont extrêmement grosses, relativement à la largeur de l'os.

Les doigts des Rapaces nocturnes sont courts et vigoureux ; celui du côté externe est très-mobile et peut facilement se porter tout à fait en dehors ou même en arrière, et s'opposer ainsi au médius. Les trois premières phalanges du doigt externe sont remarquablement petites ; considérées dans leur ensemble, elles n'égalent même pas la quatrième phalange. La première phalange du médius est très-massive et creusée en avant d'une gorge oblique ; la deuxième phalange du doigt interne est, de toutes, la plus longue et la plus robuste. L'ongle de ce

(1) Voy. pl. CLXXXIX, fig. 14 à 19.
(2) Voyez pl. CLXXXIX, fig. 1 à 5.
(3) Voyez pl. CLXXXIX, fig. 6 à 9.
(4) Voyez pl. CLXXXIX, fig. 12 et 13.
(5) Voyez pl. CLXXXIX, fig. 20 à 23.

doigt est aussi le plus développé. Le métatarsien postérieur est moins allongé que celui des Rapaces diurnes, et il s'élargit beaucoup moins dans sa portion inférieure. Enfin, je puis ajouter comme caractère général des phalanges digitales, qu'elles s'articulent au moyen de gorges profondes et resserrées ; que les tubérosités sur lesquelles se fixent les muscles extenseurs des doigts sont très-saillantes, et que la face inférieure de l'os est creusée d'une gouttière bien marquée et destinée au passage des tendons fléchisseurs des doigts.

Le TIBIA des Rapaces nocturnes (1) est aussi bien caractérisé que le tarso-métatarsien, et les particularités qu'il présente, très-faciles à saisir, ne manquent chez aucune des espèces qui composent cette famille.

L'une des plus frappantes consiste dans l'absence du pont sus-tendineux, sous lequel s'engage d'ordinaire le tendon de l'extenseur commun des doigts. Cette bride osseuse manque également chez les Autruches, les Nandous, les Casoars, l'Emeu, les Calaos et la plupart des Perroquets ; mais l'os principal de la jambe de ces oiseaux se reconnaît facilement, car on n'y retrouve pas l'ensemble des caractères propres aux Strigides. Dans cette famille, le corps de l'os est assez régulièrement arrondi et cylindrique ; on ne peut pas y distinguer de faces antérieure, latérales ou postérieure, car elles ne sont pas limitées par des arêtes et se confondent plus ou moins entre elles. La crête péronéale est en général saillante et se prolonge jusqu'aux deux tiers inférieurs de l'os. Le péroné, bien que grêle, est très-long ; il descend jusqu'à l'extrémité inférieure du tibia, et il s'y soude de façon que, lors même qu'il est brisé, on aperçoit des traces de son existence.

L'extrémité supérieure est petite, aplatie, et limitée en avant par

(1) Voyez pl. CLXXXIX, fig. 27 et 28.

un bord peu saillant ; les crêtes tibiales sont courtes et peu proéminentes. L'extrémité inférieure est d'ordinaire peu élargie et légèrement
comprimée latéralement, tandis que la diaphyse au-dessus des condyles est comprimée dans le sens antéro-postérieur ; la gouttière dans
laquelle glissent les tendons du muscle tibial antérieur et du long
extenseur des doigts est large, profonde, et limitée en dedans par un
bord plus épais et plus saillant qu'en dehors. La bride ligamenteuse
oblique sous laquelle passent les tendons dont je viens de parler est
très-longue, elle s'insère en haut sur un petit tubercule osseux situé
sur le bord antéro-interne de l'os, et en bas dans une petite dépression
creusée au-dessus du condyle externe. Les condyles articulaires sont
très-proéminents et régulièrement arrondis ; l'interne est plus gros et
se prolonge plus que celui du côté opposé. La gorge intercondylienne
est profonde en avant, aussi bien qu'en dessous et en arrière, comme
chez les Martinets, mais elle est plus large.

Le tibia des Perroquets offre avec celui des Strigides une certaine ressemblance, mais il s'en distingue par la grosseur relative des
extrémités articulaires. La gouttière des tendons du fléchisseur du pied
et de l'extenseur des doigts, au lieu d'être large, et d'occuper tout
le diamètre transversal de la face antérieure de l'os, est au contraire
étroite et située sur la ligne médiane. Enfin, en arrière, la gorge intercondylienne est plus large et plus profonde que chez les Strigides.
Le tibia du *Strigops habroptilus* présente les caractères propres aux
Perroquets ; la gouttière antérieure est étroite et ne s'élargit pas
comme celle des Rapaces nocturnes.

Si l'on compare le tibia des diverses espèces qui composent ce
groupe, on ne trouve que des différences d'une importance peu considérable, mais qui peuvent servir avec avantage pour la distinction des
divisions secondaires que les ornithologistes reconnaissent parmi les
Oiseaux de nuit.

Chez le grand Duc athénien (*Bubo atheniensis*), le tibia est très-robuste (1), et il présente une légère courbure à concavité postérieure. Le tibia du Scops (*Scops europœus*) se distingue par la faible profondeur de la gorge intercondylienne et de la gouttière des tendons de l'extenseur commun des doigts et du tibial antérieur.

Chez le *Scops leucotis* (*Ephialtes leucotis,* Bonap.), la gorge intercondylienne est un peu plus profonde. Chez le *Scops asio*, Lin., de l'Amérique septentrionale, le tibia est plus robuste, bien que sa grosseur soit moindre, mais les attaches musculaires et les gouttières tendineuses sont plus profondes. Chez les Chouettes ketupa, l'os principal de la jambe est assez grêle, les extrémités articulaires sont petites, enfin la gouttière tendineuse est très-profonde. Le tibia du Harfang (*Nyctea nivea*) est au contraire remarquable par ses extrémités articulaires renflées, par la légère courbure à concavité interne que présente le corps de l'os, par la faible profondeur de la gouttière tendineuse. Dans le groupe des Surnies, cette gouttière est peu marquée, mais la gorge intercondylienne est très-profonde, surtout en arrière. Chez les Strigides dont les ornithologistes modernes ont formé le genre *Athene*, le tibia ressemble beaucoup à celui des Surnies. Chez l'*A. cunicularia*, cet os est plus long et plus grêle que d'ordinaire. Celui de la Chevêche est notablement plus robuste, et les condyles en sont courts, renflés et séparés par une gorge profonde. Le tibia de l'Effraie (*Strix flammea*) ne présente aucune particularité importante à noter, et il ressemble beaucoup à celui des espèces du genre précédent.

Par sa forme générale, le FÉMUR des Strigides (2) n'est pas aussi nettement caractérisé que les os dont il vient d'être question, et, pour arriver à le distinguer, il faut avoir recours à des particularités d'organisation peu apparentes. Le corps de l'os est allongé, cylindrique, et faiblement arqué comme celui des Passereaux ; l'extrémité inférieure

(1) Voyez pl. CLXXXIX, fig. 27 et 28.
(2) Voyez pl. CLXXXIX, fig. 24 à 26.

est peu dilatée ; la gorge rotulienne ne présente qu'une faible largeur, mais elle est assez profonde, et sa lèvre interne se prolonge plus haut que celle du côté opposé : ce qui n'a pas lieu chez les Passereaux. En arrière, la crête péronéo-tibiale est épaisse et séparée du bord externe du condyle correspondant par une gorge assez large. Au-dessus il existe une fosse poplitée dont la profondeur varie suivant les genres. Ainsi, chez l'Effraie, elle est bien marquée, tandis que chez les Chouettes ordinaires et les Hiboux elle est beaucoup plus superficielle. Le trochanter est peu saillant ; son bord antérieur ne s'avance que peu, et son bord supérieur dépasse à peine la surface articulaire correspondante. Le col du fémur est court, dirigé en dehors, et porte une tête articulaire hémisphérique ou même légèrement aplatie, qui est creusée d'une dépression petite, mais plus profonde que cela ne se voit d'ordinaire chez les Oiseaux.

Les dimensions relatives de l'os de la cuisse varient beaucoup. Chez l'Effraie, il est court et assez renflé ; chez les Hiboux, il est au contraire plus allongé et plus grêle. Cette disposition est portée très-loin dans le genre *Nyctea*.

§ 3. — DES OS DU TRONC.

Le BASSIN des Oiseaux de proie nocturnes (1) présente plusieurs caractères qui lui sont communs avec celui des Rapaces diurnes. De même que chez ceux-ci, la portion postcotyloïdienne est moins longue que la portion antérieure ; la première est peu élargie, et les gouttières vertébrales sont complétement ou presque complétement couvertes par une expansion osseuse qui unit entre eux les deux os iliaques. Mais, dans la famille de Strigides, les fosses iliaques, assez

_____

(1) Voyez pl. CXCI, fig. 1 et 2.

larges en avant, se rétrécissent brusquement vers le milieu, de sorte
que leur bord externe est d'abord droit, puis fortement échancré.
La région postcotyloïdienne est aplatié en dessus et ne s'infléchit
que peu en arrière ; les crêtes sus-ischiatiques sont très-saillantes ; le
bord postérieur du bassin est régulièrement arqué, et il circonscrit
une grande échancrure plus large que longue. Enfin, les fosses rénales
antérieure et postérieure ne sont qu'incomplétement séparées entre
elles.

Chez les Hiboux (*Otus,* Cuvier), le bassin est allongé et les gouttières vertébrales ne sont pas entièrement fermées en dessus ; elles
présentent vers le niveau du milieu des fosses iliaques une fente
linéaire.

Dans le genre Effraie, les fentes dont je viens de parler n'existent
pas. Chez le Harfang on en voit encore des traces ; les crêtes iliaques
internes sont plus rapprochées entre elles et se dilatent davantage au-
dessus des fosses cotyloïdiennes ; le bord libre des crêtes sus-ischiatiques
est plus arqué en dehors, et la portion postérieure de la face dorsale
du pelvis est plus concave vers le milieu. Enfin, les pointes ischiatiques
sont très-allongées et se recourbent en dedans vers le bout.

Chez les Chevêches, les ouvertures dorsales des gouttières vertébrales sont plus grandes ; la région postcotyloïdienne est plus courte,
et les angles sus-ischiatiques sont plus saillants.

Les VERTÈBRES du coccyx sont étroites et généralement au nombre
de sept ; elles portent à leur face inférieure de petites apophyses épineuses à peine marquées sur les deux premiers osselets. Les vertèbres
dorsales, au nombre de six, sont toujours distinctes les unes des autres ;
les trois premières sont pourvues d'apophyses épineuses ; la face inférieure des autres est lisse et arrondie. Les vertèbres cervicales sont
courtes, fortes et très-élargies ; il en existe d'ordinaire treize.

Les côtes sont longues et étroites ; on en compte sept, dont cinq seulement s'articulent avec le sternum. La première est styliforme et flottante, et la dernière se fixe sur la pénultième. Les apophyses récurrentes sont longues, mais peu élargies.

Le sternum (1) est plus faible que celui des Rapaces diurnes ; son bord postérieur est d'ordinaire plus profondément découpé. Si l'on prend comme type de cette étude le bouclier sternal du grand Duc (*Bubo atheniensis* de Bonaparte, *Strix bubo* de Linné), on voit que le brechet est saillant, assez épais, et s'étend généralement en arrière jusqu'auprès du bord postérieur, ne s'aplatissant pas pour former sur ce point une sorte d'écusson triangulaire analogue à celui qui existe chez beaucoup de Rapaces diurnes. En avant, cette carène se termine par un angle arrondi moins avancé que le bord sternal antérieur. L'apophyse épisternale est large, mais très-peu saillante. Les gouttières coracoïdiennes se croisent légèrement sur la ligne médiane ; elles sont très-profondes et limitées inférieurement par un bord mince, mais très-élevé. Les surfaces hyosternales sont bien développées, et les pointes qui les surmontent sont obtuses et se portent directement en dehors. Sur les bords latéraux on compte cinq facettes costales. En arrière, il existe deux paires d'échancrures, les externes profondes et assez étroites, les internes très-superficielles. Sur la face supérieure du sternum, on remarque en arrière de l'articulation coracoïdienne deux grands trous pneumatiques situés à droite et à gauche de la ligne médiane. Ces mêmes caractères se retrouvent avec de très-légères modifications chez les Hiboux (*Otus vulgaris*, Flem., et *Brachyotus palustris*, Bonap.), le Harfang (*Nyctea nivea*, Daud.) ; dans cette dernière espèce les échancrures mitoyennes sont souvent remplies par suite du ravail de l'ossification, et l'on n'en retrouve plus aucune trace. Chez les *Ciccaba*

(1) Voyez pl. CXC, fig. 1 à 3.

(Wagler), les *Ketupa* (Lesson), les *Syrnium* (Savigny), les *Ptynx* (Blyth), les *Ulula* (Cuvier), et les *Nyctale* (Brehm), le sternum est plus raccourci et les échancrures du bord postérieur sont plus profondes, mais les caractères essentiels restent les mêmes. Nous les trouvons au contraire modifiés plus profondément chez les Chevêches et chez les Effraies.

Le sternum des Chevêches (genre *Glaucidium*, Boie) se distingue par la direction des gouttières coracoïdiennes. En effet, celles-ci, au lieu d'être très-obliques comme dans les genres que je viens de citer, s'étendent presque transversalement, de façon que leur bord inférieur constitue une légère courbe régulière à très-grand rayon ; j'ajouterai que les pointes hyosternales sont longues, grêles, très-aiguës et dirigées en avant, que les quatre échancrures du bord postérieur sont profondes, et qu'il n'existe pas d'orifice pneumatique sur la table sternale supérieure. Chez les Effraies (genre *Strix*, Lin.), le bouclier sternal est remarquable par sa forme élargie et trapue. Le brechet, large mais peu saillant, se termine assez loin du bord postérieur, et deux crêtes intermusculaires se détachent de cette carène pour se porter vers les angles latéro-postérieurs, et limiter ainsi une surface très-élargie transversalement. Il n'y a pas d'apophyse épisternale, et les gouttières coracoïdiennes ne se croisent pas sur la ligne médiane. L'espace occupé par le muscle pectoral profond, ou releveur de l'aile, est relativement moindre que chez la plupart des Oiseaux de nuit. Les bords latéraux sont fortement excavés, et se terminent en arrière par un angle qui s'avance beaucoup plus que la portion moyenne de l'os. On ne voit plus trace des échancrures qui existent d'ordinaire chez les Rapaces nocturnes ; le bord postérieur s'avance un peu sur la ligne médiane, puis va rejoindre les cornes latérales qui forment avec lui un angle presque droit. Enfin, j'ajouterai que de nombreux orifices pneumatiques traversent la table supérieure du bouclier sternal.

La FOURCHETTE des Oiseaux de proie nocturnes (1) présente des différences très-considérables sous le rapport du développement de ses branches, mais affecte en général à peu près la même forme.

Chez quelques espèces telles que la Surnie boréale et la Nyctale de Richardson, les clavicules sont rudimentaires ; elles ne constituent que des stylets suspendus aux épaules, et elles ne se réunissent pas en avant.

Chez les Effraies, elles sont extrêmement faibles, lamelleuses et très-grêles, mais elles se soudent entre elles par leur extrémité antéro-inférieure, et constituent un os en V, dont les branches sont un peu courbes et très-faiblement arquées d'avant en arrière dans la région scapulaire, où celles-ci se dilatent un peu.

Chez le grand Duc et chez le Harfang, la fourchette est beaucoup plus robuste et sa forme se rapproche davantage de celle de l'U ; son extrémité inférieure présente, en dessous, des vestiges d'une apophyse furculaire ; ses branches, arrondies et presque droites dans les trois quarts de leur longueur, s'élargissent et s'amincissent dans le voisinage de l'épaule, où elles s'inclinent en arrière et en bas ; on y voit en dehors un tubercule coracoïdien bien caractérisé et percé, près de sa base, d'un trou pneumatique ; enfin l'extrémité scapulaire est très-courte et arrondie au bout. Chez le Harfang, la courbure de cette portion de l'os est moins prononcée que chez le grand Duc, et les tubérosités coracoïdiennes sont beaucoup plus proéminentes.

Dans la famille des Rapaces nocturnes, l'os CORACOÏDIEN est court et peu élargi inférieurement (2), sa portion hyosternale n'est que peu élevée ; la surface articulaire inférieure est étroite et sa lèvre interne est à peine saillante ; l'empreinte d'insertion du muscle coraco-huméral qui la sur-

(1) Voyez pl. CXC, fig. 1.
(2) Voyez pl. CXC, fig. 1, 4 et 5.

monte est large et s'élève beaucoup sur le corps de l'os. Celui-ci est
en général gros et arrondi. Le trou sous-claviculaire est grand et l'apophyse de même nom est très-développée ; son angle antéro-interne se
prolonge en forme de corne, et se recourbe en dedans pour se rapprocher de la partie correspondante du bord d'une grande facette claviculaire qui occupe la face supérieure de la tubérosité coracoïdienne. Chez
les grands Ducs, cet os est très-robuste, et présente en avant une ligne
intermusculaire saillante, qui part de l'angle inférieur de la surface
hyosternale pour se continuer sur le bord antéro-externe de la diaphyse. La tubérosité qui porte la facette destinée à recevoir la tête du
scapulum est extrêmement proéminente en dedans et en arrière ; cette
surface articulaire est très-grande, et l'apophyse sous-claviculaire qui
en part est tellement développée, qu'elle se rapproche beaucoup de la
tubérosité coracoïdienne, et complète à peu de chose près le canal où
passe le tendon du muscle moyen pectoral ; enfin cette tubérosité est
courte et très-grosse.

Chez les Hiboux, le coracoïdien est moins robuste proportionnellement à sa taille ; la surface scapulaire est petite et ne dépasse pas
en dedans le niveau du bord de l'apophyse sous-claviculaire ; celle-ci
est courte ; enfin la tubérosité coracoïdienne est plus allongée, et il
existe des trous pneumatiques assez grands au fond de la cavité creusée
sur sa face interne. Dans le genre Effraie, cet os est encore plus grêle ;
l'apophyse hyosternale est plus saillante et plus élevée ; l'apophyse
sous-claviculaire est moins déjetée en dedans ; enfin la tubérosité coracoïdienne est moins grosse, plus allongée et son col plus rétréci.

Chez les Chevêches, le coracoïdien est très-grêle ; l'apophyse hyosternale est à peine marquée ; la surface scapulaire est très-petite ; la
coulisse du moyen pectoral est largement ouverte ; enfin la tubérosité
coracoïdienne est trapue et ne présente pas d'étranglement en forme
de col.

L'OMOPLATE est faiblement arquée (1), mais forte et assez large; l'extrémité articulaire antérieure est très-développée relativement au corps de l'os. La facette glénoïdale, qui, unie à la surface correspondante du coracoïdien, constitue la cavité articulaire qui reçoit la tête de l'humérus, est saillante et arrondie ou faiblement ovalaire. La petite tête qui sert à l'articulation du coracoïdien est très-réduite et située sur le bord même de la facette glénoïdale, mais il existe en dessous du col de la tubérosité une surface rugueuse déprimée et allongée transversalement, qui s'unit étroitement à l'apophyse sous-claviculaire. La tubérosité est large et tronquée à son extrémité, où elle s'articule à la fois à la portion terminale de l'apophyse dont je viens de parler, et à la pointe de l'os furculaire.

Chez les grand Ducs, le scapulum est comparativement court et plus épais que chez les autres Strigides, et il présente en dehors de sa tubérosité claviculaire quelques pertuis pneumatiques. Chez les Hiboux, cet os est plus falciforme, plus mince, et l'on y remarque également quelques pertuis pneumatiques. Chez les Effraies, ces pertuis n'exis tent pas.

§ 4. — DES OS DE L'AILE.

Les ailes des Rapaces nocturnes sont généralement longues et l'avant-bras dépasse notablement le bras.

L'HUMÉRUS est assez fortement tordu en forme d'S. Son extrémité supérieure est peu élargie, tandis qu'on observe une disposition inverse pour l'extrémité inférieure (2). La tête articulaire est arrondie, peu élevée et limitée inférieurement par un sillon peu profond. La crête externe est forte, son bord est régulièrement courbé, et elle présente en dedans une ligne saillante presque droite, qui s'étend, comme la

(1) Voyez pl. CXC, fig. 10 et 11.
(2) Voye pl. CXC, fig. 6 et 7.

corde d'un arc, d'une des extrémités à l'autre, et qui sert à limiter la surface d'insertion du grand pectoral, qui est allongée : cette disposition permet de reconnaître facilement l'extrémité supérieure de l'humérus des Strigides de celle de la plupart des autres Oiseaux de proie diurnes ; en dehors, la crête externe est légèrement déprimée. La surface bicipitale est courte, médiocrement saillante et n'est bordée en dessous par aucun sillon. Le trochanter interne est renflé, mais peu proéminent et séparé de la tête articulaire par une échancrure peu profonde. Le bord de la fosse sous-trochantérienne est remarquablement épais, et cette dernière est presque entièrement occupée par l'orifice pneumatique, qui est régulièrement arrondi, et s'ouvre à fleur de l'os.

Ainsi que je l'ai déjà dit, l'extrémité inférieure est large et comprimée d'avant en arrière ; les condyles sont peu élevés ; l'empreinte d'insertion du brachial antérieur occupe à peu près la ligne médiane de l'os, elle est allongée et plus ou moins profonde ; la saillie sus-épicondylienne est assez approchée du condyle, elle est petite mais saillante. L'épitrochlée est grosse, arrondie, et se prolonge très-peu en arrière. Enfin, j'ajouterai qu'il n'existe pas de fosse olécrânienne, et que les coulisses des tendons du triceps sont larges, mais superficielles.

L'humérus du grand Duc est assez grêle comparativement à sa longueur, et la surface bicipitale n'est que peu renflée. Chez les Hiboux, l'extrémité supérieure est encore plus étroite ; la crête externe, très-longue, s'étend jusqu'au tiers supérieur de l'os environ ; la fosse sous-trochantérienne est entièrement occupée par l'orifice pneumatique ; enfin, l'empreinte d'insertion du brachial antérieur est plus étroite, plus allongée et un peu plus profonde.

L'humérus des Chouettes ketupa se fait remarquer par sa forte torsion et par l'élargissement de son extrémité inférieure.

Les mêmes caractères se retrouvent à peu de chose près chez les Chouettes et les Nyctales.

Dans le genre *Strix* proprement dit, l'os du bras se distingue uniquement par la profondeur plus grande de l'empreinte d'insertion du muscle brachial antérieur.

Les os de l'avant-bras des Strigides sont longs, assez grêles et dépassent l'humérus d'environ un sixième. Ils sont arqués, de façon que l'espace interosseux qui les sépare est étroit, surtout dans son tiers antérieur, où le RADIUS se rapproche beaucoup du CUBITUS. Ce dernier os présente une courbure légère mais régulière (1), et il est en même temps un peu tordu sur lui-même. L'extrémité supérieure est étroite, l'apophyse olécrânienne très-peu saillante ; la surface glénoïdale interne est arrondie et dirigée presque directement en haut. L'externe, au contraire, est oblique et se prolonge en avant sur la face antérieure de l'os. Au-dessous on voit une dépression limitée par quelques rugosités, dans laquelle glisse l'extrémité supérieure du radius. L'empreinte d'insertion du muscle brachial antérieur, ou court fléchisseur de l'avant-bras, est très-allongée, mais étroite et superficielle ; son bord interne fait cependant une légère saillie dans sa portion supérieure. Les empreintes d'insertion des rémiges qui se voient à la partie postérieure de l'os sont peu marquées, et, au lieu d'offrir la forme de tubercules, comme chez les Passereaux, les Pics, etc., elles sont étroites et allongées suivant l'axe de l'os. L'extrémité inférieure est peu renflée ; la gorge de la poulie carpienne est assez large, mais évasée, et le tubercule carpien présente une forme plus ou moins conique.

Les différences que l'on observe dans la conformation du cubitus chez les différents genres de la famille des Strigides sont peu considérables, et elles ne portent, pour ainsi dire, que sur les dimensions.

Cependant, chez l'Effraie, le bord antérieur de la facette glénoïdale interne s'avance en forme de pointe mousse, et la facette externe, très-

---

(1) Voyez pl. CXC, fig. 8 et 9.

étroite et aplatie, s'avance en dehors d'une façon beaucoup plus marquée que cela ne se voit d'ordinaire dans la famille qui nous occupe.

Le MÉTACARPE des Strigides se distingue très-facilement de celui de
tous les autres oiseaux que nous avons passés jusqu'ici en revue, par la
longueur de l'espace interosseux et la forte courbure de sa petite branche (1). Nous avons déjà rencontré ce dernier caractère chez certains
oiseaux, les Gallinacés, les Columbides et les Coucous, par exemple;
mais chez ces oiseaux l'espace interosseux est relativement beaucoup
plus court, et d'ailleurs cette particularité de structure se lie à d'autres
caractères qui ne permettent pas de confondre un seul instant les
os de la main de ces oiseaux avec le métacarpe des Strigides.

Dans la famille qui nous occupe, la poulie carpienne est médiocrement élargie, ce qui la distingue de celle des Gallinacés, des Pigeons
et des Passereaux; la gorge dont elle est munie est peu profonde;
l'apophyse radiale est peu élargie, mais assez longue; l'apophyse pisiforme est saillante. La petite branche du métacarpe est lamelleuse, mais
remarquablement large, surtout dans sa partie supérieure; elle
s'amincit graduellement vers l'extrémité inférieure; le métacarpien
principal est assez gros et aplati en avant. Il n'y a pas d'apophyse intermétacarpienne saillante, comme chez les Passereaux, les Pics et les
Gallinacés; on ne voit qu'une empreinte rugueuse et peu avancée pour
l'insertion du fléchisseur de la main ou cubital externe de Cuvier. La
face externe de l'os est marquée d'une coulisse peu profonde, dans
laquelle glisse le tendon du fléchisseur de la première phalange; elle
s'élargit beaucoup près de la surface articulaire digitale, de façon à
constituer sur ce point une petite dépression. La facette articulaire
de la phalange du doigt supérieur, correspondant au petit métacarpien,

(1) Voyez pl. CXCI, fig. 6 à 8. —

est mince et un peu plus saillante que la surface articulaire du métacarpien principal.

La première phalange du doigt médian se reconnaît facilement au brusque étranglement qu'elle présente au-dessous de la tête articulaire supérieure (1) ; elle est du reste assez élargie et marquée en dehors de deux dépressions profondes, dans lesquelles se logent les tuyaux des grandes plumes de cette partie de l'aile.

Chez les Chouettes ketupa, le métacarpe est relativement plus court que d'ordinaire et il est en même temps tordu en dedans.

Les différences qui distinguent sous ce rapport l'Effraie des autres représentants de la famille des Rapaces nocturnes sont peu importantes et ont une valeur que l'on pourrait considérer comme spécifique.

Chez les Chevêches, l'espace interosseux est peu considérable ; chez les Hiboux, il l'est généralement davantage, ce qui est dû à la courbure plus forte de la petite branche du métacarpe.

§ 5. — DE LA TÊTE OSSEUSE.

La tête osseuse des Oiseaux de proie nocturnes est bien caractérisée par sa forme générale (2). En effet, elle est si courte et si large en arrière, que, vue en dessus, elle représente un triangle dont la base formerait une ligne arquée et dont le sommet serait faiblement aigu. Le crâne est remarquablement élevé et arrondi en arrière. Sa région occipitale est petite et se confond latéralement avec une large voussure formée par la paroi postérieure des caisses tympaniques, dont le bord externe est très-saillant et constitue une sorte de conque auditive. Les fosses temporales sont extrêmement réduites. Le bord de l'orbite est fort élargi en arrière ; il dépasse beaucoup les tempes de chaque côté, et l'apophyse postorbitaire qui forme son angle inférieur descend très-

(1) Voyez pl. CXCIII.
(2) Voyez pl. CXCI, fig. 3 à 5.

bas et se recourbe en avant, de façon à encaisser la portion postérieure de la sclérotique. L'espace interorbitaire est étroit ; le front est peu élargi, et les os lacrymaux, très-peu développés, sont transportés en avant et en bas sur les côtés de la base du bec ; en sorte que les cavités orbitaires, au lieu d'être directement en dehors comme chez les Oiseaux de proie diurnes, sont tournées en avant. Il est aussi à noter qu'en général on remarque vers le milieu du bord supérieur de l'orbite une échancrure plus ou moins profonde où s'engage la partie correspondante du cadre osseux du globe oculaire ; en avant de cette excavation, le bord sourcilier s'avance en forme de tubercule. Le mode d'union de la mandibule au front distingue également les Rapaces nocturnes des Oiseaux de proie diurnes. Le bec, au lieu d'être solidement soudé au crâne comme chez ces derniers, s'articule au front par une suture transversale et jouit d'une certaine mobilité ; il est crochu, robuste et large à sa base. L'ethmoïde présente un développement très-considérable, et les cornets inférieurs du nez sont fort apparents dans l'espace très-large que les os palatins laissent entre eux.

Enfin la mâchoire inférieure est faible ; sa portion symphysaire est courte, ses branches s'écartent beaucoup entre elles postérieurement, et sa portion angulaire se prolonge notablement en dedans.

CHAPITRE XXXIV

DES OISEAUX FOSSILES DE LA FAMILLE DES STRIGIDES

On a souvent signalé, d'après Cuvier, l'existence d'un oiseau de la famille des Strigides dans les gypses de Montmartre. Cuvier cependant n'avait établi cette détermination qu'avec beaucoup de réserve, d'après un métacarpe qui, dit-il, « *n'est pas sans grands rapports de grandeur et de forme avec celui de la Chouette* » (1). J'ai pu étudier ce fragment, et me convaincre qu'il provenait d'une espèce de la famille des Rapaces diurnes, et j'en ai donné la description dans le chapitre précédent (2).

Jusqu'à présent on ne connaissait aucun Strigide des terrains tertiaires. j'ai été assez heureux pour en découvrir quatre que je vais faire connaître.

Enfin, dans les couches quaternaires, on trouve un assez grand nombre de représentants fossiles de la famille qui nous occupe ici; mais, comme nous le verrons, tous se rapportent à des espèces actuelles.

§ 1. — DES STRIGIDES DE L'ÉPOQUE MIOCÈNE.

BUBO ARVERNENSIS.

(Voyez pl. CXCII, fig. 10 à 23.)

Alph. Milne Edwards, *Ann. des sc. nat.*, Zool., 4e série, t. XX, p. 158.

Les diverses pièces du squelette de cette espèce que j'ai pu étudier provenaient des carrières des environs de Langy, dans le départe-

(1) Cuvier, *Ossements fossiles*, 4e édit., p. 373, pl. CLVI, fig. 4.
(2) Voyez ci-dessus, page 455.

ment de l'Allier; elles consistent en un tarso-métatarsien et un tibia parfaitement conservés.

L'os du pied (1) indique un oiseau près de moitié plus petit que le grand Duc athénien. Cet os est court et relativement très-robuste et très-trapu, car sa longueur est à peu près la même que chez le Hibou brachyote; mais il est beaucoup plus élargi, et par ce caractère il ressemble à celui des espèces vivantes dont se compose le genre *Bubo*. Le pont osseux sous lequel s'engage d'ordinaire le tendon de l'extenseur commun des doigts n'existe pas, bien que les épiphyses soient entièrement soudées à la diaphyse et que la forme des saillies d'insertions musculaires indique que l'animal était arrivé à son entier développement. On aperçoit cependant une petite lamelle osseuse qui, partant du bord interne de la coulisse, s'avance un peu en dedans, mais elle est extrêmement courte et ne se prolonge pas. Il est probable que l'absence de cette bride osseuse est due à une variation individuelle, et qu'elle n'était pas constante chez cette espèce; car aujourd'hui, chez le grand Duc où ce pont sus-tendineux existe d'ordinaire et est même bien développé, on le voit souvent se réduire beaucoup et parfois même disparaître complétement. Le talon du *Bubo arvernensis* est plus court que chez les autres espèces du même genre, et la crête interne, au lieu de se continuer avec le bord postéro-interne du corps de l'os, forme avec ce dernier un angle bien marqué. La diaphyse est légèrement arquée en arrière (c'est-à-dire à concavité antérieure); la dépression dans laquelle s'insère le muscle extenseur propre du pouce est très-profonde; l'empreinte d'insertion du muscle tibial antérieur est peu saillante, mais bien marquée. Enfin il existe en arrière une gouttière longitudinale profonde.

L'extrémité articulaire inférieure est large et très-robuste (2); les trochlées digitales sont courtes : l'externe descend exactement au

(1) Voyez pl. CXCII, fig. 10 à 15.
(2) Voyez pl. CXCII, fig. 11 et 15.

même niveau que la médiane; l'interne est séparée de la précédente par une échancrure interdigitale très-évasée, elle se prolonge en arrière par un bord mince et très-saillant.

Le tibia de cette espèce (1) présente une extrémité inférieure très-élargie, si on la compare au corps de l'os; la dépression dans laquelle glissent les tendons des muscles extenseurs des doigts et du tibial antérieur est moins profonde que chez le Hibou brachyote, mais beaucoup plus large. Le petit tubercule osseux sur lequel s'insère la bride ligamenteuse oblique des tendons dont je viens de parler, se trouve située à une plus grande distance des condyles que d'ordinaire dans ce groupe. Les condyles sont arrondis et séparés en avant, en dessous et en arrière, par une gorge très-profonde, qui remonte même un peu sur la face postérieure de l'os. Le péroné est long; il se prolonge presque jusqu'au condyle interne, au-dessus duquel il se soudait au corps de l'os.

Par les caractères que fournit le tibia aussi bien que par ceux que l'on peut tirer de l'os tarso-métatarsien, on voit que l'espèce de Strigide fossile de Langy doit se placer à côté du grand Duc dans le genre *Bubo*, et que les différences qu'il présente avec les espèces actuelles n'ont qu'une importance spécifique.

Le tableau suivant indique les dimensions comparatives de ces os chez le *Bubo arvernensis* et chez quelques autres représentants du même groupe :

(1) Voyez pl. CXCII, fig. 16 à 19.

	Bubo arvernensis.		Bubo atheniensis.		Otus brachyotus.		Strix flammea.	
	Dimensions réelles.	Dimensions relatives.	Dimensions réelles.	Dimensions relatives.	Dimensions réelles.	Dimensions relatives.	Dimensions réelles.	Dimensions relatives.
Tarso-métatarsien.								
Longueur de l'os............	0,0435	100	0,076	100	0,0439	100	0,058	100
Largeur de l'extrémité supérieure.	0,0097	22,2	0,021	27,6	0,008	18,2	0,0086	14,8
Largeur de l'extrémité inférieure.	0,0116	26,7	0,011	27,6	0,0098	22,3	0,0098	16,9
Largeur du corps de l'os.......	0,006	13,8	0,0105	13,8	0,004	9,1	0,0035	6
Épaisseur du corps de l'os..	0,004	9,2	0,0075	9,9	0,003	6,8	0,0032	5,5
Épaisseur de la tête de l'os, y compris le talon...............	0,0096	22,1	0,0175	23	0,008	18,2	0,0095	16,4
Longueur de l'extrémité inférieure à l'empreinte tibiale.........	0,0285	65,5	»	»	0,0289	64,5	»	»
Tibia.								
Longueur de l'os.	0,0779	100	0,1487	100	0,08	100	0,084	100
Largeur de l'extrémité supérieure.	0,0077	0,9	0,0179	12	0,0075	9,4	0,009	10,7
Largeur de l'extrémité inférieure.	0,0099	12,7	0,0195	13,1	0,0086	10,7	0,0089	10,4
Largeur du corps de l'os.......	0,0043	5,5	0,009	6,1	0,0039	4,9	0,0045	5,4

BUBO POIRRIERI.

(Voyez pl. CXCII, fig. 24 à 29.)

Alph. Milne Edwards, *Ann. des sc. nat.*, ZOOL., 4e série, t. XX, p. 158.

Le *Bubo Poirrieri*, dont M. Poirrier possédait un os tarso-métatarsien
d'une conservation parfaite, trouvé à Saint-Gérand le Puy, devait être
d'un tiers environ plus petit que le grand Duc athénien. Cet os, toutes
proportions gardées, ressemble presque exactement à celui de l'espèce
vivante. Il est en effet très-robuste. La fosse de l'extenseur propre du
pouce est très-profonde et plus large que dans l'espèce précédente. La
gouttière de l'extenseur commun des doigts s'engage sous un pont osseux complet. Le pertuis supérieur externe est très-large, l'interne
extrêmement petit. L'empreinte d'insertion du muscle tibial antérieur
est plus allongée que chez le *Bubo arvernensis*. La crête interne du talon
est saillante, terminée, comme d'ordinaire, par un bord postérieur plat

et élargi ; elle se prolonge insensiblement sur le bord postéro-interne de l'os. La crête externe est petite, tuberculiforme, plus étroite et plus relevée que dans l'espèce précédente. La gouttière longitudinale qui occupe toute la largeur de la face postérieure de l'os est plus profonde que chez le grand Duc athénien.

L'extrémité inférieure est disposée exactement sur le même plan que chez ce dernier oiseau. Les trochlées y sont courtes, mais fortes et élargies ; la médiane est creusée d'une gorge très-profonde en arrière ; l'externe est comprimée latéralement, et se prolonge en arrière par un bord mince, proéminent et légèrement recourbé en dedans. Le bord postérieur de la trochlée digitale interne est saillant et tuberculiforme.

Le *Bubo Poirrieri* devrait être d'un quart environ plus grand que le *Bubo arvernensis*, mais les caractères génériques sont les mêmes chez ces deux espèces. Je ne pense pas qu'on puisse regarder le *B. Poirrieri* comme la femelle du *B. arvernensis*, car la différence de taille me paraît trop considérable pour autoriser une semblable réunion.

Tarso-métatarsien.

	Bubo Poirrieri.		Bubo arvernensis.		Bubo athenieasis.		Otus brachyotus.		Strix flammea.	
	Dimensions réelles.	Dimensions relatives.	Dimensions réelles.	Dimensions relatives.	Dimensions réelles.	Dimensions relatives.	Dimensions réelles.	Dimensions relatives.	Dimensions réelles.	Dimensions relatives.
Longueur de l'os	0,0535	100	0,0435	100	0,076	100	0,0439	100	0,058	100
Largeur de l'extrémité supérieure.	0,013	24,3	0,0097	22,2	0,021	27,6	0,008	18,2	0,0086	14,8
Largeur de l'extrémité inférieure.	0,015	28	0,0116	26,7	0,021	27,6	0,0098	22,3	0,0098	16,9
Largeur du corps de l'os	0,0084	15,7	0,006	13,8	0,0105	13,8	0,004	9,1	0,0035	6
Épaisseur du corps de l'os	0,0048	9	0,004	9,2	0,0075	9,9	0,003	6,8	0,0032	5,5
Épaisseur de la tête de l'os, y compris le talon	0,0129	24,1	0,0096	22,1	0,0175	23	0,008	18,2	0,0095	16,4

STRIX ANTIQUA, nov. sp.

(Voyez pl. CXCII, fig. 3 à 9.)

Le *Strix antiqua* n'est jusqu'à présent connu que par un os tarso-métatarsien trouvé à Saint-Gérand le Puy, et si parfaitement caractérisé, qu'il ne peut y avoir aucun doute sur les affinités zoologiques de l'oiseau auquel il appartient. Cet os canon est remarquable par ses formes grêles et par la brièveté des trochlées digitales; sa face antérieure présente les mêmes caractères que chez l'Effraie (*Strix flammea*), c'est-à-dire qu'elle est profondément excavée pour l'insertion du muscle extenseur propre du pouce, et que la gouttière de l'extenseur commun des doigts n'est pas recouverte d'un pont osseux sus-tendineux. L'empreinte d'insertion du muscle tibial antérieur est plus relevée que chez la plupart des Strigides et occupe à peu près la même position que chez l'Effraie.

Le corps de l'os est légèrement arqué, à concavité antérieure. La face postérieure est profondément excavée longitudinalement.

Dans le genre *Athene*, dont quelques espèces sont remarquables par les formes grêles de l'os de la patte, il existe un pont sus-tendineux et la face antérieure de la diaphyse est moins profondément excavée.

Chez notre petite espèce fossile, les trochlées digitales sont plus courtes que chez l'Effraie, mais elles offrent la même disposition, c'est-à-dire que l'interne est très-renflée et descend un peu plus bas que la médiane, dont elle n'est séparée que par une échancrure interdigitale très-étroite. L'échancrure externe est au contraire assez large, et le bord postérieur de la trochlée correspondante se prolonge beaucoup en arrière et un peu en dedans. Enfin, la surface articulaire du doigt postérieur est marquée par une empreinte rugueuse qui se voit immédiatement au-dessus de la trochlée interne.

D'après cet ensemble de caractères, je suis disposé à regarder le

Strix antiqua comme devant se rapprocher beaucoup plus des Effraies que des autres Strigides.

Tarso-métatarsien.

	Strix antiqua.		Strix flammea.		Athene passerina.	
	Dimensions réelles.	Dimensions relatives.	Dimensions réelles.	Dimensions relatives.	Dimensions réelles.	Dimensions relatives.
Longueur de l'os................	0,0335	100	0,058	100	0,357	100
Largeur de l'extrémité supérieure....	0,006	17,9	0,0086	14,8	0,007	19,6
Largeur de l'extrémité inférieure....	0,0065	19,4	0,0098	16,9	0,0076	21,3
Largeur du corps de l'os..........	0,003	9	0,0035	6	0,0034	9,5
Épaisseur du corps de l'os.........	0,002	6	0,0032	5,5	0,0023	6,4
Épaisseur de la tête de l'os, y compris le talon........................	0,006	17,9	0,0095	16,4	0,0058	16,2

STRIX, sp.?

Parmi les débris d'Oiseaux recueillis à Sansan par M. Lartet, j'ai reconnu un fragment de tarso-métatarsien (1) qui, malgré son mauvais état de conservation, est assez bien caractérisé pour que l'on puisse arriver à le déterminer avec certitude. Il offre les deux trochlées digitales d'un Oiseau de nuit, ainsi que l'indiquent : 1° la direction de la gorge de la trochlée digitale médiane; 2° la forme de la trochlée interne, dont le bord, très-proéminent et en forme de tubercule comprimé latéralement, se prolonge presque directement en arrière; 3° l'empreinte du sillon du tendon de l'adducteur du doigt interne, qui se termine à l'échancrure interdigitale correspondante, et qui ne se rencontre aussi marquée que chez les oiseaux de la famille des Strigides. La

(1) Voyez pl. CXCII, fig. 1 et 2.

taille du tarso-métatarsien dont provient ce fragment devait être à peu près la même que chez la Hulotte, et par conséquent plus considérable que chez le *Bubo arvernensis*. Cet os se distingue d'ailleurs par la forme des trochlées digitales. La tête de la trochlée interne est moins arrondie, et plus aplatie dans le sens antéro-postérieur. En arrière, son bord est plus mince et plus avancé, et la fossette destinée à l'insertion du ligament articulaire interne est arrondie et plus profonde. Les deux lèvres de la gorge de la poulie articulaire du doigt médian sont beaucoup plus saillantes, surtout en arrière.

Il est probable que de nouvelles fouilles pratiquées dans ce riche gisement de Sansan nous feront connaître d'autres débris de] la Chouette à laquelle appartenait ce fragment de tarso-métatarsien. Si je me suis servi d'une pièce du squelette aussi incomplète pour indiquer l'existence d'une nouvelle espèce de Rapaces nocturnes, c'est surtout afin de montrer quelle peut être la précision que présentent dans certains cas les caractères fournis par les os des oiseaux, et particulièrement par l'os tarso-métatarsien.

§ 2. — DES STRIGIDES DE L'ÉPOQUE QUATERNAIRE.

On a souvent signalé l'existence de débris de Strigides dans les cavernes, mais il est à regretter que ces déterminations ne présentent pas toutes les garanties désirables d'exactitude.

MM. Marcel de Serres, Dubreuil et Jean-Jean, rapportent au groupe des Oiseaux de proie un fémur qui paraît, disent ces auteurs, avoir appartenu à un oiseau de la taille du Hibou (1) ; il est impossible, d'après la figure qui en a été donnée, de déterminer ce fossile, car les caractères les plus utiles à consulter n'y sont pas représentés.

Dans la caverne de Mialet et de Jobertas (Gard), M. Marcel de

_____

(1) Marcel de Serres, Dubreuil et Jean-Jean, *Recherches sur les ossements humatiles de la caverne de Lunel-Vieil*, p. 212, pl. XX, fig. 5 et 6.

Serres indique divers débris de Rapaces dont quelques-uns, dit-il, par leurs grandeurs et leurs autres caractères, se rapprocheraient de l'Effraie (1).

Dans les cavernes de Bize et de l'Hermite (Aude), le même observateur signale un Oiseau de proie de la taille du moyen Duc (2). Enfin, dans d'autres gisements analogues du département de l'Aude, il cite divers ossements appartenant au grand Duc (3).

M. Gervais a trouvé dans la caverne de la Tour de Farges, qui est peu éloignée de celle de Lunel-Vieil, des débris de la Chevêche (4).

Les brèches osseuses de Sardaigne ont fourni un grand nombre de restes d'Oiseaux, dont Wagner a tenté la détermination. Quelques-uns ont été rapportés au Milan (5) : ils consistent en un fragment de tibia et une portion du métacarpe ; mais autant qu'on peut en juger d'après la figure qui en a été donnée, ils paraissent plutôt appartenir à un Strigide, et probablement au Harfang (*Nyctea nivea*) (6).

Enfin un Oiseau de nuit de la grosseur de l'Effraie a été rencontré dans le crag de Norwich (7).

J'ai passé en revue une grande quantité d'ossements d'Oiseaux trouvés dans différentes grottes du Périgord, du midi de la France et dans des dépôts bréchiformes datant de la même époque ; j'y ai reconnu de nombreux fragments appartenant à des Rapaces nocturnes, et tous jusqu'à présent se rapportaient à une même espèce, le *Nyctea nivea* ou Harfang.

(1) Marcel de Serres, *Essai sur les cavernes*, p. 149.

(2) Marcel de Serres, *op. cit.*, p. 154.

(3) *Journal l'Institut*, 1842, p. 388.

(4) *Zoologie et Paléontologie françaises*, 2e édit., p. 419.

(5) Wagner, *Ueber die Fossilen der Diluvialzeit* (*Abhandlungen der K. Bayerischen Akademie der Wissenschaften*, 1er vol., 1832, p. 778, pl. XXIII, fig. 47 et 48.

(6) La forme de ce tibia indique nettement qu'il ne provient pas d'un Rapace diurne, mais bien d'un Srigide de la taille du Harfang.

(7) Owen, *British fossils Mammals and Birds*, p. 557.

La présence de cet oiseau en France à l'époque du remplissage de ces cavernes est un fait d'un grand intérêt au point de vue géologique aussi bien qu'au point de vue zoologique, car on sait qu'aujourd'hui le Harfang n'habite plus que les régions les plus froides de l'Europe ou de l'Amérique; on le rencontre aussi en Suède et en Norvége, et quand il se montre dans les régions tempérées de l'Europe, ce n'est que poussé par quelque circonstance accidentelle. A l'époque quaternaire, il trouvait probablement en France les mêmes conditions climatiques que celles au milieu desquelles il vit aujourd'hui dans le Nord, et de même que le Renne et le Tétras des Saules, il a été chassé peu à peu vers le pôle boréal par l'élévation graduelle de la température. Pour expliquer la présence du Harfang en France, on ne peut invoquer l'intervention de l'homme, comme quelques zoologistes l'ont fait pour le Renne; et si le Tétras des Saules et la grande Chouette blanche du Nord habitaient les cavernes du midi de la France, c'est qu'alors la température de cette région était bien différente de ce qu'elle est aujourd'hui.

Les caractères ostéologiques que présente le squelette du *Nyctea nivea* (1) sont faciles à saisir, et tous les os principaux peuvent se distinguer de ceux des autres espèces de la famille des Strigides.

J'ai pu étudier un tarso-métatarsien (2) trouvé dans la grotte des Eyzies et admirablement conservé; c'est même ce fossile qui m'a permis de reconnaître avec précision la présence du Harfang dans les cavernes : effectivement il est impossible de confondre cet os avec celui des espèces voisines du même groupe. Il est remarquablement court et trapu; la fosse dans laquelle se trouve l'extenseur propre du pouce est très-profonde, ainsi que la gouttière de l'extenseur commun des doigts, qui est recouverte d'un pont osseux bien développé. L'empreinte d'insertion du muscle tibial antérieur est allongée et située plus bas que

(1) Voyez pl. CXCIII.
(2) Voyez pl. CXCIV, fig. 1 à 5.

chez la plupart des autres Rapaces nocturnes ; elle est en effet placée un peu au-dessus de la moitié de l'os. La gouttière métatarsienne postérieure est très-profonde, surtout dans sa partie supérieure ; la crête principale du talon est proéminente mais courte, et se termine en arrière par un bord épais et aplati. L'extrémité inférieure est large et les trochlées digitales très-robustes ; l'externe est comprimée latéralement et plus relevée que d'ordinaire dans cette famille ; l'interne se prolonge un peu plus bas que la médiane.

D'après les dimensions de l'os canon trouvé aux Eyzies, on peut même arriver à déterminer le sexe de l'oiseau auquel il appartenait, car on sait que chez les Strigides les femelles sont toujours plus grosses que les mâles, et la taille de notre fossile est un peu plus considérable que celle du même os chez un Harfang femelle adulte de grande taille, provenant du Labrador ; chez les mâles, cet os est presque aussi long, mais il est moins élargi.

Parmi les ossements d'Oiseaux recueillis à Bruniquel par M. Brun (de Montauban), j'ai reconnu plusieurs fragments du tibia du Harfang. Cet os présente une légère courbure à concavité interne ; il est grêle comparativement à la largeur de ses extrémités articulaires ; la crête péronière est peu saillante, mais assez longue ; les condyles articulaires sont renflés, arrondis et séparés par une gorge plus profonde en arrière qu'en avant. Chez les grands Ducs, la gorge intercondylienne est beaucoup plus étroite et le tibia est d'ailleurs notablement plus grand. Chez le *Bubo lacteus*, l'extrémité inférieure de la diaphyse est remarquablement comprimée d'avant en arrière, ce qui distingue facilement l'os de la jambe de cette espèce de celui du Harfang.

Le fémur est long, assez grêle et très-légèrement courbé en arrière ; la ligne intermusculaire est saillante et occupe la ligne médiane de l'os ; l'extrémité inférieure est creusée d'une crête rotulienne profonde et large.

Je n'ai jusqu'à présent rencontré aucun fragment du bassin ni du sternum de cette espèce. Le coracoïdien du Harfang (1) ressemble beaucoup à celui du grand Duc, mais il est moins long, et il s'en distingue nettement par la faible saillie de la tubérosité qui porte la surface claviculaire et qui, en avant, donne naissance à l'apophyse sous-claviculaire : ainsi que je l'ai déjà dit, cette protubérance latérale est extrêmement forte chez le grand Duc, tandis que dans l'espèce qui nous occupe elle est peu prononcée. La petite ligne cristiforme qui descend de l'angle interne de la facette d'articulation avec la clavicule sur la face postérieure de l'os est plus marquée que chez le grand Duc. Enfin, la fossette creusée à la face interne de la tubérosité coracoïdienne est plus profonde et présente plusieurs trous pneumatiques d'un calibre assez fort.

Il est plus difficile de distinguer l'omoplate de cette espèce (2) de celle du grand Duc, car les dimensions sont presque les mêmes. Cependant la tubérosité claviculaire est moins large et plus avancée ; mais ces caractères sont peu apparents, et ils ne suffiraient peut-être pas pour déterminer avec certitude cette partie du squelette. M. Filhol a recueilli plusieurs de ces coracoïdiens et de ces omoplates dans la grotte de Lherm.

L'humérus (3), presque aussi grand que celui du grand Duc athénien, se reconnaît à la largeur plus considérable de son extrémité supérieure, dont la surface bicipitale est plus dilatée. Pour distinguer les autres os de l'aile du Harfang de ceux du grand Duc, il faut surtout se guider par les différences qui existent dans les dimensions de ces deux espèces.

Je crois, d'après l'étude que j'ai faite de presque toutes les pièces de la charpente solide de l'Oiseau de nuit des cavernes, avoir pu établir

(1) Voyez pl. CXCIV, fig. 6, 7 et 8.
(2) Voyez pl. CXCIV, fig. 9 et 10.
(3) Voyez pl. CXCIV, fig. 11 à 13.

avec une exactitude rigoureuse que cette espèce est identique avec le *Nyctea nivea*.

	Nyctea nivea.		Bubo lacteus.		Bubo athéniensis.	
	Dimensions réelles.	Dimensions relatives.	Dimensions réelles.	Dimensions relatives.	Dimensions réelles.	Dimensions relatives.
Tarso-métatarsien.						
Longueur de l'os............	0,0564	100	0,07	100	0,076	100
Largeur de l'extrémité supérieure....	0,018	31,9	0,0196	28	0,021	27,6
Largeur de l'extrémité inférieure.....	0,0189	33,5	0,0229	32,7	0,021	27,6
Largeur du corps de l'os..........	0,01	17,2	0,0105	15	0,0105	13,8
Épaisseur du corps de l'os.........	0,006	10,6	0,0076	10,9	0,0075	9,9
Épaisseur de la tête de l'os, y compris le talon....................	0,0166	29,4	0,0187	26,7	0,0175	23
Tibia.						
Longueur de l'os................	0,1245	100	0,187	100	0,1487	100
Largeur de l'extrémité supérieure....	0,016	12,8	0,018	13,1	0,0179	12
Largeur de l'extrémité inférieure.....	0,0177	14,2	0,0187	13,6	0,0195	13,1
Largeur du corps de l'os..........	0,007	5,6	0,007	5,1	0,009	6,1
Humérus.						
Longueur de l'os.........	0,1575	100	»	»	0,1676	100
Largeur de l'extrémité supérieure ...	0,020	18,4	»	»	0,029	17,3
Largeur de l'extrémité inférieure.....	0,0267	17	»	»	0,0266	15,9
Largeur du corps de l'os..........	0,01	6,3	»	»	0,011	6,6
Épaisseur du corps de l'os........	0,0087	5,5	»	»	0,0096	5,7

CHAPITRE XXXV

DES CARACTÈRES OSTÉOLOGIQUES DE LA FAMILLE
DES PERROQUETS OU PSITTACIDES

§ 1.

Les Perroquets, rangés par Cuvier dans l'ordre des Grimpeurs, à côté des Pics, des Coucous, etc., ne peuvent pas occuper cette place ; ils constituent au contraire un groupe parfaitement distinct et doivent se ranger en tête de la classe des Oiseaux : car, par leur développement cérébral, par leur singulière faculté d'articuler des mots, et par plusieurs autres particularités, ils se montrent bien supérieurs à tous les autres représentants de la même classe. Le prince Ch. Bonaparte a bien apprécié leurs affinités, et, dans son *Conspectus generum Avium*, le premier de ses ordres est formé par les *Psittaci ;* mais, d'un autre côté, le célèbre ornithologiste a beaucoup trop multiplié les coupes intérieures de cet ordre, car, bien que les Perroquets présentent tous entre eux d'intimes ressemblances, il est parvenu à les partager en 9 familles, 18 sous-familles et 86 genres.

Les Psittacides ne renferment aucun de ces types intermédiaires que l'on rencontre si fréquemment dans la nature, et qui semblent relier entre elles deux familles au premier abord très-éloignées ; tous les membres de ce groupe présentent une réunion de caractères très-nets, très-tranchés, et qui n'existent que chez eux. Le *Strigops Habroptilus,* Gray, ce singulier oiseau nocturne de la Nouvelle-Zélande, dont les ailes sont impropres au vol, avait été considéré par certains zoologistes comme formant la transition entre les Psittacides et les Strigides, et quelques-uns le considéraient même comme une espèce du genre Surnie; mais, par tous ses caractères ostéologiques, le *Strigops* est un véritable Perroquet.

§ 2. — DES OS DE LA PATTE.

La patte des Perroquets, considérée dans son ensemble et au point de vue des caractères extérieurs, présente des caractères spéciaux, sur lesquels il est impossible de se méprendre, et, si l'on étudie les particularités anatomiques des os qui entrent dans sa constitution, on y constate aussi des traits saillants qui n'existent que dans ce groupe d'oiseaux. L'os du pied, ou TARSO-MÉTATARSIEN, est très-remarquable et d'une forme si singulière, qu'on ne peut avoir aucun doute sur sa détermination, d'autant plus qu'il varie très-peu suivant les genres, et, ses caractères essentiels restant les mêmes, il ne diffère guère que par des différences de taille et de proportions relatives. Aussi me suffira-t-il d'étudier d'abord d'une manière complète l'ostéologie de cette partie du squelette chez une espèce, et de signaler ensuite les caractères différentiels que l'on observe dans les autres Psittacides. Je choisirai pour cet examen les Aras ou Macrocerques du nouveau monde, dont la taille fait mieux ressortir les moindres particularités. Chez le Rauna (*Macrocercus Ararauna*, Lin.), le tarso-métatarsien est large, extrêmement court et aplati d'avant en arrière, de sorte que les faces latérales n'existent pour ainsi dire pas, et sont remplacées par des bords arrondis (1). La diaphyse, d'une largeur presque uniforme d'une extrémité à l'autre, est légèrement convexe en avant et concave en arrière; elle se rétrécit au niveau de l'articulation du pouce. Les crêtes et les saillies d'insertion musculaire sont mousses et peu marquées; la fossette dans laquelle s'attache le tendon du tibial antérieur, au lieu d'être située à peu près sur la ligne médiane, est placée sur le

1) Voyez pl. CXCV, et pl. CXCVI, fig. 15 à 19.

côté, le long du bord interne, et bien au-dessous de l'articulation. Un seul pertuis externe se voit au-dessus, l'autre disparaît de très-bonne heure. Le canal osseux dans lequel s'engage le tendon de l'adducteur du doigt externe est large et en rapport avec la force que ce muscle acquiert d'ordinaire chez ces oiseaux; la surface articulaire destinée à recevoir la tête du métatarsien du pouce est faiblement creusée, peu élargie et située directement sur le bord interne.

L'extrémité articulaire supérieure est très-aplatie et s'incline légèrement en avant. La facette glénoïdale externe n'offre pas de trace de dépression; la facette externe est creusée d'une fossette superficielle et mal limitée en avant; entre elles on n'aperçoit pas de saillie intercondylienne. L'apophyse calcanéenne est très-peu développée et ne se compose que des crêtes interne et externe, qui se réunissent en arrière par un arc transversal, limitant ainsi un canal tubulaire quelquefois unique, quelquefois double.

L'extrémité digitale est très-élargie, et les poulies articulaires offrent une disposition des plus remarquables : l'externe, qui supporte le doigt si mobile de ces Perroquets, se dédouble en deux têtes articulaires, l'une antérieure, qui correspond à la poulie digitale externe des autres oiseaux, et une autre postérieure, très-forte et comprimée d'avant en arrière, de telle sorte que son grand axe est presque complétement transversal; une gorge étroite, mais profonde, la sépare de la première. Celle-ci est plus courte, mais plus épaisse, et déprimée transversalement au milieu; elle se prolonge peu en bas, et n'atteint pas la base de la poulie médiane. Cette dernière est large, creusée d'une gorge profonde dont le bord interne se prolonge beaucoup plus en arrière que celui du côté opposé; sa disposition rappelle celle qui existe chez certains représentants de la famille des Pics. La poulie interne se détache obliquement du corps de l'os; elle est très-comprimée d'avant en arrière, et sa surface articulaire, au lieu d'être tournée en bas, regarde presque directement en dehors. Cet ensemble de caractères donne à la partie inférieure du tarso-métatarsien des Perroquets un aspect tout à fait particulier.

Si maintenant on étudie ce même os chez les Cacatoës (1), on y trouve la même disposition générale, et, pour le distinguer, il faut avoir égard à des faits de détail. Ainsi l'articulation supérieure est plus oblique encore en avant, et les deux facettes glénoïdales sont séparées par une saillie intercondylienne bien marquée ; la face postérieure de l'apophyse calcanéenne est marquée par une ou deux gouttières tendineuses plus ou moins profondes. L'extrémité inférieure est plus large, la tête accessoire de la poulie externe présente plus de force ; enfin la poulie interne s'étend davantage en dehors et se relève en forme de crochet. Les différentes espèces du genre *Cacatua* ne diffèrent que très-peu entre elles : sous ce rapport, elles ressemblent aussi beaucoup aux Microglosses et aux Calyptorhynques ; cependant, chez les petites espèces, notamment le *Cacatua rosea* et le *C. Leadbeateri*, la poulie du doigt externe est beaucoup plus relevée que d'ordinaire.

Dans le genre *Caracopsis* (Wagler), les deux espèces que j'ai pu étudier, le *C. Vasa* (2) et le *C. nigra* de Madagascar, ont l'os du pied plus grêle et bien moins élargi, surtout dans sa portion articulaire inférieure, bien que les caractères essentiels restent toujours les mêmes.

Les Loris (*Lorinæ*) se rapprochent au contraire davantage des précédents : en effet, il existe une saillie intercondylienne qui sépare les surfaces glénoïdales de l'extrémité supérieure, et la poulie digitale interne se relève en forme de crochet.

L'os du pied des Perroquets amazones, qui appartiennent au nouveau monde et forment les genres *Chrysotis* (Sw.) et *Pionus* (Wagler), est encore plus large et plus court que celui des Cacatoës. La poulie

(1) Voyez pl. CXCVI, fig. 1 à 5.
(2) Voyez pl. CXCVI, fig. 29 à 33.

digitale médiane est large, raccourcie, et sa gorge, au lieu d'être oblique, est presque droite.

Le *Psittacus erythacus*, Lin. (1), se rapproche plus, sous le rapport de la constitution de l'os du pied, des Cacatoës que des Aras.

Les Perruches océaniennes, comprenant les genres ou plutôt les sous-genres *Barrabandius* (Bonaparte), *Euphema* (Wagler), *Psephotus* (Gould), *Platycercus* (Vigors) et *Aprosmictus* (Gould), se font remarquer par la forme relativement allongée de l'os du pied; la diaphyse est épaisse et arquée en avant; enfin l'apophyse calcanéenne présente une assez grande complication : on y remarque d'ordinaire plusieurs gouttières tubulaires pour le passage des tendons. Sous ce rapport, la petite Perruche ondulée d'Australie, dont Gould a formé le genre *Melopsittacus* (*Psittacus undulatus*, Shaw), leur ressemble beaucoup.

Les Calopsittes (*Psittacus Novæ-Hollandiæ*, Gmelin), genre *Nymphicus* (Wagler), qui appartiennent également à l'Australie, se distinguent des précédents par la disposition de l'extrémité inférieure du tarso-métatarsien (2). En effet, le doigt externe s'insère beaucoup plus haut que d'ordinaire, et la poulie sur laquelle il s'articule est très-petite; ce qui donne à l'os du pied un aspect différent de celui qu'il revêt chez les autres Psittacides. J'ajouterai qu'il n'existe qu'une seule gouttière tubulaire au talon.

Le tarso-métatarsien du *Strigops* (Gray) est assez allongé, très-élargi et aplati. Sa poulie digitale externe est double, comme chez tous les autres représentants de la même famille, et n'offre aucun des caractères qui se rencontrent chez les Rapaces nocturnes.

Ainsi que je l'ai déjà dit (3), le TIBIA des Perroquets présente une

(1) Voyez pl. CXCVI, fig. 34 à 36.
(2) Voyez pl. CXCVI, fig. 37 à 40.
(3) Voyez ci-dessus, page 479.

assez grande ressemblance avec celui des Oiseaux de proie nocturnes ; il peut cependant s'en distinguer à l'aide d'un certain nombre de caractères constants (1). Ainsi le corps de l'os est toujours plus arqué ; l'extrémité articulaire supérieure est notablement plus grosse, ce qui tient au développement de la portion interne de l'articulation ; les crêtes tibiales sont basses. Le péroné ne s'étend guère au delà de la crête destinée à son articulation; aussi on n'aperçoit à la partie inférieure et externe du tibia aucune trace de sa soudure avec cet os, ce qui a lieu chez les Strigides. Enfin, j'ajouterai que la gorge intercondylienne est beaucoup plus évasée et moins profonde chez les Perroquets que chez les Oiseaux de nuit. Le pont osseux au-dessous duquel passe d'ordinaire le tendon du muscle extenseur commun des doigts manque chez presque tous les Perroquets, où il est remplacé par une bride ligamenteuse ; cependant il existe dans certaines espèces. Ainsi j'ai constaté sa présence chez l'*Aprosmictus scapulatus,* le *Platycercus omnicolor,* le *P. Pennanti,* le *P. Barnardi,* le *Polytelis Barrabandi,* le *Conurus Pavia,* le *Psephotus murinus,* le *Nymphicus Novæ-Hollandiæ,* et le *Melopsittacus undulatus.*

Le tibia du *Strigops* reproduit toutes les particularités propres au type auquel il appartient: l'extrémité supérieure est grosse et très-développée en dehors; le péroné est court et ne dépasse guère la crête correspondante; enfin il existe, comme chez les Platycerques, un pont osseux au-dessus de la gouttière de l'extenseur des doigts. Le prince Charles Bonaparte signale comme l'un des caractères de cet os sa courbure en S (2); mais il a été induit en erreur sur ce point par l'état de rachitisme du squelette qu'il a examiné et qui faisait partie des collections du Musée Britannique.

(1) Voyez pl. CXCV, et pl. CXCVI, fig. 6, 7, 20, 21.
(2) Ch. Bonaparte, *Remarques à propos des observations de M. Blanchard sur les caractères ostéologiques chez les Oiseaux de la famille de Psittacides (Comptes rendus de l'Acad. des sciences,* t. XLIV, 16 mars 1857).

Le fémur est assez compacte ; il est faiblement arqué et ses extrémités sont comparativement renflées (1). Cette disposition est plus
apparente chez les Aras et les Perroquets du nouveau monde que chez
les espèces de l'ancien continent. La gorge rotulienne est large et peu
profonde ; le condyle interne s'avance plus que celui du côté opposé ;
la fosse poplitée est très-superficielle. La tête du fémur est creusée
presque directement en dessus d'une dépression ovalaire destinée
à l'insertion du ligament rond. Enfin, le trochanter est épais, mais ne
s'élève que très-peu. Les particularités que présente l'os de la cuisse
chez les divers Perroquets sont d'ailleurs peu importantes et ne fournissent que peu d'éléments pour les déterminations.

§ 3. — DES OS DU TRONC.

Le bassin des Psittacides est remarquable par son allongement,
comparé à son peu de largeur, et par sa forme voûtée.

Chez les Aras (2), la portion précotyloïdienne est très-développée ;
les lames iliaques sont fortement inclinées en forme de toit et complétement soudées à la crête épineuse du sacrum. Elles s'élargissent
beaucoup en avant de la portion postcotyloïdienne, et sont très-arquées
transversalement. La crête sus-ischiatique n'est pas saillante, mais elle
se renfle pour constituer une tubérosité avant d'atteindre l'angle
sus-ischiatique ; celui-ci est nettement indiqué, il ne dépasse que peu
le sacrum. Les pointes de l'ischion se prolongent bien davantage et
s'étendent très-loin en arrière, formant ainsi des sortes de cornes. Le
tron sciatique est ovalaire. Les lames pubiennes sont étroites et ressemblent à des baguettes ; elles ne s'appliquent sur les ischions que
vers l'extrémité de ceux-ci.

A la face inférieure du bassin, les corps vertébraux sont arrondis et

(1) Voyez pl. CXCV, et pl. CXCVI, fig. 9 à 11 et 23 à 25.
(2) Voyez pl. CXCV, et pl. CXCVII, fig. 1 et 2.

dépourvus de crêtes. Les apophyses transverses occupent presque toute la largeur des fosses iliaques. Les fosses rénales sont profondes, très-encaissées latéralement et mal limitées en avant et en arrière. Chez les Cacatoës, les lames iliaques se rétrécissent moins brusquement en avant des cavités articulaires du fémur (1). La portion postcotyloïdienne est plus étroite et les angles sus-ischiatiques sont notablement moins développés; les baguettes pubiennes s'élargissent davantage vers leur extrémité. Le pelvis des Loris ressemble plus à celui des Aras, bien qu'il soit moins allongé. Chez les Perruches et les Perroquets proprement dits, ce caractère s'accentue davantage, en même temps que la portion postcotyloïdienne acquiert plus de largeur.

Le bassin des Strigops s'éloigne beaucoup de celui des Aras et des Cacatoës; il est relativement court, étroit en avant, très-large au niveau des cavités cotyloïdes. Sous ce rapport, il ressemble au pelvis des *Aprosmictus*, mais l'angle sus-ischiatique fait une saillie considérable, tandis que ce caractère manque chez ces derniers Perroquets.

Les VERTÈBRES coccygiennes sont robustes, surtout chez les espèces à longue queue, comme les Aras (2); on en compte généralement six, cependant il en existe parfois sept. L'os en soc de charrue est grand, et son bord supérieur est fortement arqué.

Les vertèbres dorsales se soudent parfois ensemble d'une manière incomplète, mais le plus souvent elles restent distinctes; on en compte six. Leur corps est comprimé latéralement, et sur les deux ou trois premières il existe d'ordinaire une apophyse épineuse inférieure, large et courte.

Les vertèbres cervicales sont au nombre de douze ou de treize; elles sont trapues et très-fortes; les stylets y sont bien développés,

(1) Voyez pl. CXCVII, fig. 6 et 7.
(2) Voyez pl. CXCV.

sans cependant s'étendre dans toute la longueur de la vertèbre. La
gouttière antérieure est bien marquée dans la portion moyenne ; mais
sur les deuxième, troisième, quatrième et cinquième vertèbres, on
trouve généralement des apophyses épineuses antérieures larges et
tronquées ; des saillies analogues garnissent souvent aussi les dernières de ces vertèbres.

Les côtes cloisonnent très-complétement la cavité viscérale (1) ;
elles sont très-longues, mais peu élargies. Il en existe d'ordinaire huit ;
les deux premières sont flottantes, et cinq seulement s'articulent au
sternum, car la dernière s'appuie sur la pénultième et ne s'étend pas
jusqu'à cet os. Les apophyses récurrentes sont très-larges à leur base
et assez longues.

Le sternum des Psittacides ne varie que peu chez les divers représentants de cette famille, et sa forme générale est toujours à peu de
chose près la même, et par conséquent facile à reconnaître. Cependant on y remarque des particularités de détail qui permettent de
caractériser aisément les principaux grands genres. Si nous prenons
le bouclier sternal des Aras comme type de cette étude (2), nous
voyons que cette pièce osseuse est remarquable par le développement
du brechet, qui constitue une énorme carène s'étendant en arrière
jusqu'au bord postérieur et dépassant beaucoup en avant les gouttières
coracoïdiennes. Le bord inférieur du brechet est fortement arqué ;
l'angle antérieur se relie à l'apophyse épisternale par un bord faiblement échancré. Cette apophyse est élargie et aplatie à son extrémité,
qui se relève presque verticalement bien au-dessus des surfaces articulaires. Les lames latérales sont inclinées en toit, et parcourues dans
presque toute leur longueur par la ligne intermusculaire séparant
le muscle grand pectoral du pectoral profond ou releveur de l'aile :

(1) Voyez pl. CXCV.
(2) Voyez pl. CXCV, et pl. CXCVII, fig. 4.

cette ligne s'étend presque parallèlement au bord latéral, séparant ainsi la lame sternale en deux portions presque égales. Les rainures coracoïdiennes sont très-obliques, et l'angle hyosternal, qui est tuberculiforme, continue en haut et en arrière la ligne oblique formée par la lèvre antérieure de cette rainure. Les bords latéraux sont régulièrement évidés ; les facettes costales occupent leur moitié antérieure. Le bord postérieur est fortement arqué et généralement entier. Il existe au-dessus et de chaque côté une fenêtre ovalaire qui, largement ouverte chez les jeunes individus, tend à se fermer par les progrès de l'ossification. La face supérieure est très-excavée, et présente, en avant et sur la ligne médiane, de nombreux orifices pneumatiques.

Le sternum des Cacatoës véritables (1) est plus aplati et affecte moins la forme d'un bateau ; il est aussi plus large que celui des Aras. Le bréchet s'arrondit beaucoup en avant, et son angle est très-rapproché de l'apophyse épisternale ; une petite échancrure l'en sépare. Cette apophyse est bifurquée à son extrémité supérieure. La lèvre antérieure des rainures coracoïdiennes, beaucoup moins oblique que dans le genre précédent, se termine par un angle hyosternal grand et tronqué à son extrémité. Le bord postérieur est relativement peu arqué, il est très-large et entier ; il n'existe d'ordinaire aucune trace des fenêtres latérales. Enfin, la face supérieure ne présente généralement que de rares orifices pneumatiques ; on en remarque deux, de grande dimension, situés symétriquement en arrière des rainures coracoïdiennes. Le sternum des Calyptorhynques et des Microglosses offre les mêmes caractères que celui des Aras.

Aux deux types que je viens de décrire on peut rattacher toutes les formes que présente le sternum dans les différents genres de Perroquets. En effet, cet os ne varie de l'un à l'autre que par des particu-

(1) Voyez pl. CXCVII, fig. 8.

larités peu importantes, sur lesquelles je n'insisterai pas, d'autant plus
que M. Blanchard a donné sur ce sujet de nombreux détails anatomiques (1).

Il me suffira de dire que chez le Strigops le brechet est à peine
saillant et ne s'étend pas jusqu'au bord sternal supérieur; il s'élargit
beaucoup en avant; les bords latéraux sont régulièrement évidés et
portent cinq facettes costales. Le bord postérieur est très-arqué, entier,
et au-dessus on ne voit aucune trace des trous qui existent dans beaucoup d'autres genres. Ce sternum, par sa constitution, indique bien
que le Strigops est le représentant brévipenne des Psittacides, comme
le Dronte l'est des Colombides et l'Ocydrome des Rallides.

L'os FURCULAIRE est toujours faible; quelquefois même, comme chez
les Platycerques et les Strigops, il est réduit à de simples stylets osseux
qui ne se joignent pas sur la ligne médiane. Quand il est complet, il
est toujours grêle et en forme d'U très-ouvert et très-court chez les
Cacatoës (2), plus serré et plus long chez les Aras (3) et les Loris. A sa
partie inférieure et médiane il existe un très-petit tubercule qui
s'appuie à la base de l'apophyse épisternale. Les branches furculaires
s'élargissent et s'aplatissent vers le haut pour s'articuler avec le
coracoïdien. Dans ce point, elles se contournent en dehors et se terminent par une extrémité arrondie qui s'appuie sur l'omoplate.

Le CORACOÏDIEN est robuste et presque droit (4); il est peu rétréci
dans sa portion diaphysaire. La facette sternale est arquée et courte.
L'apophyse hyosternale est petite et très-relevée; elle se détache de l'os
à peu près au niveau du bord antérieur du sternum. L'apophyse sous-
claviculaire est faible, très-longue, surtout chez les Cacatoës, et forte-

(1) E. Blanchard, *Ann. des sc. nat.*, ZOOL., 1ʳᵉ série, 1859, t. XI.
(2) Voyez pl. CXCVII, fig. 9.
(3) Voyez pl. CXCVII, fig. 1.
(4) Voyez pl. CXCVI, fig. 27 et 28.

ment recourbée en avant; elle concourt, par son bord supérieur, à l'articulation de l'omoplate, et va rejoindre l'os furculaire. La tubérosité
supérieure est grosse et généralement creusée en dedans de quelques
trous pneumatiques. Chez les Perruches, le corps de l'os est beaucoup
plus grêle, relativement aux extrémités, que chez les Cacatoës et
surtout que chez les Aras. Dans quelques petites espèces, telles que le
Melopsittacus undulatus et le *Psittacus galgulus*, l'apophyse sous-claviculaire
va se souder au bord interne de la tubérosité supérieure, de façon à
cloisonner complétement en dedans le canal destiné à livrer passage
au tendon du muscle releveur de l'aile ; mais cette disposition ne
s'observe jamais chez les espèces de moyenne ou de grande taille. Le
coracoïdien du Strigops est plus gros et plus court que d'ordinaire
dans cette famille.

L'OMOPLATE est large, courte et très-arquée vers son extrémité
postérieure (1). La facette qui concourt avec celle du coracoïdien à
former la cavité glénoïde est grande et très-détachée du corps de l'os.
La tubérosité coracoïdienne est à peine marquée et remplacée par un
bord plus ou moins épais. La facette furculaire est au contraire très-
nette et tronquée en avant, et, sur son bord externe, on voit d'ordinaire
quelques ouvertures pneumatiques.

§ 4. — DES OS DE L'AILE.

La longueur des ailes varie beaucoup dans les différents genres de
Psittacides, mais le bras est toujours notablement plus court que
l'avant-bras, et celui-ci dépasse en longueur la main ; cependant, chez
les Aras, ces deux dernières parties ont à peu près les mêmes dimensions, tandis que chez les Cacatoës la main est notablement plus
petite.

(1) Voyez pl. CXCVII, fig. 5 et 10.

L'HUMÉRUS est toujours plus court que les os de l'avant-bras (1), mais ces proportions varient dans les différents groupes. Ainsi, chez les Cacatoës (2), il est relativement beaucoup plus allongé que chez les Aras (3). Par sa forme générale l'os du bras présente, ainsi que j'ai déjà eu l'occasion de le dire, une grande ressemblance avec celui des Colombides (4); cependant, si l'on examine avec soin les caractères de détail, on arrive facilement à le distinguer. La tête articulaire, très-élargie surtout en dedans, s'élève plus que chez les Pigeons ; elle est mieux détachée de l'extrémité supérieure. Le sillon transversal où se fixe le ligament coraco-huméral est très-profond et sa lèvre supérieure constitue une véritable crête. La surface deltoïdienne est très-creusée, tandis que chez les Colombides elle est à peine déprimée. La crête externe est courte, mais s'avance beaucoup en formant un angle arrondi. Le tendon du muscle moyen pectoral, ou releveur de l'aile, au lieu de se fixer sur la tubérosité externe, s'insère en arrière de cette crête, dans une fossette peu profonde, ovalaire et plus allongée que celle des Pigeons. La fosse sous-trochanterienne est grande et perforée d'un vaste orifice pneumatique.

L'extrémité inférieure est forte, et l'empreinte d'insertion du muscle brachial antérieur, au lieu d'être petite, profonde et bien circonscrite, est grande et mal limitée en dehors. La facette sur laquelle se fixe le ligament latéral externe du coude est allongée, au lieu d'être arrondie. Le tubercule sus-épicondylien est plus aplati et moins bien marqué que chez les Colombides; il est même quelques genres où il s'efface presque complétement. Enfin, la gouttière où glisse le tendon du triceps est profonde, et sa lèvre interne forme une saillie considérable, ce qui ne s'observe pas dans la famille des Colombides ;

(1) Voyez pl. CXCV.
(2) Voyez pl. CXCVIII, fig. 1 à 3.
(3) Voyez pl. CXCVIII, fig. 10 à 12.
(4) Voyez pl. II, p. 284.

cependant ce caractère, très-apparent chez les Aras, tend à s'effacer chez les Cacatoës.

Les os de l'avant-bras sont mal caractérisés et fournissent peu de caractères distinctifs (1). Il me suffira de dire que le CUBITUS est arqué, surtout dans sa portion supérieure (2); il est plus arrondi que chez les Colombes, et l'apophyse olécrânienne est notablement moins saillante ; elle est séparée de la face glénoïdale interne par un petit bourrelet. L'empreinte d'insertion du muscle brachial antérieur est profonde, et prend naissance immédiatement au-dessous de l'articulation. La dépression destinée à recevoir la tête du radius est limitée par des rugosités et présente une forme triangulaire. Les lignes intermusculaires antérieures sont à peine visibles, et les tubercules d'insertion de rémiges sont très-peu marqués.

Le RADIUS est légèrement arqué dans sa portion inférieure (3); il est remarquable par la grosseur relative de son extrémité carpienne, qui est élargie et comprimée verticalement, de façon à se mouler sur le cubitus. La gouttière destinée au passage du tendon des muscles extenseurs de la main est bordée de chaque côté par une crête bien marquée.

Le MÉTACARPE des Psittacides offre, avec celui des Oiseaux de proie nocturnes, une certaine ressemblance, due surtout à la longueur de l'espace interosseux ; mais il en diffère par plusieurs autres caractères bien tranchés (4). L'apophyse radiale s'avance beaucoup en s'amincissant, tandis que chez les Strigides son extrémité est large et arrondie. La fosse carpienne postérieure est moins profonde, et à la base de l'apophyse pisiforme, au-dessus de la petite branche métacarpienne, on

(1) Voyez pl. CXCV.
(2) Voyez pl. CXCVIII, fig. 4, 5, 13 et 14.
(3) Voyez pl. CXCVIII, fig. 6 et 15.
(4) Voyez pl. CXCV, et pl. CXCVIII, fig. 7 à 9 et 16 à 18.

aperçoit des rugosités qui n'existent pas dans la famille précédente. L'apophyse intermétacarpienne est très-peu marquée et se voit au quart supérieur de l'os. La gouttière creusée pour le tendon du fléchisseur de la première phalange s'étend sur la face externe de l'os, suivant une ligne presque droite, et sans s'élargir beaucoup dans sa portion inférieure ; ce qui a lieu chez les Strigides, où elle décrit une ligne légèrement courbe, passant de la face antérieure sur la face externe. La gouttière intermétacarpienne est étroite et profonde. La petite branche du métacarpe est longue, comprimée, mais plus arquée que celle des Rapaces nocturnes ; enfin l'extrémité articulaire inférieure est plus grosse, et la facette digitale interne est arrondie et moins encaissée.

La première phalange du doigt médian est grosse et forte (1), son bord supérieur est régulièrement arrondi. Il n'existe pas de col au-dessous de l'articulation métacarpienne. Enfin l'apophyse phalangienne sur laquelle se fixe le ligament supérieur de la deuxième phalange est mince et très-saillante. Cette dernière est allongée et assez régulièrement triangulaire.

§ 5. — DE LA TÊTE OSSEUSE.

La tête osseuse des Perroquets est si nettement caractérisée, qu'il suffit d'examiner une de ses parties pour pouvoir la distinguer immédiatement. Il y a en effet, indépendamment des indications fournies par la constitution si remarquable du bec, d'autres particularités dans la forme du crâne, qui sont d'une observation facile et qui donnent des résultats très-nets, non-seulement pour la détermination de la famille, mais aussi pour celle des différents genres qui la composent. Les os nasaux sont séparés du frontal par une ligne articulaire transversale, qui permet au bec d'effectuer des mouvements très-étendus d'abais-

(1) Voyez pl. CXCV.

sement et d'élévation. Ces mouvements sont déterminés par le jeu des muscles qui vont s'insérer sur les os palatins et jugaux. Le crâne est toujours large, court et fort arrondi en arrière, l'espace interorbitaire est très-grand; cependant, chez les Pézophores, ce caractère tend à s'effacer et le frontal devient beaucoup plus étroit (1). Généralement il est aplati comme chez les Aras (2), ou très-légèrement concave comme dans le groupe des Cacatoës (3); cependant, chez le Microglosse et le Calyptorhynque (4), il est fortement déprimé. L'occipital est d'ordinaire peu proéminent, et souvent, comme chez les Aras, il est aplati ou même concave en arrière. L'os lacrymal se soude d'une manière intime au frontal, et, s'unissant aussi à l'apophyse postorbitaire, il forme un cercle osseux complet à l'orbite. Dans beaucoup d'espèces : Cacatoës (5), Microglosse (6), Calyptorhynque, l'apophyse zygomatique s'avance beaucoup et se joint à ce cercle; au contraire, chez les Aras, les Perroquets proprement dits, les Coracopsis (7), les Chrysotis, les Perruches, les Strigops, elle en reste distincte. Dans le genre Loris, le cercle orbitaire est formé, dans sa portion inférieure, par l'apophyse zygomatique, qui s'avance et quelquefois s'unit à la branche postérieure du lacrymal, tandis que l'apophyse postorbitaire n'est que très-peu développée.

L'écusson sphénoïdal est très-élevé et petit; il affecte une forme triangulaire et est limité par des crêtes très-saillantes représentant les tubérosités ou les rugosités basilaires des autres oiseaux. Les os ptérygoïdiens sont remarquablement longs et ont l'apparence de baguettes

(1) Voyez E. Blanchard, *Des caractères ostéologiques chez les Oiseaux de la famille des Psittacides* (*Comptes rendus de l'Acad. des sciences*, t. XLIII, 8 décembre 1856).
(2) Voyez pl. CXCIX, fig. 5.
(3) Voyez pl. CXCIX, fig. 3.
(4) *Ann. sc. nat.*, Zool., 5ᵉ série, t. VIII, pl. VIII, fig. 9.
(5) Voyez pl. CXCIX, fig. 3.
(6) *Ann. sc. nat.*, op. cit., pl. VIII, fig. 9.
(7) *Ann. sc. nat.*, op. cit., pl. VII, fig. 4.

grêles ; ils s'unissent en avant l'un à l'autre et aux os palatins. Ceux-ci
ressemblent à de grandes lames verticales disposées comme de véritables ailes ; leur forme est tout à fait caractéristique ; ils s'articulent
l'un à l'autre sur la ligne médiane, en arrière de l'ouverture des
arrière-narines, puis se prolongent en arrière jusqu'au-dessous des os
tympaniques ; leur bord inférieur, presque droit chez les Cacatoës (1)
et les Microglosses (2), est un peu concave chez les Aras (3) et les
Perroquets véritables. Leur branche antérieure va se joindre au bec
par une extrémité élargie et comprimée verticalement, qui est reçue
dans une rainure correspondante au-dessus du plancher du bec. Cette
rainure varie beaucoup dans ses formes ; elle est large et droite chez
les Aras, arrondie chez les Chrysotis, très-oblique chez les Cacatoës,
profonde et rétrécie chez les Nestors (4). Les os jugaux, semblables
à de longues baguettes, s'articulent d'une manière très-mobile avec
la base du bec. Les os tympaniques sont gros : leur tête articulaire est
portée sur un col très-long, leur apophyse orbitaire est courte et
faible ; la surface articulaire inférieure est comprimée latéralement et
régulièrement convexe ; la facette ptérygoïdienne occupe son extrémité ;
quant à la fossette jugale, elle est profonde et portée sur une éminence
très-saillante.

La mandibule supérieure est facile à reconnaître, à cause de sa
forme particulière et de sa structure spongieuse. D'ailleurs j'ai exposé
dans un autre travail, et avec beaucoup de détails, tout ce qui est
relatif aux caractères du bec des Perroquets, considéré d'une manière
générale et dans les variations qu'il offre, suivant les genres (5). Je ne
m'arrêterai donc pas ici à reproduire ces descriptions.

(1) Voyez pl. CXCIX, fig. 2.
(2) *Ann. sc. nat.*, *op. cit.*, pl. VIII, fig. 10.
(3) Voyez pl. CXCIX, fig. 6.
(4) *Ann. sc. nat.*, *op. cit.*, pl. VIII, fig. 2.
(5) *Observations sur les caractères ostéologiques des principaux groupes de Psittacides* (*Ann.
des sc. nat.*, Zool., 5e série, t. VI, p. 91, et t. VIII, 1867, p. 144.

CHAPITRE XXXVI

DES OISEAUX FOSSILES DE LA FAMILLE DES PERROQUETS OU PSITTACIDES.

En 1848, M. R. Owen reconnut, parmi des débris d'ossements recueillis à la Nouvelle-Zélande dans des alluvions récentes, quelques pièces du squelette d'une espèce de Perroquet très-remarquable, et qui tend aujourd'hui à disparaître : le Nestor. Plus tard, le même anatomiste fit connaître un fragment de bec trouvé à l'île Maurice, à côté des ossements du Dronte, et désigna l'espèce dont il provenait sous le nom de *Psittacus mauritianus*. J'ai examiné dans un autre travail les caractères propres à cette mandibule inférieure (1), et j'ai reconnu que l'oiseau auquel elle avait appartenu ne se rapporte à aucun des types vivant aujourd'hui, et qu'il ressemblait aux Aras et aux Microglosses plus qu'à toute autre forme secondaire de la même famille; que, par conséquent, c'est à côté de ces oiseaux qu'il doit prendre place. Peu de temps après, M. E. Newton découvrit à l'île Rodrigue, au milieu des ossements du Solitaire que ses fouilles avaient mis au jour, un fragment de bec qu'il voulut bien soumettre à mon examen; ce qui me permit de reconnaître qu'il appartenait à un Perroquet aujourd'hui complétement disparu et assez voisin des Loris, dont Wagler a formé le genre *Eclectus*. Je l'ai désigné sous le nom d'*Eclectus Rodricanus* (2).

(1) *Ann. des sc. nat.*, Zool., 5e série, 1866, t. VI, p. 91.
(2) *Ann. des sc. nat.*, Zool., 5e série, 1867, t. VIII, p. 145.

La présence des Perroquets dans ces dépôts récents de la Nouvelle-Zélande et des îles Mascareignes n'a rien qui puisse nous surprendre, car des oiseaux de cette famille habitent encore aujourd'hui les mêmes régions ; mais, en Europe, rien jusqu'ici ne nous permettait de supposer que ce type ait compté des représentants, et lorsque j'ai commencé ce travail, je n'avais recueilli aucun débris qui parût s'y rapporter. Mais depuis j'ai été plus heureux, et je possède aujourd'hui plusieurs des pièces les plus caractéristiques du squelette de l'un de ces oiseaux, trouvées dans les dépôts miocènes de l'Allier, à Saint-Gérand le Puy. Je me suis empressé de faire connaître à l'Académie des sciences cette précieuse découverte qui ajoutait à la faune tertiaire moyenne de la France un type si remarquable : car, aujourd'hui, aucun Psittacide ne vit plus en Europe, ils appartiennent tous exclusivement aux régions chaudes du globe ; et le climat de la Nouvelle-Zélande semble même peu favorable au développement de ces oiseaux, car ceux qui y existaient y deviennent de plus en plus rares, et, suivant toutes probabilités, disparaîtront un jour. L'existence d'un Perroquet dans le centre de la France indique donc nettement qu'à l'époque miocène, la température et les conditions extérieures étaient loin d'être les mêmes que de nos jours, et, coïncidant avec la présence des Secrétaires, des Ibis, des Flamants, des Marabouts, des Pélicans, des Gangas, des Couroucous et des Salanganes, elle semble indiquer une certaine analogie entre les conditions extérieures de cette partie de la France à cette époque reculée et celles qu'on rencontre aujourd'hui dans l'Afrique australe. La description suivante permettra d'ailleurs de se bien rendre compte des affinités de ce Perroquet de la faune française.

PSITTACUS VERREAUXII.

(Voyez pl. CC.)

A. Milne Edwards, *Comptes rendus de l'Académie des sciences*, 14 mars 1870.

Je n'ai pendant longtemps possédé qu'un seul os tarso-métatarsien de cette espèce (1) ; mais, grâce à son parfait état de conservation, il m'avait été facile de déterminer exactement les affinités zoologiques de l'oiseau dont il provenait; depuis, je suis parvenu à réunir un tibia et plusieurs humérus, qui, suivant toutes les probabilités, appartiennent à la même espèce.

Le tarso-métatarsien est de très-petite taille, il mesure 18 millimètres, c'est-à-dire offre à peu près la même taille que celui de la Perruche Barrabandi d'Australie (*Psittacus Barrabandi*, Swains.), dont le prince Ch. Bonaparte a formé un genre nouveau sous le nom de *Barrabandius*. Mais si la taille de notre fossile est celle de cette espèce, ses caractères ostéologiques sont bien différents. L'os est comparativement beaucoup plus robuste et indique un oiseau à pattes plus courtes et à corps plus gros ; l'extrémité supérieure est plus comprimée d'avant en arrière, et la trochlée accessoire externe est plus forte. Ces caractères séparent nettement le *Psittacus Verreauxii* des Euphèmes, des Pséphotes, des Platycerques, des Aprosmictes et de toutes les Perruches australiennes. J'ai déjà dit plus haut que chez les Calopsittes (genre *Nymphicus* de Wagler et *Calopsitta* de Lesson), les trochlées digitales étaient disposées d'une manière particulière (2) qui ne se retrouve pas chez le Perroquet de l'Allier. On ne peut pas le rapprocher des Cacatoës, chez lesquels la trochlée digitale externe est rejetée beaucoup

(1) Voyez pl. CC, fig. 1 à 6.
(2) Voyez pl. CXCVI, fig. 37 à 40.

plus en arrière, et séparée en deux têtes articulaires par une gorge bien plus profonde (1).

Si l'on compare le Perroquet de Verreaux aux différents Psittacides américains, on trouve encore des différences importantes à enregistrer, et l'on reconnaît qu'il appartient à un autre type. Chez tous les Aras, l'os du pied est plus trapu et la diaphyse beaucoup plus élargie (2); la poulie du doigt médian descend notablement moins, et la séparation entre la trochlée accessoire et l'externe est plus nette. Ces caractères, tirés de la conformation de l'extrémité inférieure, se retrouvent aussi dans le genre *Conurus* (Kuhl). Ils s'exagèrent encore davantage chez les *Chrysotis* (Swainson), où l'on remarque aussi que la poulie du doigt interne descend beaucoup, et où celle du doigt externe se rattache à la médiane par une sorte de bourrelet arrondi qui existe également dans le genre *Pionus* (Wagler).

Ce tarso-métatarsien fossile présente au contraire beaucoup de ressemblance avec celui de certaines espèces africaines ; on reconnaît cependant qu'il diffère encore beaucoup de celui des Coracopsis de Madagascar et des Seychelles et du Poiocéphale du Sénégal. Le Perroquet du centre de la France se rapprochait beaucoup du *Jacot* ou Perroquet gris de la côte occidentale d'Afrique (*Psittacus erythacus* de Linné) et de la Perruche à collier du Sénégal.

En effet, dans le genre *Coracopsis* de Wagler, l'extrémité articulaire inférieure est beaucoup plus surbaissée et plus comprimée d'avant en arrière (3), les trochlées latérales descendent davantage. L'os du pied du Perroquet gris (4) nous offre au contraire la réunion des caractères essentiels qui existent chez notre fossile, les doigts s'articulent de la même manière et aux mêmes hauteurs relatives ; mais, dans l'espèce

(1) Voyez pl. CXCVI, fig. 1 à 5.
(2) Voyez pl. CXCVI, fig. 15 à 19.
(3) Voyez pl. CXCVI, fig. 29 à 33.
(4) Voyez pl. CXCVI, fig. 34 à 36.

vivante la diaphyse est plus large, indiquant ainsi une grande force dans la patte. Chez la Perruche à collier, les proportions du corps de l'os et des extrémités sont à peu près les mêmes que pour le *Psittacus Verreauxii ;* mais on remarque des caractères différentiels appréciables dans la conformation des trochlées, l'interne se détachant beaucoup plus de l'os et s'étendant plus transversalement, la gorge de la poulie médiane étant beaucoup plus oblique ; enfin j'ajouterai que l'articulation supérieure est plus aplatie et s'incline moins en bas et en avant. Il résulte de cet examen que si notre fossile offre les mêmes proportions que chez cette dernière espèce, il se rapproche davantage par ses caractères les plus importants du genre *Psittacus* proprement dit.

Le tibia (1) est un peu plus long que chez la Perruche Barrabandi, mais il s'en distingue nettement, ainsi que de la plupart des autres Perruches, par l'absence du pont osseux sous lequel s'engage le tendon du muscle extenseur commun des doigts. Ce dernier passe dans une gouttière très-large et assez profonde, en dehors de laquelle existe une petite coulisse superficielle destinée à loger le tendon du muscle péronier. La gorge intercondylienne est plus largement ouverte que chez le Perroquet gris et la Perruche à collier du Sénégal ; les autres particularités de conformation sont d'ailleurs les mêmes que chez cette dernière espèce.

J'ai recueilli trois humérus qui se rapportent, suivant toutes probabilités, au *Psittacus Verreauxii ;* l'un d'eux est un peu plus grand que les autres, mais il offre exactement des caractères identiques, et provient évidemment de la même espèce. L'os du bras (2) est plus long et plus robuste que celui de la Perruche Barrabandi, ce qui s'accorde d'ailleurs avec les indications que nous avons tirées de l'examen du tarso-métatarsien. La diaphyse est un peu plus arquée que chez le

(1) Voyez pl. CC, fig. 7 à 11.
(2) Voyez pl. CC, fig. 12 à 17.

Psittacus erythacus (1) et ressemble davantage, sous ce rapport, à celle de la Perruche à collier ; de même que dans cette dernière espèce, l'empreinte d'insertion du muscle brachial antérieur est très-superficielle, et l'on remarque en dehors une petite saillie tuberculiforme se rattachant aux rugosités sus-épicondyliennes et augmentant la surface d'insertion du muscle long extenseur de la main ; la gouttière tricipitale est limitée en dedans par une crête très-saillante. La conformation de l'extrémité supérieure rappelle exactement celle de l'humérus du *Psittacus erythacus*. Je donne ici les dimensions des différents os dont je viens d'indiquer les caractères :

Longueur du tarso-métatarsien	1,80
Largeur de son extrémité supérieure	0,54
Largeur de son extrémité inférieure	0,88
Longueur du tibia.	4,70
Largeur de son extrémité inférieure.	0,50
Longueur de l'humérus.	3,70
Largeur de l'extrémité inférieure	0,77
Largeur de l'extrémité supérieure	1,25
Longueur d'un autre humérus	3,80

On voit, d'après ce qui précède, que le *Psittacus Verreauxii* appartient à un type essentiellement africain, plus voisin du genre *Psittacus* proprement dit que de tout autre. Il présente cependant quelques particularités de détail qui l'éloignent du *Psittacus erythacus* pour le rapprocher de la Perruche à collier du Sénégal, et qui semblent relier l'une de ces espèces à l'autre ; mais elles sont d'importance zoologique trop minime pour permettre d'en séparer le Perroquet de la France, et je crois mieux faire ressortir ses affinités en le rangeant dans le genre *Psittacus* proprement dit, à côté du Perroquet gris, aujourd'hui si commun dans toute la région occidentale de l'Afrique

(1) Voyez pl. CXCVIII, fig. 20 et 21.

SECONDE PARTIE

COUP D'ŒIL GÉNÉRAL SUR LA DISTRIBUTION GÉOLOGIQUE DES OISEAUX FOSSILES
DANS LES DIFFÉRENTS TERRAINS, SUR LES CIRCONSTANCES DE LEUR GISEMENT
ET SUR LA NATURE DES COUCHES DANS LESQUELLES ILS ONT ÉTÉ ENFOUIS

CHAPITRE PREMIER

INDICES D'OISEAUX FOSSILES DANS LE TERRAIN DE TRIAS
OU DU NOUVEAU GRÈS ROUGE

Les découvertes de la Paléontologie ne permettent pas jusqu'ici
de faire remonter au delà de cette période géologique, sinon l'apparition première dans la série des êtres organisés, du moins les vestiges
de l'existence des Oiseaux dans l'immense succession des âges et des
terrains. Ce n'est même, comme nous l'avons déjà rappelé, que par les
empreintes de leurs pas, et non par les débris de leurs squelettes, que
la contemporanéité des animaux de cette classe de Vertébrés avec les
dépôts du *trias* a pu être constatée ; et l'on n'a point encore découvert
d'ossements d'Oiseaux dans les couches de grès sur lesquelles on a
constaté la présence d'un si grand nombre et d'une si grande variété
d'empreintes rapportées à ces animaux par tous les paléontologistes
qui les ont étudiées.

C'est aux États-Unis seulement qu'ont été reconnues ces traces de
pas d'Oiseaux dans les couches du nouveau grès rouge. Ce terrain,
suivant les appréciations de M. Marcou, qui a étudié pendant plusieurs

années la géologie des Etats-Unis (1), et qui en a publié une carte générale, atteindrait un développement de 5 à 6000 pieds entre le terrain carbonifère et le terrain jurassique. C'est uniquement dans la région orientale du terrain de *trias* qu'ont été jusqu'ici découvertes les empreintes de pas. Ce terrain occupe surtout la vallée du Connecticut, dans le Massachusetts, à l'ouest de Boston et au nord de New-York, et se prolonge vers le sud dans le New-Jersey et la Pensylvanie, Il a été déposé dans une dépression des roches granitiques et dioritiques dirigée du nord au sud, sur une longueur d'environ 240 kilomètres et sur une largeur variant de 8 à 16 kilomètres, parallèlement aux rivages de l'Atlantique, dont il n'est séparé que par les granits et autres roches cristallines qui le pénètrent sur quelques points, et plus au sud par les terrains crétacé et tertiaire.

Il se décompose en un certain nombre de couches de nature lithologique distincte, dont les supérieures contiennent à différents niveaux des traces de pas d'Oiseaux et de Reptiles. Les fossiles y sont très-rares, et les empreintes dont nous venons de parler sont seulement accompagnées de débris de Poissons de l'ordre des Ganoïdes, de quelques ossements de Reptiles, d'arbres silicifiés (Conifères et Fougères arborescentes), et de nombreux coprolithes. On n'y a encore découvert aucun reste d'Oiseaux ; mais M. Dana a constaté, par l'analyse de plusieurs de ces coprolithes, que la proportion d'acide urique, de phosphate et de carbonate de chaux, ainsi que de matière organique, se rapprochait plus de celle que l'on trouve dans le guano et dans les excréments d'Oiseaux que de celle des coprolithes de Reptiles.

La disposition et la forme de ces empreintes de pas, l'étendue des surfaces de grès argileux sur lesquelles elles sont restées gravées, en même temps que des gouttes de pluie et des stries ondulatoires de vagues, dénotent évidemment les sables endurcis d'anciens rivages,

_____

(1) *Bulletin de la Société géologique de France*, 2ᵉ série, t. XII, 21 mai 1855.

alternativement couverts et abandonnés par les eaux, comme le sont les plages actuelles où s'impriment avec tant de facilité et de netteté les traces du passage des êtres vivants. L'absence de coquilles marines dans cette partie du *trias* tendrait peut-être à indiquer les dépôts littoraux d'un vaste lac.

La découverte de ces pistes d'Oiseaux remonte à l'année 1835, et elles furent signalées pour la première fois par MM. Deane et Marsh. Elles ont été depuis cette époque le sujet d'un grand nombre de publications, dont les plus importantes sont dues à MM. Hitchcock (1), Deane (2) et Warren (3).

M. Hitchcock proposa de donner à ces empreintes le nom général d'*ornithichnites*, que la plupart des paléontologistes ont adopté. On en a rencontré dans plus de vingt localités différentes de la région dont nous venons de parler. Les lits de grès argilo-schisteux sur lesquels on les trouve imprimées en creux, et recouvertes par d'autres lits qui se sont moulés dans les cavités primitives et en reproduisent le relief, ont été observés dans une succession de couches dont l'épaisseur totale dépasse 300 mètres. On a recueilli plusieurs milliers d'échantillons d'empreintes de différentes sortes. On a constaté que ces traces étaient groupées en assez grand nombre dans les mêmes localités pour que l'on puisse en conclure que ces animaux vivaient par bandes sur les anciens rivages. Elles se suivent toujours sur une même ligne, ce qui dénote la marche d'un animal bipède. Leur grandeur est très-variable : tantôt elles dépassent tout ce dont la nature actuelle peut nous donner une idée ; tantôt elles sont beaucoup plus petites et plus superficielles, ce qui indique que le poids de l'oiseau était peu considérable. Les dis-

---

(1) Hitchcock, *Mem. of Amer. Acad.*, new ser., t. XIII. Boston, 1848. — Id., *Ichnolog y of New-England*, 1859, in-4.

(2) *Mem. of American Acad.*, new ser., t. IV, 1849.

(3) *Remarks on some fossil impressions in the sandstone rocks of Connecticut river.* Boston, 1854, in-8.

tances qui séparent chaque empreinte varient également : très-longues
pour les empreintes de grande taille, elles sont au contraire quelquefois très-petites.

C'est en examinant ces caractères tirés de la forme du pied, de ses
dimensions comparées à l'intervalle des enjambées, de la présence ou
de l'absence du pouce, aussi bien que des palmures, et de l'examen des
lignes laissées par les écailles épidermiques, que M. Hitchcock put distinguer un certain nombre de types et d'espèces. Les animaux qui ont
ainsi imprimé la trace de leurs pas dans le limon aujourd'hui durci de
ces plages anciennes avaient aux pieds le même nombre d'articulations, c'est-à-dire de phalanges que l'on trouve chez les Oiseaux
actuels et qui n'existent que dans cette classe, c'est-à-dire, 2 pour le
pouce, 3 pour le doigt interne, 4 pour le médian et 5 pour l'externe.
M. Hitchcock a classé ces empreintes en plusieurs groupes auxquels
il a donné des noms particuliers. C'est ainsi qu'il a établi un certain
nombre de genres sous les noms de : *Brontozoum*, *Amblonyx*, *Grallator*,
Argozoum, *Platypterna*, *Ornithopus* et *Tridentipes*.

Le *Brontozoum giganteum* devait présenter une taille colossale : la
longueur de son pied est de 43 centimètres environ et celle des enjambées de 2^m, 50 à 3 mètres.

Le pied du *Brontozoum minusculum* a 30 centimètres de long, ce
qui indique encore pour l'oiseau une taille énorme.

Les plus petites espèces du même genre ont le pied environ trois
fois plus petit.

Les genres *Platypterna* et *Tridentipes* ne doivent être attribués à des
Oiseaux qu'avec beaucoup de réserve et d'hésitation ; en effet, le premier présente en arrière des doigts un élargissement considérable qui
ne se retrouve chez aucun oiseau actuel.

Le genre *Tridentipes* est remarquable par l'existence de 4 doigts.
Le pouce est rejeté très en arrière, et l'on observe sur ce point une
empreinte que certains naturalistes ont voulu attribuer à des plumes.

Aucun Échassier ne présente aujourd'hui une conformation analogue.

Quant aux traces sur lesquelles M. Hitchcock a établi ses autres
genres, elles paraissent évidemment dues à des Oiseaux.

Les distinctions que cette étude a permis d'établir sont utiles
sans doute, mais elles sont loin d'offrir la même certitude et les
mêmes éléments de classification que l'examen comparatif des ossements eux-mêmes. Aussi nous ne nous étendrons pas davantage
sur cette partie très-importante, mais encore obscure, de l'histoire
des Oiseaux fossiles.

On peut cependant tirer de l'existence de ces traces de pas quelques considérations importantes pour la paléontologie. En effet, le
nombre, la variété, la très-grande taille des espèces d'Oiseaux indiquées par ces empreintes, ne dénotent-ils pas une faune de Vertébrés
terrestres déjà très-développée, très-compliquée, parvenue à un
degré de perfection fort avancé, et non point une faune initiale.
Cette population d'une époque moyenne dans la succession des terrains, avant laquelle on ne connaît encore aucun représentant du
même type de Vertébrés, n'autorise-t-elle pas la présomption de
l'existence de cette même classe de Vertébrés bien antérieurement
à l'époque du *trias*, et ne fournit-elle pas un argument des plus
solides à la théorie paléontologique qui reconnaît, dans la distribution des fossiles, plutôt des témoignages de leur existence et
de leur enfouissement que de leur création chronologiquement successive.

Les naturalistes ont hésité pendant longtemps à admettre les conclusions tirées par les géologues américains de l'examen de ces
empreintes de pas, et ils avaient d'autant plus de répugnance à
admettre ces vues, que dans l'ensemble des couches jurassiques on ne
connaissait aucun indice de la présence d'Oiseaux. A Stonesfield, où
depuis longtemps on avait trouvé des Mammifères, il ne paraissait

exister aucun vestige de la classe qui nous occupe. Or, l'ensemble des
faits fournis par la paléontologie autorise à admettre que du moment
où un type zoologique a été créé, il continue à se montrer sans inter-
ruption jusqu'au moment où il disparaît. Cet argument, bien que
purement négatif, pouvait tirer une certaine valeur de l'incertitude
qui existe dans la plupart des cas pour la détermination des empreintes fossiles ; mais aujourd'hui, comme nous allons le voir dans le
chapitre suivant, cette lacune n'existe plus.

CHAPITRE II

OISEAUX FOSSILES DES TERRAINS JURASSIQUES

La découverte récente de débris d'Oiseaux dans une couche de cette puissante et importante formation jurassique, si riche en innombrables fossiles de différentes classes d'animaux, si attentivement étudiée depuis tant d'années par les géologues et les paléontologistes de toutes les contrées de l'Europe, fournit un nouvel exemple bien remarquable du peu de valeur des caractères négatifs pour les résultats généraux que la science doit cependant formuler de temps en temps, sauf à les modifier plus tard sous l'influence de faits et de progrès nouveaux (1).

Non-seulement cette découverte a introduit avec certitude, dans la période jurassique, l'existence d'une classe d'animaux vertébrés dont on n'y connaissait encore aucun débris authentique (2), mais, à un

---

(1) On trouve bien, dans plusieurs traités et tableaux de géologie et de paléontologie, l'indication vague d'Oiseaux fossiles dans les terrains jurassiques et même dans chacun des différents étages. C'est ainsi que les ornitholithes figurent dans le grand tableau (*Index geologicus*) publié par M. Bartlett à Wiesbaden, en 1842, pour les terrains oolithique moyen et inférieur et pour le lias. On y trouve même un Albatros dans la craie et un *Ardea* dans le weald. Il est bien reconnu aujourd'hui que ces deux dernières indications concernent des os de Ptérodactyles. Il en est probablement de même pour les trois autres.

(2) Un seul fait a été signalé jusqu'ici comme pouvant indiquer l'existence d'Oiseaux fossiles dans les terrains jurassiques d'Angleterre, à Stonesfield. Il a été l'objet d'une note publiée par le Rév. M. Dennis, de Bury Saint-Edmunds, dans le *Quarterly Journal of the microscopical Society of London* (1857, vol. V, p. 63 et pl. vi). C'est sur l'examen microscopique de la structure d'un os fossile de Stonesfield, comparée à celle d'Oiseaux vivants et de Reptiles, surtout de Ptérodactyles, que s'appuie M. Dennis, comme M. Emmons, au sujet de l'os du *trias* d'Amérique. Il a été constaté, dit-il, que la structure du tissu des os d'Oiseaux, de Mammifères et de Reptiles est essentiellement différente, et que celle de l'os de Stonesfield est beaucoup plus semblable à celle d'un os

autre point de vue, elle a comblé un vide dans l'ordre de succession et
de développement progressif des êtres en rapport avec leur plus grand
degré de perfection organique.

Depuis plus d'un siècle, les carrières de schistes calcaires litho-
graphiques de Solenhofen sont renommées par le grand nombre de
fossiles variés, rares et admirablement conservés, dont elles ont enrichi
les anciens musées publics, puis les collections des paléontologistes
modernes, et par les descriptions et les figures dont ces fossiles ont
été le sujet, soit dans les ouvrages anciens, tels que ceux de Boyer, de
Knorr, de Walch etc., soit dans les écrits modernes de Cuvier,
Sœmmerring, Goldfuss, de Münster, Rüppell, de Meyer, Wagner,
Oppel et autres naturalistes du dix-neuvième siècle. Insectes, Crustacés, Poissons, Reptiles, et, parmi ces derniers, de nombreuses espèces
de Ptérodactyles, telles sont, entre beaucoup d'autres, les principales
richesses paléontologiques qui ont contribué à la renommée de
Solenhofen, de Pappenheim et de quelques autres localités voisines
d'Eichstädt.

C'est en 1861 que cette importante découverte d'un Oiseau fossile
à Solenhofen fut annoncée pour la première fois à l'Académie des
sciences de Munich, par André Wagner (1).

Le fossile nouvellement découvert consiste en une empreinte parfaitement conservée d'un squelette presque complet; les os sont
entiers, quoique partiellement dérangés, et ils occupent une plaque
de calcaire lithographique de 52 centimètres en hauteur sur 40 centimètres dans sa plus grande largeur.

d'oiseau qu'à toute autre : ce fossile, choisi entre plusieurs autres qui sont aussi supposés par cet
auteur appartenir à des Oiseaux, ressemble à un humérus de Héron. Les observations de M. Dennis
paraissent faites avec beaucoup de soin, mais il est regrettable que la valeur des caractères ostéologiques n'ait pas été faite concurremment à celle de l'examen microscopique du tissu osseux. Je
dois donc encore m'abstenir d'admettre avec certitude, d'après un seul argument, les Oiseaux dans
le terrain jurassique d'Angleterre, malgré les grandes probabilités de cette découverte future.

(1) *Sitzungsbericht der Münchn Akad. der Wissench.*, 1861, p. 146. Une traduction de
cette note a été insérée dans *Ann. of. nat. Hist. London*, 3e série, 1862, t. IX, p. 261 et 366.

La tête, les vertèbres cervicales et dorsales, ainsi qu'une partie de l'extrémité des ailes, ont disparu ; mais on aperçoit encore avec la plus grande netteté les pattes postérieures et la presque totalité des membres antérieurs, ainsi qu'une partie du bassin qui donne naissance à un prolongement caudal formé d'environ vingt vertèbres, de plus en plus petites à mesure que l'on s'approche de l'extrémité. Chacune de ces vertèbres donne naissance à une paire de plumes à peu près toutes de la même longueur.

C'est principalement par l'existence de cette queue que le fossile de Solenhofen diffère de tous les Oiseaux connus ; car, à raison de la conformation des autres parties du squelette, il se rapproche beaucoup des représentants actuels de cette classe.

M. Wagner ne semble pas avoir d'abord apprécié sous leur véritable jour les caractères de cet être singulier ; il exprima l'opinion que ce pouvait être un Reptile emplumé, très-voisin des Ptérodactyles, et il le désigna sous le nom de *Gryphosaurus*.

Presque en même temps H. de Meyer faisant connaître de véritables empreintes de plumes trouvées dans les calcaires de Solenhofen (1), les rapportait à des Oiseaux véritables, auxquels il donnait le nom d'*Archæopteryx*. Aussi, lorsqu'en 1862 M. Richard Owen entreprit l'étude du fossile de Solenhofen, dont le Musée Britannique venait de faire l'acquisition, il le considéra comme appartenant au même genre d'oiseaux, et il en donna la description sous le nom d'*Archæopteryx macroura* (2).

Dans son beau travail, qui ne laisse rien à désirer pour la description anatomique des débris conservés et pour l'étude des affinités de l'*Archæopteryx*, M. Owen a démontré définitivement qu'il s'agissait bien d'un Oiseau et non d'un Reptile. Cette conclusion est aujourd'hui géné-

(1) *Jahrbuch*, 1861, p. 561 et p. 679.
(2) *Transact. of the Royal Soc. of London*, 1863.

ralement adoptée par les naturalistes, et dernièrement M. Th. Huxley, dans un plan de classification des Oiseaux, y fait figurer l'*Archæopteryx* comme formant à lui seul une division de valeur égale à celle des *Ratitæ*, ou Brévipennes, et à celle des *Carinatæ*, ou Oiseaux voiliers.

Les caractères fournis par la structure du pied, par la conformation des os de l'épaule et du bras, ainsi que par le système tégumentaire, ne laissent aucun doute sur la place zoologique qu'il convient d'assigner à cet animal. Il est vrai, cependant, que quelques particularités d'une importance moindre rappellent ce qui existe dans la classe des Reptiles, surtout chez les Ptérodactyles ; et de même que ces Lézards volants semblent être le résultat d'un emprunt fait au type ornithologique par des dérivés du type erpétologique, l'*Archæopteryx* paraît être un Oiseau dont une partie du plan organique aurait été empruntée au type Saurien.

CHAPITRE III

OISEAUX FOSSILES DES TERRAINS CRÉTACÉS

Nous ne connaissons qu'un très-petit nombre de dépôts d'eau douce datant de l'époque crétacée. Il n'est donc pas étonnant qu'on n'ait encore découvert que peu de traces des animaux terrestres qui vivaient pendant cette période. Les débris fossiles d'Oiseaux sont excessivement rares dans ces couches, et jusqu'à présent la plupart des ossements qu'on avait primitivement rapportés à cette classe ont été reconnus plus tard pour appartenir, soit à des Poissons, soit à des Reptiles, et, après une étude sérieuse, ils ont dû être rayés des cadres ornithologiques. Tels sont les fossiles du weald que Mantell avait décrits comme se rapportant à des Oiseaux, et que M. Owen rangea parmi les Ptérodactyles.

D'autres erreurs du même genre ont encore été commises. Ainsi lord Enniskillen trouva dans la craie de Burham, près de Maidstone, quelques os que M. Owen considéra comme faisant partie de la jambe et de l'aile d'un grand Palmipède longipenne, voisin de l'Albatros, qu'il devait égaler en grosseur. L'illustre zoologiste anglais établit pour cet animal un nouveau genre, et le désigna sous le nom de *Cimoliornis Diomedeus*.

Quelques années après, M. Bowerbank décrivit sous le nom de *Pterodactylus giganteus* une espèce de Ptérodactyle de la craie de Burham, près de Maidstone. La taille de ce Reptile était très-considérable et les ailes mesuraient plus de 2 mètres d'envergure. Après avoir soumis les diverses pièces de cet animal à un examen approfondi,

M. Bowerbank n'hésita pas à lui rapporter les os du *Cimoliornis Dio-medeus*, qui, depuis, a été considéré par tous les naturalistes et par M. R. Owen lui-même comme appartenant à la classe des Reptiles.

En 1858, M. Lucas Barrett découvrit, dans les couches du grès vert supérieur des environs de Cambridge, les restes d'un oiseau dont personne n'a encore révoqué en doute l'authenticité. Cet animal, de la taille d'une Bécasse ou d'un Pigeon, se rapportait probablement au type palmipède. On en a trouvé des fragments du métatarse, du métacarpe, du tibia et du fémur. L'étude comparative de ces diverses pièces n'a pas encore été entreprise, mais il existe au musée Woodwardien de Cambridge un certain nombre de vertèbres, des portions de tibia, de tarse, de fémur, d'humérus, de métacarpe, qui, d'après M. Seeley, indiquent dans les grès verts supérieurs l'existence d'un genre bien distinct d'Oiseau, que ce paléontologiste a désigné sous le nom de *Pelagornis Barretti* (1). La description de ces diverses pièces doit être publiée dans le *Catalogue des Vertébrés fossiles du musée Woodwardien*. Cette dénomination générique de *Pelagornis* ne peut être conservée, car elle s'applique déjà à un oiseau bien différent de tous ceux du grès vert supérieur, qui a été découvert dans la molasse marine de l'Armagnac et décrit par M. Lartet sous le nom de *Pelagornis miocœnus* (2).

En Amérique, dans les couches du greensand de New-Jersey, le professeur C. Marsh a fait connaître cinq espèces d'Oiseaux (3). L'une d'elles, presque aussi grande qu'un Cygne (*Laornis Edwardsianus*), doit prendre place parmi les Palmipèdes ; elle se rapproche beaucoup des Lamellirostres, tout en présentant quelques points de ressemblance avec les Longipennes. La détermination de cet oiseau a été faite

---

(1) *Annals and Magazine of natural History*, 1866, t. XVIII, p. 100. — *Index to the fossil Remains of Aves, Ornithosauria and Reptilia from the secondary System of strata, arranged in the Woodwardian museum*. Cambridge, 1869, p. 7 et 8.

(2) *Comptes rendus de l'Académie des sciences*, 1867, t. XLIV, p. 1736.

(3) Marsh, *American Journal of Sc. and Arts*, t. 49, mars 1870.

d'après une portion de tibia trouvée dans le grès vert de Birmingham. Le *Palæotringa littoralis* avait à peu près la taille de notre Courlis d'Europe. Le *Palæotringa vetus* n'est connu que par un fragment de l'os de la jambe, trouvé a Arneytown, et déjà signalé par Morton comme appartenant à un oiseau du genre Scolopax(1); plus tard le docteur Harlan considéra ce tibia comme le fémur d'une espèce de Bécasse (2). Cet oiseau était de moitié plus petit que le précédent et environ aussi grand que notre petite Barge. Les deux autres espèces crétacées de New-Jersey ont été rangées par M. Marsh dans un genre nouveau voisin des Râles, auquel il a donné le nom de *Telmatornis*. Le *T. priscus* a les dimensions du *Rallus elegans* de l'Amérique septentrionale; le *T. affinis* est au contraire beaucoup plus petit.

(1) *Synopsis of the organic Remains of the Cretaceous of the United States.* Philadelphie, 1834, p. 32.

(2) *Medical and Physical Researches.* Philadelphie, 1835, p. 280.

CHAPITRE IV

OISEAUX FOSSILES DES TERRAINS TERTIAIRES

A l'époque tertiaire, les dépôts d'eau douce sont plus étendus et plus nombreux que dans les terrains que nous venons de passer en revue ; ils ont conservé les empreintes de la population terrestre de cette période, au milieu de laquelle les Oiseaux occupaient une large place.

§ 1. — OISEAUX DE L'ÉPOQUE ÉOCÈNE.

Dépôts antérieurs à l'époque du gypse.

Bien que les couches du bassin de Paris aient été fouillées depuis un demi-siècle, par un grand nombre de géologues et de paléontologistes, bien que les découvertes s'y soient multipliées avec une rapidité remarquable, on est encore loin de pouvoir se former même une idée approximative de la faune des Vertébrés terrestres de l'époque éocène; l'étude des animaux dont les restes sont enfouis dans le conglomérat ossifère de Meudon et de Passy (1) le prouve de la manière la plus nette. Dans cette petite couche, dont l'épaisseur est peu considérable, on trouve les vestiges de toute une population aussi remarquable par la variété des formes organiques qu'elle comprend que par leur nombre, et qui s'est montrée après le dépôt des couches du terrain crétacé.

---

(1) Cette intéressante petite couche et la plupart des fossiles qu'elle renferme ont été indiqués pour la première fois par M. Ch. d'Orbigny, en 1832. Voy. *Notice géologique sur les environs de Paris*, 1838, p. 14.

Les Oiseaux y sont représentés par plusieurs espèces, dont la plupart ne peuvent encore être déterminées avec précision, mais dont l'une d'elles, le *Gastornis parisiensis*, atteignait presque la taille de l'Autruche (1). On y voit aussi des débris de Mammifères, dont quelques-uns, les Coryphodons, étaient plus grands que les Tapirs. Les Reptiles étaient loin d'y être rares, et les Crocodiles, ainsi que les Tortues, se faisaient remarquer par leurs dimensions considérables.

Une accumulation d'espèces aussi variées dans une couche d'une épaisseur aussi faible indique que la population contemporaine avait atteint un haut degré de perfection organique.

D'après les données que l'on peut tirer de l'étude géologique de cette époque, il est probable, ainsi que l'a montré M. Hébert, que cette région, dont le sol était formé de craie et de calcaire pisolithique, était couverte de marécages et de forêts, au milieu desquels vivaient les animaux dont je viens de parler. C'est alors que les eaux ont fait irruption, enfouissant les végétaux et entassant au milieu des troncs d'arbres les débris plus ou moins roulés des Mammifères, des Oiseaux et des Reptiles. L'assise qui a été formée de la sorte repose sur un banc de calcaire pisolithique raviné ; elle est formée à Meudon et au gazomètre de Passy par de petits fragments de craie et de calcaire sousjacent, cimentés par de l'argile. Au-dessus se voit une couche d'argile très-pyriteuse, au milieu de laquelle sont disséminés des cristaux de sulfate de chaux et du succin. Les ossements et les débris des végétaux y sont moins nombreux et moins roulés que dans l'assise inférieure. C'est dans cette couche qu'ont été trouvés les restes du *Gastornis*.

Dans les assises du terrain tertiaire éocène qui existent au-dessus de l'argile plastique, on n'a rencontré, en France, que de rares fragments d'Oiseaux indiquant que cette classe de Vertébrés était représentée à cette époque, mais d'après lesquels on ne peut établir

(1) Voyez ci-dessus, tome Ier, page 165.

aucune détermination zoologique de genre ou même de famille. Ainsi, dans son *Essai sur la topographie géognostique du département de l'Oise*, M. Graves parle d'un os tarso-métatarsien d'oiseau provenant des sables de Cuise-la-Motte. Ce fait est intéressant à cause de la nature marine des dépôts dans lesquels ce fossile a été trouvé.

M. Eugène Robert a recueilli quelques débris d'Oiseaux indéterminés dans le calcaire grossier.

Enfin, M. Hébert a trouvé une phalange unguéale d'une espèce de moyenne taille, avec des débris de Lophiodons, d'Emyde et de *Crocodilus Rallianati* dans une couche fluvio-marine dépendant des grès de Beauchamp.

En Italie, dans les couches marneuses de monte Bolca, si célèbre par ses poissons fossiles, on n'a pas découvert d'ossements d'Oiseaux, mais on y a trouvé des empreintes de plumes parfaitement conservées, dont j'ai pu voir quelques échantillons à Vérone.

Les schistes du Plattenberg, à Glaris, ont fourni le squelette entier d'un Oiseau de la grosseur d'une Alouette, que M. H. de Meyer a décrit sous le nom de *Protornis Glariensis* (*Osteornis scolopacinus*, Gerv.), et qui, peut-être, doit se ranger dans l'ordre des Passereaux (1).

Ces schistes se présentent en couches noires, fort dures et exploitées ; ce sont des calcaires en dalles, avec des veines de calcaire blanc spathique. A raison de leur couleur et de leur densité qui leur donnent une certaine ressemblance avec les schistes siluriens, on les avait d'abord regardés comme très-anciens. Leur âge a été déterminé avec précision par M. Murchison, qui les place à la base du terrain tertiaire, et les regarde comme contemporains de l'argile de Londres. Depuis la publication de M. de Meyer, on a retrouvé d'autres ornitholithes dans le même gisement, mais ils n'ont été l'objet d'aucun travail de détermination.

(1) Voyez ci-dessus, page 370.

L'argile éocène de l'île Sheppey a fourni les restes de quelques Oiseaux. En 1841, M. Owen fit connaître une très-petite espèce de Vautour (1), qu'il plaça dans un nouveau sous-genre, sous le nom de *Lithornis vulturinus* (2). C'est également dans l'argile de Sheppey qu'a été trouvé un fragment de crâne que le même anatomiste a rapporté aux Alcyons, dont il a formé un nouveau genre, sous le nom de *Halcyornis toliapicus* (3), et des débris d'une espèce voisine des Hirondelles de mer (4). Mais l'espèce la plus intéressante de ce gisement est certainement le *Dasornis londinensis* (5), dont une portion du crâne a été trouvée également à Sheppey. Par ses dimensions ce crâne égale celui du *Dinornis giganteus*, avec lequel il offre de nombreuses analogies, bien qu'il ne puisse être rapporté à un oiseau de cette famille. La taille du *Dasornis* devait se rapprocher de celle du *Gastornis*, et, lorsque ces deux espèces seront mieux connues, il est permis de supposer, ainsi que l'a fait M. Owen, que l'on constatera qu'elles appartiennent à un même genre.

M. Wetherell découvrit, aux environs de Primerose-Hill, dans l'argile de Londres, un fragment de sternum d'Oiseau montrant les rainures coracoïdiennes. M. Owen examina ce débris, et, se basant sur le chevauchement de ses surfaces articulaires, il le rapporta à un Échassier de petite taille, probablement de la famille des Hérons (6). Enfin, M. Bowerbank, se fondant sur l'étude microscopique du tissu osseux, rapporta à un Oiseau un fragment d'os long trouvé à Sheppey; quoique les extrémités articulaires fussent brisées, il le considéra comme provenant d'un tibia d'Oiseau gigantesque, un peu plus petit

(1) *Trans. of the Geolog. Soc.*, 2ᵉ sér., t. VI, p. 206, *British Mamm. and Birds*, p. 549.
(2) Voyez ci-dessus, p. 452.
(3) Voyez ci-dessus, p. 370.
(4) Owen, *Paleontology*, 1860, p. 291.
(5) Owen, *Description of the fossil cranium of Dasornis londinensis* (*Trans. Zool. Soc. of London*, t. VII, p. 144, pl. 16).
(6) Owen, *British fossil Mammals and Birds*, 1846, p. 556. — *Paleontology*, 1860, p. 291.

que l'Émeu (1), et il le désigna sous le nom de *Lithornis emuinus*. Il me paraît inutile d'insister sur l'incertitude que présentent de semblables déterminations.

Oiseaux du gypse et des dépôts contemporains.

Ce sont les Oiseaux fossiles des couches du gypse qui ont été les premiers connus et les premiers étudiés, et c'est à Cuvier que revient l'honneur d'avoir établi avec précision leurs caractères zoologiques essentiels.

Dans le chapitre des *Recherches sur les ossements fossiles* qu'il a consacré aux Oiseaux, ce grand zoologiste a résumé avec une parfaite exactitude l'historique des découvertes d'ornitholithes que l'on avait faites avant lui. Mais il s'attacha plutôt à bien établir quels étaient les caractères qui peuvent distinguer les os d'Oiseaux de ceux des autres animaux, qu'à examiner les différences ou les ressemblances que présentaient entre eux les divers groupes de cette grande classe; ce n'est toujours qu'avec la plus grande réserve qu'il parle des analogies qui existent entre les fossiles du gypse et les types actuels, et ses déterminations sont plus souvent basées sur les rapports de taille et de proportions que sur les caractères ostéologiques considérés en eux-mêmes. Il arrive ainsi à distinguer dix espèces d'Oiseaux appartenant à divers genres; ce sont : trois Rapaces, une Bécasse, une Alouette de mer, un Ibis, une Caille, deux Pélicans ou Cormorans. L'étude de ces pièces a été reprise à différentes époques, et ces déterminations ont été plus ou moins modifiées; d'autres espèces ont été découvertes et décrites. La faune ornithologique du gypse comprend certains Oiseaux qui semblent ne différer que très-peu des types aujourd'hui vivants. D'autres, au contraire, ne peuvent rentrer dans aucun genre connu. Aucun Rapace nocturne n'a encore été trouvé dans les couches

---

(1) Owen, *Ann. and Magaz. of natural History*, 1854, t. XIV, p. 263.

gypseuses ; le métacarpe fossile que Cuvier considérait comme ayant de grands rapports de grandeur et de forme avec celui de la Chouette, provient d'un Oiseau de proie diurne. C'est aussi dans cette famille, et à côté des Busards, que prend place le *Palæocircus Cuvieri*, A. Edwards (1).

Les Passereaux du gypse sont beaucoup plus nombreux, ce sont les suivants : *Cryptornis antiquus* (2), connu d'après un squelette complet et étudié d'abord par Laurillard, qui le considérait comme voisin des Martins-pêcheurs, et ensuite par M. Gervais, qui le rangeait parmi les Centropes. Mais, en réalité, c'est du genre Calao, et particulièrement des Calaos africains, que le *Cryptornis* se rapproche le plus, bien qu'il s'en éloigne par des caractères trop importants pour qu'on puisse le ranger dans la même division générique. Le *Laurillardia longirostris* semble présenter beaucoup d'analogie avec les *Promerops* (3). Le *Palægithalus Cuvieri* avait été décrit par M. Gervais comme un *Sitta*, mais il ressemble plutôt aux Mésanges (4). A ces trois espèces il faut en ajouter deux autres dont les débris sont trop mal conservés pour qu'il soit possible de les déterminer même génériquement (5); enfin, j'ajouterai que M. Blanchard a signalé, d'après un humérus provenant de Montmartre, l'existence d'un oiseau du genre Coucou.

Les Gallinacés étaient assez nombreux à l'époque du dépôt du gypse. Cuvier avait déjà reconnu que certaines empreintes de squelette provenaient d'oiseaux voisins des Cailles. C'est cette espèce que j'ai rangée dans le genre *Palæortyx* sous le nom de *P. Hoffmanni* (6). Le *Palæortyx Blanchardi* (7) était de taille plus considérable que le

(1) Voyez p. 456.
(2) Voyez p. 371.
(3) Voyez p. 374.
(4) Voyez p. 378.
(5) Voyez p. 377.
(6) Voyez p. 217.
(7) Voyez p. 223.

précédent ; on trouve aussi des débris appartenant à d'autres espèces de la même famille, mais ils sont trop mal caractérisés pour qu'il soit possible de les déterminer d'une manière précise. Les Rallides étaient représentés par deux espèces : le *Rallus intermedius* (1), qui était à peu près de la taille de notre Râle des Genêts, et qui ne diffère que peu des espèces vivantes de ce genre ; au contraire, le *Gypsornis Cuvieri* (2) était de grande taille, et, sous ce rapport, il surpassait les Poules sultanes.

L'*Agnopterus Laurillardi* (3) appartient évidemment à la famille des Phœnicoptérides. Il était un peu plus petit que les Flamants, et diffère très-notablement de ce dernier genre.

Les petits Échassiers de rivage sont moins nombreux dans les couches de gypse qu'on ne serait tenté de le supposer d'après la nature du dépôt. En effet, on n'en connaît encore qu'une seule espèce bien caractérisée, c'est le *Numenius gypsorum*, décrit par M. Gervais : oiseau que je considère comme beaucoup plus voisin des Barges que des Courlis (4). D'après d'autres pièces signalées par Cuvier, il y aurait également une petite espèce voisine des Alouettes de mer. Quant au *Tringa Hoffmanni*, décrit par M. Gervais, il n'appartient pas à ce genre ni à cette famille ; c'est un Gallinacé, et je l'ai désigné sous le nom de *Palæortyx Hoffmanni.*

Les ossements que Cuvier avait attribués à des oiseaux voisins des Cormorans sont trop mal caractérisés pour qu'il soit possible de les déterminer avec précision.

Ces Oiseaux ne sont pas les seuls qui habitaient le bassin de Paris à l'époque où se déposaient les couches gypseuses ; il en existait un nombre beaucoup plus considérable, ainsi que l'indiquent les em-

(1) Voyez p. 144.
(2) Voyez p. 140.
(3) Voyez p. 83.
(4) Voyez tome I, p. 404.

preintes de pas que M. J. Desnoyers a découvertes sur les bancs de pierre à plâtre des environs de Paris, et particulièrement de la vallée de Montmorency (1).

On reconnaît dans ces traces deux types bien caractérisés :

Le premier se compose d'empreintes de grandeur médiocre et présentant un aspect tout particulier; en effet, l'un des doigts est dirigé directement en dehors et un peu en arrière. En examinant ces traces, on peut en distinguer de plusieurs sortes : les unes sont de petite taille, et tous les doigts ont environ la même longueur ($0^m,035$ environ); d'autres sont plus grandes, les doigts, d'une longueur relative considérable, mesurant $0^m,050$. Enfin, dans les dernières, le doigt postérieur est beaucoup plus long que les autres; il est difficile de l'évaluer exactement, car la plaque de gypse qui le porte est cassée à son extrémité, mais il devait dépasser d'un tiers au moins les doigts antérieurs.

« De plus grandes empreintes, dit M. Desnoyers, soit en creux, soit en relief, représentaient complétement les grands doigts, partagés en plusieurs lobes ou phalanges, des Oiseaux dont on a donné tant de descriptions et de figures, comme étant les plus caractéristiques des grès triasiques de la vallée du Connecticut, aux États-Unis. »

Ces dernières, qui constituent le deuxième type, ressemblent, autant qu'on peut en juger, à celles que nos Oiseaux coureurs produiraient en marchant sur un limon argileux. Les doigts sont au nombre de trois, comme chez l'Autruche d'Amérique et les Casoars. On peut même distinguer la trace des écailles épidermiques, et l'empreinte est recouverte d'une mince pellicule d'argile verdâtre qui adhérait aux pieds de l'oiseau au moment où il marchait sur le gypse. Cette argile est identique avec celle que l'on remarque sur les os de

---

(1) J. Desnoyers, *Sur les empreintes de pas d'animaux dans le gypse des environs de Paris, particulièrement de la vallée de Montmorency* (*Comptes rendus hebdomadaires*, juillet 1859, t. XLIX, p. 67).

Mammifères et d'Oiseaux, ce qui semble indiquer qu'avant d'arriver aux dépôts gypseux, ces débris avaient été en contact avec un limon argileux qui se déposait en même temps sur d'autres points.

La taille de ces empreintes varie beaucoup, et prouve qu'à cette époque plusieurs espèces fréquentaient les rivages de la dépression où se formait le gypse. Sur quelques-unes, un doigt latéral seul mesure 40 centimètres, et une seule des articulations a plus de 10 centimètres, malheureusement l'échantillon ne porte pas la trace des autres doigts ; quelques empreintes sont moitié plus petites, et l'un des doigts latéraux est long de 20 centimètres.

Sur une autre trace, le doigt médian mesurait 12 à 13 centimètres. Enfin, sur une quatrième, le même doigt n'avait pas plus de 10 centimètres, ce qui indique cependant encore des dimensions générales considérables. A raison de ces données, on pourrait distinguer, d'après les pièces de la collection de M. Desnoyers, au moins quatre espèces appartenant toutes au second type.

Jusqu'à présent on n'a trouvé dans le gypse aucun débris organique qui puisse être rapporté aux êtres qui ont laissé ces empreintes gigantesques, dont beaucoup dépassent notablement celles que produirait l'Autruche d'Afrique ; et cependant les diverses couches de cette formation ont été fouillées, depuis cinquante ans, par tous les géologues qui se sont occupés du bassin parisien.

Serait-il permis de supposer, comme l'a fait avec beaucoup de raison M. Desnoyers, qu'à cette époque les *Gastornis* du conglomérat vivaient encore, et que ce sont eux qui ont laissé leurs empreintes sur le gypse. Mais ce n'est là qu'une hypothèse qui ne repose que sur des déductions théoriques, et qui aurait besoin d'être confirmée par la découverte des Oiseaux coureurs de la formation gypseuse.

Il paraîtrait donc, d'après ce que nous savons sur les Oiseaux fossiles du gypse, qu'il existait dans le bassin de Paris un grand nombre d'espèces appartenant à cette classe et ainsi réparties :

RAPACES DIURNES.
Palæocircus Cuvieri.
Une espèce indéterminée.
PASSEREAUX.
Cryptornis antiquus.
Laurillardia longirostris.
Palægithalus Cuvieri.
Deux espèces indéterminées.
Un Cuculide.
GALLINACÉS.
Palæortyx Hoffmanni.
Palæortyx Blanchardi.
Une espèce indéterminée.

RALLIDES.
Rallus intermedius.
Gypsornis Cuvieri.
PHŒNICOPTERIDES.
Agnopterus Laurillardi.
TOTANIDES.
Numenius (Limosa) gypsorum.
Pelidna.
PALMIPÈDES TOTIPALMES.
Deux espèces indéterminées.

A la suite de cette liste il faut placer au moins sept espèces de grande taille, connues seulement par l'empreinte de leurs pas.

Il est inutile d'ajouter que ces oiseaux faisaient partie de cette faune si remarquable par les Paléothériums, les Anoplothériums, les Carnassiers, les Marsupiaux et les Reptiles dont Cuvier a fait connaître les restes. Ces animaux paraissent avoir été surpris par l'arrivée soudaine d'eaux chargées d'acide sulfurique, qui, en même temps qu'elles les faisaient périr, déterminaient la formation des dépôts de gypse que l'on exploite aujourd'hui. Généralement les différentes pièces du squelette sont encore en connexion, ce qui indique qu'elles ont été promptement recouvertes, et quelquefois on voit encore les traces noirâtres que la chair et les matières organiques ont laissées en se décomposant; enfin une mince couche argileuse accompagne presque toujours les ossements ou les empreintes.

Les marnes d'Aix (Bouches-du-Rhône), si riches en restes de Reptiles, de Poissons et d'Insectes, en empreintes de feuilles, etc., n'ont pas encore fourni d'ossements d'Oiseaux, mais on y a trouvé des œufs et des plumes admirablement conservés, dont quelques échantillons font partie du musée de Marseille. Ces marnes paraissent s'être déposées à la même époque que le gypse des environs de Paris. En 1836, M. Coquand y a trouvé des restes de Paléothérium, d'après lesquels il établit ce parallélisme qui ne fut pas adopté par Dufrénoy, mais que la plupart des géologues actuels s'accordent à admettre.

C'est probablement aussi à la même époque que se sont déposés les calcaires lacustres d'Armissan (Aude), dans lesquels M. P. Gervais a fait connaître l'existence d'un Gallinacé, le *Tetrao Pessieti*, que j'ai étudié récemment et rangé dans un genre nouveau intermédiaire entre les Perdrix et les Paons, et que j'ai nommé *Taoperdix Pessieti* (1). Ces calcaires, toujours accompagnés de gypse, de rognons de soufre et de silex pyromaque, contiennent des débris de Paléothérium, d'Anoplothérium, des Reptiles, des Poissons d'eau douce, des Insectes, et une riche flore de végétaux qui paraissent avoir péri sous l'influence des causes qui ont agi à Aix.

Les couches de la débruge aux environs d'Apt (Vaucluse), qui renferment les débris d'une faune analogue, ont fourni à M. Évrard, à M. Pomel et à M. P. Gervais, quelques traces d'Oiseaux qui n'ont pu, à raison de leur mauvais état de conservation, être le sujet d'aucune détermination précise.

M. Aymard, qui a recueilli, aux environs du Puy en Velay, une collection des plus précieuses de Vertébrés terrestres, a trouvé dans les marnes de Ronzon divers ossements d'Oiseaux, dont il est à regretter qu'il n'ait pas donné de description. Ce sont :

Rapaces : *Teracus littoralis.*

Échassiers : *Camaskelus palustris*, voisin des Pluviers ; *Elornis granlis, Elornis littoralis, Elornis antiquus*, voisins des Flamants.

Palmipèdes longipennes : *Dolichopterus viator.*

Il est probable que le *Camaskelus palustris* et le *Dolichopterus viator* doivent se fondre en une seule et même espèce; l'*Elornis littoralis* et l'*Elornis antiquus* semblent identiques. Quant à l'*Elornis grandis*, il a été établi d'après un humérus de grande taille, écrasé sur une plaque

(1) Voyez ci-dessus, p. 225.

de marne, et dont les caractères les plus importants ne peuvent être étudiés. Ces Oiseaux étaient très-voisins des Phœnicoptères, mais leurs formes étaient plus grêles et leurs pattes moins longues.

Indépendamment de ces ossements, on a trouvé dans ces mêmes marnes des empreintes de plumes, ainsi que des œufs et une portion du bassin d'un Oiseau que M. P. Gervais regardait comme un Palmipède lamellirostre du genre Harle, et qu'il a décrit sous le nom de *Mergus Ronzoni*, mais qui appartient à un Oiseau de la famille des Totipalmes et voisin des représentants actuels du genre *Sula* (1). Les bancs argilo-calcaires qui renferment ces fossiles ont été rapportés à la même époque que le gypse des environs de Paris, mais peut-être sont-ils plus récents, car ce n'est qu'au-dessous que l'on trouve les marnes gypseuses avec débris de Paléothérium, tandis que dans les assises d'où proviennent les restes d'Oiseaux, on a recueilli, suivant M. Aymard, des ossements de *Rhinoceros*, de *Cainotherium* et d'*Amphitragulus*, qui se rencontrent si communément dans les couches miocènes du bassin de l'Allier.

Enfin, pour achever cette énumération des traces d'Oiseaux observées dans les couches du terrain éocène, on ne doit pas oublier de mentionner une lettre publiée en 1852 dans le *Bulletin de la Société géologique*, où M. le docteur Fraas annonce qu'il a découvert deux espèces d'Oiseaux, dont l'une se rapproche des Cormorans et l'autre des Busards, dans une couche tertiaire à ossements de Paléothérium, d'Anoplothérium et de Dichobune, qui occupe le sommet de l'Alb de Souabe.

§ 2. — OISEAUX DE L'ÉPOQUE MIOCÈNE.

Les terrains miocènes sont certainement les plus riches en débris d'Oiseaux fossiles que l'on ait pu jusqu'ici observer et recueillir dans

(1) Voyez tome I, p. 271.

la longue série des époques tertiaires et quaternaires. Cette abondance est-elle due au nombre plus considérable de ces animaux dans l'ensemble des faunes qui peuplaient alors les terres voisines des bassins où leurs restes ont été enfouis? Est-elle la conséquence des conditions physiques et climatiques plus favorables à leur développement, ou bien de circonstances géologiques plus propres à la conservation de leurs squelettes? Chacune de ces causes différentes a dû, sans doute, exercer son action; toutefois la dernière me semble avoir eu plus d'influence que les autres. En effet, si nous jetons un coup d'œil sur l'ensemble des terrains tertiaires moyens, nous verrons que leurs dépôts remplissent des bassins plus concentrés, plus étroitement limités et plus voisins des sols continentaux ou insulaires ; nous distinguons des formes d'anciens lacs plus nettement circonscrites ; nous reconnaissons beaucoup plus clairement que dans les périodes antérieures les anciens rivages des mers, dont les sédiments offrent tant d'analogies avec les cordons littoraux des mers actuelles. Nous pouvons même reconnaître les cours de quelques-uns des anciens fleuves qui transportaient à ces rivages, pour les y confondre avec les débris de la faune marine que les vagues rejetaient en les roulant, les restes d'animaux et de végétaux terrestres enlevés au sol des terres environnantes qu'ils peuplaient à cette époque.

La richesse de la population ornithologique des terrains tertiaires moyens, concordant par son abondance et sa variété avec celle des autres faunes contemporaines, est telle, et la préservation des débris fossiles a été si complète, qu'elle fournit plus qu'aucune autre, à l'étude anatomique et comparative, les éléments les plus certains et les plus nombreux. Aussi est-ce après avoir réuni des milliers d'ossements d'Oiseaux dans quelques-unes de ces localités les plus favorables à leur conservation, que j'ai été conduit à oser entreprendre ce travail. Je suis bien loin de me flatter d'avoir fait connaître l'ensemble de la faune ornithologique des terrains tertiaires moyens; je n'ai pu l'étudier d'une façon un peu complète que dans deux des gisements principaux de France, tandis que l'on en a des indices dans d'autres localités dont l'exploration pourra un jour être aussi féconde : mais ces deux gisements sont peut-être les plus riches qu'on ait encore découverts en Europe, les plus célèbres par les matériaux qu'ils ont déjà fournis à l'étude des Mammifères fossiles; et, par une heureuse circonstance, ils représentent les deux principaux étages de la période tertiaire moyenne, et permettent ainsi de les prendre pour base d'un examen comparatif avec d'autres localités jusqu'ici moins riches ou plus incomplétement observées.

Les gisements de Saint-Gérand le Puy, de Langy, de Billy et de quelques localités contemporaines du Bourbonnais et de l'Auvergne, ainsi que celui de Sansan, dans le département du Gers, appartiennent, selon toute vraisemblance et selon l'opinion dominante parmi les géologues, le premier à la portion la plus ancienne, le second à une portion plus moderne des terrains miocènes. Mais avant de les décrire, surtout au point de vue du mode d'enfouissement et de conservation de leurs fossiles, avant de comparer les deux faunes entre elles et avec celles des terrains tertiaires plus anciens ou plus nouveaux, il convient d'exposer leur situation géologique dans la série des terrains miocènes, et de rappeler brièvement la place qu'ils occupent dans l'ensemble des couches que l'on s'accorde aujourd'hui à classer dans cette division.

Lorsque l'étude des terrains tertiaires avait pour unique base, mais pour base fondamentale, la connaissance du bassin de Paris, éclairée par les travaux impérissables d'Alexandre Brongniart et d'autres géologues qui ont marché sur ses traces, ou qui, comme Constant Prevost, ont discuté ses opinions d'après leurs propres observations, tout en rendant justice à leur indubitable valeur et à l'influence qu'elles ont exercée et exerceront longtemps encore, on était tout naturellement entraîné à comparer et à identifier aux étages

successifs observés dans ce bassin les dépôts qui, par leurs analogies
zoologiques ou par leurs similitudes pétrographiques, semblaient s'en
rapprocher davantage. C'est ce qui eut lieu pendant plusieurs années
pour les terrains du centre et du midi de la France et d'autres contrées
de l'Europe, ainsi qu'on peut le voir dans les plus récentes éditions de
la *Description géologique des environs de Paris*. Mais dès qu'un exemple
incontestable de superposition directe eut été démontré (1) ; dès que
l'on sut qu'au-dessus et après la formation des dépôts parisiens, s'était
succédé une série d'autres terrains plus récents, et que chacun d'eux
était caractérisé par des faunes différentes, la distinction des étages
tertiaires fut presque uniquement basée sur la comparaison de leurs
faunes et sur les analogies plus ou moins grandes qu'elles présentaient
avec celle de la période actuelle.

Les dénominations d'*éocène*, de *miocène* et de *pliocène*, représentant les étages inférieur, moyen et supérieur des terrains tertiaires,
devinrent un des éléments du langage géologique le plus universellement adopté. Les affinités zoologiques sur lesquelles M. Deshayes
appela plus particulièrement l'attention, au point de vue de la comparaison des espèces de Mollusques avec celles qui vivent aujour-
d'hui, devinrent la première base accessoire sur laquelle on put
s'appuyer à défaut de l'élément stratigraphique et des superposi-
tions directes toujours si rares et si difficiles à constater sans incertitudes. Bientôt d'autres formes organiques que celles des Mollusques
purent être appelées comme témoignage chronologique, et les trois
grandes périodes des Paléothériums, des Mastodontes et des Éléphants

(1) Ce fait de la superposition du terrain de la Loire, au terrain d'eau douce supérieur du
bassin parisien fut signalé pour la première fois en 1828 par M. J. Desnoyers (*Mémoire sur un
ensemble de terrains tertiaires plus récents que ceux du bassin de la Seine*, dans *Ann. des sciences
naturelles*, 1829, t. XVI, p. 171). Peu de temps après, M. Lyell, qui, par une voie différente,
avait été conduit à reconnaître, d'abord en Sicile et en Italie, des terrains tertiaires plus modernes
que ceux du bassin de Paris et de Londres, proposa de diviser l'ensemble des couches tertiaires en
trois étages auxquels il donna les noms d'*éocène*, de *miocène* et de *pliocène*.

furent aussi universellement reconnues que celles des étages caractérisés par les faunes de Mollusques (1). Une exagération peut-être
dangereuse de cette loi, excellente dans sa généralité, porta des
paléontologistes distingués, et plus particulièrement Alc. d'Orbigny,
à donner pour base presque unique à leurs travaux la distinction des
espèces, non plus seulement par grands étages géologiques, mais par
couches locales, et à considérer chacune de ces petites faunules par-
tielles pour ainsi dire comme les représentants d'autant de créations
successives et distinctes, sans tenir suffisamment compte des groupements géographiques et des influences des lieux et des climats
différents.

Une des plus grandes difficultés et des plus urgentes nécessités
de la paléontologie actuelle ne doit-elle pas être de tenir également
compte de ces diverses actions, et de pouvoir parvenir à reconnaître
les faunes différant géographiquement, des faunes différant chronologiquement. C'est un principe que M. Pictet, dans ses excellents travaux
paléontologiques, a cherché à appliquer le plus possible. Ces considérations générales sont moins étrangères qu'on ne pourrait le croire de
prime abord à l'étude des faunes ornithologiques et à la connaissance
de celles qui sont géographiquement contemporaines, quoique zoologiquement différentes, et de celles qui diffèrent à la fois par le temps,
par les lieux et par les espèces. C'est ce que la distinction des étages
miocènes en rapport avec les espèces d'Oiseaux fossiles, et aussi avec
les autres animaux vertébrés contemporains de chacune des faunes
ornithologiques que nous avons reconnues, nous démontrera.

Nous allons examiner successivement, en commençant par ceux

(1) M. Élie de Beaumont fut des premiers à appeler sérieusement l'attention sur la possibilité
de classer les terrains tertiaires, en ayant égard à ces trois grands groupes de Mammifères
fossiles, qui, en effet, sont caractéristiques de chacun des trois grands étages, et sont aussi représentés dans les terrains quaternaires par certaines espèces d'Éléphants différentes de celles des
terrains tertiaires les plus modernes. (Voy. *Mémoires de la Société géologique de France*, t. I,
1834.)

qui me paraissent devoir être considérés comme les plus anciens dans la série chronologique et qui se trouvent en même temps être les plus riches en débris d'Oiseaux fossiles :

1° Les terrains lacustres des bassins de l'Allier, de la Limagne d'Auvergne, et quelques autres dépôts d'eau douce enclavant le plateau central des terrains anciens de la France.

2° Les terrains lacustres, fluvio-marins et marins du bassin du Rhin moyen, principalement des environs de Mayence.

Ces deux premiers groupes, quoique séparés par des chaînes de montagnes et par des terrains plus anciens, quoique sans communication probable entre eux, devaient être cependant contemporains, autant qu'on en peut juger par la similitude de leur faune, des différentes classes de Vertébrés. Les sables marins supérieurs du bassin de Paris et les calcaires lacustres de la Beauce, pour la plus grande partie, appartiennent à cet étage ; mais, comme ils n'ont point jusqu'ici présenté de débris d'Oiseaux, il nous suffira d'indiquer leur contemporanéité.

3° Une portion ancienne des trois étages alternativement marins et fluviatiles de la mollasse de Suisse paraît se rapporter chronologiquement à cette première sous-période, ainsi que plusieurs des dépôts lacustres de la Provence, si bien décrits et appréciés, au point de vue des flores successives des terrains tertiaires par M. le comte de Saporta, et au point de vue géologique par MM. Matheron et Coquand, ainsi qu'une portion de ceux du Languedoc et de la Guyenne, si complétement éclairés par les travaux de MM. Raulin, Delbos, Leymerie et Noulet. Comme ils n'ont jusqu'ici présenté que de rares vestiges d'Oiseaux fossiles, nous nous bornerons à les mentionner, en signalant les localités où ces découvertes ont été faites.

4° Le gisement de Sansan, dans le département du Gers, sera un type excellent des faunes lacustres des dépôts qui me semblent pouvoir constituer une seconde sous-période miocène. La célébrité que les découvertes paléontologiques d'une importance si considérable ont donnée à Sansan permettent d'en parler avec plus de détail.

5° Certains dépôts marins : les uns sous-pyrénéens, tels que Simorre; les autres dépendant du bassin de la Garonne, tels qu'une partie des faluns et des dépôts d'eau douce.

6° Les faluns marins littoraux de la Touraine et leurs dépendances fluviatiles, contemporaines des graviers ossifères de l'Orléanais, représentant ces dépôts de la même période qui offrent le double facies marin et fluviatile.

Si nous nous étions fondé surtout sur le point de vue de la stratification géologique, c'est par ce gisement que nous eussions dû commencer, puisque c'est, comme on sait, presque le seul dont la superposition immédiate et directe aux terrains tertiaires, types de l'ancien bassin de Paris, ait pu être constatée. Mais l'abondance des Oiseaux fossiles de Sansan, et jusqu'ici leur rareté dans les faluns, m'ont engagé à examiner d'abord le premier de ces deux gisements, qui offre avec les graviers et les faluns de Touraine tant d'affinités zoologiques.

Le gisement de Mammifères d'Eppelsheim, si connu par la précieuse découverte du crâne complet de Dinothérium, décrit par M. Kaup, me paraît dater de l'époque du dépôt des couches ossifères de Sansan.

Enfin, c'est à la partie supérieure des terrains miocènes qu'on rapporte généralement les assises de Pikermi en Grèce, dont les débris des Mammifères, d'abord étudiés par M. Wagner, ont été l'objet des recherches approfondies de M. Gaudry, qui nous a aussi fait connaître plusieurs Reptiles et Oiseaux de cette localité. Le gisement de Cucuron (Vaucluse) paraît présenter avec celui de Pikermi beaucoup d'analogies au point de vue de la faune mammalogique.

L'absence, dans les deux premiers de ces groupes principaux que je viens de mentionner, de restes de Mastodontes et de Dinothériums, qui, au contraire, caractérisent le second, soit dans ses sédiments lacustres, soit dans ses sédiments marins, nous a paru constituer une raison suffisante pour les distinguer.

Nous ne pouvons nous dissimuler cependant que plusieurs gisements de l'Auvergne, le calcaire d'eau douce de Montabuzard et d'autres, ne servent de transition insensible entre les différents membres des couches miocènes. Lorsqu'on remarque entre deux terrains un contraste complet, la cause la plus probable est due, dans cette période géologique comme dans toutes les autres, à l'absence de quelque dépôt intermédiaire. L'ignorance absolue dans laquelle on est encore des causes multiples qui ont occasionné la diversité des faunes successives, indépendamment de l'apparition et de la création, ou plutôt de la destruction des grandes faunes qui ont peuplé la surface du globe; cette ignorance, dis-je, ne nous permet jusqu'ici de tirer que des conséquences trop justement restrictives : bornons-nous donc encore à constater autant que possible et à grouper les faits, sauf à modifier ces groupements, dès que les observations nous y obligeront.

COUCHES MIOCÈNES INFÉRIEURES.

Terrains lacustres de l'Allier et de la Limagne d'Auvergne.

Par quelles relations de superposition et d'âge les terrains lacustres de l'Auvergne et du Bourbonnais se rattachent-ils aux terrains de même nature qui continuent et terminent le bassin proprement dit de Paris vers l'Orléanais? Peut-on y distinguer plusieurs étages qui seraient les représentants et les contemporains des principaux sédiments lacustres et marins des couches supérieures, et peut-être même les plus anciennes, de ce grand bassin tertiaire dont les mers n'ont jamais pénétré ou du moins laissé de traces de leur passage dans la vallée de la Loire supérieure, ni dans celle de ses affluents? Les calcaires, les marnes et les sables d'eau douce déposés à des étages s'élevant progressivement depuis l'Orléanais et le Berry jusque dans le Velay et

la haute Loire, occupaient-ils primitivement ces niveaux différents, ou
bien ont-ils été relevés postérieurement et simultanément dans leur
ensemble ? Telles sont les principales questions que soulève l'histoire
des terrains dont je vais m'occuper : elles ont été discutées il y a bien
des années, dès l'origine de la découverte de ces terrains, et l'on peut
dire qu'elles ne sont point encore résolues, du moins pour la plupart,
malgré les nombreuses et importantes recherches dont ils ont été
l'objet depuis plus de cinquante ans. Il y a en effet au moins ce temps
depuis que le doyen des géologues de l'Europe, M. d'Omalius d'Halloy,
dont le nom, connu par tant d'utiles travaux scientifiques, se rattache
si honorablement au premier essai d'une carte géologique de la France,
publiée avant la grande carte de MM. Élie de Beaumont et Dufrénoy,
que M. d'Omalius d'Halloy, dis-je, en faisant connaître le premier les
terrains d'eau douce du Cher, de la Nièvre et de l'Allier, posait déjà
l'une des questions principales que je viens de rappeler (1). Suivant
sa manière de voir, ces dépôts auraient été formés dans plusieurs
petits lacs en communication entre eux et échelonnés à des niveaux
différents, depuis l'Orléanais jusqu'à la haute Loire. Une opinion
contraire a été émise plus tard, et plus particulièrement soutenue
par M. Elie de Beaumont : elle consistait à regarder tous ces dépôts
comme des portions d'un même grand système lacustre dont l'élévation vers les parties montagneuses de la France centrale avait été le
résultat de l'une des dernières révolutions qui avaient causé la dislo-
cation d'une partie des chaînes alpines.

Ces deux opinions ont été plusieurs fois renouvelées depuis ou
contradictoirement défendues. Les observations paléontologiques que
j'ai recueillies sur les terrains de l'Allier et de la Limagne d'Auvergne
me font considérer comme très-vraisemblable l'existence de bassins
plus ou moins isolés et communiquant entre eux ; mais je n'ai trouvé

(1) *Journal des Mines*, t. XXXII, p. 42.

aucune preuve contraire à une élévation postérieure de l'ensemble général de ces terrains. L'un des résultats les plus probables que m'ait présenté l'étude des lieux et des fossiles est que les eaux y étaient généralement peu profondes, que les bords en étaient librement, continuellement fréquentés par les Oiseaux dont on y trouve les débris, et que, malgré l'ensemble d'une faune ornithologique à peu près commune pour les différents gisements, on peut reconnaître cependant plusieurs groupes qui me semblent plutôt indiquer de petites différences, ou, si l'on peut le dire, des préférences de géographie zoologique plutôt que de succession chronologique : c'est ce que nous allons exposer.

Quant aux autres questions que je rappelais plus haut, il nous est permis de supposer, d'après les données zoologiques plutôt qu'en se fondant sur des relations stratigraphiques, que les terrains parisiens éocènes supérieurs sont représentés dans le Velay et ont de grandes analogies avec la faune du gypse, tandis que les nombreux gisements de Mammifères et d'Oiseaux de l'Auvergne, autres que ceux dont je vais parler, sont tous plus modernes et caractérisent, soit des dépôts pliocènes, c'est-à-dire tertiaires supérieurs, soit des dépôts quaternaires. En effet, les milliers d'ossements fossiles recueillis en Auvergne depuis une quarantaine d'années forment plusieurs groupes géographiques parfaitement différents (1) et représentant plusieurs périodes successives. Je n'ai à parler ici que de la période moyenne postérieure aux Paléothériums, antérieure aux Mastodontes.

Le bassin tertiaire miocène compris dans la vallée de l'Allier s'étend à la fois sur l'Auvergne et sur le Bourbonnais. Sa partie supérieure, qu'on pourrait appeler le haut Allier, correspond à la Limagne ;

---

(1) En 1846, M. Pomel calcula qu'on avait déjà recueilli au moins 30 000 pièces se rapportant à près de 250 espèces, caractérisant au moins trois faunes ou âges géologiques distincts, tous plus récents que les terrains de Paris. (*Bulletin de la Société géologique de France*, 2ᵉ série, t. III.)

la partie basse de la première de ces deux anciennes provinces rentre dans les limites actuelles du département du Puy-de-Dôme; le bas Allier traverse le Bourbonnais, dont il forme la partie centrale, et correspond au département auquel il a donné son nom.

Le bassin de la haute Loire, parallèle pendant une partie du cours de ce fleuve à celui de l'Allier jusqu'à leur confluent, comprend et traverse aussi des terrains miocènes, mais en général différents de ceux de l'Allier, ou recouverts par des dépôts plus récents. Les terrains qui, dans la partie supérieure de son cours, autour du Puy en Velay, constituent un dépôt non moins riche en Vertébrés fossiles, paraissent, ainsi que je l'ai déjà dit, représenter une faune plus ancienne, qui pourrait être intermédiaire entre celle des gypses éocènes et celle de plusieurs dépôts miocènes. Nous n'avons pas à nous en occuper ici.

Suivons donc le cours de l'Allier, d'abord en Auvergne, en remontant vers sa source, puis dans le Bourbonnais, jusqu'à sa réunion à la Loire, et signalons les principaux gisements d'animaux vertébrés, particulièrement d'Oiseaux, dans ces deux subdivisions topographiques du même bassin. S'il s'agissait de décrire ici dans toute leur étendue les terrains d'eau douce de l'Auvergne, nous devrions remonter encore plus haut vers le Midi, et parler du puissant dépôt de banc de calcaire, alternant avec des lits de silex résinites et pyromaques presque semblables à ceux de la craie ou de certains calcaires d'eau douce inférieurs, des environs d'Orléans et de Saint-Ouen près Paris. Ce banc forme dans le Cantal, auprès d'Aurillac, un dépôt des plus remarquables (1), mais on n'a encore reconnu que des coquilles terrestres ou d'eau douce et point d'ossements de Mammifères ou d'Oiseaux dans ces puissantes assises modifiées par le contact de coulées volcaniques, et qui pourraient bien appartenir à une période tertiaire un peu plus

_____

(1) Ce terrain, déjà signalé il y a quarante ans par M. Brongniart, a été parfaitement décrit depuis par MM. Lyell et Murchison et mentionné souvent par d'autres géologues.

ancienne que l'ensemble de sédiments lacustres des autres parties de l'Auvergne. Ce même caractère se retrouve cependant sur plusieurs autres points, et dans le bas cours de l'Allier, ce qui permettra peut-être un jour d'en distinguer plusieurs étages d'âges un peu différents.

C'est dans la Limagne proprement dite, région naturelle si bien connue par sa fertilité, l'agrément de ses aspects, contrastant si complétement avec les terrains formés de roches anciennes granitiques ou autres qui l'entourent en partie et constituent les chaînons ou ramifications secondaires du grand plateau central, avec les montagnes, dômes, puys et cratères volcaniques plus modernes qui la bornent et la dominent à l'ouest; c'est dans cette région, dis-je, que les terrains lacustres ossifères ont été surtout déposés. On reconnaît les bords et les sinuosités de cet ancien, ou peut-être de ces anciens lacs, car il n'est pas bien certain qu'il n'ait point été partagé en plusieurs plus petits bassins, indiqués par les rétrécissements et les élargissements de ses contours, surtout vers sa portion septentrionale.

On reconnaît les résultats de l'action chimique et de l'action mécanique des eaux, les sédiments formés par les sources calcifères qui jaillissaient çà et là de son fond et y étalaient en nappes leurs dépôts concrétionnés, tantôt à l'état de calcaire siliceux, tantôt à l'état de tuf ou de travertin, ou même de calcaire cristallin, tantôt enfin à l'état de conglomérat de végétaux lacustres et de tubes de Phryganes enduits et cimentés irrégulièrement de tufs calcaires. On y distingue d'autres sédiments de transport, sables, grès, marnes et argiles diversement colorés, déposés par les petits cours d'eau qui, pénétrant sur divers points des lacs, ou qui, coulant sur les roches granitiques au milieu desquelles ils avaient été en partie creusés, s'étalaient en lits tantôt isolés, tantôt intercalés entre les bancs calcaires, et occupaient surtout les fonds et les bords des bassins. On peut enfin constater, par les inégalités et les ondulations actuelles de la surface de ces dépôts lacustres antérieurs à l'action des eaux courantes qui les ont sillonnés plus tard, que primitivement ces divers dépôts d'eau douce présentaient des surfaces irrégulières indiquant la place des foyers d'éjection des sources minérales et les amas disséminés des sédiments alluviaux : c'est une remarque qui a été faite par tous les géologues qui ont étudié différentes portions de ce bassin et que j'ai pu vérifier moi-même dans les parties que j'ai observées, surtout dans l'Allier. L'épaisseur et les niveaux des dépôts lacustres ossifères de la période miocène d'Auvergne et du Bourbonnais sont très-variables : généralement plus épais vers le centre du bassin, où l'ensemble des couches, qui atteint quelquefois 150 mètres, est réduit à quelques mètres seulement sur les bords, l'élévation la plus habituelle au-dessus de la mer varie de 250 à 300 et quelques mètres ; excepté pour quelques petits lambeaux ou bassins isolés du département du Puy-de-Dôme, tels que Barneire et Olloix, dont l'altitude est bien plus considérable, soit qu'elle le fût primitivement, soit qu'elle ait participé à des relèvements plus directs du sol.

On peut suivre les limites et l'étendue de ces bassins lacustres, pour la portion comprise dans l'Auvergne, sur la grande et belle carte du département du Puy-de-Dôme publiée par M. Lecoq (1), et, pour la partie comprise dans le département de l'Allier, sur la carte géologique de M. Boulanger (2).

Les localités d'Auvergne les plus connues et les plus riches en ossements d'animaux vertébrés de l'âge miocène sont : Neschers, si bien connu par les découvertes de feu M. l'abbé Croizet; la Sauvetat, Cournon, le Petit-Pérignat, Dallet, le Pont-du-Château, Leroux, Volvic, Saint-Germain Lembron, Brioude, Gergovia et Chaptuzat, deux localités

(1) Cette carte, publiée en 1861, se compose de 24 feuilles, et a demandé à M. Lecoq, professeur à la Faculté des sciences de Clermont, près de trente années de recherches et d'étude.

(2) La carte géologique du département de l'Allier, par M. Boulanger, ingénieur des mines, a été publiée en 1844, à Moulins, dans l'atlas qui accompagne la *Statistique géologique et minéralogique* de ce département, par le même auteur.

des plus riches et des mieux étudiées. D'autres points, tels que Ménat-le-Broc, Nonette, Barnière et quelques autres, ont une physionomie particulière que leur donnent les lignites, les marnes feuilletées, riches en Poissons, en Insectes et en empreintes végétales ; les ossements y sont plus rares, quelquefois d'espèces spéciales, et indiquent, soit de faibles différences d'étages, soit de petits bassins limités, soit d'autres influences locales que celles qui ont agi sur le grand système du bassin de l'Allier.

Les principaux gisements ossifères du département de l'Allier, au nord de la portion du bassin lacustre dont je viens de rappeler quelques-unes des localités les plus riches, sont les dépôts de Gannat, de Vichy, de Saint–Sauveur, d'Aigueperse, et surtout de Saint-Gérand le Puy et de Vaumas.

Ces deux gisements sont presque également riches en débris d'Oiseaux et de Mammifères ; celui qui a fourni le plus de fossiles aux collections publiques et particulières, celui que j'ai moi-même exploré avec le plus de soin, est Saint-Gérand le Puy et quelques localités environnantes, surtout celle de Langy, entre la Palisse et Varennes. Cette localité était déjà bien connue par les collections que M. l'abbé Croizet, le marquis de Laizer, MM. Jourdan, Feignoux, Valleton et Bravard y avaient recueillies et qui ont été en partie décrites par M. Pomel (1). Ce sont ces mêmes carrières de Saint-Gérand et de Langy qu'Étienne Geoffroy Saint-Hilaire avait plus anciennement visitées en 1833 et 1834, et dont les ossements fossiles lui fournirent l'occasion de reconnaître plusieurs genres ou espèces de Mammifères inconnus, tels que le *Dremotherium Feignouxii*, le *Lutra Valletoni* (genre *Potamotherium*), etc. Geoffroy Saint-Hilaire avait aussi été frappé de l'abondance

_____

(1) Pomel, *Bulletin de la Société géologique de France*, 2ᵉ série, t. II, p. 253, et t. IV, p. 378 (1843-1847). — *Catalogue méthodique et description des Vertébrés fossiles découverts dans le bassin hydrographique supérieur de la Loire, et surtout dans le bassin de son affluent principal, l'Allier*. Paris, 1854, in-8.

des débris d'Oiseaux enfouis dans les calcaires de Saint-Gérand : « Il faut, dit-il, que le nombre en ait été] plus considérable dans l'ancien monde que dans celui que nous habitons... Malheureusement pour nos déterminations, les formes des Oiseaux rentrent tellement les unes dans les autres, qu'on ne peut les ramener qu'à des familles en général. » (*Études progressives d'un naturaliste*, 1835, p. 91.) Le jugement de notre célèbre zoologiste n'était heureusement pas de ceux dont on ne peut rappeler, et aujourd'hui on est arrivé, à l'aide d'un fragment du squelette d'un Oiseau, à en déterminer, non-seulement le genre, mais encore l'espèce avec autant de précision que pour les Mammifères.

Les principales carrières exploitées pour l'extraction des pierres à chaux, et qui ont fourni des fossiles, sont celles de Saint-Gérand le Puy, de Langy, de Billy et de Créchy. Elles consistent en dépôts concrétionnés, quelquefois pisolithiques et bréchiformes, ressemblant à des sortes de choux-fleurs, en masses allongées, mamelonnées, arrondies à leur partie supérieure et rétrécies à leur base, et presque toujours verticales, d'un calcaire grossier, gris, mêlé de sable, de débris de coquilles terrestres et fluviatiles (Hélices, Paludines), ainsi que de nombreuses valves de petits Crustacés, les Cypris, si communs dans un grand nombre de dépôts lacustres. Ces fossiles y sont extrêmement abondants, ainsi que des débris de tiges et de racines de végétaux palustres, joncs et roseaux, incrustés sur place, souvent avant d'être arrachés du sol aquatique et roulés par les eaux du lac.

Au milieu de ces calcaires concrétionnés, dont l'épaisseur totale atteint environ 30 à 40 mètres, se voient par milliers des groupes de tubes de Phryganes, ou Indusies, si répandus dans tout le bassin de la Limagne et du Bourbonnais. Les Insectes qui les ont formés et agglutinés devaient vivre sur les bords des sources chaudes qui déposaient du calcaire. Ils formaient des sortes de ceintures ou de chapelets autour des îlots qui perçaient çà et là dans le lac.

Les interstices des gros amas de chaux carbonatée sont remplis d'un sable fin, mêlé de petits débris calcaires. C'est surtout dans ces poches de sable non cohérent et contemporain des calcaires solides, que les ossements sont le plus ordinairement enterrés et se trouvent dans le meilleur état de conservation, parce qu'ils y ont généralement été soustraits à l'action des eaux incrustantes. Ils n'y sont ni brisés, ni roulés ; parfois seulement ils ont été écrasés par la pression des lits de calcaire, de marne ou de sable dont ils sont recouverts. Les différentes parties d'un même squelette peuvent s'y trouver réunies, mais le plus souvent on n'y rencontre que des os isolés.

Ces caractères du calcaire lacustre concrétionné de l'Allier sont complétement identiques avec ceux de la plus grande partie de la Limagne : ils forment la partie supérieure, qui fut probablement la moins couverte par les eaux de l'ancien lac ; et comme ces concrétions se reproduisent plusieurs fois à différents niveaux, elles sembleraient indiquer des oscillations dans la hauteur habituelle des eaux. Toutes ces conditions dénotent d'ailleurs des lacs très-peu profonds et des rivages très-rapprochés.

Ces caractères sont si constants, qu'on pourrait appliquer de tout point aux terrains de Saint-Gérand la description que M. Lecoq a donnée de ce même dépôt à Gergovia et à Chaptuzat.

Ces circonstances de gisement sont d'ailleurs si bien connues des géologues, qu'il serait surabondant de s'y arrêter davantage. Les gisements de Vaumas, Labeur, les Alletz, etc., près de Saint-Pourçain, situés à quelques lieues au nord de Saint-Gérand, et plus complétement explorés par M. Poirrier et M. Fenningres, qui ont bien voulu me communiquer les produits de leurs propres recherches, offrent des circonstances stratigraphiques un peu différentes, et surtout des dépôts argileux et sableux plus abondants.

La liste que je donne des Oiseaux dont j'ai pu constater l'existence dans la partie des lacs miocènes dont les alluvions ont formé les terrains de Saint-Gérand et de Vaumas indique les rapports dans lesquels vivaient les différents groupes de cette classe de Vertébrés; mais, tandis que certains d'entre eux sont extrêmement communs, il en est d'autres qui ne se trouvent, pour ainsi dire, qu'accidentellement, et qui ne sont représentés dans ma collection que par un seul ou quelques os. Les espèces que l'on rencontre le plus fréquemment sont aquatiques. Ainsi les Canards ont laissé de nombreux débris : l'*Anas Blanchardi* était très-abondant ; l'*Anas consobrina* et l'*Anas natator* étaient plus rares. Le Cormoran (*Graculus miocœnus*) ne se trouve que sur certains points. Évidemment, à cette époque ainsi qu'aujourd'hui, ces Oiseaux affectionnaient certaines places, certains rochers, dont ils s'éloignaient peu. Le petit Plongeon (*Colymboïdes minutus*) est moins abondant que les Mouettes, dont deux espèces, le *Larus elegans* et le *L. totanoides*, existent à profusion. Il en est de même pour quelques-uns des petits Échassiers de rivage appartenant aux genres *Totanus* et *Tringa*, tandis que les *Elorius* et les *Himantopus* sont représentés par de rares individus. J'ai trouvé de nombreux ossements de l'Ibis, et surtout du *Palælodus ambiguus* ; les quatre autres espèces de ce genre sont moins abondantes. Ainsi, sur 200 ossements de ces Oiseaux, on en compte à peine un provenant du *P. crassipes*, du *P. minutus*, du *P. gracilipes* ou du *P. Goliath*. Les pièces du squelette du Flamant se trouvent rarement entières à Saint-Gérand le Puy ; au contraire, à Cournon et à Chaptuzat, elles sont bien conservées. Je n'ai jamais rencontré qu'une seule fois des os du Marabout : ils appartenaient à deux jeunes individus et étaient réunis dans une même excavation remplie de sable. Les Grues sont rares, leurs os sont presque toujours brisés et souvent attaqués par la dent des Rongeurs, comme s'ils avaient séjourné longtemps sur le rivage avant d'être entraînés au fond du lac. Les Râles, les Gallinacés, les Colombes, les Gangas, les Passereaux, les Rapaces et les Perroquets n'ont laissé que peu de traces de leur existence. Ces Oiseaux, à raison de leur genre de vie, ne se tenaient pas continuellement sur le bord des lacs ou des cours d'eau ; leurs dé-

pouilles pouvaient se trouver dévorées ou détruites sur place, et il
fallait un concours exceptionnel de circonstances pour qu'elles fussent
transportées par les eaux dans les alluvions des lacs. Aussi j'ai exploré
pendant plus de dix années ces gisements avant d'y avoir rencontré
un seul os du Perroquet, du Ganga, du Secrétaire ou de plusieurs des
Rapaces, et quelques-uns dont j'avais recueilli des débris il y a fort
longtemps, ne se sont plus présentés depuis.

La plupart de ces Oiseaux ne paraissent pas avoir seulement choisi
cette région comme station de passage, et s'ils n'y habitaient pas toute
l'année, du moins ils y établissaient leurs nids, ainsi que l'attestent les
œufs fossiles que l'on rencontre dans un état de conservation qui
souvent ne laisse rien à désirer, et la masse énorme d'ossements de
très-jeunes Oiseaux, chez lesquels les épiphyses n'étaient même pas
soudées. Avec ces animaux vivaient de nombreux Mammifères appartenant à divers ordres : les Carnassiers, les Rongeurs, les Ruminants
et les Pachydermes y étaient abondants. Les Cænothériums s'y réunis-
saient en troupes innombrables et servaient de pâture, non-seulement
aux Amphicyons, mais aussi aux petits Carnassiers qui fréquentaient
ces rivages, tels que les *Lutrictis*, les Plésiogales et les *Plessictis*.

Des Tortues appartenant à plusieurs espèces habitaient les eaux,
ainsi que des Crocodiles d'une taille presque aussi considérable que
ceux du Nil : les Oiseaux aquatiques devaient leur fournir une nourriture abondante. En un mot, la population variée, les circonstances
géographiques et physiques des lacs miocènes de la France centrale,
nous sont représentées aujourd'hui par certains lacs de l'Afrique centrale, dont Livingstone et d'autres voyageurs ont tracé d'intéressants
tableaux. Les Pélicans, les Ibis, les Marabouts, les Flamants, les Gangas
et surtout les Salanganes, les Couroucous, les Perroquets et les Secrétaires, donnent à la population ornithologique des terrains miocènes
de l'Allier une physionomie africaine dont il est impossible de ne pas
être frappé.

LISTE DES OISEAUX FOSSILES DES TERRAINS MIOCÈNES DE L'ALLIER.

PSITTACIDES.

1. Psittacus Verreauxii, très-rare à Langy.............. Voyez tome II, p. 525.

RAPACES DIURNES.

2. Palæohierax Gervaisii, rare à Langy....................... p. 456.
3. Aquila depredator, id. .... p. 458.
4. A. prisca, id. .... p. 460.
5. Palaetus rapax, id. (1) ....
6. Milvus deperditus, très-rare à Langy..................... p. 461.
7. Serpentarius robustus, id. .... p. 465.

RAPACES NOCTURNES.

8. Bubo Poirrieri, rare à Langy............................ p. 496.
9. B. arvernensis, id. .... p. 493.
10. Strix antiqua, id. .... p. 398.

PASSEREAUX.

11. Motacilla humata, rare à Langy.......................... p. 391.
12. M. major, id. .... p. 390.
13. Lanius miocænus, id. .... p. 391.
14. Passer sp.? id. .... p. 398.
15. Sylvia sp.? id. .... p. 399.
16. Loxia sp.? id. .... p. 398.
17. Loxia sp.? id. .... p. 398.
18. Limnatornis paludicola, id. .... p. 392.
19. L. sp.? id. .... p. 393.
20. Cypselus ignotus, id. .... p. 394.
21. Callocalia incerta, id. .... p. 394.
22. Trogon gallicus, id. .... p. 395.
23. Picus Archiaci, id. .... p. 396.
24. Picus consobrinus, id. .... p. 397.

COLUMBIDES.

25. Columba calcaria, très-rare à Langy..................... p. 292.
26. Pterocles sepultus, rare à Langy........................ p. 294.

GALLINACÉS.

27. Palæortyx gallica, rare à Langy......................... p. 230.
28. P. brevipes, id. .... p. 235.
29. P. phasianoïdes, id. .... p. 237.
30. P. media, id. (1)

(1) Cette espèce, ayant été découverte depuis la publication du chapitre relatif aux Oiseaux fossiles de cette famille, sera décrite et figurée dans un travail supplémentaire.

RALLIDES.

31. Rallus Christyi, rare à Langy........................ Voyez tome II, p. 146.
32. R. eximius,   id.   .... p. 149.
33. R. porzanoides,   id.   .... p. 150.

PHŒNICOPTÉRIDES.

34. Phœnicopterus Croizeti, pas très-rare à Langy, Vaumas. Abondant
       à Cournon, Gannat et Chaptuzat .... p. 54.
35. Palælodus ambiguus, très-commun à Langy et Vaumas, plus rare
       à Gannat, Chaptuzat et Cournon...................... p. 60.
36. P. gracilipes, rare à Langy, Vaumas et Gannat.............. p. 73.
37. P. minutus, rare à Langy............................... p. 75.
38. P. crassipes, rare à Langy et Gannat...................... p. 77.
39. P. Goliath, très-rare à Langy........................... p. 79.

GRUIDES.

40. Grus excelsa, rare à Langy et Vaumas................. p. 24.
41. Grus problematica, très-rare à Langy et Gannat............. p. 30.

ARDÉIDES.

42. Ardea formosa (1), très-rare à Langy.

CICONIDES.

43. Argala arvernensis (1), rare à Langy.
44. Ibis pagana, abondant à Langy........................... tome I, p. 450.
45. Pelargopsis magnus, rare à Langy et Vaumas.............. p. 460.
46. Ibidopodia palustris, rare à Langy....................... p. 465.
47. Otis agilis (1) rare à Langy.

TOTANIDES.

48. Elorius paludicola, rare à Langy........ .... p. 407.
49. Totanus Lartetianus, commun à Langy.................... p. 402.
50. Tringa gracilis, commun à Langy .... p. 411.
51. Tringa sp.? rare à Langy............................... p. 416.
52. Totanus sp.? rare à Langy .... p. 416.
53. Himantopus brevipes (1), rare à Langy.

LONGIPENNES.

54. Puffinus arvernensis (1), rare à Langy.
55. Larus Desnoyersii, moins rare à Langy.................... p. 402.
56. Larus sp.? rare à Langy................................ p. 350.
57. Larus elegans, très-commun à Langy .... p. 350.
58. Larus totanoides, très-commun à Langy .... p. 358.

(1) Cette espèce, ayant été découverte depuis la publication du chapitre relatif aux Oiseaux fossiles de cette famille, sera décrite et figurée dans un travail supplémentaire.

DÉPÔTS DU BASSIN DE MAYENCE ET DU WURTEMBERG.

La concordance, ou, pour mieux dire, l'identité à peu près complète qu'on a pu constater entre les faunes mammalogiques et ornithologiques miocènes de l'Auvergne et du Bourbonnais, et celle du bassin du Rhin, aux environs de Mayence, est un des meilleurs exemples qu'on puisse citer de la conformité d'existence, aux mêmes périodes géologiques, de grands groupes d'animaux vertébrés, malgré l'éloignement des contrées où ils ont vécu, et des bassins où leurs squelettes ont été enfouis de part et d'autre, et quoique, à l'origine, les dépôts sédimentaires qui les contiennent aient été formés dans des circonstances différentes.

Ce n'est plus, en effet, dans des lacs isolés de toutes les mers contemporaines de la période miocène la plus ancienne, comme dans le bassin de l'Allier, que les ossements des animaux vertébrés des

_____

(1) Cette espèce, ayant été découverte depuis la publication du chapitre relatif aux Oiseaux fossiles de cette famille, sera décrite et figurée dans un travail supplémentaire.

environs de Mayence ont été déposés. C'est dans des estuaires, près du littoral d'une des mers de cette époque, qu'on les a découverts. Toutefois cette différence est la seule qui existe, malgré la distance et les chaînes de montagnes qui les séparent; il n'y avait pas de communication probable entre les deux bassins.

Après avoir été entièrement marine, cette portion du grand système des terrains tertiaires moyens, de ceux-là mêmes auxquels M. Beyrich a donné primitivement le nom d'oligocènes, est devenue peu à peu lacustre, ou plutôt un dépôt d'eau saumâtre. C'est ce que démontrent les nombreuses coquilles littorales alternant avec des lits qui ne renferment que des coquilles lacustres, fluviatiles ou terrestres. C'est dans ces dernières couches, et surtout dans les anfractuosités laissées entre les concrétions calcaires pisolithiques bréchiformes, avec amas de tubes de Phryganes et petits lits de Cypris, que les ossements ont été déposés. Ils sont dans le même état de conservation, le plus souvent encroûtés de la même boue calcaire, ou enveloppés du même sable contemporain des lits solides, dont nous avons si habituellement constaté la présence dans les carrières du Bourbonnais et de l'Auvergne. Mais ce qui est beaucoup plus important, c'est la similitude complète non-seulement des genres, mais encore des espèces d'animaux vertébrés des différentes classes, Mammifères, Oiseaux, Reptiles..., etc. Leur nombre n'en est pas moins considérable, quoique les localités étudiées soient bien moins nombreuses sur le Rhin qu'en Auvergne, et quoique nous ne connaissions la plupart de ces espèces que par les déterminations qu'en ont faites MM. Kaup, Klipstein, Hermann de Meyer et d'autres paléontologistes allemands. Mais tous les échantillons que j'ai pu observer dans différentes collections, et particulièrement dans celle que M. Desnoyers a recueillie lui-même, il y a plusieurs années, dans les terrains des environs de Mayence; tous ceux que, de son côté M. Lartet, a eu occasion d'étudier, présentent une similitude à peu près complète. De nouveaux noms de genres avaient été proposés par M. de Meyer pour des Mammifères ou des Reptiles auxquels M. Pomel et d'autres paléontologistes français avaient donné plus anciennement des noms différents; mais l'identité entre les uns et les autres est aujourd'hui reconnue sans le moindre doute.

M. de Meyer avait indiqué (1), dès 1842, à Weissenau, les ossements de 23 espèces de Mammifères, de 12 espèces d'Oiseaux, de 23 espèces de Reptiles; à Wiesbaden, il avait signalé 5 espèces de Mammifères, 2 espèces de Reptiles, et à Hochhein 12 espèces de Mammifères, 3 espèces d'Oiseaux, 9 espèces de Reptiles. D'autres débris avaient été aussi recueillis dans les calcaires contemporains d'Oppenheim; ils se rapportent aux mêmes animaux, parmi lesquels les ossements des *Cœnotherium* du Bourbonnais sont aussi des plus abondants, ainsi que les autres genres de petits Ruminants, de Carnassiers, de Pachydermes que j'ai précédemment indiqués. M. de Meyer a mentionné sous des noms génériques les 15 ou 20 espèces d'Oiseaux qu'il a observés, mais pour la plupart ils sont identiques avec ceux du Bourbonnais et de l'Auvergne. Ainsi on constate à Weissenau l'existence du *Palœlodus ambiguus*, du *Tringa gracilis* et de l'*Anas Blanchardi*, si communs à Saint-Gérand le Puy, et il est probable que lorsque les restes de la population ornithologique du bassin de Mayence auront été l'objet d'un examen anatomique sérieux, on reconnaîtra que toutes les espèces dont cette population se compose sont les mêmes que celles du bassin de l'Allier.

Les Gallinacés du genre Perdrix, cités par M. de Meyer, sont probablement des *Palœortyx*; les Échassiers du genre Bécasse sont peut-être les *Larus* ou les *Totanus*, dont j'ai parlé précédemment; l'Oiseau

---

(1) Congrès des naturalistes allemands, réuni à Mayence en 1842. — Ces terrains tertiaires miocènes du bassin de Mayence, qui s'étendent surtout au sud et au nord-ouest de cette ville, ainsi qu'aux environs de Francfort, ont été très-bien décrits par M. Sandberger, qui en a publié et figuré les Mollusques marins, fluviatiles et terrestres.

voisin des Cigognes, trouvé à Wiesbaden, n'est probablement qu'un
Palælodus. Le même paléontologiste parle aussi de Passereaux voisins
des Grives et des Moineaux ; enfin il signale l'existence, dans ce gisement, d'œufs de diverses tailles.

Le calcaire paludin de Mombach a fourni des débris d'Oiseaux
qui ont été rapportés au genre Cormoran, et l'on a constaté dans les
lignites miocènes de Kaltennordheim l'existence d'un Échassier que
l'on a regardé comme voisin des Foulques.

Les dépôts miocènes de Steinheim, près de Heidenheim, dans le
Wurtemberg et ceux de la petite vallée de la Ries, présentent une très-
grande ressemblance avec ceux de France, et beaucoup des nombreuses
espèces de Mammifères qui en proviennent, sont identiques. La population ornithologique de ces deux gisements paraît avoir été abondante
et variée, et M. le professeur O. Fraas nous apprend que, dans les
dépôts près de Ries, les ossements d'Oiseaux sont aussi nombreux et
aussi bien conservés que dans les carrières du département de l'Allier.
Ce savant paléontologiste a décrit plusieurs espèces provenant de
cette localité et de Steinheim (1), dont quelques-unes se trouvent
à Saint-Gérand le Puy : tels sont l'*Anas Blanchardi*, l'*Ibis pagana* et le
Palælodus gracilipes. D'autres espèces, jusqu'à présent spéciales au
Wurtemberg, appartiennent aux mêmes genres que celles de nos
couches à Indusies : ce sont des Canards, l'*A. atava*, Fraas, dont la
taille surpassait celle de l'Oie commune ; l'*A. cygniformis*, Fraas, qui
était un peu plus petit que le Cygne ; un Pélican (*Pelecanus intermedius*, Fraas), qui devait se rapprocher beaucoup du *P. gracilis* de l'Allier ; un Héron (*Ardea similis*, Fraas), plus robuste que le Héron cendré,
et enfin une espèce nouvelle du genre *Palælodus* (le *P. Steinheimensis*,
Fraas). La suite des recherches du docteur Fraas nous fera sans doute
connaître d'une manière plus complète cette faune si intéressante

(1) *Die Fauna von Steinheim* (*Würtembergische naturwissenschaftliche Jahreshefte*, 1870,
t. XXVI, p. 145).

par les relations qu'elle offre avec celle de notre pays et par les horizons géologiques qu'elle permet d'établir.

Mollasse de Suisse, dépôts lacustres de Provence et du Languedoc.

Si le but de ce travail n'était pas aussi nettement circonscrit, je pourrais indiquer les considérations stratigraphiques et paléontologiques qui m'ont engagé à rapporter au même étage que les dépôts lacustres du Bourbonnais et de l'Auvergne, et que les dépôts saumâtres et fluvio-marins de Mayence, quelques-uns des puissants terrains d'eau douce de Suisse, de Provence, du Languedoc et de la Guyenne. Mais c'est en quelque sorte plutôt en prévision de l'avenir, qu'en m'appuyant sur la constatation de faits certains, relatifs aux faunes ornithologiques miocènes de ces contrées, que j'en dois faire mention, sans entrer dans plus de détails. En effet, des ossements et des empreintes incontestables de pas d'Oiseaux ont été signalés dans la mollasse d'eau douce des environs de Berne; des empreintes de plumes et quelques fragments d'os d'Oiseaux ont été aussi indiqués en Languedoc et en Guyenne, dans des couches lacustres et marines, inférieures aux dépôts de Sansan et de Simorre. Les calcaires lacustres de Provence, dont les différents étages ont été si bien décrits et si parfaitement caractérisés par les riches flores que M. de Saporta y a fait connaître, ont aussi présenté des indices de l'existence des Oiseaux pendant cette première période des terrains tertiaires moyens. J'ai tenu compte de ces indications, encore un peu vagues, dans le cours de ce travail, et je ne puis entrer ici dans les développements géologiques nécessaires à l'appui d'opinions relatives à l'âge de ces couches sur lesquelles on est encore bien loin de se trouver d'accord, malgré les utiles et consciencieux travaux de plusieurs de nos géologues.

COUCHES MIOCÈNES MOYENNES.

Les deux meilleurs types des terrains miocènes supérieurs aux précédents et renfermant des débris de Vertébrés, l'un pour les couches lacustres, l'autre pour les dépôts marins littoraux, sont peut-être, d'une part, le dépôt de Sansan et les graviers de Simorre pour la France méridionale; d'autre part, les faluns de la Loire et les sables ossifères de l'Orléanais, pour la France centrale; et enfin les graviers d'Eppelsheim, pour le bassin du Rhin. D'autres gisements en Provence, en Dauphiné, dans le Lyonnais, se rapportent aussi à ceux que je viens d'indiquer; mais ceux auxquels je me borne ici sont les uns et les autres bien connus et bien décrits, les débris fossiles en sont très-nombreux, généralement déterminés avec précision. Quoique j'aie pu étudier et reconnaître au moins trente-trois espèces d'Oiseaux fossiles dans le premier de ces gisements (à Sansan) et seulement un très-petit nombre dans les faluns, l'ensemble de leur faune mammalogique est, dans ses traits les plus généraux et les plus importants, si parfaitement concordant, que je n'hésite pas, d'après l'opinion de notre excellent paléontologiste M. Lartet, d'après celle de plusieurs autres géologues, et aussi d'après mes propres observations, à les classer dans le même sous-étage supérieur des terrains tertiaires moyens.

On se rappelle que la présence de Mastodontes et de Dinothériums caractérise surtout cet étage. C'est aussi en s'appuyant sur le même caractère, que les sables de Simorre, d'une part, et ceux d'Eppelsheim, d'autre part, peuvent y être parallèlement rapportés; la superposition constatée, à gisement transgressif, des faluns et des graviers ossifères de l'Orléanais sur les calcaires d'eau douce de la Beauce, et celle des graviers ossifères d'Eppelsheim sur les calcaires d'Oppenheim et de Weissenau, recouvrant eux-mêmes des dépôts marins contenant

presque toutes les coquilles des grès marins supérieurs du bassin de
Paris, fournissent pour le classement des arguments de la plus grande
valeur. On a bien, il est vrai, constaté quelques différences spécifiques
entre plusieurs des grandes espèces qui se montrent dans chacun de
ces cinq gisements principaux; mais ces différences n'indiquent peut-
être que des variations locales, ou peut-être même des passages insensibles entre les différents éléments de la grande faune mastodonto-
dinothérienne, qui s'est encore prolongée et éteinte dans le dernier
étage de Pikermi et de Cucuron, pour être remplacée par la faune des
Éléphants.

Gisement lacustre de Sansan et dépôts contemporains de l'Armagnac.

Le gisement ossifère de Sansan a acquis en Europe une grande
célébrité. Ses richesses paléontologiques sont immenses. Si l'on se
reporte à l'époque où M. Lartet a commencé à les faire connaître,
c'est-à-dire à l'année 1835; si l'on se souvient de tous les faits nouveaux que ce savant aussi modeste qu'éclairé n'a cessé de publier (1),
on reste convaincu que, depuis la mort de Cuvier, bien peu de découvertes aussi importantes ont contribué aux progrès de la science
fondée par ce grand naturaliste.

Nous n'avons point à nous occuper ici des nombreuses espèces de
Mammifères dont le gisement de Sansan a enrichi la paléontologie (2).

(1) On peut voir, dans le mémoire de M. Lartet sur les *Proboscidiens fossiles* (*Bulletin de la
Société géologique de France*, 2ᵉ série, t. XVI), que les différentes espèces de Mastodontes et de
Dinothériums caractérisent plusieurs étages de dépôts miocènes, moyen et supérieur; mais ces
grands animaux n'ont pas encore été trouvés dans le miocène inférieur (près de Fontainebleau,
ou dans le calcaire d'eau douce du département de l'Allier, du Rhin, etc.), et ne paraissent se
rencontrer que dans les dépôts miocènes les plus récents, ainsi que dans les plus anciens dépôts
pliocènes.

(2) Les découvertes de M. Lartet, successivement communiquées à l'Académie des sciences
depuis 1835, ont pris place dans un grand nombre de numéros des *Comptes rendus*. M. Lartet en
a donné un résumé malheureusement trop succinct, dans sa *Notice sur la colline de Sansan*
(Auch, 1851, in-8).

Blainville dans plusieurs des mémoires de son *Ostéographie*, M. Laurillard dans quelques

Qu'il nous suffise de rappeler que le nombre s'en élève à plus de 50, auxquelles il faut ajouter des Reptiles de différents ordres et même des Poissons.

Quant aux Oiseaux, M. Lartet s'était borné à en signaler la grande abondance et à indiquer les familles auxquelles une partie d'entre eux paraissent se rapporter. On a vu, dans plusieurs des chapitres de ce travail, les descriptions que j'ai pu en donner, grâce aux diverses ressources qui ont été à ma disposition. J'y ai reconnu environ trente-trois espèces se rapportant à plusieurs familles ; j'en rappellerai seulement ici les noms :

LISTE DES OISEAUX FOSSILES DE LA COLLINE DE SANSAN.

RAPACES DIURNES.

1. Aquila minuta .... Voyez tome II, p. 463.
2. Haliæetus piscator, ... p. 464.
3. Aquila de grande taille .... p. 465.

RAPACES NOCTURNES.

4. Strix ignota .... p. 499.

PASSEREAUX.

5. Corvus Lartetii, ... p. 385.
6 à 18. Treize petits Fringillides .... p. 379.
19. Homalopus picoïdes .... p. 385.
20. Necrornis palustris .... p. 388.

GALLINACÉS.

21. Phasianus altus .... p. 239.
22. P. medius .... p. 242.
23. Palæoperdix sansaniensis .... p. 249.
24. P. prisca .... p. 246.
25. P. longipes .... p. 245.

articles du *Dictionnaire des sciences naturelles*, M. Pictet dans la 2ᵉ édition de son *Traité de Paléontologie* (1833), et M Gervais dans sa *Paléontologie française* (2ᵉ édit., 1859), ont reproduit et ont discuté la plupart des principales déterminations de M. Lartet. La plus grande partie de sa collection, ainsi que celle formée par Laurillard, puis par Merlieux, appartiennent au Muséum. J'ai pu moi-même, il y a quelques années, par des fouilles faites sur les lieux, recueillir de nombreux fossiles de la colline de Sansan, parmi lesquels se trouvent quelques ossements d'Oiseaux, et, comme je l'ai déjà dit, M. Lartet a bien voulu me confier, pour les décrire, tous les débris des animaux de cette classe qu'il possédait.

Aucune de ces espèces ne se retrouve dans les terrains lacustres du Bourbonnais et de l'Auvergne. Nous avons vu que, si elles appartiennent à la plupart des ordres existant dans notre faune contemporaine, pas une n'est connue dans la nature actuelle, et que même plusieurs d'entre elles offrent des caractères suffisants pour constituer des genres nouveaux. La physionomie de cette faune ornithologique comprend aussi beaucoup d'Oiseaux aquatiques ; elle est un peu moins variée, moins abondante que celle du Bourbonnais et plus mêlée d'Oiseaux terrestres étrangers aux rivages.

On sait que la faune mammalogique de Sansan a fourni la première mâchoire fossile de Singe qui ait été découverte (le *Protopithecus antiquus*). Elle présente plusieurs des plus grands Mammifères de l'époque miocène, appartenant, parmi les Pachydermes et les Ruminants, aux genres Mastodonte, Rhinocéros, *Macrotherium, Anchitherium, Chœromorus*, Antilope, ainsi que des débris infiniment nombreux de plus petits Ruminants des genres *Cervus, Micromeryx* et *Hyæmoschus;* plusieurs Carnassiers, quelques-uns de grande taille, tels que l'*Amphicyon*, le *Pseudocyon;* plusieurs *Felis*, des *Viverra*, des *Mustela;* de petits Carnassiers insectivores, beaucoup de Rongeurs, qui ont fréquemment laissé, comme on le voit aussi à Saint-Gérand, des traces

de leurs dents sur les os d'autres Mammifères (1). De même que dans
ce gisement plus ancien, les os n'y sont point roulés ; les membres
d'un même squelette se rencontrent souvent très-rapprochés les uns
des autres et parfois même en connexion naturelle. Les ossements
d'Oiseaux s'y sont trouvés généralement dans un lit peu épais de
marnes à détritus de coquilles terrestres, renfermant aussi de nombreux débris de Batraciens et de petits Reptiles aquatiques et terrestres, inférieur aux bancs de calcaire concrétionné où se trouvent
les ossements de grands Mammifères.

 C'est, en effet, comme on le sait, dans un dépôt exclusivement
lacustre que les animaux de cette riche faune miocène ont été enfouis.
Ils vivaient probablement sur les bords d'un lac dont la disposition
actuelle des terrains ne permet plus de reconnaître les limites. Il
en est tout autrement que pour les dépôts également lacustres de
l'Auvergne et du Bourbonnais qui remplissent une vallée longitudinale, avec quelques ramifications latérales, dont les rives peuvent
encore être reconnues. Le gisement de Sansan consiste en effet en
une colline isolée et située à environ 13 kilomètres au sud de la ville
d'Auch ; elle se lie à d'autres collines qui bordent la rive droite du
Gers, et semble, comme celles-ci, faire partie d'un vaste plateau de terrains de la même période géologique, au moins pour la plus grande
portion, limités par le cours de la Garonne, depuis sa sortie des Pyrénées jusqu'à Agen. Cette colline est formée d'une succession de lits
calcaires marneux, argileux et sableux, irrégulièrement stratifiés et
entremêlés ; quelques-uns de ces bancs sont endurcis par le calcaire
concrétionné qui les a formés, tandis que d'autres sont restés friables
et non cohérents. On reconnaît là, comme en Auvergne et sur les bords
du Rhin, le double effet des sources calcarifères et des affluents qui
transportaient des dépôts sédimentaires.

 (1) Il est à remarquer que le gisement de Sansan est le seul de ce même dépôt qui ait fourni
jusqu'à présent les espèces que je viens de citer.

La place géologique de ce gisement dans la série des terrains tertiaires miocènes de l'Aquitaine, alternativement marins et lacustres, est assez bien marquée. C'est, d'après M. Raulin, le système du calcaire d'eau douce jaune de Bazas et de l'Armagnac, une des assises les plus récentes du terrain miocène supérieur, et qui forme une amande sur la rive gauche de la Garonne, depuis Bazas jusqu'à Auch ; elle ne serait recouverte que par la mollasse supérieure de l'Armagnac, dont l'origine fluviatile est très-probable. C'est dans ce dernier terrain que se trouve le gisement également très-riche et plus anciennement célèbre de Simorre (Gers), dans lequel on a découvert aussi une grande quantité de débris de Mastodontes, de Dinotherium, d'Amphicyon, de Pseudo-cyon, et d'autres Mammifères dont les genres au moins sont identiques avec plusieurs de ceux de Sansan, quoique les espèces soient généralement différentes. On connaît dans les départements de la Haute-Garonne et des Hautes-Pyrénées quelques gisements qui paraissent contemporains de celui de Simorre, mais dans lesquels on n'a pas encore signalé la présence d'Oiseaux fossiles.

On sait que les terrains tertiaires de l'Aquitaine ou du grand bassin sous-pyrénéen présentent ce fait remarquable de la distribution de sédiments marins dans la partie occidentale, et de sédiments lacustres ou fluviatiles dans la partie orientale et méridionale. On en pourrait, jusqu'à un certain point, conclure que, comme dans le bassin de la Loire centrale, il peut y avoir eu presque contemporanéité entre ces deux natures de dépôts, les uns marins, les autres continentaux. C. Prevost a fait l'application de ce point de vue aux terrains de cette contrée dans ses *Observations sur le gisement de Sansan*, publiées en 1846 (1), et M. Tournouër a appliqué ces mêmes idées dans son *Mémoire sur l'âge géologique des terrains tertiaires de l'Agenais* (2).

(1) *Bulletin de la Société géologique de France*, 2ᵉ série, t. III, p. 338.
(2) *Bulletin de la Soc. géol. de France*, 2ᵉ série, t. XXVI, p. 983.

C'est dans la mollasse marine de l'Armagnac que fut découvert, par M. l'abbé Dupuy, l'humérus d'un très-grand Palmipède totipalme décrit par E. Lartet sous le nom de *Pelagornis miocœnus* (3); et plus ré-cemment M. Delfortrie a trouvé à Léognan, dans les dépôts marins de l'ouest du bassin de la Garonne, deux autres humérus appartenant évidemment au même Oiseau : l'un d'eux est notablement plus grand que celui qui a servi de type à la détermination de cette espèce. Ces découvertes doivent nous en faire espérer bien d'autres du même genre, dans ces terrains dont l'âge, relativement au dépôt de Sansan, n'est pas encore bien déterminé, mais qui paraissent être plus anciens et peut-être contemporains des faluns de Pontlevoy. La faune orniho-logique de cette période devait être très-intéressante, à en juger par ce que nous savons des *Pelagornis* et des nombreuses espèces de diffé-rents ordres qu'on trouve à Sansan.

Faluns de la Touraine.

La faune des faluns marins de la Loire est tellement identique avec celle du dépôt lacustre de Sansan, que, malgré l'éloignement et la séparation des bassins, malgré la différence essentielle de la nature des sédiments, malgré quelques variations spécifiques peu impor-tantes, il semble bien difficile de ne pas les réunir sur le même horizon de la période miocène. C'est aussi ce qu'admettent à peu près tous les géologues et les paléontologistes qui ont étudié les deux terrains.

La position des faluns sur les plaines de la moyenne et de la basse Loire, en gisement transgressif au-dessus des derniers terrains d'eau douce parisiens, le caractère littoral de la faune mammalogique, sont trop bien connus pour qu'il soit nécessaire d'insister sur la nature de ces couches. Il suffira donc de rappeler que les ossements d'Oiseaux que j'ai pu en étudier, et qui ne sont, sans doute, qu'une bien petite partie de ceux qu'on possède déjà dans plusieurs collections locales que je n'ai pu visiter ; que ces ossements, dis-je, qui se rapportent à un Faisan (1) (*Phasianus Desnoyersii*), et à un Oiseau de proie (2), étaient mêlés des débris de Mammifères terrestres, Mastodonte, Dinothérium, Rhinocéros, la plupart roulés par le mouvement des vagues, sur ces anciens rivages de la mer miocène.

Les mêmes espèces de Mammifères se trouvaient en non moins grand nombre dans les graviers fluviatiles de l'Orléanais, déposés à l'est des faluns, en dehors du littoral marin, et dont M. Desnoyers a démontré, il y a plus de trente ans, la contemporanéité avec les faluns du rivage sur lesquels ils transportaient les débris continentaux. Ces dépôts m'ont fourni quelques ossements des Oiseaux qui fréquentaient les rives de ces anciens cours d'eau habitées aussi par les Crocodiles et les Tortues que l'on y trouve en grand nombre. J'ai pu y reconnaître : 1° une espèce de Cormoran (3) (*Graculus intermedius*) plus grande que celles de l'Allier, et se rapprochant beaucoup, par sa taille, de notre espèce commune ; 2° une Oie un peu plus petite que la Bernache, dont un tarso-métatarsien a été recueilli à Suèvres par M. Brumel, auquel je dédierai cette espèce qui portera le nom d'*Anser Brumeli* ; 3° un Héron provenant aussi de Suèvres, et dont je dois un humérus complet aux soins du même géologue. Cet os est d'un septième plus grand [que celui du Blongios ; il n'atteint cependant pas la taille de l'*Ardea comata*. Je désignerai l'Oiseau auquel il appartient sous le nom d'*Ardea aurelianensis*.

M. Gervais a signalé l'existence de débris de Mouette dans les faluns de Cestas (Gironde), qui appartiennent à l'étage supérieur des dépôts miocènes. Ce savant paléontologiste a établi cette [détermina-

(1) Voyez ci-dessus, tome II, p. 243.

(2) J'ai pu établir cette détermination d'après l'examen d'une seule phalange digitale, mais il n'en a pas été question dans le cours de cet ouvrage, parce que les caractères anatomiques fournis par cet os ne suffisent pas pour reconnaître l'espèce, ni même le genre de l'Oiseau auquel il appartenait.

(3) Voyez ci-dessus, tome 1, p. 266.

tion sur un fragment d'humérus différent de celui des espèces vivantes auxquelles il lui a été possible de le comparer (1). L'Oiseau de Cestas devait être intermédiaire, comme taille, entre le Goëland à manteau bleu et la Mouette rieuse.

COUCHES MIOCÈNES SUPÉRIEURES.

Gisement de Pikermi en Grèce et de Cucuron en France.

Le gisement de Pikermi, situé à quatre heures de marche au N. E. d'Athènes, peut être considéré comme l'échelon supérieur des terrains miocènes. Sa faune, d'abord étudiée par MM. Wagner, Roth et Beyrich, fut ensuite l'objet des travaux de M. Gaudry, qui a publié sur ce sujet un travail approfondi. La population dont les débris ont été enfouis dans ces couches présente un caractère que nous ne retrouvons dans aucun gisement tertiaire de France : son aspect est essentiellement africain, et actuellement aucune contrée du globe ne présente un rassemblement d'animaux gigantesques comparable à celui de Pikermi ; mais la petite faune y manque presque complétement, et les Oiseaux y sont rares. Wagner avait déjà cité une phalange d'un doigt médian, grand comme celui d'une poule. M. Gaudry y découvrit deux espèces de Gallinacés et deux espèces d'Échassiers.

Le *Phasianus Archiaci*, Gaudry, ressemble beaucoup au Faisan ordinaire.

Le *Gallus Æsculapi*, Gaudry, a été déterminé d'après des tarses un peu plus grands que ceux du Coq de Sonnerat, et armés d'un ergot long et acéré.

Le *Grus Penthelici*, Gaudry, se rapproche beaucoup de la Grue cendrée, mais il était plus grand. D'autres os, qui n'ont pas été décrits, indiquent un puissant Échassier ; l'humérus de cet oiseau ressemble

(1) Voyez ci-dessus, tome I, p. 342.

à celui d'un Marabout. Enfin M. Gaudry a fait représenter un fémur et un tarse dépourvu d'éperon, qui proviennent d'un Gallinacé plus grand que le *Phasianus Archiaci*.

Le dépôt de Cucuron, dans le département de Vaucluse, paraît contemporain de celui de Pikermi, mais jusqu'à présent on n'y a pas signalé d'ossements d'Oiseaux.

Dépôts tertiaires subhimalayens.

La faune des dépôts subhimalayens présente de grandes analogies avec celle de l'Attique : ainsi, on a trouvé dans les monts Sewalik l'Helladotherium de Pikermi ; on y a découvert également une espèce de Mastodonte. Mais les Oiseaux dont les ossements ont été recueillis dans ces dépôts sont différents. L'une des espèces les plus remarquables appartenait au groupe des Brévipennes, et se rapproche beaucoup de l'Autruche d'Afrique par la conformation de son pied, qui ne portait que deux doigts ; mais elle était de plus petite taille que cette dernière : on pourrait, pour l'en distinguer, la nommer *Struthio asiaticus*.

Une autre espèce appartient à la famille des Ciconides (1) ; elle était plus grande que les Marabouts de l'Inde, et elle a été désignée sous le nom d'*Argala Falconerii*, Al. Edw. Enfin on a découvert dans le même gisement un os tarso-métatarsien qui, par plusieurs de ses caractères, se rapproche beaucoup de celui des Phaétons ; il aurait appartenu à un Oiseau d'un tiers plus grand que le *Phaeton phœnicurus*, Gmelin.

Dépôts tertiaires d'Amérique.

Les couches tertiaires de l'Amérique septentrionale renferment aussi des débris d'Oiseaux, dont quelques-uns ont été décrits par

(1) Voyez ci-dessus, tome I, p. 449.

M. Marsh (1). Le *Puffinus Conradi* provient du miocène du Maryland ; ses dimensions se rapprochaient de celles du Puffin cendré (*Puffinus cinereus*, Gmelin), de la côte occidentale d'Amérique ; le *Cataractes antiquus* a été trouvé à Tarborough (Caroline du Nord), dans une couche dont la position géologique n'est pas bien connue, mais qui est probablement tertiaire, autant qu'on peut en juger par l'état de fossilisation de l'humérus unique que possède le musée de Philadelphie. Cet os présente de nombreux points de ressemblance avec l'humérus du *Cataractes lomvia*, Linné, mais il appartenait toutefois à une espèce un peu plus petite. Un autre humérus, très-semblable au précédent et se rapportant évidemment au même genre, a été trouvé à Banger, dans le Maine, dans des dépôts post-tertiaires ; il paraît appartenir à une espèce distincte du *C. antiquus*. Une Grue de grande taille (*Grus Haydeni*) provient des dépôts tertiaires du Missouri supérieur, si remarquablement riches en restes de Mammifères. Enfin, un fragment d'un métacarpe de Cormoran (*Graculus Idahensis*) a été découvert dans des couches d'eau douce, probablement pliocènes, à Idaho. Il est étonnant que les terrains tertiaires d'Amérique, qui ont fourni un si grand nombre d'ossements appartenant aux autres classes de Vertébrés, renferment si peu de débris d'Oiseaux ; mais cette pauvreté est peut-être plus apparente que réelle, et lorsque l'attention des paléontologistes des États-Unis aura été appelée sur ce point, il est probable qu'ils découvriront dans leur pays les restes d'une population ornithologique aussi variée qu'en Europe.

§ 3. — OISEAUX DE L'ÉPOQUE PLIOCÈNE.

Pliocène de France. — Les Oiseaux fossiles du terrain pliocène sont en très-petit nombre et assez mal connus. M. Gervais a recueilli,

(1) Marsh, *American Journal of Sc. and Arts*, t. LXIX, mars 1870.

aux environs de Montpellier, dans les marnes fluviatiles qui dépendent du même système que les sables marins, un os tarso-métatarsien d'Oiseau de proie, qu'il avait rapproché du Faucon, mais qui me paraît ressembler davantage à celui d'un Rapace nocturne.

Les sables marins eux-mêmes ont fourni quelques restes d'Oiseaux, mais il est à regretter que leur étude n'ait pu être faite. Ainsi, M. de Christol y a signalé l'existence d'une grande espèce de Palmipède et quelques autres ossements appartenant à cette classe d'animaux.

MM. Marcel de Serres, Dubreuil et Jeanjean ont trouvé dans ces mêmes sables des Oiseaux échassiers de diverses tailles et des Palmipèdes, dont un atteignait au moins la taille du Cygne commun.

On a recueilli dans ces couches un grand nombre de débris de Mammifères marins, mélangés à des Squales, à des Crustacés, à des coquilles qui indiquent que ces dépôts ont eu lieu au fond de la mer, mais à proximité du rivage d'une terre sur laquelle vivaient les Pachydermes et les Oiseaux, dont les débris ont été transportés par un cours d'eau, avec les coquilles terrestres qui y sont mélangées.

Le fragment de tarso-métatarsien que M. P. Gervais a rapporté à un Coq, sous le nom de *Gallus Bravardi*, provient des couches pliocènes d'Ardé, auprès d'Issoire (1).

Les alluvions ponceuses sous-volcaniques de la montagne de Perrier ont enfoui une riche faune de Mammifères, parmi lesquels on a signalé, sans les déterminer davantage, quelques débris d'Oiseaux.

Mollasse d'Œningen en Suisse. — La mollasse tertiaire supérieure d'Œningen a fourni quelques os d'Oiseaux, dont quelques-uns sont assez bien conservés pour être déterminés avec précision. Giebel y avait déjà cité des fragments pouvant se rapporter au genre *Scolopax*.

(1) Voyez ci-dessus, tome II, p. 250.

M. H. de Meyer fit ensuite connaître une tête sur laquelle se voyaient encore des traces de plumes, et plus récemment il a fait représenter une plaque marneuse sur laquelle se trouve la plus grande partie d'un squelette de Palmipède lamellirostre, qu'il a nommé *Anas œningensis*. Ces os, examinés dans leur ensemble ou dans le détail de leurs particularités, reproduisent les caractères qui existent chez les Ansérides, et c'est dans le genre *Anser* que doit se placer le Palmipède lamellirostre d'Œningen. La taille de cette espèce est inférieure à celle de l'Oie ordinaire, mais dépasse celle de l'Oie rieuse et de l'Oie d'Égypte (1).

M. H. de Meyer a représenté sur la même planche un pied d'Oiseau provenant aussi d'Œningen et montrant le tarso-métatarsien en rapport avec les doigts, dont l'extrémité seule a disparu ; il n'indique pas le genre d'Oiseau auquel cette pièce appartient, mais il est facile de se convaincre, d'après l'examen de la forme et des rapports de dimensions des phalanges, que ce fossile provient d'un Canard de petite taille, auquel j'ai donné le nom d'*Anas Meyerii* (2).

Sur un autre fragment de calcaire marneux provenant de Radoboj, en Croatie, M. H. de Meyer a découvert la patte presque entière d'un petit Oiseau qu'il a désigné sous le nom de *Fringilla? radobojensis*.

Dans la mollasse d'Algauer, entre Augsbourg et Landau, le même auteur a trouvé, à côté d'ossements de Rhinocéros, de Poissons et de coquilles marines, un humérus qu'il rapporte, sous le nom d'*Ardeacites molassicus*, à une espèce de Héron.

(1) Voyez ci-dessus, tome I, p. 127.
(2) Voyez ci-dessus, tome I, p. 128.

CHAPITRE V

OISEAUX FOSSILES DU DILUVIUM, DES CAVERNES, DES BRÈCHES OSSEUSES, DES HABITATIONS LACUSTRES DE SUISSE, DES KJÖKKENMÖDDINGS DU DANEMARK ET DES TOURBIÈRES D'EUROPE.

OISEAUX DU DILUVIUM.

Jusqu'à présent les couches du diluvium proprement dit n'ont fourni qu'un très-petit nombre d'ossements d'Oiseaux, dont l'étude laisse beaucoup à désirer, et les déterminations qui en ont été faites ne sont pour la plupart qu'approximatives; aussi il me suffira de rappeler brièvement ce qui a été fait à ce sujet.

M. P. Gervais croit avoir trouvé des débris du genre Coq dans le conglomérat diluvien de la barrière de Fontainebleau, à Paris.

Aux environs de Quedlimbourg, on a signalé l'existence d'ossements d'Hirondelles, de Moineaux, de deux espèces de Corbeaux, d'une Outarde et d'une Mouette.

Dans le diluvium de Magdebourg, on cite un Rapace qui paraît appartenir au genre Vautour.

Dans des couches se rapportant à la même formation, que M. H. de Meyer a étudiées dans la vallée de la Lahn, il signale la présence de débris de Grives, de Corbeaux, de Perdrix et de Canards. Le même auteur mentionne la Pintade dans le loess de Salzbach.

Dans le diluvium de Kostritz, on a trouvé des os de Chouette.

M. R. Owen indique l'existence du Cygne dans les couches diluviennes de Grays (Essex), à côté des débris de l'*Elephas primigenius* et du *Rhinoceros tichorhinus*. Les mêmes dépôts ont aussi fourni des os de

Cormoran commun (*Graculus carbo*). Le même auteur annonce dans son traité de *Paléontologie* que l'on a trouvé des squelettes d'Oiseaux enfouis à une grande profondeur dans les couches d'argile de Peterhead et d'Aberdeen.

Le crag de Norwich a fourni un humérus d'Oiseau de nuit de la grosseur de l'Effraie (*Strix flammea*).

Enfin, j'ajouterai que j'ai reconnu dernièrement, parmi des fossiles trouvés dans les couches diluviennes de Saint-Acheul, un métacarpe de Palmipède qui me paraît identique avec celui de l'Oie (*Anser cinereus*).

OISEAUX DES CAVERNES.

Les Oiseaux dont on a retrouvé les restes dans les cavernes sont beaucoup plus nombreux, soit qu'ils aient été y chercher un refuge, soit qu'ils y aient été apportés par l'homme pour les besoins de son alimentation, soit qu'ils y aient été entraînés par les eaux. Souvent on les rencontre dans un dépôt de transport formé de sable et de galets roulés, mélangés d'argile ocreuse, et recouverts parfois d'une couche de stalagmites ; dans d'autres circonstances, on les trouve dans une couche qui paraît uniquement formée de détritus animaux, de fragments d'ossements mélangés à des charbons et à des cendres, et réunis dans un espace très-restreint, qui paraît avoir servi de foyer aux hommes de cette époque. Il est à remarquer que, dans ces cavernes, les os d'Oiseaux sont souvent entiers. En effet, si l'on admet que les os longs des Mammifères aient été cassés de main d'homme pour en extraire la moelle, on comprend que les diverses pièces du squelette des Oiseaux, dont la plupart ne contiennent aucune trace de cette matière, aient été rejetées intactes.

Quelquefois les os longs des grands Oiseaux ont été cassés ou même sciés à leurs extrémités, probablement pour être employés comme tuyaux ou autres instruments analogues.

Cavernes de France, d'Angleterre et de Belgique.

L'étude de la faune ornithologique des cavernes de la France et des régions tempérées de l'Europe est particulièrement intéressante, car elle comprend :

1° Des espèces éteintes.

2° Des espèces qui ont disparu de nos contrées pour aller vivre dans les régions froides.

3° Des espèces identiques avec celles qui habitent aujourd'hui l'Europe tempérée.

Les Oiseaux qui paraissent avoir disparu de la surface du globe sont en très-petit nombre, et jusqu'à présent je n'ai pu constater ce fait d'une façon certaine que pour une seule espèce, le *Grus primigenia*, dont la taille égalait au moins celle de la Grue Antigone d'Asie.

Les Oiseaux dont on rencontre le plus communément les débris dans les cavernes à ossements du centre et du midi de la France appartiennent à deux espèces qui ont suivi le Renne dans sa migration successive, et qui aujourd'hui n'habitent plus nos contrées, mais sont confinées dans le nord de l'Europe et de l'Amérique. Ce sont : 1° la grande Chouette blanche ou Harfang (*Nyctea nivea*) ; 2° le Tétras blanc des Saules (*Tetrao albus*). La faune ornithologique dont nous trouvons des restes dans nos cavernes présente donc les mêmes faits que la faune mammalogique de la période pendant laquelle le Renne habitait notre pays.

J'ajouterai qu'à cette époque les Perdrix étaient très-rares, et que les quelques ossements que l'on en a recueillis proviennent des cavernes relativement peu anciennes et datant de l'âge du Renne et de l'Aurochs, mais dans lesquelles on ne rencontre ni débris de Rhinocéros, ni restes d'Éléphant. On en a trouvé, par exemple, dans la caverne de Lourdes (Hautes-Pyrénées), de Brengues (Lot) et de Lacombe (Dordogne).

Le Lagopède, ou Perdrix des neiges, se rencontre assez souvent dans ces dépôts, mais cette espèce y est moins commune que le Tétras des Saules. Nous savons qu'elle a continué à vivre dans les mêmes régions, et qu'aujourd'hui on en voit souvent dans les Pyrénées et les Alpes. Le grand Coq de bruyère et le Tétras à queue fourchue habitaient aussi la France à l'époque du remplissage des cavernes.

Le Canard (*Anas boschas*), la Sarcelle (*Anas crecca*), et même le Cygne (*Cycnus ferus*), s'y trouvent parfois. On y remarque fréquemment des débris de Passereaux ; la plupart proviennent d'une espèce assez rare en France, le Chocard des Alpes (*Pyrrhocorax alpinus*), dont on a souvent confondu les ossements avec ceux du Geai ou de la Pie. Ce dernier Oiseau existait cependant déjà à l'époque quaternaire, ainsi que le Corbeau (*Corvus corax*), comme le démontrent divers ossements provenant de la grotte de Lacombe. J'ai recueilli dans la caverne de Lourdes des ossements d'Hirondelle (*Hirundo rupestris*). Les Oiseaux de proie sont bien loin d'être rares dans ces dépôts : j'y ai reconnu la présence du Gypaète (*Gypaetus barbatus*), de la Buse (*Buteo cinereus*), et dans un des gisements les plus anciens de cette période, celui d'Aurignac (Hautes-Pyrénées), j'ai pu constater l'existence du Milan (*Milvu regalis*). M. Marcel de Serres cite un assez grand nombre d'Oiseaux provenant des cavernes du département du Gard, de l'Hérault, de l'Aude, etc.; malheureusement ses déterminations n'ont aucun caractère de précision. On ne peut donc les inscrire dans les catalogues de la faune quaternaire qu'avec une extrême réserve, et il est à craindre que lorsqu'on viendra à étudier les pièces d'après lesquelles elles ont été établies, on n'ait à relever au moins autant d'erreurs que cela a déjà été fait pour les Mammifères de ces mêmes gisements.

M. P. Gervais a trouvé des débris de la Chevêche (*Athene passerina*) associés à des restes d'Ours, de Chevreuil, etc., dans la caverne de la Tour-de-Farges, qui est peu éloignée de celle de Lunel-Viel.

Les cavernes de la province de Liége, si bien étudiées par Schmerling, ont fourni des débris d'Oiseaux que ce naturaliste a rapprochés de l'Alouette et du Coq. Ce dernier Oiseau aurait donc fait partie de cette faune ancienne, contemporaine du premier âge de l'homme, et l'espèce qui est aujourd'hui en France n'aurait pas été importée des Indes, comme on le croit généralement, mais serait originaire de notre pays. J'ai également reconnu un tarse de Coq, pourvu de son éperon, parmi des ossements recueillis dans la caverne de Lherm, que M. Filhol a eu l'obligeance de me remettre : il y avait été trouvé à côté de nombreux débris de l'Ours des cavernes.

Les ossements découverts en Angleterre par Buckland, dans la caverne de Kirkdale, paraissent avoir été déterminés d'une façon peu précise. Cependant, d'après les figures qui en ont été données, on peut reconnaître l'exactitude de celles qui se rapportent au Corbeau et au Canard.

D'autres ossements d'Oiseaux également trouvés en Angleterre dans les cavernes de Kent's hole et dans celle de Berry-Head, près de Torbay, sont à peu près les mêmes que ceux que je viens de mentionner. M. R. Owen cite aussi comme provenant de cette dernière grotte un Faucon un peu plus grand que le *Falco peregrinus*.

Cavernes d'Italie.

M. J. Ramorino a bien voulu soumettre à mon examen les os d'Oiseaux qu'il avait recueillis dans les cavernes de Verrezzi, en Ligurie; j'y ai reconnu les espèces suivantes :

Falco cenchris, Falco tinnunculus, Strix bubo, Athene passerina, Fringilla cannabina, Loxia pyrrhula, Turdus viscivorus, Turdus migratorius, Corvus pica, Pyrrhocorax alpinus, Columba œnas, Tetrao albus, Tetrao urogallus, Coturnix communis, Rallus crex.

Tous ces Oiseaux, à l'exception de l'*Athene passerina*, du *Tetrao albus*, du *T. urogallus* et du *Turdus migratorius*, font partie de la faune actuelle de l'Italie, et sont communs en Ligurie.

M. K. Parker a fait connaître récemment divers Palmipèdes lamel-lirostres dont les débris avaient été recueillis à Malte, dans la caverne Jebbug, par feu le docteur Falconer et par le capitaine Spratt. Ces ossements ont été figurés avec beaucoup d'exactitude dans les *Trans-actions de la Société zoologique de Londres* (t. VI, pl. 30). L'une des espèces est remarquable par sa grande taille, qui aurait dépassé d'un tiers environ celle de la plupart de nos Cygnes domestiques. Les ailes ont la même longueur relative que chez ces derniers; mais le tarso-méta-tarsien est beaucoup plus long et les doigts sont très-courts, relative-ment à la longueur de la jambe. M. Parker désigne cet Oiseau sous le nom de *Cycnus Falconerii*.

D'autres os de moindres dimensions indiquent l'existence d'une autre espèce du même genre, qui est peut-être identique avec le Cygne de Bewick; il est cependant possible que ces pièces proviennent d'une femelle du *Cycnus musicus*. Indépendamment de ces ossements, on a recueilli dans le même gisement d'autres débris dont les uns paraissent avoir appartenu à une petite espèce d'Anséride, de la taille du Cravant (*Bernicla brenta*), et dont les autres sont à peine plus grands que ceux du Canard sauvage (*Anas boschas*).

L'étude des cavernes du Brésil fournit un certain nombre de faits intéressants sur l'histoire des transformations que la faune ornitholo-gique de cette contrée a subies.

M. Lund (1), qui a étudié ces dépôts avec tant de soin et de per-sévérance, y a rencontré trente-quatre espèces d'Oiseaux, dont la plu-

---

(1) Lund, *Institut*, 1841, p. 294. — *Bullet. Acad. Copenh.*, 1811. — *München Gel. Anzeig.*, 1841-1842, p. 886.

part sont identiques avec celles qui vivent encore aujourd'hui dans les mêmes régions. Quelques-unes paraissent cependant ne plus exister. Ainsi M. Lund a découvert deux espèces d'Autruches à trois doigts (genre *Rhea*), dont l'une est bien plus grande que celles qui habitent maintenant l'Amérique. Un Gallinacé de la famille du Hocco se distingue aussi, par sa grande taille et ses proportions, des autres types actuels du même groupe.

M. P. Gervais (1) cite du Brésil un certain nombre d'Oiseaux recueillis par M. Claussen, entre autres un *Cathartes* plus grand que les espèces vivantes, un *Strix*, un *Caprimulgus*, un genre voisin des *Cariama*, enfin un Perroquet.

D'après ces faits, on voit donc que la population ornithologique de l'Amérique, à l'époque du remplissage des cavernes, comptait déjà quelques-uns de ces types particuliers qui la distinguent aujourd'hui de celle de l'Europe.

OISEAUX DES BRÈCHES OSSEUSES.

Les brèches osseuses, dont le remplissage date de l'époque quaternaire, et paraît offrir tant de rapports avec le mode de remplissage de certaines cavernes, renferment presque toujours des restes d'Oiseaux. Celles de Cette ont fourni, d'après Wagner, des Passereaux voisins des Hochequeues et des Grives, un Pigeon, et un Palmipède qui paraît être le Goëland. A Nice, on a trouvé, dans les brèches une Hirondelle de mer.

Dans celles de Bourgade, auprès de Montpellier, MM. Marcel de Serres et Jeanjean parlent de débris indiquant un Oiseau de proie voisin du Gerfaut.

Les brèches de Sardaigne contiennent un assez grand nombre de débris d'Oiseaux, parmi lesquels on peut citer la Grive, le Moineau, l'Alouette, la Corneille, la Pie, le Vautour et le Harfang. J'ai pu exa-

---

(1) P. Gervais, *Zoologie et Paléontologie françaises*, 2e édit., p. 424.

miner quelques ossements qui en provenaient, et j'y ai reconnu également l'existence de la Huppe (*Upupa epops*) et du Tétras des Saules
(*Tetrao albus*), qui, d'après ce fait, aurait habité à cette époque les parties méridionales de l'Europe.

Dans les fentes de la vallée de Montmorency, où M. J. Desnoyers
a recueilli des squelettes presque entiers de Renne, de Hamsters, de
Spermophiles, de Lagomys, etc., ce géologue a rencontré divers fragments d'Oiseaux dont quelques-uns ont été rapportés par lui au Râle;
il a bien voulu me communiquer les pièces qu'il avait encore entre
les mains, et j'ai pu y reconnaître aussi la présence de la Caille et de
l'Alouette.

OISEAUX DES KJÖKKENMÖDDINGS.

Si nous abordons une période plus récente et moins éloignée de
nous, nous verrons que les Oiseaux que l'on y trouve font tous partie
de la nature actuelle.

Sur certains points des côtes du Danemark, on retrouve, comme
on le sait, des accumulations de coquilles et d'ossements de Mammifères, d'Oiseaux et de Poissons, mêlés parfois à des galets et à du sable,
qui marquent la place des établissements des anciens habitants de ce
pays, et auxquelles on a donné le nom de *kjökkenmöddings* (de *kjökken*,
cuisine, et *mödding*, rebuts, débris). Les coquilles et les os dont on ne
pouvait se servir comme de nourriture étaient graduellement accumulés autour des tentes, où ils ont formé des dépôts ordinairement de
1 à 2 mètres, quelquefois même de plus de 3 mètres d'épaisseur, sur
une longueur qui atteint souvent près de 300 mètres, et sur une largeur de 50 à 60 mètres.

Les restes d'Oiseaux y sont très-nombreux, mais on n'y trouve
que les os longs, dont les extrémités articulaires sont presque toujours brisées; les vertèbres, les têtes et toutes les parties riches en
tissu spongieux ont disparu : ce qui, suivant toute probabilité, et ainsi

que le pense M. Steenstrup, est dû à la présence des Chiens, qui vivaient à cette époque reculée, et se nourrissaient des parties du squelette des Oiseaux dont la solidité était la moins considérable. A l'époque du remplissage des cavernes, le Chien n'existait pas encore; aussi les os d'Oiseaux y sont-ils souvent dans un état d'intégrité presque parfaite.

Les débris d'Oiseaux que l'on trouve dans les kjökkenmöddings appartiennent tous à des espèces comestibles. On n'y rencontre pas encore le genre *Gallus,* mais le grand Coq de bruyère y est très-commun; ce qui s'accorde parfaitement avec la nature du pays, qui, à cette époque, était couvert d'immenses forêts de pins, dans lesquelles les Tétras trouvaient une abondante nourriture.

Les Oiseaux aquatiques n'y sont pas rares, surtout quelques espèces de Canards et d'Oies; le Cygn sauvage s'y rencontre: et comme cet oiseau ne se montre en Danemark que pendant l'hiver, et qu'à cette époque ancienne, suivant toutes probabilités, il en était de même, on peut en conclure que les kjökkenmöddings n'étaient pas seulement des stations d'été, mais qu'elles étaient aussi habitées pendant l'hiver.

L'espèce la plus intéressante dont les restes ont été recueillis dans ces dépôts est, sans contredit, le grand Pingouin du Nord (*Alca impennis,* Linn.), car cet oiseau paraît avoir aujourd'hui complétement disparu. A une époque qui n'est pas très-éloignée, il se montrait de temps en temps en Irlande, en Angleterre et même jusqu'en France; il nichait sur deux îlots au nord et à l'ouest de l'Écosse, sur les rochers qui avoisinent l'Islande et sur quelques points du littoral de Terre-Neuve et du Groënland.

Nous n'avons pas encore de preuves positives de la destruction complète de cet Oiseau remarquable, et il est possible que quelques individus se tiennent encore cachés parmi les roches qui bordent la grande île de Terre-Neuve et la côte du Labrador; mais il est bien démontré que cette espèce a disparu successivement des côtes du

Danemark, des îles de l'Écosse, puis de l'Islande; et il est très-probable qu'elle a cessé d'exister ailleurs, car les habitants de Terre-Neuve ne la connaissent plus.

OISEAUX DES HABITATIONS LACUSTRES.

La faune ornithologique dont on trouve les restes au pied des habitations lacustres de Suisse présente moins d'intérêt que celles des kjökkenmöddings ou des cavernes; car toutes les espèces que l'on y a recueillies habitent encore aujourd'hui les mêmes régions. C'est au professeur Rütimeyer que nous devons presque tout ce qui a été publié sur les animaux trouvés dans ces dépôts (1).

Les ossements d'Oiseaux y sont dans le même état que dans les kjökkenmöddings; les parties spongieuses y manquent presque toujours, probablement sous l'influence des mêmes causes, car les Chiens existaient à cette époque.

On a cité les espèces suivantes comme provenant de ces dépôts sublacustres : l'Aigle (*Aquila fulva*), le Pygargue (*A. haliætus*), l'Autour (*Falco palumbarius*), l'Épervier (*Falco Nisus*), le Milan (*Falco milvus*), la Chouette hulotte (*Strix aluco*), l'Étourneau (*Sturnus vulgaris*), le Merle d'eau (*Cinclus aquaticus*), le Pigeon ramier (*Columba palumbus*), la Gelinotte (*Tetrao bonasia*), la Cigogne (*Ciconia alba*), le Héron cendré (*Ardea cinerea*), la Foulque (*Fulica atra*), une Mouette, le Canard sauvage (*Anas boschas*), la Sarcelle (*Anas querquedula?*), l'Oie (*Anser segetum*), le Cygne (*Cycnus musicus*), le Castagneux (*Podiceps minor*). Les espèces les plus communes sont le Canard sauvage, le Héron et la Sarcelle ; les autres sont rares et ne sont représentées que par quelques-unes des pièces de leur squelette : la plupart ont été recueillies à Robenhausen, à Moosedorf et à Concise.

L'examen de cette faune nous montre qu'il s'est écoulé une longue

---

(1) *Mittheilungen der Antiq. Gesellschaft in Zürich*, Bd. XIII, Abth. 2, 1860. — *Die Fauna der Pfahlbauten in der Schweiz*, 1861.

période entre l'époque du remplissage des cavernes et celle où les
habitations lacustres ont été construites ; car nous savons qu'en Suisse
on trouve dans une brèche située au-dessus du Pas de l'Échelle, entre le
grand et le petit mont Salève, de nombreux débris de Tétras des Saules
et de Lagopèdes associés à des ossements de Renne ; tandis que dans
les dépôts lacustres, ces animaux n'ont pas encore été rencontrés, et,
pour que deux espèces disparaissent entièrement d'un pays, il ne
suffit pas de quelques années, il faut une longue suite de temps.

OISEAUX DES TOURBIÈRES D'EUROPE.

Les Oiseaux dont on trouve les ossements enfouis dans les tourbières sont loin d'être connus, et jusqu'ici on a rarement tenté d'en
faire une étude sérieuse. Il y aurait cependant grand intérêt à entreprendre cet examen, et à chercher quelles étaient les espèces de cette
classe qui habitaient nos contrées à l'époque où le Castor, l'Urus,
l'Aurochs et le Cerf à bois gigantesque vivaient en grand nombre dans
les forêts et sur les bords de nos cours d'eau. En France, les tourbières
de l'Essonne, près de Corbeil, ont fourni des restes de Ramier, de Héron
cendré et de la Poule d'eau commune.

En Angleterre, les dépôts tourbeux des environs de Cambridge
renferment des ossements de nombreux Mammifères, tels que *Bos
frontosus*, *Bos primigenius*, *Cervus megaceros*, *Ursus arctos*, *Lutra vulgaris*,
Canis lupus, *Cervus elaphus*, *Cervus capreolus*, *Sus scrofa*, *Castor europœus*.
— On y a trouvé aussi des débris d'Oiseaux, parmi lesquels j'ai pu
reconnaître le Cygne (*Cycnus ferus*), le Canard sauvage (*Anas boschas*),
la Sarcelle (*Anas querquedula*), le Grèbe huppé (*Podiceps cristatus*), le
Butor (*Ardea stellaris*), la Foulque morelle (*Fulica atra*), et enfin un
Pélican (1). Presque toutes ces espèces habitent encore aujourd'hui

---

(1) *Note sur l'existence d'un Pélican de grande taille dans les tourbières de l'Angleterre*
(*Ann. des sc. nat.*, 3ª série, 1868, t. VIII, p. 285).

en grand nombre la côte est de l'Angleterre. Leur présence dans les tourbières n'a donc rien qui puisse nous surprendre ; mais il n'en est pas de même pour le Pélican, car cet Oiseau n'appartient pas à la faune des îles Britanniques. Les rares individus que l'on y a signalés avaient été entraînés par les vents loin des contrées qu'ils habitent d'ordinaire. Or, on ne peut expliquer de la sorte l'existence de ce Pélican dans les tourbières des environs de Cambridge, car les débris osseux qui, aujourd'hui, sont les seuls indices de son existence, proviennent d'un jeune oiseau, trop faible, par conséquent, pour entreprendre des voyages lointains, et l'on ne peut donc penser qu'il ait quitté la Russie ou l'Afrique, et que, dévié de sa route par les courants atmosphériques, il soit venu mourir en Angleterre sur les bords des marécages où se déposaient les couches tourbeuses dans lesquelles on l'a découvert. On ne peut invoquer une semblable explication, et évidemment ce Pélican était originaire de cette contrée. Le fait seul de la présence de ce genre d'Oiseau dans les tourbières du comté de Cambridge offre un véritable intérêt ; mais l'étude qui a été faite de l'os fossile lui en donne plus encore. En effet, cet humérus présente des dimensions très-considérables ; ses extrémités articulaires sont incomplètes, et évidemment, par les progrès de l'âge, il se serait notablement allongé. Quoi qu'il en soit, il mesure environ 37 centimètres, dimensions plus considérables que celles que l'on constate chez toutes les espèces de Pélican. Doit-on, d'après cela, considérer l'Oiseau des tourbières comme un type spécifique distinct ? Cette supposition est assez vraisemblable ; mais, avant de l'inscrire dans nos catalogues systématiques, il est plus prudent d'attendre que de nouvelles recherches aient amené la découverte de quelques parties du squelette provenant d'animaux adultes, qui pourront nous faire connaître plus exactement les proportions de ce Pélican britannique.

CHAPITRE VI

**OISEAUX DONT ON RETROUVE LES OSSEMENTS DANS LES TER-
RAINS RÉCENTS DE LA NOUVELLE-ZÉLANDE, DE MADAGASCAR
ET DES ILES MASCAREIGNES.**

Pendant l'immense série des âges où ont successivement apparu
les créations dont nous retrouvons de loin en loin les débris enfouis
dans les diverses couches du globe, nous n'avons aucune donnée sur
les causes qui ont pu amener la disparition des espèces, des genres ou
des types organiques. Cet anéantissement a-t-il eu lieu graduellement,
ou s'est-il opéré sous l'influence de causes brusques, résultant de
quelque changement immédiat dans les conditions biologiques de la
vie animale? Cette question ne peut maintenant être résolue, et les
données que nous avons sur l'histoire des êtres qui vivaient avant
l'époque actuelle sont trop incomplètes pour que nous puissions même
tenter de tirer des conclusions des quelques faits épars que, depuis
un demi-siècle, on a pu réunir sur l'histoire des faunes éteintes.

Mais du moment que l'homme s'est montré à la surface du globe,
il paraît avoir exercé une influence considérable sur les conditions
d'existence des animaux, et particulièrement des Vertébrés terrestres;
nous en voyons à chaque instant les effets autour de nous, et l'un des
exemples les plus frappants des perturbations qui se produisent ainsi
dans la faune actuelle résulte de l'étude des Oiseaux. On sait que
depuis peu d'années le grand Pingouin du Nord paraît avoir cessé
d'exister, et que c'est surtout à l'homme qu'il faut attribuer sa destruction. C'est aussi l'homme qui, suivant toutes probabilités, a anéanti
cette riche faune de grands Oiseaux marcheurs dont on retrouve les

débris dans les terrains meubles de certaines îles du grand Océan, et qui, dépourvus d'organes de locomotion rapide, n'ont pu échapper aux poursuites dont ils étaient l'objet.

OISEAUX FOSSILES DE LA NOUVELLE-ZÉLANDE.

La Nouvelle-Zélande était anciennement habitée par de nombreuses espèces d'un type ornithologique qui, aujourd'hui, ne compte plus que de rares représentants et tend à disparaître devant les envahissements de l'homme : je veux parler de celui des Brévipennes, qui, dans la nature actuelle, comprend les Autruches, les Nandous, les Émeus, les Casoars et les Aptéryx.

L'étude des restes fossiles de ces Oiseaux est due principalement à M. R. Owen, qui en a fait le sujet de plusieurs mémoires non moins remarquables par la précision des détails anatomiques qu'ils contiennent que par la perfection des nombreuses figures qui les accompagnent, et publiés dans les *Transactions de la Société zoologique de Londres*.

En 1839, le savant naturaliste anglais reconnut, d'après une portion de fémur trouvée à la Nouvelle-Zélande, l'existence d'un Oiseau gigantesque du groupe des Struthionides, et appartenant à une espèce éteinte. L'exactitude de cette détermination s'est trouvée confirmée par les découvertes successives qui ont été faites dans cette île, et aujourd'hui on peut établir avec une grande rigueur les caractères et les affinités zoologiques de ces Oiseaux.

M. R. Owen avait d'abord rapporté tous les ossements trouvés à la Nouvelle-Zélande à un même genre, qu'il avait désigné sous le nom de *Dinornis ;* mais, depuis, il a pu reconnaître qu'ils appartenaient à plusieurs types ornithologiques distincts, et il en a formé, sous les noms de *Palapteryx* et d'*Aptornis*, deux nouvelles divisions génériques.

Les *Dinornis* comptent un certain nombre d'espèces remarquables par la forme massive de leurs pattes, qui, de même que celles des Casoars, se terminaient par trois doigts principaux, dirigés en avant, et par un pouce rudimentaire. Ces Oiseaux étaient dépourvus d'ailes, ou du moins ces organes étaient impropres au vol, comme le démontre la conformation du sternum, qui offre beaucoup d'analogie avec celui des *Apteryx;* la tête et le bec présentent une forme très-particulière et différente de celle des autres Oiseaux.

Le *Dinornis giganteus* surpasse, par ses dimensions, tous les Oiseaux connus : il atteignait au moins 3 mètres ; ses jambes massives annoncent un animal lourd et robuste; la petitesse du crâne indique un développement cérébral plus faible encore que celui de l'Autruche.

Le *Dinornis elephantopus,* bien qu'un peu plus petit, était encore plus lourdement construit; l'os du pied est extrêmement court, relativement à sa grosseur.

Les autres espèces de *Dinornis* étaient plus petites. Quelques-unes avaient la taille du Casoar à casque; d'autres étaient, sous ce rapport, intermédiaires entre ce dernier Oiseau et les Outardes.

Le genre *Palapteryx* compte quelques représentants dont les dimensions étaient presque aussi considérables que celles du genre *Dinornis.* La conformation de leur tête osseuse est tout à fait différente de celle de ces derniers Oiseaux.

Les *Aptornis* se rapprochent davantage des Rallides ; ils comptent deux espèces : l'*A. otidiformis,* dont la taille était à peu près celle de la grande Outarde, et l'*A. defossor,* dont les dimensions étaient plus considérables.

M. R. Owen a fait connaître, dans le volume de 1866 des *Transactions de la Société zoologique de Londres*, une nouvelle espèce d'Oiseau du même groupe zoologique que les précédents, mais qui en diffère génériquement, et que le célèbre zoologiste anglais a désignée sous le nom de *Cnemiornis calcitrans.* Les ossements de cet Oiseau ont été trouvés à

Timaru, île du milieu de la Nouvelle-Zélande, avec des débris de squelette de *Dinornis robustus*. Le tarso-métatarsien est relativement plus
court que celui des Emeus, et le tibia se fait remarquer par sa longueur
et la force des crêtes qui donnent attache aux muscles fléchisseurs
du pied. Le *Cnemiornis* était notablement plus petit que le Casoar de
Bennett.

Indépendamment des Oiseaux que je viens de citer, les couches
des terrains meubles de la Nouvelle-Zélande ont fourni des débris que
M. R. Owen avait attribués à une espèce éteinte de la famille des Rallides, et qu'il avait pris pour type du genre *Notornis*. Depuis la publication de son travail, on a découvert cet Oiseau vivant, et M. Mantell en
a envoyé un exemplaire qui a été décrit par M. Gould sous le nom de
Notornis Oweni, et qui figure aujourd'hui dans les galeries du Musée
Britannique à Londres. Cet Oiseau se rapproche beaucoup des Poules
sultanes.

Enfin, parmi les débris trouvés dans les mêmes gisements, il en est
qui appartenaient à des Perroquets du genre *Nestor*, dont on ne connaît
que peu de représentants, qui deviennent de plus en plus rares, et qui
ne tarderont pas à disparaître.

D'après la nature des couches dans lesquelles ces ossements ont
été trouvés, on peut se convaincre qu'ils datent d'une époque relativement récente. La plupart ont été recueillis à une faible profondeur
dans des dépôts de transport, soit dans le lit des petits cours d'eau,
soit à leur embouchure, soit dans les bancs [de sable et de graviers, au
milieu desquels ils se frayent un passage (1). Dans ce dernier cas, les
os sont souvent mis à découvert, à la suite des inondations occa-
sionnées par les pluies torrentielles, lorsque les eaux se retirent.

(1) Voy. W. Mantell, *On the fossil remains of Birds collected in various parts of New-Zea-
land* (*Quarterly Journal of the Geological Society*, 1848, t. IV, p. 225).— G. A. Mantell, *Additional
Remarks on the Geological position of the deposits in New-Zealand which contain bones of Birds*
(*Op. cit.*, 1848, p. 238).

Les tourbières ont également fourni des ossements de ces grands Oiseaux. Ainsi la collection du docteur Mackellar a été faite à Middle-island, et provient d'un dépôt de tourbe submergé à marée haute, et recouvert d'une couche de sables et de galets que les vagues enlevaient par places, en mettant ainsi les ossements à découvert.

Les gisements les plus intéressants dans lesquels on a signalé l'existence des Oiseaux de la Nouvelle-Zélande sont ceux où l'intervention de l'homme se montre d'une manière évidente. On a trouvé d'anciens foyers, reconnaissables aux restes de cendres et de charbons, à côté desquels étaient accumulés des débris de *Dinornis*, dont quelques-uns portaient les traces du feu. Les ossements que M. W. Mantell a donnés au Muséum d'histoire naturelle de Paris proviennent d'un dépôt de ce genre; on y remarque une portion de crâne de *Dinornis* encore remplie de cendres et de charbons. Des éclats de silex taillés en forme de couteaux et destinés à séparer les chairs ont été recueillis dans le même gisement, ainsi que des cailloux arrondis, qui, probablement, étaient employés pour cuire la chair des Oiseaux.

Dans un de ces anciens foyers, on a trouvé, à côté des os de *Dinornis* des débris du *Canis australis*, de Poissons et d'hommes : ces derniers étaient carbonisés; d'où l'on peut conclure avec quelque probabilité qu'à cette époque, les Néo-Zélandais étaient anthropophages, et que ce n'est pas, comme l'avait pensé M. R. Owen, la disparition du *Dinornis*, et par conséquent la privation de viande, qui les avait amenés à se nourrir de chair humaine.

La plupart des ossements d'Oiseaux proviennent de North-island, mais on en a aussi rencontré à Middle-island, et même à South-island; il est à remarquer que, dans cette dernière localité, ils sont moins altérés et paraissent peut-être plus récents.

Si l'on en juge d'après les découvertes paléontologiques faites jusqu'à présent, les diverses espèces auraient été cantonnées sur certains points de l'île. Ainsi le *Dinornis didiformis*, le *Dinornis curtus*, l'*Aptornis otidiformis* et l'*A. defossor* n'ont encore été trouvés que dans North-island ; au contraire, le *Dinornis crassus*, le *Cnemiornis calcitrans*, proviennent de Middle-island ; les autres espèces ont été reconnues sur ces différents points.

L'examen des gisements d'où proviennent les débris d'Oiseaux dont nous venons de parler; la présence, dans les mêmes dépôts, d'ossements d'*Apteryx*, de Chien, de Phoque, de débris de l'industrie et même d'os humains, indiquent que les *Dinornis*, les *Palapteryx* et les *Aptornis* vivaient à une époque peu éloignée de la nôtre. Une découverte toute récente confirme de la manière la plus nette cette conclusion. En effet, on a trouvé un *Dinornis robustus* dont les ligaments, ainsi qu'une partie des muscles, des téguments et des plumes, étaient conservés. Ces dernières sont, il est vrai, très-incomplètes ; on a cependant pu les étudier, et constater qu'elles présentent à côté de la tige principale une tige secondaire, comme chez les Casoars. L'état de cet Oiseau prouve que sa mort est peu ancienne, et remonte probablement à quelques années seulement.

OISEAUX FOSSILES DE MADAGASCAR.

La grande île de Madagascar était aussi habitée, à une époque relativement récente, par de grands Oiseaux brévipennes appartenant à un genre complétement éteint que Isid. Geoffroy Saint-Hilaire a désigné sous le nom d'*Æpyornis*. Ces animaux n'ont pendant long-temps été connus que par des œufs énormes et quelques fragments d'os, et par conséquent leurs affinités zoologiques n'étaient qu'imparfaitement étudiées. Aujourd'hui, grâce aux recherches de M. Grandidier, nous possédons la patte complète de l'espèce la plus grande (*Æpyornis maximus*, Geoff.) et des ossements appartenant à deux autres

espèces beaucoup plus petites, l'*Æ. medius* et l'*Æ. modestus*. Cette
dernière n'aurait guère dépassé la taille de la grande Outarde (1).

Isid. Geoffroy, en se basant sur les rapports qui existent chez
les Brévipennes actuels entre la grosseur de l'œuf et les dimensions
de l'Oiseau, pensait que la hauteur totale de l'*Æpyornis maximus* devait
être de 3^m,60, et par conséquent supérieure à celle du *Dinornis giganteus*, qui est inférieure à 3 mètres ; mais ce calcul donnait des résultats
très-exagérés, et maintenant que nous avons tous les os de la patte,
on voit que l'Oiseau de Madagascar ne devait guère dépasser 2 mètres,
c'est-à-dire la taille d'une grande Autruche. Mais s'il n'était pas le
plus grand des Oiseaux, c'était évidemment le plus gros et le plus
massif, le plus *éléphant*, si l'on peut s'exprimer ainsi.

C'est à M. Alfred Grandidier que nous devons les connaissances
les plus précises sur les couches dans lesquelles se trouvent enfouis
les débris de l'*Æpyornis*, et je reproduis ici ce que dit, sur ce sujet,
ce voyageur infatigable.

« Ce n'est que sur la portion de la côte comprise entre le cap
Sainte-Marie et Machikora, qu'on a, à ma connaissance, trouvé des œufs
ou des fragments d'œufs. On parle cependant de Mananzari, de l'île
Sainte-Marie et de Port-Leven, comme de points où il en a aussi été
trouvé. En explorant les environs du cap Sainte-Marie, je me suis
principalement attaché à l'étude du terrain où j'ai trouvé les restes que
je mets sous les yeux de l'Académie. (Séance du 9 septembre 1867.)

» Sur un calcaire horizontal s'élèvent d'immenses dunes, accu-
mulées au bord de la mer. Elles s'élèvent à une hauteur de 112 mètres,
et elles sont formées de débris de coquilles réduits en poussière
impalpable et de grains de quartz très-fins... Les pluies, ainsi que les
vents, n'entraînent que le sable le plus fin, et laissent peu à peu s'ac-

---

(1) *Nouvelles observations sur les caractères zoologiques et les affinités naturelles de l'Æpyornis
de Madagascar*, par M. A. Milne Edwards et A. Grandidier (*Ann. des sc. nat.*, ZooL., 5e série).

cumuler sur les pentes rapides les coquilles et les fragments d'œufs qu'ils ont dénudés. C'est en effet dans les parties dépourvues de végétation, surtout dans une petite ravine où les eaux ont laissé les traces évidentes de leur effet, que j'ai recueilli la plupart des restes organiques que j'ai l'honneur de soumettre à l'Académie. »

Ce sont là les seules indications que nous ayons sur l'âge et la nature des couches où ont été rencontrés ces curieux débris d'une espèce dont la force était au moins aussi considérable que celle des grands *Dinornis*. Il est cependant probable que lorsqu'on aura fouillé avec soin les cavernes, les marais, les fissures de rochers et les dépôts de sable accumulés par les cours d'eau, on découvrira qu'ils renferment des restes de l'*Æpyornis*, car l'extinction de cette espèce, si elle a eu lieu d'une manière complète, ne remonte pas à une époque reculée. En effet, sur une portion d'os tarso-métatarsien de cet Oiseau, qui fait partie des collections du Muséum, j'ai constaté l'existence de stries linéaires et profondes qui paraissent avoir été faites par la main de l'homme, à l'aide d'un instrument tranchant, peut-être de silex, et qui ressemblent beaucoup à celles que l'on remarque sur certains os provenant de quelques-unes des cavernes du midi de la France, habitées anciennement par l'homme.

OISEAUX FOSSILES DES ILES MASCAREIGNES.

Les îles Mascareignes, jusqu'au moment où les hommes s'y établirent, furent habitées par plusieurs grands Oiseaux qui, aujourd'hui, ont complétement disparu, et n'ont laissé que peu de traces de leur existence. Pour faciliter leur étude, nous passerons successivement en revue chacune des îles qui forment le groupe des Mascareignes, c'est-à-dire Maurice, Rodrigue et Bourbon.

Oiseaux de l'île Maurice.

Le représentant le plus remarquable de la population ornithologique ancienne de cette île est, sans contredit, le Dronte ou Dodo
(*Didus ineptus*). Cet Oiseau, de la taille d'un Cygne, incapable de voler
et à démarche lourde, vivait en assez grand nombre à l'île Maurice,
vers le commencement du xviie siècle. Mais, en 1693, ces Oiseaux
avaient cessé d'exister ou étaient excessivement rares ; car Leguat,
observateur très-sagace, qui passa plusieurs mois à l'île Maurice, et
en énumère les animaux, ne parle pas du Dronte, et lorsqu'en 1712
les Français prirent possession de cette colonie, on n'avait aucune
connaissance de cet Oiseau. Toute tradition locale relative au Dronte
se perdit bientôt. Ainsi sa disparition paraît pouvoir être fixée entre
1679 et 1693.

Jusque dans ces dernières années on ne connaissait cet Oiseau
que par quelques dessins grossiers laissés par les voyageurs de cette
époque, par une belle peinture à l'huile de Roland Savery, représentant le Dronte de grandeur naturelle, et par une tête entière, quelques
portions du crâne et une patte, qui appartenaient aux musées de
Londres, de Copenhague et de Prague.

Ce sont ces rares débris qui ont été les seuls matériaux à l'aide
desquels les zoologistes pouvaient chercher à établir les caractères du
Dronte et les rapports de cette espèce avec les autres animaux de la
même classe. Les divergences d'opinions qui ont existé relativement
aux affinités de cet Oiseau indiquent assez les difficultés qu'on a ren-
contrées dans l'étude de ces restes.

Ray, Linné et Latham rangeaient le Dronte à côté des Autruches ;
Temminck et Cuvier le rapprochaient des Manchots ; Blainville le plaça
à côté des Vautours. M. Gervais, au contraire, pensa qu'il avait certains rapports avec le Kamichi et le Cariama ; puis il revint plus

tard à l'opinion de Blainville. Strickland et Melville arrivaient, de leur côté, à cette conclusion qu'il appartenait à la famille des Pigeons. Heureusement, ces incertitudes cessèrent quand M. Clarck découvrit à Maurice, dans un petit marais, un nombre considérable d'os de Dodo, à l'aide desquels on pouvait reconstituer le squelette entier de ce type singulier. Plusieurs publications furent faites en France, puis en Angleterre, sur ce sujet, et presque tous les zoologistes qui se sont occupés de cette étude sont aujourd'hui d'accord pour reconnaître les liens de parenté qui existent entre le Dronte et les Colombides (1). Cependant les ressemblances, frappantes quand on se borne à la comparaison des pattes, disparaissent en grande partie lorsqu'on prend en considération les autres pièces du squelette, et notamment le bassin et le sternum. Or, la conformation de ces appareils osseux est liée d'une façon si intime à celle de l'ensemble de l'économie, qu'il est impossible de ne pas en tenir grand compte lorsqu'il s'agit d'apprécier les affinités zoologiques des Oiseaux. On voit que les modifications qui, chez les Colombides, coïncident avec une appropriation de l'organisme à un genre de vie de plus en plus terrestre, ne conduisent pas vers celles qui existent chez le Dronte. Dans une classification ornithologique naturelle, cet Oiseau, tout en prenant place à côté des Colombides, ne doit pas être considéré comme un Pigeon marcheur ; il ne peut pas entrer dans la même famille, et il faut le ranger dans une division particulière de même valeur.

Les fouilles qui ont mis au jour ces ossements de Dronte ont aussi amené la découverte de débris osseux se rapportant à d'autres espèces qui aujourd'hui n'existent plus dans cette même île. Il en est quelques-uns qui proviennent évidemment d'une espèce du genre *Fulica*. Cette espèce, qui a été désignée sous le nom de *Fulica Newtonii*, dépasse par sa taille toutes celles qui aujourd'hui habitent les mêmes régions, et,

_____

(1) A. Milne Edwards, *Ann. des sc. nat.*, Zool., 5e série, 1866, t. V, p. 355. — R. Owen, *Trans. of the Zool. Soc. of London*, 1867, t. VI, p. 49.

sous ce rapport, elle se rapproche du *Fulica gigantea* (1). Dubois, qui visita l'île Maurice de 1669 à 1672, paraît avoir observé cette espèce, dont la disparition serait par conséquent postérieure à cette époque. Cette Foulque était un Oiseau de formes lourdes et massives, très-bon nageur, comme semblent l'indiquer la force des os des pattes et l'étendue des surfaces d'insertion des muscles destinés à les mouvoir, mais sinon incapable, du moins peu capable de s'élever de terre.

François Leguat, qui séjourna à Maurice vers 1695, en énumère les productions naturelles, et parle de certains Oiseaux qu'on appelle *Géants*, parce que leur tête s'élève à la hauteur d'environ six pieds. « Ils sont extrêmement haut montés, et ont le cou fort long. Le corps n'est pas plus gros que celui d'une Oye. Ils sont tout blancs, excepté un endroit sous l'aile qui est un peu rouge. Ils ont un bec d'Oye, mais un peu plus pointu ; et les doigts des pieds séparés et fort longs. Ils paissent dans les lieux marécageux, et les chiens les surprennent souvent à cause qu'il leur faut beaucoup de temps pour s'élever de terre. Nous en vîmes un jour à Rodrigue, et nous le prîmes à la main, tant il était gras ; c'est le seul que nous y ayons remarqué : ce qui me fait croire qu'il y avait été poussé par quelque vent, à la force duquel il n'avait pu résister. Ce gibier est assez bon. »

Cette description est accompagnée d'une figure gravée.

M. Strickland regarde le Géant comme un Flamant; mais M. Schlegel, qui a publié un mémoire spécial sur ce sujet, pense qu'il appartient à la division des Poules d'eau, et il propose de le prendre pour type d'un nouveau genre, en le nommant *Leguatia gigantea*.

A côté de la figure du Dronte que M. de Frauenfeld a découverte dans les collections des vélins de la bibliothèque particulière de l'empereur d'Autriche, se trouvait une autre peinture représentant un Oiseau complétement inconnu des zoologistes, et remarquable par son

(1) *Ann. des sc. nat.*, Zool., 5° série, 1867, t. VIII, p. 195.

bec long, pointu et légèrement arqué en bas; par son plumage d'une couleur rougeâtre uniforme et d'un aspect soyeux, analogue à celui des Oiseaux qui ne peuvent voler; par l'absence presque complète des ailes, et par ses pattes robustes pourvues de quatre doigts, dont le postérieur est bien développé et s'appuie largement sur le sol.

M. de Frauenfeld a donné à cet Oiseau le nom d'*Aphanapteryx imperialis*, et il lui attribue une figure publiée par Van den Broecke dans la relation du voyage qu'il fit à Maurice vers 1615, et la description que François Cauche donne « des Poules rouges au bec de Bécasse ».

La place zoologique que cet Oiseau doit occuper était des plus difficiles à établir avec les matériaux que l'on possédait, et M. de Frauenfeld, après l'avoir comparé à tous les Oiseaux de la faune actuelle, arrive à cette conclusion : qu'il réunit le plumage et les ailes imparfaites de l'Apteryx au port et au bec des Râles et aux pieds d'un Gallinacé. Il est évident que, par l'inspection seule d'un dessin colorié, on ne pouvait arriver à établir avec plus de précision la position systématique de la *Poule rouge à bec de Bécasse*, et cette question aurait été l'objet des mêmes discussions que celles qui se sont élevées jusque dans ces dernières années au sujet des relations zoologiques du Dronte.

Une circonstance particulière m'a permis de compléter l'histoire de cette découverte si inattendue, et d'établir la place que l'*Aphanapteryx* doit occuper dans les cadres ornithologiques.

Parmi les ossements découverts à Maurice, que MM. Newton ont bien voulu soumettre à mon examen, se trouvaient une mandibule inférieure et des os de la patte qui proviennent sans aucun doute de cette espèce. L'étude de ces pièces montre que c'est dans la famille des Rallides que doit se ranger l'*Aphanapteryx*, car il y a moins de différence entre lui et les Ocydromes qu'entre ceux-ci et les Râles (1). Il constitue dans ce groupe une forme de transition, et l'on doit le considérer comme

(1) *Observations sur les affinités naturelles de l'*Aphanapteryx (*Ann. des sc. nat.*, Zool., 5e série, 1868, t. X, p. 325).

un Rallide dont l'organisation se serait adaptée à une existence essentiellement terrestre ; il est encore plus brévipenne que le *Notornis* de la Nouvelle-Zélande.

Le nom d'*Aphanapteryx imperialis* ne peut être conservé à cette espèce, parce que M. Schlegel avait déjà désigné, sous la dénomination de *Didus Broeckei*, l'Oiseau figuré dans le voyage de Van den Broecke. qui évidemment n'est autre chose que celui décrit par M. de Frauenfeld. L'*Aphanapteryx imperialis* deviendra donc l'*Aphanapteryx Broeckei*.

Le *Psittacus mauritianus*, Owen, constitue également une espèce éteinte, dont l'existence a été indiquée par la découverte d'une mandibule inférieure exhumée, avec les ossements de Dronte, de la mare aux Songes (1). D'après la conformation de cette mâchoire, j'ai été porté à croire :

1° Que l'Oiseau de l'île Maurice diffère des autres Psittacides par des caractères ostéologiques de même valeur que ceux à raison desquels on sépare les uns des autres les Aras, les Calyptorhynques, les Microglosses, etc.

2° Que cet Oiseau ressemble aux Aras et aux Microglosses plus qu'à tout autre type secondaire, et, par conséquent, que dans une classification naturelle, il devra prendre place à côté de ces Psittacides. J'ajouterai qu'aucun des Perroquets dont les anciens voyageurs font mention comme existant aux îles Mascareignes, vers l'époque où vivait le Dronte, ne peut être rapporté au *Psittacus mauritianus*.

Nous voyons donc que la faune ornithologique de Maurice comptait au XVII⁰ siècle cinq espèces qui, aujourd'hui, ont complétement disparu. c'est-à-dire le Dronte, la Foulque de Newton, le Géant, l'Aphanapteryx et un grand Perroquet.

(1) *Ann. des sc. nat.*, Zool., 5⁰ série, 1866, t. VI, p. 91.

Oiseaux de l'île Rodrigue.

Nous avons sur la population de Rodrigue des connaissances plus précises que sur celles des autres îles. En effet, François Leguat, forcé de quitter la France à la suite de la révocation de l'édit de Nantes, se réfugia en Hollande, et de là s'embarqua pour l'île Bourbon ; mais le capitaine du bâtiment sur lequel il était le débarqua sur la petite île de Rodrigue, où il séjourna deux années, du 1er mai 1691 au 21 mai 1693. Ce voyageur a laissé une relation très-exacte de son séjour dans cette île, et il a donné des détails très-circonstanciés et très-exacts sur les animaux qu'il y a observés.

« De tous les Oiseaux de l'isle, dit-il, l'espèce la plus remarquable est celle à laquelle on a donné le nom de *Solitaire,* parce qu'on les voit rarement en troupes, quoiqu'il y en ait beaucoup. » Il donne ensuite une description, qui paraît très-fidèle, des caractères extérieurs de cet Oiseau, qui était plus haut sur pattes et plus fort que le Dindon.

En 1734, le Solitaire existait encore à Rodrigue ; mais depuis cette époque il a complétement disparu, et les seuls restes de cet Oiseau que l'on eut longtemps consistaient en quelques ossements recueillis par J. Desjardins et par Telfair. Ces débris osseux furent successivement étudiés par Cuvier et par MM. Strickland et Melville ; ces derniers auteurs, en se basant sur leur examen, rangèrent le Solitaire dans un genre nouveau sous le nom de *Pezophaps,* et ils crurent y reconnaître deux espèces, le *P. solitaria* et le *P. minor.*

Plus récemment M. E. Newton fit faire des fouilles considérables dans les cavernes de Rodrigue, et ces recherches amenèrent la découverte d'une grande abondance d'ossements de Solitaires se rapportant à un très-grand nombre d'individus, et permettant de reconstituer le squelette complet de cette espèce.

MM. Alfred et Édouard Newton ont fait de ces pièces une étude

très-détaillée, et ils ont reconnu que les différences de taille qui avaient
été remarquées par M. Strickland n'indiquent pas des différences
spécifiques, mais seulement une différence sexuelle. Les mâles étaient
notablement plus gros que les femelles. On peut d'ailleurs remarquer
que Leguat avait décrit séparément chaque sexe, et qu'il ne parle que
des mâles lorsqu'il raconte qu'on en trouve qui pèsent jusqu'à qua-
rante-cinq livres. Cette distinction faite par un observateur aussi exact
que Leguat doit avoir un motif, et confirme l'opinion de M. Newton.
La plupart des détails que Leguat nous a donnés se trouvent vérifiés
par l'étude du squelette du Solitaire : on retrouve les proportions générales telles qu'il les indique, et l'on remarque que le métacarpe est
pourvu, chez les mâles, d'un prolongement osseux, arrondi comme
une balle et d'une grande dureté, constituant une arme offensive, et
que souvent les os de l'aile portent les traces des blessures reçues pendant les combats que ces Oiseaux se livraient.

Le Solitaire semble, jusqu'à un certain point, relier le Dronte aux
Colombides normaux, bien qu'il se distingue de ces derniers par plusieurs particularités importantes, et entre autres par l'armature des
ailes. Un des traits les plus remarquables de l'histoire de cet Oiseau,
c'est l'inégalité de taille qui existe entre le mâle et la femelle, inégalité
qui s'observe chez certains Oiseaux polygames, et qui est portée à son
maximum chez la grande Outarde, mais qui ne se voit d'ordinaire
jamais chez les Oiseaux monogames; et Leguat nous apprend au contraire qu'ils vivent par paires comme les Pigeons, et que le mâle et la
femelle couvent alternativement et nourrissent ensemble leur petit.
On ne peut cependant croire que ce voyageur nous ait donné sur ce
point des indications fausses, car non-seulement toutes ses observations ont été jusqu'ici confirmées par les faits, mais aussi tous les
Colombides sont monogames, de même que les Oiseaux qui doivent
subvenir pendant longtemps à la nourriture de leurs jeunes.

Enfin, pour terminer ce qui est relatif à la population ornitholo-

gique ancienne de l'île Rodrigue, je ne dois pas oublier de signaler :
1° Un autre Oiseau voisin de l'*Aphanapteryx*, et dont M. E. Newton a
trouvé quelques ossements que j'ai pu déterminer. Cette espèce est
probablement celle dont parle Leguat, sous le nom de Gelinottes :
« Elles sont toutes d'un gris clair, n'y ayant que très-peu de différences
entre les deux sexes.... Elles ont un ourlet rouge autour de l'œil et
leur bec, qui est long et pointu, est rouge aussi, long d'environ deux
pouces. » 2° Un Perroquet (*Psittacus rodricanus*), dont j'ai reconnu l'existence d'après une portion de bec trouvée au milieu des ossements du
Solitaire. Cet Oiseau était d'une taille inférieure au *Psittacus mauritianus*,
et paraît se rapprocher beaucoup des Loris, bien qu'il offre quelques-
uns des caractères du groupe des Cacatoës (1).

Oiseaux de l'île de la Réunion.

L'île de la Réunion, ou île Bourbon, a possédé autrefois des Oiseaux
plus ou moins voisins du Dronte et qui ont aujourd'hui complétement
disparu. Malheureusement nous ne possédons encore aucun débris
de leur squelette, et nous ne pouvons en parler que d'après le dire de
quelques voyageurs du xviie siècle, tels que Dubois, Carré et Castleton.
L'un de ces Oiseaux devait ressembler beaucoup au Dronte, et son
plumage était de couleur claire ; peut-être est-ce lui qui est représenté
sur un tableau ancien, dont M. A. Newton a donné une reproduction
dans les *Transactions de la Société zoologique de Londres*. L'Oiseau
ainsi figuré est une sorte de *Didus* entièrement blanc, sauf les ailes,
qui sont jaunes. Ce tableau paraît dû à Pierre Witthoos, qui mourut
à Amsterdam en 1693. Pour que cette question d'identité puisse être
entièrement résolue, il est nécessaire d'attendre que l'on ait découvert
quelques débris osseux de cet Oiseau, qui nous indiqueront alors exac-

(1) *Ann. des sc. nat.*, Zool., 5e série, 1867, t. VIII, p. 145.

tement à quel groupe il se rapporte et quelles étaient ses proportions.

Un autre Oiseau, que nous ne connaissons plus aujourd'hui, était,
à l'île Bourbon, contemporain du Solitaire dont nous venons de parler,
et qu'il faut se garder de confondre avec celui de Rodrigue. Dubois le
désigne sous le nom d'*Oiseau bleu*, et il en parle en ces termes : « *Oyseaux*
» *bleus*, gros comme les *Solitaires*, ont le plumage tout bleu, le becq
» et les pieds faits comme pieds de Poulles ; ils ne volent point, mais
» courent extrêmement viste, tellement qu'un Chien a peine d'en
» attraper à la course. Ils sont très-bons. »

La couleur bleue du plumage, la teinte des pieds et du bec, la
rapidité de la course, semblent bien indiquer un Oiseau du groupe des
Poules sultanes.

D'après ce qui précède, on voit qu'il y a un intérêt considérable,
non-seulement au point de vue zoologique, mais aussi sous le rapport
géologique, à étudier à fond ces fossiles des cavernes et des terrains
meubles des îles Mascareignes, car ce sont eux seuls qui peuvent nous
éclairer sur le mode de constitution de ces îles, et nous fournir la
preuve qu'elles se rattachaient jadis à une vaste étendue de terre, et
que ces terres, peu à peu et par un abaissement lent, ont été cachées
sous les flots du grand Océan, laissant paraître encore quelques-uns de
leurs points culminants, tels que Maurice, Rodrigue et Bourbon.

Ces îles étaient évidemment séparées de Madagascar ; car lorsque
les Européens les visitèrent pour la première fois, ils n'y trouvèrent
pas de Mammifères, à l'exception de quelques grandes Chauves-Souris.
Aucun de ces Quadrumanes, si remarquables et spéciaux à la faune de
Madagascar, n'existait dans les îles Mascareignes ; les autres animaux
communs à ces deux faunes appartenaient à des espèces marines qui
pouvaient facilement nager de l'une de ces îles à l'autre, ou à des
espèces ailées dont le vol rapide leur permettait de franchir la distance
considérable qui sépare ces terres éloignées. Plus tard, les Rats, les

Tanrecs, les Cochons, les Chèvres, les Cerfs, les Makis et les Singes furent introduits à Maurice et à Bourbon, et depuis cette époque ils s'y reproduisent et paraissent s'y être naturalisés. Les Mammifères, si abondants dans les autres parties du globe, semblent avoir été représentés dans ces îles par les Drontes, les Solitaires, les *Aphanapteryx*, les Foulques gigantesques, les *Leguatia*, etc., oiseaux à formes lourdes, massives, et ne pouvant pas s'élever dans les airs, ou du moins ne s'y soutenant pas assez longtemps pour entreprendre des voyages lointains.

Lorsqu'on est familiarisé avec le mode de distribution des espèces zoologiques, il paraît difficile de croire que des îles, si petites et en apparence si peu favorables à la prospérité de leurs faunes respectives, aient été chacune le berceau primitif de ces espèces si bien caractérisées et si différentes de tout ce qui existe ailleurs. Il me semble plus probable que chacun des cônes volcaniques qui constituent le noyau de ces îles éparses dans le grand Océan, au lieu de s'être élevé du sein des eaux, préexistait à l'abaissement de terres d'une étendue considérable, et a servi de dernier refuge à la population zoologique de la région circonvoisine, aujourd'hui submergée.

L'étude rapide que nous venons de faire des divers types de la classe des Oiseaux, depuis les terrains anciens jusqu'à nos jours, nous montre que la faune ornithologique de notre époque est beaucoup plus ancienne et beaucoup plus complète que l'on n'avait été tenté de le supposer, et l'on est surpris de voir, à l'époque tertiaire, cette classe représentée par des types si variés, si nombreux, et dont quelques-uns sont si rapprochés de nos genres et de nos espèces. Au commencement de l'époque actuelle, il existait encore quelques formes ornithologiques bizarres, à la disparition desquelles nous avons pu, pour ainsi dire, assister. Mais, pendant cette période, l'homme et les animaux qui l'accompagnent avaient paru comme cause nouvelle d'anéantissement.

En effet, les Oiseaux qui par un vol rapide ne peuvent se sous-
traire à leurs poursuites sont destinés à disparaître tôt ou tard de la
surface du globe, et nous n'avons déjà que trop d'exemples de ce genre
à enregistrer. Les *Dinornis,* les *Palapteryx*, les *Aptornis* et les *Cnemiornis* de la Nouvelle-Zélande ; l'*Æpyornis* de Madagascar ; le Dronte,
l'*Aphanapteryx* et la Foulque de Maurice ; les Solitaires, les Géants et
les *Oiseaux bleus* de Rodrigue et de Bourbon, ne sont plus connus que
par les débris de leur squelette enfouis dans les terrains meubles, par
les récits des voyageurs ou par les tableaux des peintres du xviie siècle.
Le grand Pingouin, malgré le mauvais goût de sa chair, a été entièrement détruit. Les *Apteryx*, le *Nestor* et le *Strigops* de la Nouvelle-
Zélande, le *Phinochœtus* de la Nouvelle-Calédonie, deviennent de jour
en jour plus rares. Et si les Casoars et les Autruches sont encore assez
communs, il faut l'attribuer à l'immensité des plaines désertes au
milieu desquelles ils habitent.

FIN DU SECOND ET DERNIER VOLUME.

ADDENDA

Ajouter, à la page 545, aux Oiseaux des terrains tertiaires d'Angleterre, les espèces suivantes décrites par M. Seeley (*Ann. and Mag. of nat. Hist.*, 1866, t. XVIII, p. 109) :

1° Le *Pterornis*, de la taille du Cygne, provenant de Hempstead, dans l'île de Wight.

2° Le *Macrornis tanaupus*, de la taille de l'Émeu, et dont un fragment de tibia a été trouvé à Hordwell.

On doit aussi noter que M. Seeley a formé pour le *Lithornis emuinus* de Bowerbank le genre *Melagornis ;* le nom de *Lithornis* ayant déjà été donné à un Rapace fossile de l'argile de Londres (*Lithornis vulturinus*, Owen).

ERRATA

Tome I, page 26, ligne 14 : doigt interne, *lisez* doigt externe

Tome II, page 11, ligne 28 : vertèbres dorsales, *lisez* vertèbres cervicales

TABLE DES MATIÈRES

CONTENUES DANS LE SECOND VOLUME.

SECONDE PARTIE

FIN DE LA TABLE DES MATIÈRES DU DEUXIÈME VOLUME.

Paris. — Imprimerie de E. MARTINET, rue Mignon, 2.

TABLE ALPHABÉTIQUE DES ESPÈCES FOSSILES

CITÉES DANS CET OUVRAGE

FIN DE LA TABLE ALPHABÉTIQUE

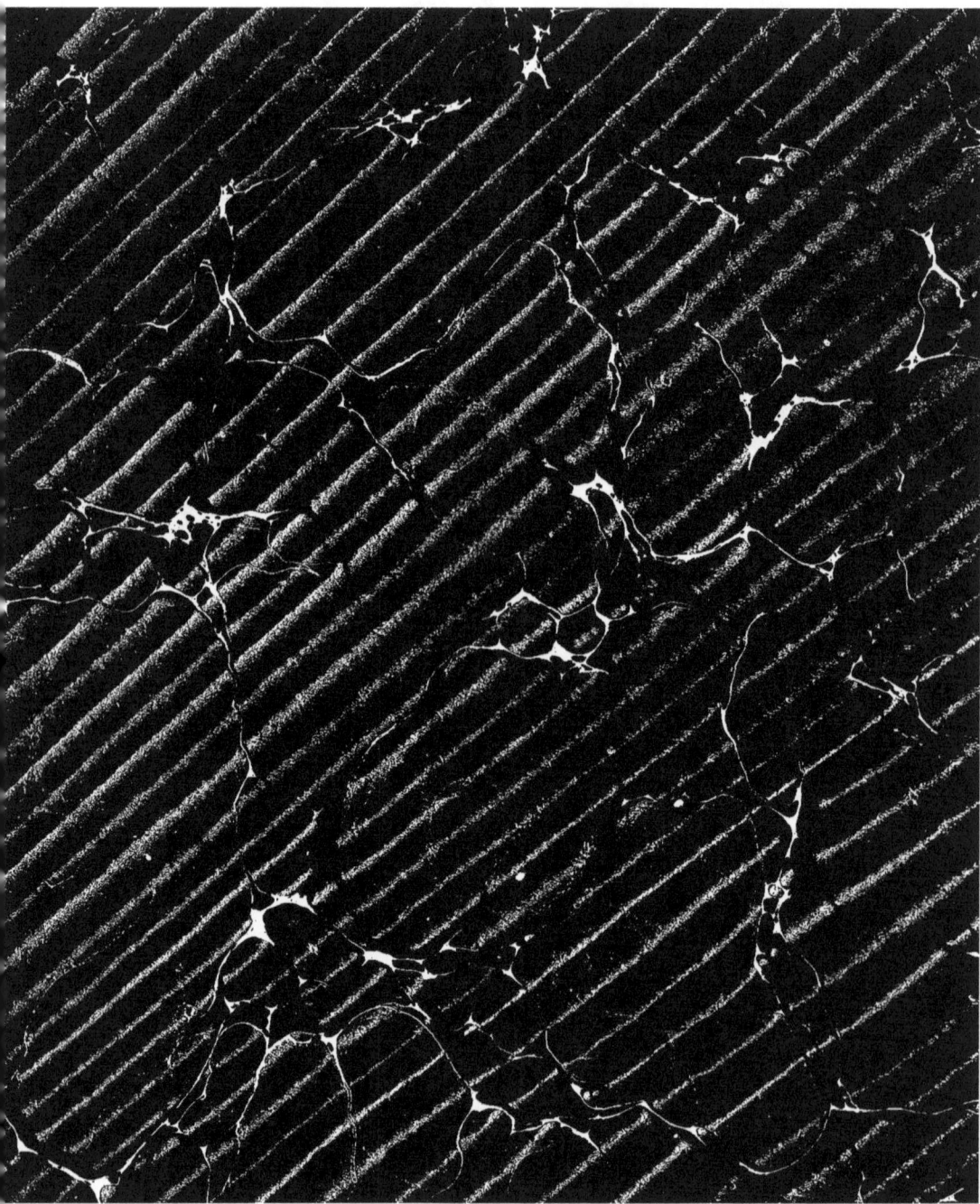

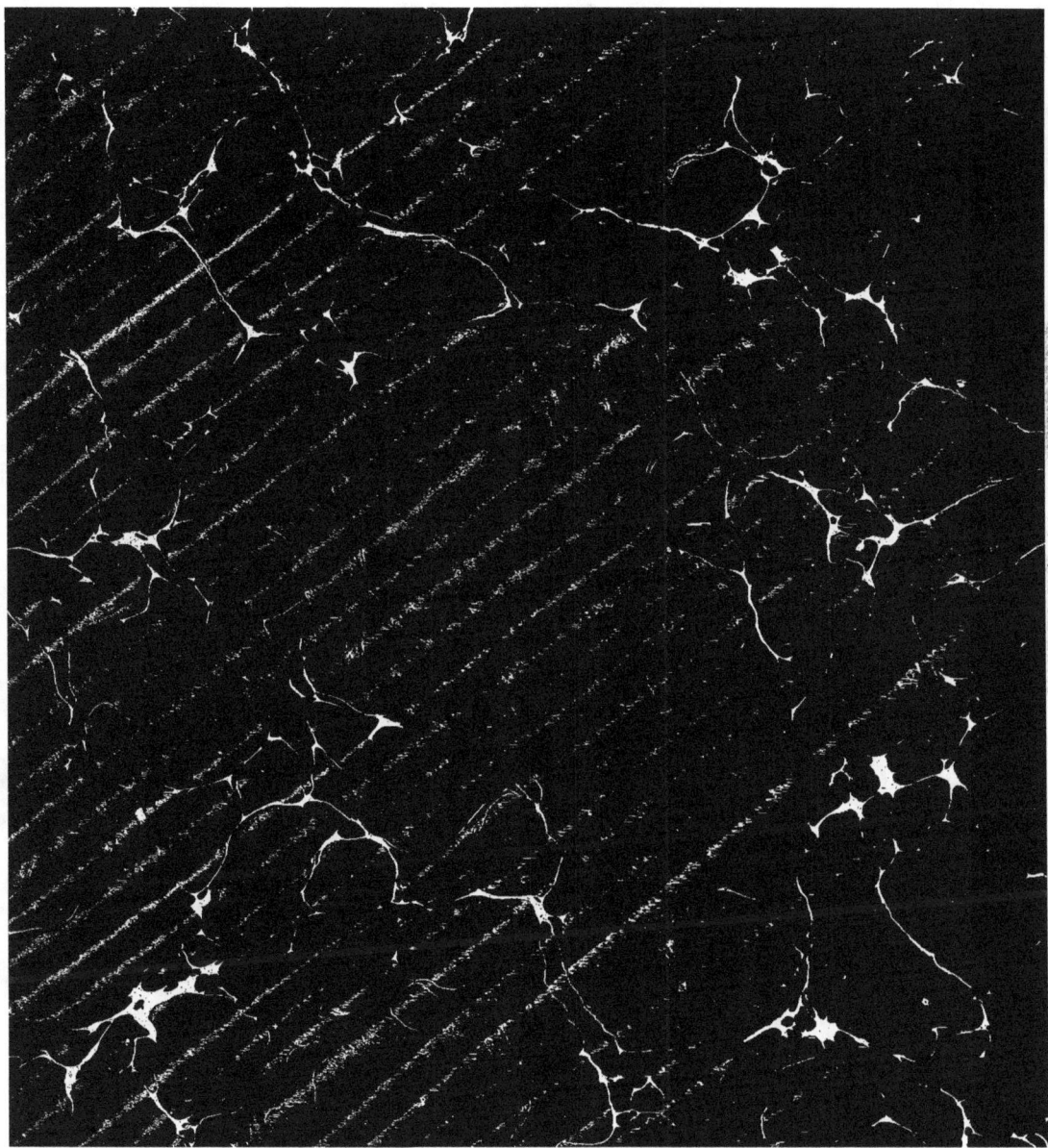

www.ingramcontent.com/pod-product-compliance
Lightning Source LLC
Chambersburg PA
CBHW060821220326

41599CB00017B/2252